技能应用速成系列

ANSYS 18.0 有限元分析从入门到精通

（升级版）

CAX 技术联盟
曹 渊 编著

電子工業出版社
Publishing House of Electronics Industry
北京 · BEIJING

内 容 简 介

本书采用 GUI 界面操作与 APDL 命令相互对照的方式，从基础知识、专题技术两个层面详细地阐述 ANSYS 18.0 有限元软件的使用方法和技巧。本书自始至终采用实例作引导，内容系统完整，且每章又相对独立，是一本简明的 ANSYS 读本。

全书分为基础知识和专题技术两部分，共 22 章。基础知识部分（第 1～7 章），讲解了使用 ANSYS 进行有限元分析的基本流程与方法、ANSYS 建模、网格划分、边界条件定义、求解、后处理等知识；专题技术部分（第 8～22 章），根据工程应用的实际经验，介绍大量高级应用知识，包括 ANSYS 结构静力学分析、模态分析、谐响应分析、瞬态动力学分析、谱分析、稳态热分析、瞬态热分析、电磁场分析、多物理场耦合分析、几何非线性分析、接触问题、“生死”单元技术、复合材料分析、薄膜结构分析、参数化与优化设计等。

本书以实用为宗旨，深入浅出，实例引导，讲解翔实，适合作为理工科高等院校本科生、研究生的教学用书，也可作为广大科研工程技术人员的技术参考书。

图书在版编目（CIP）数据

ANSYS 18.0 有限元分析从入门到精通：升级版 / 曹渊编著. —北京：电子工业出版社，2018.3
（技能应用速成系列）

ISBN 978-7-121-33574-7

Ⅰ. ①A… Ⅱ. ①曹… Ⅲ. ①有限元分析—应用软件 Ⅳ. ①O241.82

中国版本图书馆 CIP 数据核字（2018）第 018505 号

策划编辑：许存权（QQ：76584717）
责任编辑：许存权　　特约编辑：谢忠玉 等
印　　刷：北京虎彩文化传播有限公司
装　　订：北京虎彩文化传播有限公司
出版发行：电子工业出版社
　　　　　北京市海淀区万寿路 173 信箱　邮编　100036
开　　本：787×1 092　1/16　印张：28.5　字数：730 千字
版　　次：2018 年 3 月第 1 版
印　　次：2023 年 9 月第 6 次印刷
定　　价：89.00 元

凡所购买电子工业出版社图书有缺损问题，请向购买书店调换。若书店售缺，请与本社发行部联系，联系及邮购电话：（010）88254888，88258888。

质量投诉请发邮件至 zlts@phei.com.cn，盗版侵权举报请发邮件至 dbqq@phei.com.cn。

本书咨询联系方式：（010）88254484，xucq@phei.com.cn。

前言

ANSYS 软件是融结构、流体、电场、磁场、声场分析于一体的大型通用有限元分析软件，由世界著名的有限元分析软件公司——美国 ANSYS 公司开发，它能与大多数 CAD 软件接口实现数据共享和交换，是现代产品设计中的高级 CAE 工具之一。

ANSYS 软件不断吸收当今世界最新的计算方法与计算机技术，引领世界有限元技术发展的潮流，凭借其强大的功能，可靠的质量，赢得了全球工业界的广泛赞赏，尤其得到各行业 CAE 用户的认可，在航空航天、铁路运输、石油化工、机械制造、能源、汽车、电子、土木工程、船舶、生物医学、轻工、矿产、水利等领域得到了广泛应用，为各领域的科学研究与工程应用的发展起到了巨大的推动作用。

1. 本书特点

由浅入深，循序渐进。本书以初中级读者为对象，首先从 ANSYS 基础讲起，再辅以 ANSYS 在工程中的应用案例，帮助读者尽快掌握 ANSYS 进行有限元分析的技能。

步骤详尽，内容新颖。本书结合作者多年 ANSYS 的使用经验和实际工程应用案例，将 ANSYS 软件的使用方法与技巧详细地讲解给读者。本书在讲解过程中步骤详尽、内容新颖，讲解过程辅以相应的图片，使读者在阅读时一目了然，从而快速掌握书中所讲内容。

实例典型，轻松易学。通过学习实际工程应用案例的具体操作是掌握 ANSYS 最好的方式，本书通过综合应用案例，透彻详尽地讲解了 ANSYS 在各方面的应用。

版本最新，质量保证。本书在上一版的基础上，为适应新版本要求进行了版本升级，在结构上进行了局部调整，对原书中存在的错误进行了改正，对模型及程序重新进行了仿真计算校核，提高了图书质量。

2. 本书内容

本书基于 ANSYS 18.0 版，讲解 ANSYS 的基础知识和核心应用内容。本书内容分为两个部分：基础知识部分和专题技术部分。

第一部分：基础知识。第 1～7 章，主要介绍 ANSYS 的基础知识，包括 ANSYS 的基本操作、APDL 应用、实体建模、网格划分、加载、求解和后处理等内容。

第 1 章　绪论　　第 2 章　APDL 基础应用

第 3 章　实体建模　　第 4 章　划分网格

第 5 章　加载　　第 6 章　求解

第 7 章　后处理

第二部分：专题技术，即案例应用分析部分。第 8～22 章，主要从 ANSYS 所能求解的实际物理问题入手，给出其具体的计算案例。

第 8 章　结构静力分析
第 9 章　模态分析
第 10 章　谐响应分析
第 11 章　瞬态动力学分析
第 12 章　谱分析
第 13 章　热分析
第 14 章　电磁场分析
第 15 章　多物理场耦合分析
第 16 章　非线性静力分析
第 17 章　接触问题
第 18 章　“生死”单元
第 19 章　复合材料分析
第 20 章　机械零件分析
第 21 章　薄膜结构分析
第 22 章　参数化设计与优化设计

3. 读者对象

本书适合 ANSYS 初学者和期望提高矩阵运算及建模仿真工程应用能力的读者，具体包括如下。

★ 相关工程技术从业人员
★ 初学 ANSYS 的技术人员
★ 广大科研工作人员
★ 相关培训机构的教师和学员
★ 大中专院校教师和学生
★ ANSYS 爱好者

4. 本书作者

本书主要由曹渊编写，另外，参与本书编写的还有张明明、吴光中、魏鑫、石良臣、刘冰、林晓阳、唐家鹏、丁金滨、王菁、吴永福、张小勇、温正、李昕、刘成柱、乔建军、张迪妮、张岩、温光英、郭海霞、王芳、陈艳霞。虽然作者在编写过程中力求叙述准确、完善，但由于水平有限，书中欠妥之处，请读者朋友及各位同行批评指正，我们将不甚感激。

5. 读者服务

为了方便解决本书疑难问题，读者在学习过程中如遇到与本书有关的技术问题，可以发邮件到邮箱 caxbook@126.com，或访问作者博客 http://blog.sina.com.cn/caxbook，我们将尽快给予解答，竭诚为您服务。

注：本书配套的工程案例文件，可在作者博客中下载，或到华信教育资源网（http://www.hxedu.com.cn），找到本书页面，即可下载，或与本书作者和编辑联系。

编　者

目录

第一部分　基础知识

第二部分 专题技术

第一部分　基础知识

第1章　绪　论

有限单元法最初作为结构力学位移法的拓展，它的基本思路就是将复杂的结构看成由有限个单元仅在节点处连接的整体，首先对每一个单元分析其特性，建立相关物理量之间的联系。然后，依据单元之间的联系，再将各单元组装成整体，从而获得整体性方程，再应用方程相应的解法，即可完成整个问题的分析。这种先“化整为零”，然后再“集零为整”和“化未知为已知”的研究方法，是具有普遍意义的。

学习目标：

■　了解有限元法的分析思想；
■　初步了解 ANSYS；
■　通过入门示例体会有限元分析的基本思路。

1.1　有限元法概述

有限单元法作为一种近似的（除杆件体系结构静力分析外）数值分析方法，它借助于矩阵等数学工具，尽管计算工作量很大，但是整体分析是一致的，有很强的规律性和统一模式，因此特别适合于编制计算机程序来处理。

1.1.1　有限元法分析过程

土木工程、岩土工程等学科中的弹塑性、粘弹性、粘塑性力学，水利、码头工程等的流体力学和流体—固体耦合作用，交通和桥梁隧道工程中的层状介质路面力学、大型桥梁结构分析等都是力学学科的重要分支，其研究结果最终归结为求解数学物理方程边值或初值问题。

遗憾的是，这些学科传统的研究成果只对较为简单、规则的问题才能获得解析答案，大量实际科学、工程计算问题，由于数学上的困难，无法得到解决。

有限单元法从正式提出至今，已经历了半个多世纪的发展，从理论上讲，无论是简单的一维杆件体系结构，还是承受复杂荷载和不规则边界情况的二维平面问题、轴对称问题、三维空间块体问题等的静力、动力和稳定性分析，考虑材料具有非线性力学行为和有限变形的分析，如温度场、电磁场，流体、液—固、结构与相互作用等工程复杂问题的分析，利用有限单元法都可得到满意的解决，而且其基本思路和分析过程是基本相同的。

1. 结构离散化

应用有限单元法来分析工程问题的第一步是将结构进行离散化。其过程就是将要分析的结构对象（或更数学化一点也可称为求解域）用一些假想的线或面进行切割，使其成为具有选定切割开关的有限单元体（element）（注意单元体和材料力学中的微元体是根本不同的，它的尺度是有限值而不是微量）。这些单元体被认为仅仅在单元的一些指定点相互连接，这些单元上的点则称为单元的节点（node）。这一步的实质就是用单元的集合体来代替原来要分析的结构。

为便于理论推导和用计算程序进行分析，一般来说结构离散化的具体步骤是：建立单元和整体坐标系，对单元和节点进行合理编号，为后续有限元分析准备所必需的数据化信息。目前市面上有各种类型的有限元分析软件，一般都具有友好的用户图形界面和直观输入、输出计算信息的强大功能，使用这些软件也越来越方便。使用这些大型软件的第一步“建模”工作，实际上就是建立离散化模型和准备所需的数据。

2. 确定单元位移模式

结构离散化后，接下来的工作就是对结构离散化所得的任一典型单元进行所谓单元特性分析。为此，必须对该单元中任意一点的位移分布做出假设，即在单元内用只具有有限自由度的简单位移代替真实位移。

对位移元来说，就是将单元中任意一点的位移近似地表示成该单元节点位移的函数，该位移称为单元的位移模式（displacement mode）或位移函数（displacement function）。位移函数的假设合理与否，将直接影响有限元分析的计算精度、效率和可靠性。

有限单元法发展初期常用的方法是以多项式作为位移模式，这主要是因为用多项式的微积分去处理比较简单。而且从泰勒级数展开的意义来说，任何光滑函数都可以用无限项的泰勒级数多项式来展开，当单元极限趋于微量时，多项式的位移模式趋于真实位移。

位移模式的合理选择，是有限单元法最重要的内容之一，所谓创建一种新型的单元，确定位移模式是其核心内容。

3. 单元特性分析

确定了单元位移模式后，就可以对单元做如下三个方面的工作。

（1）利用应变和位移之间的关系，即几何方程（geometrical equation），将单元中任意一点的应变用待定的单元节点位移来表示。

（2）利用应力和应变之间的关系，即物理方程（physical equation），推导出用单元节点位移表示单元中任意一点应力的矩阵方程。

（3）利用虚位移原理或最小势能原理（对其他类型的一些有限元将应用其他对应的变分原理等）建立单元刚度方程。由虚位移原理或最小势能原理推导所得，是将单元节点位移和单元节点力、单元等效节点荷载联系起来的联系矩阵，称为单元刚度矩阵（elementstiffnessmatrix）。

在上述位移型有限元三个方面的工作中，从编制计算程序用计算机求解的角度来说，核心工作是建立单元刚度矩阵和单元等效节点荷载矩阵。正因如此，许多文献资料在单元刚度方程中没有单元节点力这一项（因为在由单元集合成整体时，不同单元所交汇节点的全部节点力是彼此抵消的，即节点是平衡的）。

4. 按离散情况集成所有单元的特性，建立表示整个结构节点平衡的方程组

有了单元特性分析的结果，像结构力学中解超静定结构的位移法一样，对各单元仅在节点相互连接的单元集合体用虚位移原理或最小势能原理进行推导，可以建立起表示整个结构（确切地说是单元集合体）节点平衡的方程组，即整体刚度方程（global stiffness equation）。

本步骤计算的细节取决于所求解的问题和所编制的计算程序的处理方法，对于一些问题将存在坐标（局部与整体）转换问题（coordinate transformation problem），对于一些问题还存在位移边界条件（displacement boundary condition）的引入等，作为绪论概述，这里不再赘述。

5. 解方程组和输出计算结果

对本书所讨论的是弹性计算问题，整体刚度方程式一般是一组高阶的线性代数方程组。由于整体刚度矩阵具有带状（banded）、稀疏（sparse）和对称（symmerrical）等特性，在有限元发展过程中，人们通过研究，建立了许多不同的存储方式和计算方法，目的是考虑计算机的存储空间和提高计算效率。利用相应的计算方法，即可求出全部求和的节点位移。

求出结构全部节点位移后，利用分析过程中已建立的一些关系，即可以进一步计算单元中的应力或内力，并以数表或图形的方式输出计算结果。

1.1.2 有限元的方法和理论手段

有限元分析过程可以分为以下三个阶段。

（1）建模阶段：建模阶段是根据实际结构形状和实际工况条件，建立有限元分析的计算模型——有限元模型，从而为有限元数值计算提供必要的输入数据。

有限元建模的中心任务是结构离散，即划分网格。但还是要处理许多与之相关的工作，如结构形式处理、集合模型建立、单元特性定义、单元质量检查、编号顺序以及模型边界条件的定义等。

（2）计算阶段：计算阶段的任务是完成有限元方法有关的数值计算。由于这一步运算量非常大，所以这部分工作由有限元分析软件控制并在计算机上自动完成。

（3）后处理阶段：后处理阶段的任务是对计算输出的结果经过必要的处理，并按一定方式显示或打印出来，以便对结构性能的好坏或设计的合理性进行评估，并作为相应的改进或优化，这是进行结构有限元分析的目的所在。

注意，在上述三个阶段中，建立有限元模型是整个有限分析过程的关键。

首先，有限元模型为计算提供所有原始数据，这些输入数据的误差将直接决定计算结果的精度。

其次，有限元模型的形式将对计算过程产生很大的影响，合理的模型既能保证计算结构的精度，又不致使计算量太大和对计算机存储容量的要求太高。

再次，由于结构形状和工况条件的复杂性，要建立一个符合实际的有限元模型并非易事，它要考虑的综合因素很多，对分析人员提出了较高的要求。

最后，建模所花费的时间，在整个分析过程中占有相当大的比重，约占整个分析时间的70%，因此，把主要精力放在模型的建立上以及提高建模速度是缩短整个分析周期的关键。

1.2 ANSYS 18.0 简介

ANSYS 软件是融结构、流体、电场、磁场、声场分析于一体的大型通用有限元软件。它能与多数 CAD 接口实现数据的共享和交换，是现代产品设计中的高级 CAE 工具之一。

1.2.1 ANSYS 启动与退出

启动 Mechanical APDL Product Launcher 18.0，显示如图 1-1 所示的启动画面，随后弹出如图 1-2 所示的 Mechanical APDL Product Launcher 18.0 窗口。

该窗口方便用户管理自己的项目。在 Working Directory 中可以输入工作目录，Job Name 中可以输入用户定义的项目名称。

1.2.2 ANSYS 操作界面

单击 Mechanical APDL Product Launcher 18.0 窗口中的 Run 按钮，即可进入如图 1-3 所示 ANSYS 18.0 的 GUI 界面。与 GUI 操作界面同时打开的，还有如图 1-4 所示的 ANSYS 18.0 Output Window 窗口。

图 1-1　启动画面

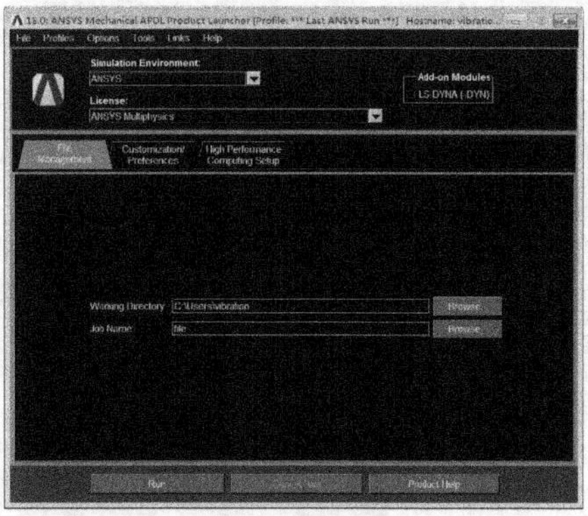

图 1-2　Mechanical APDL Product Launcher 18.0 窗口

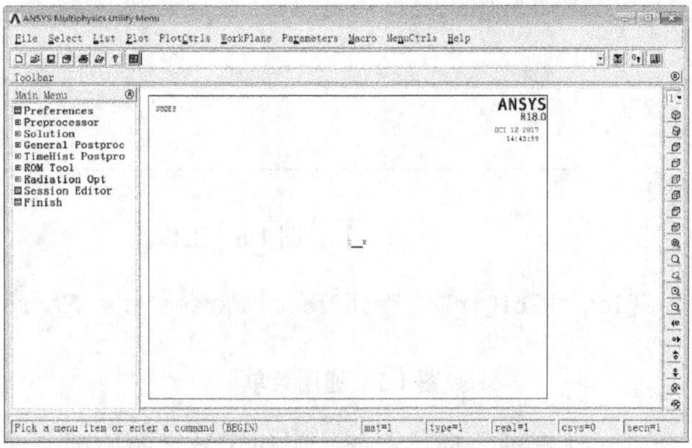

图 1-3　ANSYS 18.0 的 GUI 界面

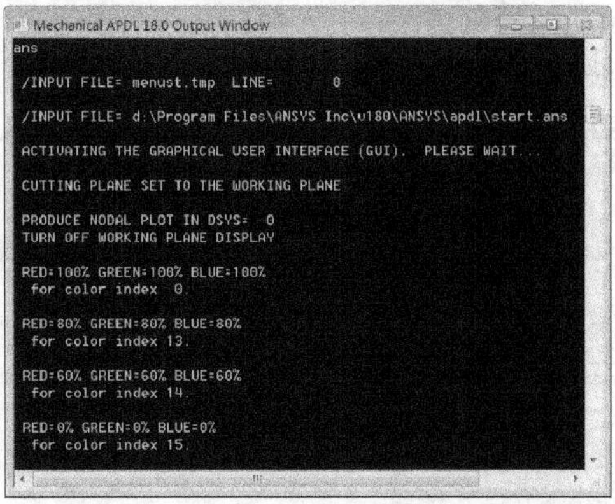

图 1-4　ANSYS 18.0 Output Window

ANSYS 18.0 Output Window 窗口显示了 ANSYS 项目的信息，例如定义单元、材料参数。分析过程的各种警告与错误提示，*GET 命令提取的数据等均可以在该窗口看到。

ANSYS 18.0 GUI 界面主菜单（ANSYS Main Menu）如图 1-5 所示，定义单元、建立模型、求解、后处理等命令都可以在此找到。

图 1-6 所示为 GUI 界面的工作区，建立的模型、分析完成后的结果、求解过程的监视等都将在此进行。

图 1-7 所示为 ANSYS 18.0 GUI 操作界面为通用菜单（Utility Menu）。

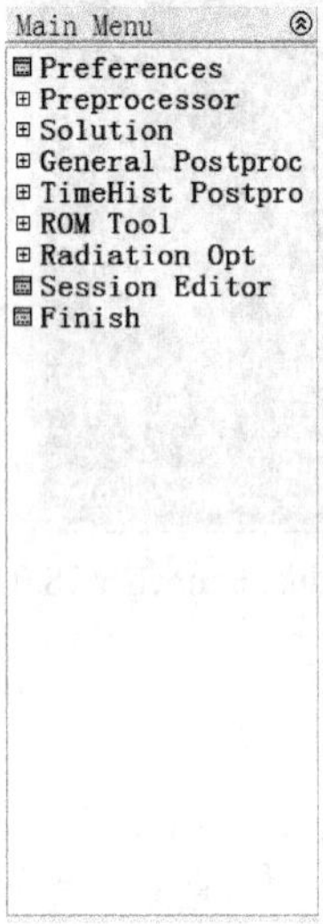

图 1-5　主菜单

图 1-6　工作区

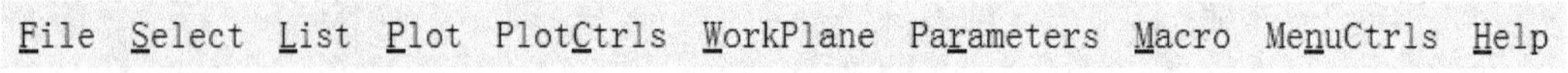

图 1-7　通用菜单

通用菜单中包含了文件管理、项目选择、工作区显示的控制、参数的定义、工作平面、帮助等功能。通过菜单中的功能在下文的介绍中经常遇到，在此不过多叙述。

ANSYS 的帮助系统功能异常强大，进入帮助系统后，用户可以找到有关 ANSYS 的任何理论知识、操作方法等，图 1-8 为 ANSYS 18.0 的帮助系统界面。

图 1-9 所示为 ANSYS 命令输入框，在此输入框中可以输入 APDL 命令，用户可以利用这些命令进行操作。

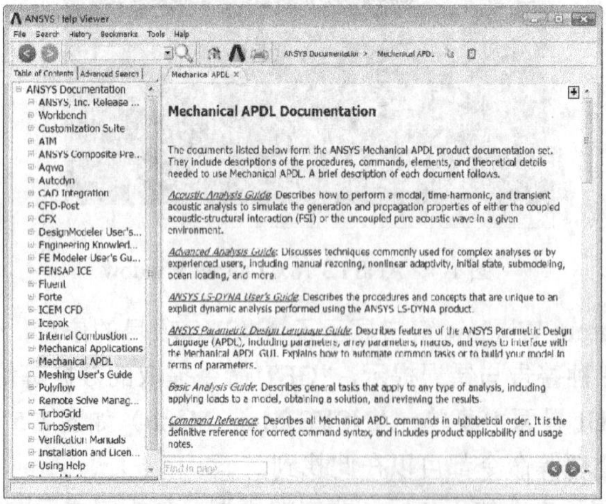

图 1-8　ANSYS 18.0 帮助系统

图 1-9 ANSYS 命令输入框

1.2.3 ANSYS 文件管理

ANSYS 软件利用广泛应用文件的方式来存储和恢复数据，特别是在求解分析时。这些文件被命名为 filename.ext，这里 filename 为默认的作业名，ext 是一个唯一的由 2 到 4 个字符组成的值，表明文件的内容。

作业名是进入 ANSYS 程序后用户指定的文件名（执行/FILNAME 命令或在 GUI 界面中单击 Utility Menu > Files > Change Jobname）。如果没有给文件起名，默认值为 FILE（或 file）。

文件名（文件名和扩展名）在某些系统中可能是小写，例如，如果文件名是“bolt”，在一个 ANSYS 问题分析结束时可能得到如下文件。

- Bolt.db，数据库文件。
- bolt.emat，单元矩阵文件。
- bolt.err，错误和警告信息文件。
- bolt.log，命令输入历史文件。
- bolt.rst，结果文件。

在 ANSYS 运行结束前产生，然后又在某一时刻被删除的文件称为临时文件。在运行结束后仍然存在的文件称为永久性文件。

贯穿 ANSYS 文档组，输出文件（Jobname.OUT）是常提到的文件之一。如果运行于 UNIX 系统，仅想把输出送到屏幕，从启动器中选择 Iteractive，出现 Selected Product 对话框时，选择 Screen only，输出“文件”将是 ANSYS 输出窗口。如果选择 Screen and file，那么在当前的工作目录中，将会产生一个名为 Jobname.OUT 的真实文件。

ANSYS 将不会立即把结果输出到输出窗口中。输入/输出缓冲器首先必须添满或刷新。错误和警告将刷新输入/输出缓冲器。用户也可以发出某些命令（如/OUTPUT，NLIST，or KLIST）使输入/输出缓冲器强行刷新。

根据文件如何被使用，程序相应地用文本格式（ASCⅡ码）或二进制格式写入文件。例如，ERR 和 LOG 文件是文本文件，而 DB、EMAT 和 RST 文件是二进制文件。通常，需要进行读（及编辑）的文件是用文本格式写入的，其他文件是用二进制格式写入的。

二进制文件可以是外部文件或内部文件。外部二进制文件能在不同计算机之间相互传送；内部二进制文件仅在写该文件的机器上调用，不能传送。在默认的情况下，所有 ANSYS 保存的二进制文件都是外部文件类型，可通过下列两种方法之一来把它改为内部文件类型。

- 使用/FTYPE 命令。
- Utility Menu > FILE > ANSYS FILE Options。

不能将数据库文件（Jobname.DB）或结果文件（Jobname.Rxx）改为内部文件。

下面是使用二进制文件的一些技巧。

如果不打算在不同计算机系统间传送文件，可把所有的二进制文件指明为内部文件，以节省 CPU 的运行时间。因为一些系统写外部类型的二进制文件要比写内部类型的二进制文件花费更多的时间。

当通过 FTP（文件传送协议）传输文件时，在传输前必须设置 BINARY 选项。

即使数据仅从文件中读取，大多数 ANSYS 二进制文件也必须使写许可可用，然而数据库文件（file.DB）和结果文件（file.RST，file.RTH 等）只能为只读形式。当保存一个只读文件 file.DB 时，已有的只读文件将保存为 file.DBB。但是，不能再次保存只读文件 file.DB，因为它将试图覆盖 file.DBB，这一点 ANSYS 不允许。

高级版本的 ANSYS 二进制文件不兼容低版本的二进制文件。不能将 ANSYS 产生的二进制文件在 ANSYS 17.0 或更低版本上运行。如果这样做的话，可能引起严重的操作问题。

1.2.4 ANSYS 分析流程

ANSYS 有限元软件包是一个多用途的有限元法计算机设计程序，可以用来求解结构、流体、电力、磁场及碰撞等问题。因此，它可应用于以下工业领域：航天航空、汽车工业、生物医学、桥梁、建筑、电子产品、重型机械、微电机机械、运动器械等。

软件主要包括 3 个部分：前处理模块、分析计算模块和后处理模块。

（1）前处理模块提供了一个强大的实体建模及网格划分工具，用户可以很方便地构造有限元模型。

（2）分析计算模块包括结构分析（可进行线性分析、非线性分析和高度非线性分析）、流场运动学分析、电磁场分析、声场分析、压电分析以及多物理场的耦合分析，可模拟多种物理介质的相互作用，具有灵敏度分析及优化分析能力。

（3）后处理模块可将计算机结果以彩色等值线、梯度、矢量、粒子流迹、立体切片、透明及半透明（可以看待结构内部）等图形方式显示出来，也可将计算结果以图表、曲线形式显示或输出。

与 ANSYS 软件构架对应的是，典型的 ANSYS 有限元分析流程分为如下三个阶段。

（1）建立有限元模型（前处理器，Preprocessor）。

- 建立几何模型（导入或在 ANSYS 中建立）。
- 定义单元、材料属性。
- 划分网格。

（2）加载与求解（求解器，Solution Processor）。

- 施加载荷与其他边界条件。
- 求解。

（3）查看与处理结果（后处理器，PostProcessor）。

- 查看分析结果。
- 导出数据结果。
- 判断结果的合理性。

1.2.5 分析实例入门

问题描述：如图 1-10 所示，为一个悬臂梁示意图，基本参数如下。

梁长度 L=2m；矩形截面参数 H=150mm，B=50mm；弹性模量 $E=2.0x10^5N/mm^2$；泊松比 PRXY=0.3；载荷为 B 处集中力 P=1000N；计算悬臂梁在集中力的作用下 B 点的挠度。

（1）启动 Mechanical APDL Product Launcher 18.0，弹出如图 1-11 所示的 Mechanical APDL Product Launcher 18.0 窗口。

（2）在 Mechanical APDL Product Launcher 18.0 窗口中设置 Simulation Environment 为 ANSYS，License 为 ANSYS Multiphysics，在 Working Directory 中输入工作目录名称，JobName 输入项目名称 1-1。

（3）单击 Run 按钮，如果上一步输入的工作目录不存在，则会弹出如图 1-12 所示的 ANSYS Mechanical APDL Product Launcher Query 对话框。

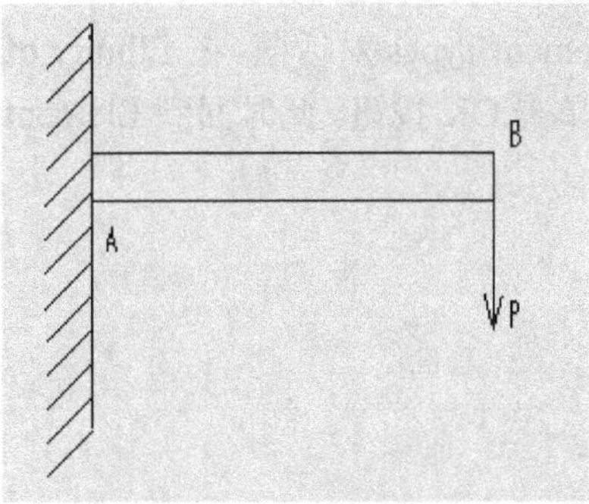

图 1-10 悬臂梁示意图

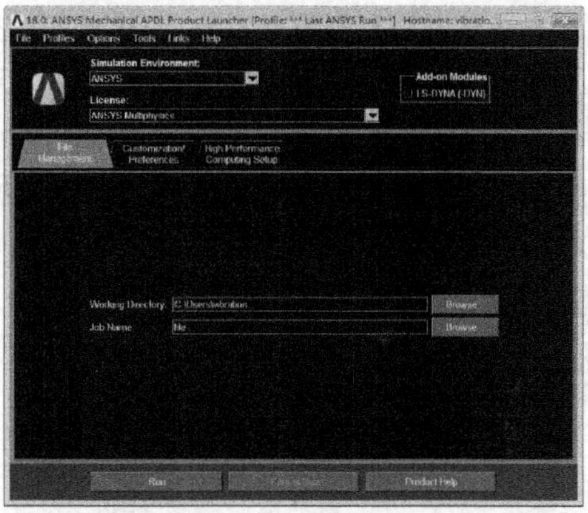

图 1-11 ANSYS Mechanical APDL Product Launcher 18.0 窗口

图 1-12 所示的对话框提示用户上一步输入的工作目录不存在，并询问是否创建，单击 Yes 按钮，进入 ANSYS 图形界面（GUI）。

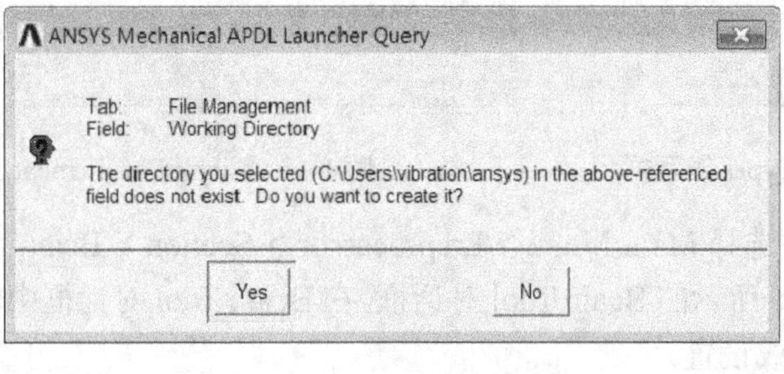

图 1-12 ANSYS Mechanical APDL Product Launcher Query 对话框

（4）在主菜单中，选择 Preferences 命令，弹出如图 1-13 所示的 Preferences for GUI filtering 对话框。选择分析类型为 Structural，单击 OK 按钮，完成分析环境设置。

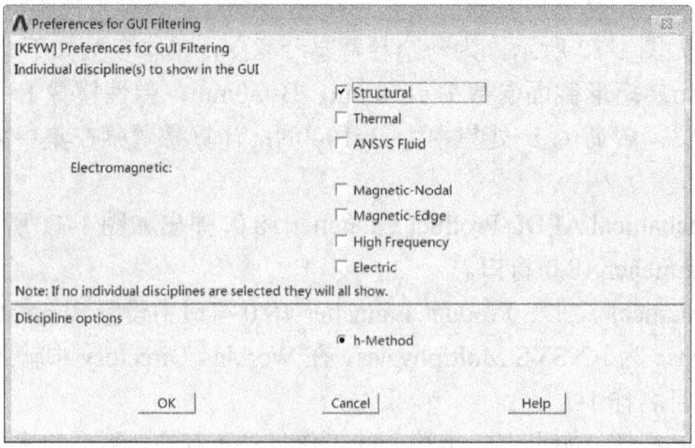

图 1-13　Preferences for GUI filtering 对话框

（5）定义单元与材料属性，在 GUI 界面中选择 Main Menu > Preprocessor > Element Type > Add/Edit/Delete 命令，弹出如图 1-14 所示的 Element Type 对话框。

单击 Add... 按钮，弹出如图 1-15 所示的 Library of Element Types 对话框。在 Library of Element Types 对话框中，选择单元类型为 SHELL 281，单击 OK 按钮。此时回到 Element Types 对话框中，即可看到添加完成的单元。

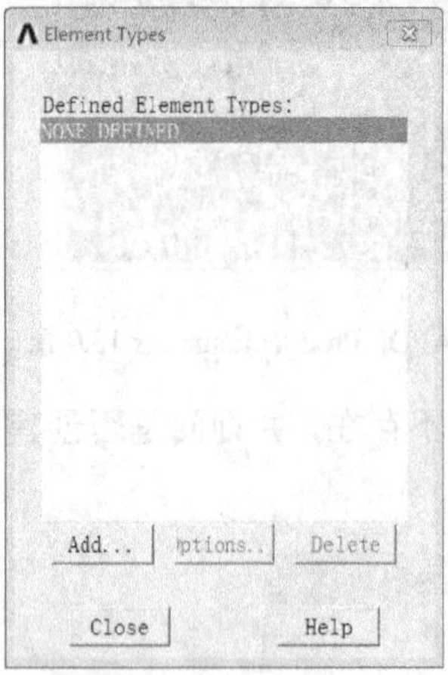

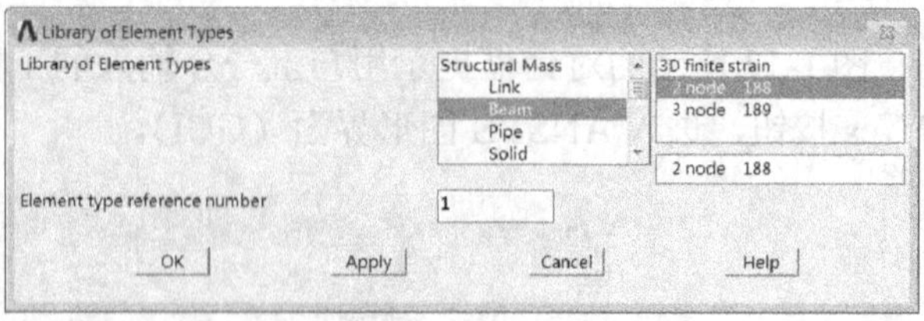

图 1-14　Element Types 对话框　　　　图 1-15　Library of Element Types 对话框

在 GUI 界面中选择 Main Menu > Preprocessor > Section > Beam > Common Sections 命令，弹出如图 1-16 所示的 Beam Tool 对话框。在 Beam Tool 对话框中输入 B=50，H=150，单击 OK 按钮，完成设置。

（6）在 GUI 界面中，选择 Main Menu > Preprocessor > Material Props > Material Models 弹出如图 1-17 所示的 Define Material Model Behavior 对话框，选择 Structural > Linear > Elastic > Isotropic（即结构、线性、弹性、各向同性），弹出如图 1-18 所示对话框。

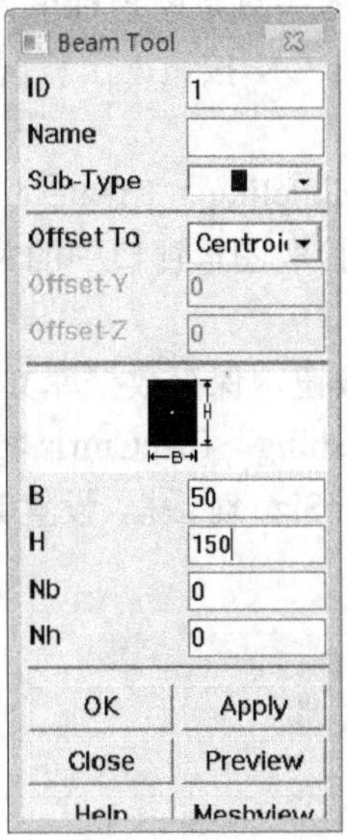

图 1-16 Beam Tool 对话框

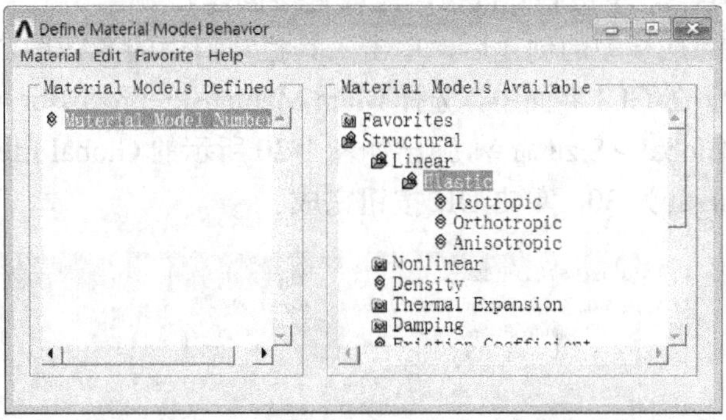

图 1-17 Define Materia lModel Behavior 对话框

输入 EX=2.0e5，PRXY=0.31，即设置弹性模量为 200E3Pa，泊松比 0.31，单击 OK 按钮确定，如图 1-18 所示。

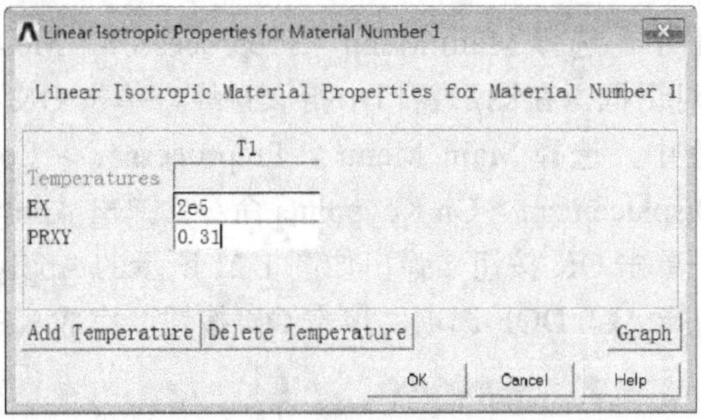

图 1-18 各向同性线弹性材料参数

(7)在 GUI 界面中，选择 Main Menu > Preprocessor > Modeling > Create > Keypoints > InActive CS 命令，弹出如图 1-19 所示的 Create Keypoints in Active Coordinate System 对话框。

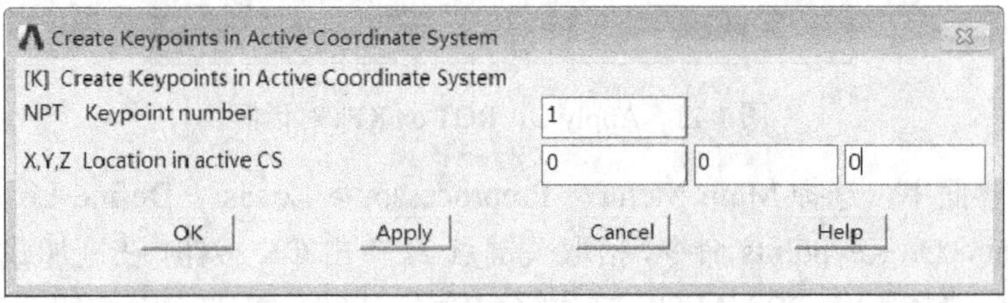

图 1-19 Create Keypoints in Active Coordinate System 对话框

在 NPT 输入框中，输入关键点的编号 1，在 X、Y、Z 中 1 号关键点的坐标值为 0,0,0，单击 Apply 按钮确认，并继续输入 2 号关键点 2000,0,0，单击 OK 按钮，工作区中将出现两个关键点。

（8）在 GUI 界面中，选择 Main Menu > Preprocessor > Modeling > Create > Lines > Lines > Straight Lines 命令，弹出创建直线的拾取窗口，依次拾取图形窗口中的关键点 1 与关键点 2，单击 OK 按钮，完成直接创建。

在完成模型的创建后，单击工具栏窗口中的 SAVE_DB 按钮，保存数据库文件。

（9）在 GUI 界面中，选择 Main Menu > Preprocessor > Meshing > SizeCntrls > Manual Size > Global > Size 命令，弹出如图 1-20 所示的 Global Element Size 对话框。设置 Element edge length 为 30，单击 OK 按钮完成。

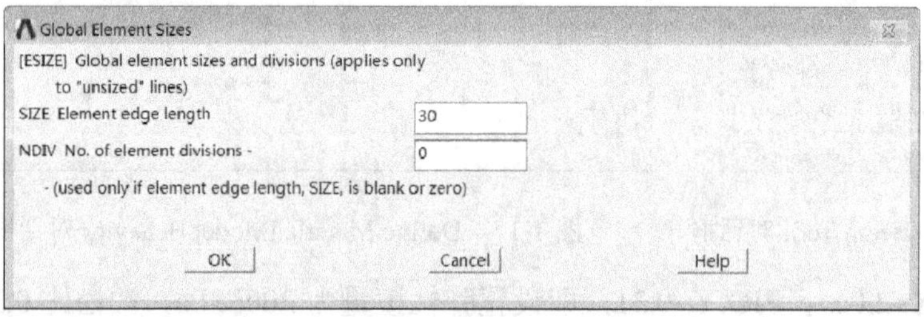

图 1-20　Global Element Size 对话框

（10）在 GUI 界面中，选择 Main Menu > Preprocessor > Meshing > Mesh > Lines > Size 命令，弹出网格对话框，在图形窗口中拾取直线，单击 OK 按钮，完成网格划分。

（11）在 GUI 界面中，选择 Main Menu > Preprocessor > Loads > Define Loads > Apply > Structural > Displacement > On Keypoints 命令，弹出 Apply U，ROT on Nodes 对话框，拾取关键点 1，单击 OK 按钮，弹出如图 1-21 所示的 Apply U，ROT on KPs 对话框，在 Lab2 列表中选择 ALL DOF 选项，单击 OK 按钮，完成 KP1 的约束设置。

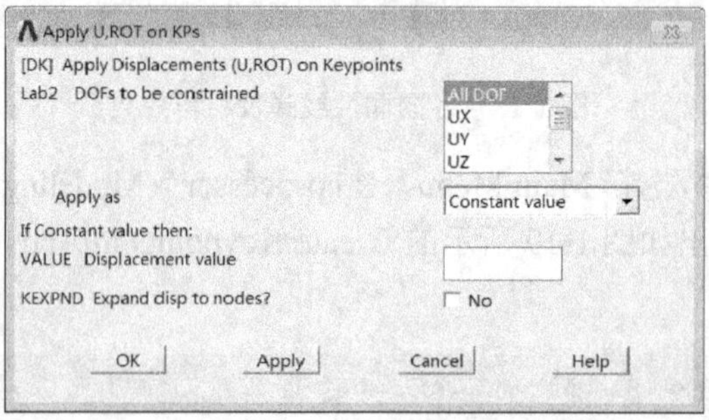

图 1-21　Apply U，ROT on KPs 对话框

在 GUI 界面中，选择 Main Menu > Preprocessor > Loads > Define Loads > Apply > Force/Moment > On Keypoints 命令，拾取关键点 2，单击 OK 按钮，在施加载荷对话框中，在 Lab 列表中选择 FY，在 VALUE 文本框中输入-1000，单击 OK 按钮，完成关键点 2 的载荷的施加。

（13）在 GUI 界面中，选择 Utility Menu > Plot > Mult-Plots 命令，此时的图形窗口中将显示模型如图 1-22 所示。

（14）在 GUI 界面选择 Main Menu > Solution > Solve > CurrentLS 命令，弹出如图 1-23 所示的 STATUS Command 窗口，窗口中显示了项目的求解信息和输出选项。同时弹出的还有如图 1-24 所示的 Solve Current Load Step 对话框，询问用户是否开始进行求解。

图 1-22　完成施加载荷的模型

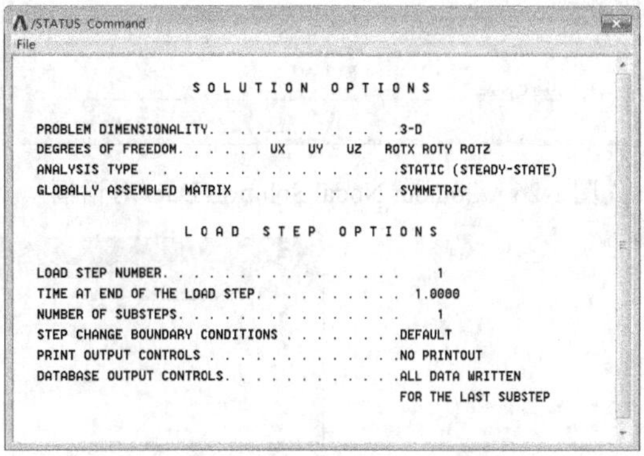

图 1-23　STATUS Command 窗口

单击如图 1-24 所示 Solve Current Load Step 对话框中的 OK 按钮，开始求解，当弹出如图 1-25 所示的 Solution is done!提示时，求解完成。

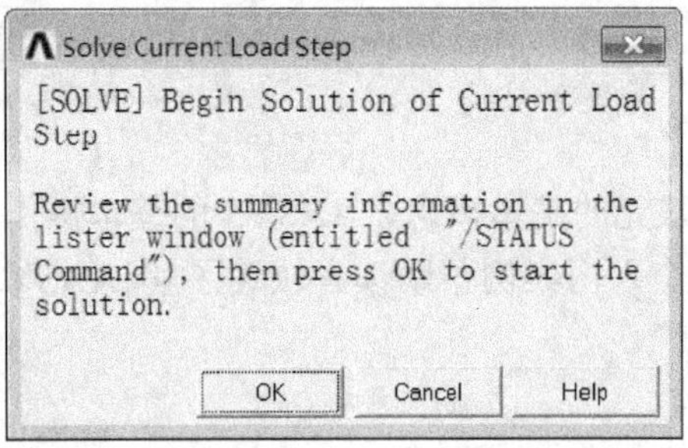

图 1-24　Solve Current Load Step 对话框

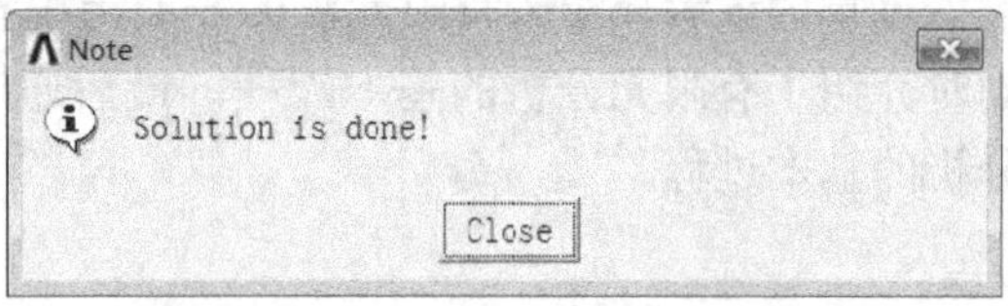

图 1-25　Solution is done!

（15）在通用菜单中，选择 File > Save as 命令，弹出 Save as 对话框，输出 1-1.RST，单击 OK 按钮，完成保存。

在 GUI 界面中，选择 Main Menu > General Postproc > Plot results > Contour Plot > Nodal Solu 命令，弹出图 1-26 所示的 Contour Nodal Solution Data 对话框。

选择 DOF Solution 列表中的 Y-Component of displacement，在 Undisplaced shapekey 列表中选择 Deformed shape only 选项，单击 OK 按钮，即可在工作区中看到计算结果，如图 1-27 所示。

单击工具栏中的 QUIT 按钮，弹出如图 1-28 所示的 Exit from ANSYS 对话框。选择 Save Everything，保存所有的项目，单击 OK 按钮，退出 ANSYS。

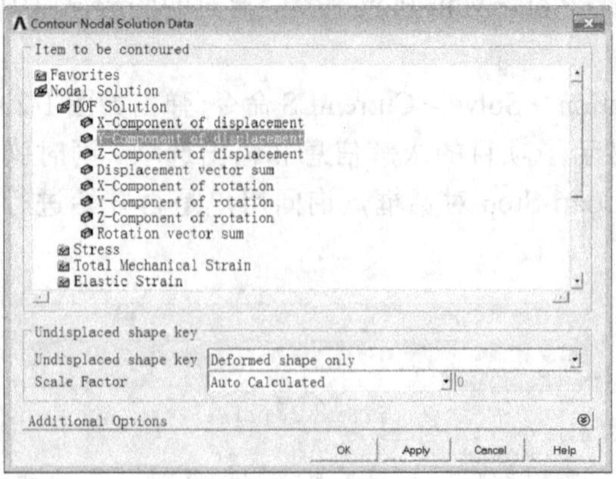

图 1-26　Contour Nodal Solution Data 对话框

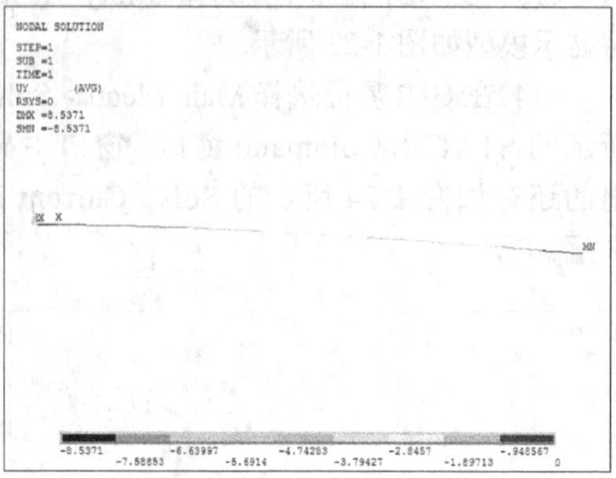

图 1-27　计算结果

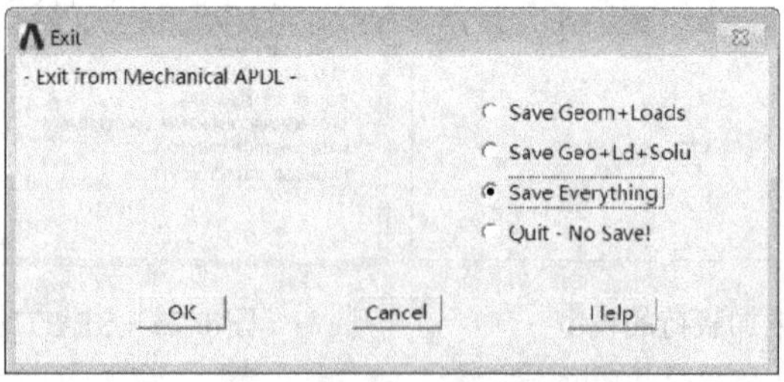

图 1-28　Exit from ANSYS 对话框

1.3 本章小结

本章为读者介绍了有限元法的发展历程和有限元的基本概念、ANSYS 的基本操作，同时介绍了有限元分析的基本流程，最后通过一个入门案例帮助读者快速了解 ANSYS 分析的基本过程。

第 2 章

APDL 基础应用

ANSYS 的参数化设计语言 APDL（Ansys Parametric Design Language）是用户从初学者走向高级用户的基石，利用这种语言编写的命令流可以建立智能化的分析过程，自动完成复杂的分析计算过程。

APDL 程序的输入可以是用户指定的函数与变量，允许复杂的数据输入，可以实现参数化模型与分析过程的建立，极大地扩展了传统有限元的分析能力。APDL 提供了一般高级语言的功能，如参数、数组、表达式与函数、分布与循环等，有编程开发经验的用户可以较快地入门。

学习目标：

- 了解 APDL 的基础知识；
- 掌握 APDL 参数的概念与实用方法；
- 掌握 APDL 流程控制的知识；
- 掌握宏文件的使用方法；
- 掌握 APDL 运算符、参数相关知识。

2.1 APDL 参数

APDL 参数是指 APDL 中的变量与数组，与常用的 C/C++等高级语言不同的是，在 APDL 中使用任何参数都不需要单独声明参数的类型。

2.1.1 参数的概念与类型

在 APDL 中，无论是整数型还是浮点型数值参数，都按照双精度进行存储，被使用但未被赋值的参数都默认为一个接近 0 的极小值，字符型参数存储为字符串，而且 APDL 中的指令不区分大小写。

变量参数有数值型与字符型两种，数组参数有数值型、字符型和表三种类型。表示一种特殊的数值型参数，允许自动进行线性插值。

字符串赋值的方法是将字符串包含在一对单引号中，字符串最大长度不超过 8 个字符。与其他编程语言类似，参数可以作为任何命令的值域或用于替代各种具体的数值和字符串。当前面的参数值发生改变，重新执行带参数的操作或命令时就会执行新的参数值。

例如，定义关键点 1 的命令流如下。

```
X001=120
Y001=25
Z001=18
/PREP7
K，1，X001，Y001，Z001
```

上述命令流中，参数 X001、Y001、Z001 分别被赋值 120、25、18，执行 K，1，X001，Y001，Z001 命令时，则相当于将坐标（120，25，18）赋予了关键点 1，当修改 X001、Y001、Z001 的值时，关键点 1 的位置也随之改变。

2.1.2　参数命名规则

ANSYS 中参数命名必须遵循以下规则。

- 必须以字母开头，长度不超过 32 个字符，参数名中只能包括字母、数字和下画线。
- 避免以下画线开头，以下画线开头的参数为系统隐含参数。
- 以下画线结尾命名的参数可以用命令*STATUS 成组列表显示，也可以成组利用*DEL 进行删除。
- 不能使用宏专用的局部参数名 ARG1~ARG9 和 AR10~AR99。
- 不能使用*ABBR 命令字义的缩写。
- 不能使用 ANSYS 标识字（Label）已定义的组件和部件名称。
- ANSYS 标识字包括以下内容。
    - 通用标识字：如 all、stat、pick 等；
    - 自由度标识字：如 ux、pres、temp 等；
    - 用户定义的标识字：如 etable 等；
    - 数组类型标识字：如 array、table 等；
    - 函数的名称：如 abs、sin 等；
    - ANSYS 命令名：如 k、n 等。

2.1.3　参数的定义与复制操作

在 GUI 中进行参数定义的操作方法，即在菜单中选择 Parameters > Scalar Parameters 命令，进入参数定义菜单，然后在 Selection 下的输入栏中输入要定义的参数，如图 2-1 所示。

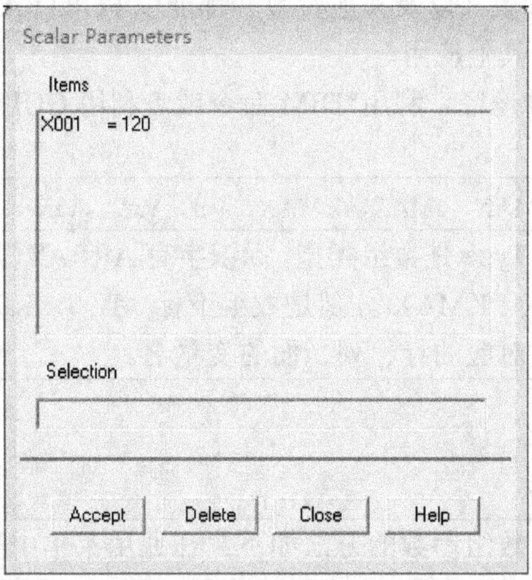

图 2-1　定义参数对话框

用户也可以采用直接输入的方式，即在 ANSYS 命令输入窗口中直接用*SET 命令或“=”格式定义变量。例如，在命令窗口中输入“X001=120”或“*SET，X001，120”，然后按 Enter 键。

2.1.4　参数的删除操作

通过以下两种方法删除参数，在 ANSYS 的命令输入窗口中直接输入如下命令：

```
*SET，par_name
par_name=
```

例如，要删除已经定义的 X001 参数，可输入“X001=”或“*SET，X001，”然后按 Enter 键。

2.1.5　数组参数

变量参数只能存储一个参数值，工程分析所需要的与所产生的数据往往以表达的方式更易于理解和管理，ANSYS 的数组参数是能定义成矩阵形式的多维数组，数组参数中的项可以是用户定义的值，也可以是 ANSYS 计算出的值。用户定义的数组可以在 ANSYS 程序中直接输入，也可以从已有的数据文件中读入。

数组参数的类型有 3 种。第一类由简单整理成表格形式的离散数据组成；第二类就是通常所说的表式数组参数表，也是由整理成表格形式的数据组成的，但这种表格允许在两个指定的表格项间进行线性插值，另外，表式数组参数表可以用非整数数值作为行和列的下标，这些特性使表达式数组参数表成为简化数据输入/输出的有力工具；第二类数组参数是字符串，由文字组成。

使用数组参数简化数据的输入，数组参数具有矩阵和向量运算能力，在 ANSYS 运行中，任何时刻，数组参数（以及其他参数）都能以 FORTRAN 实数的形式写入文件，这些文件可用于 ANSYS 其他应用。

定义数组参数有两种途径，利用*DIM 命令或者利用 GUI 菜单定义。

*DIM 命令格式如下。

```
*DIM，Par，Type，IMAX，JMAX，KMAX，Var，Var2，Var3
```

其中，Par 是数组名；Type 是数组类型，标识字有 ARRAY（默认值）、CHAR、TABLE、STRING；IMAX、JMAX、KMAX 分别是数组下标（I，J，K）的最大值；Var，Var2，Var3 是 TABLE 类型数组对应的行、列、面的变量名。

```
*DIM，A1，6
*DIM，A2，ARRAY,3，3
*DIM，A3，，4，5，6
```

采用 GUI 菜单定义数组参数的方法如下：在通用菜单中选择 Parameters > Arrary Parameters > Define/Edit 命令，弹出定义数组参数对话框，如图 2-2 所示。

单击 Add... 按钮，弹出添加新数组参数对话框如图 2-3 所示，按照说明添加参数，单击 OK 按钮确认，或单击 Apply 按钮继续添加多个数组。

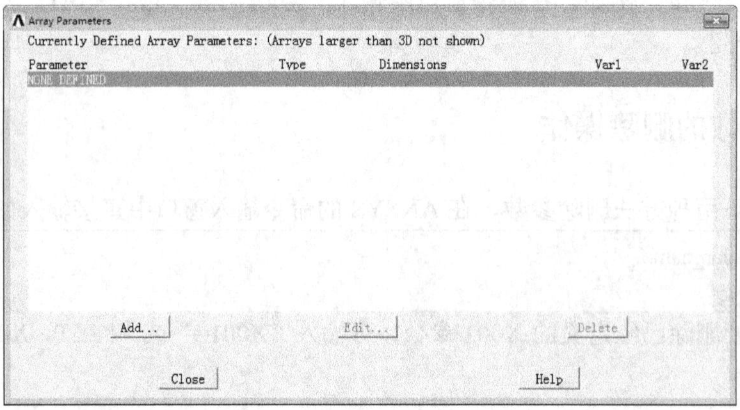

图 2-2　定义数组参数对话框

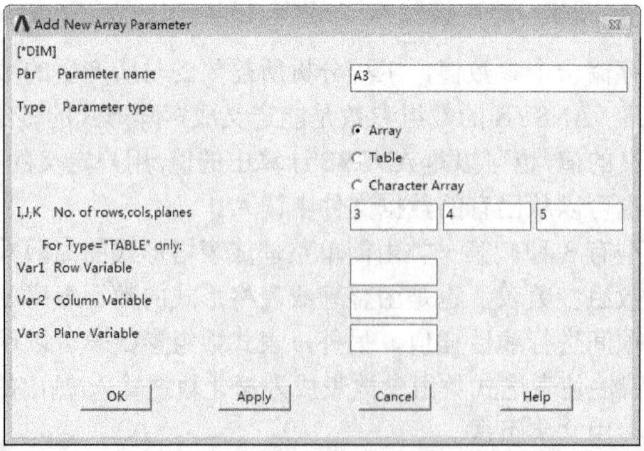

图 2-3　添加新数组参数对话框

2.2 APDL 的流程控制

ANSYS 在执行 APDL 所编写的程序时，采取的是逐行解释并执行指令的方式。复杂的程序经常需要控制指令的执行顺序。为此，APDL 提供了以上流程控制命令，一种接近于 FORTRAN 的流程控制命令如下。

- *IF......*IFELSE......*ELSE......*ENDIF 条件分支。
- *DO......*ENDDO 循环。
- *DOWHILE 循环。
- *REPEAT 重复命令。

2.2.1 *GO 分支语句

*GO 命令是无条件分支命令，不能从循环体或者条件分支中利用它跳转出来执行其他命令，因此*GO 命令不可以与其他分支或循环嵌套使用，*GO 命令格式如下。

```
*GO,: Branch_1
......
:Branch_1
......
*GO,stop
```

2.2.2 *IF 分支语句

APDL 通过比较两个数值大小来确定当期满足的条件，选择性地在多个指令段中执行其中的一个。

*IF 语句是条件分支语句，使用格式如下。

```
*IF，VAL1，Oper1，VAL2，Base1，VAL3，Oper2，VAL4，Base2
```

VAL1，VAL2，VAL3，VAL4 为 4 个比较数，Oper1 与 Oper2 是两个比较运算符。Base1 是逻辑表达式 Oper1 为真时的操作，如果逻辑表达式 Oper1 为假则继续读取下一行程序；如果后面没有第二个条件 Oper2，则 Base1 为 then；如果后面有第二个条件 Oper2，则 Base1 为逻辑连接词，由两个条件组合成一个条件。

2.2.3 *DO 循环语句

*DO 命令时循环操作命令，格式如下。

```
*DO，Par，IVAL，FVAL，INC
......
*ENDDO
```

其中，Par 是循环控制变量，只允许使用数值型变量，IVAL 是 Par 初值，FVAL 是

Par 终值，INC 为循环变量的步长，默认为 1。

2.2.4 *DOWHILE 循环语句

*DOWHILE 也是循环指令，将重复循环体指令直到外部控制参数改变为止，指令格式如下。

```
*DOWHILE,PAR
```

其中 Par 为判断条件，当 Par 为真则执行下一次循环，为假则终止。与*DO 循环相比，*DOWHILE 循环无须事先知道循环的次数，直到由循环条件控制，*DO 循环则需要先确定循环的起点与终点。

2.3 宏文件

宏文件可视为用户自行定义的一段程序，包括一系列 ANSYS 命令流。扩展名一般为.mac。宏文件常用于记录一系列复杂的或常用的命令流，可以将其文件名作为自定义的命令流使用，但应该注意不能与已有的 ANSYS 命令重复，否则将被忽略并执行内部命令。

2.3.1 创建宏文件

创建宏文件一般有两种方法，即使用命令和使用 GUI 界面。使用 GUI 界面创建宏文件的方法如下。

在通用菜单中，选择 Macro > Create Macro 命令，弹出如图 2-4 所示的 Create Macro 对话框，在 Macro file name 后的文本框中输入宏文件的文件名，在下面的文本框中输入文件内容，单击 OK 按钮，就可以在当前工作目录下找到刚才所定义的宏文件。

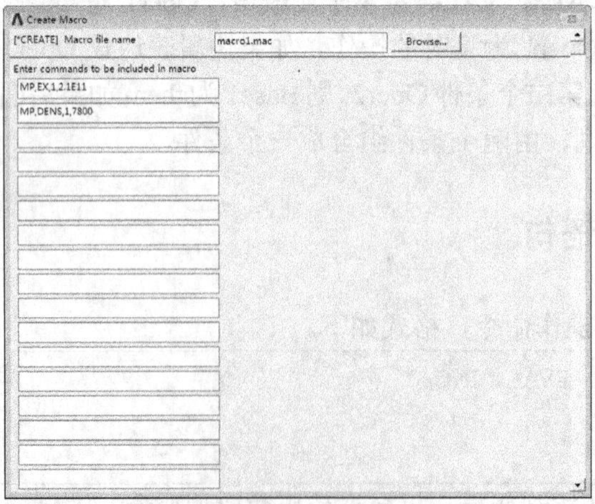

图 2-4　Create Macro 对话框

在工作目录下找 macro1.mac，用记事本打开。

创建宏文件常用的命令有*CREATE，*CFOPEN，*CFWRITE，*CFCLOS，/TEE，命令格式如下。

```
*CREATE，Fname，Ext,--
```

2.3.2 调用宏文件

宏文件可以相嵌套用，但不得超过 20 层。在宏文件中，可由*ASK 命令根据用户说明信息提示参数。

在宏文件内部使用*MSG 命令，允许将参数和用户提供的信息写入用户可控制的输出的文件，这些信息可以是一个简单注释、警告、错误信息等，甚至可以说是一个致命的错误信息，这就是允许 ANSYS 在内部创建报告或生成可用外部程序读取的输出文件。

ANSYS 程序提供了一些预先编写好的宏文件，它们位于...\ansys_inc\v140\ANSYS\apdl 文件夹内，用户可以直接调用这些宏文件。

在 ANSYS 中调用宏有如下三种方式。

```
*USE，macroname
macroname
/INPUT，'macroname',,,，0
```

2.4 运算符、函数与函数编辑器

APDL 为用户提供了基本的数学运算符号，见表 2-1。

表 2-1 数学运算符号

运算符	操作
+	加
-	减
*	乘
/	除
**	乘方
>	大于
<	小于

APDL 提供的数学运算符优先级与 FORTRAN 相同，在通用菜单中，选择 Parameters > Function > Define/Edit 命令，弹出如图 2-5 所示的函数编辑器窗口。

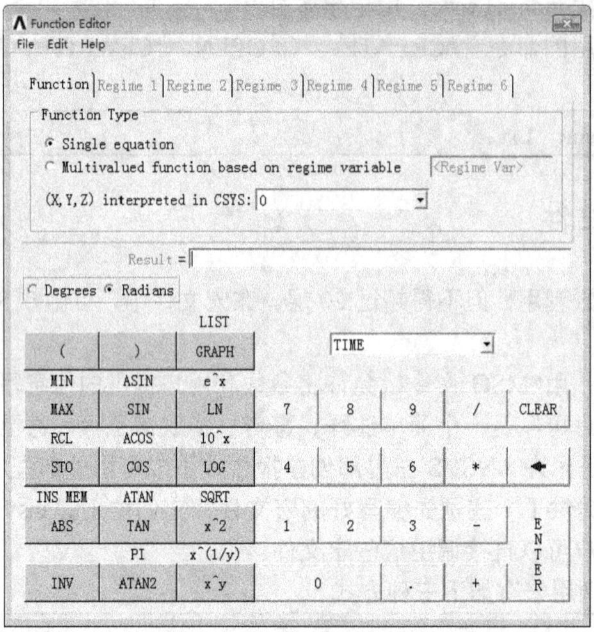

图 2-5　函数编辑器窗口

函数编辑器用于定义方程与控制条件，可以建立单个方程或一个函数，函数可以由一系列方程联立而成，每个方程对应特定的状态控制区间，最终作为边界条件，对分析模型产生重大的影响。

2.5 本章小结

本章简要介绍了 APDL 语言的基本概念与一些基本操作，为今后高级应用打下基础。在后面的介绍中将会把 APDL 与 GUI 操作结合起来，通过实践练习，使用户尽快掌握其应用。

第3章 实体建模

与CAD软件不同，ANSYS模型的建立通常有两种思路，建立实体模型和直接建立有限元模型。实体建模方便快捷，易于理解与操作，是最常用的建模方法；直接建立有限元模型可以精确布置节点的位置，在某些对节点位置有精确要求的场合有不可替代的作用。

学习目标：

- 了解ANSYS模型的概念；
- 掌握ANSYS建立实体模型的方法；
- 掌握ANSYS直接建立有限元模型的方法；
- 掌握ANSYS导入模型的方法。

3.1 实体建模操作概述

用直接生成的方法构造复杂的有限元模型费时费力，使用实体建模的方法就是要减轻这部分工作量。我们先简要地讨论一下使用实体建模和网格划分操作的功能是怎样加速有限元分析建模过程的。

（1）自下向上构造有限元模型

定义有限元模型顶点的关键点是实体模型中最低级的图元。在构造实体模型时，首先定义关键点，再利用这些关键点定义较高级的实体图元（即线、面和体）。这就是所谓的自下向上的建模方法。一定要牢记的是自下向上构造的有限元模型是在当前激活的坐标系内定义的。

（2）自上向下构造有限元模型

ANSYS程序允许通过汇集线、面、体等几何体素的方法构造模型。当生成一种体素时，ANSYS程序会自动生成所有从属于该体素的较低级图元。这种一开始就从较高级的实体图元构造模型的方法就是所谓的自上向下的建模方法。用户可以根据需要自由地组合自下向上和自上向下的建模技术。

注意几何体素是在工作平面内创建的，而自下向上的建模技术是在激活的坐标系上定义的。如果用户混合使用这两种技术，那么应该考虑使用CSYS、WP或CSYS，使命令强迫坐标系跟随工作平面变化。

注意：建议不要在环坐标系中进行实体建模操作，因为会生成用户不想要的面或体。

（3）外部程序导入法

用户在实际工程应用过程中可能会遇到更为复杂的模型，包括大量复杂曲面，ANSYS本身有限的建模功能不足以满足用户建立复杂模型的需求。

在许多场合中，用户已经用CAD软件完成了产品的设计，需要在ANSYS中进行分析，在这样的情形下通常只需要把分析的对象的几何模型导入到ANSYS中即可，充分发挥专用CAD软件与ANSYS在各自领域内的强项，提高用户的工作效率，如图3-1为ANSYS的导入文件选项菜单。

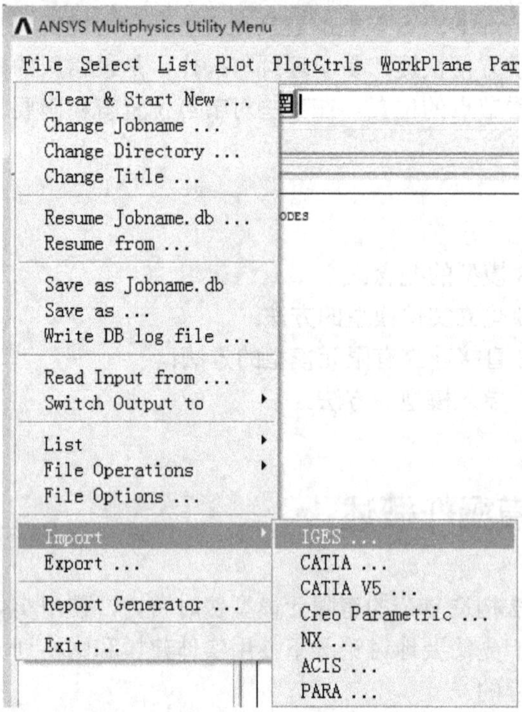

图3-1 ANSYS的导入文件选项菜单

通常导入ANSYS有两种途径，即采用通用图形交换格式或采用CAD接口。

ANSYS可以接受导入的通用图形交换格式有IGES（扩展名为.igs的文件）、SAT（扩展名为.sat的文件）、Parasolid（扩展名为.x_t的文件）等，这些格式为多种CAD程序所支持，应用广泛。

读者应根据分析对象的实际情况，灵活采用上述方法中的一种或多种组合以提高效率，建立适合有限元计算的模型，有限减少计算时间。

本章介绍的模型均采用GUI界面操作与命令流对比，可保证介绍的流畅性，也方便读者查阅，将在本章小结中对所涉及的命令进行统一说明，行文过程中不再过多地叙述。

3.2 用自下向上的方法建模

简单地分析对象，通常采用特点明确的结构，如图 3-2 所示的桁架结构，可以全部分解为节点与连杆，建立模型时可以先定义所有节点的位置，然后连接点为线即可以得到相应的模型。

下面以此桁架为例，介绍自底向上建模的基本思路。

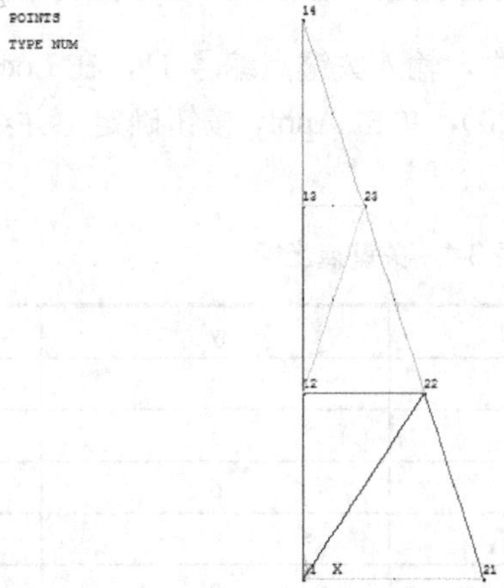

图 3-2　平面桁架

（1）运行 ANSYS，在主菜单中选择 Preferences，弹出如图 3-3 所示的 Preferences for GUI Filtering 对话框。勾选 Structural（结构分析）选项，单击 OK 按钮，完成分析环境设置。

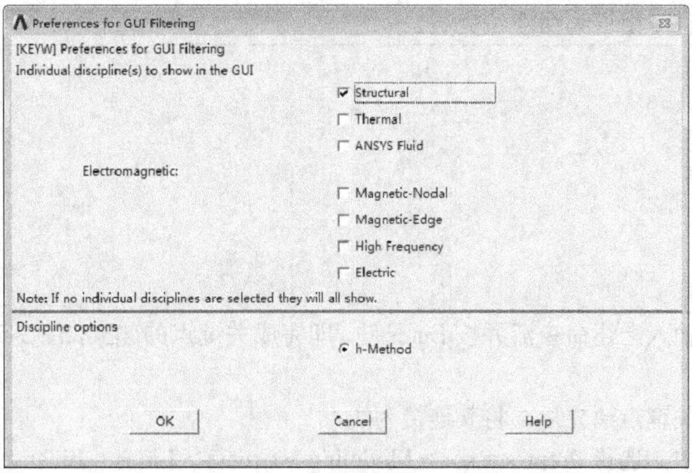

图 3-3　Preferences for GUI Filtering 对话框

（2）在主菜单中，选择 Preprocessor > Modeling > Create > Keypoints > In Active CS 命令，弹出如图 3-4 所示的 Create Keypoints in Active Coordinate System 对话框。

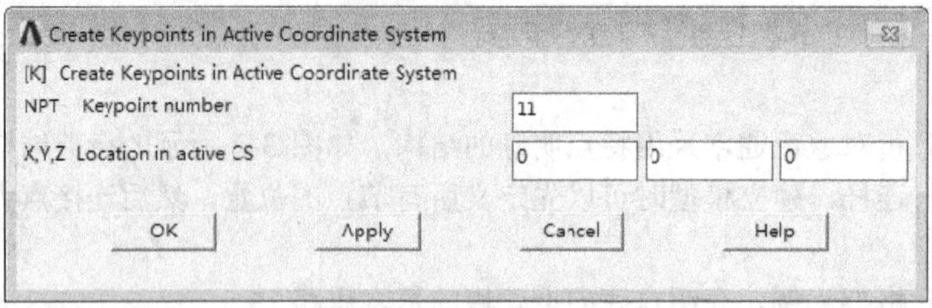

图 3-4 Create Keypoints in Active Coordinate System 对话框

（3）在 Keypoint number 文本框中，输入关键点编号 11，在 Location in active CS 文本框中，输入关键点 11 的坐标（0,0,0），单击 Apply 按钮确定，并继续输入表 3-1 所示的关键点坐标。

表 3-1 关键点坐标

关键点	x	y	z
11	0	0	0
12	0	3	0
13	0	6	0
14	0	9	0
21	3	0	0
22	2	3	0
23	1	6	0

每输入一个关键点的编号与坐标均单击 Apply 按钮确认，并继续输入下一个关键点的编号与坐标，输入关键点 23 的编号与坐标后，单击 OK 按钮确认。

以上操作也可由下列命令流完成。

```
K,11,0,0,0
K,12,0,3,0
K,13,0,6,0
K,14,0,9,0
K,21,3,0,0
K,22,2,3,0
K,23,1,6,0
```

在命令行输入上述命令流并按 Enter 键，即完成关键点的建立，图 3-5 所示为建立完成的关键点。

（4）完成关键点建立后，将其连接为线。

在主菜单中，选择 Preprocessor > Modeling > Create > Lines > Lines > Straight Line，弹出 Create Straight Line 对话框，在工作区中拾取关键点 11 与关键点 21，单击 OK 按钮，创建直线如图 3-6 所示。

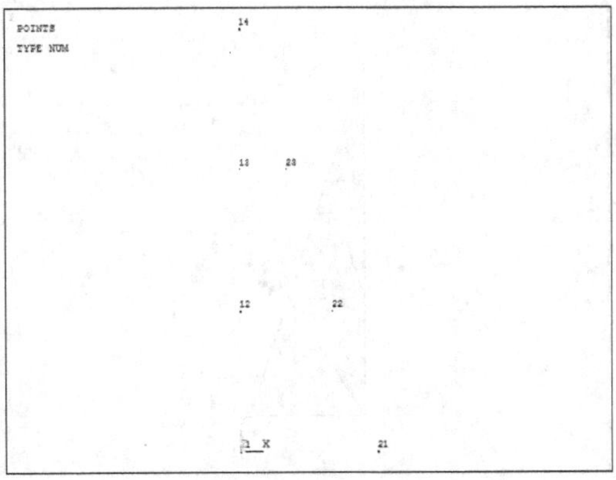

图 3-5　建立完成的关键点

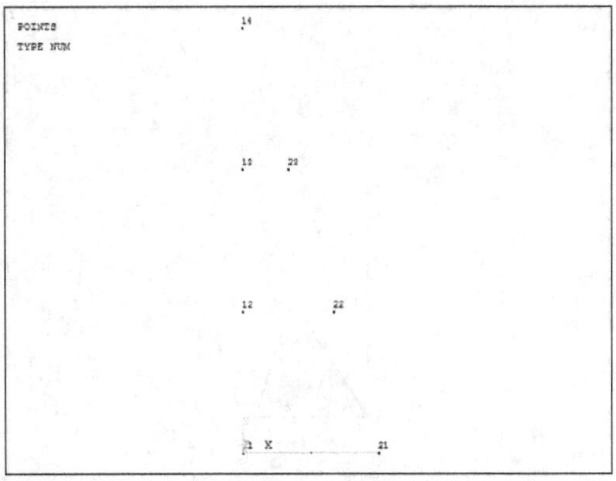

图 3-6　将关键点连为直线

继续拾取关键点 12 与关键点 22，单击 Apply 按钮，完成下一条直线，依此类推，将关键点 13 与 23、23 与 14、11 与 22、12 与 23 均连接为直线。连接最后两个关键点时单击 OK 按钮，确认的同时自动关闭 Create Straight Line 对话框。

以上连点为线的操作也可由下列命令流完成，在命令流输入框中输入如下命令流，并按 Enter 键。

```
L,11,12
L,12,13
L,13,14
L,21,22
L,22,23
L,23,14
L,11,21
L,12,22
L,13,23
L,11,22
L,12,23
```

完成上述操作即可完成图 3-2 所示桁架的建立。

（5）以上面操作建立的桁架为基础，介绍面的建立。

在主菜单中选择 Preprocessor > Modeling > Creating > Areas > Arbitrary > Through KPs 命令，弹出 Create Area Thru KPs 对话框，在工作区中拾取关键点 11、关键点 21 和关键点 22，单击 OK 按钮完成。在通用菜单中选择 Plot > Multi-Plots 命令，如图 3-7 所示。

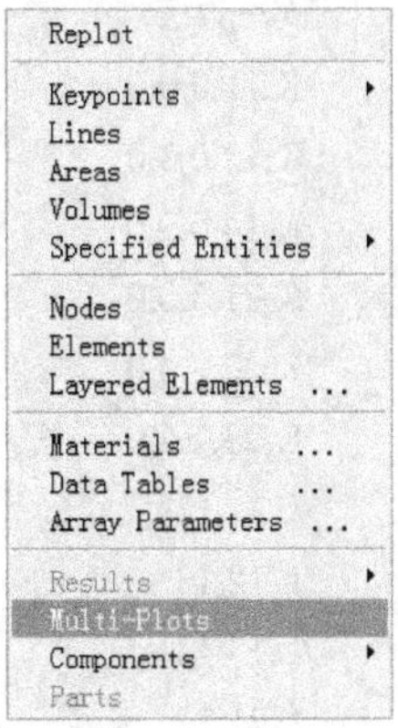

图 3-7　Plot 菜单

工作区中即能显示如图 3-8 所示的关键点 11、21、22 围成的面。采用同样的方法，将关键点 11、22 和 12，点 12、22 和 23，点 12、23 和 13，点 13、23 和 14 分别组成面，图 3-2 中的平面桁架结构现在成为如图 3-9 所示的 5 个小三角形组成的三角形板结构。

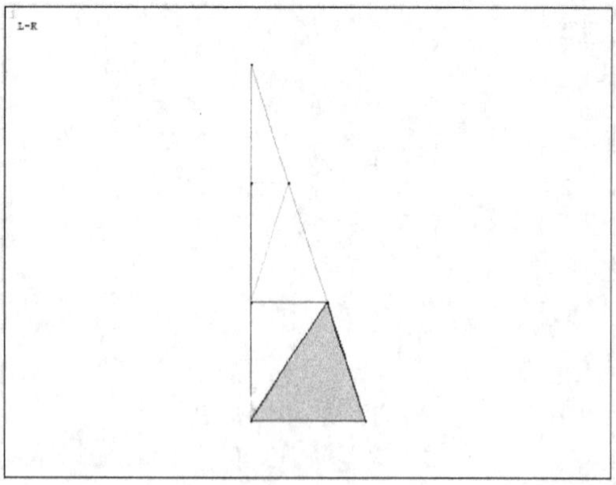

图 3-8　由关键点 11、21、22 围成的面

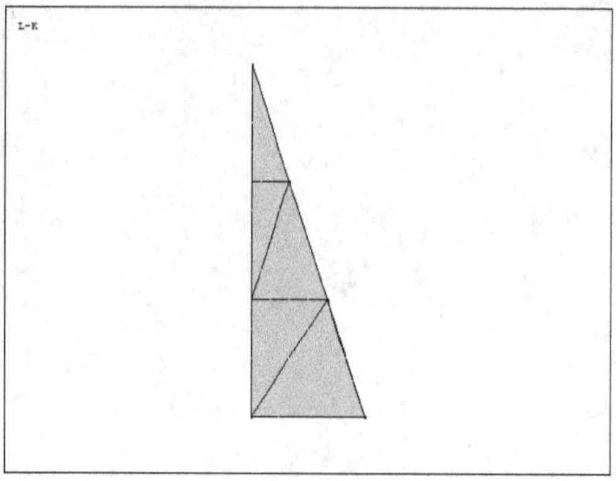

图 3-9　由 5 个小三角形组成的三角形板结构

以上生成面的操作也可由下列命令完成。

```
A,11,21,22
A,11,22,12
A,12,22,23
A,12,23,13
A,13,23,14
```

在 GUI 界面命令输入框中输入上述命令即可得到如图 3-9 所示的板结构。

上述的操作即为自底向上的建模基本思路，对于结构简单的模型可以直观地在 ANSYS 中用 GUI 操作或命令流建成，以上思路也可更适合高阶用户直接编写 APDL 命令流进行建模。用户对 APDL 命令更为熟悉之后，也可以采用下述更高效的方法进行建模及其他操作。

打开记事本，输入如下操作命令，并保存为文件 3-1.txt。

```
Finish
/clear
/filename,3-1
/prep7
K,11,0,0,0
K,12,0,3,0
K,14,0,9,0
K,21,3,0,0
K,22,2,3,0
K,23,1,6,0
L,11,12
L,12,13
L,13,14
L,21,22
L,22,23
L,23,14
```

```
L,11,21
L,12,22
L,13,23
L,11,22
L,12,23
A,11,21,22
A,11,22,12
A,12,22,23
A,12,23,13
A,13,23,14
Finish
```

运行 ANSYS Mechanical APDL Product Launcher，在 Working Directory 文本框中输入 3-1.txt 所在的目录地址，在 Job Name 文本框中输入 3-1。

单击 Run 按钮，启动 ANSYS GUI 界面，在通用菜单中选择 File > Read Input from 命令，如图 3-10 所示，弹出 Read File 对话框。

在 Read File 对话框的 Read Input from 列表框中选择 3-1.txt 文件，单击 OK 按钮。在通用菜单中选择 Plot > Multi-Plots 命令，即可在工作区中显示如图 3-2 所示的模型。

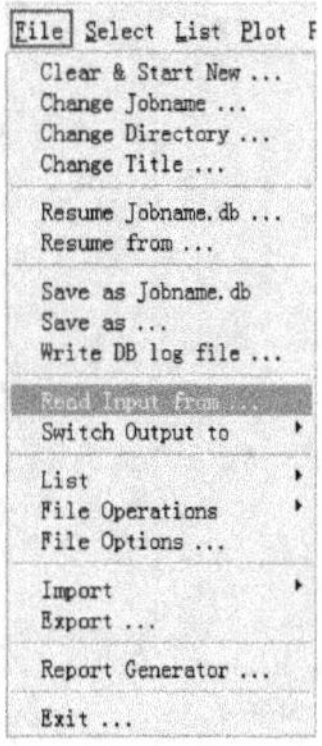

图 3-10　File 菜单

3.3 自顶向下法

当模型较为复杂时，模型可能包括多个简单的几何体如圆柱、球等，自底向上的思路在这样的场合往往难以胜任，处理这样的模型通常采用与之相反的思路。

如图 3-11 所示的图形，可以看作图 3-12 中（a）+（b）-（c）得到，下面将在 ANSYS 中建立该模型。

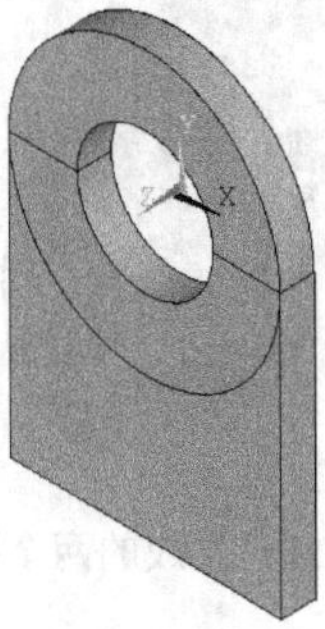
图 3-11　由三个基本几何体经过布尔运算所得模型

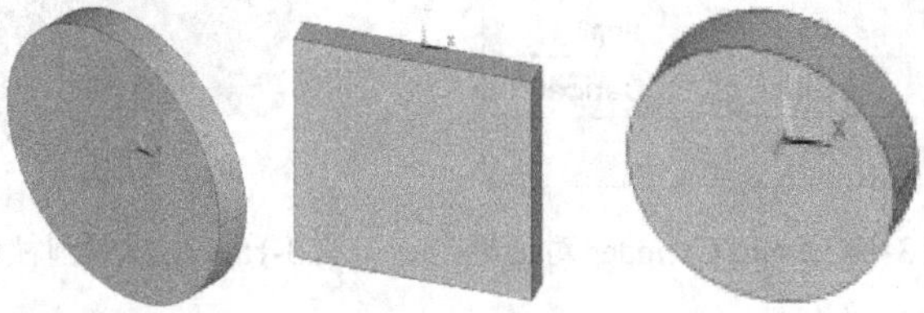
（a）　（b）　（c）

图 3-12　组成模型的元素

（1）运行 ANSYS，在主菜单中选择 Preferences，弹出如图 3-13 所示的 Preferences for GUI Filtering 对话框。勾选 Structural（结构分析）选项，单击 OK 按钮，完成分析环境设置。

（2）从主菜单中选择 Preprocessor > Modeling > Create > Volumes > Cylinder > Solid Cylinder 命令，在弹出的对话框中，WPX 输入 0，WPY 输入 0，Radius 输入 0.2，Depth 输入 0.05，单击 Apply 按钮，如图 3-14 所示，生成的圆柱体如图 3-15 所示。

在 WPX 输入 0，WPY 输入 0，Radius 输入 0.1，Depth 输入 0.05，单击 OK 按钮，生成一个一个圆柱体。现在得到两个圆柱体，结果如图 3-16 所示。

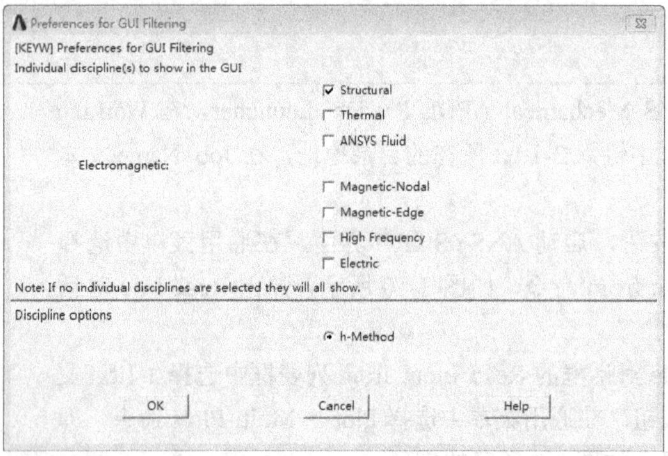

图 3-13　Preferences for GUI Filtering 对话框

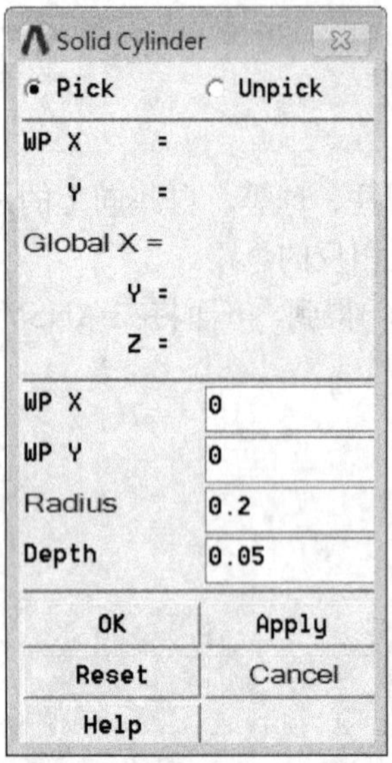

图 3-14　Solid Cylinder 对话框

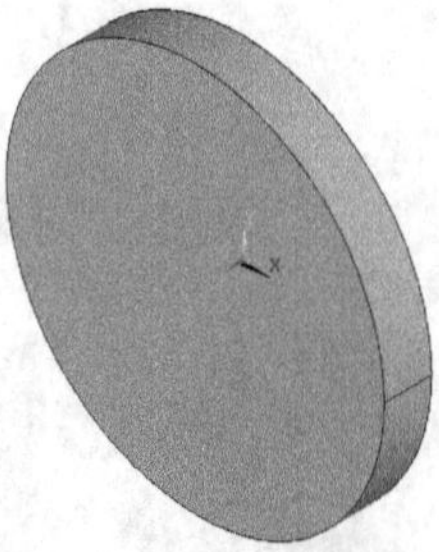

图 3-15　生成的圆柱体

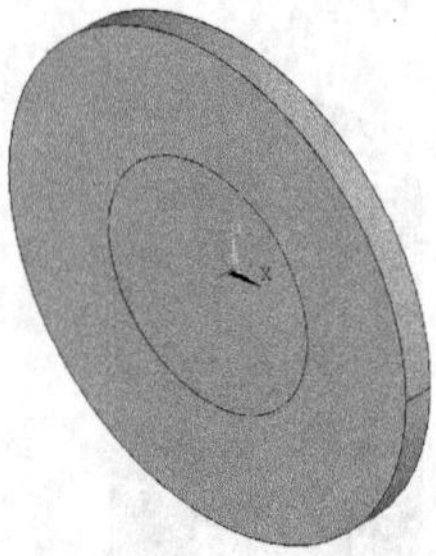

图 3-16　生成的两个圆柱体

（3）从主菜单中选择 Preprocessor > Modeling > Create > Volumes > Block > By 2 Corners&Z 命令，弹出如图 3-17 所示的 by 2 Corners&Z 对话框。

在文本框中输入如下参数：WPX=-0.2，WPY=0，Width=0.4，Height=-0.4，Depth=0.05。单击 OK 按钮，生成如图 3-18 所示的长方体。

（4）从主菜单中选择 Preprocessor > Modeling > Operate > Booleans > Add > Volumes 命令，弹出 Add Volumes 对话框。

在工作区中拾取前述操作生成的长方体与较大的圆柱，如图 3-19 所示，单击 OK 按钮完成操作。

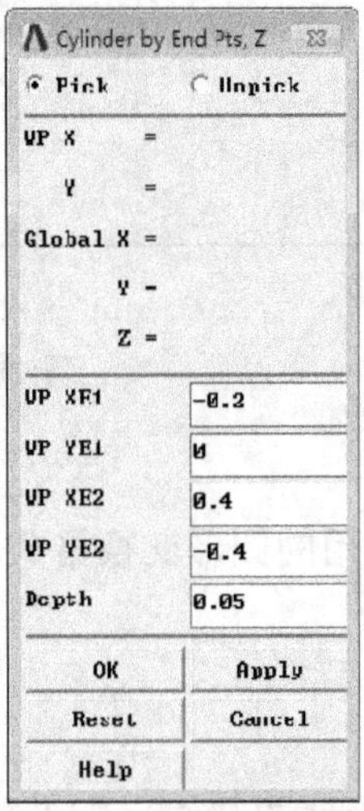

图 3-17　Solid Cylinder 对话框

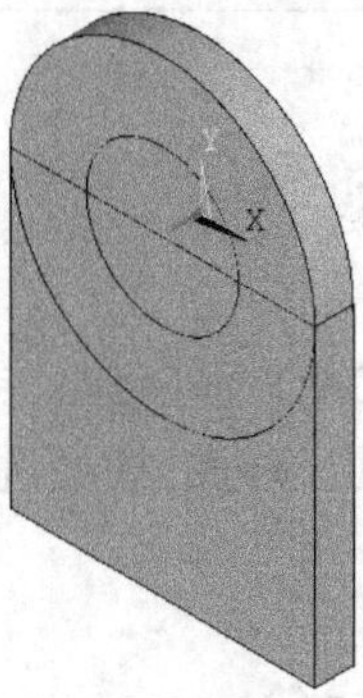

图 3-18　构成模型的基本几何体

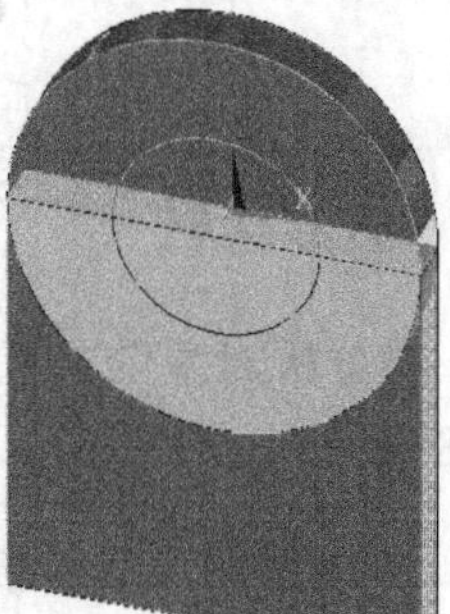

图 3-19　选择 Block 与 Cylinder

（5）从主菜单中选择 Preprocessor > Modeling > Operate > Booleans > Subtract > Volumes 命令，弹出 Subtract Volumes 对话框。

在图形窗口中拾取上述操作生成的圆柱体与长方体组合体，单击 OK 按钮，拾取之前生成的较小的圆柱体，如图 3-20 所示，单击 OK 按钮完成操作，生成的模型如图 3-21 所示。

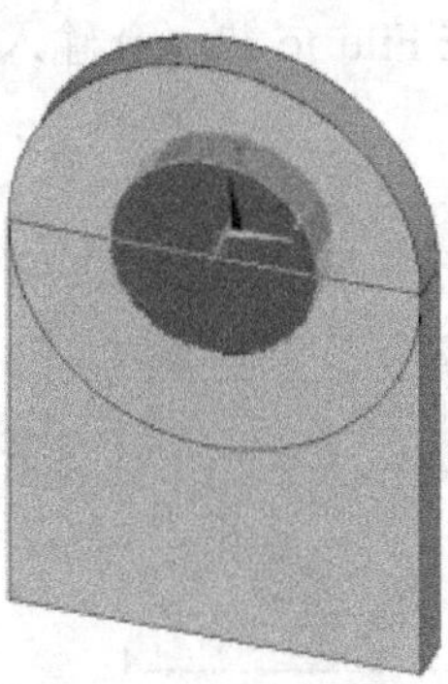

图 3-20　被减的实体

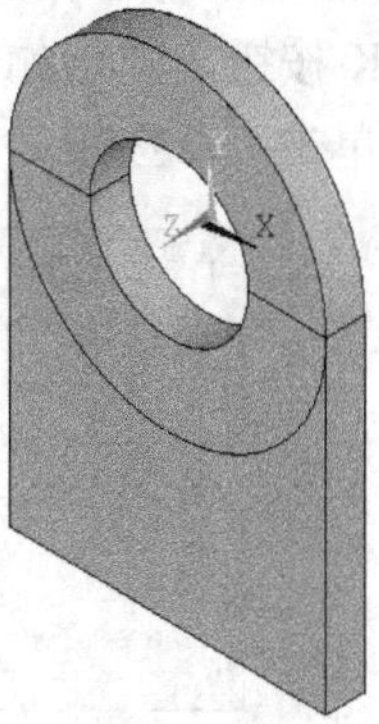

图 3-21　减去后的模型

本例操作的命令流如下。

```
/CLEAR,START
/FINSH
```

```
/PREP7
CYL4 , 0 , 0 , 0.2 , ,,,0.05
BLC4 , -0.2 , 0 , 0.4 , -0.4 , 0.05
CYL4 , 0 , 0 , 0.1 , ,,,0.05
VSEL,S,VOLU,,1
VSEL,A,VOLU,,2
VADD,ALL
VSEL,ALL
VSBV,4 , 3
SAVE
FINISH
```

3.4 外部程序导入模型

若分析对象的几何模型已由 CAD 程序建立完成，则通过通用的图形交换格式或 ANSYS 的 CAD 接口可以方便地将已建好的模型进行模型导入。

1. 通用图形交换格式

ANSYS 可以接受导入的通用图形交换格式有 IGES（扩展名为.igs 的文件）、SAT（扩展名为.sat 的文件）、Parasolid（扩展名为.x_t 的文件）等。

■ IGES 格式

IGES 格式是一种普遍接受的图形交换格式，ANSYS 的过滤程序可以输入部分文件，因此用户可以输入模型的某一部分。

在通用菜单中选择 File > Import > IGES 命令，弹出如图 3-22 所示 ANSYS 的 Import IGES File 对话框。对话框中从上到下 3 个选项分别为合并重合关键点、创建实体、删除小面，单击 OK 按钮，弹出如图 3-23 所示对话框，在 File to import 输入框中输入 IGES 文件的名字，单击 OK 按钮。

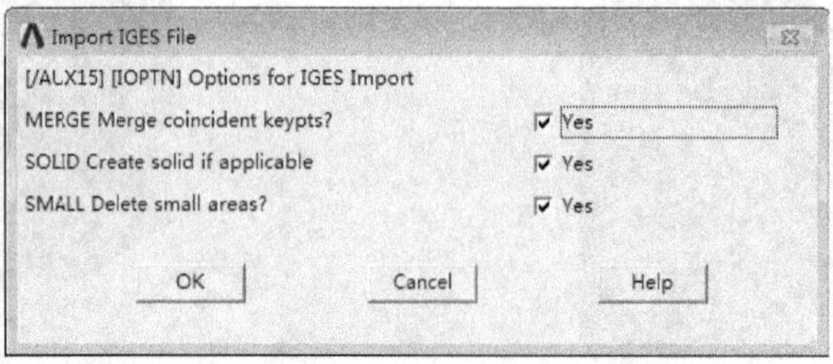

图 3-22 ANSYS 的 Import IGES File 对话框

如输入失败，则尝试关闭图 3-22 中的 MERGE 和 SOLID 选项重新输入。如发现一些较小的面丢失，则尝试关闭图 3-22 中的 SMALL 选项重新输入，但花费的时间较长，占用的内存也将更多。

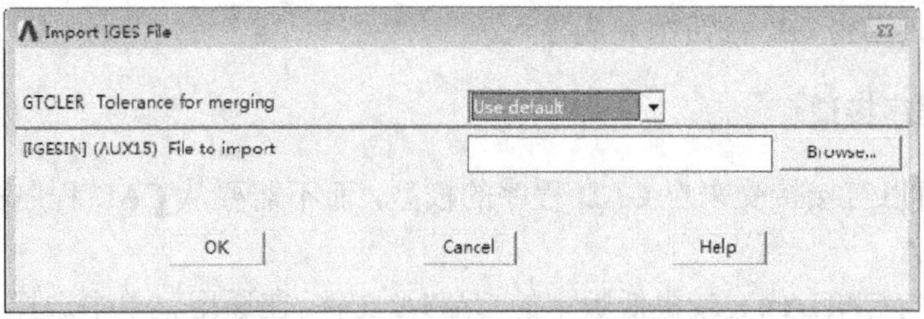

图 3-23　输入 IGES 文件对话框

如发生 merging 时间过长或占用过多内存的情况，则应尝试调整模型公差，如图 3-24 所示，在 Tolerance formerging 列表中选择合适的公差。

选择公差时，应估计最大的模型尺寸与模型最小尺寸，两者比率为公差合理近似值。

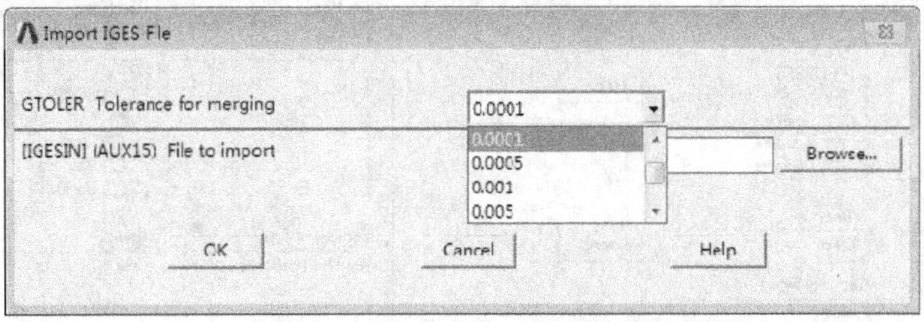

图 3-24　选择合适的公差

■　SAT 格式

ACIS 是用 C++构造的图形系统开发平台，SAT 格式是基于 ACIS 核心开发程序的通用图形文档，多种 CAD 程序均可生成 SAT 格式的文件。

在通用菜单中选择 File > Import > SAT 命令。弹出 ANSYS Connection for SAT 对话框。选择 FileName 列表框中的.sat 格式文件，并可以修改以下几个选项。

- Allow Defeaturing（允许使用）：若选择该项，则模型导入时，允许特征修改，导入后以实体数据保存，否则限制特征修改，并以中立数据形式保存。
- Geometry Type（几何类型）：选择 Solids Only、Surfaces Only、Wireframe Only，分别只导入体、面、线框模型，选择 ALL Entities 导入全部图元。

设置完成，单击 OK 按钮则完成导入。

■　Parasolid 格式

Parasolid 格式是以.x_t、.xmt_txt 为拓展名的文件格式，是一个严格的边界表示的实体建模模块，它支持实体建模、通用的单元建模和集成的自由形状曲面/片体建模。

在通用菜单中选择 File > Import > Parasolid 命令。弹出如图 3-25 所示的 ANSYS Connection for Parasolid 对话框。选择 File Name 列表框中的.x_t 格式文件，并可以修改以下几个选项。

- Allow Defeaturing（允许使用）：若选择该项，则模型导入时，允许特征修改，导入后以实体数据保存，否则限制特征修改，并以中立数据形式保存。
- Geometry Type（几何类型）：选择 Solids Only、Surfaces Only、Wireframe Only，分别只导入体、面、线框模型，选择 ALL Entities 导入全部图元。

设置完成，单击 OK 按钮则完成导入。

2. CAD 程序接口

ANSYS 可以直接接受来自 CAD 程序的模型，而不需要从 CAD 程序输出后再输入。

■ CATIA

该接口面向 CATIA 4.x 或更低版本的 CATIA 文件。在通用菜单中选择 File > Import > CATIA 命令，弹出如图 3-26 所示的 ANSYS Connection for CATIA 对话框。

选择需要导入的文件，单击 OK 按钮即可完成导入，勾选 Import blanked bodies 选项时，则允许导入时压缩 CATIA 数据。

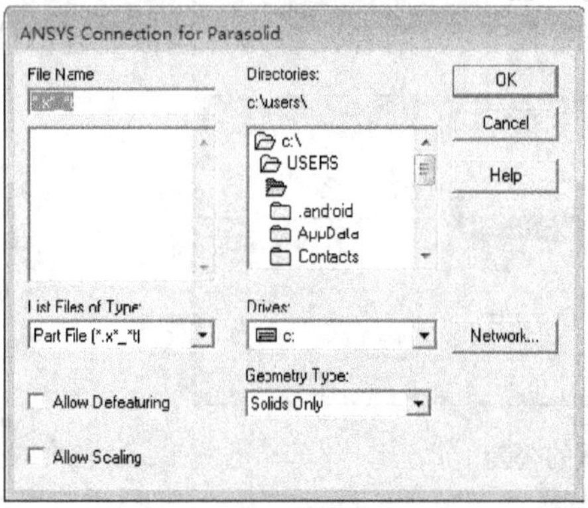

图 3-25　ANSYS Connection for Parasolid 对话框

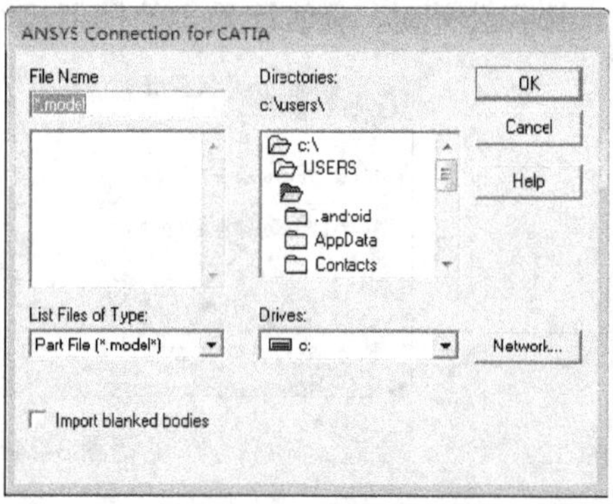

图 3-26　ANSYS Connection for CATIA 对话框

■ CATIA V5

在 CATIA 接口面向 CATIA V5 R2～R21 创建的对象，支持扩展名为.CATPar 和.CATProduct 的文件，在通用菜单中选择 File > Import > CATIA V5 命令，弹出如图 3-27 所示的 ANSYS CATIA V5 Import 对话框。

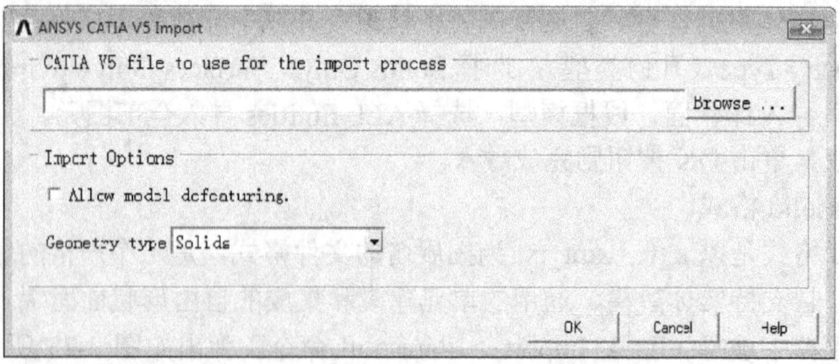

图 3-27　ANSYS CATIA V5 Import 对话框

单击 CATIA V5 file touse for the import process 左侧的 Browse 按钮，选择需要导入的文件，有以下选项可供设置。

- Allow Defeaturing（允许使用）：若选择该项，则模型导入时，允许特征修改，导入后以实体数据保存，否则限制特征修改，并以中立数据形式保存。

- Geometry Type（几何类型）：选择 Solids Only、Surfaces Only、Wireframe Only，分别只导入体、面、线框模型，选择 ALL Entities 导入全部图元。

设置完成，单击 OK 按钮则完成导入。

■ Creo Parametric

在通用菜单中选择 File > Import > Parasolid 命令。弹出如图 3-28 所示的 ANSYS Connection for Creo Parametric 对话框。选择需要导入的文件，并可以修改以下几个选项。

- Allow Defeaturing（允许使用）：若选择该项，则模型导入时，允许特征修改，导入后以实体数据保存，否则限制特征修改，并以中立数据形式保存。
- Use Assemblies（使用装配）：当导入装配图文件时选择该项。
- Geometry Type（几何类型）：选择 Solids Only、Surfaces Only、Wireframe Only，分别只导入体、面、线框模型，选择 ALL Entities 导入全部图元。

需要注意的是，当 Creo 文件的最终扩展名为数字时，该接口总是自动选择数字最大的文件导入，且导入 ANSYS 的几何体总是使用默认坐标系。

设置完成，单击 OK 按钮则完成导入。

■ NX

在通用菜单中选择 File > Import > NX 命令。弹出如图 3-29 所示的 ANSYS Connection for NX 对话框。选择需要导入的文件，并可以修改以下几个选项。

- Allow Defeaturing（允许使用）：若选择该项，则模型导入时，允许特征修改，导入后以实体数据保存，否则限制特征修改，并以中立数据形式保存。
- Use selected layers only（仅使用选中的图层）：可选择要导入的图层号，单层（如 10）或范围（如 10～15）均可，默认为导入所有层。
- Geometry Type（几何类型）：选择 Solids Only、Surfaces Only、Wire frame Only 分别只导入体、面、线框模型，选择 ALL Entities 导入全部图元。

设置完成，单击 OK 按钮则完成导入。

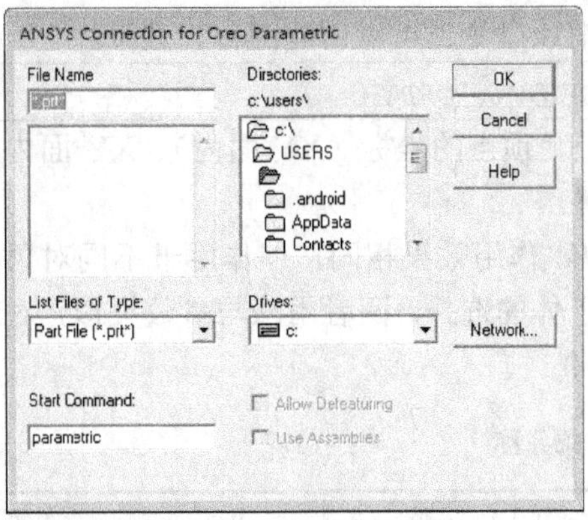

图 3-28　ANSYS Connection for Creo Parametric 对话框

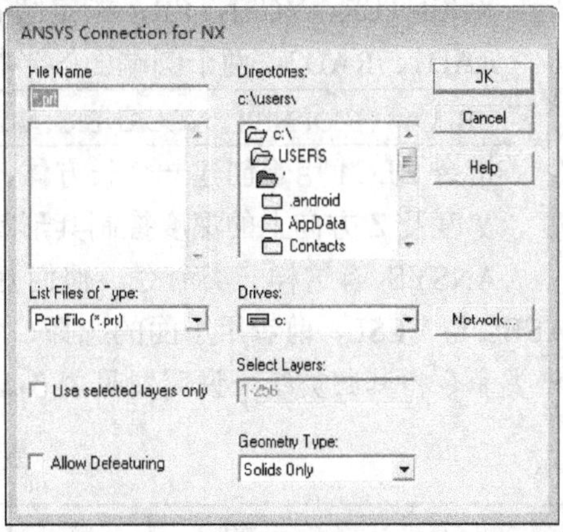

图 3-29　ANSYS Connection for NX 对话框

3.5 常用建模命令汇总

本章介绍了 GUI 与命令流在 ANSYS 中建立模型的两种方法，提供了获得分析模型的途径，其中涉及 APDL 命令代码在此进行统一说明。

FINI（FINISH）

退出处理器。

/PREP7

进入前处理器。

K,NPT,X,Y,Z

指令 K 用于在工作区指定坐标位置创建关键点。

NPT：关键点编号，默认将新创建的关键点编号设置为当前最大编号加 1。

X、Y、Z：关键点坐标，默认为 0。

L,P1，P2，NDIV,SPACE,XV1，YV1，ZV1，XV1，YV2，ZV2

指令 L 用于连接工作区内的两个关键点创建一条线，可以为直线或曲线，XV1、YV1、ZV1、XV2、YV2、ZV2 分别是两个关键点处在 X、Y、Z 方向上的切线斜率，全为 0 时 L 创建的为直线。

P1、P2：被连接的两个关键点编号，当 P1=P2 时，激活在 GUI 中拾取功能，其后的项目均被略去。

A,P1，P2，P3，P4，P5，P6，P7，P8，P9，P10，P11，P12，P13，P14，P15，P16，P17，P18

指令 A 用于连接数个关键点创建一个面，可由至少 3 个，最多 18 个点连接围城面。

CYL4，XCENTER,YCENTER,RAD1，THETA1，RAD2，THETA2，DEPTH

指令 CYL4 用于创建一个圆柱。

XCENTER、YCENTER：指定圆心坐标。

RAD1、RAD2：两个圆端面的半径，即指该命令也可以创建圆台、圆锥。

BLC4，XCORNER，YCORNER，WIDTH，HEIGHT，DEPTH

指令 BLC4 用于创建一个长方体，通过一个顶点的坐标（XY 面内）、XY 面内的长度、宽度及 Z 方向上的深度控制其形状与位置。

ANSYS 有这样一类命令，他们互相类似，作用效果相同，但作用于不同对象，如 ASEL 与 VESL，前者用于面的选择，后者用于体的选择，两者用法与参数类似，对于这一类命令将其归类统一说明，见表 3-2 和表 3-3。

表 3-2 对象名称

名称	关键点	线	面	体	节点	单元
符号（X）	K	L	A	V	N	E

表 3-3　常用命令

命令	用途
XSEL	选择对象
XMESH	划分网格
ADELE	删除对象
SPLOT	在工作区中显示对象
XLIST	列出对象
XGEN	复制对象
XCLEAR	清除对象
XADD	布尔运算加
XSUB	布尔运算减
XGLUE	布尔运算合并
XSUM	计算对象几何信息

3.6 实体模型的建立

在建立模型的过程中，自上而下并不是绝对的，有时也用到自下而上的方法。现在通过建立一个联轴体来介绍自上而下建模的方法，联轴体如图 3-30 所示。

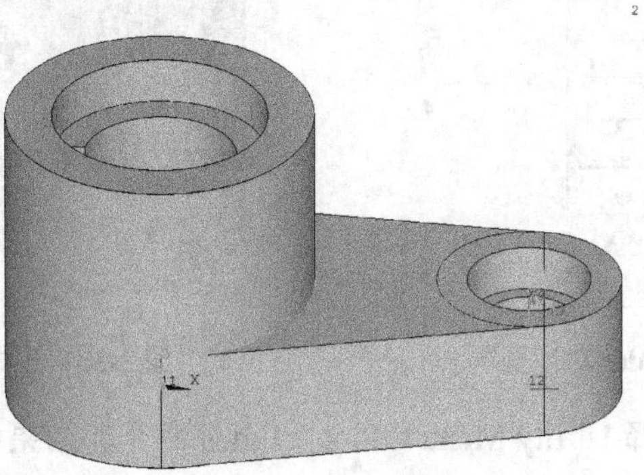

图 3-30　需要创建的联轴体

（1）运行 ANSYS，在主菜单中，选择 Preferences，弹出如图 3-31 所示的 Preferences for GUI Filtering 对话框。勾选 Structural（结构分析）选项，单击 OK 按钮完成分析环境设置。

（2）从主菜单中，选择 Preprocessor > Modeling > Create > Volumes > Cylinder > SolidCylinder 命令，在弹出的对话框中，WP X 项输入 0，WP Y 项输入 0，Radius 项输入 5，Depth 项输入 10，单击 Apply 按钮。

再在 WP X 项输入 12，WP Y 项输入 0，Radius 项输入 3，Depth 项输入 4，单击 OK 按钮生成另一个圆柱体。输入过程如图 3-32 所示，得到两个圆柱体，结果如图 3-33 所示。

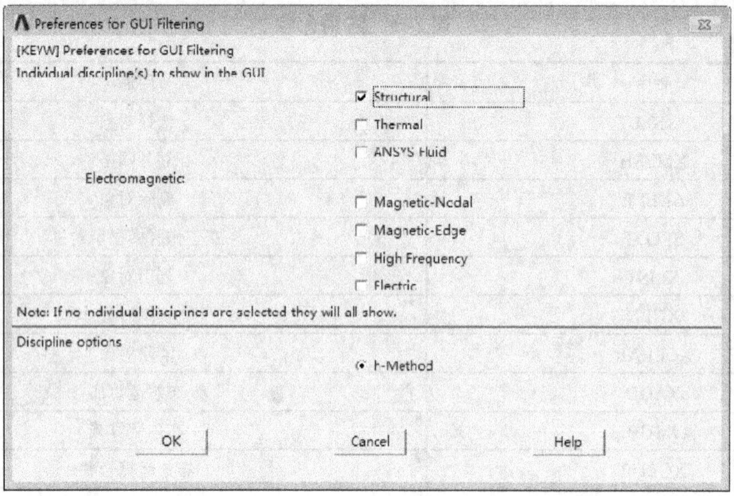

图 3-31　Preferences for GUI Filtering 对话框

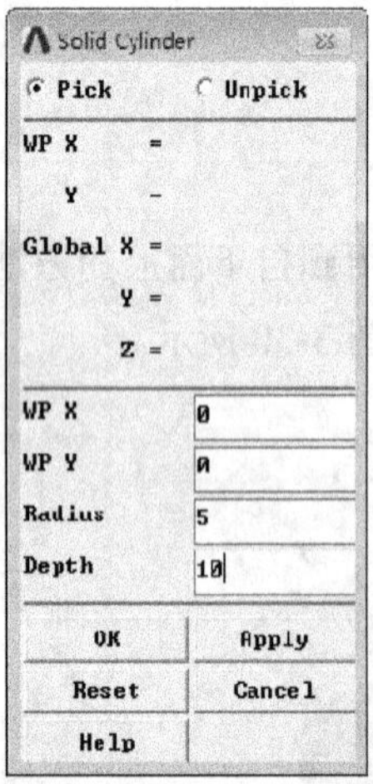

图 3-32　Solid Cylinder 对话框

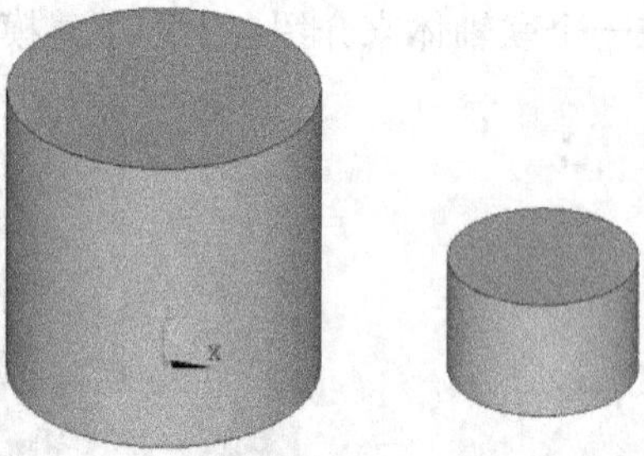

图 3-33　生成的两个圆柱体

从实用菜单中选择 Utility Menu > Plot > Lines 命令，结果如图 3-34 所示。

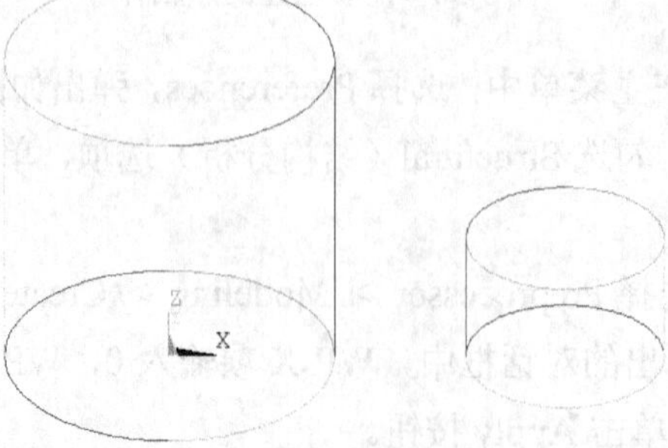

图 3-34　线显示

（3）从实用菜单中选择 Utility Menu > Work Plane > Local Coordinate Systems > Create Local CS > At Specified Loc 命令。

在打开的创建坐标系对话框（图 3-35）中，在 Global Gartesian 文本框中输入 0,0,0，然后单击 OK 按钮，得到 Create Local CS at Specified Location 对话框，如图 3-36 所示。

在 Ref number of new coordsys 中输入 11，在 Type of coordinate system 中选择 Cylindrical 1，在 Origin of coord system 文本框中分别输入 0,0,0，单击 OK 按钮，如图 3-36 所示。

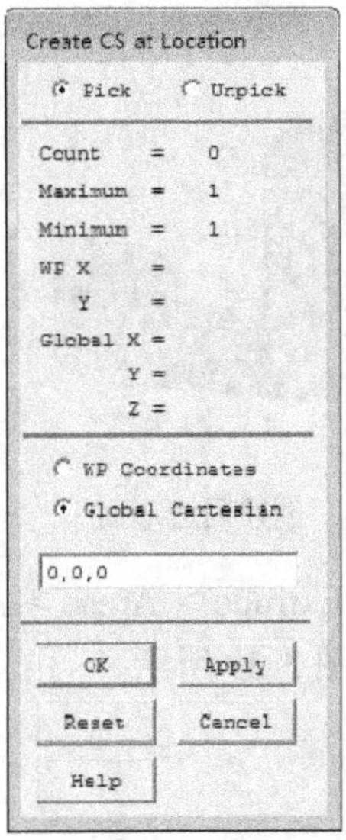

图 3-35　输入坐标系的原点坐标

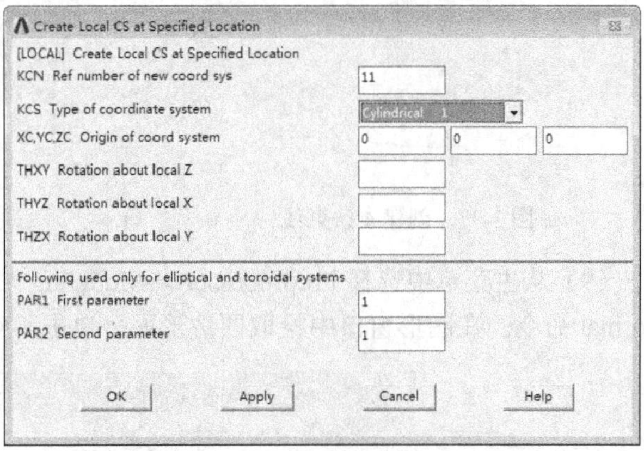

图 3-36　创建局部坐标系

（4）在主菜单中选择 Preprocessor > Modeling > Create > Keypoints > In Active CS 命令，弹出 Create Keypoints in Active Coordinate System 对话框。

在 Keypoint number 文本框中输入关键点编号 110，在 Location in active CS 文本框中输入关键点 110 的坐标（5,-80.4,0），单击 Apply 按钮确定，再在 Key point number 文本框中输入关键点编号 120，在 Location in activeCS 文本框中输入关键点 120 的坐标（5,80.4,0），单击 OK 按钮，创建另一个关键点。

（5）从实用菜单中选择 Utility Menu > WorkPlane > Local Coordinate Systems > Create Local CS > At Specified Loc 命令。

在打开的创建坐标系对话框中，在 Global Gartesian 文本框中输入 12，0，0，然后单击 OK 按钮，得到 Create Local CS At Specified Location 对话框。

在 Refnumber of new coordsys 中输入 12，在 Type of coordinate system 中选择 Cylindrical 2，在 Origin of coordsystem 文本框中分别输入 12,0,0，单击 OK 按钮。

（6）从主菜单中选择 Preprocessor > Modeling > Create > Keypoints > In Active CS 命令，弹出 Create Keypoints in Active Coordinate System 对话框。

在 Keypoint number 文本框中输入关键点编号 130，在 Location in activeCS 文本框中输入关键点 110 的坐标（3,-80.4,0），单击 Apply 按钮确定，再在 Keypoint number 文本

框中输入关键点编号 140，在 Location in activeCS 文本框中输入关键点 120 的坐标（3,80.4,0），单击 OK 按钮，创建另一个关键点。

（7）从主菜单中选择 Preprocessor > Modeling > Create > Lines > Lines > Straight Line，弹出 Create Straight Line 对话框，在工作区中拾取关键点 110 与关键点 130，点 120 与 140，点 110 与 120，点 130 与 140，使它们成为 4 条直线，单击 OK 按钮，如图 3-37 所示。

（8）从主菜单中选择 Preprocessor > Modeling > Creating > Areas > Arbitrary > Areas > Arbitrary > ByLines 命令。依次拾取刚刚建立的 4 条直线，单击 OK 按钮，生成的四边形面如图 3-38 所示。

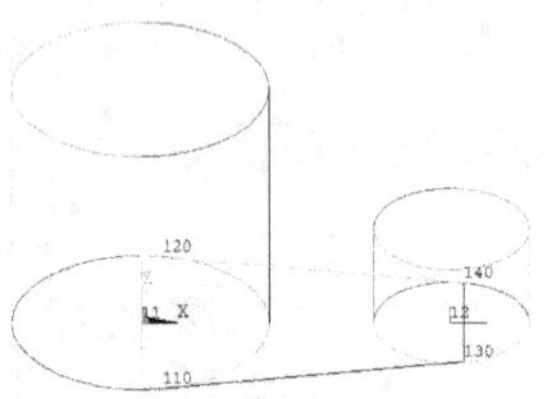

图 3-37　创建 4 条直线

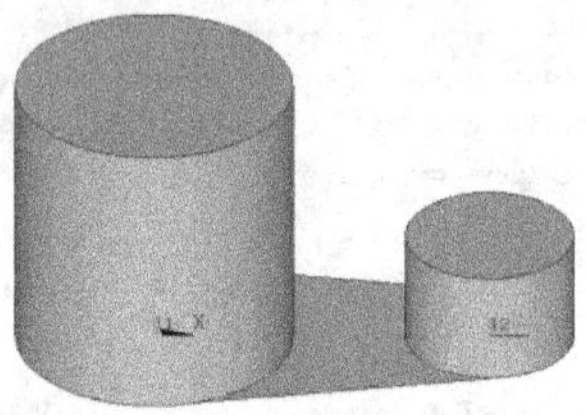

图 3-38　创建四边形面

（9）从主菜单中选择 Preprocessor > Modeling > Operate > Extrude > Areas > Along Normal 命令。在图形窗口中拾取四边形面，单击 OK 按钮，如图 3-39 所示。

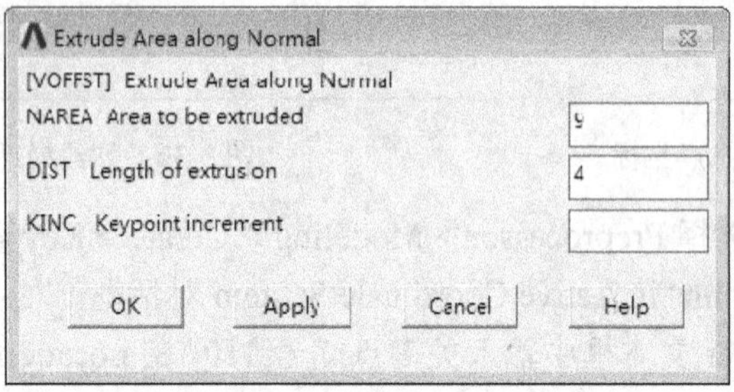

图 3-39　输入体的厚度

打开创建体的对话框，输入 DIST=4，厚度的方向是圆柱所在的方向，单击 OK 按钮，生成的四棱柱如图 3-40 所示。

（10）从实用菜单中选择 Utility Menu > WorkPlane > Change Active CS to > Global Gartesian 命令。

从实用菜单中选择 Utility Menu > WorkPlane > Offset WP to > XYZ Locations 命令，在 Global Gartesian 文本框中输入 0,0,8.5，然后单击 OK 按钮，如图 3-41 所示。

（11）从主菜单中选择 Preprocessor > Modeling > Create > Volumes > Cylinder > Solid Cylinder 命令，在弹出的对话框中，WP X 项输入 0，WP Y 项输入 0，Radius 项输入 3.5，Depth 项输入 1.5，单击 Apply 按钮。

再在 WP X 项输入 0，WP Y 项输入 0，Radius 项输入 2.5，Depth 项输入-8.5，单击 OK 按钮生成另一个圆柱体。得到两个圆柱体，结果如图 3-42 所示。

（12）从主菜单中选择 Preprocessor > Modeling > Operate > Booleans > Subtract > Volumes 命令。在图形窗口中拾取联轴体及大圆柱体，作为布尔“减”操作的母体，单击 Apply 按钮。在图形窗口中拾取刚刚建立的两个圆柱体作为布尔“减去”的对象，单击 OK 按钮，所得的结果如图 3-43 所示。

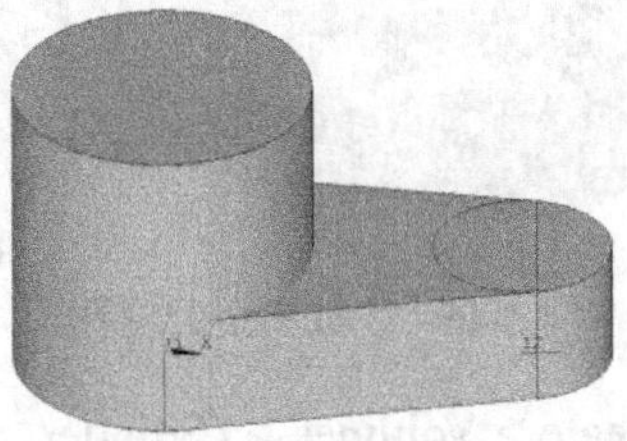

图 3-40　生成的四棱柱

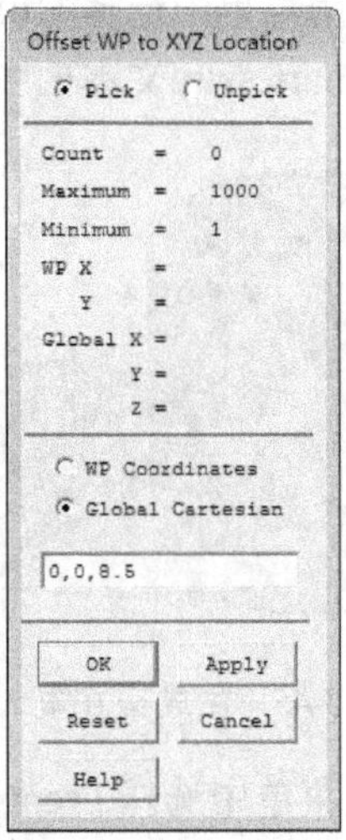

图 3-41　偏移工作平面

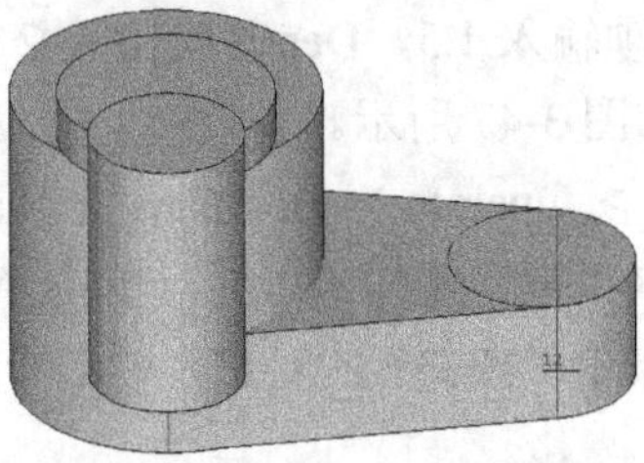

图 3-42　生成两个圆柱体

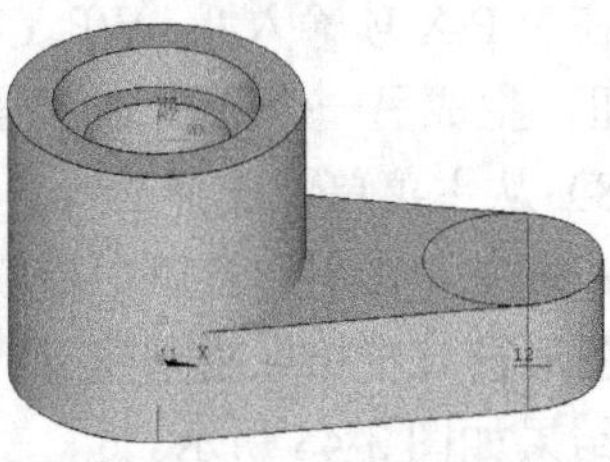

图 3-43　生成圆轴孔

（13）从实用菜单中选择 Utility Menu > WorkPlane > Offset WP to > XYZ Locations 命令，在 Global Gartesian 文本框中输入 0,0,0，然后单击 OK 按钮。

（14）从主菜单中选择 Preprocessor > Modeling > Create > Volumes > Block > By Dimensions 命令。输入如图 3-44 所示，得到结果如图 3-45 所示。

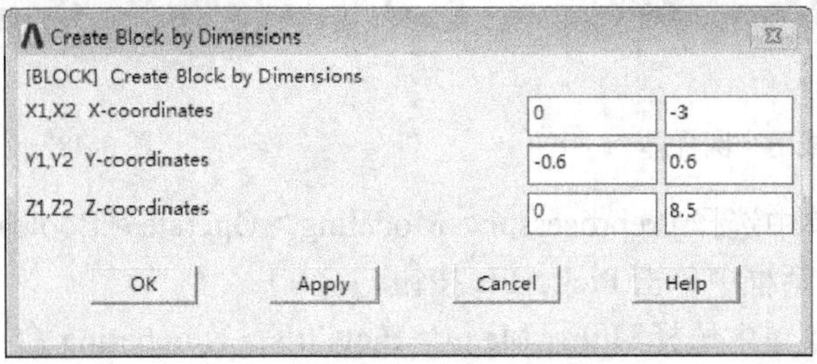

图 3-44　创建长方体

（15）从主菜单中选择 Preprocessor > Modeling > Operate > Booleans > Subtract > Volumes 命令。在图形窗口中拾取联轴体及大圆柱体，作为布尔“减”操作的母体，单击 Apply 按钮。在图形窗口中拾取刚刚建立的长方体作为布尔“减去”的对象，单击 OK 按钮，所得的结果如图 3-46 所示。

（16）从实用菜单中选择 Utility Menu > WorkPlane > Offset WP to > XYZ Locations 命令，在 Global Gartesian 文本框中输入 12，0，2.5，然后单击 OK 按钮。

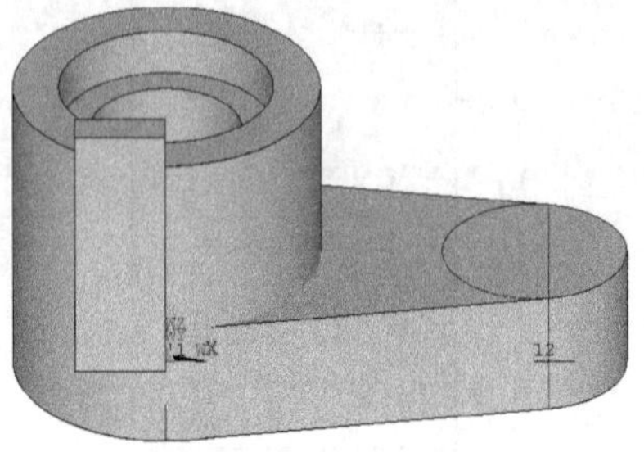

图 3-45　生成长方体

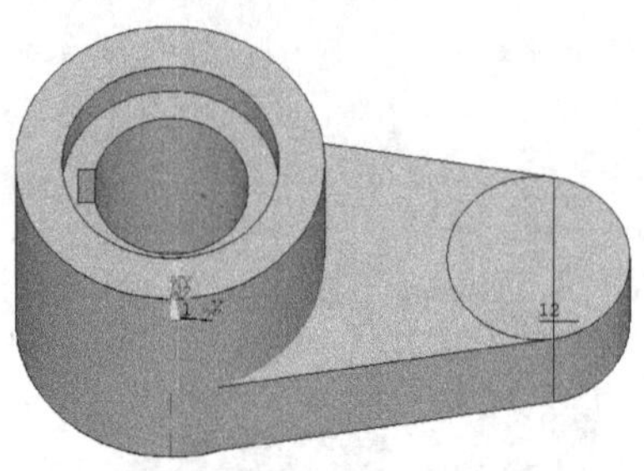

图 3-46　生成完全的轴孔

（17）从主菜单中选择 Preprocessor > Modeling > Create > Volumes > Cylinder > Solid Cylinder 命令，在弹出的对话框中，WP X 项输入 0，WP Y 项输入 0，Radius 项输入 2，Depth 项输入 1.5，单击 Apply 按钮。

再在 WP X 项输入 0，WP Y 项输入 0，Radius 项输入 1.5，Depth 项输入-2.5，单击 OK 按钮，生成另一个圆柱体。得到两个圆柱体，如图 3-47 所示。

（18）从主菜单中选择 Preprocessor > Modeling > Operate > Booleans > Subtract > Volumes 命令。在图形窗口中拾取联轴体，作为布尔“减”操作的母体，单击 Apply 按钮。在图形窗口中拾取刚刚建立的两个圆柱体作为布尔“减去”的对象，单击 OK 按钮，所得的结果如图 3-48 所示。

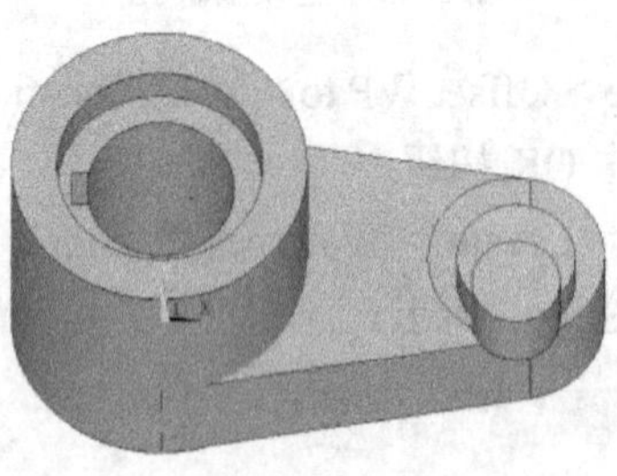

图 3-47　生成两个圆柱体

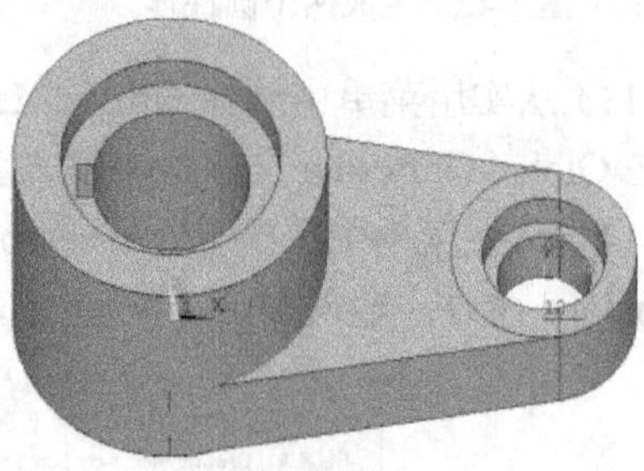

图 3-48　形成轴孔

（19）从主菜单中选择 Preprocessor > Modeling > Operate > Booleans > Add > Volumes 命令。在出现的对话框中单击 Pick ALL 按钮。

（20）从实用菜单中选择 Utility Menu > PlotCtrls > Numbering 命令，设置 Volume 选项为 on，单击 OK 按钮，所得的结果如图 3-49 所示。

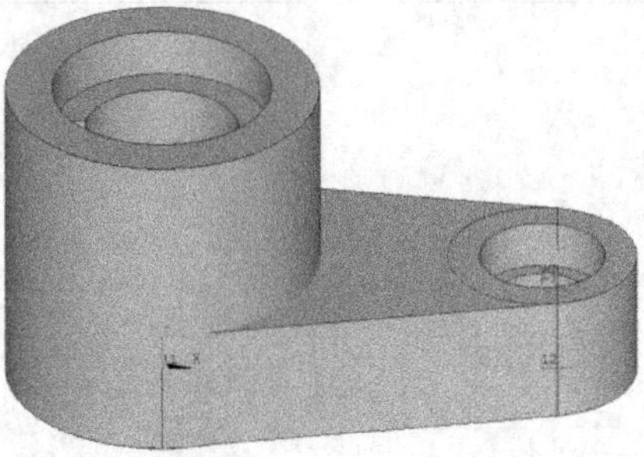

图 3-49　体显示的结果

（21）选取工作条上的 SAVE-DB。

（22）选取工作条上的 QUIT。

本例操作的命令流如下。

```
/CLEAR,START

/PREP7
CYL4,0,0,5,,,,10
CYL4,12,0,3,,,,4
LPLOT
LOCAL,11,1,,0,0,0,,,,1,1
K,110,5,-80.4,0
K,120,5,80.4,0
LOCAL,12,1,12,0,0,,,,1,1
K,130,3,-80.4,0
K,140,3,80.4,0
LSTR,110,130
LSTR,120,140
LSTR,130,140
LSTR,120,110
FLST,2,4,4
FITEM,2,24
FITEM,2,21
FITEM,2,23
FITEM,2,22
AL,P51X
VOFFST,9,4,,
CSYS,0
FLST,2,1,8
FITEM,2,0,0,8.5
WPAVE,P51X
CYL4,0,0,3.5,,,,1.5
CYL4,0,0,2.5,,,,-8.5
```

```
FLST,2,2,6,ORDE,2
FITEM,2,1
FITEM,2,3
FLST,3,2,6,ORDE,2
FITEM,3,4
FITEM,3,-5
VSBV,P51X,P51X
FLST,2,1,8
FITEM,2,0,0,0
WPAVE,P51X
BLOCK,0,-3,-0.6,0.6,0,8.5
VSBV,7,1
FLST,2,1,8
FITEM,2,12,0,2.5
WPAVE,P51X
CYL4,0,0,2,,,,1.5
CYL4,0,0,1.5,,,,-2.5
FLST,2,2,6,ORDE,2
FITEM,2,2
FITEM,2,6
FLST,3,2,6,ORDE,2
FITEM,3,1
FITEM,3,4
VSBV,P51X,P51X
FLST,2,3,6,ORDE,3
FITEM,2,3
FITEM,2,5
FITEM,2,7
VADD,P51X
SAVE
FINISH
```

3.7 本章小结

本章介绍了 ANSYS 的建模方法，包括实体建模建立法及直接建立有限元模型法两种。本章还给出了常用建模命令，帮助读者尽快掌握 ANSYS 建模方法。

本章通过建立联轴体的模型，详细介绍了自上而下建立模型的操作步骤，期望读者以此为基础多加练习。

第 4 章

划分网格

建立完成的实体模型必须经过网格划分才能进行求解计算，几何模型本身并不参与到计算过程中。网格划分是有限元分析的重要环节，网格划分情况的好坏直接关系到计算所需要的时间及所能达到的精度，不合理的网格不仅可能导致计算时间的过长、结果精度较差，甚至可能导致无法求解。网格划分通常有 3 个步骤，即定义单元属性、设置网格划分控制和生成网格。

学习目标：

- 掌握单元属性基本知识；
- 掌握网格划分控制的方法；
- 掌握网格修改的方法；
- 了解网格的映射、扫掠、拉伸方法。

4.1 定义单元属性

单元定义的属性有如下几种：单元类型（TYPE）、实常数（REAL）、材料特性（MAT）。

ANSYS 提供了约两百种单元可供选择。按照其应用的场合可分为结构单元、热单元、电磁单元、耦合场单元、流体单元、网格划分辅助单元、LS-DYNA 单元，按照其可用的维度可分为平面单元（二维）、空间单元（三维）。

以结构单元为例，常用的有二维梁单元（BEAM3）、二维杆单元（LINK1）、三维梁单元（BEAM3）、三维结构实体单元（SOLID45）等。

每种单元都有属于自己的唯一编号，如二维杆单元 LINK1 即 1 号单元。

运行 ANSYS，在命令输入框中输入如下命令并按 Enter 键，生成图 4-1 所示的模型。

```
/prep7
cyl4,0,0,0.07,,,,0.1
cyl4,0,0,0.05,,,,0.1
blc4,-0.1,0.03,0.2,-0.03,0.1
vsel,s,volu,,1
vsel,a,volu,,3
```

```
vadd,all
vsel,all
vsbv,4,2
blc4,-0.1,0,0.2,-0.1,0.1
vsbv,1,2
k,101,-0.1,0.03,0
k,102,-0.1,0.1,0
k,103,0.1,0.03,0
k,104,0.1,0.1,0
l,101,102
l,103,104
```

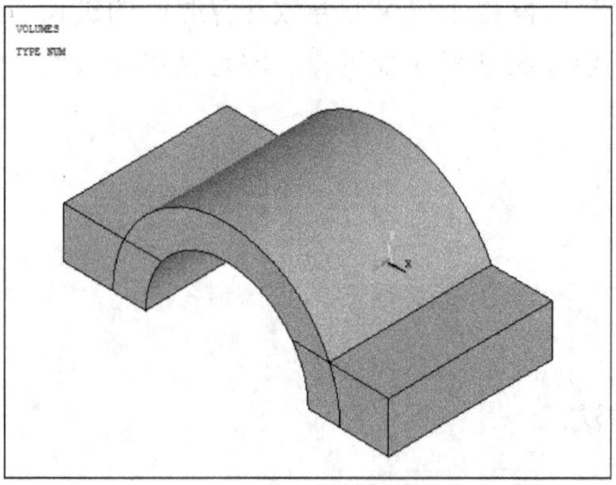

图 4-1　使力模型

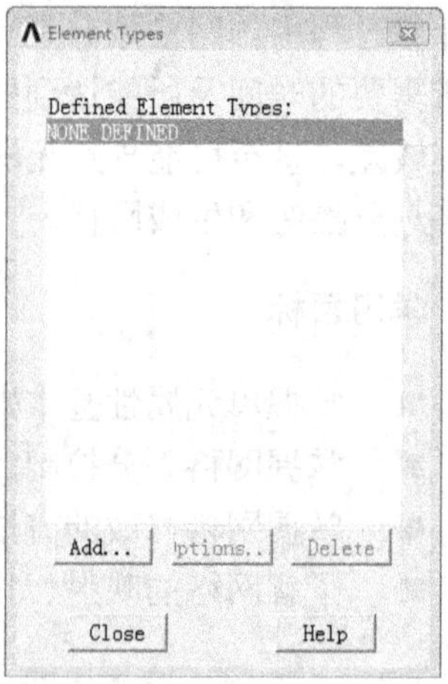

图 4-2　Element Type 对话框

在主菜单中选择 Preprocessor > Element Type > Add/Edit/Delete 命令，弹出如图 4-2 所示的Element Type 对话框，单击 Add 按钮，弹出如图 4-3 所示的 Library of Element Types 对话框。

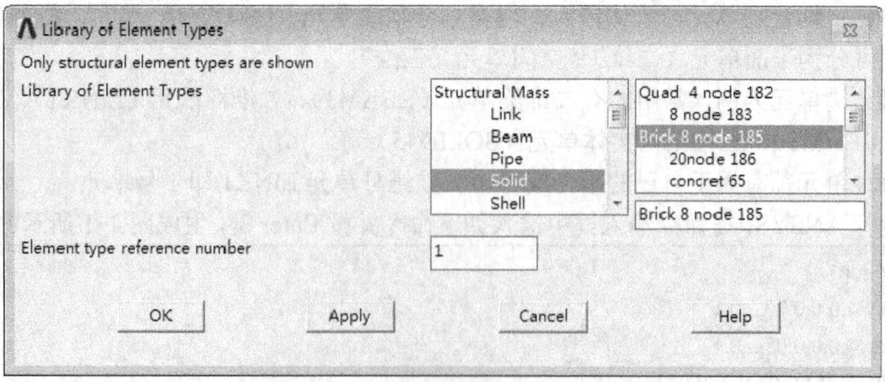

图 4-3　Library of Element Types 对话框

在列表框中选择 Solid，然后在右侧列表中选中 Brick 8node 185，单击 OK 按钮，完成单元类型定义，此时 Element Type 对话框中显示已选择的单元类型如图 4-4 所示，关闭 Element Type 对话框，至此，完成单元类型的定义。

重复上述操作过程，选择 LINK180 单元及 BEAM188 单元，如图 4-5 所示。

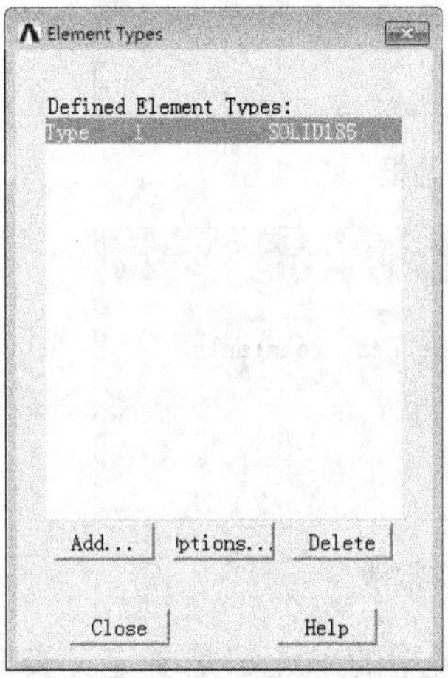

图 4-4　ElementType 对话框中显示选择的单元

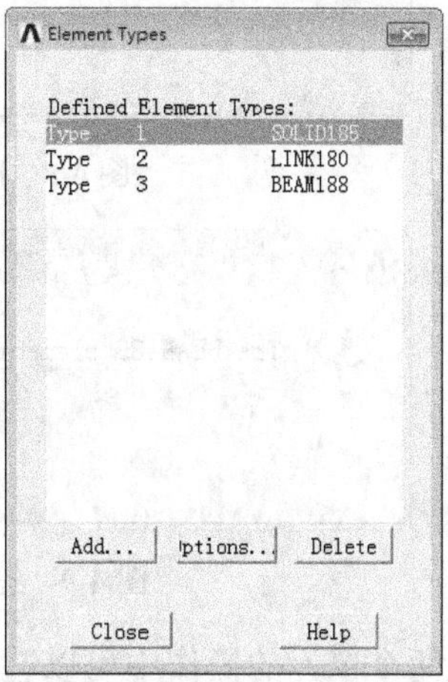

图 4-5　添加 3 个类型的单元

在主菜单中选择 Preprocessor > Real Constants > Add/Edit/Delete 命令，弹出如图 4-6 所示的 Real Constants 对话框，单击 Add 按钮，弹出如图 4-7 所示的 Element Type for Real Constants 对话框。

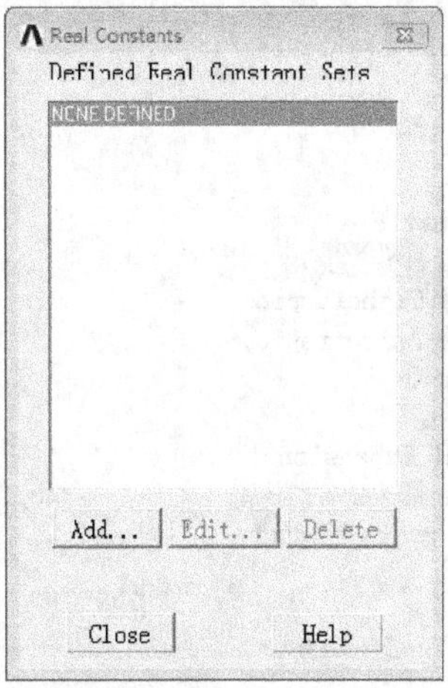

图 4-6　RealConstants 对话框

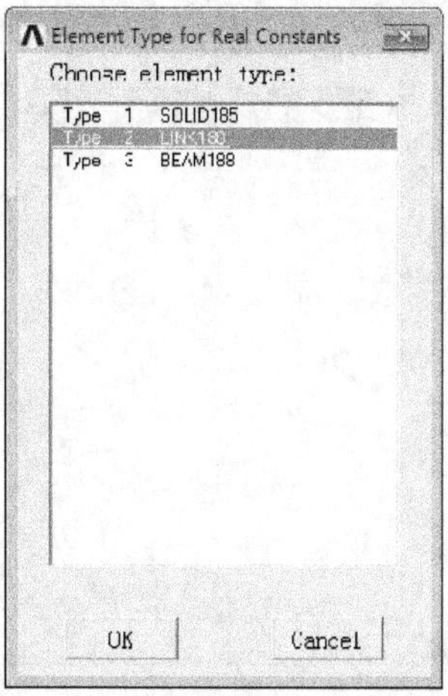

图 4-7　Element Type for Real Constants 对话框

在列表中选择 Type2 LINK180，单击 OK 按钮，弹出如图 4-8 所示的 Note 对话框。在 LINK180 单元不再支持 Real constants 属性设置。以前的版本是支持的，这一点是新出现的变化，在此不再给 LINK180 设置 Real constants 属性。单击 Close 按钮完成。

在图 4-7 对话框中选择 Type3 BEAM188，单击 OK 按钮，弹出如图 4-9 所示的提示信息。

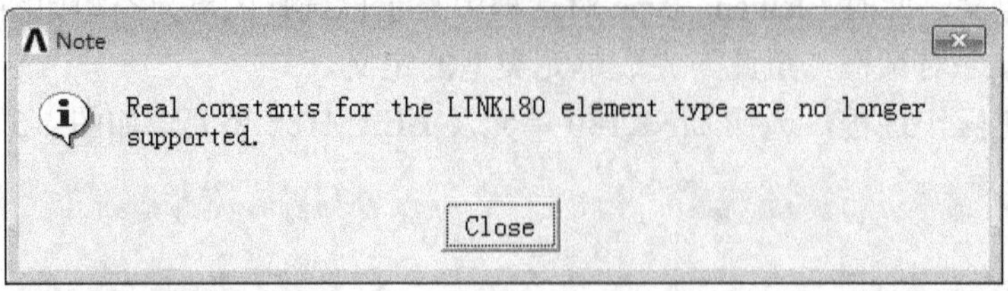

图 4-8　Note,for LINK 180 对话框

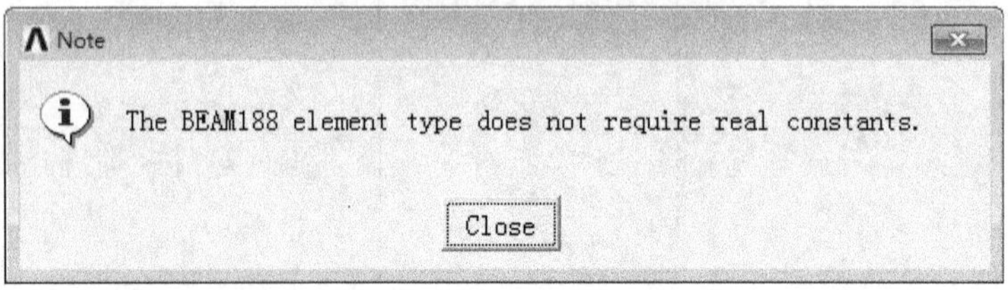

图 4-9　提示 188 单元不需要实常数

从以上两个单元的操作中可以看到，并非每一种类型的单元都是要定义实常数的，在选用单元时应仔细查阅文档，充分了解该单元需要设置的参数。

在主菜单中选择 Preprocessor > Material Props > Material Models 命令，弹出如图 4-10 所示的 Define Material Model Behavior 对话框。

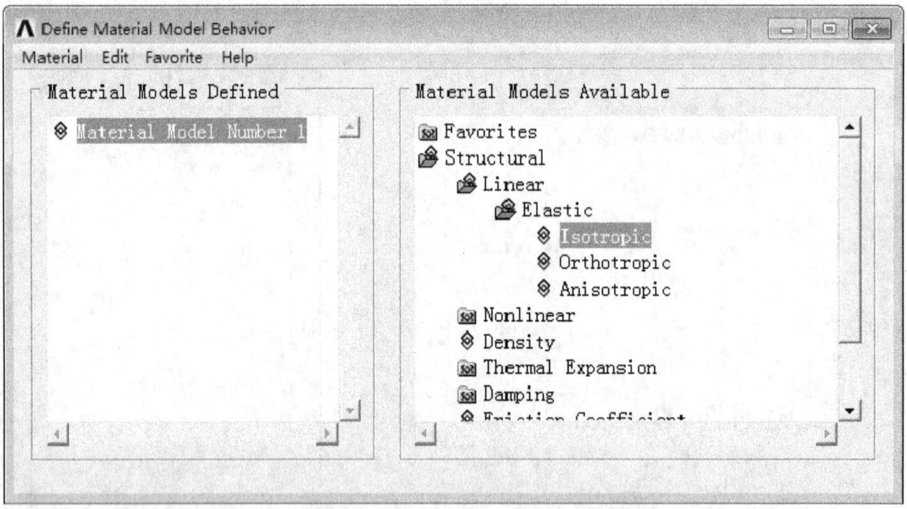

图 4-10　Define Material Model Behavior 对话框

在右侧 Material Models Available 列表框中选择 Structural > Linear > Elastic > Isotropic，弹出如图 4-11 所示的 Linear Isotropic Properties for Material Number1 对话框。

输入 EX（弹性模量）=2.1e11，NUXY（泊松比）=0.27，单击 OK 按钮。

在 Define Material Model Behavior 对话框的 Material Models Available 列表中选择 Structural > Density，弹出如图 4-12 所示的 Density for Material Number 1 对话框。

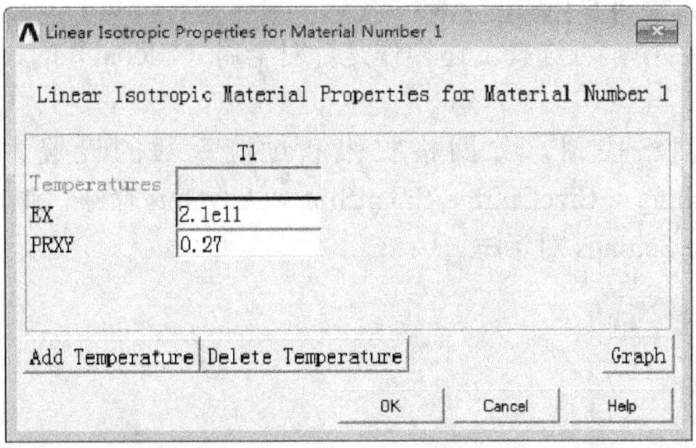

图 4-11　Linear Isotropic Properties for Material Number 1 对话框

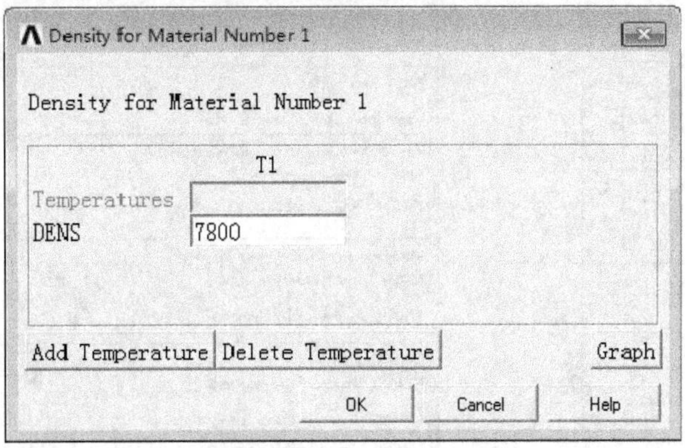

图 4-12　Density for Material Number 1 对话框

在 Density for Material Number 1 对话框输入 DENS（密度）=7800，单击 OK 按钮完成，并关闭 Define Material Model Behavior 对话框，至此完成单元属性的定义。

4.2 设置网格划分控制

网格划分过程是分析过程中的重要环节，这一阶段的设置决定了生成的有限元模型在分析时能否满足精度与经济性的要求，这一阶段的控制主要有单元尺寸控制、网格类型控制。

4.2.1 智能网格划分

对初学者而言，ANSYS 提供的网格自动划分工具是一种快捷的网格划分方式。

在主菜单中选择 Preprocessor > Meshing > MeshTool 命令，弹出如图 4-13 所示的 MeshTool 网格划分工具。

勾选 Smart Size 选项，即可通过拖动滑块调整网格的尺寸级别，范围从 1（精细）

到 10（粗略），默认级别为 6。

在尺寸控制项目中，可选择上述操作是针对全局（Global）的，或是针对面、线等几何元素设置。

高级的智能网格控制，如网格扩张和过渡系数的设置，在主菜单中选择 Preprocessor > Meshing > SizeCntrl > SmartSize > AdvOpts 命令，弹出如图 4-14 所示的 Advanced SmartSize Settings 对话框。

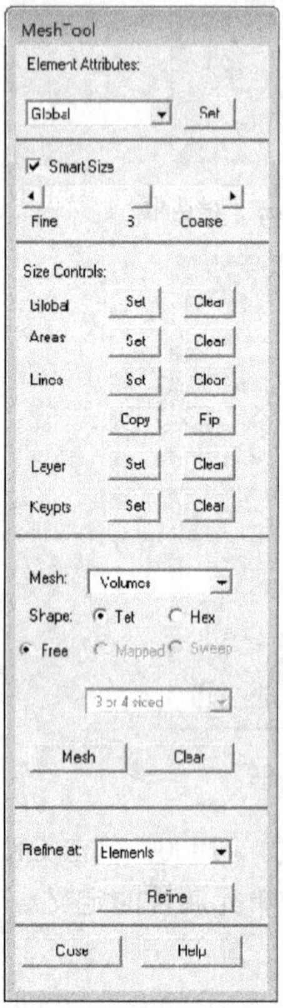

图 4-13　Mesh Tool 网格划分工具

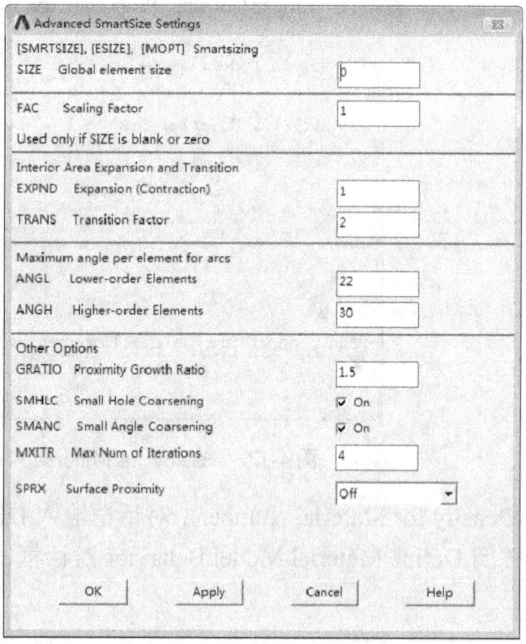

图 4-14　Advanced SmartSize Settings 对话框

不同的网格划分尺寸级别如图 4-15 所示。

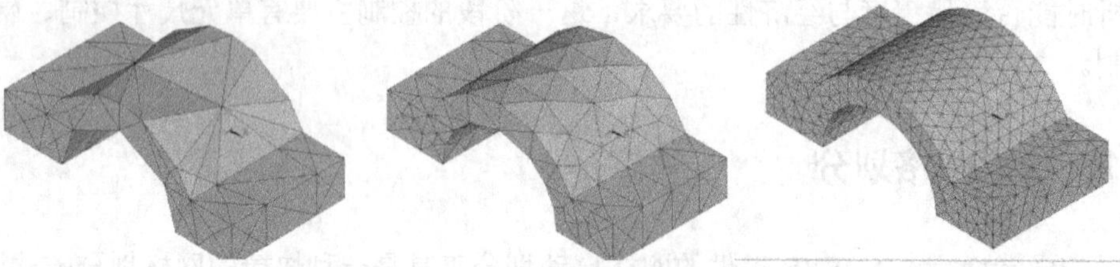

图 4-15　不同的网格划分尺寸级别

4.2.2　全局单元尺寸控制

全局控制单元尺寸控制能为整个模型指定最大的单元边长，或指定每条线被分成的份数。

在主菜单中选择 Preprocessor > Meshing > Meshing Tool > SizeCntrl-Global > Set 命令，也可在图 4-13 中的 Size Controls 选择 Global > Set，弹出如图 4-16 所示的 Global Element Sizes 对话框。

在该对话框中，SIZE 为最大的单元边长，NDIV 为每条线被分成的份数，两者只需要指定其一即可。

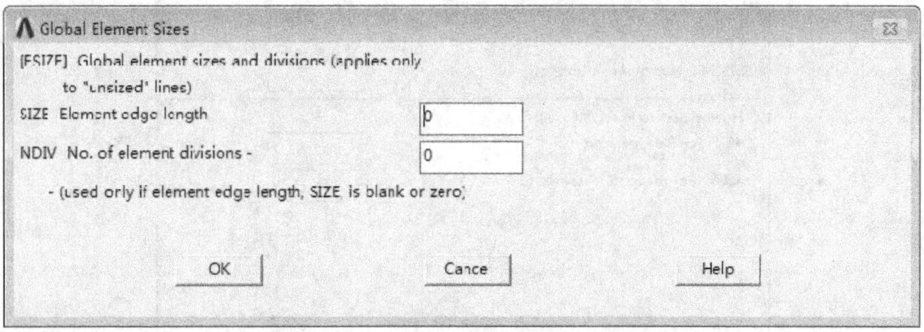

图 4-16　Global Element Sizes 对话框

在主菜单中的 Preprocessor > Meshing > SizeCntrl > ManualSize > Global > Size 命令也可弹出图 4-16 所示的对话框。

以上操作也可由 ESIZE 或 SIZE 命令来完成，单独使用 ESIZE 命令时（关闭智能划分网格功能），将采用相同的单元尺寸对体或面划分网格，若与智能划分功能一起使用时，ESIZE 起引导作用，但为了适应线的曲率或几何近似，指定的尺寸可能无效。

4.2.3　默认单元尺寸控制

若用户不进行任何指定，ANSYS 将采用默认的单元尺寸，它将根据单元阶次指定线的最小与最大份数及表面高宽比等。

一般情况下默认单元尺寸应用于映射网格划分，但网格划分关闭时，自由网格划分也可以使用。

在主菜单中选择 Preprocessor > Meshing > SizeCntrl > Manual Size > Global > Other 命令，弹出如图 4-17 所示的 Other Global Sizing Options 对话框。也可以使用 DESIZE 命令调整默认尺寸。

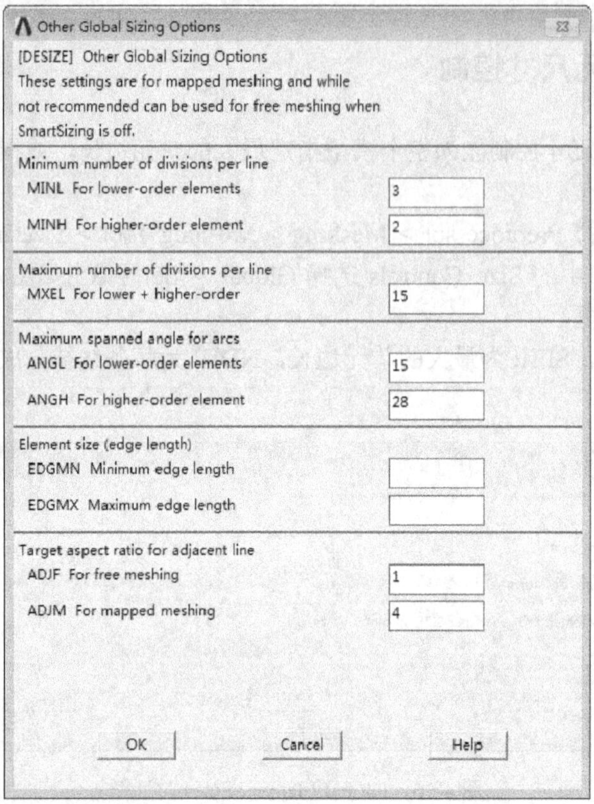

图 4-17　Other Global Sizing Options 对话框

4.2.4 关键点尺寸控制

关键点尺寸是指通过关键点控制单元尺寸。

在主菜单中选择 Preprocessor > Meshing > MeshTool > Size Cntrl-Keypts > Set 命令，也可在图 4-13 的 Size Controla 中选择 Keypts > Set，弹出 Elem Size at Picked KP 对话框。

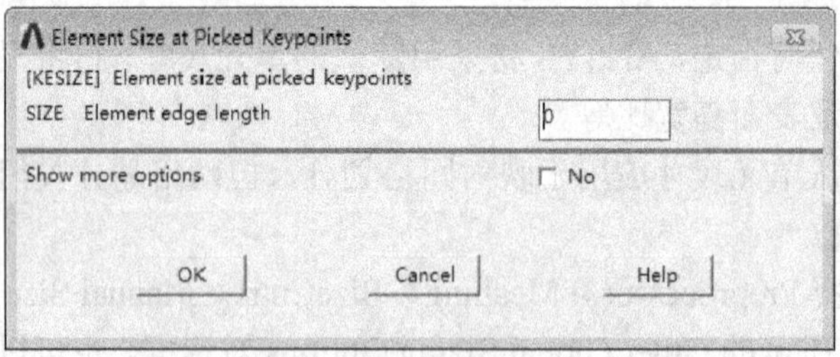

图 4-18　Elem Size at Picked KP 对话框

在工作区中拾取要控制的关键点，单击 OK 按钮，弹出如图 4-18 所示的 Element Size at Picked Keypoints 对话框。

不同的关键点可以设置不同的关键点尺寸，为用户在网格用控制上提供更多控制，特别是在结构的应力集中区应用方便。当智能网格打开时，为了适应线的曲率或几何近似指定的尺寸可能无效。

控制关键点尺寸也可以用 KESIZE 命令完成。

4.2.5　线尺寸控制

线尺寸是指通过控制线尺寸来控制单元尺寸。

在主菜单中选择 Preprocessor > Meshing > Meshing Tool > SizeCntrl-Lines > Set 命令，也可在图 4-13 的 Size Controla 中选择 Lines > Set，弹出 Elem Size at Picked Line 对话框。

在工作区中拾取要控制的线，单击 OK 按钮，弹出如图 4-19 所示的 Element Size on Picked Lines 对话框。

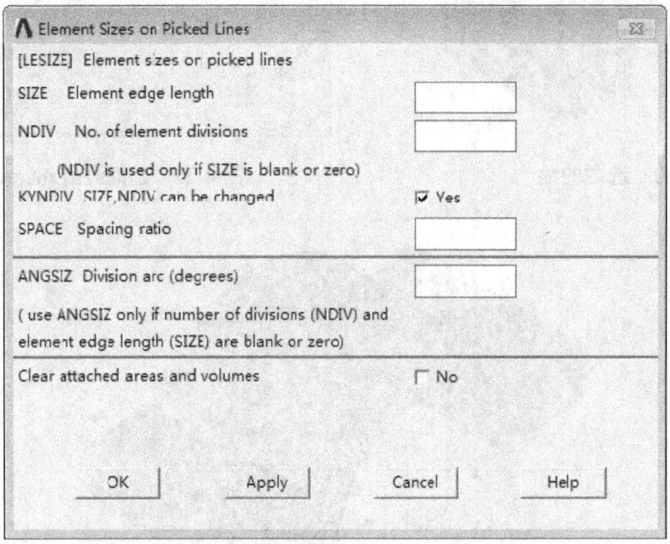

图 4-19　Element Size on Picked Lines 对话框

用户可以为不同的线指定不同的单元尺寸，指定的尺寸可以是强的或弱的，区别在于，强的尺寸可以智能网格划分打开时使用户指定的尺寸优先，弱的尺寸在智能网格划分打开时可能无效，以智能网格划分程序优先。

控制线尺寸也可以用 LESIZE 命令完成。

在如图 4-13 所示的网格划分工具中最上方单元属性定义列表中选择 Lines，单击列表右侧的 Set 按钮，弹出 Line Attributes 对话框，拾取模型中的一条线，如图 4-20 中虚线标出，单击 OK 按钮，弹出如图 4-21 所示的 Lines Attributes 对话框。

在 Line Attributes 对话框中的 TYPE Element type number 列表中选择 2 LINK180，单击 OK 按钮，完成单元类型设置。

单击图 4-13 中的网格划分工具的 Mesh 按钮，弹出 Mesh Lines 对话框，在工作区中选中上一步所选的线，单击 OK 按钮，完成对该直线的划分。

参考以上划分的步骤，对与上面划分完成的直线对称的直线进行网格划分，将直线分为 5 段，选用 4.1 节所定义单元中的 BEAM188 单元。

完成划分操作后，在通用菜单中选择 Plot > Element 命令，划分结果如图 4-22 所示。

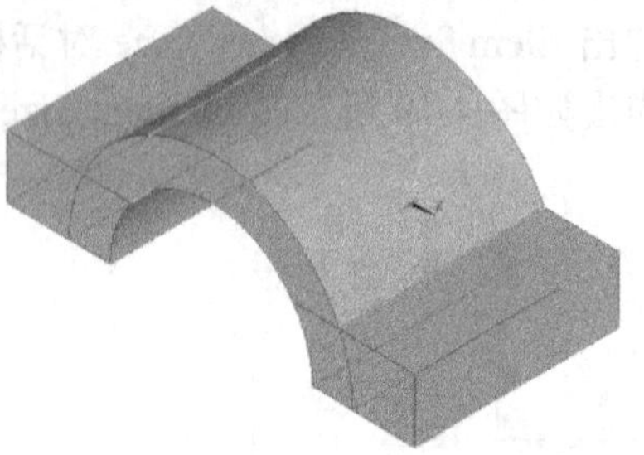

图 4-20　选中的线

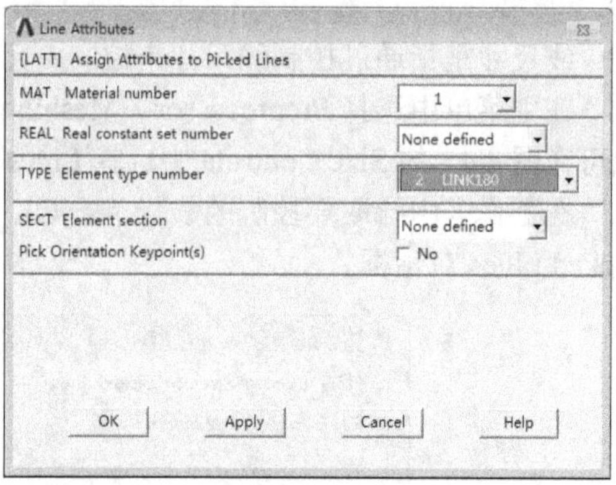

图 4-21　Lines Attributes 对话框

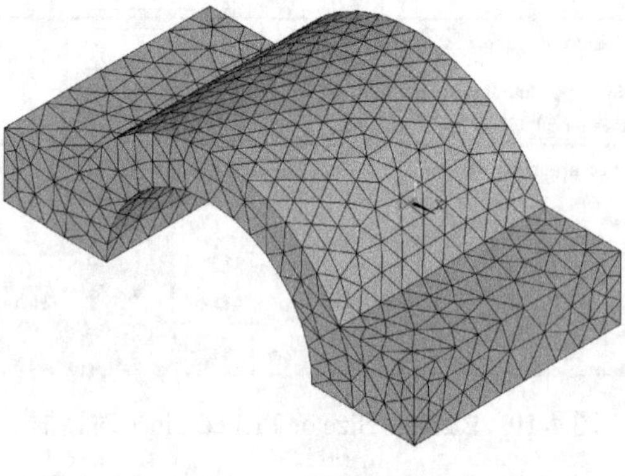

图 4-22　完成的单元划分

4.2.6　面尺寸控制

面尺寸是指通过控制面尺寸来控制单元尺寸。

在主菜单中选择 Preprocessor > Meshing > Meshing Tool > SizeCntrl-Areas > Set 命令，也可在图 4-13 的 Size Control 中选择 Areas > Set，弹出 Elem Size at Picked Areas 对话框。在工作区中拾取要控制的线，单击 OK 按钮，弹出如图 4-23 所示的 Element Size at Picked Areas 对话框。

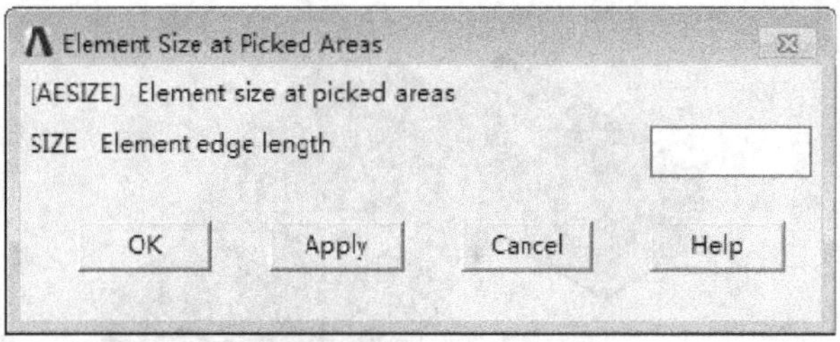

图 4-23　Element Size at Picked Lines 对话框

用户可以为不同的面定义不同的单元尺寸，面与面的交线仅在未指定线尺寸和关键点尺寸，且邻近无更小尺寸的面时，使用指定的尺寸。当智能网格划分打开时，为了适应线的曲率或几何近似，指定的尺寸可能无效。

控制面尺寸也可以用 AESIZE 命令完成。

4.2.7　单元尺寸定义命令的优先顺序

单元尺寸定义的最终结果是由一系列相关指令共同作用的结果，不同的指令优先顺序不同，用户应对此有基本了解才能准确地控制网格划分尺寸，以达到相关分析的要求，见表 5-1。

表 5-1　单元尺寸定义命令的优先顺序

顺序	默认单元尺寸	智能单元尺寸
1	线尺寸控制	线尺寸控制
2	关键点尺寸控制	关键点尺寸控制（考虑曲率与小几何尺寸特征时可能被忽略）
3	全局单元尺寸控制	全局单元尺寸控制（考虑曲率与小几何尺寸特征时可能被忽略）
4	默认单元尺寸控制	智能网格划分尺寸设置

4.2.8　完成划分

在如图 4-13 所示的网格划分工具中选择 Element Attributes 为 Global，单击 Set，弹出 Volume Attributes 对话框。

选择工作区中的体，如图 4-24 所示，单击 OK 按钮，弹出 Volume Attributes 对话框。将 Element type number 选择为 1 SOLID185，单击 OK 按钮。

在图 4-13 所示的网格划分工具中的 Mesh 列表中，选择要划分的对象为 Volumes，Shape（单元形状）选项选择 Tex 与 Free，即选用四面体单元，自由网格划分方式。单击 Mesh 按钮，选中如图 4-25 所示的划分对象，单击 OK 按钮完成网格划分，划分的结果如图 4-26 所示。

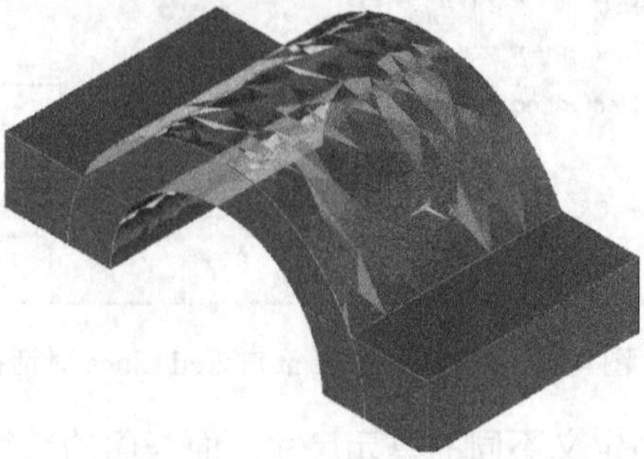

图 4-24 选择要划分的体

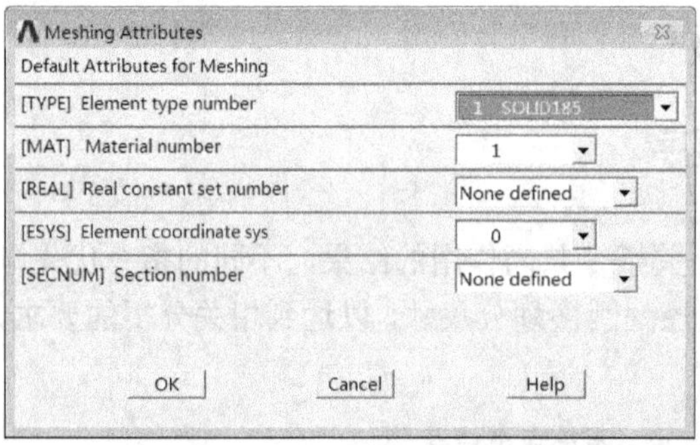

图 4-25 Meshing Attributes 对话框

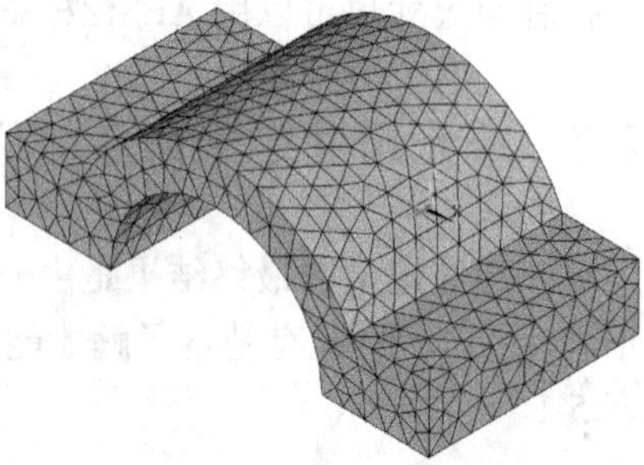

图 4-26 划分完成

4.3 网格的修改

完成网格划分后，如对划分结果不满意或误操作导致划分错误，用户可以通过本节介绍的方法进行修改。

4.3.1 清除网格

清除网格操作将删除节点和单元。

清除网格可以使用 GUI 界面操作或者命令流来进行。在主菜单中选择 Preprocessor > Meshing > Mesh Tool > Clear 命令，即在如图 4-13 所示的网格划分工具中，单击 Clear 按钮，将弹出如 Clear Volume 对话框。

该对话框清除网格的对象取决于如图 4-15 所示 Mesh Tool 对话框中 Mesh 对象的设置，选择 Volumes，则弹出如图 4-27 所示的 Clear Volumes 对话框，用于清除体单元，如选择 Areas，则弹出如图 4-28 所示的 Clear Areas 对话框，用于清除面单元。

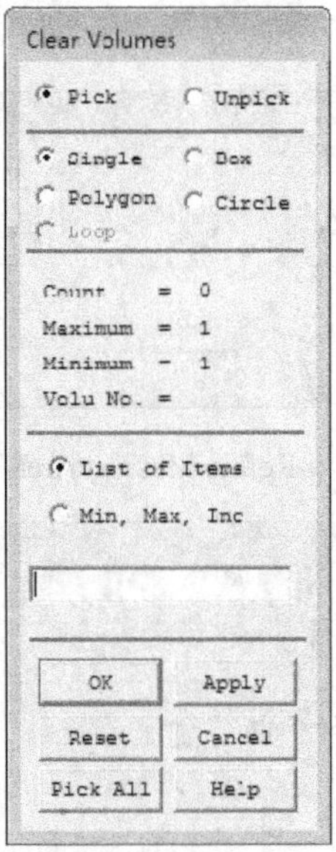

图 4-27　Clear Volumes 对话框

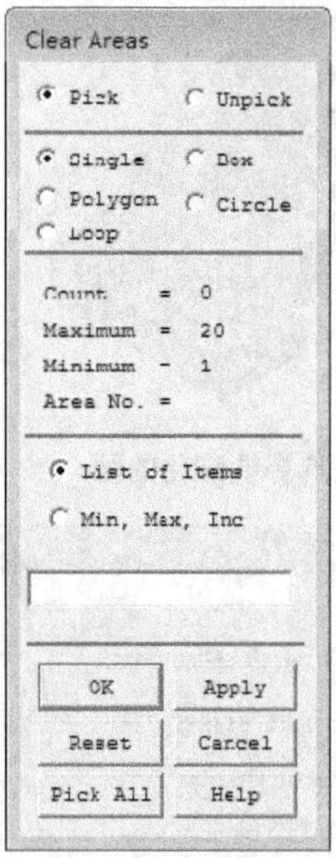

图 4-28　Clear Areas 对话框

弹出 Clear Volumes 或 Clear Areas 对话框后，在工作区中拾取要清除网格的对象，单击 OK 按钮，即完成网格清理。

以上操作也可以用 VCLEAR、ACLEAR 等命令来完成。

4.3.2　网格的局部细化

对于模型中需要更高精度的部分，如应力集中区域、小尺寸结构等，可以进行局部的单元尺寸细化，而不需要清除现存的网格。

对模型进行局部网格细化可以在用户所需的节点、单元、关键点、线和面周围进行。用户可以在如图 4-13 所示的 Mesh Tool 工具中选择细化的对象，也可以在主菜单中选择 Preprocessor > Meshing > Modify Mesh > Refine At 命令，选择要细化的对象。

如上文所生成的模型中，在主菜单中选择 Meshing > Modify Mesh > Refine At > Areas 命令，弹出的 Refine mesh at areas 对话框。

选择模型的前端面如图 4-29 所示，单击 OK 按钮，弹出如图 4-30 所示的 Refine Mesh at Area 对话框，就对 Advanced options 勾选 Yes，单击 OK 按钮，弹出如图 4-31 所示的 Refine mesh at areas advanced options 对话框。

DEPTH 选项是细化操作影响的深度，默认值为 0，即只影响当前选中的单元以及往前一层的单元。

指定细化网格区的后加工方法（图 4-31 对话框中的 POST 选项）为 cleanup+Smooth。作为细化加工过程的部分，用户可以指定后加工方法，原始网格被分开后，ANSYS 会处理，可以选择平滑和清除（Smoothing and Cleaning，the Default）、平滑（Smoothing Only）、平滑或清除。

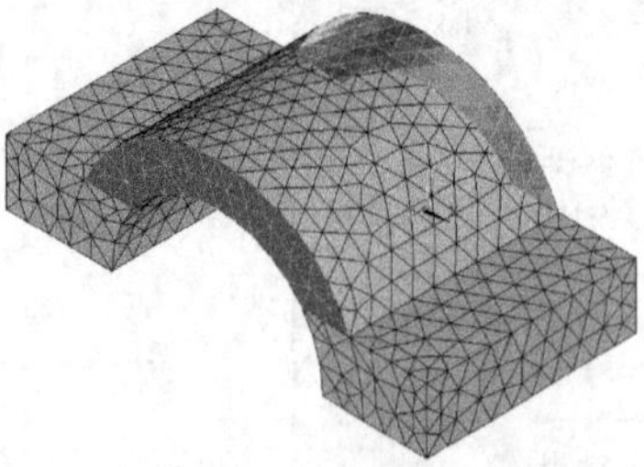

图 4-29　选择要细化的面

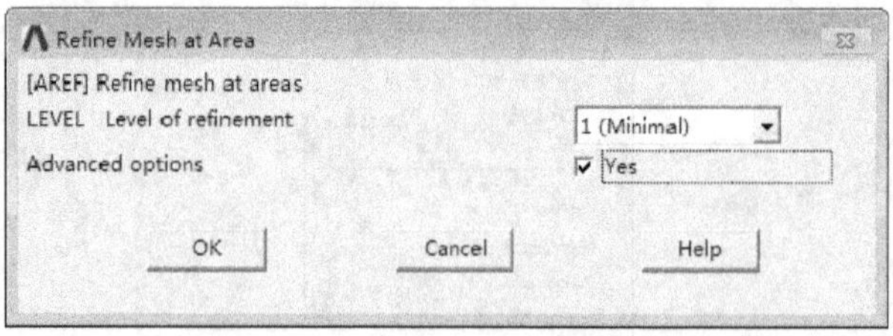

图 4-30　Refine Mesh at Area 对话框

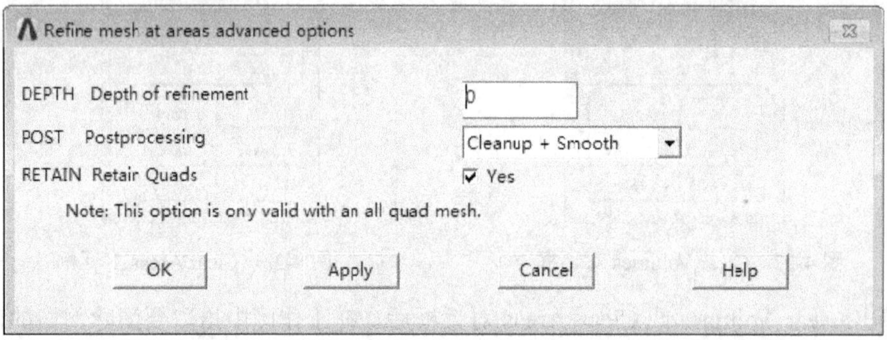

图 4-31　Refine mesh at areas advanced options 对话框

- 平滑：默认时，细化区域的节点是可以变光滑的，也即节点的位置可以被调整，以改变单元形状。节点的调整受到如下约束：如在关键点位置则不能移动，在线上的节点只能在线上移动，面上的节点只能在面上移动，如网格与实体是分开的，平滑将不起作用。
- 清除：当打开清除时，ANSYS 就执行清除操作。在二维模型中，与任何要细化区域几何体相连的单元都要被清除。在三维模型中，ANSYS 中清除在细化区域内或直接与细化区域相连的单元。

单击 OK 按钮，完成细化网格操作，得到细化的单元如图 4-32 所示。

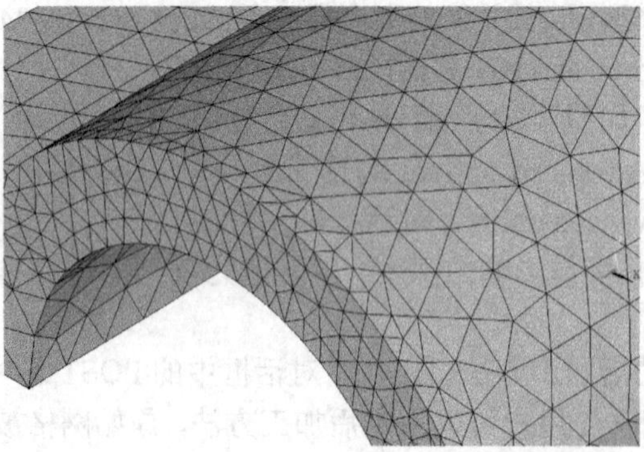

图 4-32　细化的网格

4.3.3 层状网格划分

层状网格划分（只用于二维）生成线性过渡的自由网格，在下述情况下适用层状网格：

- 垂直于线方向单元尺寸数目剧烈变化；
- 平行于线方向单元数目与尺寸均匀。

当分析要求表面高精度时，使用层状网格是有效的。打开层状网格划分器的方法如下。

在主菜单中选择 Preprocessor > Meshing > Mesh Tool，弹出如图 4-13 所示的 MeshTool 工具。单击 Layer 右侧的 Set 按钮，弹出 Set Layer Controls 对话框。

在工作区中拾取线，单击 OK 按钮，弹出图 4-33 所示的 Area Layer-Mesh Controls on Picked Lines 对话框。设置完成后单击 OK 按钮，完成线性网格划分。

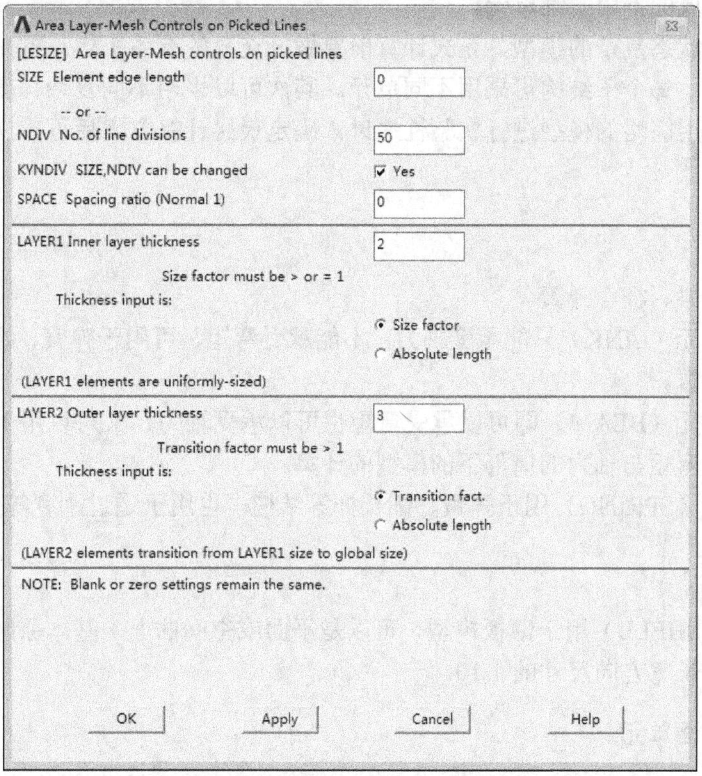

图 4-33 Area Layer-Mesh Controls on Picked Lines 对话框

4.4 高级网格划分技术

网格划分是分析计算的重要环节，所划分的网格形式对计算精度与计算规模有直接影响，下面将介绍一些高级划分技术，为用户建立正确、合理的有限元模型提供一定的参考。

4.4.1 单元选择

常用的单元形状有点、线、面、实体等。

1. 单元选择的基本原则

在结构分析中，结构的应力状态决定单元类型的选择。也就是说，并非只要分析对象是三维实体在 ANSYS 中就必须采用空间单元进行计算，关键在于分析对象的应力状态。处在二维应力状态的结构可以选择壳单元以减小计算规模。用户应对模型进行初步分析，处于平面应力状态的结构即使是三维结构也采用平面单元计算。

单元选择时，应注意尽量减少维度，尽可能做到能用线单元计算的不用面单元，能用二维单元完成的不用三维单元。

对于应力状态复杂的模型，正式计算前要做好充分的准备工作。首先应整体分析大致的应力状态，每个子结构可采用不同单元。其次可以采用不同复杂程度的模型进行小规模试算，采用简略的模型进行实验性探讨，确定最终计算方案后再建立实际计算所需要的模型计算。

2. 线单元

线单元有梁、杆、弹簧。

- 杆单元（LINK）只能承受轴力，不能承受弯矩，可用于弹簧、螺杆、桁架等模型计算。
- 梁单元（BEAM）即可以承受弯矩也可以承受轴力，又可以用于螺栓、角钢等只受弯矩与轴力的情形下的模型的计算。
- 弹簧（SPRING）用于弹簧、细长杆等结构，也用于通过刚度等效替代复结构。

3. 壳单元

壳单元（SHELL）用于薄板模型，可以是平面或空间曲面，基本原则是其薄板的厚度不得大于其长宽方向尺寸的 1/10。

4. X-Y 平面单元

平面单元用于二维模型的有限元计算，要求模型必须建立在全局坐标系的 XY 平面内。

平面单元适用对象应是平面问题。即只允许有平面应力、平面应变、轴对称或谐结构特性。

平面应力问题中，Z 方向的应力为零，一般有以下特点：

- Z 方向几何尺寸要远小于 XY 方向的尺寸，如薄板；
- 所有的载荷、运行都必须在 XY 平面内。Z 方向可允许任意厚度，即 Z 方向的任意界面应力状态都相同；

- 模型几何尺寸、形状沿 Z 方向不变；
- Z 方向不存在应变；
- 平面应变问题中，Z 方向的应力为零；
- Z 方向几何尺寸要远大于 XY 方向的尺寸；
- 所有的载荷、运动都发生在 XY 平面内；
- Z 方向不存在应力；
- 沿 Z 方向截面不变。

轴对称问题中，完整的空间模型应是由 XY 平面内的几何图形绕 Y 轴旋转一周形成的管、锥体、圆盘等几何体，一般有如下特点：

- 对称轴必须位于全局坐标的 Y 轴上；
- 平面几何模型必须建立在 X 轴正半轴平面上，不允许负的 X 出现；
- 模型周向（Z）不允许位移，只能有轴向（Y）载荷；
- 谐单元将轴对称结构承受的非轴对称载荷分解成傅里叶级数，每一部分单独求解后再根据需要合并，是一种简化处理，本身不具有任何近似性；
- 谐单元常用于单一受扭或受弯的问题，受扭与受弯分别为傅里叶级数的前两项。

5. 三维实体单元

复杂的模型难以简化，三维实体单元便能发挥作用。由于模型几何特征复杂、材料的各向不同、载荷条件复杂、结果分析对细节考虑要求苛刻等情况下，简单的单元难以胜任。

在硬件条件满足计算要求的情况下，建立更复杂、更精确的模型也可以得到更好的结果。

在 CAD 软件的协助下，建立复杂的模型导入 ANSYS 中，划分为空间单元，对用户有限元理论知识要求也相对较低。

用户在使用第三方软件建立有限元模型时应注意，不可一味追求模型细节的完美，应充分考虑计算精度与可用的计算资源的平衡，合理简化模型。过度追求模型的精确细致，不仅导致计算规模无限制扩大，严重浪费机时，更严重的情况下根本无法求解。

6. 专用单元

接触单元是一种专用单元，用于存在接触面的结构，如法兰、电触头等。接触分析是 ANSYS 重要应用之一，对用户的相关知识与经验有一定要求。

4.4.2 映射网格

网格划分的方法有自由网格划分与映射网格划分两种，4.2 节介绍的网格划分控制即为自由网格划分。与自由网格相比，映射网格限制相对较多。

划分映射网格的面单元形状要求只能为四边形，几何体只能为六面体，一般仅能适用于较为规则的面与体，过于复杂的形体往往无能为力。几何体划分成映射网格能看到单元明显排成较整齐的行列。

映射网格划分方式所形成的有限元模型通常包含较少的单元数，自由度较少，低阶单元也能得到较为满意的结果。

与之相比，自由网格限制较少，对单元形状与模型的复杂程度无过多要求，但体单元仅包括四面体单元，单元数目与自由度较多，计算规模更大。用户在使用时应根据实际情况，具体情况具体分析，选择合适的网格划分方式。

1. 生成映射网格的基本条件

指定用四边形单元或六面体单元生成映射网格时，被划分的几何体一般满足以下条件。

- 如划分对象为面，则该面为三角形或四边形；
- 如划分对象为体，则该体应为四、五、六面体；
- 对边的单元分割必须匹配；
- 三角形或四面体单元分割必须为偶数。

上述面与边可以为曲面或曲线，但应光滑无不连续点。

映射网格划分前应保证规则的对象形状，如对对象进行合理的分割与模型简化。

2. 面映射网格

面映射网格划分时应满足对边分割数相等。当划分对象有三条边时，单元分割数必须是偶数，且所有边分割数相等。

工程实际中用户极少会碰到正好满足合适条件的分析对象，一般都要对分析对象进行一定的处理才能使之满足映射网格划分的需要。

将两个面或两条边连接成一个面或一条边也可以减少面与边数，达到映射网格的划分要求。

在主菜单中选择 Preprocessor > Meshing > Concatenate > Lines 命令，弹出 Concatenate Lines 对话框。选择要连接的线，单击 OK 按钮完成即可。

用户也可以使用一种简单的映射单元生成方式，通过一个面上的 3 个或 4 个角点暗示连接。在主菜单中选择 Preprocessor > Meshing > Mesh > Areas > Mapped > By Corners 命令，工作区中拾取面，单击 OK 按钮后拾取 3 个或 4 个角点，单击 OK 按钮完成。

四边形转换映射网格划分需要指定边的网格划分数，只适用于有四条边的面。

3. 体映射网格

进行体映射网格划分的对象必须有四或六个面，如果体是棱柱或四面体，那么三角形面单元分割必须是偶数。

与面映射网格类似，工程中极少有正好规则的分析对象，用户一般需要进行处理，处理方法有面连接、六面体转换映射网格等方法。

在主菜单中选择 Preprocessor > Modeling > Booleans > Add > Areas 命令，可以进行面的相加；也可以在主菜单中选择 Preprocessor > Meshing > Concatenate > Areas 命令，进

行面连接。而六面体转换映射网格只适用于六面体

4.4.3 扫掠网格

对于具有某些几何特征三维几何模型，可以采用扫掠（SWEEP）的方法来生成网格。这些模型的特点可以大致归结为如下特征。

- 分析对象不能有内腔，即内部不能有连续封闭的边界；
- 扫掠的源面与目标面必须是两个独立的面，不能是连续的，即如球等只有一个连续外边界的体不满足要求；
- 分析对象不可以有不穿过源面与目标面的孔。

扫掠网格易于生成六面体单元，进行扫掠前要定义一个六面体单元类型，如 SOLID45。

进入 MeshTool 后，选择 Hex/Wedge 和 Sweep，下拉列表中的 AutoSrc/Trg 选项即自动根据模型的拓扑结构选择，PickSrc/Trg 即需要用户自行选择源面与目标面，单元 Sweep 按钮即可自动完成划分。

4.4.4 拉伸网格

当一个面模型被拉伸成一个体时，面上的面单元也可以同时被拉伸成体单元。

拉伸生成网格，首先要定义两种单元，即面单元与体单元。面单元可选用 MESH200，这是一种仅用于划分网格而不参与求解的单元，可以选择 PLANE 单元。体单元应与面单元相匹配，如果面单元有中间节点，体单元也应有中间节点。

4.5 划分网格命令汇总

本章介绍了网格划分的基本步骤及高级技术，涉及命令流及 GUI 两种操作方式，在此对所有的命令进行统一说明。

```
ET,ITYPE,Ename,KOP1,KOP2,KOP3,KOP4,KOP5,KOP6,INOPR
```

定义单元类型。

ITYPE：用户自行定义的单元类型编号。

Ename：单元号，如 LINK180，BEAM188 等。

KOP1~KOP6：单元描述选项。

```
R,NSET,R1,R2,R3,R4,R5,R6
```

定义实常数。

NSET：实常数组号。

R1~R6：实常数参数值。

```
MP,Lab,MAT,C0,C1,C2,C3,C4
```

定义材料属性。

Lab：材料性标识，可以取如下值。

- EX：弹性模量；
- ALPX：线膨胀系数；
- CTEX：瞬间线膨胀系数；
- THSX：热应变；
- REFT：参考弯度；
- PRXY：主泊松比；
- NUXY：次泊松比；
- GXY：剪切模量；
- DAMP：阻尼比；
- DMPR：均质材料阻尼系数；
- MU：摩擦系数；
- DENS：密度；
- C：比热容；
- ENTH：热焓；
- QRATE：热生成率；
- HF：对流或散热系数；
- KXX：热传导率；
- MAT：材料组号，由用户定义。

C0~C4：分别为材料属性值的零次项（常数项）至四次项。

```
ESIZE,SIZE,NDIV
```

定义单元尺寸。

SIZE：模型中最大的单元边长。

NDIV：每条线被分成的份数。

以上两个参数只需指定其一。

```
AESIZE,ANUM,SIZE
```

面单元尺寸控制。

ANUM：需要进行控制的面的编号。

```
LESIZE,NL1,SIZE,ANGSIZ,NDIV,SPACE,KFORC,LAYER2,KYNDIV
```

NL1：需要进行控制的线的编号。

SIZE、NDIV：指定分割的尺寸或份数，两者只定义其一。

ANGSIZ：将曲线按角度分割，仅在 SIZE 与 NDIV 为空时有效。

SPACE：分割的间隔比率。

```
KESIZE,NPT,SIZE,FACT1,FACT2
```

NPT：指定设置的关键点。

SIZE：设置划分尺寸。

```
DESIZE,MINL,MINH,MXEL,ANGL,ANGH,EDGMN,EDGMX,ADJF,ADJM
```

MINL：当使用低阶单元时每条线上的最小单元数，默认为3。

MINH：当使用高阶单元时每条线上的最小单元数，默认为2。

ANGL：曲线上低阶单元的最大跨角，默认为15°。

ANGH：曲线上高阶单元的最大跨角，默认为28°。

EDGMN：最小的单元边长，默认不设置。

EDGMX：最大的单元边长，默认不设置。

ADJF：仅在自由网格划分时，相近线的预定纵横比。对h单元默认为1（等边长），对p单元默认为4。

ADJM：仅在映射网格划分时，相近线的预定纵横比。对h单元默认为4（矩形），对p单元默认为6。

SMRTSIZE,SIZLVL,FAC,EXPND,TRANS,ANGL,ANGH,GRATIO,SMHLC,SMANC,MXITR,SPRX

SIZLVL：网格划分时的总体单元尺寸等级，其值控制网格的疏密程度，可取如下值。

- N：智能单元尺寸等级，此时其他参数无效，值在1~10之间；
- STST：列表输出SMRTSIZE设置状态；
- DEFA：恢复默认的SMRTSIZE设置；
- OFF：关闭智能网格划分。

FAC：用于计算默认网格尺寸缩放因子，默认设置为1。

EXPND：网格扩展或收缩系数。

TRANS：网格过渡系数。

ANGL：曲线上低阶单元的最大跨角，默认为21.5°。

ANGH：曲线上高阶单元的最大跨角，默认为30°。

GRATIO：相邻性检查的允许增长率，取值范围为1.2~5.0。

SMHLC：小孔的粗糙控制参数。

SMANC：小角度的粗糙控制参数。

MXITR：尺寸迭代的最大次数，默认为4。

SPRX：相邻面细化控制参数。

VCLEAR,NV1,NV2,NINC

清除网格。

NV1、NV2：将从NV1到NV2的所有体作为清除对象。

NINC：体编号的增量。

ACLEAR,NA1,NA2,NINC

NV1、NV2：将从NV1到NV2的所有面作为清除对象。

NINC：面编号的增量。

4.6 本章小结

本章为读者介绍了网格划分的概念与方法。进行网格划分是有限元方法中的重要过程，网格的质量直接决定了分析的成败，读者应充分重视。合理的网格可以带来计算效率的提高与结果精度的改善，不合理的网格不仅影响分析效果，甚至无法求解，网格划分的三个步骤为定义单元属性、设置网格划分控制、生成网格。对初学者而言，ANSYS 提供的网格自动划分工具是一种快捷的网格划分方式。

在结构分析中，结构的应力状态决定单元类型的选择。也就是说，并非只要分析对象是三维实体在 ANSYS 中就必须采用空间单元进行计算，关键在于分析对象的应力状态。处在二维应力状态的结构可以选用壳单元以减少计算规模。用户应对模型进行初步分析，处在平面应力状态的结构，即使是三维结构也可采用平面单元计算。

第5章

加　　载

完成有限元模型的建立后，可以根据结构在工程实际中的情况为模型施加边界条件和载荷，以此模拟实际情况中结构的受力情况。在 ANSYS 中，荷载包括边界条件和作用力，对结构分析可以是以下内容：位移、力、压力、温度、重力。

学习目标：

- 掌握载荷与载荷步的基础知识；
- 掌握 ANSYS 加载的方法；
- 掌握不同载荷类型的知识与加载方法。

5.1 载荷与载荷步

5.1.1 载荷

在 ANSYS 中，载荷的施加方式有两种，即单步载荷施加和多步载荷施加。单步载荷施加是指把所有的载荷一次加完后求解，是与时间无关的载荷；多步载荷加载是指将载荷分布在不同的载荷步中进行加载，可分析时变的工况。

一般可将荷载分为六类，如表 5-1 所示。

表 5-1　载荷的分类

序号	名称	说明	结构分析中示例
1	自由度约束（DOF construction）	定义模型的自由度	固定约束、支座沉降等
2	集中载荷（Force）	施加在模型上的集中载荷	力、力矩等
3	表面载荷（Surface load）	施加在模型上的分布力	压力、线载荷
4	体载荷（Body load）	施加体积载荷或者体载荷	温度
5	惯性载荷（inertia loads）	施加物体惯性引起的载荷	重力加速度、角速度、角加速度等
6	耦合场载荷（Coupled-field loads）	从一种分析得到的结果，作为另一种分析的载荷	流场中的叶片等

按照学科不同，ANSYS 可以加载的负载可以分为如下五类。

- 力场：位移、速度、加速度、力、热应变、重力。
- 热场：温度、热流率、对流、内部生成热、无限大表面。
- 磁场：磁势、磁通量、磁流段、电流源密度。
- 电场：电压、电流、电荷、电荷密度、无限大表面。
- 流场：速度、压力。

5.1.2 载荷步

ANSYS 加载过程会涉及几个概念：载荷步（Load Steps）、载荷子步（Substeps）、斜坡载荷（Ramped Load）、阶跃载荷（Stepped Loads）、时间（Time）、时间步（Time Step）、平衡迭代（Equilibrium Iterations）。

以下对这些概念进行简要介绍，在今后的叙述中将会经常遇到这些概念。这些概念是分析求解的基本组成部分，读者应注意在实践中加深理解，不要拘泥于死记术语。

（1）载荷步、载荷子步、平衡迭代

载荷步是为求解而定义的载荷配置，可根据载荷的历程（时间与空间上）在不同的载荷步内施加不同的载荷。在时间上，ANSYS 支持斜坡载荷与阶跃载荷，并以不同的载荷步表示。

载荷子步是某个载荷步内的求解点（有程序定义载荷增量），不同分析中载荷子步有不同的目的。例如，在瞬态分析中使用子步可以得到较小的积分步长，以满足瞬态时间积累法则。

平衡迭代是在给定子步正数收敛而进行的附加计算。在非线性分析中，平衡迭代为一种迭代修正具有重要的作用，迭代计算多次收敛后得到该载荷子步的解。

（2）斜坡载荷、阶跃载荷

当一个载荷步中设置一个以上子步时，就必须定义载荷是斜坡或者阶跃载荷，如图 5-1 所示。

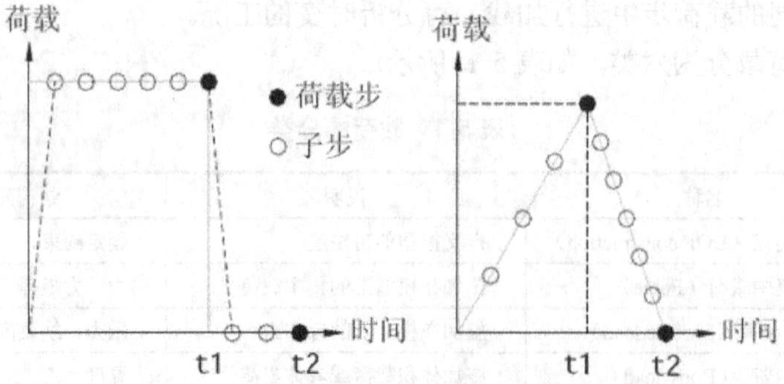

图 5-1　斜坡载荷与阶跃载荷

阶跃载荷是指将载荷全值施加在第一个子步，其余子步内保持不变。

斜坡载荷是指在每个载荷步内，载荷逐渐增加，在该载荷步结束时达到全值。

（3）时间、时间步

在所有的静态和稳态分析中，不论与时间是否真实相关，ANSYS 都使用时间作为跟踪参数。在所有情况下，时间可以作为一个计数器，总是单调递增的。

瞬态分析或与速率有关的静态分析中，时间代表了通常意义上的时间，可以用小时、分、秒来表示，在指定载荷历程时在每个载荷步终点给时间赋值。

对于与速率无关的静态分析中，时间仅成为载荷步与子步的计数器，每个载荷步与子步都与一个时间点对应，故子步也称为时间步。此时的时间可为任意单位，程序会在默认情况下给时间自动赋值。

当采用弧长求解时，时间等于载荷步开始的时间加上弧长载荷系数的数值，此时的时间可以不单调递增。

载荷步和子步都与时间对应，平衡迭代就是为收敛在给定的时间点上进行迭代求解的方法。

5.2 加载方式

载荷可以施加在实体上（施加于面、体、线上）或者有限元模型上（施加于节点与单元上）。无论载荷是施加于实体上还是有限元模型上，求解器所依据是的有限元模型。因此，施加于实体上的载荷在开始求解时，将被自动转换到有限元模型的节点与单元上。

5.2.1 实体加载的特点

实体模型载荷独立于有限元模型，修改单元不会对已经完成施加的载荷产生影响，允许进行网格敏感性研究，不需要每一次计算进行重新加载，减少了重复工作。

与有限元模型相比，实体模型通常包括较少的实体，选择加载目标要容易得多，特别是在 GUI 界面进行操作时，更体现了这个优势。

ANSYS 网格划分命令生成的单元处于当前激活的单元坐标系中，网格划分命令生成的节点使用整体笛卡尔坐标系，因此实体模型与有限元模型可能具有不同的坐标系与加载方向。

由于自由度只能施加于节点而不能施加在关键点，所以，在某些场合实体加载并不比有限元模型加载更方便。关键点约束也较为棘手，而且 ANSYS 不能显示所有的实体载荷。

5.2.2 有限元模型的加载特点

荷载既可施加在几何模型（关键点、硬点、线、面、体）上，也可施加在有限元模型（节点、单元）上，或者两者混合使用。

- 施加在几何模型上的荷载独立于有限元网格，不必为修改网格而重新加载。

■ 施加在有限元模型上且要修改网格，则必须先删除荷载再修改网格，然后重新施加荷载。

不管施加到何种模型上，在求解时荷载全部转换 （自动或人工）到有限元模型上。

在结构分析中自由度共有 7 个，自由度的方向均依从节点坐标系。约束可施加在节点、关键点、线和面上，如图 5-2 所示。

表 5-2 加载特点

位置	命令	功能	备注
节点	D	对节点施加自由度约束	在当前节点坐标系施加
	DLIST	节点自由度约束列表	查看节点自由度约束的详细信息
	DDELE	删除节点自由度约束	
	DSYM	对节点施加对称自由度约束	施加对称和反对称约束
	DSCALE	比例缩放节点自由度约束	仅适用于有限元施加的约束
	DCUM	累加节点自由度约束	替代、累加和忽略三种方式
关键点	DK	对关键点施加自由度约束	关键点或者关键点之间的节点
	DKLIST	关键点自由度约束列表	
	DKDELE	删除关键点自由度约束	
线	DL	对线施加自由度约束	线上所有节点，可 SYMM
	DLLIST	线自由度约束列表	
	DLDELE	删除线自由度约束	
面	DA	对面施加自由度约束	面上所有节点，可 SYMM
	DALIST	面自由度约束列表	
	DADELE	删除面自由度约束	
转换	DTRAN	传到有限元模型上	仅仅转换自由度约束
	SBCTRAN	将所有边界条件传递	转换自由度约束和载荷

5.3 施加载荷

载荷的施加可以同时使用实体模型加载与有限元模型加载两种方式，用户可依据分析对象的特点，合理选择，尽量保证加载过程简洁清晰，以便于后续分析。

1. 施加自由度约束节点自由度约束及相关命令

（1）对节点施加自由度约束命令

```
D, NODE, Lab, VALUE, VALUE2, NEND, NINC, Lab2, Lab3, Lab4, Lab5, Lab6
```

NODE：拟施加约束的节点号，其值可取 ALL、组件名。

Lab：自由度标识符，如 UX、ROTZ 等。如为 ALL，则为所有适宜的自由度。

VALUE：自由度约束位移值或表式边界条件的表格名称。

VALUE2：约束位移值的第二个数，如为复数输入时，VALUE 为实部，而 VALUE2 为虚部。

NEND,NINC：节点编号范围和编号增量，默认时 NEND=NODE，NINC=1。

Lab2,Lab3,Lab4,Lab5,Lab6：其他自由度标识符，VALUE 对这些自由度也有效。各自由度的方向用节点坐标系确定，转角约束用弧度输入。

（2）在节点上施加对称和反对称约束

命令：DSYM。

```
DSYM, Lab, Normal, KCN
```

Lab：对称标识，如为 SYMM 则生成对称约束，如为 ASYM 则生成反对称约束。

Normal：约束的表面方向标识，一般垂直于参数 KCN 坐标系中的坐标方向，其值有如下。

X（默认）：表面垂直于 X 方向，非直角坐标系为 R 方向；

Y：表面垂直于 Y 方向，非直角坐标系为 θ 方向；

Z：表面垂直于 Z 方向，球和环坐标系为 Φ 方向。

KCN：用于定义表面方向的整体或局部坐标系的参考号。

Normal 参数如表 5-3 所示。

表 5-3 Normal 参数

Normal 参数	对称边界条件		反对称边界条件	
	2D	3D	2D	3D
X	TZ	UX，ROTZ，ROTY	UY	UY，UZ，ROTX
Y	UX，ROTZ	UY，ROTZ，ROTX	UX	UX，UZ，ROTY
Z	-	UZ，ROTX，ROTY	—	UX，UY，ROTZ

注：如果自己施加对称或反对称约束，可以参照如下规则。

- 对称约束：约束对称面的法向平移和绕对称面两个切线的转角。
- 反对称约束：约束绕对称面法线的转角和沿对称面两个切线的平移。

2. 关键点自由度约束及相关命令

命令 DK。

```
DK, KPOI, Lab, VALUE, VALUE2, KEXPND, Lab2, Lab3, Lab4, Lab5, Lab6
```

KPOI：关键点编号，也可取 ALL 或组件名。

KEXPND：扩展控制参数。如为 0，则仅施加约束到关键点上的节点；如为 1，则扩展到关键点之间（两关键点所连线）的所有节点上，且包括关键点上的节点，当然约束位移值相同。其余参数同 D 命令中的参数。

列表和删除关键点自由度约束的命令分别为如下。

- 列表：DKLIST, KPOI。列出关键点 KPOI (可以是 all 或组件名) 上的约束条件。

- 删除：DKDELE, KPOI, Lab。删除关键点 KPOI（可以是 all 或组件名）上的约束条件 lab（可以是 all）。

3. 对线施加自由度约束

命令 DL。

```
DL,LINE,AREA,Lab,Value1,Value2
```

LINE：线编号，也可为 ALL（默认）或组件名。

AREA：包含该线的面编号，并假定对称与反对称面垂直于该面，且线位于对称或反对称面内，默认为当前选择面中包含该线的最小编号。如不对称或反对称约束，则此面号无意义。

Lab：自由度标识符，其值可取如下。

SYMM：对称约束，按 DSYM 命令的方式生成；

ASYM：反对称约束，按 DSYM 命令的方式生成；

UX,UY,UZ,ROTX,ROTY,ROTZ,WRAP：各自由度约束；

ALL：所有适宜的自由度约束（与单元相关）。

Value1：自由度约束位移值或表格边界条件的表格名称。表格边界条件仅对 UX、UY、UZ、ROTX、ROTY、ROTZ 有效，且 Value1 输入为%tabname%（tbname 为表格数组名）。

Value2： 仅对 FLOTRAN 分析时有用，对结构分析无意义。

该命令对线上的所有节点施加自由度约束。

而列表和删除线上自由度约束的命令分别为如下。

- 列表：DLLIST,LINE 列出线 LINE（可以是 all 或组件名）上的约束条件。
- 删除：DLDELE,LINE,Lab 删除线 LINE（可以是 all 或组件名）上的约束条件 lab（可以是 all）。

4. 对面施加自由度约束

命令 DA。

```
DA, AREA, Lab, Value1, Value2
```

其中 AREA 为拟施加约束的面号，也可为 ALL 或组件名，其余同 DL 命令中的参数。

该命令对面上的所有节点施加自由度约束。

列表和删除面上自由度约束的命令分别为如下。

列表：DALIST, AREA 列出面 AREA（可以是 all 或组件名）上的约束条件。

删除：DADELE, AREA, Lab 删除线 AREA（可以是 all 或组件名）上的约束条件 lab（可以是 all）。

5. 约束转换命令

仅转换约束自由度命令 DTRAN。

```
DTRAN
```

边界条件和荷载转换命令 SBCTRAN。

```
SBCTRAN
```

这两个命令将施加在几何模型上的约束和荷载转换到有限元模型上。也可不执行这两个命令而在求解时由系统自动转换。

6. 自由度约束的冲突

使用 DK、DL 和 DA 命令施加的自由度约束参数可能会发生冲突，例如：

DL 指定会与相邻线（有公共关键点）上的 DL 指定冲突；

DL 指定会与任一关键点上的 DK 指定冲突；

DA 指定会与相邻面（有公共关键点和公共线）上的 DA 指定冲突；

DA 指定会与任一线上的 DL 指定冲突；

DA 指定会与任一关键点上的 DK 指定冲突。

按下列顺序将施加到几何模型上的自由度约束转换到有限元模型上：

按面号增加的顺序，将 DA 的自由度约束转换到面上的所有节点；

按面号增加的顺序，将 DA 约束的 SYMM 和 ASYM 转换到面上的所有节点；

按线号增加的顺序，将 DL 自由度约束转换到线上的所有节点；

按线号增加的顺序，将 DL 的 SYMM 和 ASYM 约束转换到线上的所有节点；

将 DK 自由度约束转换到关键点上的所有节点。

所以，对冲突的约束，DK 命令改写 DL 命令，DL 命令改写 DA 命令，施加在较大编号图素上的约束改写较低编号上的约束。这种冲突的处理与命令执行的前后顺序没有关系，但当发生冲突时，系统会发出警告信息。

7. 施加集中荷载

结构分析中的集中荷载及其标识符为力 FX、FY、FZ 及力矩 MX、MY、MZ，相关操作设置命令见表 5-4。

表 5-4 集中力载荷的相关操作设置命令

位置	命令	功能	备注
节点	F	对节点施加集中载荷	在当前节点坐标系施加
	FLIST	节点集中载荷列表	查看节点集中载荷的详细信息
	FDELE	删除节点集中载荷	
	FSCALE	比例缩放节点集中载荷	仅适用于有限元模型
	FCUM	累加节点集中载荷	可替代、累加和忽略三种方式
关键点	FK	对关键点施加集中载荷	
	FKLIST	关键点集中载荷列表	
	FKDELE	删除关键点载荷列表	
转换	FTRAN	将几何模型上的集中载荷传到有限元模型上	仅仅转换集中载荷
	SBCTRAN	将几何模型上的边界条件传到有限元模型上	转换自由度约束和载荷

（1）施加节点集中荷载

命令 F。

```
F, NODE, Lab, VALUE, VALUE2, NEND, NINC
```

NODE：节点编号，也可为 ALL 或组件名。

Lab：集中荷载标识符，如 FX,FY,FZ,MX,MY,MZ 其中任一。

VALUE：集中荷载值或表式边界条件的表格名称。

VALUE2：集中荷载值的第二个数，如为复数输入时，VALUE 为实部，而 VALUE2 为虚部。

NEND,NINC：节点编号范围和编号增量。

节点集中荷载列表：FLIST。

删除节点集中荷载：FDELE。

（2）施加关键点集中荷载

命令 FK。

```
FK, KPOI, Lab, VALUE, VALUE2
```

其中 KPOI 为关键点号，也可取 ALL 或组件名。其余参数同 F 命令。

FKLIST 命令和 FKDELE 命令分别为列表或删除关键点集中载荷。

转换命令 FTRAN 仅将集中荷载转换到有限元模型的节点上。

不管在何种模型上施加集中荷载，都与节点坐标系相关。

如果尚没有生成有限元模型，因节点不存在，对节点坐标系操作无效，所施加的荷载仅与总体坐标系相关。

如果几何模型和有限元模型同时存在，则节点坐标系的设置就有效。不管是在何时何模型上施加荷载，如果节点坐标系重新设置了，则荷载也同时改变。所以在改变节点坐标系时应慎重，以避免出现错误。

8. 施加面荷载

结构分析中的面荷载为压力，其标识符为 PRES。虽然线分布荷载和面分布荷载都称为压力，但对不同的单元类型，其荷载单位不尽相同。

对于 2D 面单元，无论面荷载施加在单元边或边界线（LINE），其荷载单位都是“力/面积”。对于 SHELL 单元，施加面法向的面荷载单位为“力/面积”，而单元边或单元边界线上的面荷载单位为“力/长度”。

对于梁单元，其分布荷载单位为“力/长度”，单元端部荷载单位为“力”。

对于 3D 实体单元，其面荷载的单位为“力/面积”。

有关命令见表 5-5。

表 5-5 施加荷载命令

位置	命令	功能	备注
节点	SF	对节点群施加面载荷	由节点群确定面
	SFSCALE	比例缩放节点群面载荷	仅适用于有限元模型
	SFCUM	累加节点群面载荷	可替代、累加和忽略
	SFFUM	定义节点号与面载荷的函数关系	可用于单元加载命令
	SFGRAD	定义面载荷的梯度	可用于单元、线、面加载
	SFLIST	节点群面载荷列表	
	SFDELE	删除节点群面载荷	
单元	SFE	在单元上施加面载荷	单元任一面，各节点可不等
	SFBEAM	在梁单元施加面载荷	分布载荷、跨间集中载荷
	SFELIST	单元面载荷列表	
	SFEDELE	删除单元面载荷	
线	SFL	在线上施加面载荷	2D 面单元、壳单元
	SFLLIST	线上面载荷列表	
	SFADELE	删除线上面载荷	
面	SFA	在面上施加面法向面载荷	3D 体单元、壳单元
	SFALIST	面上面载荷列表	
	SFADELE	删除面上面载荷	
转换	SFFTRAN	将面载荷传到有限元模型上	仅转换背景载荷
	SBCTRAN	将所有边界条件传到有限元模型上	

（1）施加节点面荷载

① 对节点群施加面荷载

命令 SF。

```
SF, Nlist, Lab, VALUE, VALUE2
```

Nlist：节点群，可取 ALL 或组件名。

Lab：面荷载标识符，结构分析为 PRES。

VALUE：面荷载值或表格型面荷载的表格名称。

VALUE2：复数输入时面荷载值的第二个值。

对于单个节点不能使用该命令。

对于 3D 体单元面，由 Nlist 节点群能够确定多少个单元面就施加多少单元面（与几何面无关），与单元是否被单独选择无关。利用该命令可以解决大面上局部加载的问题。

对于 2D 面单元，当在单元外部边界（不是单元边）上加载时，可仅选择外部边界上的节点群即可加载；当节点群不在单元外部边界时，还须单独选择包含这些节点的单元，否则不予施加。面荷载的方向与单元面平行，且指向单元面边界。该特点对于单元周边施加相同面荷载时比较简单，当然也可施加单元任一边的面荷载，但稍麻烦些。

② 定义节点号与面荷载的函数关系

命令 SFFUN。

```
SFFUN, Lab, Par, Par2
```

Lab：面荷载标识符，结构分析为 PRES。

Par：储存面荷载值的参数名（数组参数）。

Par2：用于复数输入时的第二个值。

该命令定义节点号与面荷载的函数关系，数组中值的位置（数组下标）表示节点号，数组值表示面荷载的大小。该命令对于施加由其他软件计算出的节点面荷载时比较有用，但对于 ANSYS 自动生成的有限元模型，其节点编号由系统自动确定，显然要直接应用这种函数关系并不容易。该命令所定义的函数关系，可用于 SF 和 SFE 命令。

③ 定义面荷载梯度

命令 SFGRAD。

```
SFGRAD, Lab, SLKCN, Sldir, SLZER, SLOPE
```

Lab：面荷载标识符，结构分析为 PRES。

SLKCN：斜率坐标系的参考号，默认为 0（总体直角坐标系）。

Sldir：在 SLKCN 坐标系中梯度（或斜率）的方向，其值可取如下。

X（默认）：沿 X 方向的斜率，对非直角坐标系为 R 方向；

Y：沿 Y 方向的斜率，对非直角坐标系为 θ 方向；

Z：沿 Z 方向的斜率，对球或环坐标系为 φ 方向。

SLZER：斜率基值为 0 的坐标位置。如为角度则单位为度，如果奇点在 180°，则 SLZER 在 ±180° 之间，如果奇点在 0°，则 SLZER 在 0°～360° 之间。

SLOPE：斜率值，即单位长度或单位角度的荷载值，沿 Sldir 正方向递增为正，递减为负。该命令所定义的梯度（斜率）可为随后的 SF、SFE、SFL 和 SFA 命令使用，每个节点处的荷载按下式计算。

CVALUE = VALUE + (SLOPE × (COORD - SLZER))

其中 VALUE 是命令 SF、SFE、SFL 和 SFA 中的参数值，COORD 为节点坐标。定义的梯度仅在当前被激活，后面定义的梯度将替代前面的。

一旦设定了荷载梯度，则对随后的荷载施加命令都有效。

取消荷载梯度，则为无参数的 SFGRAD 命令。

命令 SFGRAD,STAT 可显示当前的状态。该命令不能对 PIPE 系列单元施加梯度荷载，且该命令不能采用表格型边界条件。

其余命令如 SFSCALE、SFCUM、SFLIST 和 SFDELE 等使用方法与前面同类命令类似。但 SFSUM 仅对节点群荷载有效（SF 命令施加的荷载），对于 SFE、SFL 及 SFA 无效。

（2）施加单元荷载

① 在单元上施加面荷载

命令 SFE。

```
SFE, ELEM, LKEY, Lab, KVAL, VAL1, VAL2, VAL3, VAL4
```

ELEM：拟施加面荷载的单元号，也可为 ALL 或元件名。

LKEY：与面荷载相关的荷载控制参数，默认为 1，在每个单元的帮助中有说明。

Lab：面荷载标识符，结构分析为 PRES。

KVAL：当 Lab=PRES 时，KVAL=0 或 1 表示 VAL1~VAL4 为压力的实部，KVAL=2 表示 VAL1~VAL4 为压力的虚部。

VAL1：第一个面荷载值或表格边界条件名称，比较典型的是在面上的第 1 个节点上，节点的顺序在单元中明确地给定。

VAL2~VAL4：为面上节点的第 2、3、4 个面荷载值，如果为空，则与 VAL1 相等；如果为 0 或其他空值则均为 0；对于 2D 平面单元，可对单元的任一面（实为单元边界）施加面荷载，荷载施加到该单元面的角节点上（高次单元的中间节点荷载由系统自动处理），相邻角节点的数值可以不等。

对于 3D 体单元，用 SFE 施加面荷载时，也要确定面号及方向才能保证正确（可根据单元节点列表确定单元面号），同样也可施加不同的荷载值使得该面上各节点荷载不同。

对于 SHELL 单元，其①和②面为底面和顶面，其余为侧面（侧边）。

SF 和 SFE 比较而言，对 2D 平面单元，SF 施加单元周边面荷载较为方便，而 SFE 则施加单元任一边面荷载较为方便；对于 3D 体单元，SF 施加的面荷载对各节点是等值的（除非使用 SFFUN 定义），而 SFE 可施加各节点不等值和等值两种面荷载。

对于 SHELL 单元，SFE 较 SF 方便。一般而言，对于通过几何模型生成的有限元模型，通过 SFL 和 SFA 命令施加荷载更加便捷，且不易出错。

② 在梁单元施加面荷载

命令 SFBEAM。

```
SFBEAM, ELEM, LKEY, Lab, VALI, VALJ, VAL2I, VAL2J, IOFFSET, JOFFSET
```

ELEM：拟施加面荷载的单元号，也可为 ALL 或元件名。

LKEY：荷载面号(默认为 1)，在每个梁单元的帮助中有说明。

Lab：面荷载标识符，结构分析为 PRES。

VALI,VALJ：节点 I 和 J 附近的荷载数值。如 VALJ 为空，则与 VALI 相同，否则为其输入值。

VAL2I,VAL2J：当前未启用。

IOFFSET：VALI 荷载值的作用点离开 I 节点的距离。

JOFFSET：VALJ 荷载值的作用点离开 J 节点的距离。

该命令是对梁单元(BEAM 系列)施加单元荷载的唯一命令，施加到梁单元线(LINE)上的荷载不能转换到有限元模型。梁单元荷载有线性分布荷载、局部线性分布荷载、跨间集中力三种。

对于梁单元的垂直和切向分布荷载其单位为“力/长度”，而对于端部荷载则为“力”。

线性分布荷载：如节点 I 和节点 J 的横向分布集度分别为 q1 和 q2，则命令为：sfbeam,elem,1,pres,q1,q2。

局部线性分布荷载，q1 到节点 I 的距离为 a1，q2 到节点 J 的距离为 a2, 则命令为：

sfbeam,elem,1,pres,q1,q2,,,a1,a2。

跨间集中力：设集中力为p1,到节点I的距离为a1。命令为：sfbeam, elem, 1, pres, p1,,,,a1,-1 !注意JOFFSET必须设为-1。

所有荷载均相对于单元而言，对每个单元可施加多个LKEY不同的荷载，但对于同一LKEY值，只能施加一种。如BEAM3单元，LKEY=1为垂直单元轴线的荷载，LKEY=2为平行单元轴线的分布荷载，而LKEY=3或4时为单元端部面荷载（力）；同时可利用keyopt(10)设置长度或长度比确定IOFFSET或JOFFSET。

（3）表面效应单元施加面荷载

如前所述，施加具有LKEY参数的面荷载与单元类型相关，对于2D面单元仅可在单元边上或边界上施加平行于单元面的荷载；对于3D体单元，仅可施加单元面法向面荷载。

对于3D壳单元，可施加单元面法向面荷载和在单元边上或边界上施加平行于单元面的荷载。

但有时所要施加的荷载不属于上述情况，例如面的切向荷载或其他非法向面荷载等，此时可使用表面效应单元覆盖所要施加荷载的表面，并用这些单元作为“管道”施加所需荷载。如2D面单元和3D单元可分别使用SURF153单元和SURF154单元。

（4）施加体载荷

在结构分析中，ANSYS的体荷载只有温度，其标识符为TEMP。常用体载荷命令如表5-6所示。

表5-6　常用体载荷命令

位置	命令	功能	位置	命令	功能
节点	BF	对节点施加体载荷	单元	BFE	在单元上施加体载荷
	BFSCAL	比例缩放节点体载荷		BFESCAL	比例缩放单元体载荷
	BFCUM	累加节点体载荷		BFECUM	累加单元体载荷
	BFUNIF	所有节点施加均布载荷		BFELIST	单元体载荷列表
	BFLIST	节点体载荷列表		BFEDELE	删除单元体载荷
	BEDELE	删除节点体载荷	线	BFL	在线上施加体载荷
关键点	BFK	在关键点上施加体载荷		BFLLIST	线上体载荷列表
	NFKLIST	关键点上体载荷列表		BFLDELE	删除线上体载荷
	BFKDEL	删除关键点上体载荷	体	BFV	在体上施加体载荷
面	BFA	在面上施加体载荷		BFVLIST	体上体载荷列表
	BFALIST	面上体载荷列表		BFVDELE	删除体上体载荷
	BFADEL	删除面上体载荷	转换	BFTRAN	体载荷转化

几个主要的体载荷施加命令如下。

BF, NODE, Lab, VAL1

BFE, ELEM, Lab, STLOC, VAL1, VAL2, VAL3, VAL4

BFK, KPOI, Lab, VAL1
BFL, LINE, Lab, VAL1
BFA, AREA, Lab, VAL1
BFV, VOLU, Lab, VAL1

其使用方法与面载荷施加命令类似，例如第 1 个参数均为图素编号，也可为 ALL 或组件名；第 2 个参数 Lab 可为 U*i*、ROT*i* (*i* = x 或 y 或 z)、TEMP 或 FLUE；VAL1～VAL4 为体载荷值，其中 VAL2～VAL4 为单元不同位置上的体载荷值；STLOC 为 VAL1 指定一个对应的起始位置。

（5）施加惯性载荷

惯性载荷有加速度、角速度和角加速度，相关操作设置命令如表 5-7 所示。

表 5-7 施加惯性载荷

命令	功能	备注
ACEL	对物体施加加速度	在总体直角坐标系下
OMEGA	对旋转体施加角速度	在总体直角坐标系下
DOMEGA	对旋转体施加角加速度	在总体直角坐标系下
CGLOC	定义参考系坐标原点	相对于总体直角坐标系
CGOMGA	施加参考坐标系下的角速度	在参考坐标系下
DCGOMG	施加参考坐标系下的角加速度	在参考坐标系下
CMOMEGA	在单元元件上施加参考坐标系下的角速度	绕参考坐标系旋转轴
CMDOMGA	在单元元件上施加参考坐标系下的角加速度	绕参考坐标系旋转轴
IRLF	惯性释放计算	
STAT,INRTIA	列表显示惯性计算	

惯性载荷没有删除命令，要删除惯性载荷，中心将载荷值设为 0 即可，且惯性载荷为斜坡载荷。

ACEL、OMEGA 和 DOMEGA 命令分别用于施加在总体直角坐标系中的加速度、角速度和角加速度。需要注意的是 ACEL 命令施加的是加速度，不是重力场，因此要施加一个−Y 方向的重力场，必须施加一个＋Y 方向的加速度。使用 CGOMGA 和 DCGOMG 命令定义一转动物体的加速度和角加速度，但为相对于参考坐标系转动时的物理量（该物体绕参考坐标系转动）。CGLOC 命令用于指定参考坐标系相对于整个笛卡尔坐标系的位置。

CMOMEGA 和 CMDOMGA 命令在单元元件上施加参考坐标系下的角速度和角加速度。

ANSYS 定义的三种类型转动如下。

- 整个结构绕总体直角坐标系转动（OMEGA 和 DOMEGA 命令输入）；
- 单元元件绕参考坐标系轴的转动（CMOMEGA 和 CMDOMEGA 命令）；
- 整体直角坐标系绕加速度原点的转动（CGOMGA、DCGOMG 和 CGLOC 命令）。

以上三种类型转动中，可两两组合同时施加到结构上。此处仅介绍 ACEL 命令及使用方法，命令如下。

命令 ACEL。

```
ACEL, ACELX, ACELY,ACELZ
```

其中 ACELX、ACELY、ACELZ 分别为沿总体直角坐标系 X 轴、Y 轴和 Z 轴的结构线加速度值。

（6）施加耦合场载荷

在耦合场分析中，通常将包含一个分析中的结果施加在第二个分析中作为载荷，例如，可将热分析中计算得到的节点温度，作为体积载荷施加到结构分析中，形成耦合场载荷。施加耦合场载荷的命令为 LDREAD 命令，该命令是从一个结果文件读出数据，然后作为载荷施加到模型上。因此，该命令不仅仅在施加耦合场载荷时使用，也可用于其他分析目的，例如，可用于结构分析中读入反作用力作为进一步分析的载荷等。

命令 LDREAD。

```
LDREAD, Lab, LSTEP, SBSTEP, TIME, KIMG, Fname, Ext
```

（7）初应力载荷及施加

初应力（Initial Stress）可以指定为一种“载荷”进行施加，但仅在静态分析和全瞬态分析中可以使用，可以用于线性分析或非线性分析。初应力载荷只能在第一个载荷步中施加。

ANSYS 中支持初应力载荷的单元类型有：PLANE2、PLANE42、PLANE82、PLANE182、PLANE183、SOLID45、SOLID92、SOLID95、SOLID185、SOLID186、SOLID187、SHELL181、SHELL208、SHELL209、LINK180、BEAM188、BEAM189。

初应力载荷是单元坐标系下的值，如果单元坐标系与总体坐标系不同应谨慎。初应力载荷只能在求解层施加。

初应力载荷的施加采用覆盖方式，即多次施加时后面命令结果覆盖前面的命令结果。初应力载荷施加在被选择的单元上，如果单元选择集为空或不选择某些单元，则不施加初应力载荷到这些单元上。

主要初应力载荷命令如表 5-8 所示。

表 5-8　主要初应力载荷命令

命令	功能	备注
ISTRESS	施加初始常应力载荷	在求解层使用
ISFILE	从文件施加初应力载荷	在求解层使用
USTRESS	用户子程序施加初应力载荷	可参考用户子程序
ISWRITE	生成初应力文件	在求解层使用

① 施加初始常应力载荷

命令 ISTRESS。

ISTRESS, Sx, Sy, Sz, Sxy, Syz, Sxz, MAT1, MAT2, MAT3, MAT4, MAT5, MAT6, MAT7, MAT8, MAT9, MAT10

Sx,Sy,Sz,Sxy,Syz,Sxz：初始的常应力值。

MAT1～MAT10：初应力拟施加到的材料编号，如没有指定，则施加到所有材料上。

该命令对所选择的单元施加一组初始常应力值。

② 从文件施加初应力载荷

命令 ISFILE。

ISFILE, Option, Fname, Ext, --, LOC, MAT1, MAT2, MAT3, MAT4, MAT5, MAT6, MAT7, MAT8, MAT9, MAT10

Option：初应力载荷操作控制参数，其值可取如下。

READ（默认）：从文件读入初应力数据；

LIST：列出已经读入的初应力；

DELE：删除已经读入的初应力。

Fname：当 Option 为 READ 时，Fname 为一目录和文件名。

当 Option 为 LIST 或 DELE 时，Fname 为列表或删除单元编号上的初应力。

Ext：文件扩展名或层号，当 Fname 为空时，Ext 默认为 IST。

如 Option 为 LIST 或 DELE 则 Ext 为层壳单元的层号。

LOC：总体位置标志，确定每个单元内初应力要施加的位置，其值可取如下。

0（默认）：在单元质心上施加初应力；

1：单元积分点上施加初应力；

2：在单元指定位置上施加初应力。即由初应力文件确定将初应力载荷施加到什么位置，此时各个单元施加的位置可以不相同。

3：常应力状态。用初应力文件中的第一个应力数据将所有单元初始化为一个常应力。

MAT1～MAT10：初应力拟施加到的材料编号。该命令对所选择的单元施加初应力荷载，初应力的单元号与所选择的单元号相对应。

③ 生成初应力文件

命令 ISWRITE。

ISWRITE, Switch

其中 Switch 参数控制初应力文件是否生成文件，其中可取如下。

ON：以工作文件及扩展名 IST 生成初应力文件，并写入数据；

OFF：不生成初应力文件。

该命令仅在求解层有效，如果已有同名文件存在则覆盖之。

该命令不支持 CDWRITE 命令。

用 ISWRITE 命令写出的应力为单元积分点应力，对于非线性分析，写入的应力数据为收敛后应力；对于线性分析，为求解完成后的应力。因此其初应力文件标志区数据为 eis,elemno,1，其中 elemno 为单元号，而 1 表示为积分点应力的位置标识。

在用 ISFILE 命令读入时，如果位置标志为 0，则采用各单元的第一个应力记录；如果位置标志为 2，则采用初应力文件中的位置标志（即 1）；如果位置标志为 3，则采用应力文件的第一个应力数据。

5.4 齿轮泵模型的加载

在齿轮泵模型上施加约束和载荷。本实例中载荷为 62.8rad/s 转速形成的离心力，位移边界条件将内孔边缘节点的周向位移固定。

（1）本实例的位移边界条件为将内孔边缘节点的周向位移固定，为施加周向位移，需要将节点坐标系旋转到柱坐标系下，具体步骤如下。

从实用菜单中选择 Utility Menu > Work Plane > Change Active CS to > Global Cylindrical 命令，将激活坐标系切换到总体柱坐标系下。

从主菜单中选择 Main Menu > Preprocessor > Modeling > Move/Modify > Rotate Node CS > To Actives CS 命令，打开节点选择对话框，要求选择欲旋转的坐标系的节点。

单击 Pick All 按钮，选择所有的节点，所有节点的节点坐标系都旋转到当前激活坐标系即总体坐标系下。

从实用菜单中选择 Utility Menu > Select > Entities（实体选择）对话框，如图 5-2 所示。在第一个对话框中选择 Node（节点）选项，在下面的下拉列表中选择 By Location（通过位置选取）选项。在位置选项中列出了位置属性的 3 个可用项（即标识位置的 3 个坐标分量），单击 X coordinates（X 坐标）单选按钮使其被选中，表示要通过 X 坐标来进行选取，注意此时激活坐标系为柱坐标系，X 代表的是径向。

在文本框中输入用最大值和最小值构成的范围，输入 5，表示选择径向坐标为 5 的节点，即内孔上的节点，单击 OK 按钮，将符合要求的节点添加到选择集中。

从主菜单中选择 Main Menu > Solution > Define Loads > Apply > Structural > Displacement > on Nodes 命令，打开节点选择对话框，要求选择欲施加位移约束的节点，单击 Pick All 按钮，选择当前选择集中的所有节点，打开 Apply U,ROT on Nodes（在节点上施加位移约束）对话框，如图 5-3 所示，选择 UY（Y 方向位移），此时节点坐标系为柱坐标系，Y 方向为周向，即施加周向位移约束。

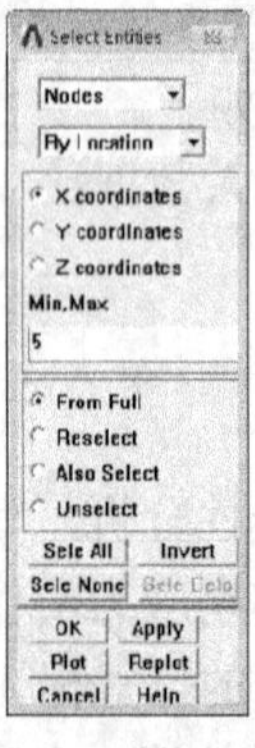

图 5-2 实体选择对话框

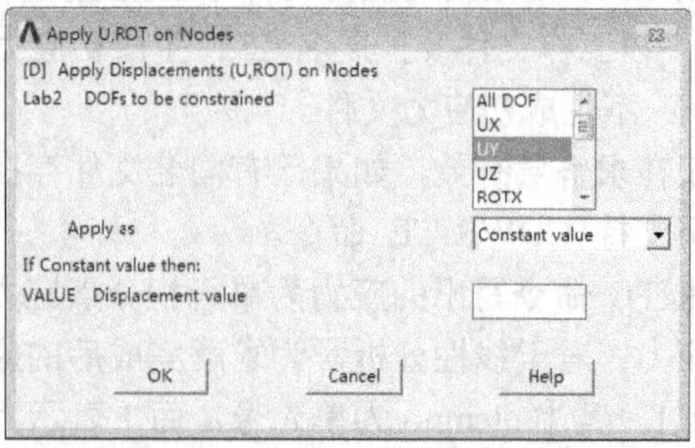

图 5-3 施加位移约束对话框

单击 OK 按钮，ANSYS 在选定节点坐标系上施加指定的位移约束，如图 5-4 所示。

从实用菜单中选择 Utility Menu > Select > Every thing 命令，选取所有图元、单元和节点。

（2）施加转速惯性载荷及压力载荷。

从主菜单中选择 Main Menu > Solution > Define Loads > Apply > Structural > Inertia > Angular Velocity > Global 命令，打开 Apply Angular Velocity（施加角速度）对话框，如图 5-5 所示。

在 Global Cartesian Z-comp（总体 Z 轴角速度分量）文本框中输入 62.8，需要注意的是，转速是相对于总体笛卡尔坐标系施加的，单位是 rad/s。单击 OK 按钮，施加转速引起的惯性载荷。

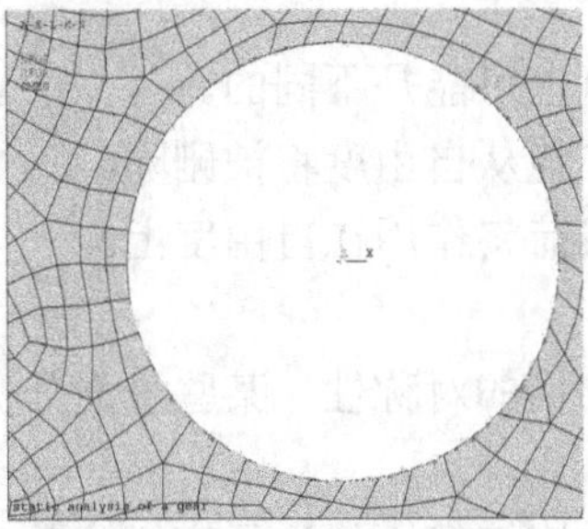

图 5-4　施加的周向位移约束

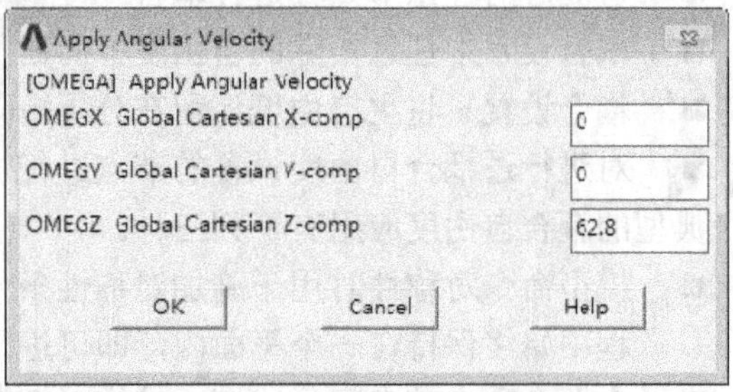

图 5-5　施加角速度对话框

从主菜单中选择 Main Menu > Solution > Define Loads > Apply > Structural > Pressure > On lines 命令，打开选择线的对话框，选择两个相邻的齿边，单击 OK 按钮。然后打开 Apply PRES on lines 对话框，在 Load PRES value 文本框中输入 5e6，单击 OK 按钮，施加齿轮啮合产生的压力，如图 5-6 所示。

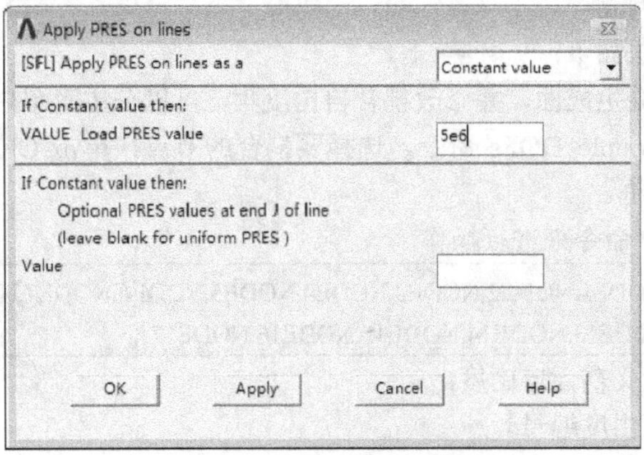

图 5-6　施加加速度对话框

5.5 耦合与约束方程

与自由度约束模型中确定的节点一样，耦合与约束方程可以建立节点的位移关系。

5.5.1 耦合

耦合是使一组节点具有相同的自由度，一般具有如下特点。

- 每次耦合设置只能对一个自由度标识，如 UX、TEMP 等。
- 可同时对任意节点数进行耦合。
- 耦合设置中任意实际的自由度方向在不同的节点上可能是不同的。
- 耦合设置只将主自由度保留在分析矩阵中，而其他从自由度将被删除。
- 对进行过耦合自由度设置的节点进行加载时，载荷将作用在自由度上。

典型的耦合自由度应用有下列三种。

- 模型命令对称性时用于施加对称性条件。由于结构的对称性，某些平面分析过程中始终保持在一个平面内，即可进行耦合。
- 在两个重合节点间形成销、铰链、万向节、滑块连接等，如为了模拟铰链，将同一位置的两个不同节点的成对自由度耦合起来，而不耦合转动自由度，即形成铰链。
- 模拟无摩擦的界面。如果两个界面上节点一一对应，两表面保持接触，可忽略摩擦且分析是几何线性的，则可通过仅耦合垂直于界面的自由度来模拟接触。使用耦合自由度模拟无摩擦界面的方法有以下优点：分析依然是线性的、无间隙收敛性问题。

耦合定义的方法如下：

在选点的节点处生成面，并修改耦合自由度集，可以在主菜单中选择 Preprocessor > Coupling/Ceqn > Couple DOFs 命令，选择要耦合的节点，单击 OK 按钮，弹出 Define Coupled DOFs 对话框。

也可以采用 CP 命令来进行操作。

```
CP,NSET,Lab,NODE1,NODE2,NODE3,NODE4,NODE5,NODE6,NODE7,NODE8,NODE9,NODE1
0,NODE11,NODE12,NODE13,NODE14,NODE15,NODE16,NODE17
```

CP 命令用于定义耦合自由度。

NSET：耦合自由度编号。

Lab：被耦合的自由度标识符，如 UX、TEMP 等。

NODE1~NODE17：参与耦合的节点编号。可以使用 ALL 或组件名。

通过 CPNGEN 命令可以修改已有的耦合自由度集。

```
CPNGEN,NSET,Lab,NODE1,NODE2,NINC
```

NEST：将要修改的自由度集编号。

Lab：自由度标识符，如 UX、TEMP 等。

NODE1,NODE2,NINC：起始、终止节点号与增量。

```
CPINTF,Lab,TOLER
```

CPINTF 用于在接触面上定义耦合自由度集。

Lab：自由度标识符，如 UX、TEMP 等。

TOLER：定义重合节点的允许值。只有当两节点的间距在允许值内，才认可两节点是重合的。

用户也可以在 GUI 界面中进行操作，在主菜单中选择 Main Menu > Preprocessor > Coupling/Ceqn > Coincident Nodes 命令，弹出 Couple Coincident Nodes 对话框。

用户输入要设定的容差值，单击 OK 按钮即可。

一旦有了一个或多个耦合集，用户可以用 CPLGEN、CPSGEN 命令以相同的节点号但不同的自由度标识符的耦合集。

```
CPLGEN,NSETF,Lab1,Lab2,Lab3,Lab4,Lab5
```

从已有的耦合自由度中生成新的耦合集，与已有的耦合集具有相同节点号，但有不同的自由度标识。

NSETF：已存在的耦合自由度集编号。

Lab1,Lab2,Lab3,Lab4,Lab5：自由度标识符。

以上操作也可以在 GUI 界面中进行，在主菜单中选择 Main Menu > Preprocessor > Coupling/Ceqn > Gen w/Same Nodes 命令，弹出 Generate Coupled DOFSet w/Same Nodes 对话框，根据提示完成操作即可。

```
CPSGEN,ITIME,INC,NEST1,NSET2,NINC
```

从已有的耦合自由度生成新的耦合自由度集，与已有的耦合集具有相同的自由度标识符，但有不同的节点号。

ITIME、INC：操作次数及耦合编号的增量。

NSET1,NSET2,NINC：节点起止编号与增量。

以上操作也可以在 GUI 界面中进行操作，在主菜单中选择 Main Menu > Preprocessor > Coupling/Ceqn > Gen w/Same DOF 命令，弹出 Generate Coupled DOF Set w/Same DOF 对话框，根据提示完成操作即可。

5.5.2 约束方程

约束方程定义了节点自由度之间的线性关系。它提供了比耦合更通用的数学形式，如下式所示。

$$\text{constant} = \sum_{i=1}^{n} (\text{coeffficent}(i) \times U(i))$$

其中，$U(i)$是自由度，n 是方程中项的编号。

约束方程可以将任意节点的任意自由度进行组合，且任意实际的自由度方向在不同的节点上可能不同，主要有下列 4 个应用。

- 连接不同的网格；
- 连接不同的单元类型；
- 建立刚性区；
- 过盈配合。

下面介绍几种建立约束方程的思路。

1. 直接定义约束方程

直接定义约束方程可以采用命令 CE。

```
CE,NEQN,CONST,NODE1,Lab1,C1,NODE2,Lab2,C2,NODE3,Lab3,C3
```

NEQN：约束方程编号。

CONST：方程中的常数项。

NODE1,Lab1,C1：第一个节点编号、自由度标识符、系数。

以上操作也可以在 GUI 界面中进行操作，在主菜单中选择 Main Menu > Preprocessor > Coupling/Ceqn > Constraint Eqn 命令，弹出 Define a Constraint Equation 对话框，根据提示完成操作即可。

2. 生成刚性区域

CERIG 命令可以用于生成刚性区域。

```
CERIG,MASTE,SLAVE,Ldof,Ldof2,Ldof3,Ldof4,Ldof5
```

MASTE：所要定义的刚性区的主节点。

SLAVE：刚性区的从节点。

Ldof：约束方程中的自由度标识符。

以上操作也可以在 GUI 界面中进行操作，在主菜单中选择 Main Menu > Preprocessor > Coupling/Ceqn > Rigid Region 选择主节点与从节点，弹出 Constraint Equation for Rigid Region 对话框，根据提示完成操作即可。

3. 连接疏密不同的已划分网格

在接触面生成约束方程，可将一个网格较疏区域的已选节点与一个网格较密区域的已选单元连接起来，生成约束方程，可使用命令如下。

```
CEINTF,TOLER,DOF1,DOF2,DOF3,DOF4,DOF5,DOF6,MoveTol
```

CEINTF：所选单元的容差，由部分单元尺寸决定。

TOLER,DOF1,DOF2,DOF3,DOF4,DOF5,DOF6：约束方程中的自由度标识符。

MoveTol：节点允许移动的距离，由单元坐标系决定。

以上操作也可以在 GUI 界面中进行操作，在主菜单中选择 Main Menu > Preprocessor > Coupling/Ceqn > Adjacent Regions 选择主节点与从节点，在弹出的 Constraint Equation for Adjacent Region 对话框中，根据提示完成操作即可。

5.6 本章小结

载荷可以施加于实体上（施加于体、面、线等上）或有限元模型上（施加于节点或单元上）。无论载荷是施加于实体还是有限元模型上，求解器所依据的是有限元模型。因此，施加于实体上的载荷在开始求解时，将被自动转换到有限元模型的节点与单元上。

载荷的施加可以同时使用实体模型加载和有限元模型加载两种方式，用户可以根据分析对象的特点，合理选择，尽量保证加载过程简洁清晰，以利于后续分析。

第6章

求 解

完成有限元前处理后，可以根据结构在工程实际中施加边界条件和载荷的情况，求出实际情况中结构的受力情况。在 ANSYS 中，可以求解出结构的位移、力、压力、温度、重力等。

学习目标：

- 掌握求解的基础知识；
- 掌握 ANSYS 求解的方法。

6.1 求解综述

ANSYS 的求解结果可以有节点解、单元解。单元解是在节点解的基础上，通过高斯积分法插值得到。

ANSYS 有几种求解法：直接法、稀疏矩阵求解法、JCG 法、ICCG 法、PCG 法、ITER 法，默认为直接法。进入求解器后，首先要定义分析类型，是否考虑非线性影响等。可以开始一个新的分析或重新激活一个已存在的分析。

若求解失败，一般首先考虑出现问题的原因如下：

- 约束不够。这是经常出现的差错，需要用户细心纠正；
- 材料性质参数有误；
- 当等效应力为负时，整个结构已经发生屈曲；
- 模型中的非线性因素。

```
EQSLV,Lab,TOLER,MULT,--KeepFile
```

选择求解器，可以选择的有 SPARSE、JCG、ICCG、QMR、PCG，也可以在 GUI 界面中选择如下命令：

```
Main Menu > Preprocessor > Loads > Analysis Type > Analysis Options
MainMenu > Preprocessor > Loads > Analysis Type > Sol'nControls > Sol'nOptions
MainMenu > Solution > Analysis Type > Analysis Options
MainMenu > Solution > Analysis Type > Sol'n Controls > Sol'nOptions
```

弹出如图 6-1 所示的 Solution Controls 对话框，可以对求解器进行设置。

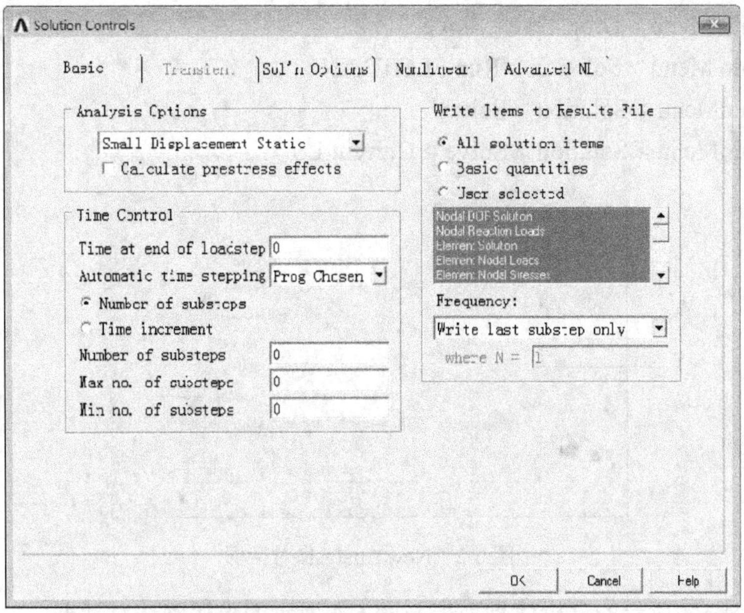

图 6-1 Solution Controls 对话框

使用 ANTYPE 可指定分析类型。

```
ANTYPE，Antype,Status,LDSTEP,SUBSTEP,Action
```

Antype 可指定分析类型，可以使用如下参数。

STATIC 或 0：静力分析（默认）；

BUCKLE 或 1：屈曲分析；

MODAL 或 2：模态分析；

HARMIC 或 3：谐响分析；

TRANS 或 4：瞬态动力系统分析；

SUBSTR 或 7：子结构分析；

SPECTR 或 8：谱分析。

用户也可以在 GUI 界面中选择如下命令进行设置：

- MainMenu > Preprocessor > Loads > Analysis Type > New Analysis
- MainMenu > Preprocessor > Loads > Analysis Type > Restart
- MainMenu > Preprocessor > Loads > Analysis Type > Sol'n Controls > Basic
- MainMenu > Solution > Analysis Type > New Analysis
- MainMenu > Solution > Analysis Type > Restart
- MainMenu > Solution > Analysis Type > Sol'n Controls > Basic

在弹出如图 6-2 所示的 New Analysis 对话框中，选择所需要的分析类型。设置完成后，即可以开始求解，可以使用如下命令。

```
SOLVE
```

或在 GUI 界面中选择如下命令之一：

- MainMenu > Design Xplorer > Solution > Slove

- Main Menu > Drop Test > Slove
- Main Menu > Solution > Run FLOTRAN
- MainMenu > Solution > Solve
- MainMenu > Solution > Solve > Current LS

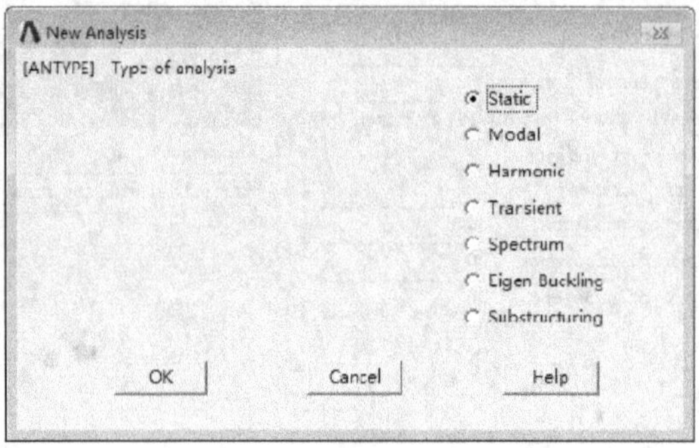

图 6-2　New Analysis 对话框

弹出如图 6-3 所示的分析信息列表与图 6-4 所示的求解确认对话框。

在图 6-3 所示分析信息列表中，确认信息无误后，单击图 6-4 所示求解确认对话框中的 OK 按钮，即开始求解，待弹出如图 6-5 所示求解完成提示，即完成求解过程。

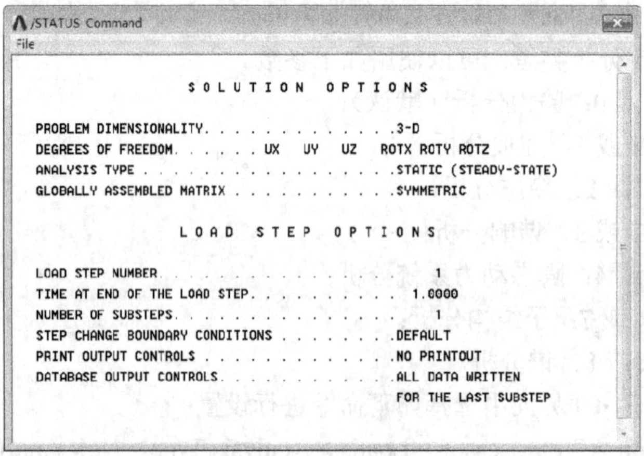

图 6-3　分析信息列表

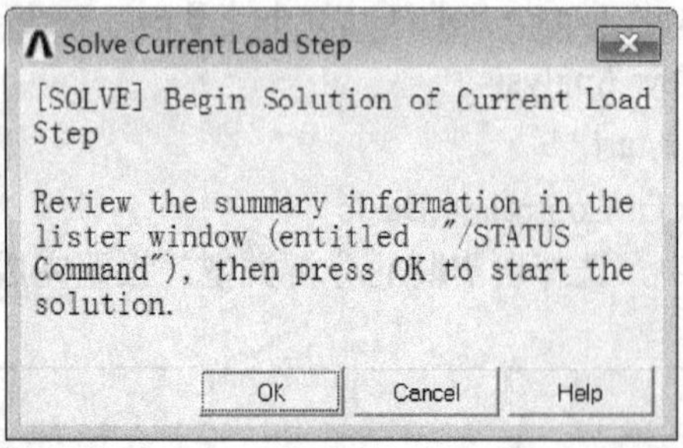

图 6-4　求解确认对话框

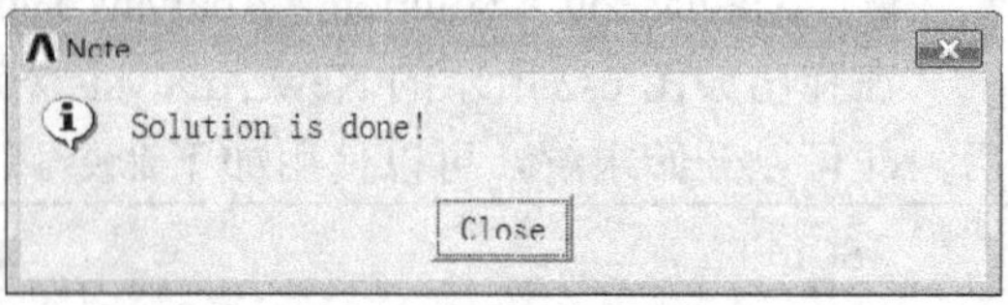

图 6-5　求解完成提示

6.2 例题

在前文 5.4 中的求解结果步骤如下。

（1）在 GUI 界面中，选择 Main Menu > General Postproc > Plot results > Contour Plot > Nodal Solution 命令，弹出如图 6-6 所示的 Contour Nodal Solution Data 对话框。选择 DOF Solution 列表中的 Y-Component of displacement，单击 OK 按钮，即可在工作区中看到 Y 方向位移云图，如图 6-7 所示。

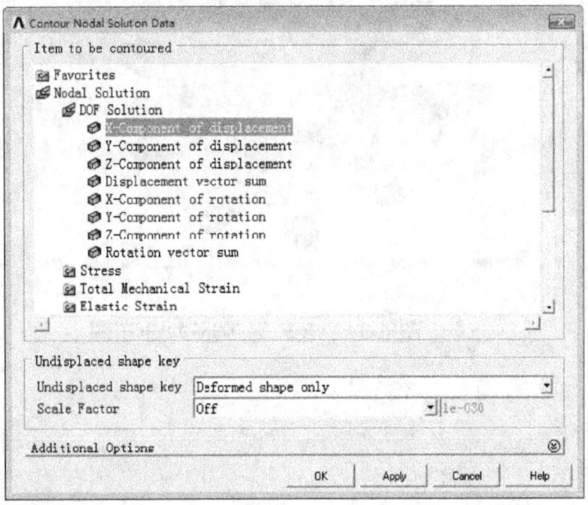

图 6-6 Contour Nodal Solution Data 对话框

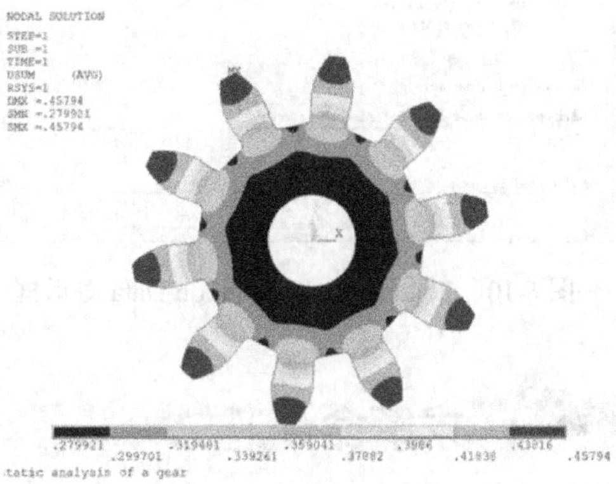

图 6-7 Y 方向位移云图

（3）在 GUI 界面中，选择 Main Menu > General Postproc > Plot results > Contour Plot > Nodal Solution 命令，弹出如图 6-8 所示的 Contour Nodal Solution Data 对话框。选择 Stress 列表中的 Y-Component of displacement，单击 OK 按钮，即可在工作区中看到 Y 方向应力云图，如图 6-9 所示。

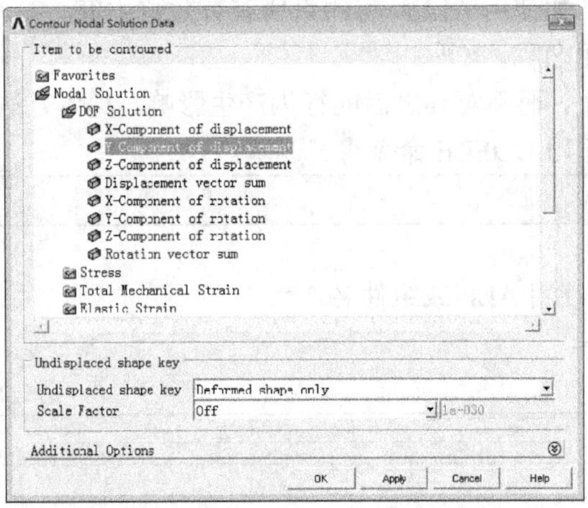

图 6-8 Contour Nodal Solution Data 对话框

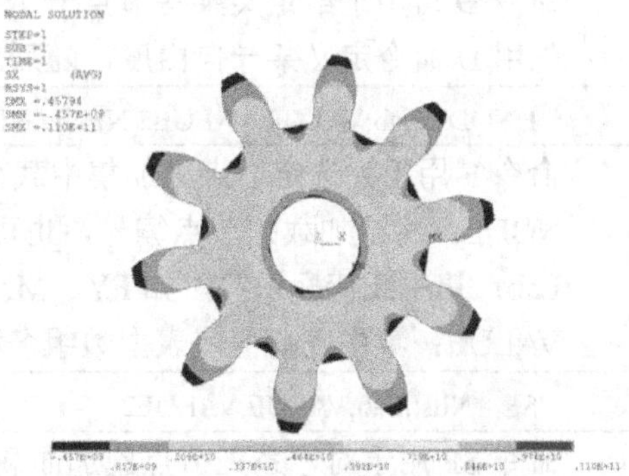

图 6-9 Y 方向应力云图

（4）在 GUI 界面中，选择 Main Menu > General Postproc > Plot results > Contour Plot > Nodal Solution 命令，弹出如图 6-10 所示的 Contour Nodal Solution Data 对话框。选择 Stress 列表中的 von Mises stress，单击 OK 按钮，即可在工作区中看到 XY 等效应力云图，如图 6-11 所示。

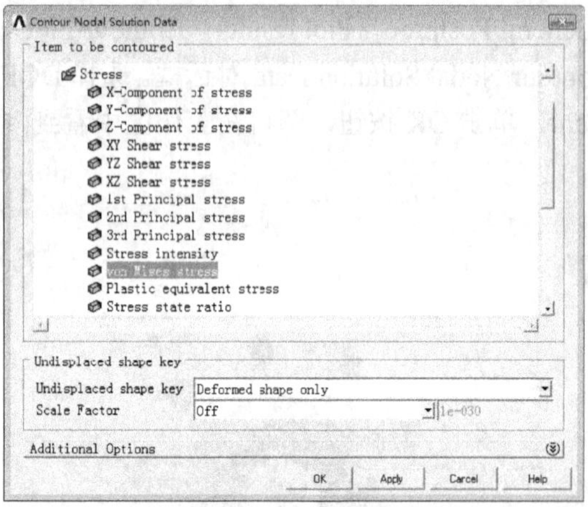

图 6-10　Contour Nodal Solution Data 对话框

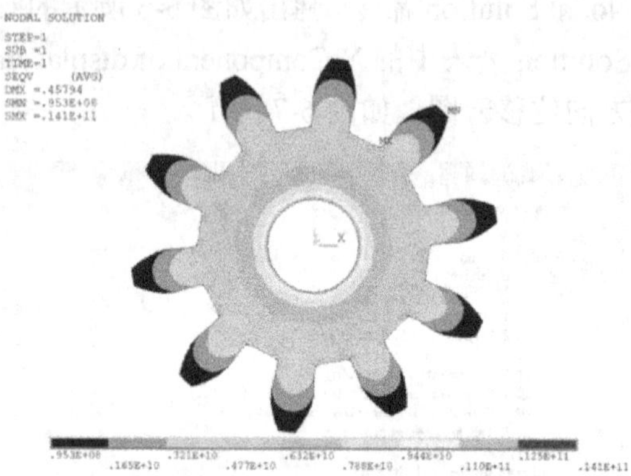

图 6-11　XY 等效应力分布图

6.3 求解命令汇总

本章介绍了载荷与边界条件的概念，涉及大量的命令流操作，在此就一些前文提及但未做阐述的常用命令作解释说明，方便查阅。

D,NODE,Lab,VALUE,VALUE2,NEND,NINC,Lab2,Lab3,Lab4,Lab5,Lab6

命令 D 用于为选中节点施加自由度约束。

NODE：将施加约束的节点号，可以使用 ALL 或组件名。

Lab：自由度标识，如 ROTX、UX 等，如使用 ALL，将约束所有有效自由度。

VALUE：自由度约束位移值或表型数组名称。

命令 D 可用于给定义某些节点一个初值，而不对其之后的行为产生影响。具体方法为：先用 D 命令定义某一自由度，随后立即用 DDELE 命令将其删除。

F,NODE,Lab,VALUE,VALUE2,NEND,NINC

命令 F 用于为选定节点施加集中载荷。

NODE：将要加载的节点编号，也可以使用 ALL 或组件名。

Lab：集中载荷标识符，如 FY、MX 等。

VALUE：集中载荷值或表型数组名称。

SF，Nlist,Lab,VALUE,VALUE2

命令 SF 用于对一系列节点施加面载荷。

Nlist：节点列表，可使用 ALL 或组件名，即加载的对象。

Lab：面载荷标识符，如结构分析中的 PRES。

VALUE：面载荷值或表型数组名称。

VALUE2：复数输入时面载荷的虚部值。

SFE,ELEM,LKEY,Lab,KVAL,VAL1,VAL2,VAL3,VAL4

命令 SFE 用于在单元上时间面载荷。

ELEM：单元号，也可以使用 ALL 或组件名。

LKEY：与面载荷相关的载荷控制参数，默认为 1。

Lab：面载荷标识符，结构分析中为 PRES。

KVAL：确定 VAL1~4 为实部或虚部。

VAL1：第一面载荷值或表型数组名称。

VZL2~4：面上节点的其余面载荷值。

LDREAD,Lab,LSTEP,SBSTEP,TIME,KIMG,Fname,Ext

命令 LDREAD 用于施加耦合场载荷，在多场耦合分析中常用。

Lab：载荷标识符，可以取如下值。

TEMP：来自热分析的温度值；

PRES：来自 FLOTRAN 分析中的压力；

PEAC：来自任何分析中的支座反力。

LSTEP：将要读入的载荷步，默认为 1。

SBSTEP：在 LSTEP 载荷步内的子步数，空或 0 表示最后一个子步。

TIME：当 LSTEP 与 SUBSTEP 均为空时，将要读入的时间点。

KIMG：当来自于谱分析的结果时，该项参数控制读入实部或虚部数据。

Fname：目录及文件名。默认为当前工作目录下的工作文件名。

Ext：文件扩展名，默认为 RST。

6.4 本章小结

ANSYS 的求解结果可以有节点解、单元解。单元解是在节点解的基础上通过高斯积分法插值得到的。

ANSYS 有 6 种求解法：直接法、稀疏矩阵求解法、JCG 法、ICCG 法、PCG 法、ITER 法，默认为直接法。进入求解器后，首先要定义分析类型，是否考虑非线性影响等。可以开始一个新的分析或重新激活一个已存在的分析。

第7章

后 处 理

后处理是指求解完成后产生结果，并分析结果的过程。这是整个有限元分析过程最为重要的一环，前文所有的叙述都是围绕着获得一个可以用于分析的结果进行的。任何分析的最终目的都是为了了解载荷如何影响设计、单元划分的好坏等。可以使用的后处理器有两个：通用后处理器和时间历程后处理器。在此需要指出的是，包括 ANSYS 在内的所有有限元工具，都仅仅是工具，分析结果始终依赖于用户的判断能力。

学习目标：

- 掌握通用的后处理方法；
- 掌握时间历程后处理方法；
- 了解载荷工况；
- 掌握*GET 命令的使用方法。

7.1 通用后处理器

通用后处理器，即 POST1，通常用于查看各个时间节点上的结果。

7.1.1 结果文件

求解过程中，可以使用 OUTRES 命令指示 ANSYS 按照指定的时间间隔将选定的结果写入结果文件中，结果文件的类型取决于其分析类型。

.rst：结构分析

.rth：热分析

.rmg：电磁分析

.rfl：FLOTRAN 分析

对于 FLOTRAN 分析，文件的扩展名为.rfl，对于其他流体分析，文件扩展名为.rst 或.rsh，取决于是否给出结构自由度。

表 7-1 中所列的即为用于读取结果的相关命令。

表 7-1 读取结果相关命令

命令	功能
INRES	指定从结果文件恢复数据
FILE	指定将读入的结果文件
SET	从结果文件中读出指定的数据
SUBSET	为所选模型读入结果
APPEND	从结果文件中读出数据添加到当前数据库
LCZERO	将数据库中的结果置零
RESUME	恢复模型数

在求解完成后直接进入后处理，则不需要读取，如重新启动 ANSYS，则需要使用重新读取命令。

```
INRES , Item1 , Item2 , Item3 , Item4 , Item5 , Item6 , Item7 , Item8
```

INRES 命令用于指定从结果文件恢复的数据，一般该命令不用单独使用，默认即为读入所有项。但是，当结果文件特别大时，可以选择所需要的数据进行导入。

Item1～Item8：指定的数据项，可以有如下可取值。

ALL：全部（默认）。

BASIC：基本数据，包括 NSOL、RSOL、NLOAD、STRS、FGRAD。

NSOL：节点自由度解。

RSOL：节点反力。

ESOL：单元解，含有以下的项目。

NLOAD：单元节点载荷。

STRS：单元节点应力。

EPEL：单元弹性应变。

EPPL：单元塑性应变。

EPTH：单元热应变、初应变、膨胀应力。

EPCR：单元蠕变应变。

FGRAD：单元点梯度。

MISC：其他单元数据。

以上命令也可以使用 GUI 界面中的 Main Menu > General Postpro > Date&File Opts 命令来完成。

在弹出如图 7-1 所示的 Dateand File Options 对话框中，选择要读取的数据。

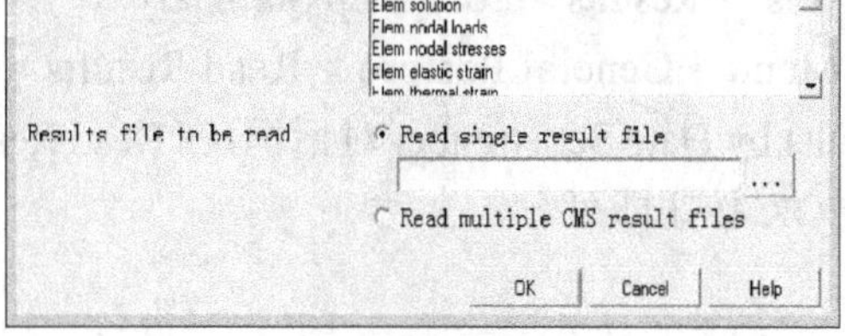

图 7-1 DateandFileOptions 对话框

用户使用 FILE 命令可以指定读入的文件。

```
FILE，Fname，Ext,--
```

Fname：目录文件名。

Ext：扩展名。

用户使用 GUI 界面的如下操作，也可以指定要读入的文件：

- Main Menu > General Postpro > Date&File Opts
- MainMenu > Time Hist Postpro > Setting > File
- Utility Menu > File > List > Binary Files
- Utility Menu > List > File > Binary Files

用户使用 SET 命令可以从结果文件中读出指定的数据组。注意，这里是 SET，不是*SET。

```
SET,Lstep,Sbstep,Fact,KIMG,TIME,ANGLE,NSET,ORDER
```

Lstep：要读取的载荷步，默认值为 1。

Sbstep：要在 Lstep 的子步数，对于模态分析，此即模态数。

Fact：读入数据的缩放因数。

KIMG：仅是复数。

TIME：指定要读出数据的时间值，对于谐响应分析时间就是频率。

ANGLE：圆周位置，用于谐响应分析。

NSET：将要读入数据组编号。

ORDER：按固有频率的升序方式对谐响应分析结果排序。

在 GUI 界面中，选择如下命令也可以进行操作：

- Main Menu > General Postpro > List Results > Detailed Summary
- Main Menu > General Postpro > List Results > Detailed Summary（Freqordered）
- Main Menu > General Postpro > Read Results > By Load Step
- Main Menu > General Postpro > Read Results > By Pick
- Main Menu > General Postpro > Read Results > By Pick（Freqordered）
- Main Menu > General Postpro > Read Results > First Set
- Main Menu > General Postpro > Read Results > Last Set
- Main Menu > General Postpro > Read Results > NestSet
- Main Menu > General Postpro > Read Results > PreviousSet
- Main Menu > General Postpro > Results Summary
- Main Menu > General Postpro > Results Summary（Freqordered）
- Utility Menu > List > Results > Load Step Summary

例如，选择 Main Menu > General Postpro > Read Results > By Load Step，弹出如图 7-2 所示的 Read Results by Date Set Number 对话框，在 Read Results by Date Set Number 对话框选择数据，单击 OK 按钮即可。

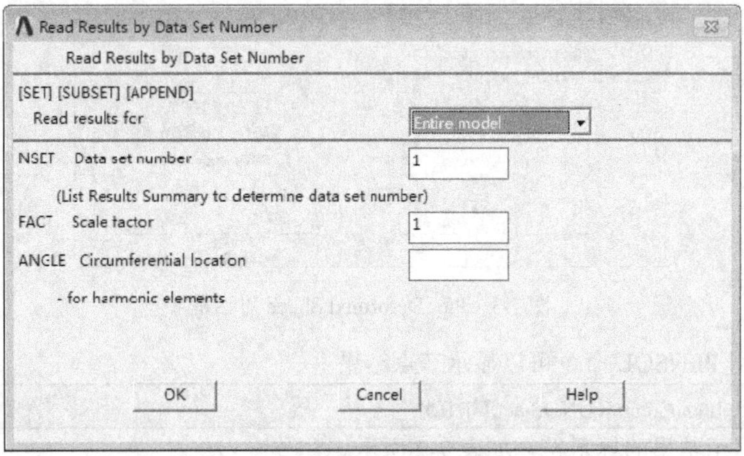

图 7-2　Read Results by Date Set Number 对话框

7.1.2　结果输出

ANSYS 可以两种方式给出计算的结果——图像显示与列表输出。

1. 图像显示结果

在 ANSYS GUI 界面的工作区直接显示结果是最为直观地输出，通用后处理器可以进行如下方式的输出。

- 云图（contour displays）
- 变形后的形状（deformed shape displays）
- 矢量图（vector displays）
- 路径图（path plots）
- 反作用力（reaction for cedisplays）
- 粒子流与带电粒子的轨迹（particle flow traces）

云图可以清楚直观地在模型上显示指定的结果项。用户使用 PLDISP 命令可以显示结构变形图。

```
PLDISP,KUND
```

KUND：控制参数。

KUND=0，仅显示结构变形图。

KUND=1，显示变形前后的形状。

KUND=2，显示变形后的形状与变形前的轮廓。

用户也可以在 GUI 界面中选择如下命令之一。

- MainMenu > General Postproc > Plot Results > Deformed Shape
- Utility Menu > Plot > Results > Deformed Shape
- Utility Menu > PlotCtrls > Animate > Deformed Shape

在弹出如图 7-3 所示的 Plot Deformed Shape 对话框中，可以选择显示的项。

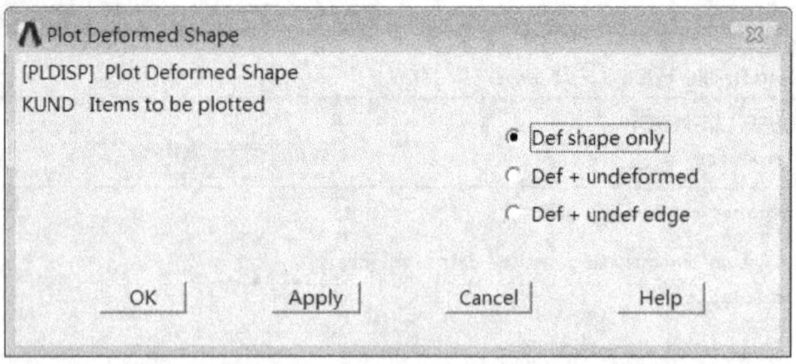

图 7-3 Plot Deformed Shape 对话框

用户使用 PLNSOL 命令可以显示节点结果。

```
PLNSOL,Item,Comp,KUND,Fact,FileID
```

Item：显示结果的标示符，如表 7-2 所示。

Comp：标示符的分量，如表 7-2 所示。

表 7-2 Item 与 Comp

Item	Comp	功能
自由度解		
U	X、Y、Z、SUM	节点 X、Y、Z 平动位移矢量和
ROT	X、Y、Z、SUM	节点 X、Y、Z 旋转位移矢量和
WARP	翘曲	
V	X、Y、Z、SUM	瞬态分析中的节点 X、Y、Z 速度位移矢量和
A	X、Y、Z、SUM	瞬态分析中的节点 X、Y、Z 加速度位移矢量和
单元解		
S	X、Y、Z、XY、XZ、YZ	应力分量
	1、2、3	主应力
	INT	应力密度
	EQV	等效应力
EPSW	膨胀应力	
SEND	ELASTIC	弹性应变能密度
	PLASTIC	塑性应变能密度
	CREEP	蠕变应变能密度

KUND：与 PLDISP 相同。

Fact：2D 显示时的缩放因数，默认时为 1，定义为负数时即为反向显示。

FileID：文件索引号。

用户也可以在 GUI 界面中选择如下命令进行操作。

- Main Menu > Drop Test > Animate Results
- Main Menu > General Postproc > Plot Results > Contour Plot > Nodal Solu
- Utility Menu > Plot > Results > Contour Plot > Nodal Solution
- Utility Menu > Plot Results > Animate > Animate Ove Results

- Utility Menu > Plot Results > Animate > Animate Over Time
- Utility Menu > Plot Results > Animate > Deformed Results
- Utility Menu > Plot Results > Animate > Dynamic Results
- Utility Menu > Plot Results > Animate > Isosurfaces
- Utility Menu > Plot Results > Animate > Mode Shape
- Utility Menu > Plot Results > Animate > Q-SliceContours
- Utility Menu > Plot Results > Animate > Time-harmonic

在弹出如图 7-4 所示的 Contour Noda Solution Data 对话框中，选择要显示的项并单击 OK 按钮。

在如图 7-4 所示的 Contour Nodal Solution Data 对话框中，Item to be contoured 列表框中可以选择要绘出云图的项，可以是节点解也可以是单元解。

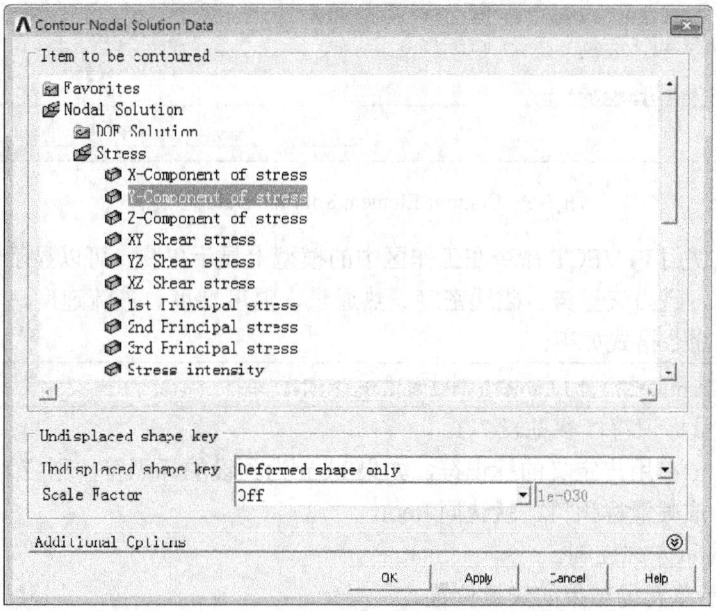

图 7-4　Contour Nodal Solution Data 对话框

在 Undisplaced shape key 选项中，可以选择模型要显示变形前或变形后的形状，也可以设置变形的比例。

使用 PLESOL 命令可以显示单元解。

```
PLESOL,Item,Comp,KUND,Fact
```

参数含义同 PLNSOL 命令，用户也可以使用 GUI 界面中的下列命令之一进行操作。

- Main Menu > General Postproc > Plot Results > Contour Plot > Element Solu
- Utility Menu > Plot > Results > Contour Plot > Elem Solution

在弹出如图 7-5 所示的 Contour Element Solution Data 对话框中，类似节点解的选项，用户可以选择要显示的项。

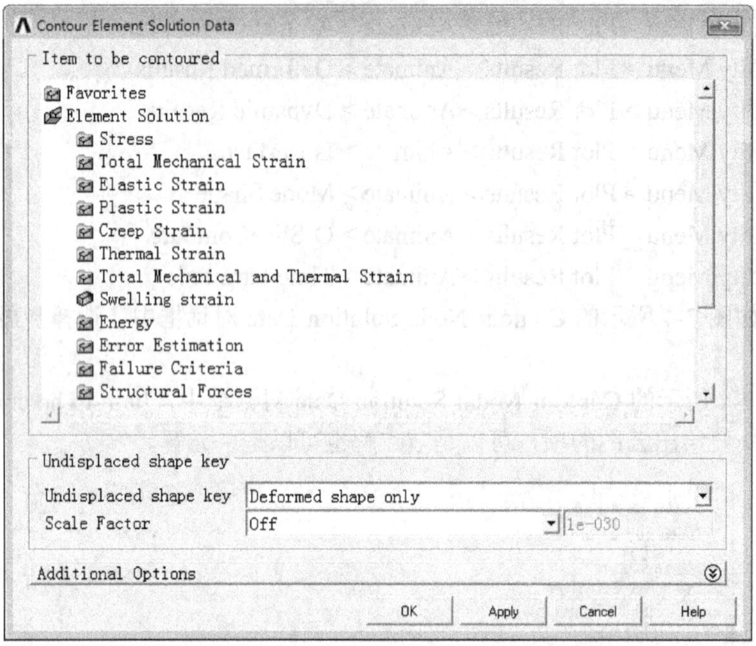

图 7-5　Contour Element Solution Data 对话框

用户可以使用 PLVECT 命令在工作区中的模型上显示矢量。可以显示的矢量常用的有平移、转动、磁力矢量势、磁通密度、热通量、温度梯度、液流速度、主应力等。

PLVECT 命令格式如下。

```
PLVECT,Item,Lab2,Lab3,LabP,Modal,Loc,Edge,KUND
```

Item：矢量标识符，参见表 7-2。

Lab2、Lab3：用户定义的标识符，如果 Item 为预设的标识符，则应为空。

LabP：合成矢量标识符，默认同 Item。

Mode：显示方式控制。

Loc：显示单元场结果的矢量位置。

Edge：单元边界的显示方式。

用户也可以在 GUI 界面中进行操作，在 GUI 中选择下列命令之一。

- Main Menu > General Postproc > Plot Results > Vector Plot > Predefined
- Main Menu > General Postproc > Plot Results > Vector Plot > User-defined
- Utility Menu > Plot > Results > Vector Plot
- Utility Menu > PlotCtrls > Animate > Q-Slice Contours

在弹出如图 7-6 所示的 Vector Plot Predefined Vectors 对话框中，选择需要显示的项目即可。

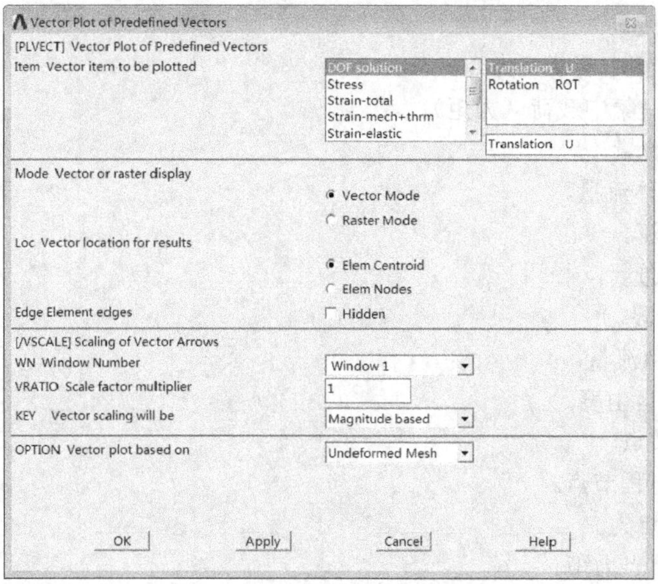

图 7-6 Vector Plot Predefined Vectors

用户使用 PLPATH 命令可以显示路径图。

```
PLPATH,Lab1,Lab2,Lab3,Lab4,Lab5,Lab6
```

Lab1~Lab6：在某条路径中显示的结果。

用户可以使用 GUI 界面中的如下命令。

- Main Menu > General Postproc > Path Operations > Define Path > OnGraph
- Main Menu > General Postproc > PathResults > Define Path > On Graph
- Utility Menu > Plot > Results > Path Plot

在弹出的 Plot Items on Graph 对话框中，选择要显示的路径，单击 OK 按钮即可。

/PBC 命令的使用方法如下。

```
/PBC,Item,--,KEY,MIN,MAX,ABS
```

Item：显示项的标识符，可取如下值。

U：平动自由度。

ROT：转动自由度。

TEMP：温度。

PRES：面载荷。

V：体积载荷。

SP0n：质量分数。

ENKE：湍流动能（FLOTRAN）。

ENDS：湍流能量耗散（FLOTRAN）。

VOLT：电压。

MAG：标量磁势。

A：矢量磁势。

CONC：浓度。

ForFORC：集中载荷（力）。

MorMORE：集中载荷（力矩）。

HEAT：热流量。

FLOW：流体流量。

AMPS：电流。

FLUX：磁通量。

CSG：磁流段。

RATE：弥散流量。

MAST：主自由度。

CP：耦合节点。

CE：约束方程节点。

NFOR：节点力。

NMOM：节点力矩。

RFOR：节点反作用力。

PATH：路径。

ACEL：全局加速度。

OMEG：全局角速度。

WELD：焊点单元（ANSYSLS-DYNA）。

ALL：所有可用标识符。

KEY：Item 的控制参数，可以取如下值。

0：不显示。

1：显示。

2：显示且显示数值。

在 GUI 界面中，用户也可以使用下列命令之一进行操作。

- MainMenu > General Postproc > Path Operations > Define Path > On Working Plane
- MainMenu > General Postproc > Path Operations > Plot Paths
- MainMenu > Preprocessor > Path Operations > Define Path > On Working Plane
- MainMenu > Preprocessor > PathOperations > PlotPaths
- UtilityMenu > PlotCtrls > Symbols

在弹出如图 7-7 所示的 Symbols 对话框中，选择要显示的项目并单击 OK 按钮即可。

粒子流与带电粒子轨迹是一特殊的图像显示形式，用于描述流体粒子的运动。带电粒子轨迹是带电粒子在电磁场中的运动轨迹。

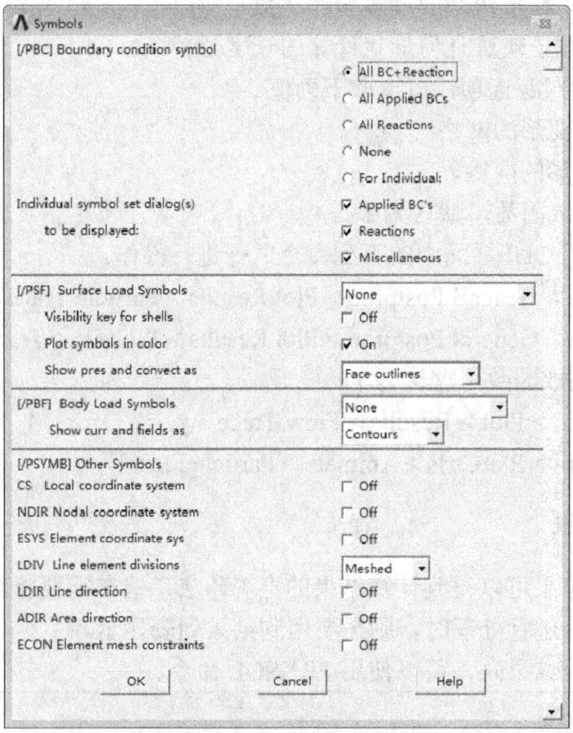

图 7-7 Symbols 对话框

用户使用 TRPON 命令可以在路径轨迹上定义一个点。

```
TRPOIN,X,Y,Z,VX,VY,VZ,CHRG,MASS
```

X、Y、Z：跟踪点的坐标位置。

VX、VY、VZ：粒子在 X、Y、Z 方向速度分量。

CHRG：粒子电荷。

MASS：粒子质量。

用户可以在 GUI 界面中，选择 MainMenu > General Postproc > Plot Results > DefiTrace Pt 命令。

用户使用 PLTRAC 命令可以在单元上显示流动轨迹，能同时定义与显示最多 50 个点。

```
PLTRAC,Analopt,Item,Comp,TRPNum,Name,MXLOOP,TOLER,OPYION,ESCL,MSCL
```

Analopt：分析选项，可以取如下值。

FLUID：跟踪粒子的流体流量（默认）。

ELEC：跟踪粒子的电场。

MAGH：跟踪粒子的电场和磁场的存在。

Item：项目标识符。

Comp：用户定义组件。

TRPNum：使用已存储的路径定义轨迹编号。

Name：数组的名称。

MXLOOP：一个粒子跟踪的最多循环次数。

TOLER：用于粒子轨迹几何形状计算的长度公差。

OPTION：流量跟踪选项，可以取下列值。

0：使用未变形的网格。

1：使用变形的网格。

ESCL：电场缩放因数，默认为1。

用户也可以使用GUI界面中的下列命令之一进行操作。

- Main Menu > General Postproc > Plot Results > Particle Trace
- Main Menu > General Postproc > Plot Results > Plot Flow Tra

MSCL：磁场缩放因数，默认为1。

- Utility Menu > Plot > Results > Flow Trace
- Utility Menu > PlotCtrls > Animate > Particle Flow

2. 列表显示结果

使用图像显示结果可以得到计算结果的直观印象，但在需要将结果的详细数据进行存储或导入其他软件进行处理时，则需要用到结果列表显示。

当用户列出节点结果时，可以使用PRNSOL命令。

```
PRNSOL,Item,Comp
```

Item：将要列出的项目的标识符，如UX、SZ等。

Comp：用户定义的组件，也可以事先将要列表的节点选中，然后使用ALL。

用户也可以在GUI界面中选择下列命令之一。

- MainMenu > General Postproc > List Results > Nodal Solution。
- MainMenu > General Postproc > List Results > Sorted Listing > Sort Nodes。
- Utility Menu > List Results > Solution > Nodal Solution。

在弹出如图7-8所示的List Nodal Solution对话框中，选择需要列出的项目，单击OK按钮即可。如图7-9所示为列表显示Y方向应力。

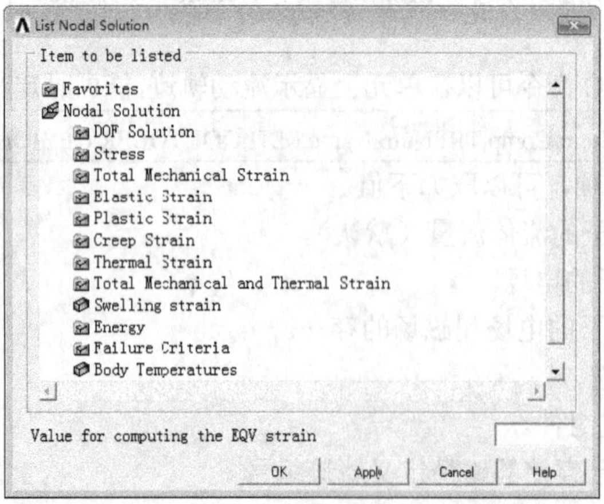

图7-8　List Nodal Solution对话框

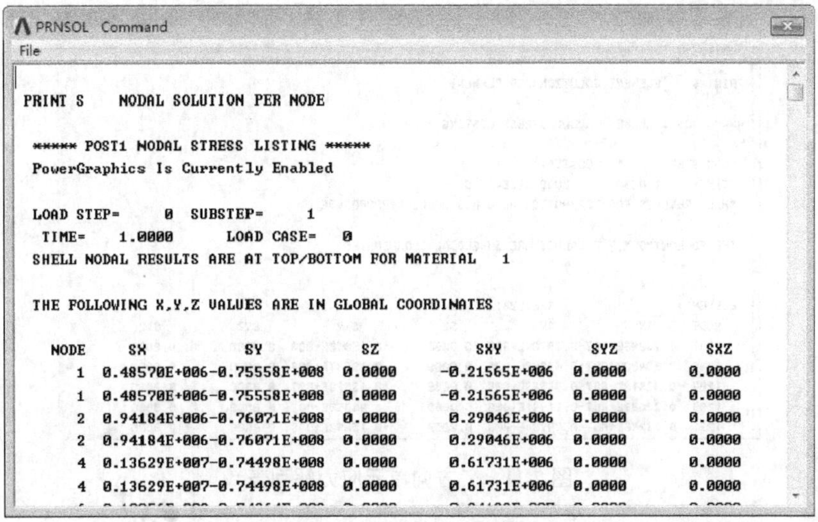

图 7-9 Y 方向节点应力解列表

用户也可用 PRNSEL 命令列出单元解。

```
PRESOL,Item,Comp
```

参数含义同 PRNSOL。

用户也可以 GUI 界面的如下命令之一进行操作。

- Main Menu > General Postproc > List Results > Element Solution
- Utility Menu > List > Results > Element Solution

在弹出如图 7-10 所示的 List Nodal Solution 对话框中，选择需要列出的项目，单击 OK 按钮即可。如图 7-11 所示为列表显示 Y 方向应力。

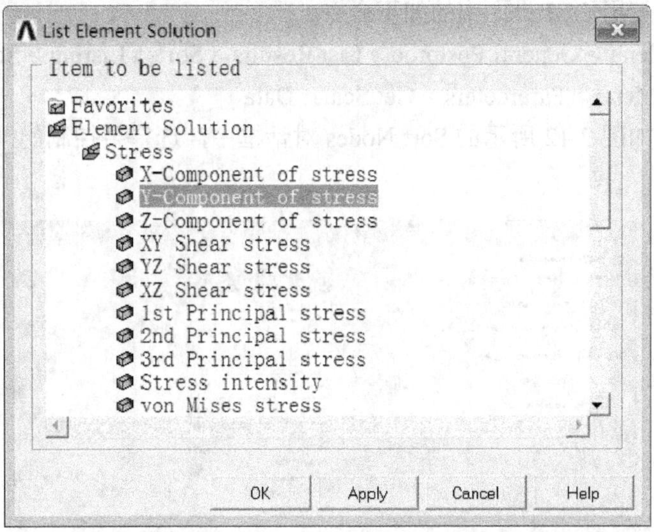

图 7-10 List Nodal Solution 对话框

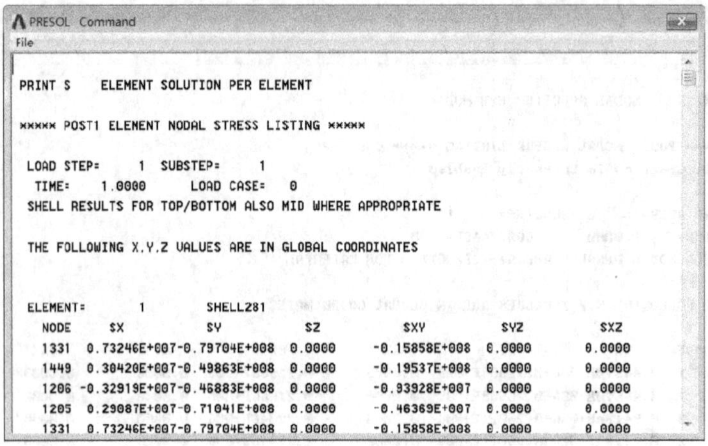

图 7-11　Y 方向单元应力解列表

列表显示结果时，用户可以对列表显示进行控制。

用户使用 NSORT 命令可以对节点解的列表进行排序。

```
NSORT,Item,Comp,ORDER,KABS,NUMB,SEL
```

Item：排序结果的标识符。如 UX、LOC 等。

Comp：要进行排序的组件名。

ORDER：排序方式，取 0 为降序，取 1 为升序。

KABS：排序方式，取 0 为实数排序，取 1 为绝对值排序。

NUMB：需要记录排序后的节点结果记录个数，默认为所有节点。

SEL：排序后的节点中可选择节点。

NSORT 命令默认为按节点号升序排列。

用户也可以使用 GUI 界面中的如下命令。

- Main Menu > General Postproc > List Results > Sortsd Listing > SortNodes
- Utility Menu > Parameters > Get Scalar Data

用户在弹出如图 7-12 所示的 Sort Nodes 对话框中，选择要控制的排序项，单击 OK 按钮即可。

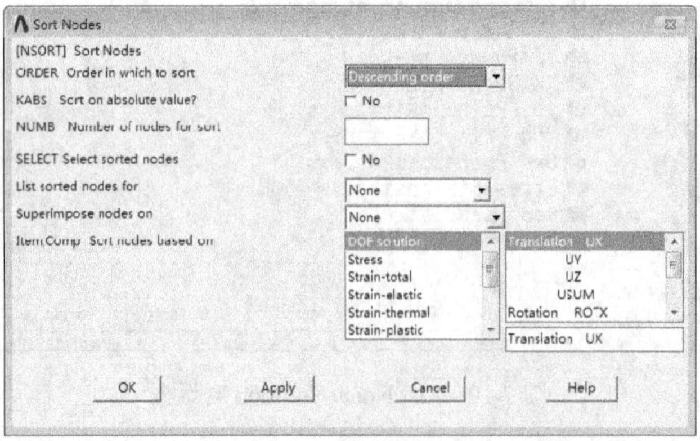

图 7-12　Sort Nodes 对话框

当用户需要恢复 ANSYS 默认的排序方式时，可以使用 NUSORT 命令。也可以在 GUI 界面中选择 Main Menu > General Postproc > List Results > Sorted Listing > Unsort Nodes 命令，弹出如图 7-13 所示的确认提示对话框，单击 OK 按钮确认即可。

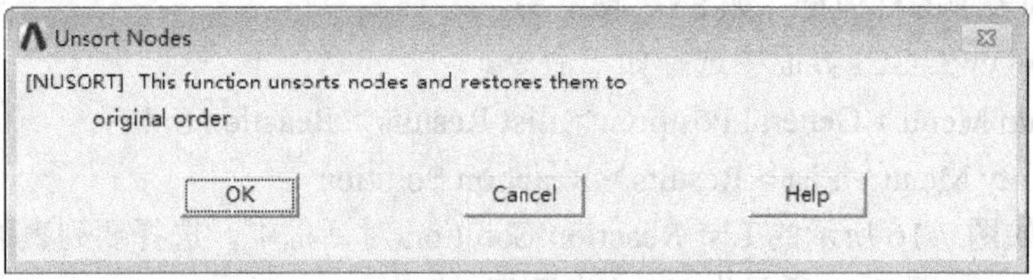

图 7-13 Unsort Nodes 确认提示对话框

与节点解类似，用户也可以对单元解列表进行排序。对单元解数据进行排序可以使用 ESORT 命令。

```
ESORT,Item,Lab,ORDER,KABS,NUMB
```

tem：单元结果标识符，目前仅有 ETAB 可用。

Lab：用户在 ETABLE 命令中定义的标识符。

ORDER：参见 NSORT 命令。

KABS：参见 NSORT 命令。

NUMB：参见 NSORT 命令。这里是单元数据个数。

用户也可以在 GUI 界面中选择 MainMenu > General Postproc > List Results > Sorted Listing > Sort Elems 命令，弹出如图 7-14 所示的 Sort Elements 对话框。

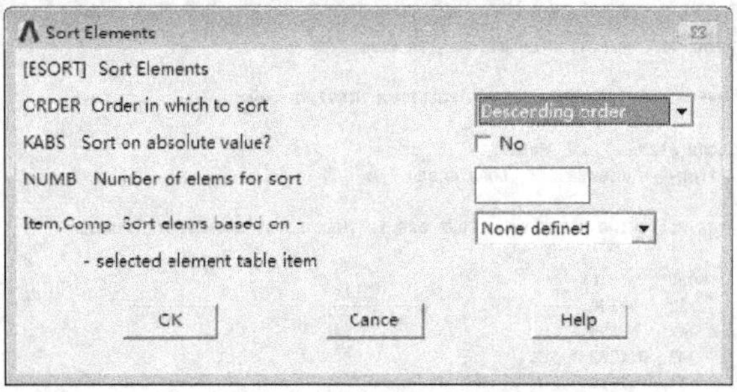

图 7-14 SortElements 对话框

单元解的默认排列方式是以单元号升序排列。恢复单元解默认排列方式可以使用 EUSORT 命令，或者在 GUI 中选择 MainMenu > General Postproc > List Results > Sorted Listing > Unsort Elems 命令，弹出如图 7-15 所示的 Unsort Elements 确认对话框。

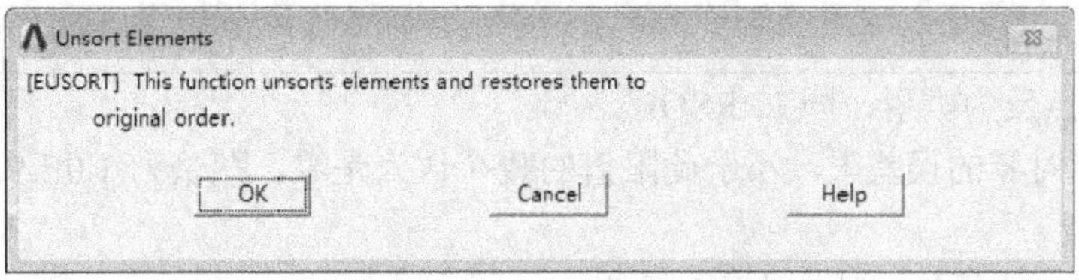

图 7-15 Unsort Elements 确认对话框

单击 Unsort Elements 确认对话框中的 OK 按钮确认即可恢复默认排序状态。

PRRSOL 命令可以用于列出约束节点约束反力。

PRRSOL,Lab

Lab：列表项的标识符，如 FY、MX 等。

用户也可以在 GUI 界面中选择如下命令。

- Main Menu > General Postproc > List Results > Reaction Solu
- Utility Menu > List > Results > Reaction Solution

在弹出如图 7-16 所示的 List Reaction Solution 对话框中，选择要列表的对象，单击 OK 按钮即可。如图 7-17 所示为 FY 方向列表。

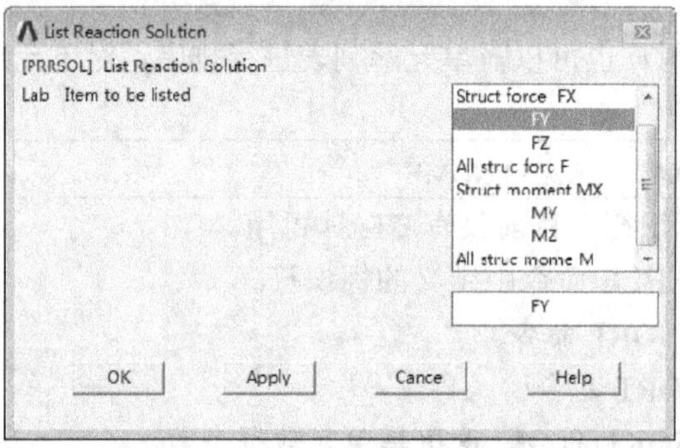

图 7-16　List Reaction Solution 对话框

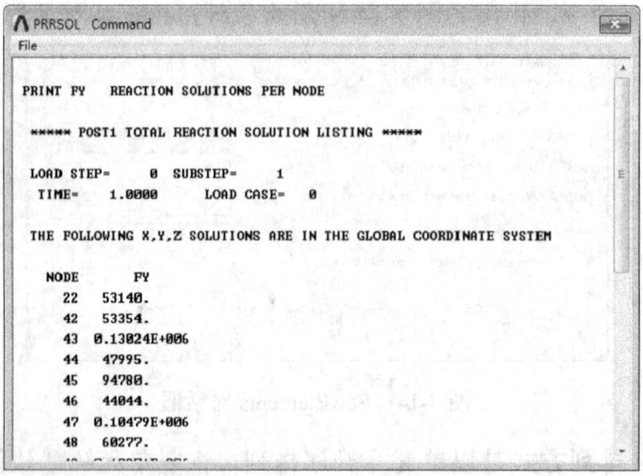

图 7-17　Y 方向节点反向列表

用户使用 PRNLD 命令可以列出单元节点载荷的总和。

PRLD,Lab,TOL,Item

Lab：节点反力类型，同 PRRSOL。

TOL：相对零的误差限，小于此限值的载荷认为是零。默认为 1.0E-9。取 0 则列出全部。

Item：节点选择集，默认为列出全部。

用户也可以在 GUI 界面中选择如下命令之一。

- MainMenu > General Postproc > List Results > Nodal Loads
- UtilityMenu > List > Results > Nodal Loads

在弹出如图 7-18 所示的 List Nodal Loads 对话框中，选择要列表的对象，单击 OK 按钮即可，如图 7-19 所示为 FY 方向载荷列表。

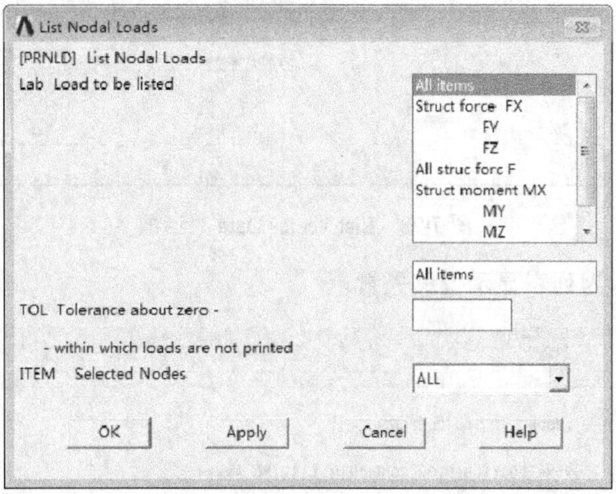

图 7-18 List Nodal Loads 对话框

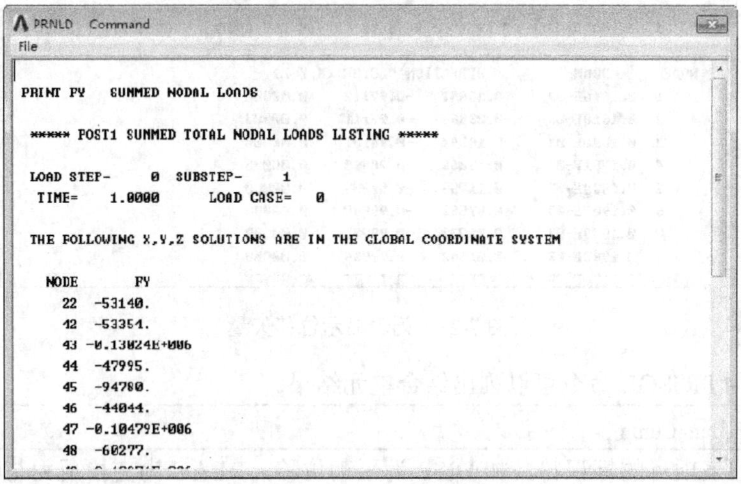

图 7-19 Y 方向节点载荷列表

用户使用 PRVECT 命令可以列出矢量大小与方向余弦。

```
PRVECT,Item,Lab2,Lab3,Labp
```

参数含义同 PLVECT。

用户也可以在 GUI 界面中选择如下命令之一。

- MainMenu > General Postproc > List Results > Vector Data
- Utility Menu > List > Results > Vector Data

在弹出如图 7-20 所示的 List Vector Data 对话框，选择所要列表的矢量，单击 OK 按钮确认即可。

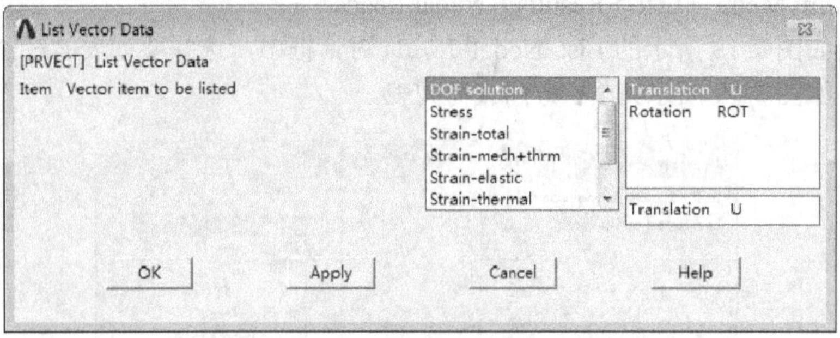

图 7-20 List Vector Data 对话框

如图 7-21 所示为列表显示位移矢量。

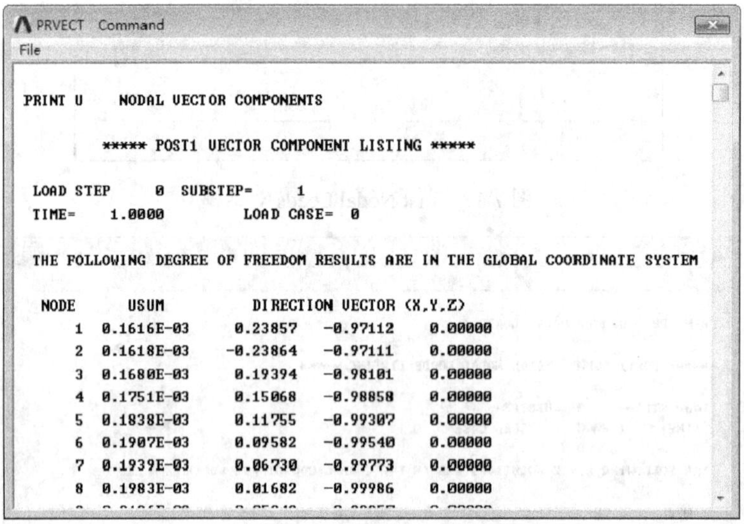

图 7-21 列表显示位移矢量

用户使用 PRJSOL 命令可以列出结合单元结果。

```
PRJSOL,Item,Comp
```

Item：列表项目的标识符，如 DISP 为平动位移，REAC 为支撑反力与弯矩。

Comp：显示的标识符。

该命令只用于 MPC184 单元，且不能在 GUI 界面进行操作。

7.1.3 结果处理

ANSYS 的通用后处理可以对结果进行一定的处理，方便用户进一步分析使用。这些特殊结果包括求和、强度因子、积分等，可以使用的命令如表 7-3 所示。

表 7-3 特殊结果处理命令

命令	功能
FSUM	节点力求和
NFORCE	节点力求和
SPOINT	定义力矩求和的位置点
KCALC	计算强度因子
INTSRF	对外表面节点结果积分

FSUM 命令用于求节点力的合力。

```
FSUM,LAB,ITEM
```

LAB：求和坐标控制参数。默认为在全局笛卡尔坐标系中对所有节点与力矩求和，取 RSYS 时，则在当前激活的坐标系中求和。

ITEM：节点集。默认为所选节点，取 CONT 为接触节点，BOTH 为上述两项。

用户可以在 GUI 界面中，选择 Main Menu > General Postproc > Nodal Calcs > Total Force Sum 命令，在弹出如图 7-22 所示的 Calculate Total Force Sum for All Selected Nodes 对话框中，完成设置并单击 OK 按钮。

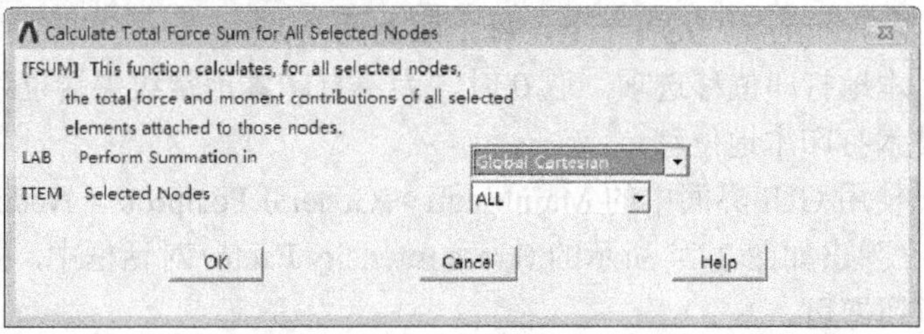

图 7-22 Calculate Total Force Sum for All Selected Nodes 对话框

NFORCE 命令也是用于求力与力矩和的命令，与 FSUM 的区别在于同时也列出各节点的力与力矩之和。

```
NFORCE,ITEM
```

ITEM 参数同 FSUM。

用户也可以在 GUI 界面中选择 Main Menu > General Postproc > Nodal Calcs > Sum@EachNode 命令，弹出如图 7-23 所示的 Calculate Force/Moment Sum at Each Node 对话框，完成设置并单击 OK 按钮即可。

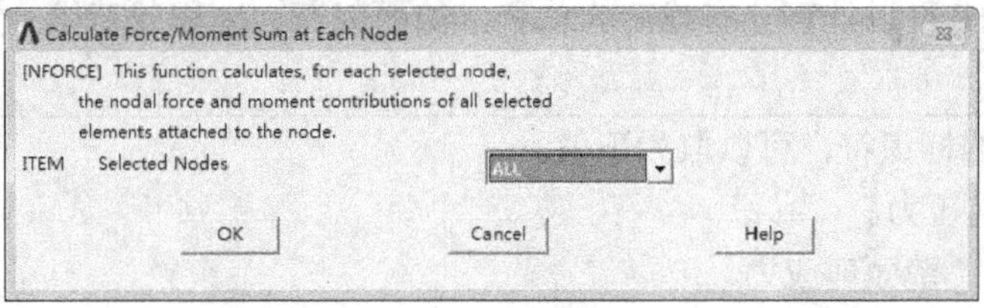

图 7-23 Calculate Force/Moment Sumat Each Node 对话框

用户使用 SPOINT 命令可以定义力矩的各位置。

```
SPOINT，NODE,X,Y,Z
```

NODE：将要定义位置的节点编号。

X、Y、Z：将要定义位置的全局笛卡尔坐标，默认为（0，0，0）。

二者只需要定义其一。

用户也可以在 GUI 界面中选择如下命令之一。

- MainMenu > General Postproc > Nodal Calcs > Summation Pt > At Node
- MainMenu > General Postproc > Nodal Calcs > Summation Pt > At XYZ Loc

两者分别为定义的节点位置与定义的坐标值，在弹出拾取对话框的提示下，拾取所需要的点即可。

KCALC 用于在断裂力学分析中计算强度因子。

```
KCALC,KPLAN,MAT,KCSYM,KLOCPR
```

KPLAN：定义应力状态，取 0 时，为平面应变和轴对称条件（默认）；取 1 时为平面应力状态。

MAT：材料编号。

KCSYM：对称性选项。取 0 或取 1 时，为在裂纹尖端的坐标系中的半对称边界条件的裂纹模型；取 2 时，为同 0 或同 1，但去除反对称条件；取 3 时，为裂纹模型（双面），路径上需要 5 个节点（尖端一个，每个面上两个）。

KLOCPR：本地打印位移选项。取 0 时，为不打印本地裂纹尖端位移，取 1 时，为使用打印外推技术打印本地位移。

用户也可以使用 GUI 界面中的 MainMenu > General Postproc > Nodal Calcs > Stress Int Factr 命令，在弹出如图 7-24 所示的 Stress Intensity Factor 对话框中，根据图示完成设置，单击 OK 按钮即可。

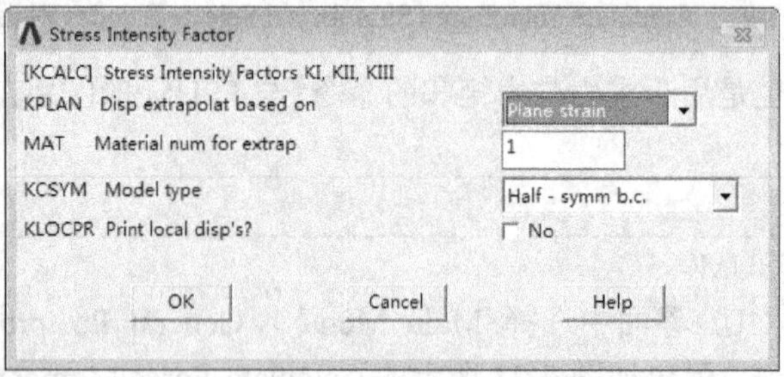

图 7-24　StressIntensityFactor 对话框

命令 INTSRF 可以计算分布载荷的总和，如面载荷、体积载荷等。

```
INTSRF,Lab
```

Lab：载荷的标识符，可以取如下值。

PRES：压力。

TAUW：壁面剪应力。

FLOW：压力和壁面切应力。

用户也可以在 GUI 界面中选择 MainMenu > General Postproc > Nodal Calcs > Surface Integral，弹出如图 7-25 所示的 Integrate Scalar Valueover Selected Nodes 对话框中，选择需要求积分的项，单击 OK 按钮即可。

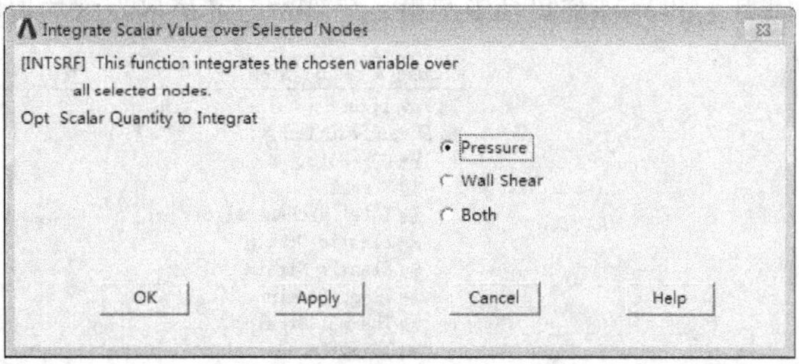

图 7-25　Integrate Scalar Value over Selected Nodes 对话框

7.1.4　结果查看器

在 GUI 界面中选择 MainMenu > General Postproc > Results Viewer 命令，进入结果查看器如图 7-26 所示。

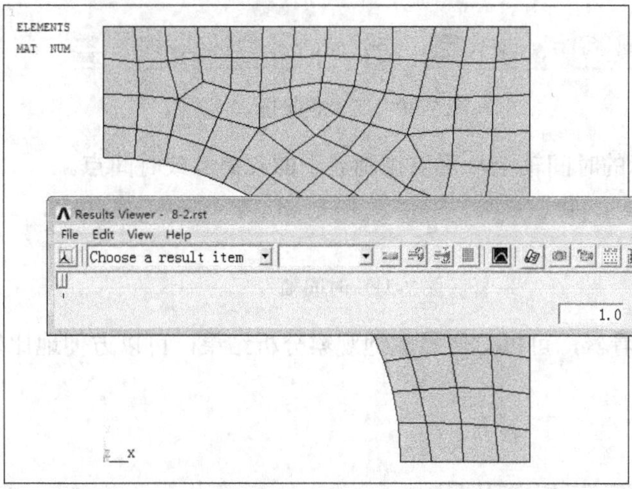

图 7-26　Results Viewer

如图 7-27 所示为结果查看器窗口。

图 7-27　结果查看器窗口

在如图 7-27 所示的控制器中，可以实现通用后处理器的大部分功能。

在如图 7-28 所示的可显示对象列表中，可以选择需要显示在工作区中的项目，如图 7-29 所示。

在这个列表框中，可以选择包括节点解、单元解、支承反力等在内的各种结果。

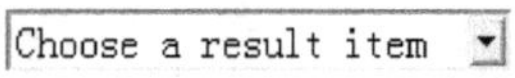

图 7-28　选择显示对象的列表框

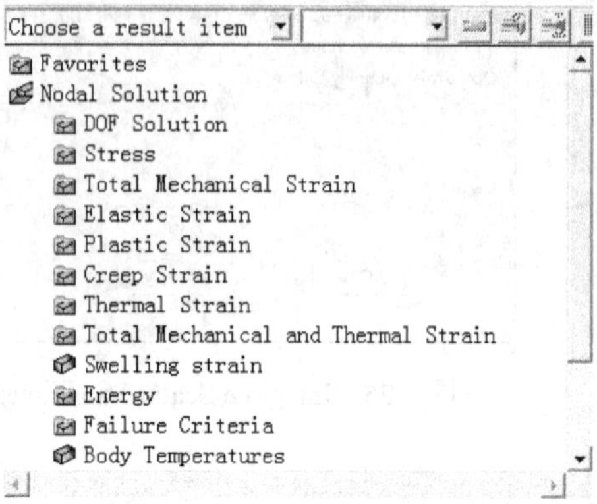

图 7-29　可显示对象列表

在如图 7-30 所示的工具栏按钮中，从左至右分别是显示结果、查询结果、显示结果动画、结果列表、进入时间历程处理器、报告生成器、捕捉图像、捕捉动画、捕捉结果列表、打印选项、显示隐藏窗口。

图 7-30　工具栏按钮

在如图 7-31 所示的时间轴上，可以控制显示的载荷步或时间点。

图 7-31　时间轴

灵活运用结果查看器，可以方便直观地观察分析结果，可以方便地比较不同场分析的结果。

7.2　时间历程后处理器

时间历程处理器（POST26）可以用于检查模型指定的分析结果与时间、频率等的函数关系。从简单的图形显示曲线到复杂的频谱均可以完成。

7.2.1　时间历程变量浏览器

ANSYS 的时间历程处理器（POST26）的 GUI 界面功能强大，下面的介绍也将以

GUI 界面为主。如图 7-32 所示，即为时间历程变量浏览器。

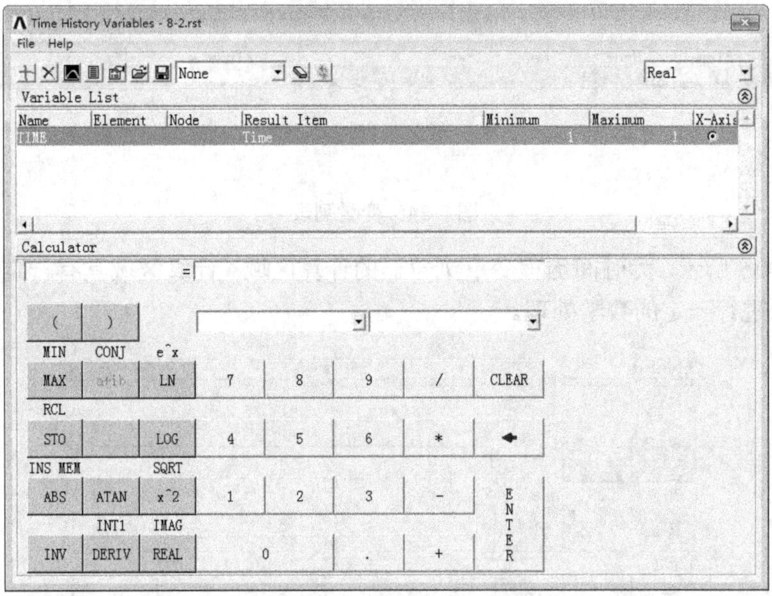

图 7-32　时间历程变量浏览器

时间历程变量浏览器是进行时间历程后处理的主要窗口，在这个窗口里用户可以管理要处理的数据、绘制曲线、进行一定的数学处理等。

时间历程变量浏览器的工具按钮，如图 7-33 所示。

图 7-33　工具按钮

工具按钮从左到右排列，具体的功能如表 7-4 所示。

表 7-4　工具按钮功能列表

按钮	功能
添加数据	打开添加时间变量对话框
删除数据	从变量列表中清除选定的变量
绘出曲线	根据预定义的属性绘出最多十个变量的曲线
列表显示数据	列出最多 6 个变量的属性
属性	选定变量的属性
导入数据	将数据导入变量空间
导出数据	数据导出到一个文件
数据叠加	将选中的数据叠加
消除时间历程数据	清除所有的变量，并返回设置为它们的默认值（复位）
刷新数据	更新变量列表
查看结果	在下拉列表中选择复杂的变量（即实，虚，振幅或相位）输出形式

如图 7-34 所示，为时间历程变量浏览器的变量列表，这里显示用户添加的要进行处理的数据。

图 7-34 变量列表

如图 7-35 所示，为时间历程变量浏览器的计算区域。计算区域具有一定的数学运算能力，可以进行一定的数学处理。

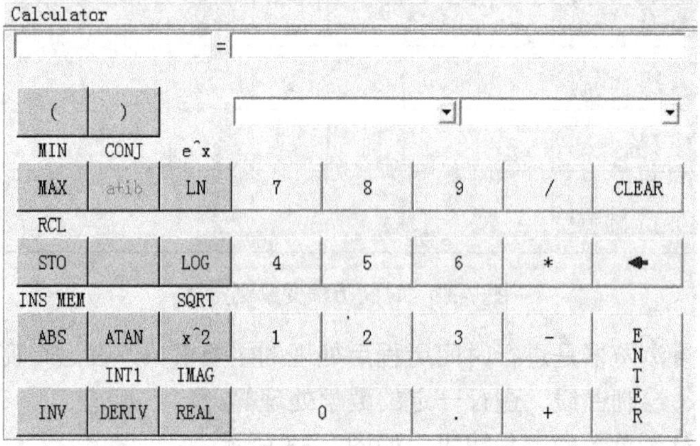

图 7-35 计算区域

计算区域可以进行的处理如表 7-5 所示。

表 7-5 计算区域功能列表

按钮	功能
括号	使用括号
MAX/MIN	查找最大值/最小值
COMPLEX/CONJUGATE	生成变量的共轭复数
LN/e^X	自然对数/指数
STO/RCL	存储/清空内存
CVAR	协方差
RPSD	计算响应的功率谱密度（RPSD），仅用于随机振动（PSD）分析
RESP	从时间历程数据计算响应的功率谱（RESP），瞬态分析
LOG	求对数
ABS/INSMEM	绝对值
ATAN	反正切
X^2/SQRT	平方/开发方
INV	启用备用计算功能
DERIV/INT	求导/求积分

续表

按钮	功能
REAL/IMAG	提取复变量的实部/虚部
数字键	输入数字
/	除法
*	乘法
-	减法
+	加法
CLEAR	清除
BACKSPACE	删除最后一位
ENTER	确定

7.2.2 定义变量

在 GUI 界面中，选择 TimeHistPostPro 命令或输入/POST26 命令，进入时间历程后处理器。单击 VariableView，即可调出时间历程变量浏览器。单击添加数据按钮，弹出如图 7-36 所示的 Add Time-History Variable 对话框。

在 Result Item 列表中选择要添加的数据，在下方的属性选项中完成设置，单击 OK 按钮，即可完成变量定义。

用户也可以用命令流定义变量。如表 7-6 所示，定义变量所用数据有多种来源。

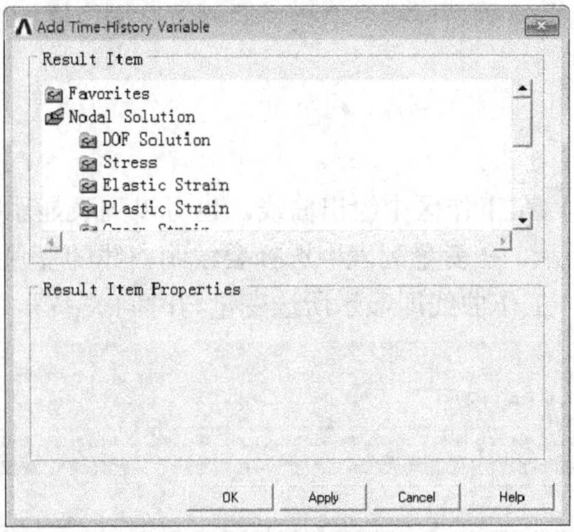

图 7-36　Add Time-History Variable 对话框

表 7-6　定义变量可用命令

命令	变量数据来源
ANSOL	平均节点数
GAPF	间隙力
EDREAD	显示动力分析结果
LAYERP26	取用单元的层

续表

命令	变量数据来源
SHELL	定义取用 SHELL 的何处
ESOL	单元的节点数据
NSOL	节点数据
SOLU	结果总体数据
FORCE*	力的种类
RFORCE	节点反力

ANSOL 命令以平均节点数定义变量。

```
ANSOL,NVAR,NODE,Item,Comp,Name,Mat,Real,Ename
```

NVAR：变量名，变量号大于 2。

NODE：提取数据的节点号。

Item：数据标识符，如 S 即应力、F 为力。

Comp：组件名称。

Name：为曲线命名。

用户使用 GAPF 命令以间隙力定义变量。

```
GAPF,NVAR,NUM,Name
```

NUM：间隙编号。

其余参数含义同上。

类似以上命令，表 7-6 所列出的常用定义变量的命令，其用法基本相似。

7.2.3 显示变量

定义好变量后，可以在工作区中绘出曲线，也可以列表显示将数据导出，用于其他软件分析。如图 7-37 所示，在变量列表中选择要绘制曲线的变量，单击工具按钮中的绘制曲线（参见图 7-33），工作曲线即显示所选变量与时间关系。

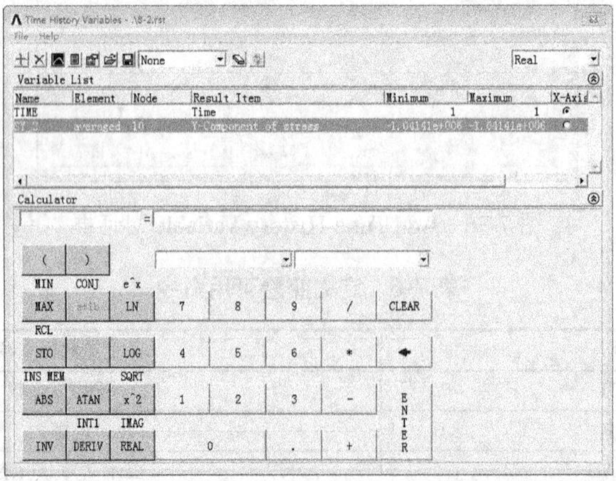

图 7-37 选择要绘制曲线的变量

变量也可通过列表显示，在变量列表中选择要列表的变量，单击工具按钮中的列表显示，ANSYS 即将选中的变量列表，用户最多可以同时列表 6 个变量。

7.3 本章小结

后处理是指求解完成后查看并分析结果的过程。任何分析的最终目的都是为了了解载荷如何影响设计、单元划分的好坏等。ANSYS 中可以使用的后处理器有两个：通用后处理器与时间历程后处理器。

载荷工况是一组以任意编号的结果数据，可以将几个载荷步组合为载荷工况 1，或将某个时间点的载荷工况结果定义为载荷工况 2，最多可以定义 99 个载荷工况，在数据库中一次只能存储 1 个载荷工况。

结果数据包括位移（UX、UY、ROTX 等），梯度（TGX、TGY 等），应力（SX、SY、SZ 等），应变（EPPLX、EPPLY）等，这些数据文件以节点坐标系或单元坐标系存入数据库和结果文件中。然而结果数据通常要变换到激活的结果坐标系中（默认为全局笛卡尔坐标系），用于在工作区显示或列表。

*GET 命令用于检索一个值并将它存储为一个标量参数或数组参数的一部分。*GET 命令可以方便地提取数据，即可以用于后处理中，也可以用于前处理。

无论在建模、划分网格、加载求解还是求解完成的后处理中，如能够熟练运用*GET 命令随心所欲地提取数据，则标志着用户已经进入高阶应用阶段。

第二部分　专题技术

第 8 章　结构静力分析

静力分析是计算结构在不变载荷作用下的响应，是 ANSYS 有限元分析的基础。固定不变的载荷与响应是指假定载荷和结构的响应随时间变化非常微小缓慢。结构静力学分析不考虑惯性和阻尼的影响。

学习目标：

- 掌握结构静力学分析的基本思路；
- 掌握模型简化与等价的基本方法；
- 掌握直接建立有限元模型进行分析的方法；
- 掌握查看图形与列表结果的方法；
- 掌握查看结果应力、位移、约束反力等参数的方法。

8.1 结构分析概述

8.1.1 结构分析的定义

结构分析是有限元分析方法最常用的一个应用领域。结构这个术语是一个广义的概念，它包括土木工程结构，如桥梁和建筑物；汽车结构，如车身骨架；海洋结构，如船舶结构；航空结构，如飞机机身等；同时还包括机械零部件，如活塞、传动轴等。

8.1.2 静力学分析的基本概念

静力分析计算在固定不变的载荷作用下结构的效应，它不考虑惯性和阻尼的影响，如结构受随时间变化载荷的情况。但是，静力分析可以计算固定不变的惯性载荷对结构的影响（如重力和离心力），以及可以计算近似为等价静力作用的随时间变化载荷（如通常在许多建筑规范中所定义的等价静力风载和地震载荷）。

静力分析用于计算由那些不包括惯性和阻尼效应的载荷作用于结构或部件上引起的位移、应力、应变和力。固定不变的载荷和响应是一种假定，即假定载荷和结构的响应随时间的变化非常缓慢。

静力分析所施加的载荷包括如下。

- 外部施加的作用力和压力；
- 稳态的惯性力（如重力和离心力）；
- 位移载荷；
- 温度载荷。

8.1.3 结构静力学分析的方法

结构静力学分析的基本流程有三个阶段：建模、加载与求解、结果分析。

1. 建模

首先，用户应该指定作业名和分析标题，然后，通过/PREP7 前处理程序定义单元类型、实常数、材料特性、模型的几何元素。这些步骤在大多数分析类型是相同的。

在进行静力分析时，必须注意如下事项。

（1）可以采用线性或者非线性结构单元。

（2）材料特性可以是线性或者非线性，各向同性或者正交各向异性，常数或者与温度相关的。

（3）必须按某种形式定义刚度（如弹性模量 EX，超弹性系数等）。

（4）对于惯性载荷（如重力等），必须定义质量计算所需要的数据，如密度 DENS。

（5）对于温度载荷，必须定义热膨胀系数 ALPX。

（6）对于网格密度，应力或者应变集中（急剧变化）的区域（通常为用户感兴趣的区域），需要比应力或应变近乎常数的区域较密的网格；在考虑非线性的影响时，要用足够的网格来得到非线性效应。如塑性分析需要相当的积分点密度，因而在高塑性变形梯度区域需要较密的网格。

2. 加载与求解

完成模型建立后，即可开始加载。结构静力学分析中可以使用的载荷有如下几种。

（1）位移（UX、UY、UZ、ROTX、ROTY、ROTZ）

这些自由度约束常施加到模型边界上，用以定义刚性支撑点。它们也可以用于指定对称边界条件，以及已知运动的点。由标号指定的方向是按照节点的坐标系定义的。

（2）力（FX、FY、FZ）和力矩（MX、MY、MZ）

这些力通常集中在指定的外边界上，其方向是按照节点坐标系定义的。

（3）压力（PRESS）

这是表面载荷，通常作用于模型的外部。正压力为指向源面（起到压缩的效果）。

（4）温度（TEMP）

温度用于研究热膨胀或者热压缩（即温度应力）。如果要计算热应变的话，必须定义热膨胀系数。用户可以从热分析（LDREAD）中读入温度，或者直接指定温度（通过 BF 族命令）。

（5）流（FLUE）

用于研究膨胀（由于中子流或者其他原因而引起的材料膨胀）或蠕变的效应。仅在输入膨胀或蠕变方程时才能使用。

（6）重力、旋转等

整个结构的惯性载荷。如果要计算惯性效应，必须定义密度（或某种形式的质量）。

除了与模型无关的惯性载荷以外，用户可以在模型的几何实体（关键点、线、面）或在有限元模型（节点和单元）上定义载荷。

3. 结果分析

静力分析的结果保存于结构分析结果文件（Jobname.RST）中，包括以下内容。

- 基本解；
- 节点位移（UX、UY、UZ、ROTX、ROTY、ROTZ）；
- 导出解；
- 节点和单元应力、节点和单元应变、单元力、节点反力等。

典型的后处理操作有如下几种。

（1）显示变形图

应用 PLDISP 命令（Main Menu > General Postproc > Plot Results > Deformed shape）来显示变形图。PLDISP 命令的 KUND 参数可以让用户在原始图上叠加变形图。

（2）列出反力和反力矩

应用 PRESOL 命令（Main Menu > General Postproc > List Results > Reaction Solu）列出约束节点的反力和力矩。

（3）列出节点力和力矩

应用 PRESOL、F（或 M）命令（Main Menu > General Postproc > List Results > Element Solution）列出节点力和力矩。也可以列出所选择的节点集的所有节点的力和力矩。首先选择节点集，然后列出作用于这些节点上的所有力。

APDL 命令：

```
FSUM
```

GUI 界面操作：Main Menu > General Postproc > Nodal Calcs > Total Force Sum。

用户也可以在每个已选择的节点上检查所有力和力矩。对于处于平衡状态的实体，除载荷作用点和存在反力的节点以外的所有节点上，其总载荷为 0。

APDL 命令：

```
NFORCE
```

GUI 界面操作：Main Menu > General Postproc > Nodal Calcs > Sum@EachNode。

（4）线单元结果

对于线单元（如梁、杆、管），通过 ETABLE（MainMenu > General Postproc > Element Table > Define Table）来取得导数数据（如应力、应变等）。结果数据用一个标号和一个序列号的组合或用元件名来区别。

（5）误差评估

在实体和壳单元的线性静力分析中，通过 PRERR 命令（MainMenu > General Postproc > List Results > Percent Error）列出网格离散误差的评估值。

这个命令按结构能量模（SEPC）计算和列出误差百分比，代表一个特点的网格离散的相对误差。

（6）结构能量误差评估

通过 PLESOL、SERR 命令来计算单元与单元之间的结构能量误差（SERR）。在等值线图中，SERR 较大的区域是要进行网格细化的候选区域。

（7）等值线显示

可通过 PLNSOL 和 PLESOL 命令（MainMenu > General Postproc > Plot Results > Contour Plot > Nodal Soluor Element Solu）显示几乎所有结果项的等值线，如应力（SX、SY、SZ 等）、应变（EPELX、EPELY、EPELZ 等）和位移（UX、UY、UZ 等）。PLNSOL 和 PLESOL 命令的 KUND 域使用户可以在原始结构上叠加显示。

通过 PLETAB 和 PLLS 命令（Main Menu > General Postproc > Element Table > Plot Element Table 和 Main Menu > General Postproc > Plot Results > Contour Plot Line Elemtes）来显示单元表数据和线单元数据。

导出数据，如应力、应变，在应用 PLNSOL 命令时为节点上的平均值。这种平均值的结果对于不同材料、不同厚度的壳或其他不连续体时，会得出错误结果。

为了避免这一问题，应当用选择命令来选择相同材料、相同厚度的壳等，然后才能应用 PLNSOL 命令。另一个方法，是应用 Power Graphics 及 AVRES 命令以使在不同材料、不同厚度的壳上不产生平均应力。

（8）矢量显示

通过 PLVECT 命令（Main Menu > General Postproc > Plot Results > Vector Plot Predefined）来观察矢量的显示，通过 PRVECT 命令（Main Menu > General Postproc > List Results > Vector Data）来观察矢量列表。

对于观察矢量如位移（DISP）、转角（ROT）、主应力（S1、S2、S3），矢量显示（不要与矢量模态混淆）是一种有效方法。

（9）表格列示

通过下述命令来进行表格列示。

APDL 命令：PRNSOL（节点结果）、PRESOL（单元与单元间结果）、PRRSOL（反

力）等。

GUI 界面操作：Main Menu > General Postproc > List Results > Solution option。

在列表前，通过 NSORT 和 ESORT 命令（MainMenu > General Postproc > List Results > Sorted Listing Sort Nodes or Sort Elems）进行数据排序。

8.2 开孔平板静力分析

本例将对以平面模型进行静力学分析，从基础入手，为读者介绍实例。

8.2.1 问题描述

如图 8-1 所示开孔平板，单位均为 m，厚度为 0.02。材料为钢，弹性模量为 200E9Pa，泊松比为 0.3，屈服极限为 245MPa。底部固支，顶部受竖直向下均布载荷 1.5E6Pa。

图 8-1 几何模型

试分析该结构的应力、应变，并确定最危险部位。

8.2.2 设置分析环境

（1）启动 Mechanical APDL Product Launcher，弹出 Mechanical APDL Product Launcher 窗口。在 Mechanical APDL Product Launche 窗口中设置 Simulation Environment 为 ANSYS，License 为 ANSYS Multiphysics，在 Working Directory 中输入工作目录名称，Job Name 输入项目名称 8-1。

（2）单击 Run 按钮，如果上一步输入的工作目录不存在，则会弹出如图 8-2 所示的 ANSYS Mechanical APDL Product Launcher Query 对话框。

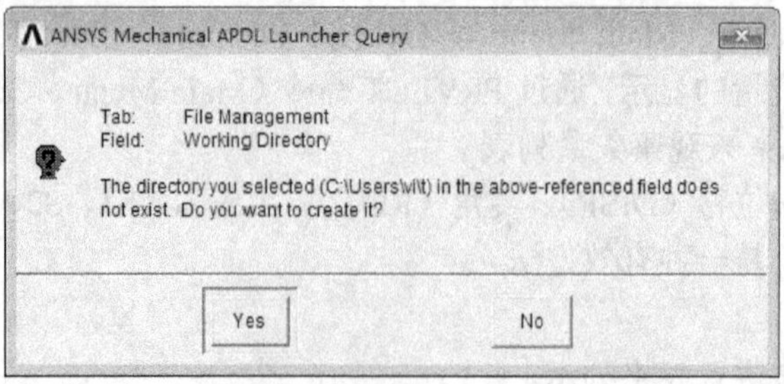
ANSYS Mechanical APDL Launcher Query
Tab: File Management
Field: Working Directory
The directory you selected (C:\Users\wlt) in the above-referenced field does not exist. Do you want to create it?
Yes
No

图 8-2 ANSYS Mechanical APDL Product Launcher Query 对话框

（3）在主菜单中选择 Preferences 命令，弹出如图 8-3 所示的 Preferences for GUI filtering 对话框。选择分析类型为 Structural，单击 OK 按钮，完成分析环境设置。

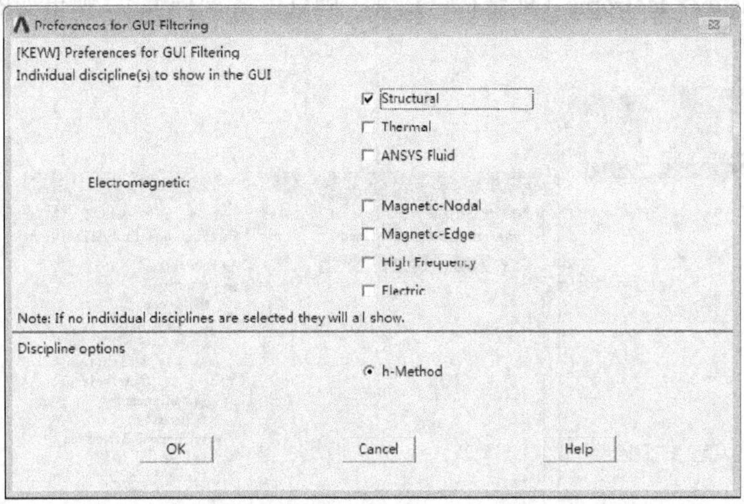

图 8-3　Preferences for GUI filtering 对话框

8.2.3　定义单元与材料属性

（1）在 GUI 界面中选择 Main Menu > Preprocessor > Element Type > Add/Edit/Delete 命令，弹出如图 8-4 所示的 Element Type 对话框。

（2）单击 Add 按钮，弹出如图 8-5 所示的 Library of Element Types 对话框。在 Library of Element Types 对话框中，选择单元类型为 PLANE182，单击 OK 按钮。此时回到 Element Types 对话框中，即可看到添加完成的单元，如图 8-6 所示。

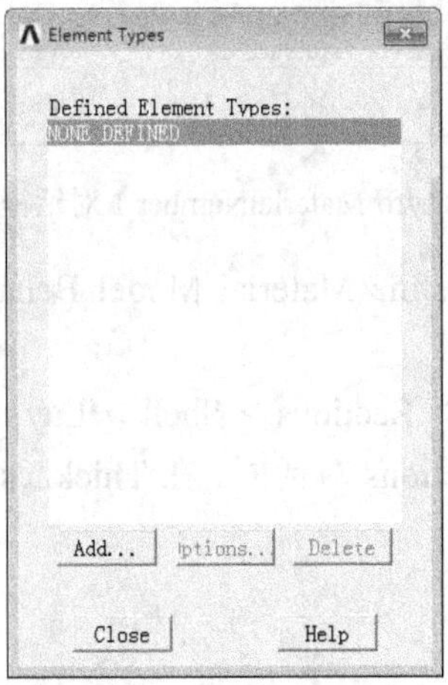

图 8-4　Element Types 对话框

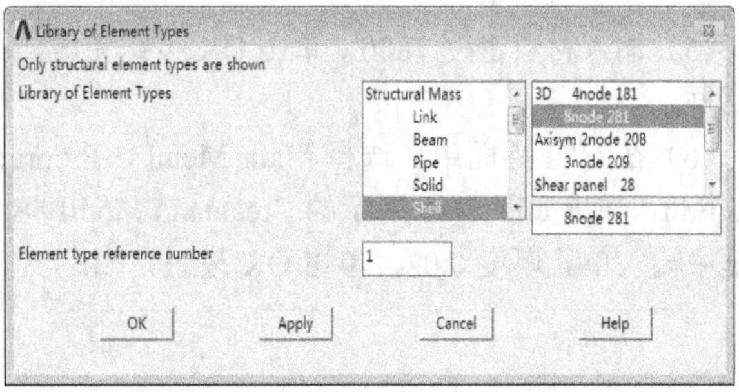

图 8-5　Library of Element Types 对话框

（3）在 GUI 界面中，选择 Main Menu > Preprocessor > Material Props > Material Models 弹出如图 8-7 所示的 Define Material Model Behavior 对话框，选择 Structural > Linear > Elastic > Isotropic（即结构、线性、弹性、各向同性），弹出如图 8-8 所示对话框。

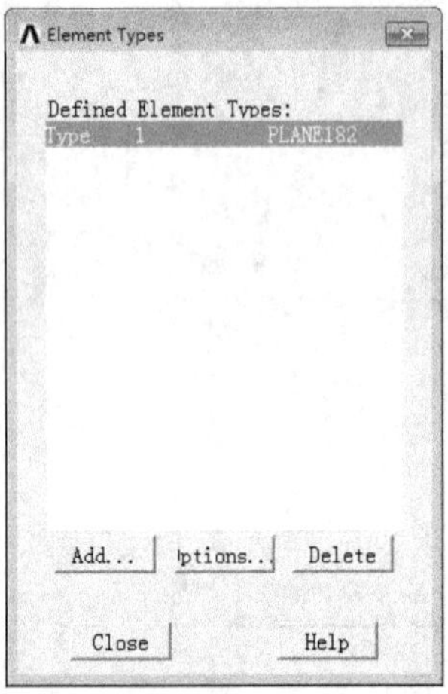

图 8-6　Element Types 对话框

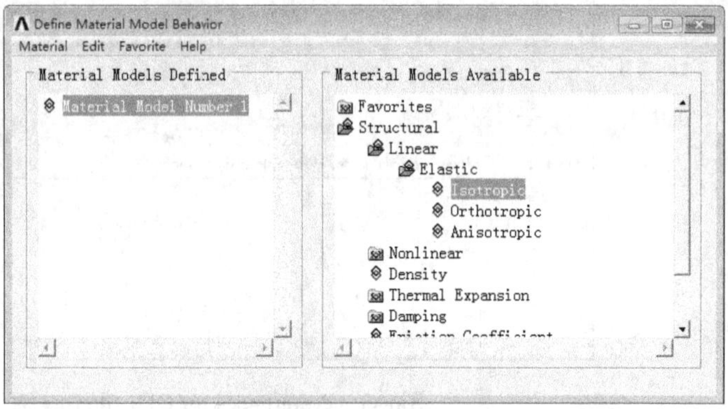

图 8-7　Define Material Model Behavior 对话框

（4）输入 EX=2E11，PRXY=0.3，即设置弹性模量为 200E9Pa，泊松比 0.3，单击 OK 按钮确定。回到 Define Material Model Behavior 对话框，选择结构、密度，弹出如图 8-9 所示的 Density for Material Number 1 对话框。

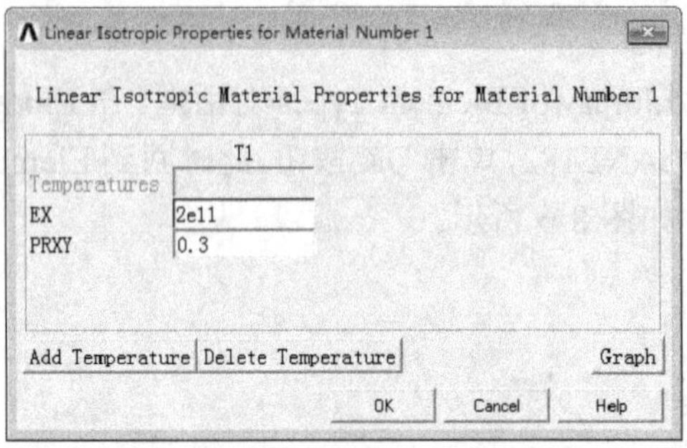

图 8-8　各向同性线弹性材料参数

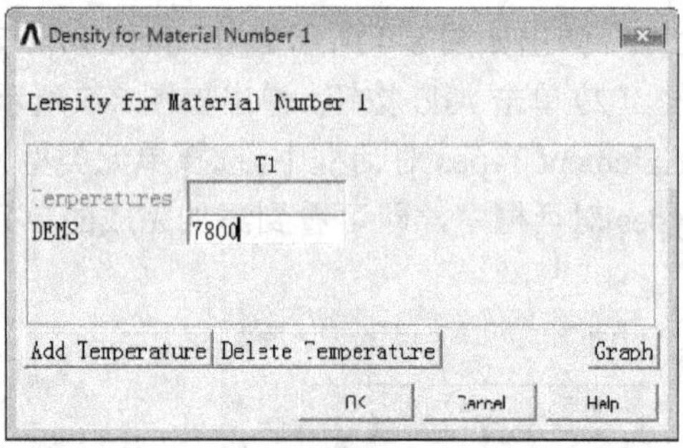

图 8-9　DensityforMaterialNumber 1 对话框

（5）输入材料密度 7800，单击 OK 按钮完成，关闭 Define Material Model Behavior 对话框。

（6）在 GUI 界面中，选择 Main Menu > Preprocessor > Sections > Shell > Lay-up > Add/Edit，弹出如图 8-10 所示的 Createand Modify Shell Sections 对话框。在 Thickness 输入框中输入单元厚度 0.02，单击 OK 按钮完成。

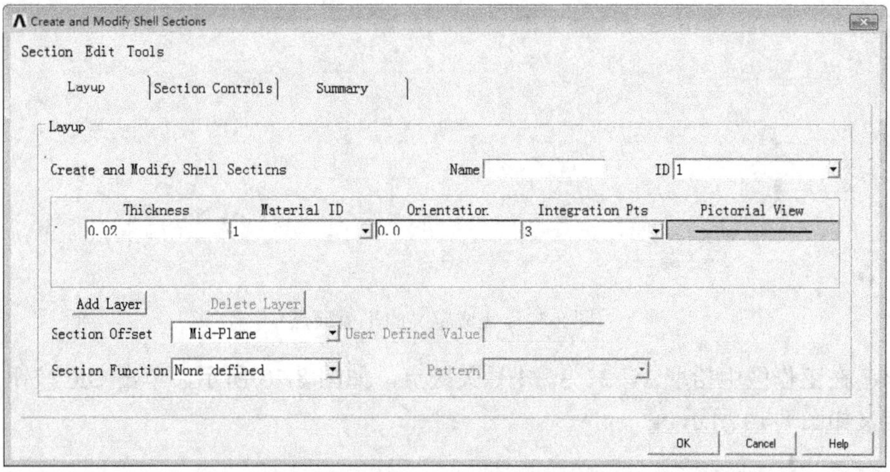

图 8-10　Create and Modify Shell Sections 对话框

8.2.4　建立模型

（1）在 GUI 界面中，选择 Main Menu > Preprocessor > Modeling > Create > Keypoints > In Active CS 命令，弹出如图 8-11 所示的 Create Keypoints in Active Coordinate System 对话框。

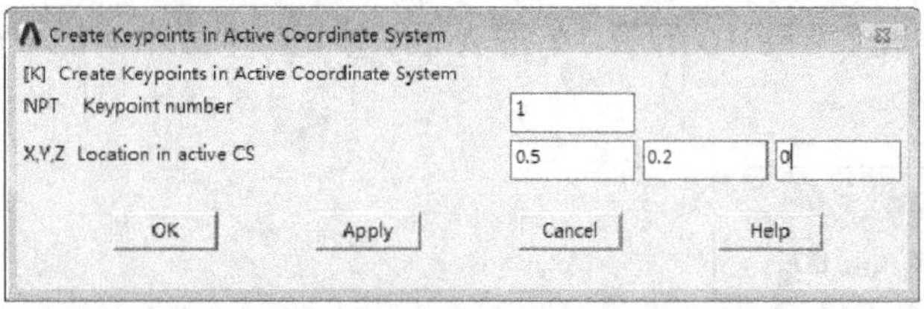

图 8-11　Create Keypoints in Active Coordinate System 对话框

（2）在 NPT 输入框中输入关键点的编号 1，在 X、Y、Z 中 1 号关键点的坐标值为 0.5、0.2、0，单击 Apply 按钮确认，并继续输入下一个关键点，直至完成表 8-1 所示的所有关键点的定义。完成定义的 4 个关键点如图 8-12 所示。

（3）在 GUI 界面中，选择 Main　Menu > Preprocessor > Modeling > Create > Areas > Arbitrary > Through KPs 命令，弹出 Create Area thru KPs 对话框。

表 8-1　平板的顶点坐标

关键点号	X	Y	Z
1	0.5	0.2	0
2	−0.5	0.2	0
3	0.5	−0.2	0
4	0.5	−0.2	0

图 8-12　完成定义的平板顶点

（4）在工作区中拾取 1、2、3、4 号关键点，如图 8-13 所示，单击 OK 按钮，完成面的定义如图 8-14 所示。

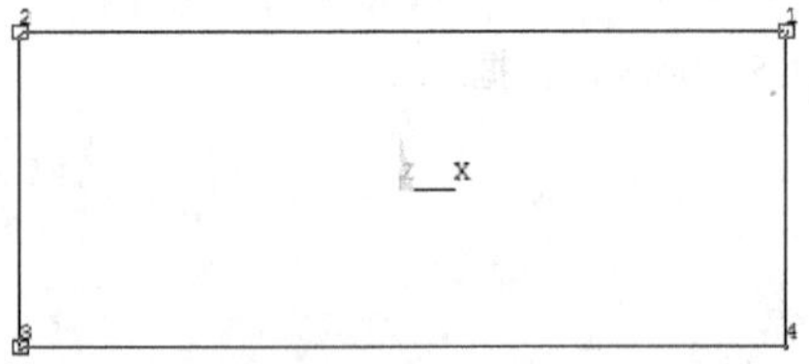

图 8-13　拾取平板顶点

图 8-14　生成面

（5）在 GUI 界面中，选择 Main Menu > Preprocessor > Modeling > Create > Areas > Circle > Soli Circle 命令，弹出如图 8-15 所示的 Solid Circular Area 对话框。输入平板中间圆孔的坐标及半径如图 8-16 所示，单击 Apply 按钮，生成中间的一个位于平板中间的直径 0.1m 的圆。

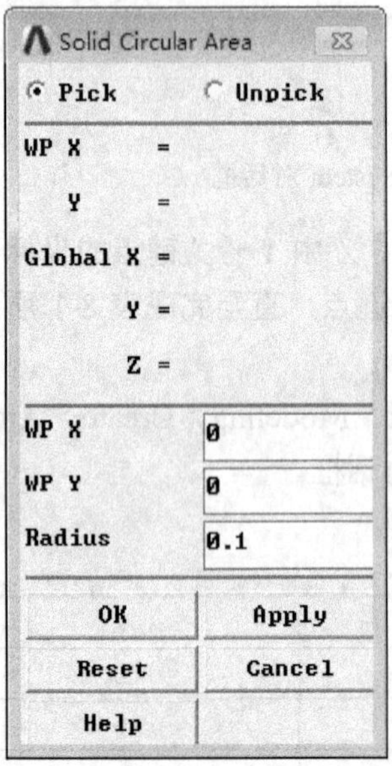

图 8-15　Solid Circular Area 对话框

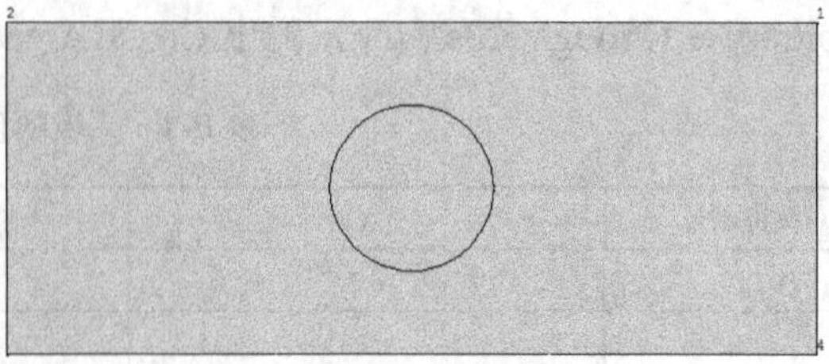

图 8-16　定义中间圆孔

（6）在 Solid Circular Area 对话框中，继续输入左右两侧的圆孔坐标及半径，左侧孔 X=−0.3,Y=0,R=0.05，右侧孔 X=0.3,Y=0,R=0.05，最后单击 OK 按钮，完成基本几何图元的建立，完成定义的基本几何图元如图 8-17 所示。

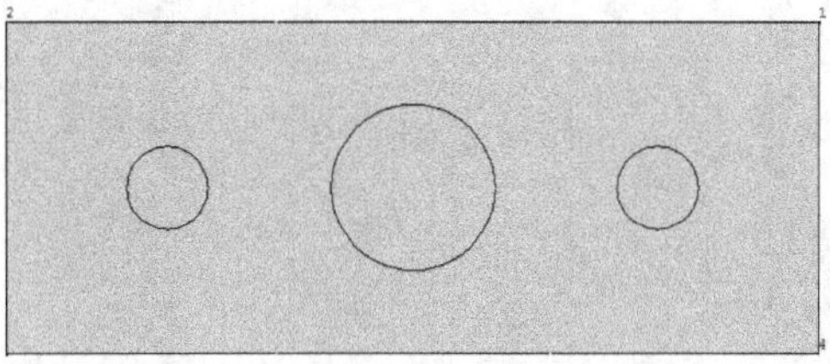

图 8-17　完成定义的基本几何图元

（7）在 GUI 界面中，选择 Main Menu > Preprocessor > Modeling > Operate > Booleans > Subtract > Areas 命令，弹出 Subtract Area 对话框。

（8）选择工作区中的矩形如图 8-18 所示，单击 OK 按钮。选中工作区中的 3 个圆，如图 8-19 所示，单击 OK 按钮，完成面相减的布尔运算，得到带孔圆板的几何模型如图 8-20 所示。

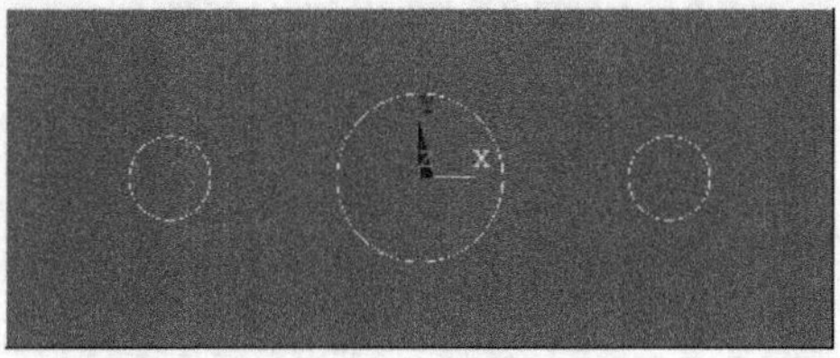

图 8-18　选中矩形

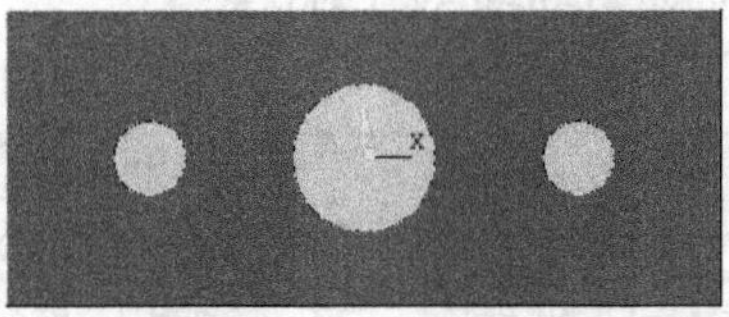

图 8-19　选中三个圆

图 8-20　几何模型

（9）至此完成了带孔平板的几何模型的建立。为防止数据意外丢失，应该随时保存，单击 SAVE DB 命令即可。

8.2.5　划分网格

（1）在 GUI 界面中，选择 Main Menu > Preprocessor > Meshing > MeshTool 命令，弹出如图 8-21 所示的 MeshTool 网格划分工具。

（2）在网格划分工具中，选择 Size Control > Global > Set，弹出如图 8-22 所示的 Global Element Sizes 对话框。

（3）在 NDIV 输入框中输入 10，即设置线被分为 10，单击 OK 按钮确认。单击 MeshTool 中的 Mesh 按钮，弹出 Mesh Area 对话框。选中工作区中的几何模型，如图 8-23 所示，单击 OK 按钮，完成网格划分，完成划分生成的单元如图 8-24 所示。

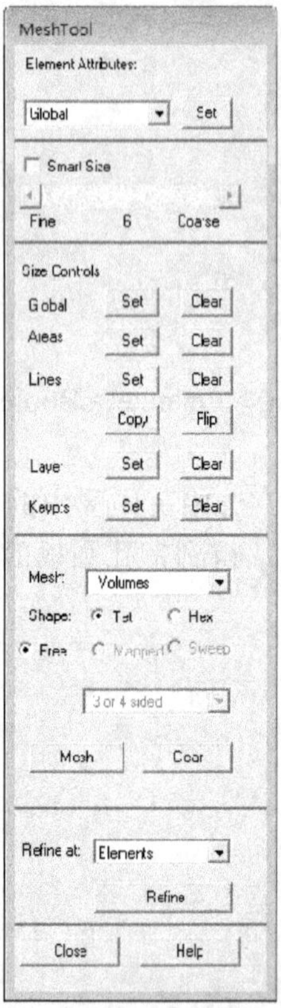

图 8-21　MeshToo 网格划分工具

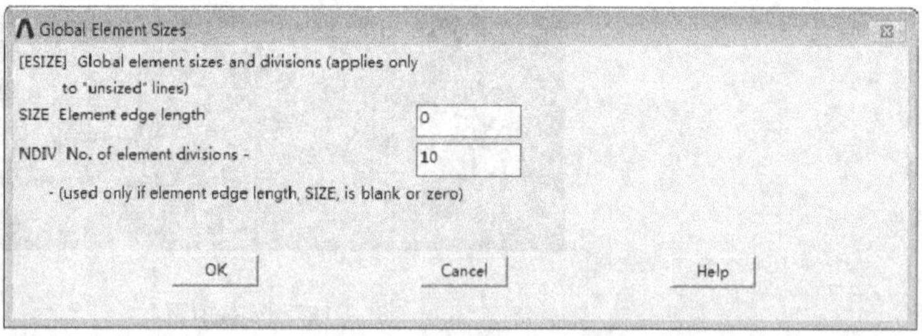

图 8-22　Global Element Sizes 对话框

图 8-23　选中几何模型

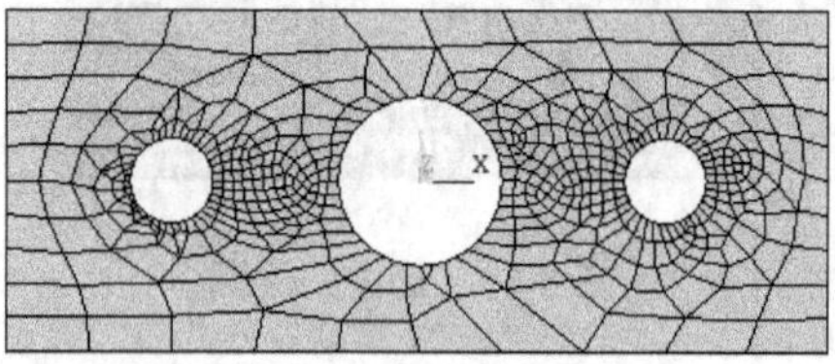

图 8-24　划分网格

8.2.6　施加边界条件

（1）在 GUI 界面中，选择 Utility Menu > Select > Entities 命令，弹出如图 8-25 所示的 Select Entities 对话框。在选择对象列表中选择 Lines，选择方式 From full，单击 Apply 按钮，弹出 Select lines 对话框。在工作区中选择平板下边缘，如图 8-26 所示。

（2）在 GUI 界面中，选择 Utility Menu > Plot > lines 命令，显示选中的线如图 8-27

所示。

（3）回到 Select Entities 对话框，将选择对象改为 Nodes，选择方式为 Attached to，设置如图 8-28 所示，单击 OK 按钮，完成节点选择。

（4）在 GUI 界面中选择 Utility Menu > Plot > Nodes 命令，显示选中的节点如图 8-29 所示。

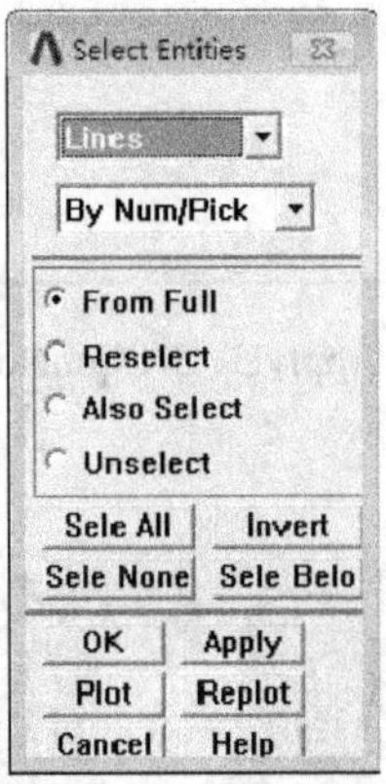

图 8-25　SelectEntities 对话框

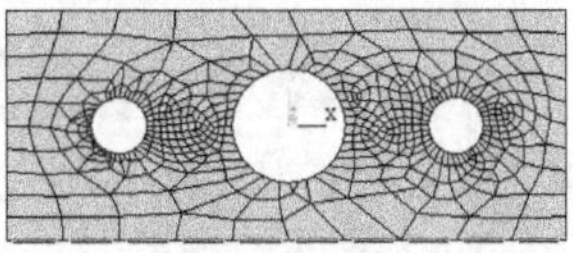

图 8-26　选中下边缘

图 8-27　选中的线

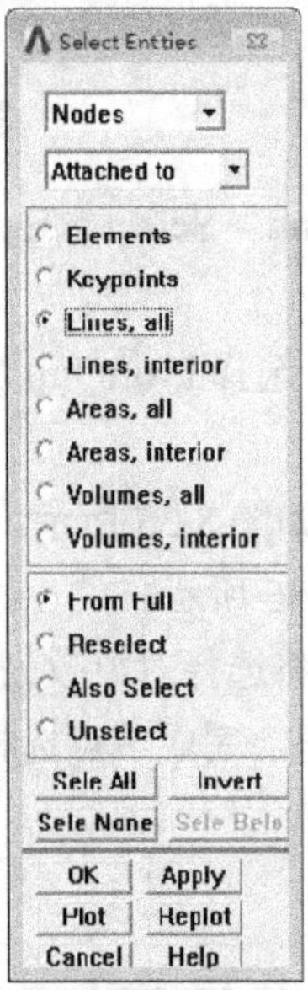

图 8-28　SelectEntities 对话框

图 8-29　选中的节点

（5）在 GUI 界面中，选择 Main Menu > Solution > Define Loads > Apply > Structural > Displacement > On Nodes 命令，弹出 Apply U，ROT on Nodes 对话框。

（6）将选择方式改为 Box，框选工作区中的所有节点，如图 8-30 所示，单击 OK 按钮，弹出如图 8-31 所示的 Apply U，ROT on Nodes 对话框。

（7）选择 ALL DOF，单击 OK 按钮，完成底边约束如图 8-32 所示。选择 Utility Menu > Select > Everything 命令，然后选择 Utility Menu > Plot > Elements 命令，显示完

整的模型及约束如图 8-33 所示。

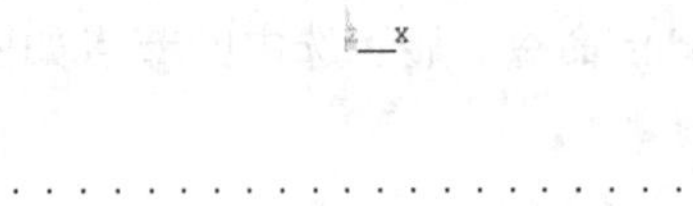

图 8-30　选中的节点

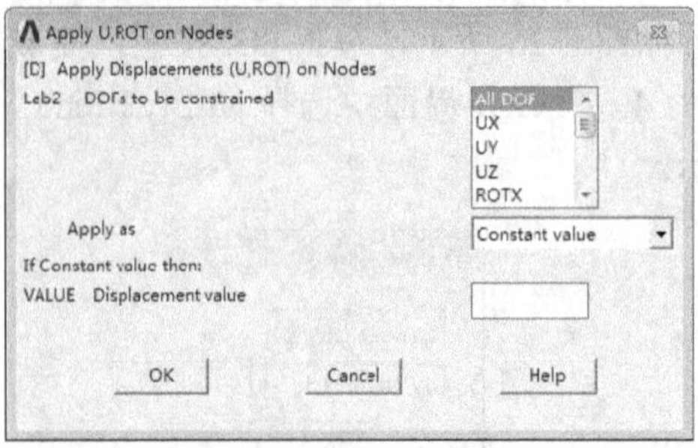

图 8-31　ApplyU，ROTonNodes 对话框

图 8-32　底边固定约束

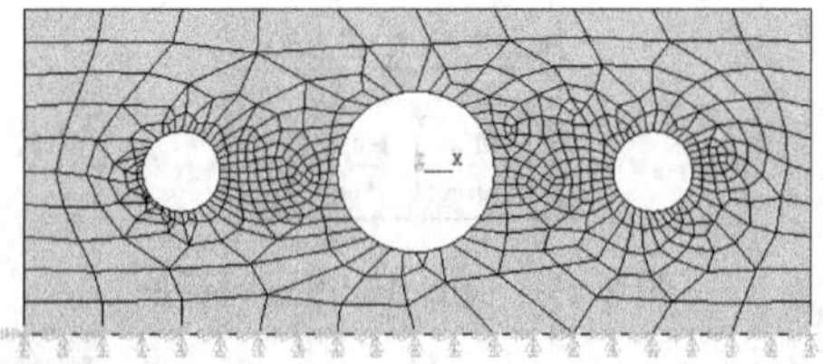

图 8-33　完整的模型及约束

（8）在 GUI 界面中选择 Utility Menu > Select > Entities 命令，弹出 Select Entities 对话框。

（9）在选择对象列表中选择 Lines，选择 From full 方式，如图 8-34 所示，单击 Apply 按钮，弹出 Select lines 对话框。

（10）在工作区中选择平板上边缘，如图 8-35 所示。在 GUI 界面中选择 Utility Menu > Plot > lines 命令，显示选中的线如图 8-36 所示。

（11）回到 Select Entities 对话框，将选择对象改为 Nodes，选择方式为 Attached to，设置如图 8-37 所示，单击选中 OK 按钮，完成节点选择。

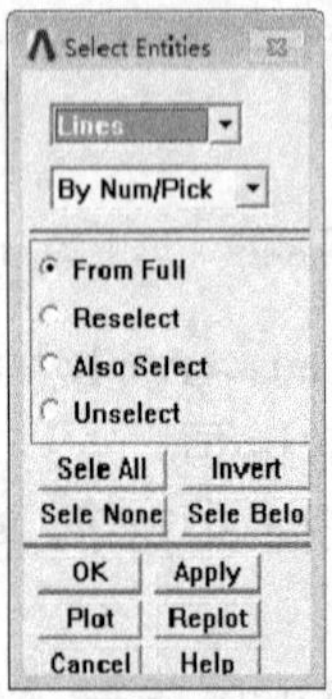

图 8-34　Select Entities 对话框

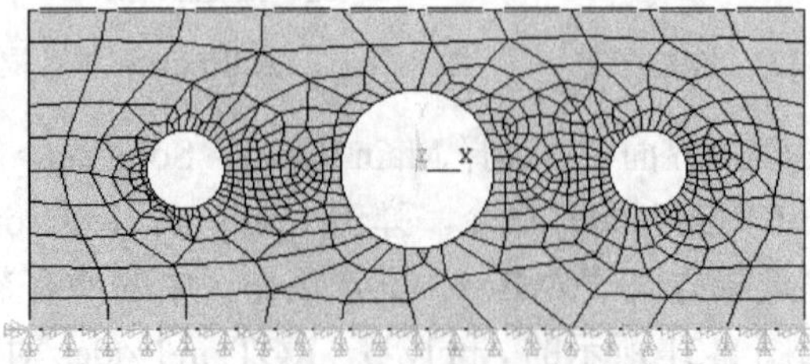

图 8-35　选中上边缘

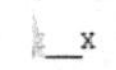

图 8-36　选中的线

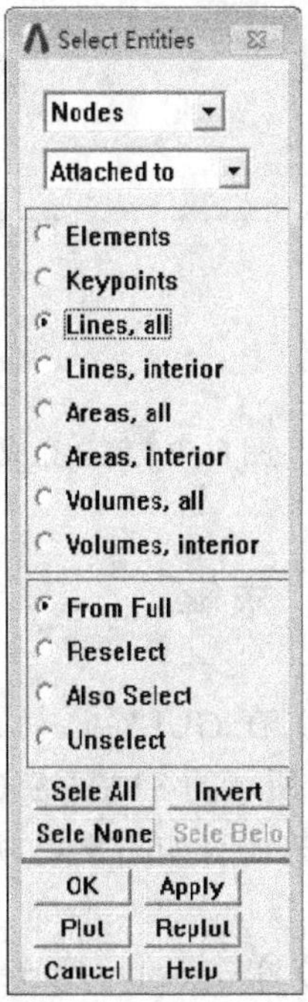

图 8-37　Select Entities 对话框

（12）在 GUI 界面中选择 Utility Menu > Plot > Nodes 命令，显示选中的节点如图 8-38 所示。

（13）在 GUI 界面中选择 Main Menu > Solution > Define Loads > Apply > Structural > Pressure > On Nodes 命令，弹出 Apply PRES on Nodes 对话框。

（14）在工作区中框选所有节点，单击 OK 按钮，弹出如图 8-39 所示的 Apply PRES on Nodes 对话框，输入压力值 1.5e6，单击 OK 按钮，即可以看到施加的载荷如图 8-40 所示。

（15）选择 Utility Menu > Select > Everything 命令，然后选择 Utility Menu > Plot > Elements 命令，显示完整的模型及全部边界条件如图 8-41 所示。

图 8-38　选中的节点

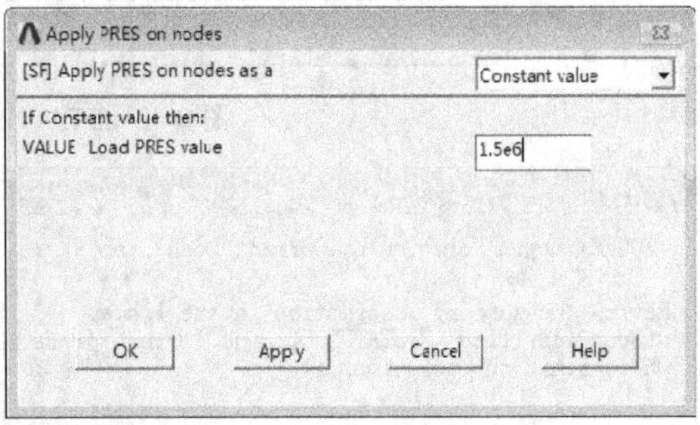

图 8-39　ApplyPRESonNodes 对话框

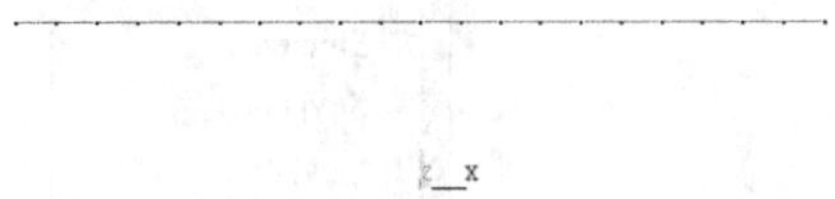

图 8-40　施加完成的压力

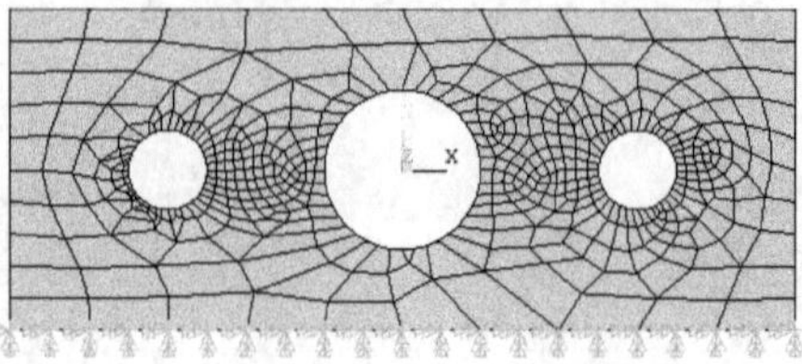

图 8-41　完成边界条件施加

8.2.7　求解

（1）在 GUI 界面中，选择 Main Menu > Solution > Solve > Current LS 命令，弹出如图 8-42 所示的 STATUS Command 窗口，窗口中显示了项目的求解信息及输出选项。同时弹出的还有如图 8-43 所示的 Solve Current Load Step 对话框，询问用户是否开始进行求解。

（2）单击 Solve Current Load Step 对话框中的 OK 按钮，开始求解，当弹出如图 8-44 所示的 Solution is done!提示时，求解完成。

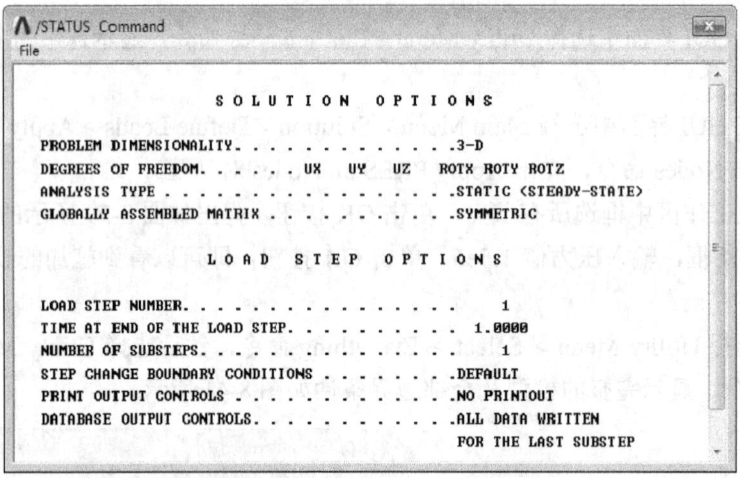

图 8-42　STATUS Command 窗口

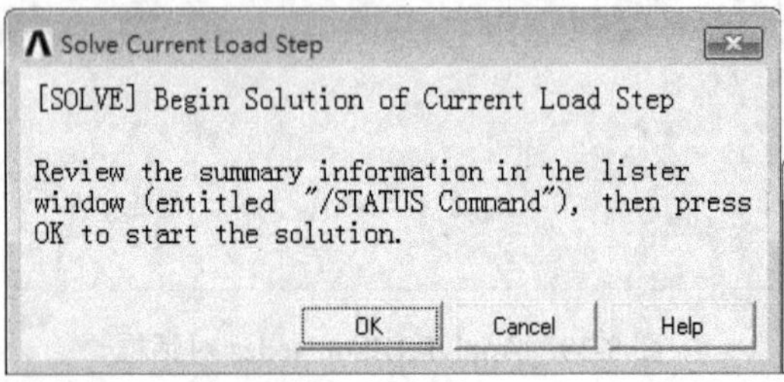

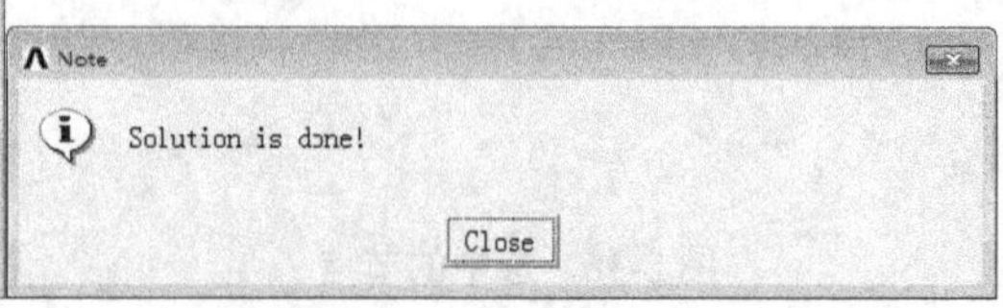

图 8-43　Solve Current Load Step 对话框

图 8-44　Solution is done!

8.2.8 显示变形图

（1）在 GUI 界面中，选择 Main Menu > General Postproc > Plot Results > Deformed Shape...命令，弹出如图 8-45 所示的 Plot Deformed Shape 对话框。

（2）在 Plot Deformed Shape 对话框选择 Def+undef edge 选项，单击 OK 按钮，即可在工作区中显示如图 8-46 所示的变形图。

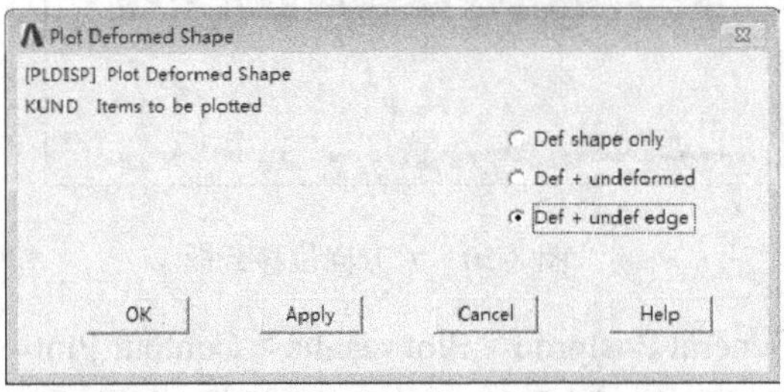

图 8-45 Plot Deformed Shape 对话框

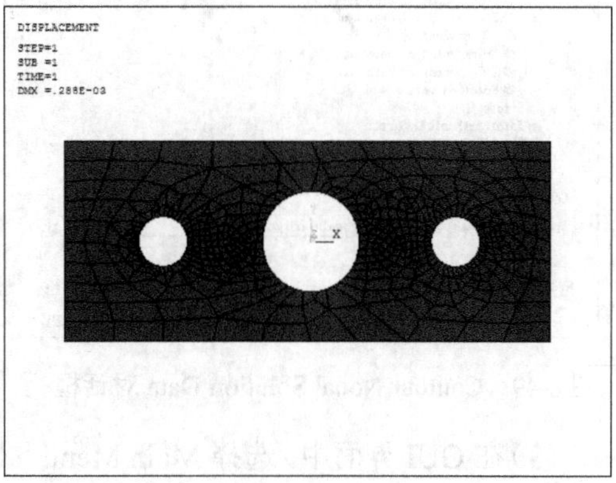

图 8-46 变形图

8.2.9 显示结果云图

（1）在 GUI 界面中，选择 Main Menu > General Postproc > Plot results > Contour Plot > Nodal Solution 命令，弹出如图 8-47 所示的 Contour Nodal Solution Data 对话框。选择 DOF Solution 列表中的 Displacement Vector Sum，单击 OK 按钮，即可在工作区中看到位移云图，如图 8-48 所示。

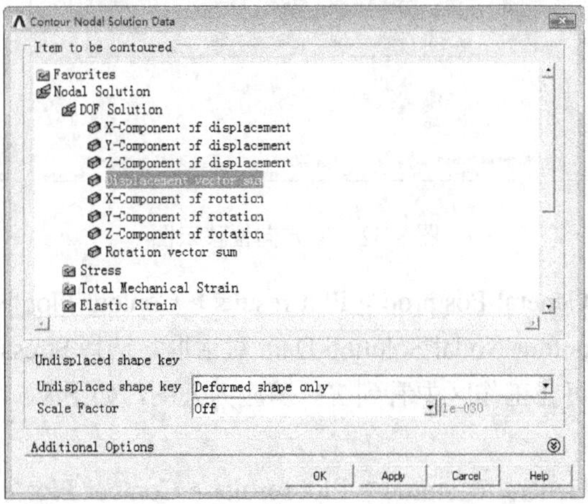

图 8-47 Contour Nodal Solution Data 对话框

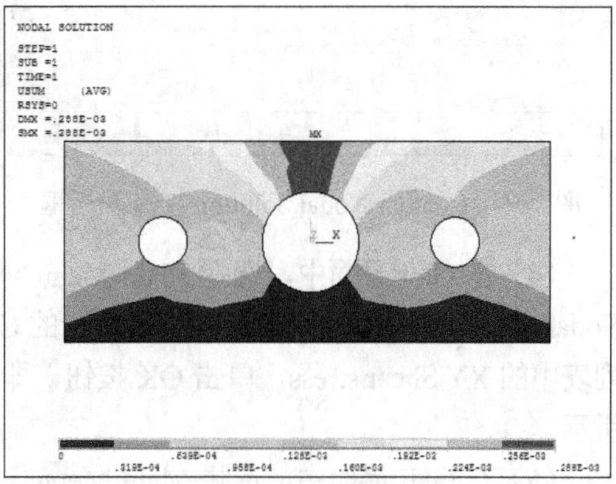

图 8-48 显示位移

（2）在 GUI 界面中，选择 Main Menu > General Postproc > Plot results > Contour Plot > Nodal Solution 命令，弹出如图 8-49 所示的 Contour Nodal Solution Data 对话框。选择 DOF Solution 列表中的 Y-Component of displacement，单击 OK 按钮，即可在工作区中看到 Y 方向位移云图，如图 8-50 所示。

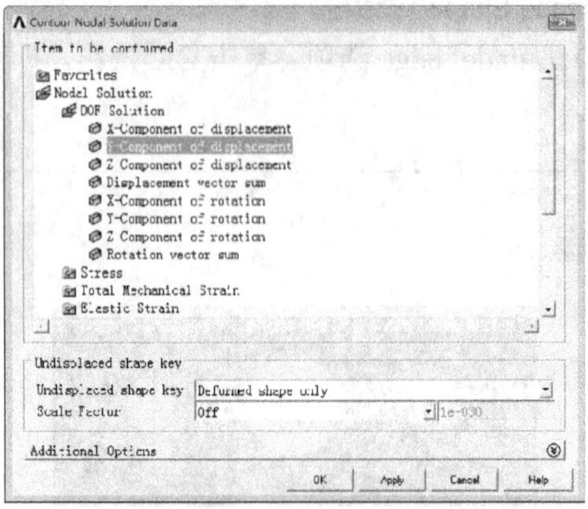

图 8-49　Contour Nodal Solution Data 对话框

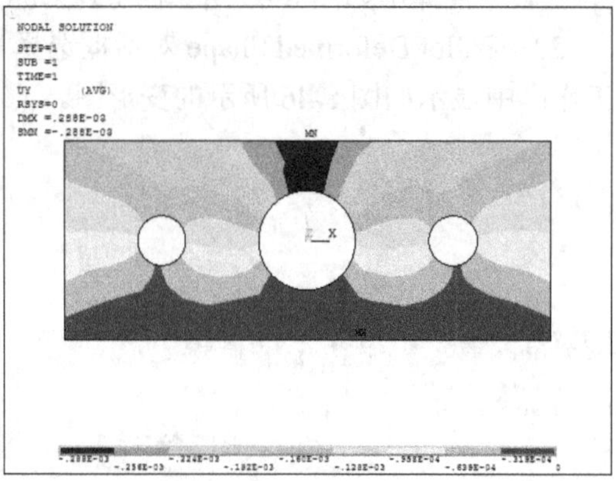

图 8-50　Y 方向位移云图

（3）在 GUI 界面中，选择 Main Menu > General Postproc > Plot results > Contour Plot > Nodal Solution 命令，弹出如图 8-51 所示的 Contour Nodal Solution Data 对话框。选择 DOF Solution 列表中的 X-Component of displacement，单击 OK 按钮，即可在工作区中看到 X 方向位移云图，如图 8-52 所示。

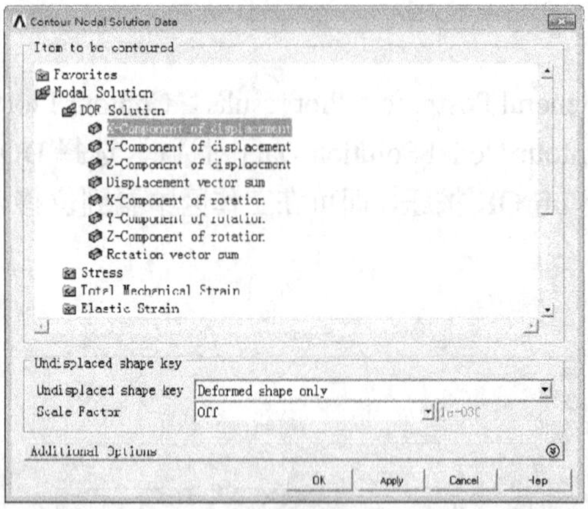

图 8-51　Contour Nodal Solution Data 对话框

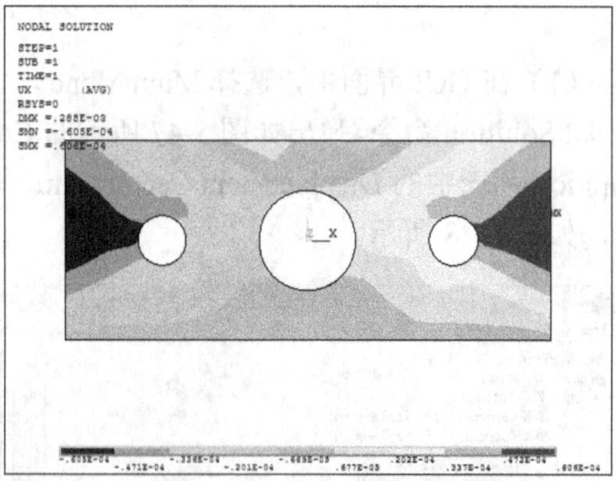

图 8-52　X 方向位移云图

（4）在 GUI 界面中，选择 Main Menu > General Postproc > Plot results > Contour Plot > Nodal Solution 命令，弹出如图 8-53 所示的 Contour Nodal Solution Data 对话框。选择 Stress 列表中的 XY Shear stress，单击 OK 按钮，即可在工作区中看到 XY 剪应力云图，如图 8-54 所示。

（5）在 GUI 界面中，选择 Main Menu > General Postproc > Plot results > Contour Plot > Nodal Solution 命令，弹出如图 8-55 所示的 Contour Nodal Solution Data 对话框。选择 Stress

列表中的 1st Princial stress，单击 OK 按钮，即可在工作区中看到第一主应力云图，如图 8-56 所示。

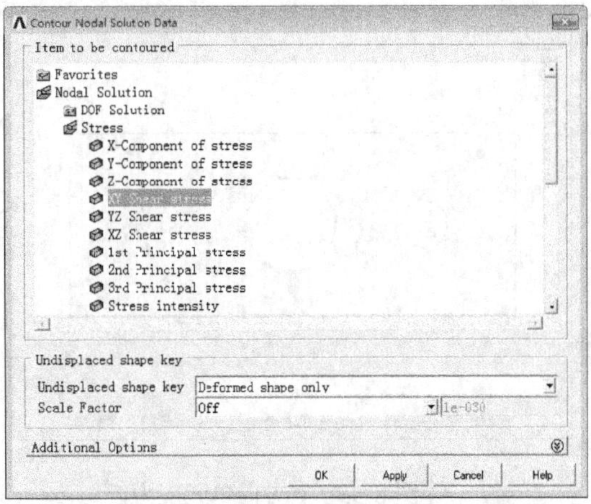

图 8-53　Contour Nodal Solution Data 对话框

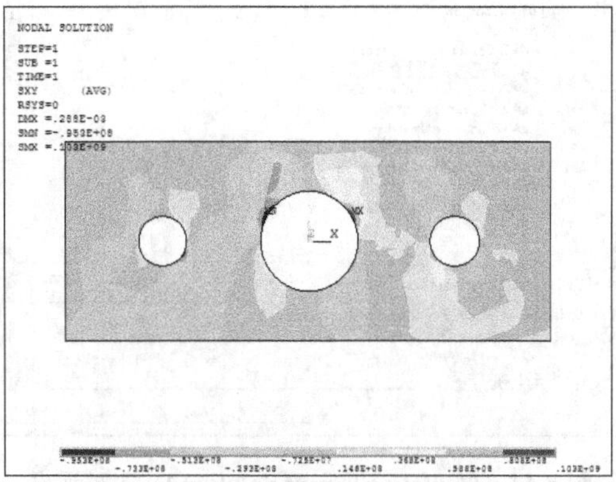

图 8-54　XY 剪应力云图

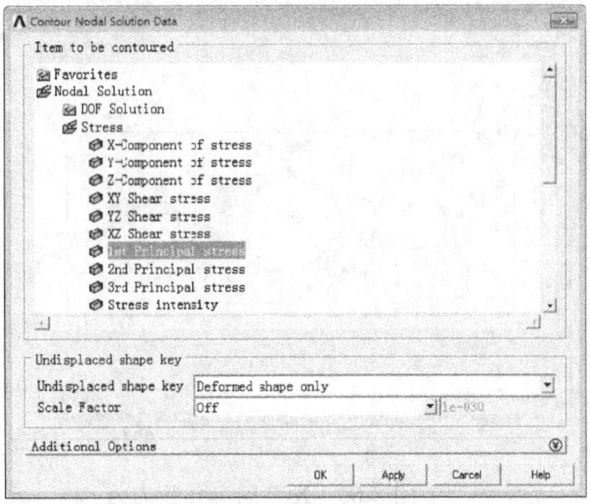

图 8-55　Contour Nodal Solution Data 对话框

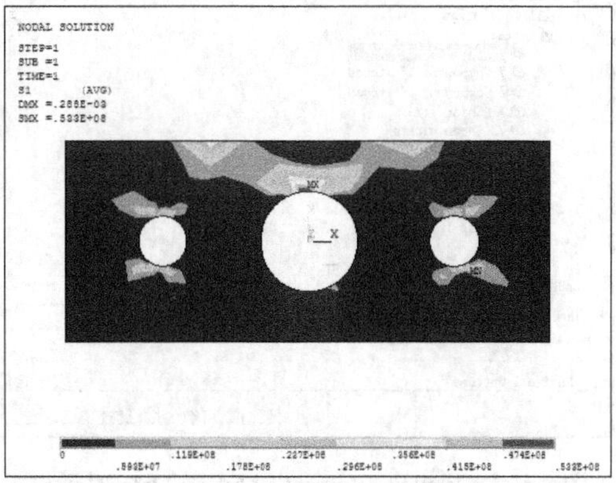

图 8-56　第一主应力云图

（6）在 GUI 界面中，选择 Main Menu > General Postproc > Plotresults > Contour Plot > Element Solu，弹出如图 8-57 所示的 Contour Element Solution Data 对话框。选择 Stress 列表中的 Y-Component of displacement，单击 OK 按钮，即可在工作区中看到 Y 方向单元应力云图，如图 8-58 所示。

（7）在 GUI 界面中，选择 Main Menu > General Postproc > Plotresults > Contour Plot > Element Solu，弹出如图 8-59 所示的 Contour Element Solution Data 对话框。选择 Stress 列表中的 X-Component of displacement，单击 OK 按钮，即可在工作区中看到 X 方向单元应力云图，如图 8-60 所示。

（8）在 GUI 界面中，选择 Main Menu > General Postproc > Plotresults > Contour Plot > Element Solu，弹出如图 8-61 所示的 Contour Element Solution Data 对话框。选择 Stress 列表中的 YZShear stress，单击 OK 按钮，即可在工作区中看到 YZ 单元剪应力云图，如

图 8-62 所示。

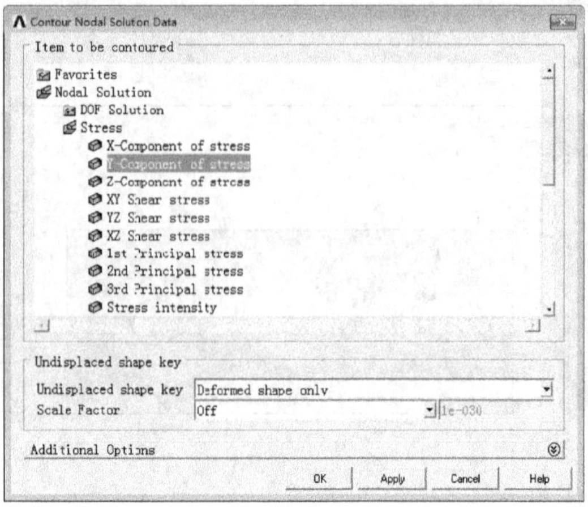

图 8-51　Contour Elemrnt Solution Data 对话框

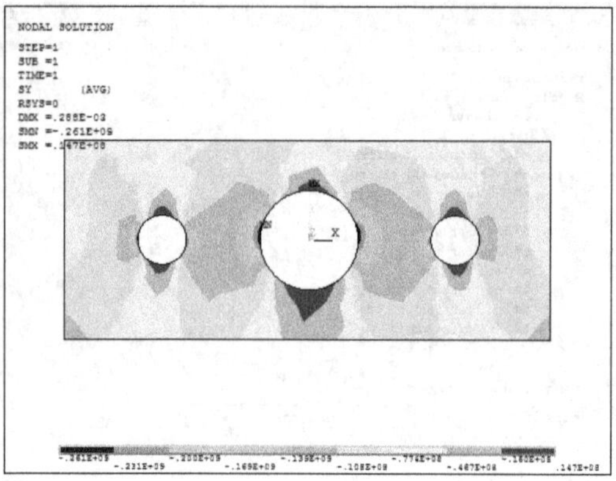

图 8-53　Y 方向单元应力云

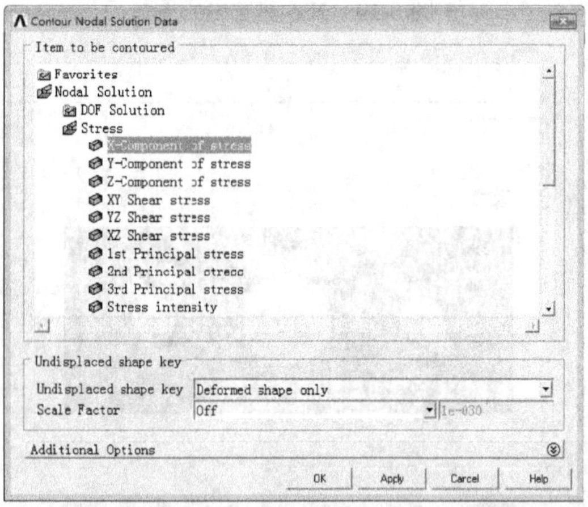

图 8-59　Contour Elemrnt Solution Data 对话框

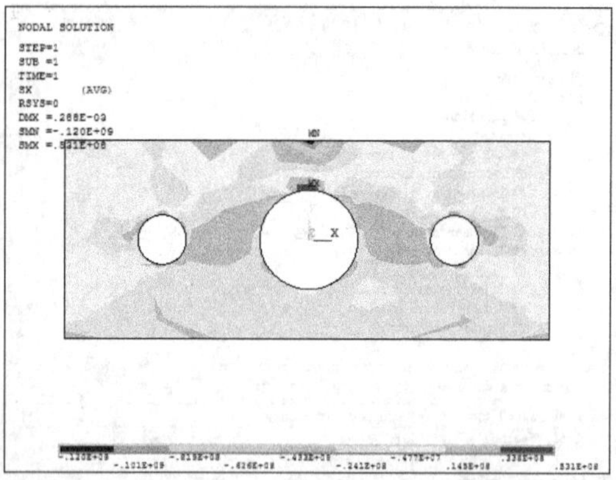

图 8-60　X 方向单元应力云

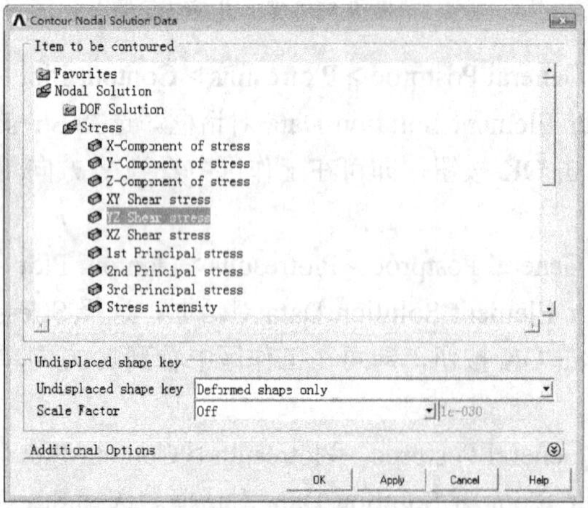

图 8-61　Contour Elemrnt Solution Data 对话框

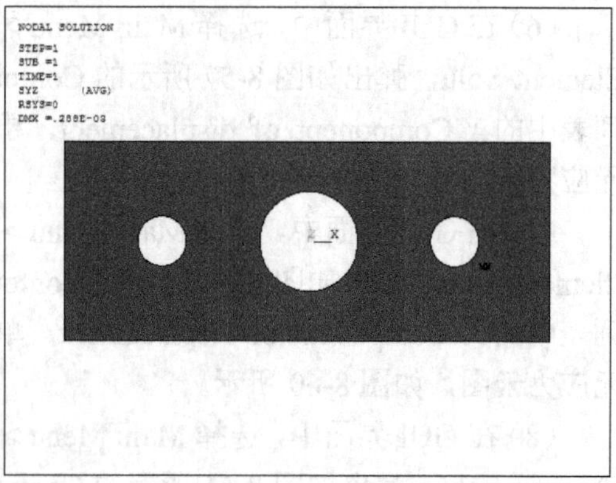

图 8-62　XY 单元剪向应力

（9）在 GUI 界面中，选择 Main Menu > General Postproc > Plotresults > Contour Plot > Element Solu，弹出如图 8-63 所示的 Contour Element Solution Data 对话框。选择 Stress 列表中的 2st Principle stress，单击 OK 按钮，即可在工作区中看到单元第二主应力云图，如图 8-64 所示。

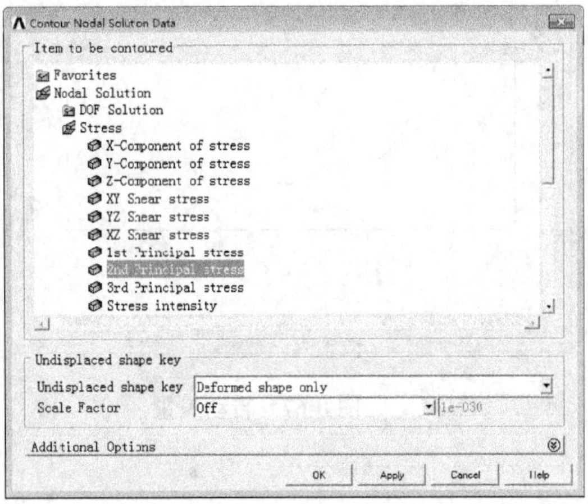

图 8-63　Contour Elemrnt Solution Data

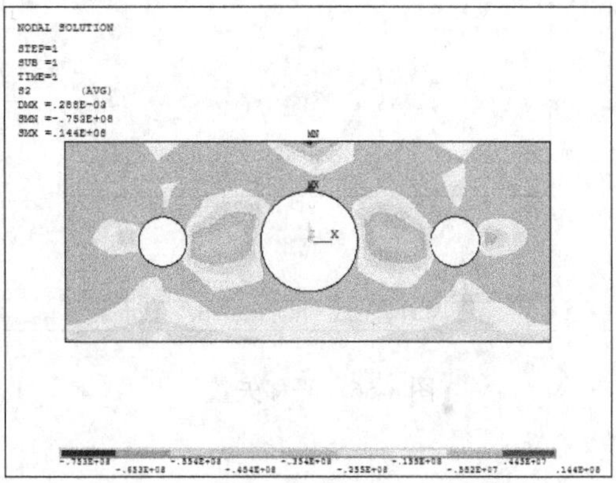

图 8-64　单元第二主应力

8.2.10　查看矢量图

（1）在 GUI 界面中，选择 Main Menu > General Postproc > Plot results > Vector Plot > Predefined 命令，弹出如图 8-65 所示的 Vector Plot of Predefined Vectors 对话框。

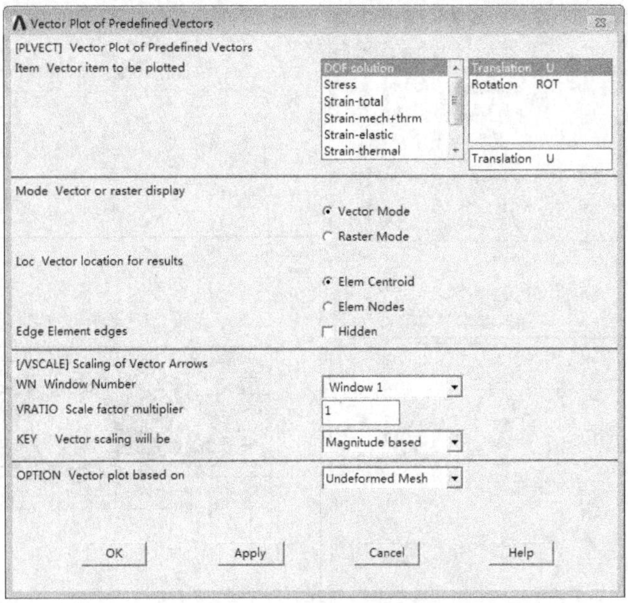

图 8-65　Vector Plot of Predefined Vectors 对话框

（2）选择显示的矢量为 Translation U，单击 OK 按钮，则显示如图 8-66 所示的平移矢量，选择显示的矢量为 Rotation Rot，单击 OK 按钮，则显示如图 8-67 所示的转动矢量。

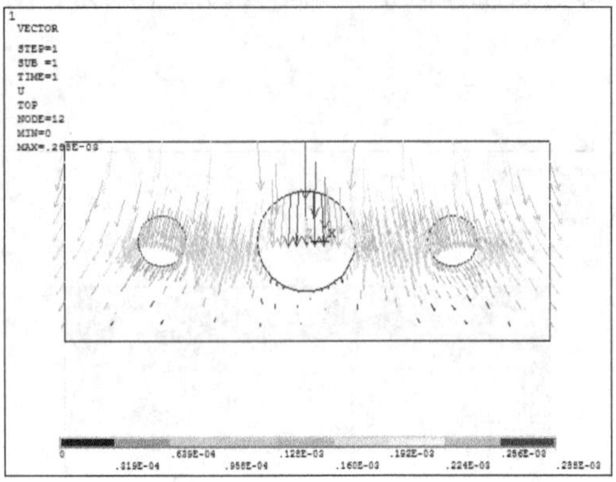

图 8-66　平移矢量

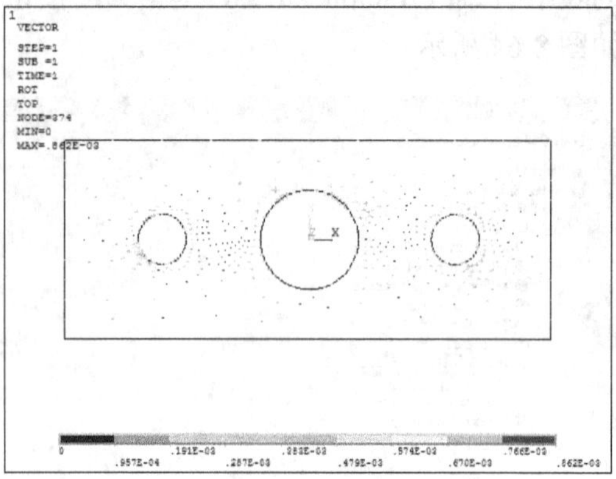

图 8-67　转动矢量

8.2.11　查看约束反力

（1）在 GUI 界面中，选择 Utility Menu > PlotCtrls > Symbols 命令，弹出如图 8-68 所示的 Symbols 设置对话框。

（2）在如图 8-68 所示的 Symbols 对话框中，选择 ALL Reactions，单击 OK 按钮。在 GUI 界面中选择 Utility Menu > Plot > Elements 命令，工作区即可显示如图 8-69 所示的约束节点反力。

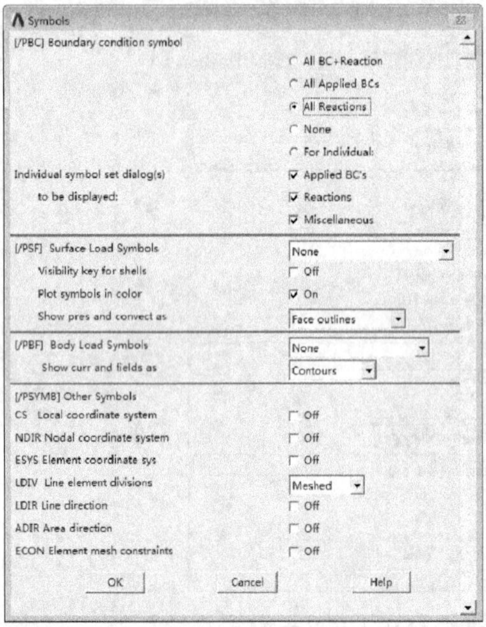

图 8-68　Symbols 设置对话框

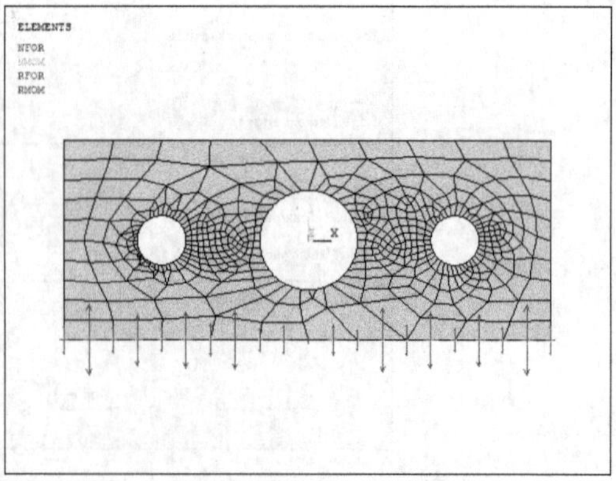

图 8-69　显示约束节点反力

8.2.12 查询危险点坐标

（1）参考上文的介绍，在工作区中显示第一主应力节点解的云图，如图 8-70 所示。

（2）在 GUI 界面中，选择 Main Menu > General Postproc > Query Results > Subgrid Solu 命令，弹出如图 8-71 所示的 Query Subgrid Solution Data 对话框。

（3）在 Query Results Solution Data 对话框中选择 Stress > 1st principal S1，单击 OK 按钮，弹出如图 8-72 所示的 Query Subgrid Results 对话框。单击 MAX 按钮，Query Subgrid Results 对话框即显示应力最大的坐标及坐标信息，同时该点的应力值也在工作区中被标出，如图 8-73 所示。

（4）单击工具栏中的 QUIT 按钮，出现如图 8-74 所示的 Exit from ANSYS 对话框。选择 Save Everything，保存所有项目，单击 OK 按钮，退出 ANSYS。

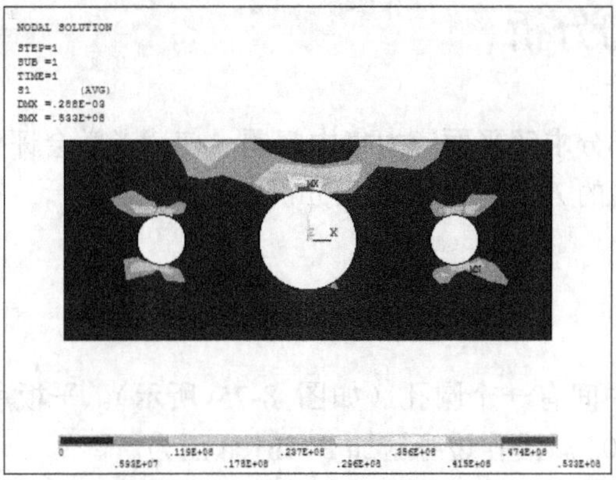

图 8-70 第一主应力节点解

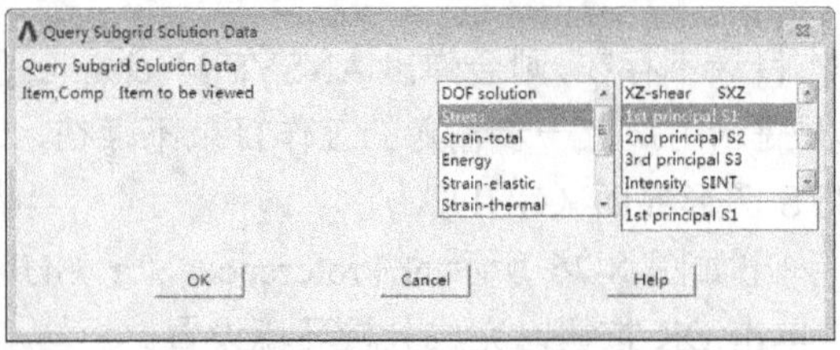

图 8-71 Query Subgrid Solution Data 对话框

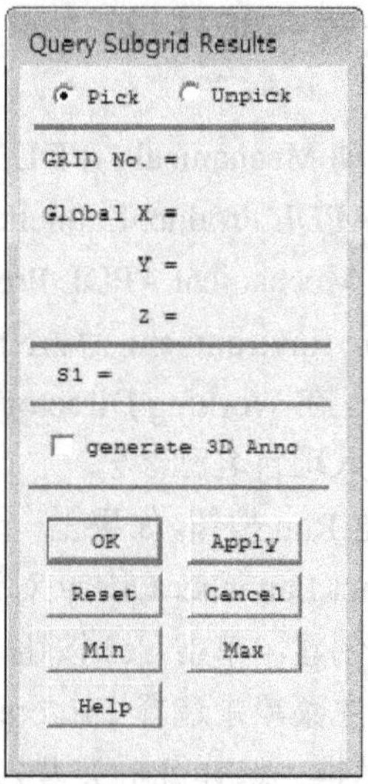

图 8-72 QuerySubgridResults 对话框

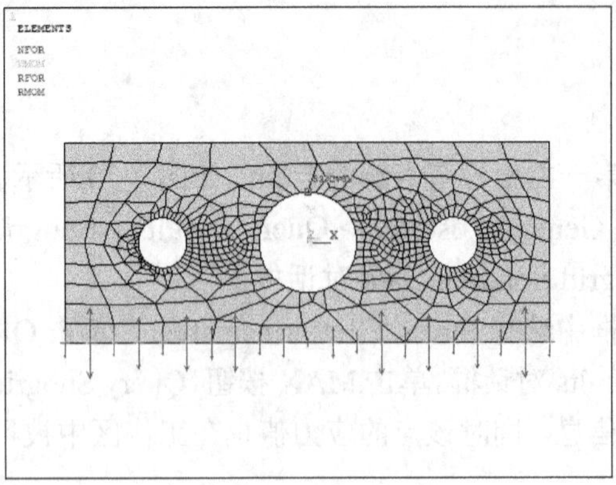

图 8-73　工作区中显示的应力最大点

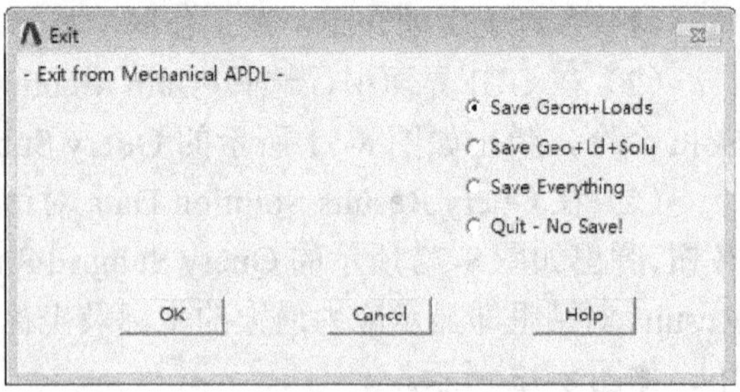

图 8-74　Exit from ANSYS 对话框

8.3 平面应力分析

在本例中，通过部分求解平面应力集中问题，使读者学会评估求解过程可能会遇到的潜在错误，使用不同的 ANSYS 2D 单元分析问题。

8.3.1 问题描述

单位厚度的方板中间有一个圆孔（如图 8-75 所示）。平板所用材料的弹性模量为 $E=10^7$MPa，泊松比为 0.3。沿孔边缘施加 P=1MPa 压力。
分析方板的应力及位移。

图 8-75　带孔方板模型

8.3.2 设置分析环境

（1）启动 Mechanical APDL Product Launcher，弹出 Mechanical APDL Product Launcher 窗口。

（2）在 Mechanical APDL Product Launcher 窗口中设置 Simulation Environment 为 ANSYS，License 为 ANSYS Multiphysics，在 Working Directory 中输入工作目录名称，JobName 输入项目名称 8-2。

（3）单击 Run 按钮，如果上一步输入的工作目录不存在，则会弹出 ANSYS Mechanical APDL Product Launcher Query 对话框。对话框提示用户上一步输入的工作目录不存在，并询问是否创建，单击 Yes 按钮，进入 ANSYS 图形界面（GUI）。

（4）在主菜单中选择 Preferences 命令，弹出如图 8-76 所示的 Preferences for GUI filtering 对话框。选择分析类型为 Structural，单击 OK 按钮，完成分析环境设置。

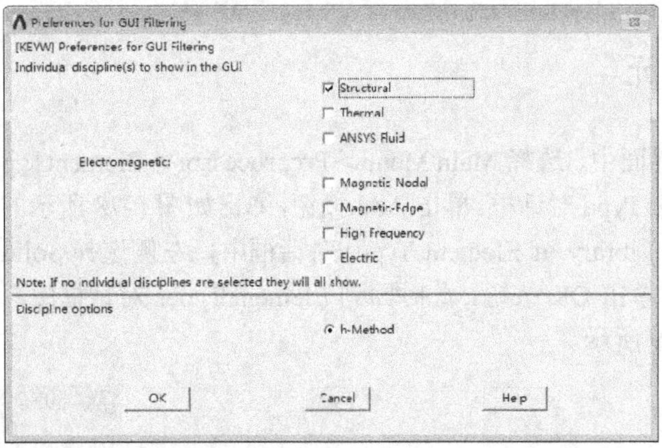

图 8-76 Preferences for GUI filtering 对话框

8.3.3 定义几何参数

（1）为方便起见，通过参数定义方板的 1/4，即方板的半宽 a，圆孔半径 r，压力 p，材料参数 E 和 μ。定义几何参数，操作如下。

（2）在 GUI 界面中选择 Utility Menu > Parameters > Scalar Parameters 命令。

在弹出的对话框中依次输入下面参数：

a=10e-3
r=7e-3
p=1e6
E=1e13
μ=0.3

（3）输出结果如图 8-77 所示单击 Close 按钮，关闭 Scalar Parameters 对话框。通过输入参数而不是直接输入各个变量值，这对学习参数、应用参数分析问题很有帮助。在随后分析过程中，向读者讲解参数修改对问题分析的影响。

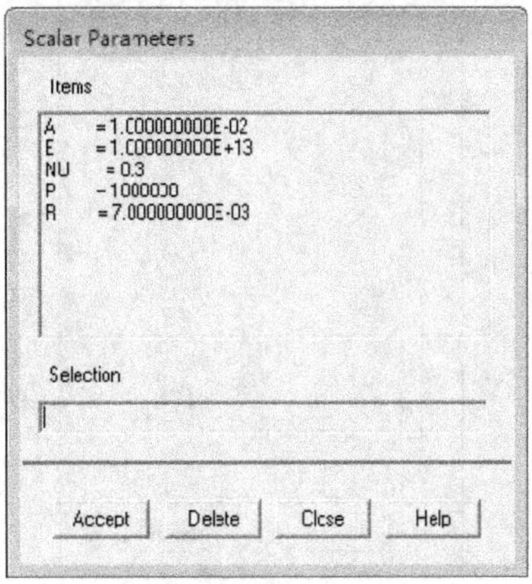

图 8-77 定义参数

8.3.4　选择单元

（1）在 GUI 界面中，选择 Main Menu > Preprocessor > ElementType > Add/Edit/Delete 命令，弹出 Element Type 对话框。单击 Add 按钮，弹出如图 8-78 所示的 Library of Element Types 对话框。在 Library of Element Types 对话框中，左侧选择 Solid，在右侧列表选择 Quad 4 node 182，单击 OK 按钮。此时回到 Element Types 对话框中，即可看到添加完成的单元，如图 8-79 所示。

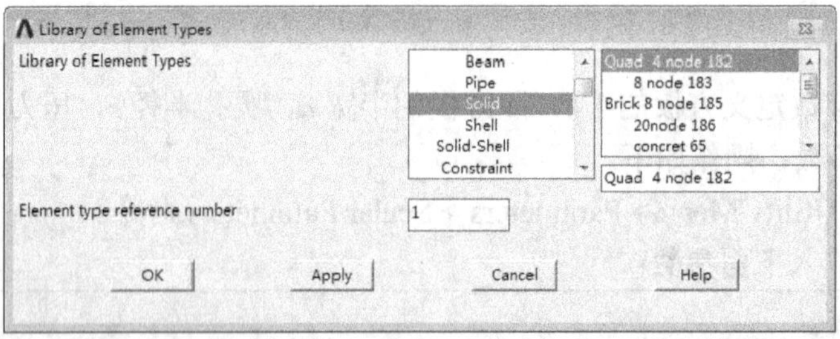

图 8-78　Library of Element Types 对话框

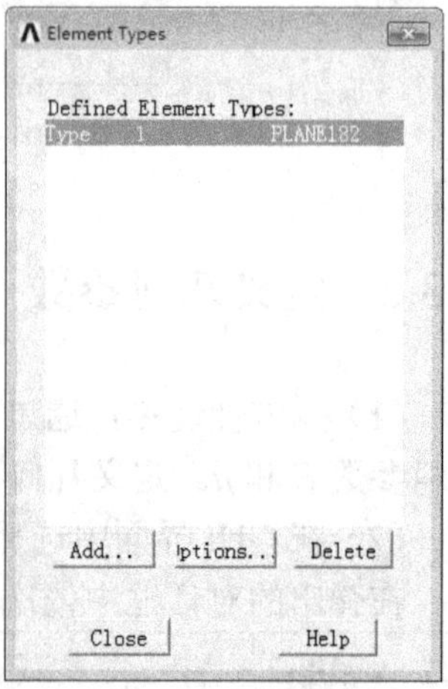

图 8-79　选择单元

（2）输入命令。

```
ET,1,PLANE42
```

这时在 Element Types 对话框显示已定义单元类型（defined element type），只有 PLANE42 单元被选，如图 8-80 所示。

图 8-80　单元选择完毕

有关 Plane42 单元的详细信息，参看 ANSYS Help 文件，操作如下。

在 GUI 界面中，选择 UtilityMenu > Help > HelpTopics 命令。

单击搜索（Search）标签，输入 pictorial summary 为关键词，单击列表显示（List Topics）。用户可以看到列出 Pictorial Summary。

双击弹出 Pictorial Summary of Element Types 页面，在 Structural 2-D Solid 列表查找 Plane42，得到有关 Plane42 单元的图形解释和说明。

详细阅读 PLANE42 单元的 Element Description，可以发现这种单元也可以用于轴对称问题分析，因此需要设置单元选项，指定要分析的类型，分析中采用 ANSYS 默认设置（Plane Stress）。关闭 Element Types 对话框。

8.3.5 定义实常数

（1）在 GUI 界面中，选择 Main Menu > Preprocessor > Real Constants > Add/Edit/Delete > Add 命令，弹出 Element Type for Real Constants 对话框，由于只设定了一种单元，所以“1,PLANE42”被自动选定，如图 8-81 所示。

图 8-81 单元选择完毕

（2）单击 OK 按钮，弹出提醒信息 Please check and change keyopt setting for element PLANE42 before proceeding，如图 8-82 所示，关闭黄色警示对话框和实常数菜单。为了弄清楚提示含义，仔细阅读 PLANE42 帮助文件。

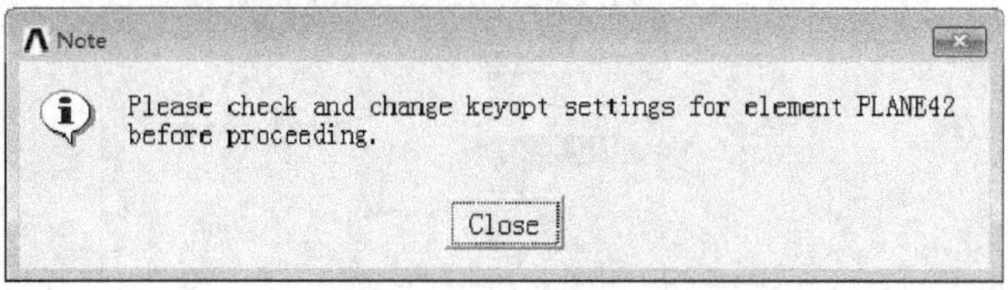

图 8-82 提醒信息

在单元输入概述（PLANE42 Input Summary），发现当 KEYOPT(3)=0,1,2 时，单元没有实常数。察看 KEYOPT（3）的值表示什么意思。进入单元类型（ElementType）对话框。

（3）在 GUI 界面中，选择 Main Menu > Preprocessor > Element Type > Add/Edit/Delete > Options 命令，从帮助得知，K3 即 KEYOPT(3)表示平面应力（Plane stress），在单元输入概述（PLANE42 Input Summary）中，发现 KEYOPT(3)=0 时，对应平面应力（Plane stress），就是为什么弹出“Please check and change keyopt settings...”的原因。关闭 ElementType 菜单。

8.3.6 定义材料属性

（1）在 GUI 界面中，选择 Main Menu > Preprocessor > Material Props > Material Models > Structural > Linear > Elastic > Isotropic 命令。在弹性模量（杨氏模量，Young's modulus EX）栏输入 E，在泊松比（Poisson's Ratio PRXY）栏输入 nu，如图 8-83 所示。

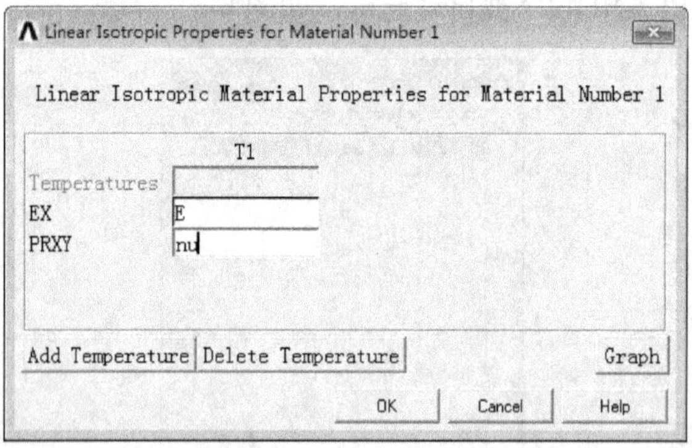

图 8-83　定义材料属性

（2）在 Define Material Model Behavior 对话框中，选择 Material Model Number1 > Linear Isotropic 命令察看输入是否正确，如图 8-84 所示。当输入参数名时，ANSYS 自动将此参数对应数值导入。

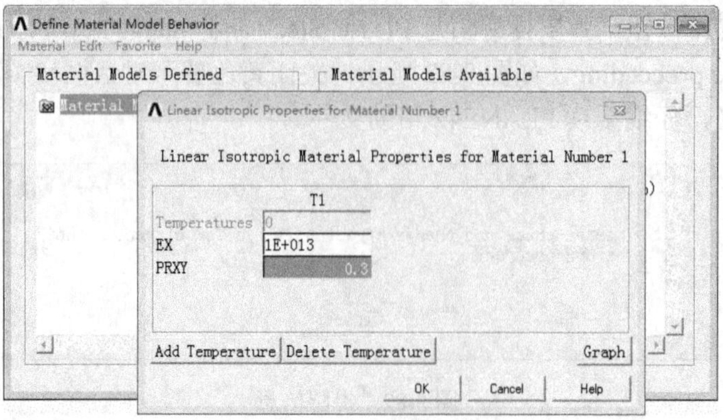

图 8-84　验证键入值

命令：

```
MPDATA,EX,1,,1E+013
MPDATA,PRXY,1,,0.3
```

8.3.7 创建实体模型

由于几何模型、材料参数和载荷均关于水平、竖直中心线对称，所以，只需要建立方板的 1/4 即可。取坐标原点为圆孔中心，建立右上角的 1/4。首先由半宽 *a* 生成板，然后减去半径为 *r* 的 1/4 圆。

（1）在 GUI 界面中，选择 Main Menu > Preprocessor > Modeling > Create > Areas > Rectangle > By Dimensions 命令。这里 X1 和 X2 分别对应矩形的左边和右边的 *x* 坐标值。取 X1 为 0，取 X2 为 a。Y1 和 Y2 分别对应底边和顶边的 *y* 坐标值。取 Y1 为 0，取 Y1 为 a，如图 8-85 所示。单击 OK 按钮，在图形对话框中看到矩形，如图 8-86 所示。

命令：

```
RECTNG,0,a,0,a,
```

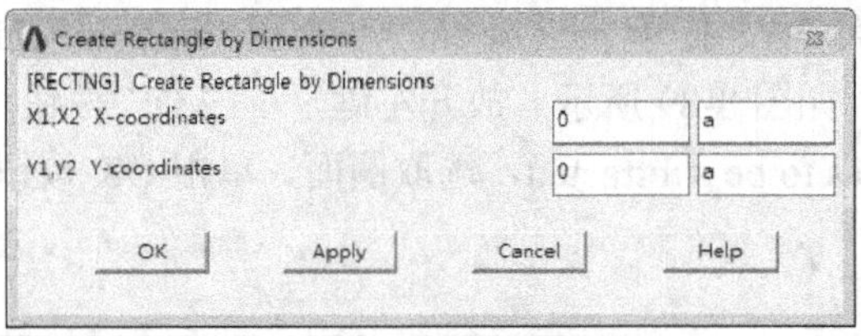

图 8-85　定义矩形

图 8-86　矩形

（2）在 GUI 界面中，选择 Main Menu > Preprocessor > Modeling > Create > Areas > Circle > Partial Annulus 命令，在弹出对话框中，WPX 和 WPY 分别表示圆弧中心对应的 X 轴、Y 轴坐标。因为，圆孔中心为原点，所以，取 WPX、WPY 均为零。Rad-1 表示内圆弧半径。由于圆为实心圆，不需要生成圆环，这里取 Rad-1 为零。Rad-2 表示外圆弧半径。前面已经定义圆孔半径 *r*，取 Rad-2 为 *r*。Theta-1 和 Theta-2 分别为圆弧的起始角度和终止角度。需要生成的为 1/4 圆，所以取 Theta-1 为 0，取 Theta-1 为 90，如图 8-87 所示，单击 OK 按钮生成。

命令：

```
CYL4,0,0,0,0,r,90
```

现在生成了所需的 1/4 圆。图形对话框中可以看到白线显示出已生成的 1/4 圆，如图 8-88 所示。

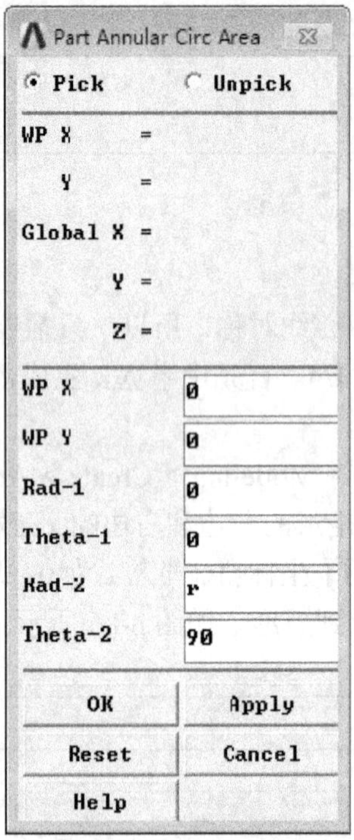

图 8-87　定义 1/4 圆

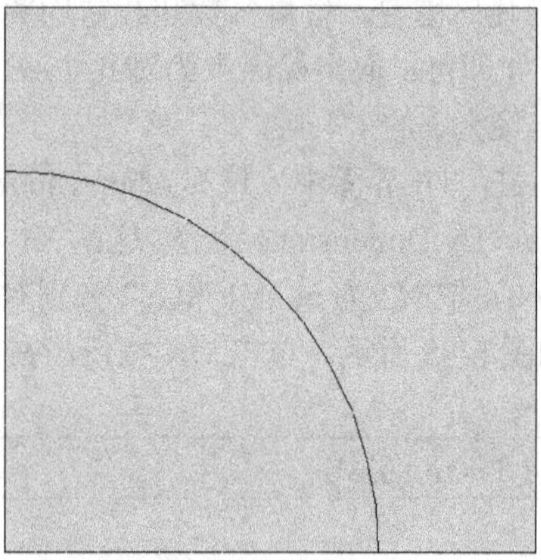

图 8-88　1/4 圆

（3）在 GUI 界面中，选择 Main Menu > Preprocessor > Modeling > Operate > Booleans > Subtract > Areas。在 Input 对话框中，ANSYS 提示 pick or enter base are as from which to subtract，按住鼠标左键直到选定方板，如图 8-89 所示，放开左键，单击 OK 按钮。

（4）ANSYS 提示 pick or enter are as to be subtracted，选取圆面，单击 OK 按钮，如图 8-90 所示。

图 8-89　选取方板

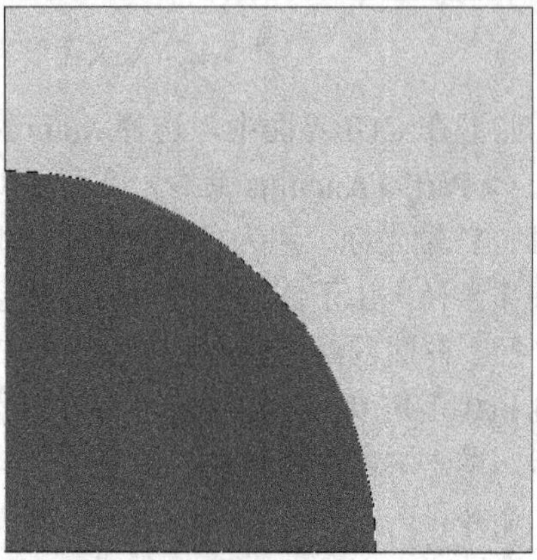

图 8-90　选定圆面

如果上述操作无误，结果如图 8-91 所示。

命令：

```
ASBA,1,2
```

注意，布尔减操作中，可简单的选择所需面，但是如果实体模型比较复杂，要选取正确的面比较困难，所以推荐 holding-down-the-mouse-and-releasing 选取法。如果点选的面不是需要的，可以放开此面，利用鼠标右键选取合理的面。

图 8-91　1/4 实体模型

8.3.8　设定网格尺寸并划分网格

首先进入 MeshTool 对话框，在 GUI 界面中选择 Main Menu > Preprocessor > MeshTool。通过 MeshTool 控制网格参数并划分网格。下面介绍网格尺寸参数的设定及其划分网格的过程。

（1）定义网格的单元属性。已定义的单元类型、实常数和材料参数将在网格划分过程中应用。在 Element Attributes 栏选取 Global，单击 OK 按钮。弹出 Meshing Attributes 对话框，这里定义单元类型和实常数（如图 8-92 所示为默认设置下已经选定的值），单击 OK 按钮，ANSYS 知道了网格划分时所用的单元及材料参数。

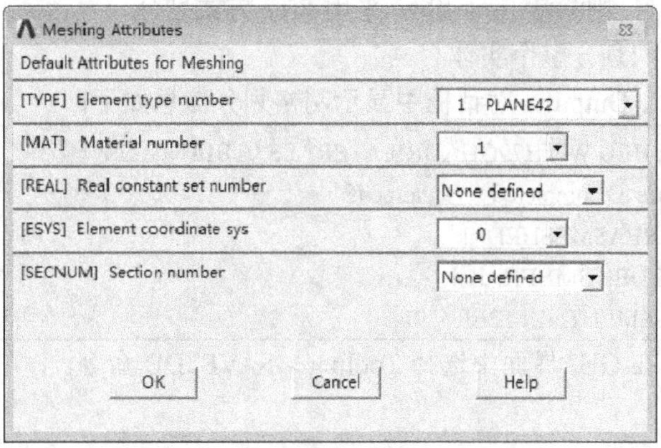

图 8-92　设置单元类型和实常数

（2）设定网格尺寸。通过设定 SmartSize 值，让系统自动设定每个边的网格尺寸。单击 SmartSize 检验栏，显示出一个滑动块，如图 8-93 所示。这里只需选择 SmartSize 参数即可，划分整个模型网格。单元尺寸级别决定单元的稀疏程度，其数值由上图滑块控制，取 SmartSize 值为 5。

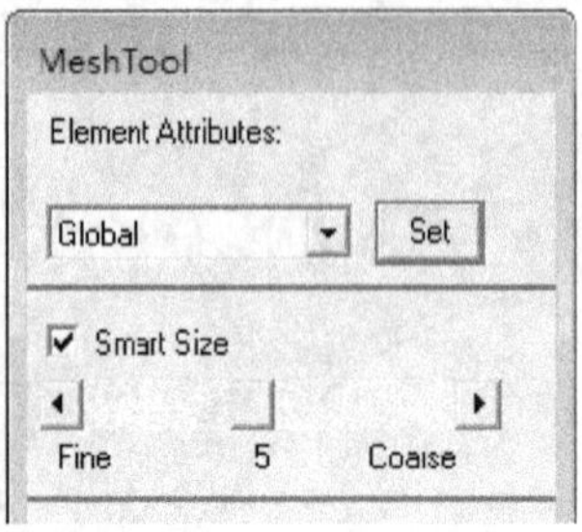

图 8-93　激活 SmartSize 设置

（3）划分模型网格。在所有参数设定完毕后，划分模型网格。在 MeshTool 对话框中确认 Mesh 下 Areas 选择被选定，保证几何实体以面的形式划分网格（与之对应的是线和体）。采用四边形单元，所以确认形状（Shape）默认设置为四边形（Quad）。网格划分方式为 Free（自由划分）。单击 Mesh 按钮，弹出 MeshAreas 对话框，选择要划分网格的面。由于只有一个需要划分的面，单击 PickAll 按钮。从图形对话框中看到实体网格。关闭 MeshTool 菜单。

上述操作的命令如下：

TYPE,1　!第一种网格

MAT,1　!1＃材料（这里只设置了一种材料，系统默认为 1＃）

REAL,　!没有定义实常数，所以此项空白

ESYS,0　!单元坐标系为笛卡儿坐标系

MSHAPE,0,2D　!二维实体划分

MSHKEY,0　!定义网格划分方式：0 表示 Free 划分（默认），1 表示采用 Mapped 划分，2 表示如果 Mapped 划分可行，则采用 Mapped 方式划分，如果不行，则激活 SmartSize 采用 Free 方式划分。

AMESH,ALL　!划分整个实体

这时，在输出（Output）对话框中显示网格划分信息如下：

```
**AREA3 MESHED WITH79QUADRILATERALS,0TRIANGLES**
**Meshing of are a3 completed**79 elements.
NUMBEROFAREASMESHED=1
MAXIMUMNODENUMBER=104
MAXIMUMELEMENTNUMBER=79
```

保存数据库，在 GUI 界面中选择 Toolbar > SAVE_DB 命令。

命令：SAVE

8.3.9 施加载荷并求解

在求解部分将首先定义约束、施加载荷，然后求解。在 ANSYS 术语中的约束，也称之为载荷（Loads）。首先定义模型的约束，使重新划分网格时不用再重新定义载荷。

（1）选择分析类型。在 GUI 界面中选择 Main Menu > Preprocessor > Solution > Analysis Type > New Analysis 命令，选择静力分析（Static），如图 8-94 所示。

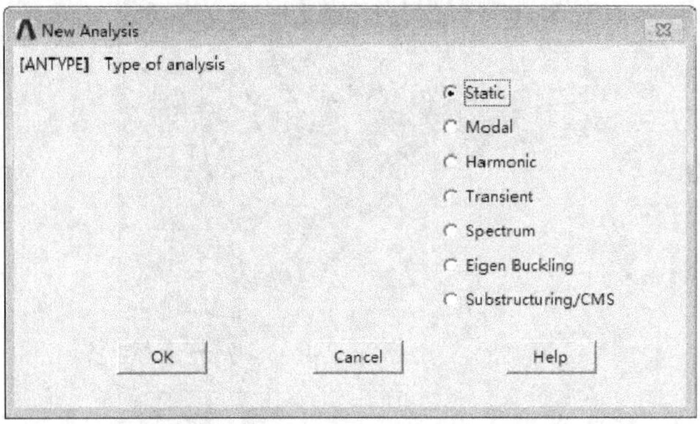

图 8-94 New Analysis 对话框

（2）定义约束。由于实体模型及载荷约束均对称，所以利用对称性定义约束。ANSYS 提供专门设置，方便设置对称条件即沿对称轴设置 symmetry boundary condition，操作如下。

在 GUI 界面中，选择 Main Menu > Preprocessor > Loads > Define Loads > Apply > Structural > Displacement > SymmettryB.C > On Lines，选择底边和左侧边（实体模型的对称线），单击 Pick 对话框中 OK 按钮，被选中线上沿对称轴显示出小 s，如图 8-95 所示。

定义对称约束，命令如下：

```
DL,8,,SYMM
DL,9,,SYMM
```

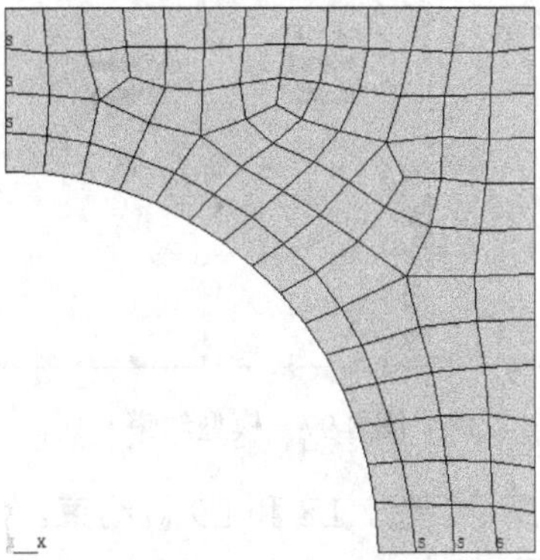

图 8-95 沿对称轴定义约束

（3）施加载荷。沿内孔边缘施加均布载荷，在 GUI 界面中选择 Main Menu > Preprocessor > Loads > Define Loads > Apply > Structural > Pressure > On Lines。

（4）选择圆弧线，单击 OK 按钮，弹出 Apply Pressureon Lines 对话框。在 Value 栏输入载荷值 p，沿圆弧出现红色小箭头，箭头方向表示外力方向，如图 8-96 所示。

命令：

```
SFL,5,PRES,p,
```

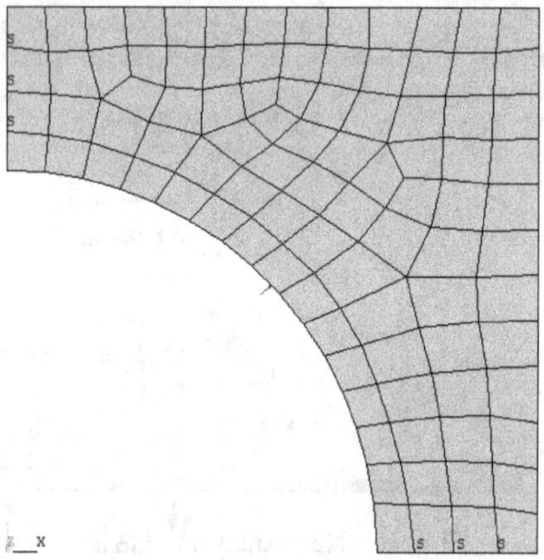

图 8-96　模型外力载荷

防止出现错误，检查刚刚定义的约束是否正确，然后检查载荷施加是否正确。首先显示约束，操作如下。

在 GUI 界面中选择 Utility Menu > List > Loads > DOF constraints > On All Lines。

命令：

```
DLLIS,ALL
```

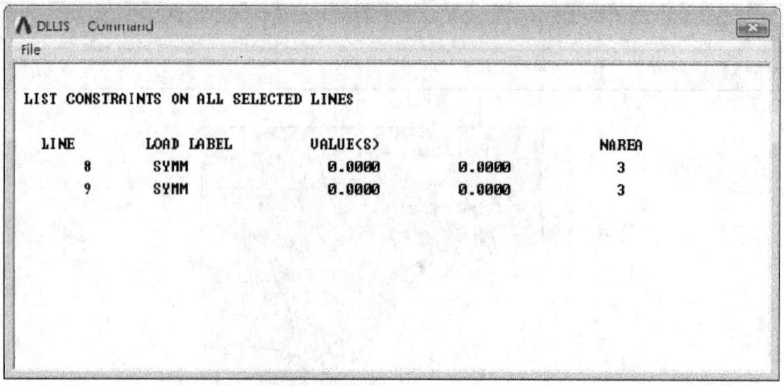

图 8-97　模型约束

从约束信息（如图 8-97 所示）看，L8 和 L9 被约束。显示线的序号，验证信息对话框的信息是否正确，操作如下。

在 GUI 界面中选择 Utility Menu > PlotCtrls > Numbering。

显示 Line numbers，单击 OK 按钮。从图形显示对话框可以看出 L8 和 L9 是否是期望的对称约束。

约束查验完毕，下面查验已施加的载荷是否完全正确。

首先显示模型载荷，操作如下。

在 GUI 界面中选择 Utility Menu > List > Loads > Surface Loads > On All Lines。

命令：

```
SFLLI,ALL
```

如果沿线所施加的外力不是一种的话，那么 VALI 和 VALJ 对应不同的外力。载荷施加完毕，不再需要显示线序号，关闭序号显示，操作如下。

在 GUI 界面中选择 Utility Menu > PlotCtrls > Numbering，将 Line numbers 显示功能关闭，单击 OK 按钮。

命令：

```
PNUM,ELEM,0
```

查验完毕，保存数据库，操作如下。

在 GUI 界面中选择 Toolbar > SAVE_DB。

命令：

```
SAVE
```

约束与载荷定义准确无误，进入求解部分。

8.3.10 求解

求解前查验前面设置是否完全正确（check 命令）。如果分析过程正确无误，那么将不会显示任何错误或警告信息。这时，在 Output 对话框中，可以看到 The analysis data was checked and no warning sor errors were found。

前面查验准确无误，开始求解，在 GUI 界面中选择 MainMenu > Solution > Solve > CurrentLS。只有一个载荷步不需察看/STATUS Command 对话框信息。关闭提示对话框，单击 OK 按钮。

命令：

```
/solve
```

ANSYS 开始求解系统方程，完毕后弹出黄色提示对话框如下：

```
Solution is done!
```

这时在 ANSYS 工作目录下生成了 plate.rst，此文件包含结果分析所有数据。

8.3.11 查看分析结果

首先提取结果数据，简单的判断结果是否正确。然后就本题进行展开，判断求解是否完全符合精度要求，是否需要细化网格、重新求解。

进入后处理（POST1）模式，察看分析结果。

在 GUI 界面中选择 MainMenu > GeneralPostproc。

命令：

```
/POST1
```

（1）查看变形后图形。在 GUI 界面中选择 Main Menu > General Postproc > Plot Results > Deformed Shape，在弹出的对话框中选择 Def+undeformed，单击 OK 按钮。

命令：

```
PLDISP,1
```

（2）在图形对话框中显示变形前后的形状对比。从图 8-98 得知，最大变形为 DMX 为 0.899E-08m。改变显示比例，使变形更加明显。首先关闭背景色彩，操作如下。

（3)在 GUI 界面中选择 Utility Menu > Plot Ctrls > Style > Background > Display Picture Background，当需显示图形与背景不一致时变形更明显，应该关闭背景颜色。要想恢复背景色彩，只需将设置改回即可。

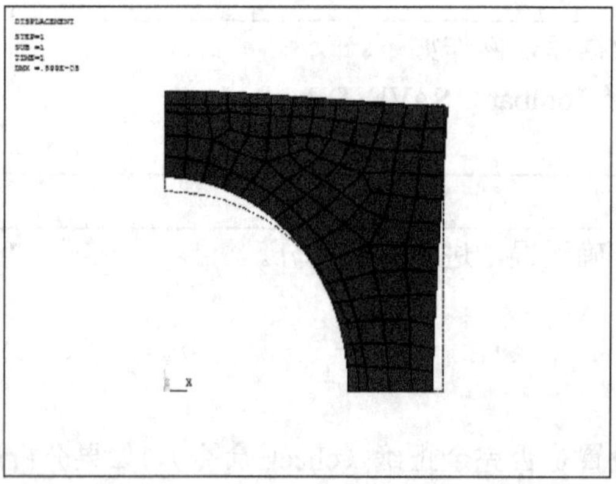

图 8-98　变形前后对比图

（3）显示变形动画更精确了解变形过程，操作如下。

在 GUI 界面中选择 Utility Menu > PlotCtrls > Animate > Deformed Shape...，选择 Def+undeformed，并单击 OK 按钮。在动画控制器（Animation Controller）中选择 Forward Only。

变形过程显示，左侧边和底边与原有位置平行位移，表明整个方板的变形的确关于此对称轴变化，同时也表明前面所定义的约束是正确的。圆弧向外扩展方向与受径向向外力的预计变形相一致，因此，从直觉判断本模型变形与所定义的约束相协调。

（4）查看等效应力（NodalSolu）。通过等效应力等值线图，分析应力分布。首先显示等效应力等值线图，在 GUI 界面中选择 Main Menu > General Postproc > Plot results > Contour Plot > Nodal Solu。

从左侧列表中选择 Stress，从右侧列表中选择 von Mises SEQV，单击 OK 按钮。图 8-99 所示为模型等效应力等值线图。

命令：

```
PLNSOL,S,EQV,0,1
```

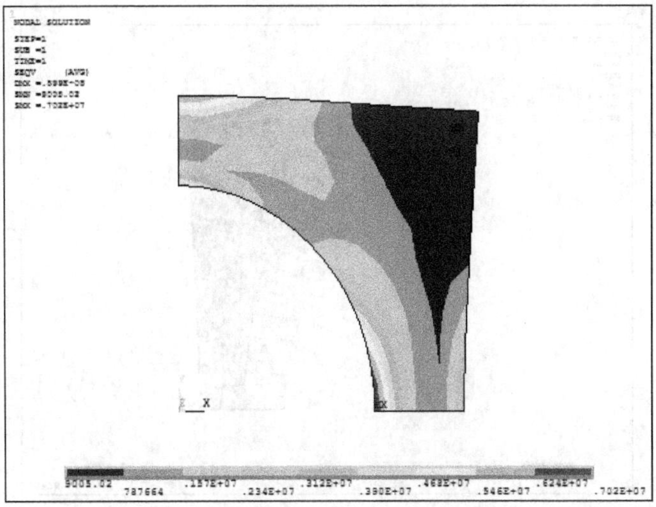

图 8-99　等效应力（Nodal Solu）等值线图

从图 8-99 得知，最大、最小等效应力的数值及其位置，即 MX 和 MN 分别表示最大最小等效应力。但是什么位置才是期望的，即图形对话框中显示的 SMX 和 SMN，最大最小应力值。图形窗口显示的等效应力关于斜对角线对称，为什么会这样？

带着疑问继续分析。为了方便结果处理，通过硬拷贝（HardCopy）将图保存到指定文件夹中，操作如下。

在 GUI 界面中选择 UtilityMenu > PlotCtrls > HardCopy > ToFile。通过 Saveto 选择自己想要的文件格式、文件名，单击 OK 按钮。

注意，在显示 NodalSolution 时，ANSYS 通过如下方法得到平滑分别的结果：取与此单元相关的所有节点数据的平均值在每个单元内部，通过线性插值保证各个节点之间变化平滑。

（6）查看等效应力（ElementSolu）。通过应力在各个单元内部分布是否均匀判别网格密度是否合理，决定是否需要细化网格。

由于 Element Solution 不经过节点插值平滑处理，因此单元内部应力分布显示比较清楚。下面介绍查看 ElementSolu 等效应力的操作过程。

首先显示等效应力。在 GUI 界面中，选择 MainMenu > GeneralPostproc > Plotresults > ContourPlot > ElementSolu，在弹出对话框左侧列表选择 Stress，在右侧列表中选择 vonMisesSEQV，单击 OK 按钮，以单独单元显示等效应力。

命令：

```
PLESOL,S,EQV,0,1
```

如图 8-100 所示，为 ElementSolution 等值线图。将图形保存到知道的文件夹，方便以后调用，操作如下。

在 GUI 界面中选择 UtilityMenu > PlotCtrls > HardCopy > ToFile。

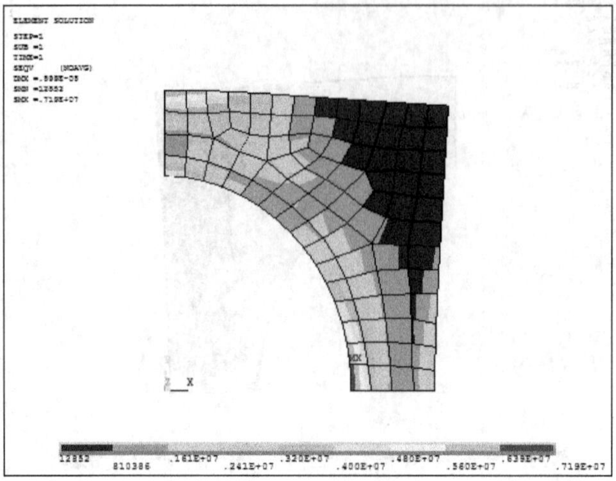

图 8-100　等效应力（Element Solution）等值线图

Element Solution 在每个单元内部通过线性插值进行平滑处理，但是不再根据每个节点进行平均处理，单元间的不连续，显示出单元之间的应力变化梯度。图 8-101 显示单元内部的应力不连续，相对于单元之间很小，其误差可以忽略不计，这表明所用单元数量比较合理。

（7）置疑分析结果。通常采用测定第一主应力 sigma1 置疑 ANSYS 分析结果是否合理，在 GUI 界面中选择 Main Menu > General Postproc > Query Results > Subgrid Solu。

（8）弹出 Query Subgrid Solution Data 对话框，从列表左侧选择 Stress，从右侧列表选择 1st principalS1，单击 OK 按钮。弹出 Pick 对话框，图形窗口显示模型任何位置的第一主应力。

单击需要置疑的位置，此位置的第一主应力显示的坐标及具体应力值显示在 Pick 对话框中。

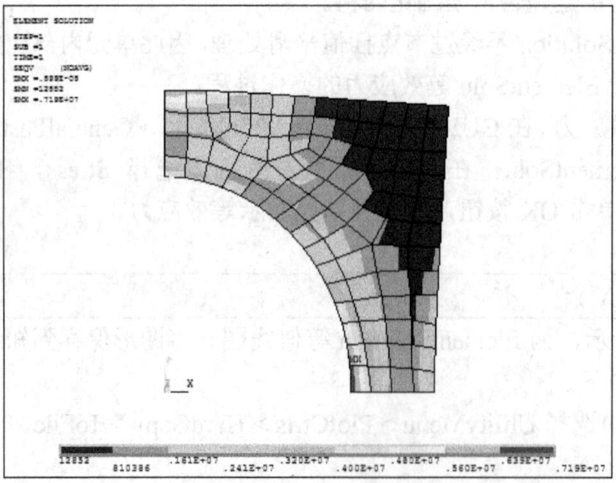

图 8-101　单元内部的应力

8.3.12 命令流

ANSYS 命令流如下：

```
/COM,Structural!
/PREP7!
*SET,a,10e-3
*SET,r,7e-3
*SET,p,1e6
*SET,e,1e13
*SET,nu,0.3
FINISH!
ET,1,PLANE42!
SAVE!
MPTEMP,1,0!
MPDATA,EX,1,,e!
MPDATA,PRXY,1,,nu!
RECTNG,0,a,0,a,!
CYL4,0,0,0,0,r,90!
ASBA,1,2!
SAVE
TYPE,1!
MAT,1!
REAL,
ESYS,0!
SMRT,5!
MSHAPE,0,2D!
MSHKEY,0!
AMESH,ALL!PickAll
FINISH
SFL,5,PRES,p,
DLLIS,ALL
SFLLI,ALL
/PNUM,ELEM,0
/REPLOT!
/STATUS,SOLU
SOLVE
FINISH
/POST1
PLDISP,1
PLNSOL,S,EQV,0,1
PLESOL,S,EQV,0,1
```

```
PRRSOL,F
/PREP7
SMRT,4
ACLEAR,ALL
AMESH,ALL
FINISH
/STATUS,SOLU
SOLVE
/POST1
PLNSOL,S,EQV,0,1
PLNSOL,S,EQV,0,1
```

8.4 本章小结

本章介绍了 ANSYS 结构静力学的分析实例。所谓静力学分析，是将能简化为静态过程的动态过程也包含在内，这点应注意理解。静力学分析不考虑惯性和阻尼影响，但静力学分析可以计算哪些固定不变的惯性载荷对结构的影响（如重力和离心力），以及那些可以近似为等价静力作用的随时间变化载荷的作用。

本章介绍的分析方法和技巧都是今后更为复杂分析项目的基础，只有基础牢固，才能更加深入理解和学习 ANSYS 有限元分析方法。

第 9 章

模态分析

模态分析用来确定结构或者构件的振动特性，即固有频率和振型。在承受动态载荷的结构设计中，它们是非常重要的参数。同时，模态分析也是其他动力学分析（如瞬态分析、谐响应分析和谱分析等）前期必须完成的环节。

学习目标：

- 了解 ANSYS 模态分析的基础；
- 掌握模态分析的方法。

9.1 模态分析的基本假设

线性假设：结构的动态特性是线性的，即任何输入组合所引起的输出等于各自输出的组合，其动力学特性可用一组线性二阶微分方程来描述。需要注意的是，任何非线性特性，如塑性、接触单元等，即使定义了也将被忽略。

时不变性假设：结构的动态特性不随时间而变化，因此，微分方程的系数是与时间无关的常数。

可观测性假设：即我们所关心的系统动态特性所需要的全部数据都是可测量的。

遵守 Maxwell 互易性定理：即在结构的 i 点输入所引起的 j 点响应，等于在 j 点的相同输入所引起的 i 点响应。此假设使得结构的质量矩阵、刚度矩阵、阻尼矩阵和频响函数矩阵都成了对称矩阵。

9.2 模态分析方法

在 ANSYS 中有以下几种提取模态的方法，主要有 6 种，即 BlockLanczos（默认）、Subspace、PowerDynamics、Reduced、Unsymmetric、Damped 及 QRDamped，后两种方法允许结构中包含阻尼。使用何种模态提取方法主要取决于模型的大小（相对于计算机的计算能力而言）和具体的应用场合。

BlockLanczos 法可以在大多数场合中使用，它是一种功能强大的方法，当需要提取中型到扩大型（5000~100000 个自由度）的大型振型（≥40）时，这种方法很有效。它经常应用在具有实体单元或壳单元的模型中，在具有或没有初始截断点时同样有效（允许提取高于某个给定频率的振型），还可以很好地处理刚体振型，但需要较高的内存。

Subspace 法比较适合于提取中型到大型的较少的振型（<40）。在用于实体单元和壳单元时，应当具有比较好的单元形状；在具有刚体振型时可能会出现收敛问题，是需要相对较少的内存。建议在具有约束方程时不要用此方法。

PowerDynamics 法适用于提取很大的模型（100000 个自由度以上）的较少振型（<20），这种方法比 BlockLanczos 法或子空间法快，但是当单元形状不好或出现病态矩阵时，用这种方法可能无法收敛；需要很大的内存。建议只将该方法作为针对大模型的一种备用方法。另外需要注意的是，该方法的子空间技术使用 Power 求解器（PCG）和一直质量矩阵，而且也不执行 Sturm 序列检查（对于遗漏模态），对多个重复频率的模型可能会有影响。当对一个包含刚体模态的模型进行分析时，则必须执行 RIGID 命令（或者在分析设置对话框中指定 RIGID 设置）。

Reduced 法适用于模型中的集中质量不会引起局部振动的情况，如梁、杆单元等，它是所有方法中最快的，而且需要较少的内存和硬盘空间。其原理是通过一组自由度来减小[***K***]和[***M***]的大小，缩减的刚度矩阵[***K***]是精确的，但缩减的质量矩阵[***M***]是近似的，近似程度取决于主自由度的数目和位置。在结构抵抗弯曲能力较弱时不推荐使用此方法，如细长的梁和薄壳。

Unsymmetric 法适用于声学问题（具有结构耦合作用）和其他类似的具有不对称质量矩阵[***M***]和刚度矩阵[***K***]的问题。这种不对称性往往会使得结构的模态均是复模态，即特征值和特征向量均是复数，此时实数部分就是自然频率，虚数部分表示解的稳定性，负值表示稳定，正值表示不确定。需要注意的是，不对称法采用 Lanczos 算法，不执行 Sturm 序列检查，所以会遗漏高端频率。

在模态分析中一般忽略阻尼，但是如果阻尼的效果比较明显，就要使用阻尼（Damped）法，该方法主要用于回转体动力学中。在 ANSYS 的 BEAM4 和 PIPE16 单元中，可以通过定义实常数中的 SPIN（旋转速度，弧度/秒）选项来说明陀螺效应。该方法同样会引起结构的复模态特性，也存在遗漏高端频率的问题，不同节点的响应可能存在相位差，而影响幅值则等于实部与虚部的矢量和。

QR 阻尼法适用于分析大阻尼系统，阻尼可以是任意阻尼类型，其计算精度取决于提取的模态数量，所以建议提取足够的基频模态，但是该方法不建议用于临界阻尼或过阻尼系统。需要注意的是，该方法输出的复特征值（虚部为频率）和实特征向量。

注意，非对称法、阻尼法和 QR 阻尼法在 ANSYS/Professional 产品中无效。

1. 模态分析的步骤

模态分析过程由 4 个主要步骤组成，即建模、加载和求解、扩展模态，以及查看结果和后处理。

（1）建模。指定项目名和分析标题，然后用前处理器 PREP7 定义单元类型、单元实常数、材料性质及几何模型。必须指定杨氏模量 EX（或某种形式的刚度）和密度 DENS

（或某种形式的质量），材料性质可以是线性或非线性、各向同性或正交各向异性，以及恒定或与温度有关的，非线性特性将被忽略。

（2）加载和求解。在这个步骤中要定义分析类型和分析选项，施加载荷，指定加载阶段选项，并进行固频率的有限元求解。在得到初始解后，应对模态进行扩展以供查看。

ANSYS 提供的用于模态分析的选项如下。

New Analysis[ANTYPE]选择新的分析类型。

Analysis Type：Modal[ANTYPE]：指定分析类型为模态分析。

Mode Extraction Method[MODOPT]：可选模态提取方法如下。

- Block Lanczos method(默认)：分块的兰索斯法，它适用于大型对称特征值求解问题，比子空间法具有更快的收敛速度；
- Subspace method：子空间法，适用于大型对称特征值问题；
- Power Dynamics method：适用于非常大的模型（100000 个自由度以上）及求解结构的前几阶模态，以了解结构如何响应的情形。该方法采用集中质量阵（LUMPM，ON）；
- Reduced（House holder）method：使用减缩的系统矩阵求解，速度快。但由于减缩质量矩阵识近似矩阵，所以相应精度较低；
- Unsymmetric method：用于系统矩阵为非对称矩阵的问题，例如流体—结构相同作用；Damped method：用于阻尼不可忽略的问题；
- QR Damped method：采用减缩的阻尼阵计算复杂阻尼问题，所以比 Damped method 方法有更快的计算速度和更好的计算效率。

Number of Modes to Extract [MODOPT]：除 Reduced 方法外的所有模态提取方法都必须设置该选项。

Number of Modes to Expand [MXPAND]：仅在采用 Reduced、Unsymmetric 和 Damped 方法时要求设置该选项。但如果需要得到单元的求解结果，则不论采用何种模态提取方法需要得到单元的求解结果，则不论采用何种模态提取方法都需选择 Calculate elem results 复选框。

Mass Matrix Formulation [LUMPML]：使用该选项可以选定采用默认的质量矩阵形成方式（和单元类型有关）或集中质量阵近似方式，建议在大多数情况下应采用默认形成方式。但对有些包含薄膜结构的问题，如细长梁或非常薄的壳，采用集中质量矩阵近似经常产生较好的结果。另外，采用集中质量阵求解时间短，需要内存少。

Prestress Effects Calculation [PSTRES]：选用该选项可以计算有预应力结构的模态。默认的分析过程不包括预应力，即结构是处于无应力状态的。

完成模态分析选项（Modal Analysis Option）对话框中的选择后，单击 OK 按钮。一个相应于指定的模态提取方法的对话框将会出现。对话框中给出如下选择域的组合。

FREQB，FREQE：指定模态提取的频率范围，大多数情况无须设置。

PRMODE：要输出的减缩模态数，只对 Reduced 方法有效。

Nrmkey：关于振型归一化的设置，可选择相对于质量矩阵[***M***]或单位矩阵[***I***]进行归一化处理。

RIGID：设置提取对已知有刚体运动结构进行子空间迭代分析时的零频模态，只对 Subspace 和 PowerDynamics 方法有效。

SUBOPT：指定多种子空间迭代选项，只对 Subspace 和 PowerDynamics 方法有效。

CEkey：指定处理约束方程的方法，只对 Block Lanczos 方法有效。

定义自由度。使用 Reduced 模态提取法时要求定义自由度。

■ GUI：Main Menu > Solution > Master DOFs > user SelectedDefine。

命令：

```
M
```

在模型上加载荷。在典型的模态分析中唯一有效的“载荷”是零位移约束，如果在某个 DOF 处指定了一个非零位移约束，则以零位移约束替代该 DOF 处的设置。可以施加除位移约束之外的其他载荷，但它们将被忽略。在未加约束的方向上，程序将解算刚体运动（零频）及高频（非零频）自由体模态。载荷可以加在实体模型（点，线和面）上或加在有限元模型（点和单元）上。

指定载荷步选项。模态分析中可用的载荷步选项见表 9-1。阻尼只在用 Damped 模态提取法时有效，在其他模态提取法中将被忽略。如果包含阻尼，且采用 Damped 模态提取法，则计算特征值复数解。

表 9-1　模态分析中可用的载荷步选项

选项	命令	GUI 路径
Alpha（质量）阻尼	ALPHAD	MainMenu > Solution > LoadStepOpts > Time/Frequenc > Damping
Beta（刚度）阻尼	BETAD	MainMenu > Solution > LoadStepOpts > Time/Frequenc > Damping
恒定阻尼比	DMPRAT	MainMenu > Solution > LoadStepOpts > Time/Frequenc > Damping
材料阻尼比	MP,DAMP	MainMenu > Solution > Other > ChangeMatProps > Polynomial
单元阻尼比	R	MainMenu > Solution > LoadStepOpts > Other > RealConstants > Add/Edit/Delete
PrintedOutput	OUTPR	MainMenu > Solution > LoadStepOpts > OutputCtrls > SoluPrintout

开始求解计算。

■ GUI：MainMenu > Solution > Solve Current LS。

命令：

```
SOLVE
```

求解器的输出内容主要为写到输出文件及 Jobnarne.mode 振型文件中的固有频率，也可以包含减缩的振型和参与因子表，这取决于设置的分析选项的输出控制。由于现在振型尚未写到数据库或结果文件中，因此还不能对结果进行后处理。

如果采用 Subspace 模态提取法，则输出内容中可能包括警告：STUR m number = n shouldbem。其中 n 和 m 为整数，表示某阶模态被漏掉或第 m 阶和第 n 阶模态的频率相同，而要求输出的只有第 m 阶模态。

如果采用 Damped 模态提取方法，求得的特征值和特征向量将是复数解。特征值的虚部代表固有频率，实部为系统稳定性的量度。

退出 SOLUTION。

■ GUI：Main Menu > Finish。

命令：

```
FINISH
```

（3）扩展模态

从严格意义上来说，扩展意味着将减缩解扩展到完整的 DOF 集上；而减缩解常用主 DOF 表达。在模态分析中扩展指将振型写入结果文件，即扩展模态适用于 Reduced 模态提取方法得到的减缩振型和使用其他模态提取方法得到的完整振型。因此如果需要在后处理器中查看振型，必须先将振型写入结果文件。模态扩展要求振型 Jobname.mode、Jobname.emat、Jobname.esav 及 Jobname.tri 文件（如果采用 Reduced 方法）必须存在且数据库中必须包含和结算模态时所用模型相同的分析模型，扩展模态的操作步骤如下。

进入 ANSYS 求解器，可采用如下命令。

■ GUI：Main Menu > Solution。

命令：

```
/SOLU
```

在扩展处理前必须退出求解，并重新进入（/SOLU）。

激活扩展处理及相关选项（如表 9-2 所示）。

表 9-2 扩展处理选项

选项	命令	GUI 路径
Expansion Pass On/Off	EXPASS	MainMenu > Solution > AnalysisType > ExpansionPass
No. of Modes to Expand	MXPAND	MainMenu > Solution > LoadStepOpts > ExpansionPass > SingleExpand > ExpandModes
Freq. Range for Expansion	MXPAND	MainMenu > Solution > LoadStepOpts > ExpansionPass > SingleExpand > ExpandModes
Stress Calc. On/Off	MXPAND	MainMenu > Solution > LoadStepOpts > ExpansionPass > SingleExpand > ExpandModes

Expansion Pass On/Off [EXPASS]：选择 ON（打开）。

Number of Modes to Expand[MXPAND，NMODE]：指定要扩展的模态数。记住，只有经过扩展的模态可在后处理中查看。默认为不进行模态扩展。

Frequency Range for Expansion[MXPAND，FREQB，FREQE]：这是另一种控制要扩展模态数的方法。如果指定一个频率范围，那么只有该频率范围内的模态会被扩展。

Stress Calculations On/Off[MXPAND,Elcalc]：是否计算应力，默认为不计算。模态分析中的应力并不代表结构中的实际应力，而只是给出一个各阶模态之间相对应力分布的概念。

指定载荷步选项，模态扩展处理中唯一有效的选项是输出控制。

■ GUI：Main Menu > Solution > Load Step > Output Ctrls > DB/Results File。

命令：

```
OUTRES
```

开始扩展处理，扩展处理的输出包括已扩展的振型，而且还可以要求包含各阶模态相对应的应力分布。

■ GUI：Main Menu > Solution > Current LS。

命令：

```
SOLVE
```

如需扩展另外的模态（如不同频率范围的模态）重复以上步骤，每次扩展处理的结果文件中保存为单步的载荷步。

退出 SOLUTION，可以在后处理器中查看结果。

■ GUI：Main Menu > Finish。

命令：

```
FINISH
```

（4）查看结果和后处理

模态分析的结果（即扩展模态处理的结果）写入结构分析 Jobname.rst 文件中，其中包括固有频率、已扩展的振型和相对应力和力分布（如果要求输出），可以在普通后处理器（/POST1）中查看模态分析结果。

查看结果数据包括读入合适子步的结果数据。每阶模态在结果文件中保存为一个单独的子步。如扩展了 6 阶模态，结果文件中将有 6 个子步组成的一个载荷步。

■ GUI：Main Menu > General Postproc > Read Results > By LoadStep > Substep。

命令：

```
SBSTEP
```

GUI：Main Menu > General Postproc > Plot Results > Deformed Shape。

命令：

```
PLDISP
```

9.3 立体桁架结构模态分析

9.3.1 问题描述

结构模型采用立体桁架结构，如图 9-1 所示。每个网格的长宽高均为 0.4m，总长为 3.2m。结构支撑方式为一端固定一端悬臂。杆件采用空心钢管，截面尺寸为 $16\times2.5mm^2$，弹性模量为 $2.1\times10^{11}N/m^2$，泊松比为 0.3，杆件密度为 $7850kg/m^3$。试用 ANSYS 计算该结构的前 6 阶固有频率和振型。

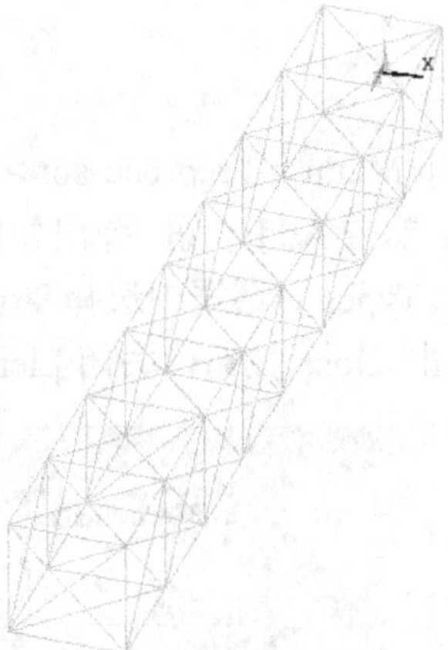

图 9-1　立体桁架结构

9.3.2　分析

计算结构的固有频率和振型属于模态分析问题，下面先采用 LINK180 单元建立有限元模型，然后对其进行模态分析。

9.3.3　设置环境变量

（1）启动 Mechanical APDL Product Launcher，弹出 Mechanical APDL Product Launcher 窗口。在 Mechanical APDL Product Launcher 窗口中设置 Simulation Environment 为 ANSYS，License 为 ANSYS Multiphysics，在 Working Directory 中输入工作目录名称，JobName 输入项目名称 9-1，单击 Run 按钮，运行 ANSYS 程序，

（2）在主菜单中选择 Preferences 命令，弹出如图 9-2 所示的 Preferences for GUI filtering 对话框。选择分析类型为 Structural，单击 OK 按钮，完成分析环境设置。

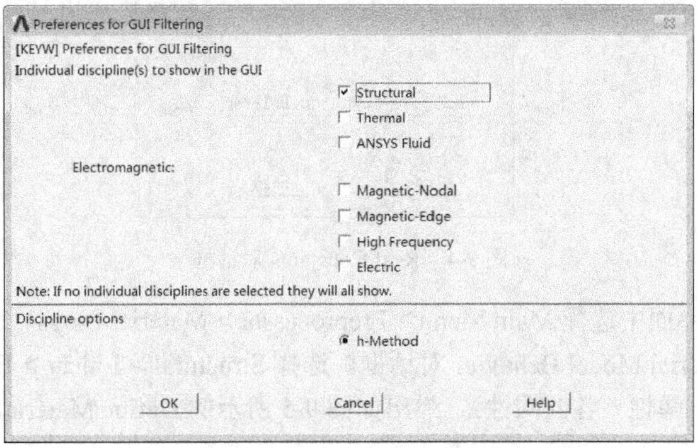

图 9-2　Preferences for GUI filtering 对话框

9.3.4 设置材料属性

（1）在 GUI 界面中选择 Main Menu > Preprocessor > Element Type > Add/Edit/Delete 命令，弹出 Element Type 对话框。单击 Add 按钮，弹出如图 9-3 所示的 Library of Element Types 对话框。在 Librar of Element Types 对话框中选择 Structural Link 中的 3D filit stn 180，单击 OK 按钮，关闭对话框。单击 Close 按钮，关闭 Element Type 对话框。

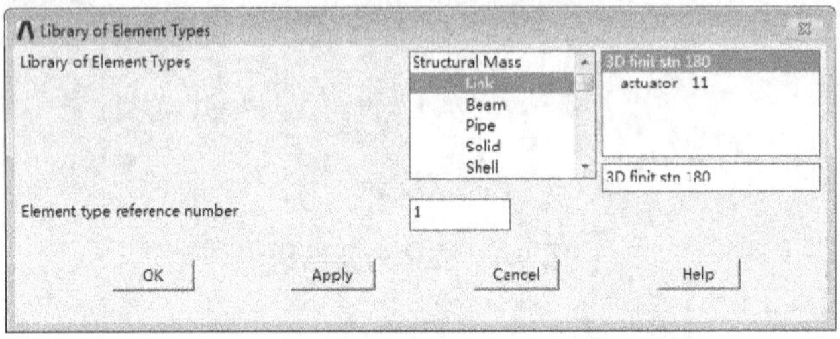

图 9-3 Library of Element Types 对话框

（2）定义截面，由于在 ANSYS 18.0 版本中 GUI 已不再支持 LINK180 单元定义实常数，所在此采用命令流的方法定义 Real Constants。在命令窗口中输入 R,1,0.000106 即可。择 Main Menu > Preprocessor >Real Constants>Add/Edit/Delete 命令，弹出 Real Constants 对话框，如图 9-4 所示，窗口中显示 Set 1，说明已建立了 ID 号为 1 的实常数，单击 Close 按钮，关闭该对话框。

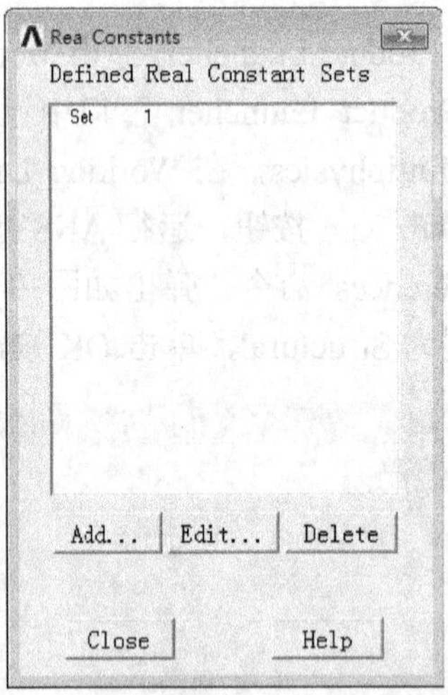

图 9-4 Real Constants 对话框

（3）在 GUI 界面中选择 Main Menu > Preprocessor > Material Props > Material Models，弹出 Define Material Model Behavior 对话框。选择 Structural > Linear > Elastic > Isotropic（即结构、线性、弹性、各向同性），弹出如图 9-5 所示的 Define Material Model Behavior 对话框。

输入 EX=2.1E11，PRXY=0.3，即设置弹性模量为 210E9Pa，泊松比 0.3，如图 9-6 所示。单击 OK 按钮确定。

（4）回到图 9-5 所示的 Define Material Model Behavior 对话框，选择结构、密度，弹出如图 9-7 所示的 Density for Material Number1 对话框，输入材料密度 7850，单击 OK 按钮完成，关闭图 9-5 中的 Define Material Model Behavior 对话框（在 Define Material Model Behavior 对话框中选择 Material > Exit 命令，关闭该对话框）。

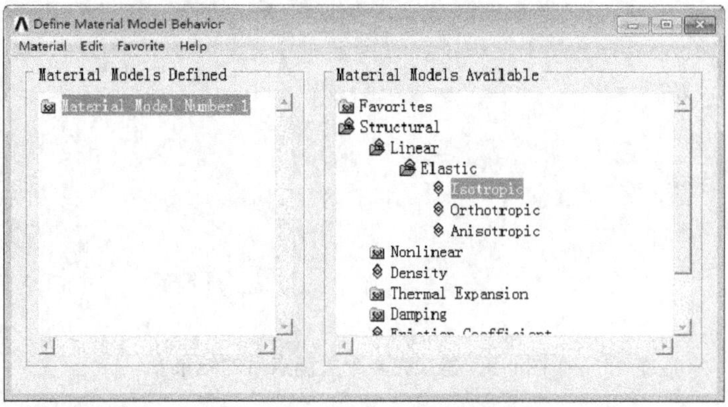

图 9-5 Define Material Model Behavior 对话框

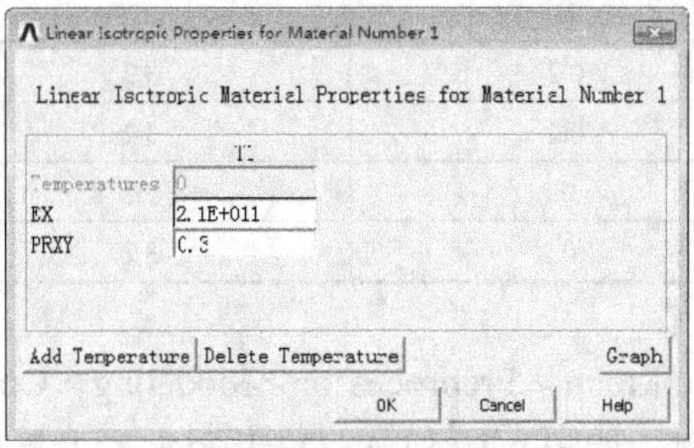

图 9-6 Linear Isotropic for Material Number1 对话框

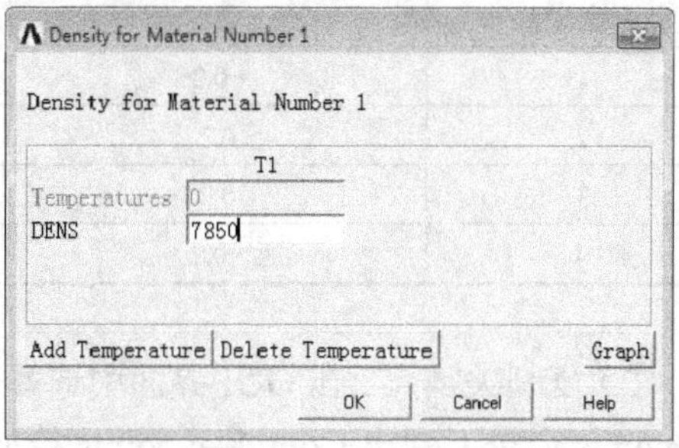

图 9-7 Density for Material Number1 对话框

9.3.5 创建几何模型

（1）在 GUI 界面中选择 Main Menu > Preprocessor > Modeling > Create > Keypoints > In Active CS 命令，弹出如图 9-8 所示的 Create Keypoints in Active Coordinate System 对话框。

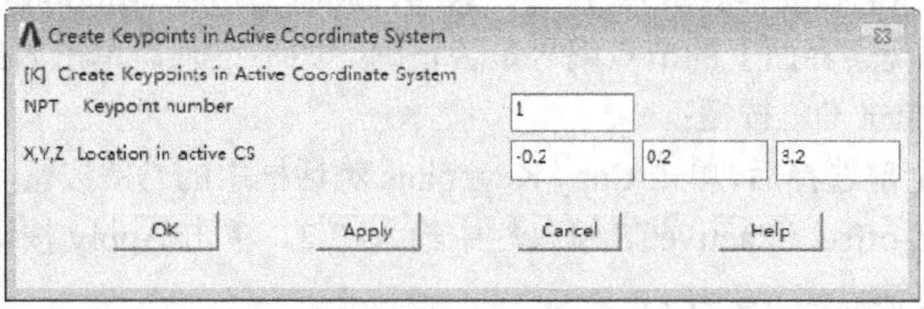

图 9-8 Create Keypoints in Active Coordinate System 对话框

在 NPT 输入框中输入关键点的编号 1，设置 X、Y、Z 中 1 号关键点的坐标值如图 9-8 所示，单击 Apply 确认，并继续输入下一个关键点，直至完成表 9-3 所示的所有关键点的定义。完成定义的 4 个关键点如图 9-9 所示。

图 9-9 建立完 4 个关键点后的结果

表 9-3 平板的顶点坐标

关键点号	X	Y	Z
1	−0.2	0.2	3.2
2	0.2	0.2	3.2
3	0.2	−0.2	3.2
4	−0.2	−0.2	3.2

（2）复制关键点。在 GUI 界面中选择 Main Menu > Preprocessor > Modeling > Copy > Keypoints 命令，弹出 Copy Keypoints 拾取菜单，如图 9-10 所示。单击 Pick ALL 按钮，弹出 Copy Keypoints 对话框。

在 DZ Z-offset in activeCS 输入栏中输入−0.4，单击 Apply 按钮，此时关键点变为 8 个；然后再次单击 Copy Keypoints 拾取框上的 Pick ALL 按钮，在 Copy Keypoints 对话框中的 DZ Z-offset in activeCS 输入栏中输入−0.8，单击 Apply 按钮，此时关键点变为 16 个；

接着再次单击 Copy Keypoints 拾取框上的 Pick ALL 按钮，在 Copy Keypoints 对话框中的 DZ Z-offset in activeCS 输入栏中输入−1.6，单击 Apply 按钮，此时关键点变为 32 个；

最后，用鼠标单独选择关键点 1、2、3、4，此时会出现 Multiple_Entities 对话框，如图 9-11 所示，观察界面上的节点编号是否正确，如不正确，单击 Next 或者 Prev 按钮进行选择，然后单击 OK 按钮；

4 个关键点全部选择后，单击 Copy Keypoints 对话框中的 OK 按钮，在 CopyKeypoints 对话框中的 DZ Z-offset in activeCS 输入栏中输入−3.2，单击 Apply 按钮，此时关键点变为 36 个，所有关键点建立完毕。

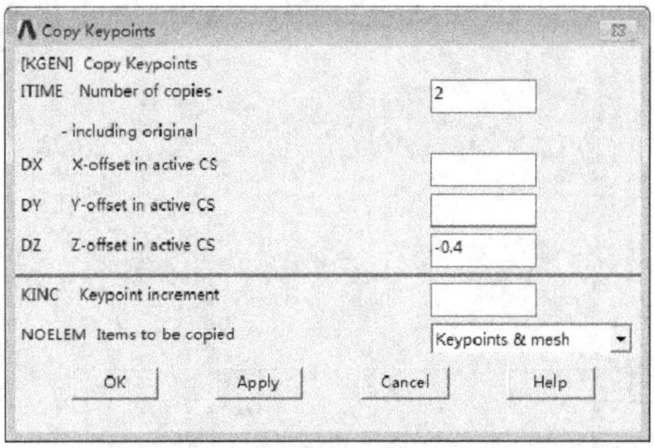

图 9-10 Copy Keypoints 对话框

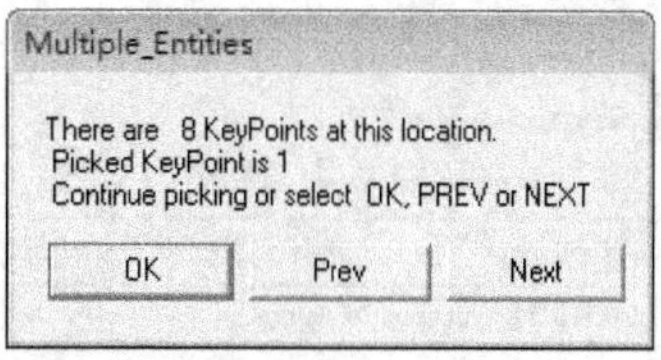

图 9-11 Multiple_Entities 对话框

注意，本步骤利用 Copy Keypoints 命令快速地建立了所有的关键点，用户也可以按部就班依次输入节点坐标来建立关键点。

（3）改变视图方向。在 GUI 界面中选择 Utility Menu > PlotCtrls > View Setting > Viewing Direction 命令，弹出 Viewing Direction 对话框，在 XV,YV,ZV Coords of viewpoint 输入栏中分别输入 1、2、3，其余选项采用默认值，如图 9-12 所示，单击 OK 按钮关闭对话框。此时，ANSYS 显示窗口如图 9-13 所示，为生成所有关键点后的结果。

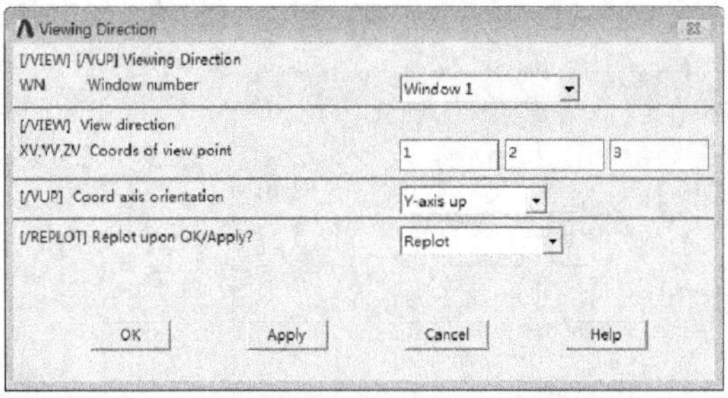

图 9-12 Viewing Direction 对话框

图 9-13 生成所有关键点后的结果

（4）在 GUI 界面中选择 Utility Menu > PlotCtrls > Numbering...命令，弹出 Plot Numbering Controls 对话框，选中 KP Keypoint Numbers 复选框，off 变为 on，如图 9-14 所示，单击 OK 按钮关闭该对话框。

（5）在 GUI 界面中选择 Main Menu > Preprocessor > Modeling > Create > Lines > Lines > Straight Lines 命令，弹出 Create Straight Lines 拾取菜单。

依次选择关键点 1、2，关键点 2、3，关键点 4、1，关键点 1、3，关键点 1、5，关键点 2、6，关键点 3、7，关键点 4、8，关键点 2、5，关键点 2、7，关键点 4、7 和关键点 4、5，生成 12 条线；然后依次按照上述顺序生成其他所有的线，结果如图 9-15 所示。

（6）在 GUI 界面中选择 Utility Menu > File > Save as Jobnamen.db，保存上述操作过程。

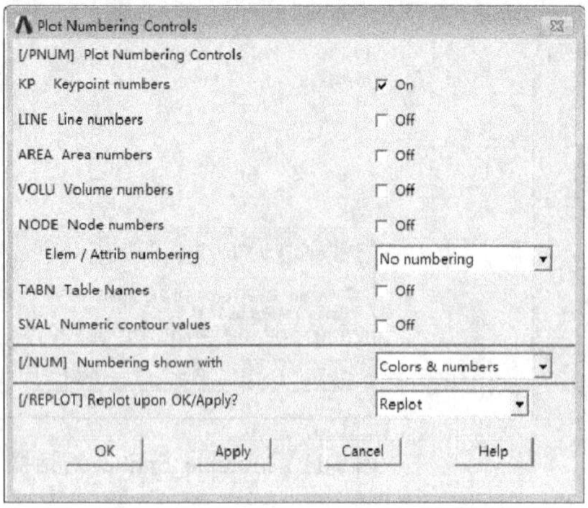

图 9-14　Plot Numbering Controls 对话框

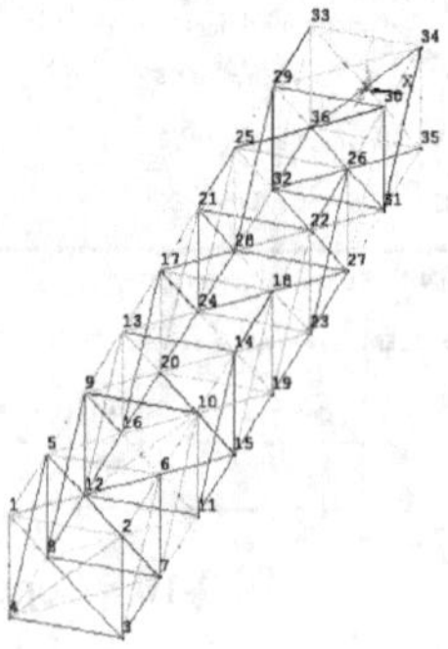

图 9-15　生成所有线的结果

9.3.6　划分网格

（1）在 GUI 界面中选择 Main Menu > Preprocessor > Meshing > Size Cntrls > Manulsize > Lines > ALL Lines 命令，弹出 Element Size on ALL Selected Lines 对话框。在 NDIV 输入框中输入 1，即每条线分一个单元，如图 9-16 所示，单击 OK 按钮，关闭该对话框。

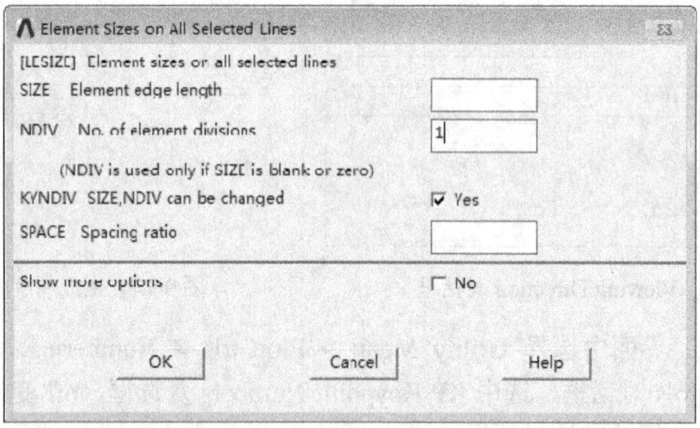

图 9-16　Element Sizeon ALL Selected Lines 对话框

（2）在 GUI 界面中选择 Main Menu > Preprocessor > Meshing > Mesh > Lines 命令，弹出 Mesh Lines 拾取菜单，单击 Pick ALL 按钮关闭菜单。

（3）在 GUI 界面中选择 Utility Menu > Plot > Element 命令，ANSYS 显示窗口将显示如图 9-17 所示的立体桁架单元划分结果，即有限元模型。

（4）在 GUI 界面中选择 Utility Menu > File > Save as Jobnamen.db，保存上述操作过程。选择 Main Menu > Finish 命令，退出前处理器。

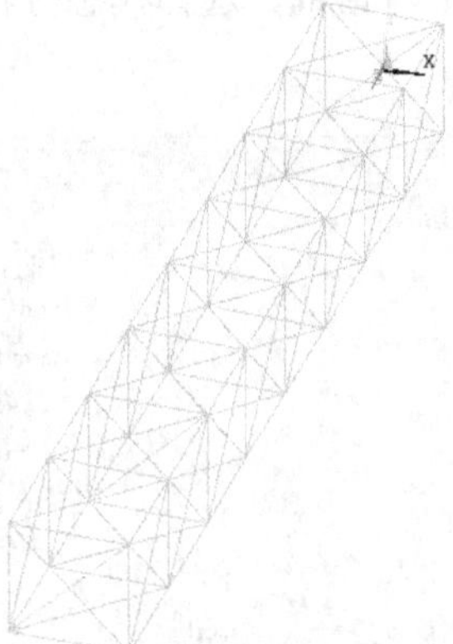

图 9-17 生成单元后的结果

9.3.7 施加约束

（1）在 GUI 界面中选择 Main Menu > Solution > Define Loads > Apply > Structural > Displacement > On Nodes 命令，弹出 Apply U,ROT on Nodes 拾取菜单。

（2）用鼠标拾取关键点 33,34,35,36，单击 OK 按钮，弹出图 9-18 所示的 Apply U,ROT on KPs 对话框。选择 ALL DOF，单击 OK 按钮关闭对话框，ANSYS 窗口将显示施加约束后的结果，如图 9-19 所示。

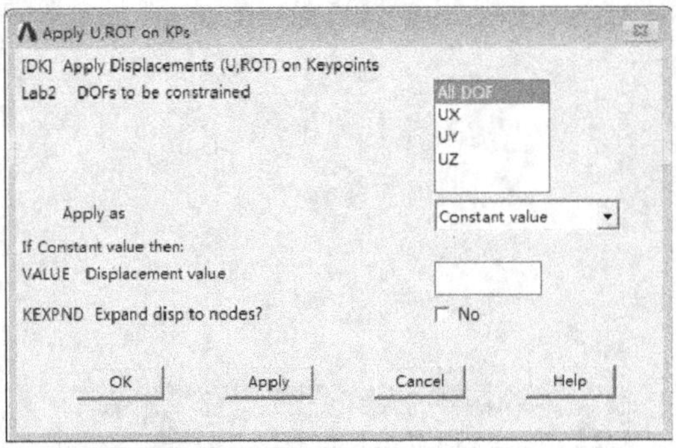

图 9-18 Apply U，ROT on KPs 对话框

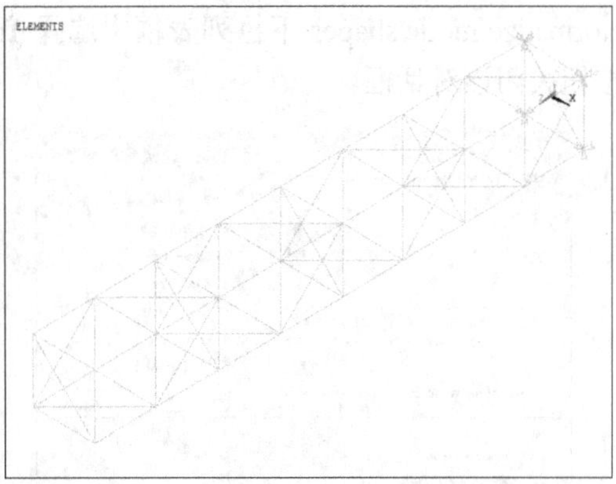

图 9-19 施加位移约束后的结果

注意，该操作是对 4 个节点进行固定位移约束，即完全限制 4 个节点在 3 个方向上的自由度。

9.3.8 设置分析类型

（1）在 GUI 界面中选择 Main Menu > Preprocessor > Solution > Analysis Type > New

Analysis 命令，弹出 New Analysis 对话框，选择模态分析（Modal），如图 9-20 所示，单击 OK 按钮确认。

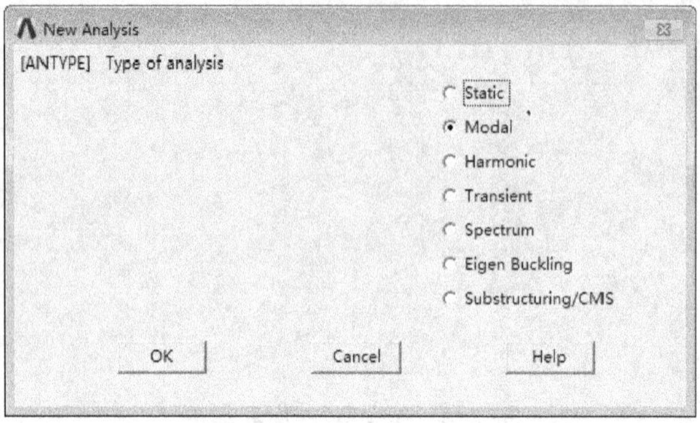

图 9-20　New Analysis 对话框

9.3.9　设置分析选项

（1）在 GUI 界面中选择 Main Menu > Preprocessor > Solution > Analysis Type > Analysis Options 对话框，弹出 Modal Analysis 对话框，模态提取方法采用 Block Lanczos，提取模态数设置为 6，扩展模态数设置为 6，如图 9-21 所示。

（2）单击 OK 按钮，弹出 Block Lanczos Method 对话框，在 FREQB Start Freq(intial shift)输入栏中输入 0，在 FREQE End Frequency 输入栏中输入 1000000，在 Nrmkey Normalize mode shapes 下拉列表框中选择 To mass matrix 选项，如图 9-22 所示，单击 OK 按钮关闭该对话框。

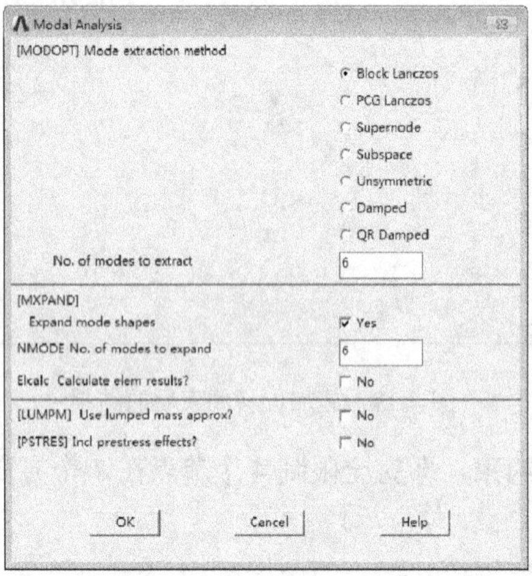

图 9-21　模态分析选项设置

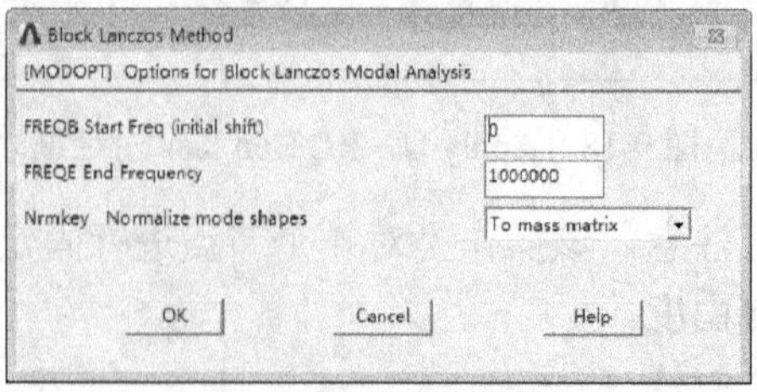

图 9-22　Block Lanczos Method 对话框

注意，与静力分析不同，该操作求解类型为模态分析。在进行模态分析选项的设置时，也可以尝试选择其他模态分析方法来计算该工程实例。

在 Block Lanczos Method 对话框中进行设置时，本例在 FREQE End Frequency 输入栏中输入 1000000，需要说明的是，这个数值不是固定不变的，只要充分大即可。

9.3.10 求解

（1）在 GUI 界面中，选择 Main Menu > Solution > Solve > Current LS 命令，弹出 STATUS Command 窗口，窗口中显示了项目的求解信息及输出选项。同时弹出的还有 Solve Current Load Step 对话框，询问用户是否开始进行求解。

（2）单击 Solve Current LoadStep 对话框中的 OK 按钮，开始计算模态解，当弹出如图 9-23 所示的 Solution is done 提示时，求解完成。

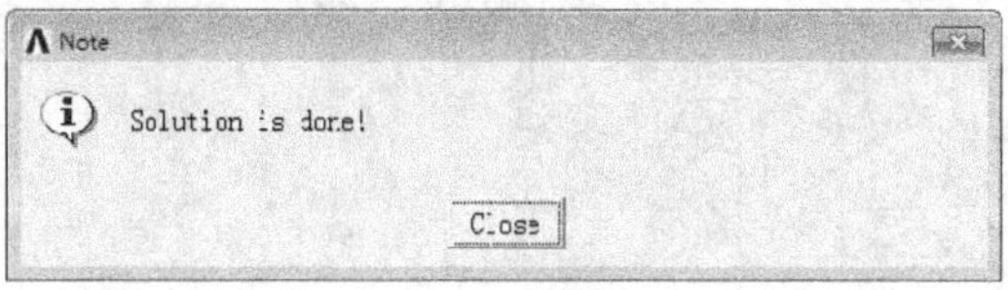

图 9-23 Solution is done!

9.3.11 观察固有频率结果

（1）进入通用后处理器 POST1，在 GUI 界面中选择 Main Menu > General Postproc > Results Summary 命令，弹出 SET.LIST Command 列表框，如图 9-24 所示，从列表框中可以观察该结构前 6 阶固有频率结果。

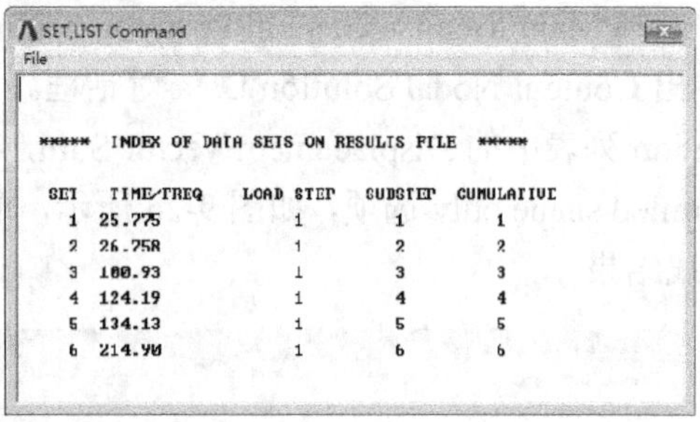

SET	TIME/FREQ	LOAD STEP	SUBSTEP	CUMULATIVE
1	25.775	1	1	1
2	26.758	1	2	2
3	100.93	1	3	3
4	124.19	1	4	4
5	134.13	1	5	5
6	214.90	1	6	6

图 9-24 固有频率计算结果

注意，此处固有频率的单位为 Hz。

9.3.12 读入数据结果

（1）在 GUI 界面中选择 Main Menu > General Postproc > Read Results > First Set 命令，读入第一载荷步计算结果。

然后在 GUI 界面中选择 Main Menu > General Postproc > Plot Results > Deformed Shape...命令，弹出 Plot Deformed Shape 对话框。

在 Plot Deformed Shape 对话框选择 Def+undefedge 选项，单击 OK 按钮，即可在工作区中显示如图 9-25 所示的结构第一阶模态振型。

（2）重复上述操作，读入结果数据时选择 Next Set 或 Previous Set 命令，可以得到其他 5 阶的振型。

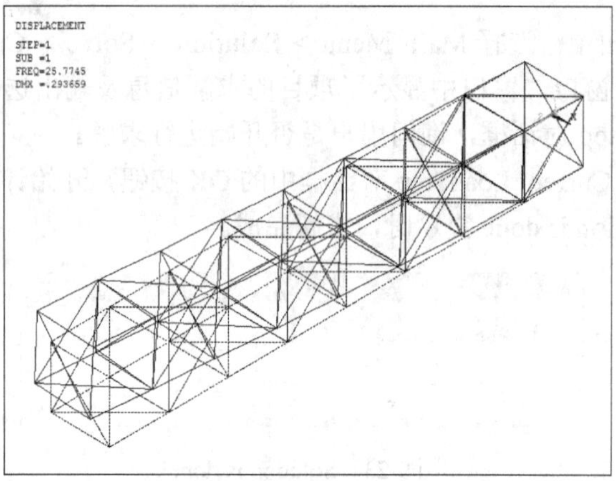

图 9-25　第 1 阶模态振型

9.3.13　观察振型等值线结果

（1）在 GUI 界面中选择 Main Menu > General Postproc > Read Results > First Set 命令，读入第一载荷步计算结果。

（2）在 GUI 界面中选择 Main Menu > General Postproc > Plot results > Contour Plot > Nodal Solution 命令，弹出 Contour Nodal Solution Data 对话框。

（3）选择 DOF Solution 列表中的 Displacement Vector Sum，在 Undisplaced shape key 下拉列表框中选择 Deformed shape only 选项，如图 9-26 所示，单击 OK 按钮，显示结构的第 1 阶模态振型等值线结果。

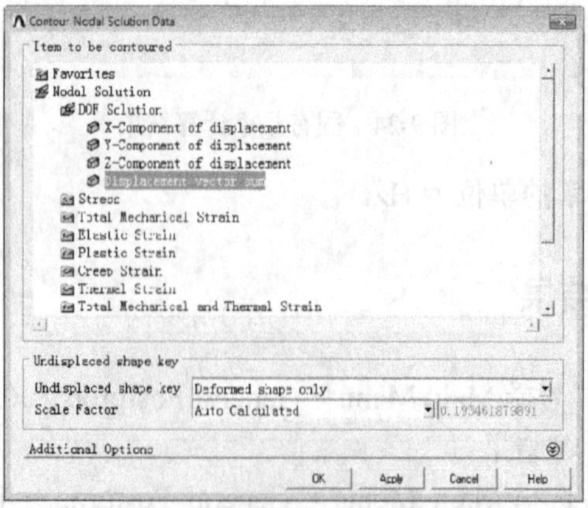

图 9-26　Contour Nodal Solution Data 对话框

（4）重复上述操作，可以得到其他 5 阶振型的等值线结果，如图 9-27 所示。

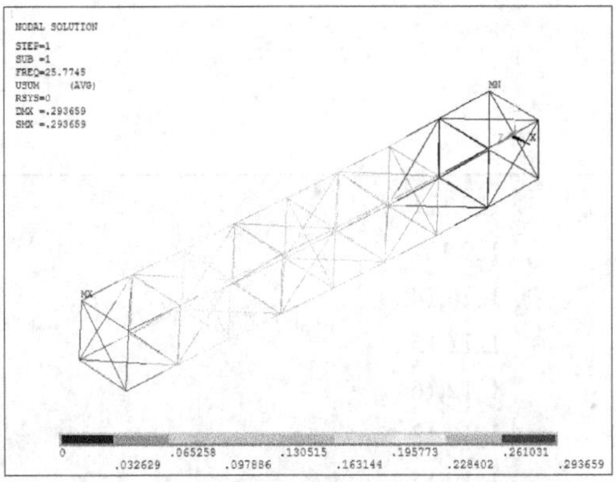

（a）第 1 阶振型

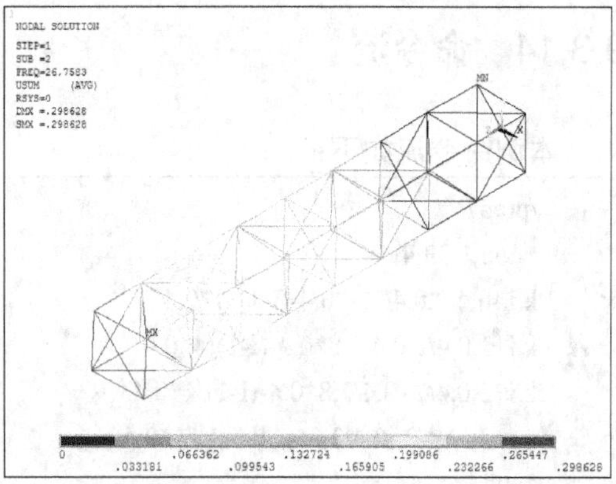

（b）第 2 阶振型

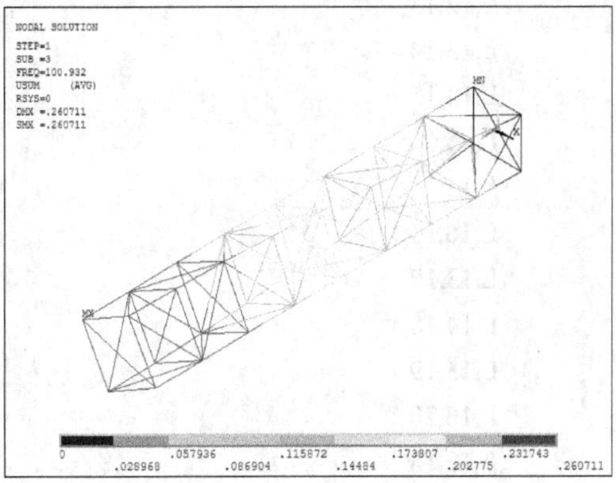

（c）第 3 阶振型

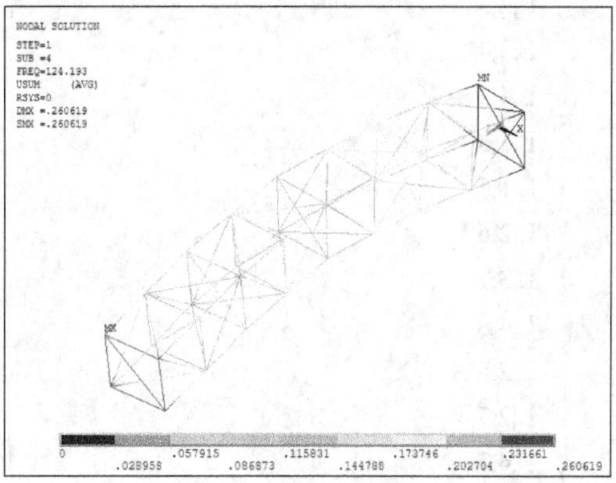

（d）第 4 阶振型

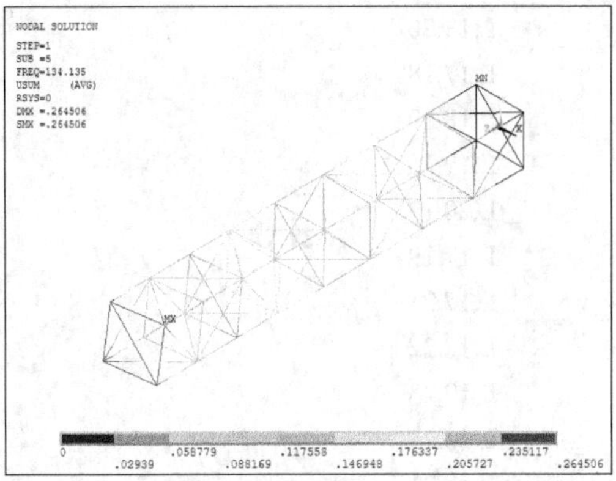

（e）第 5 阶振型

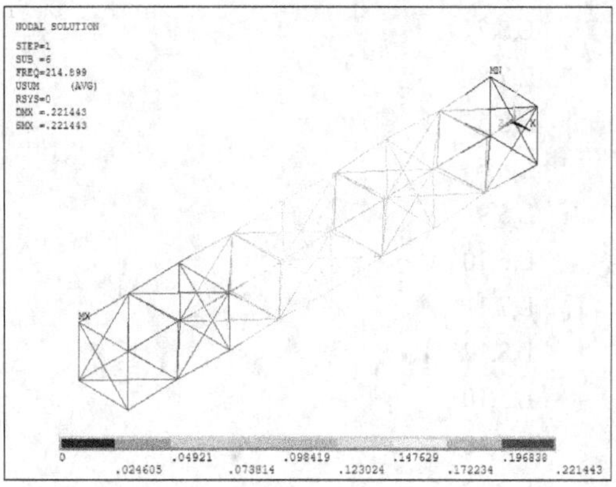

（f）第 6 阶振型

图 9-27　结构的前 6 阶振型等值线结果显示

注意，这里显示的位移大小只是相对位移，没有实际意义。

（5）单击工具栏中的 QUIT 按钮，弹出 Exit from ANSYS 对话框。选择 Save

Everything，保存所有项目，单击 OK 按钮，退出 ANSYS。

9.3.14 命令流

本例命令流如下：

```
/prep7
*do,i,1,33,4
k,i,-0.4/2,0.4/2,8*0.4-(i-1)/4*0.4
k,i+1,0.4/2,0.4/2,8*0.4-(i-1)/4*0.4
k,i+2,0.4/2,-0.4/2,8*0.4-(i-1)/4*0.4
k,i+3,-0.4/2,-0.4/2,8*0.4-(i-1)/4*0.4
*enddo
L,1,2
L,2,3
L,3,4
L,4,1
L,1,3
L,1,5
L,2,6
L,3,7
L,4,8
L,2,5
L,2,7
L,4,7
L,4,5
L,5,6
L,6,7
L,7,8
L,8,5
L,8,6
L,5,9
L,6,10
L,7,11
L,8,12
L,5,10
L,7,10
L,7,12
L,5,12
L,9,10
L,10,11
L,11,12
L,12,9
L,9,11
L,9,13
L,10,14
L,11,15
L,12,16
L,10,13
L,10,15
L,15,12
L,12,13
L,13,14
L,14,15
L,15,16
L,13,16
L,16,14
L,13,17
L,14,18
L,15,19
L,16,20
L,13,18
L,18,15
L,15,20
L,13,20
L,17,18
L,18,19
L,19,20
L,20,17
L,17,19
L,17,21
L,18,22
L,19,23
L,20,24
L,18,21
L,18,23
L,23,20
L,20,21
L,21,22
L,22,23
```

```
L,23,24
L,21,24
L,24,22
L,21,25
L,22,26
L,23,27
L,24,28
L,21,26
L,26,23
L,23,28
L,21,28
L,25,26
L,26,27
L,27,28
L,25,28
L,25,27
L,25,29
L,26,30
L,27,31
L,28,32
L,26,29
L,26,31
L,31,28
L,29,28
L,29,30
L,30,31
L,31,32
L,29,32
L,32,30
L,29,33
L,30,34
L,31,35
L,32,36
L,29,34
L,34,31
L,31,36
L,29,36
L,33,34
L,34,35
L,35,36
L,33,36
L,35,33
```

```
ET,1,LINK180
MPTEMP,,,,,,,,
MPTEMP,1,0
MPDATA,EX,1,,2.1E11
MPDATA,PRXY,1,,0.3
MPDATA,DENS,1,,7850
R,1,0.000106
LESIZE,ALL,,,1,,1,,,1,
LSEL,ALL,,,,,,
LMESH,ALL,,
FINISH
/SOL
DK,33,all,,,,,,
DK,34,all,,,,,,
DK,35,all,,,,,,
DK,36,all,,,,,,

ANTYPE,2
MODOPT,LANB,6
EQSLV,SPAR
MXPAND,6,,,0
LUMPM,0
PSTRES,0
MODOPT,LANB,6,0,1000000,,OFF
MXPAND,6,0,1000000,0,0.001,
SOLVE
FINISH

/post1
SET,LIST
SET,FIRST
PLDISP,1
SET,NEXT
PLDISP,1
SET,NEXT
PLDISP,1
SET,NEXT
PLDISP,1
SET,NEXT
PLDISP,1
SET,NEXT
PLDISP,1
```

```
SET,FIRST
PLNSOL,U,SUM,1,1.0
SET,NEXT
PLNSOL,U,SUM,1,1.0
SET,NEXT
PLNSOL,U,SUM,1,1.0
SET,NEXT
PLNSOL,U,SUM,1,1.0
SET,NEXT
PLNSOL,U,SUM,1,1.0
SET,NEXT
PLNSOL,U,SUM,1,1.0
FINISH
/EXIT,ALL
```

9.4 本章小结

模态分析用来确定结构或者构件的振动特性，即固有频率和振型。在承受动态载荷的结构设计中，它们是非常重要的参数。同时，模态分析也是其他动力学分析（如瞬态分析、谐响应分析和谱分析等）前期必须完成的环节。

第 10 章

谐响应分析

谐响应分析可以计算出结构在几种频率下的响应，并得到一些响应值，通常是位移对频率的曲线。从这些曲线上可以找到峰值响应，并进一步观察峰值频率对应的应力。该技术只计算结构的稳态受迫振动，而不考虑发生在激励开始时的瞬态振动。

学习目标：

■ 了解 ANSYS 谐响应分析的基础；
■ 掌握谐响应的分析方法。

10.1 谐响应分析应用

谐响应分析是用于确定线性结构在承受随时间按正弦（简谐）规律变化的载荷时的稳态响应的一种技术。分析的目的是计算结构在几种频率下的响应并得到一些响应值（通常是位移）对频率的曲线，从这些曲线上可找到“峰值”响应并进一步查看峰值频率对应的应力。

这种分析技术只计算结构的稳态受迫振动，发生在激励开始时的瞬态振动不在谐响应分析中考虑。作为一种线性分析，该分析忽略任何即使已定义的非线性特性，如塑性和接触（间隙）单元。但可以包含非对称矩阵，如分析在流体-结构相互作用问题。谐响应分析也可用于分析有预应力的结构，如小提琴的弦（假定简谐应力比预加的拉伸应力小得多）。

谐响应分析可以采用如下 3 种方法。

（1）Full 方法（完全）。该方法采用完整的系统矩阵计算谐响应（没有矩阵减缩），矩阵可以是对称或非对称的，其优点如下。

■ 容易使用，因为不必关心如何选择主自由度和振型；
■ 使用完整矩阵，因此不涉及质量矩阵的近似；
■ 允许有非对称矩阵，这种矩阵在声学或轴承问题中很典型；
■ 用单一处理过程计算出所有的位移和应力；
■ 允许施加各种类型的载荷，如节点力、外加的（非零）约束力单元载荷（压力和温度）；

■ 允许采用实体模型上所加的载荷。

该方法的缺点如下。

■ 预应力选项不可用，并且采用 Frontal 方程求解器时，通常比其他方法运行时间长。但是采用 JCG 求解器或 JCCG 求解器时，该方法的效率很高。

（2）Reduced 方法。该方法通常采用主自由度和减缩矩阵来压缩问题的规模，计算主自由度处的位移后，解可以被扩展到初始的完整 DOF 集上，其优点如下。

■ 在采用 Frontal 求解器时比 Full 方法更快；
■ 可以考虑预应力效果。

该方法的缺点如下。

■ 初始解只计算出主自由度的位移。要得到完整的位移，应力和力的解则需执行被称为扩展处理的进一步处理，扩展处理在某些分析应用中是可选操作；
■ 不能施加单元载荷（压力和温度等）；
■ 所有载荷必须施加在用户定义的自由度上，限制了采用实体模型上所加的载荷。

（3）Mode Super position 方法（模态叠加）。该方法通过对模态分析得到的振型（特征向量）乘上因子并求和计算出结构的响应，其优点如下。

■ 对于许多问题，比 Reduced 或 Full 方法更快；
■ 在模态分析中施加的载荷可以通过 LVSCALE 命令用于谐响应分析中；
■ 可以使解按结构的固有频率聚集，可产生更平滑且更精确的响应曲线图；
■ 可以包含预应力效果；
■ 允许考虑振型阻尼（阻尼系数为频率的函数）。

该方法的缺点如下。

■ 不能施加非零位移；
■ 在模态分析中使用 Power Dynamics 方法时，初始条件中不能有预加的载荷。

谐响应的 3 种方法有如下共同局限性：

■ 所有载荷必须随时间按正弦规律变化；
■ 所有载荷必须有相同的频率；
■ 不允许有非线性特性；
■ 不计算瞬态效应。

使用 Full 方法进行谐响应分析的过程的主要步骤为建模、加载并求解，以及查看结果及后处理。

1. 建模

在该步骤中需指定文件名和分析标题，然后用 ϕ PREP7 定义单元类型、单元实常数、材料特性及几何模型，需记住的要点如下。

● 只有线性行为是有效的，如果有非线性单元，则按线性单元处理；
● 必须指定杨氏模量 EX（或某种形式的刚度）和密度 DENS（或某种形式的质量）。材料特性可为线性、各向同性或各向异性，以及恒定的和温度相关的，忽略非线性材料特性。

2. 加载并求解

在该步骤中定义分析类型和选项、加载、指定载荷步选项并开始有限元求解。需要注意的是，峰值响应分析发生在力的频率和结构的固有频率相等时。在得到谐响应分析解之前，应首先执行模态分析，以确定结构的固有频率。

进入 ANSYS 求解器。

■ GUI：MainMenu > Solution。

命令：

```
/SOLU
```

定义分析类型和分析选项，ANSYS 提供的用于谐响应分析的选项见表 10-1。

表 10-1 用于谐响应分析的选项

选项	命令	GUI 路径
NewAnalysis	ANTYPE	MainMenu > Solution > AnalysisType > NewAnalysis
AnalysisType:HarmonicResponse	ANTYPE	MainMenu > Solution > AnalysisTyp > NewAnalysis > Harmonic
SolutionMethod	HROPT	MainMenu > Solution > AnalysisType > AnalysisOptions
SolutionListingFormat	HROUT	MainMenu > Solution > AnalysisType > AnalysisOptions
MassMatrixFormulation	LUMPM	MainMenu > Solution > AnalysisType > AnalysisOptions
EquationSolver	EQSLV	MainMenu > Solution > AnalysisType > AnalysisOptions

New Analysis[ANTYPE]选择新分析，在谐响应分析中 Restart 不可用。如果需要施加另外的简谐载荷，可以另外进行一次新分析。

Analysis Type：Harmomc Response[ANTYPE]：选择分析类型为 Harmomc Response（谐响应分析）。

Solution Method[HROPT]选择 Full、Reduced 或 Mode Super position 求解方法之一。

Solution Listing Format[HROUT]：确定在输出文件中谐响应分析的位移解如何列出，可选方式有 real and imaginary（实部和虚部）（默认）和 amplitudes and phase angles（幅值和相位角）。

Mass Matrix Formulation[LUMPM]：指定采用默认的质量阵形成方式（取决于单元类型）或使用集中质量阵近似。

Equation Solver[EQSLV]：可选求解器有 Frontal（默认），Sparse Direct（SPARSE）、Jacobi Conjugate Gradient（JCG），以及 Incomplete Cholesky Conjugate Gradient（ICCG）。对大多数结构模型，建议采用 Frontal 或 SPARSE 求解器。

根据定义，谐响应分析假定所施加的所有载荷随时间按简谐（正弦）规律变化。指定一个完整的简谐载荷需输入 3 个数据，即 Amplitude（振幅），phaseangle（相位角）和 forcing frequency range（强制频率范围）。

指定载荷步选项，谐响应分析可用的选项见表 10-2。

表 10-2　谐响应分析可用的选项

选项	命令	GUI 途径
普通选项（General Options）		
选项	命令	GUI 途径
Number of Harmonic Solution	NSUBST	MainMenu > Solution > Load Step Opts > Time/Frequenc > Freq and Substeps
Stepped or Ramped Loads	KBC	MainMenu > Solution > Load Step Opts > Time/Frequenc > Time > Time Step or Freq and Substeps
动力学选项（Dynamics Options）		
选项	命令	GUI 途径
Forcing Frequency Range	HARFRQ	Main Menu > Solution > Load Step Opts > Time/Frequenc > Freq and Substeps
Damping	ALPHAD,BETAD,DMPRAT	MainMenu > Solution > Load Step Opts > Time/Frequenc > Damping
输出控制选项（Output Control Options）		
选项	命令	GUI 途径
PrintedOutput	OUTPR	MainMenu > Solution > Load Step Opts > Output Ctrls > Solu Print out
Data base and Results File Output	OUTRES	MainMenu > Solution > Load Step Opts > Output Ctrls > DB/Results File
Extrapolation of Results	ERESX	MainMenu > Solution > Load Step Opts > Output Ctrls > Integration Pt

普通选项如下：

Number of Harmonic Solutions[NSUBST]：请求计算任何数目的谐响应解，解（或子步）将均布于指定的频率范围内[HARFQR]。例如，如果在 30Hz～40Hz 范围内要求出 10 个解，则计算在频率 31Hz～40Hz 处的响应，而不计算其他频率处。

Stepped or Ramped Loads[KBC]：载荷以 Stepped 或 Ramped 方式变化，默认为 Ramped，即载荷的幅值随各子步逐渐增长。如果用命令[KBC,1]设置了 Stepped 载荷，则在频率范围内的所有子步载荷将保持恒定的幅值。

动力学选项如下：

Forcing Frequency Range[HARFRQ]：在谐响应分析中必须指定强制频率范围（以周/单位时间为单位），然后指定在此频率范围内要计算处的解数。

Damping：必须指定某种形式的阻尼，如 Alpha（质量）阻尼[ALPHAD]、Beta（刚度）阻尼[BETAD]或恒定阻尼比[DMPRAT]否则在共振处的响应将无限大。

开始求解。

■　GUI：MainMenu > Solution > Solve > CurrentLS。

命令：

```
SOLVE
```

如果有另外的载荷和频率范围（即另外的载荷步），重复以上步骤。如果要做时间历程后处理（POST26），则一个载荷步和另一个载荷步的频率范围间不能存在重叠。

退出 SOLUTION。

GUI：关闭 Solution 菜单。

命令：

```
FINISH
```

3. 查看结果和后处理

谐响应分析的结果保存在结构分析 Jobname.rst 文件中，如果结构定义了阻尼，响应将与载荷异步。所有结果将是复数形式的，并以实部和虚部存储。

通常可以用 POST26 和 POST1 查看结果。一般的处理顺序是用 POST26 找到临界强制频率模型中关注点产生最大位移（或应力）时的频率，然后用 POST1 在这些临界强制频率处处理整个模型。

POST26 要用到结果项/频率对应关系表，即 variables（变量）。每个变量都有一个参考号，1 号变量被内定为频率，其中主要操作如下。

定义变量。

- GUI：Main Menu > Time Hist Postpro > Define Variables。

命令：NSOL 用于定义基本数据（节点位移），ESOL 用于定义派生数据（单元数据，如应力），RFORCE 用于定义反作用力数据。

绘制变量对频率或其他变量的关系曲线，然后用 PLCPLX 指定用幅值/相位角方式或实部/虚部方式表示解。

- GUI：Main Menu > Time Hist Postpro > Graph Variables。
- Main Menu > Time Hist Postpro > Settings > Graph。

命令：

```
PLCPLX
```

列表变量值。如果只要求列出极值，可用 EXTREM 命令，然后用 PLCPLX 指定用幅值/相位角方式或实部/虚部方式表示解。

- GUI：Main Menu > Time Hist Postpro > List Variables > List Extremes。
- Main Menu > Time Hist Postpro > List Extremes。
- Main Menu > Time Hist Postpro > Settings > List。

命令：

```
PRVAR、EXTREM 和 PRCPLX
```

通过查看整个模型中关键点处的时间历程结果，可以得到用于进一步 POST1 后处理的频率值。

使用 POST1 时，使用 SET 命令（GUI：Main Menu > General Postproc > Read Results > ...）读入所需谐响应分析的结果，但不能同时读入实部或虚部。结果大小由实部和虚部的 SRSS 和（平方和取平方根）给出，在 POST26 中可得到模型中指定点处的真实结果，然后进行其他通用后处理。

10.2 两自由度系统谐响应分析

10.2.1 问题描述

两自由度系统是结构动力学理论的经典模型，在诸多动力学教材中被广泛列入讲解多自由系统特性的例题，实际工程中也不乏可以抽象出两自由度模型的工程实例。因此，作为谐响应分析实例，对图 10-1 所示的两自由度结构模型，在节点球上作用简谐激励载荷 F=20N，频率范围 0 到 50Hz，计算此系统的响应。

材料属性如下：弹性模量 2.1×10^{11}N/m^2，密度为 7850kg/m^2，泊松比为 0.3。梁截面为方钢管，尺寸为□80×40×4，球为空心球，尺寸为ϕ200×6，重量为 3.79kg，结构尺寸如图 10-1 所示，单位为 mm。

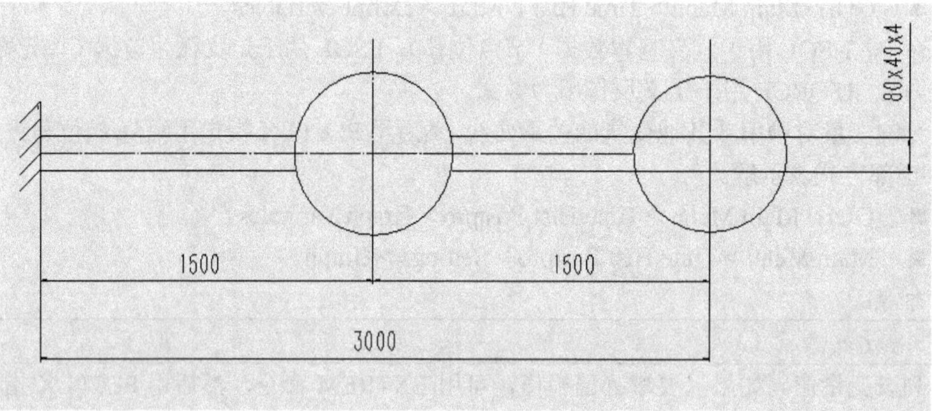

图 10-1　两自由度结构模型

10.2.2 设置环境变量

（1）启动 Mechanical APDL Product Launcher，弹出 Mechanical APDL Product Launcher 窗口。

（2）在 Mechanical APDL Product Launcher 窗口中设置 Simulation Environment 为 ANSYS，License 为 ANSYS Multiphysics，在 Working Directory 中输入工作目录名称，JobName 输入项目名称 10-1，单击 Run 按钮，运行 ANSYS 程序。

（3）在主菜单中选择 Preferences 命令，弹出如图 10-2 所示的 Preferences for GUI filtering 对话框。选择分析类型为 Structural，单击 OK 按钮，完成分析环境设置。

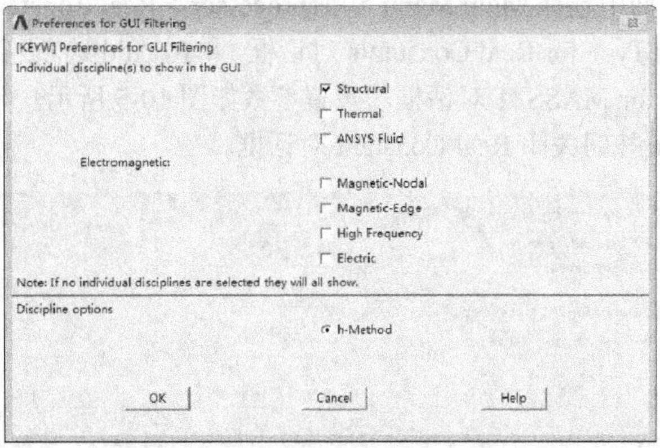

图 10-2　Preferences for GUI filtering 对话框

10.2.3　设置材料属性

（1）在 GUI 界面中选择 Main Menu > Preprocessor > Element Type > Add/Edit/Delete 命令，弹出 Element Type 对话框。单击 Add 按钮，弹出 Library of Element Types 对话框。

（2）在 Library of Element Types 对话框中，在左侧选择 Structural Beam，在右侧列表选择 3D 2node 188，单击 OK 按钮。同理选择 MASS 单元模拟球节点，单击 OK 按钮，关闭该对话框。此时回到 Element Types 对话框中，即可看到添加完成的单元，如图 10-3 所示。

（3）选中 MASS21 单元，单击该对话框中的 Options 按钮，弹出 MASS21 element type options 对话框。在 Rotary inertia options K3 下拉列表框中选择 2-D w/o rot iner 选项，单击 OK 按钮关闭该对话框，单击 Close 按钮关闭 Element Types 对话框。

（4）在 GUI 界面中选择 Main Menu > Preprocessor >Sections > Common Sections 命令，弹出 Beam Tool 对话框，设置参数如图 10-4 所示，单击 OK 按钮关闭该对话框。

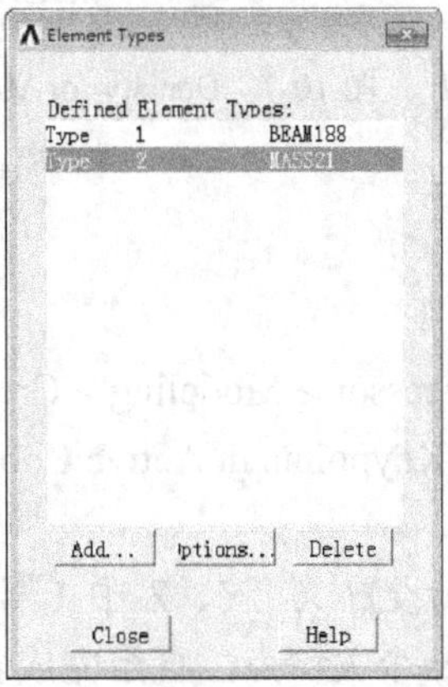

图 10-3　ElementTypes 对话框

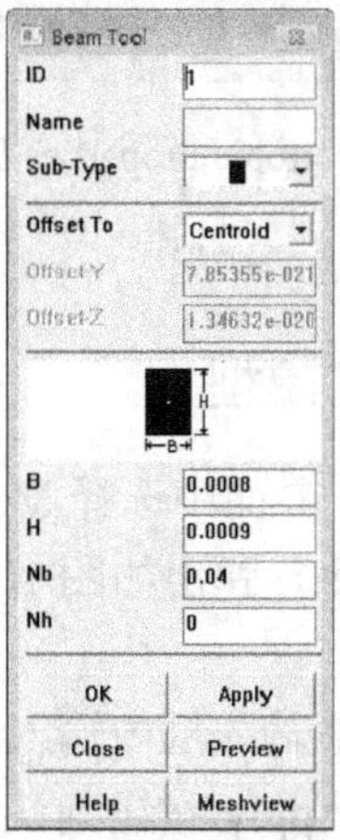

图 10-4　Beam Tool 对话框

（5）在 GUI 界面中选择 Main Menu > Preprocessor > Real Constants > Add/Edit/Delete 命令，弹出 Element Type for Real Constants 对话框，单击 Add 选项，选择 MASS21 单元，弹出 Real Constant for MASS21 对话框，设置参数如图 10-5 所示，单击 OK 按钮关闭该对话框，单击 Close 按钮关闭 Real Constant 对话框。

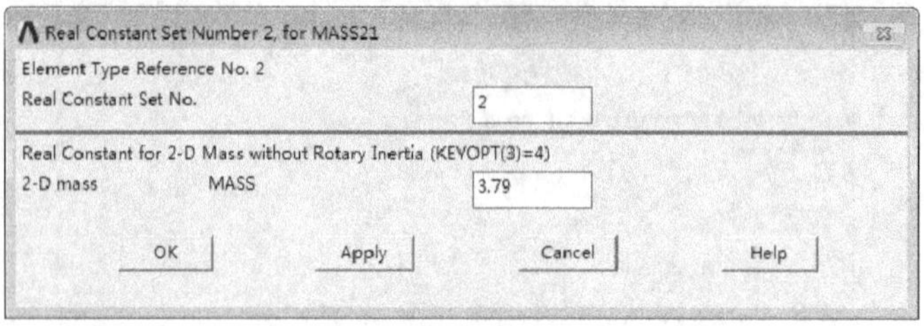

图 10-5　Real Constant Set Number 1,for MASS21 对话框

（6）在 GUI 界面中选择 Main Menu > Preprocessor > Material Props > Material Models 命令，弹出 Define Material Model Behavior 对话框。

（7）依次展开 Structural > Linear > Elastic > Isotropic 选项，弹出如图 10-6 所示的 Linear Isotropic Properties for Material Number 1 对话框，在 EX 输入栏中输入 2.1e11，在 PRXY 输入栏中输入 0.3.

（8）单击 Density 选项，在如图 10-7 所示的 Density for Material Number1 对话框中输入 7850，单击 OK 按钮关闭对话框。在 Define Material Model Behavior 对话框中选择 Materia l > Exit 命令，关闭该对话框。

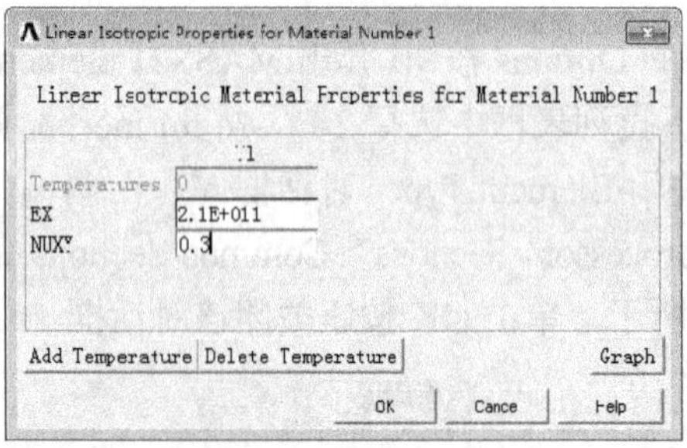

图 10-6　Linear Isotropic Properties for Material Number 1 对话框

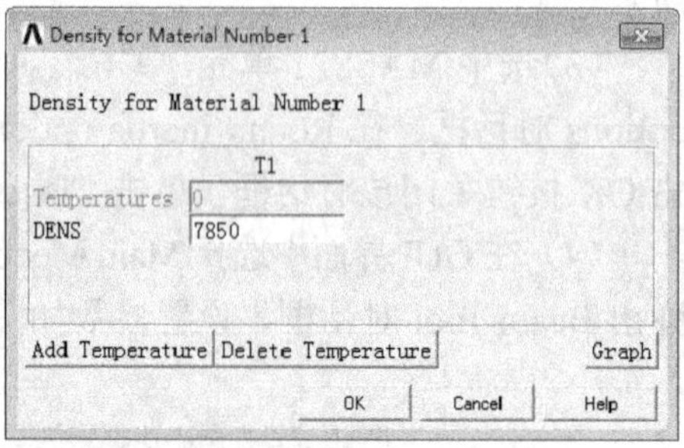

图 10-7　Density for Material Number 1 对话框

10.2.4　建立模型

（1）在 GUI 界面中选择 Main Menu > Preprocessor > Modeling > Create > Keypoints > In Active CS 命令，弹出如图 10-8 所示的 Create Keypoints in Active Coordinate System 对话框。

（2）在 NPT 输入框中输入关键点的编号 1，设置 X、Y、Z 中 1 号关键点的坐标值为 0,0,0，单击 Apply 按钮确认，并继续输入下一个关键点，直至完成表 10-3 所示的所有关键点的定义。完成定义的 3 个关键点如图 10-9 所示。

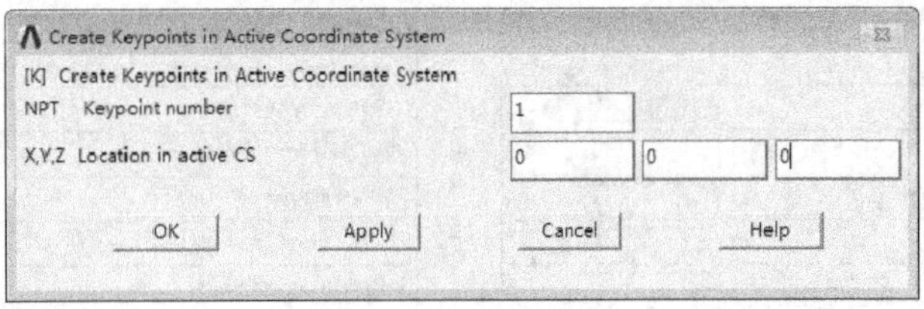

图 10-8 Create Keypoints in ActiveCoordinateSystem 对话框

表 10-3 关键坐标

关键点号	X	Y	Z
1	0	0	0
2	1.5	0	0
3	3	0	0

（3）在 GUI 界面中选择 Main Menu > Preprocessor > Modeling > Create > Lines > Lines > Straight Lines 命令，弹出 Create Straight Lines 对话框，选择 1 号和 2 号、2 号和 3 号节点创建线。单击 OK 按钮关闭该对话框，生成线后的结果如图 10-10 所示。

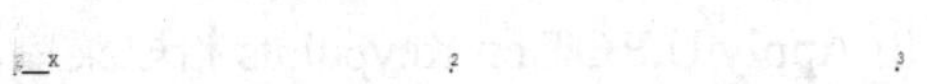

图 10-9 完成定义的 3 个关键点

图 10-10 生成线后的结果

10.2.5 划分网格

（1）在 GUI 界面中选择 Main Menu > Preprocessor > Meshing > Default Attribs 命令，弹出[TYPE]Element type number 对话框，选择 Beam188 单元，其余设置如图 10-11 所示，单击 OK 按钮关闭该对话框。

（2）选择 Main Menu > Preprocessor > Meshing > SizeCntrls > Manual Size > Lines > Picked Lines 命令，弹出 Element Size on Picked Lines 拾取菜单，用鼠标在 ANSYS 显示窗口中选择 2 条直线，单击 Apply 按钮，在 No. of element divisions 栏中输入 5，单击 OK 按钮退出该对话框。选择 Main Menu > Preprocessor > Meshing > Lines 命令，单击 Pick All，对线进行网格划分。

（3）在 GUI 界面中选择 Main Menu > Preprocessor > Meshing > Default Attribs 命令，弹出[TYPE]Element type number 对话框，选择 MASS21 单元，其余设置如图 10-12 所示，单击 OK 按钮，关闭该对话框。

选择 Main Menu > Preprocessor > Meshing > Mesh > Keypoints 命令，弹出 Mesh Keypoints 拾取框，用鼠标单击关键点 2 和关键点 3，单击 OK 按钮，关闭该对话框。划分网格后的结果如图 10-13 所示。

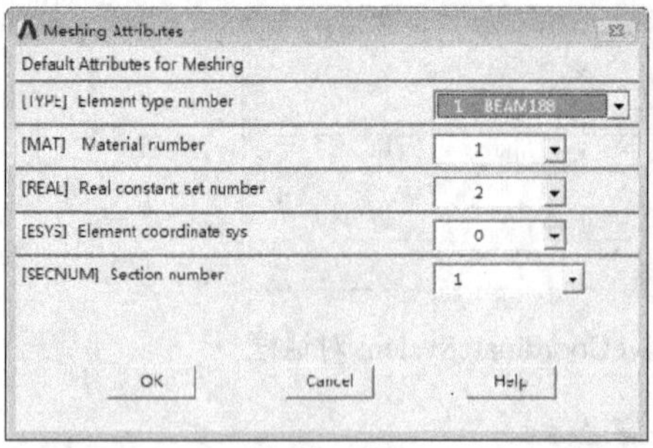

图 10-11 MeshingAttributes 对话框

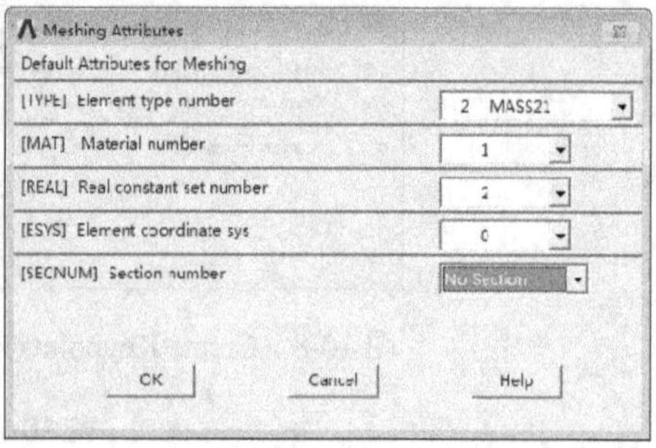

图 10-12 MeshingAttributes 对话框

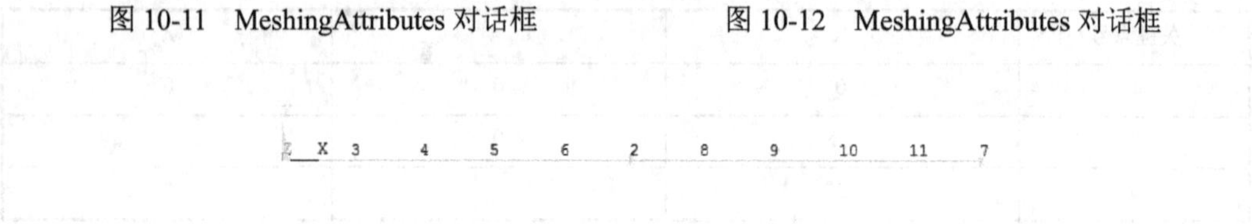

图 10-13 划分网格后的结果

10.2.6 加载

（1）在 GUI 界面中选择 Main Menu > Preprocessor > Loads > Define Loads > Apply > Structural > Displacement > On Keypoints 命令，弹出 Apply U,ROT on Keypoints 拾取菜单，用鼠标拾取 1 关键点，单击 Apply 按钮。弹出 Apply U,ROT on KPs 对话框，选中 ALL DOF 选项，单击 OK 按钮关闭该对话框。

（2）在 GUI 界面中选择 Main Menu > Preprocessor > Solution > Analysis Type > New Analysis 命令，弹出如图 10-14 所示的 New Analysis 对话框，选择 Harmonic。单击 OK 按钮确认。

在 GUI 界面中选择 Main Menu > Preprocessor > Solution > Analysis Type > Analysis Options 命令，弹出 Harmonic Analysis 对话框，在 Solution method 列表中选择 Full 方法，如图 10-15 所示，单击 OK 按钮，弹出 Full Harmonic Analysis 对话框，保持默认设置，单击 OK 按钮退出。

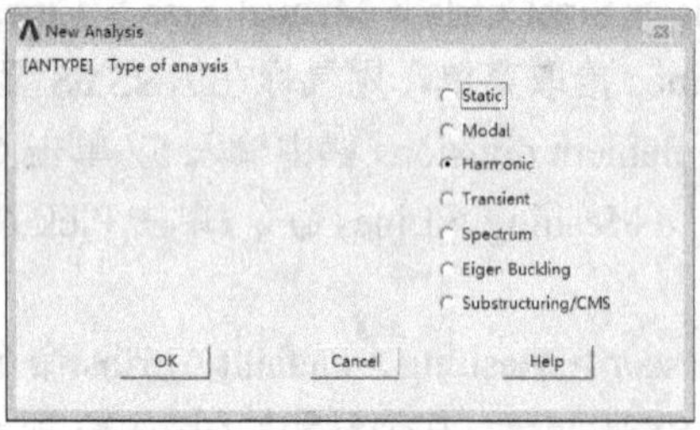

图 10-14 New Analysis 对话框

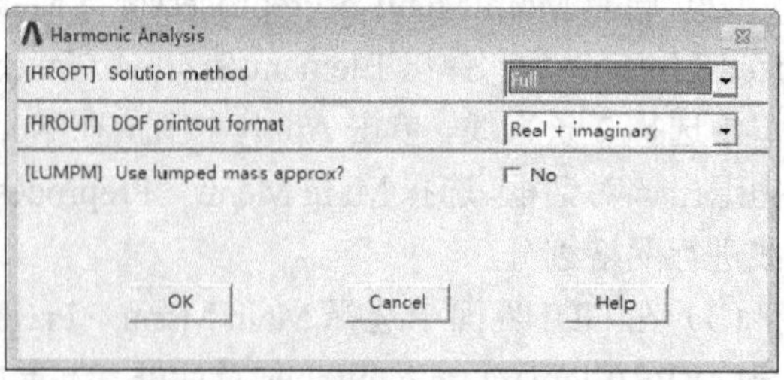

图 10-15 Harmonic Analysis 对话框

（3）在 GUI 界面中选择 Main Menu > Solution > Define Loads > Apply > Structural > Force/Moment > On Nodes 命令，弹出 Apply F/M on Nodes 菜单。

在图形上选择 7（悬臂端节点球处），单击 OK 按钮，弹出 Apply F/M on Nodes 对话框，在 Direction of force/mom 下拉列表中选择 FY 选项，在 Real part of force/mom 输入栏中输入 20，在 Imag part of force/mom 输入栏中输入 0，如图 10-16 所示，单击 OK 按钮退出。

（4）在 GUI 界面中选择 Main Menu > Solution > LoadStep Opts > Time/Frequency > Freqand Substeps 命令，弹出 Harmonic Frequency and Substep Options 对话框，设置 Harmonic Freqrange 范围为 0 到 50Hz，载荷子步数 Number of Substeps 取 50，载荷形式选择 Ramped，如图 10-17 所示，单击 OK 按钮退出。

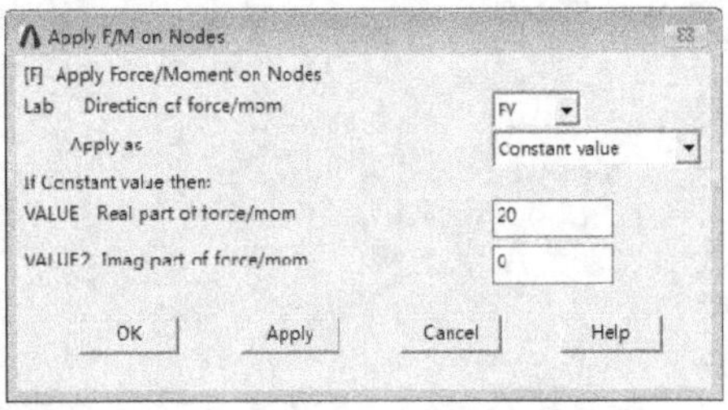

图 10-16 Apply F/M on Nodes 对话框

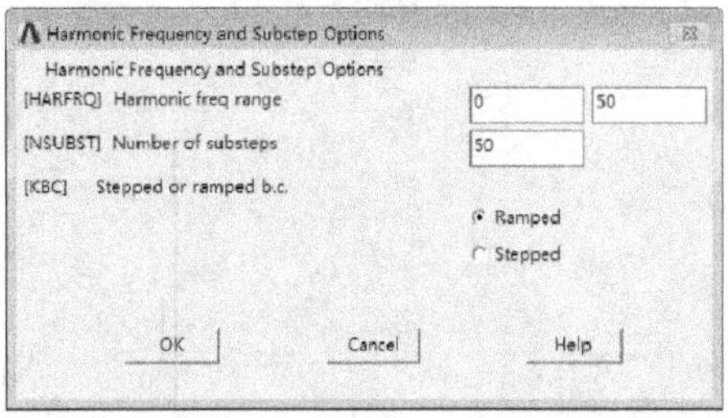

图 10-17 Harmonic Frequency and Substep Options 对话框

10.2.7 求解

（1）在 GUI 界面中选择 Main Menu > Solution > Solve > Current LS 命令，弹出 STATUS Command 窗口，窗口中显示了项目的求解信息及输出选项。同时弹出的还有 Solve Current Load Step 对话框，询问用户是否开始进行求解。

（2）单击 Solve Current Load Step 对话框中的 OK 按钮，开始求解，当弹出 Solution is done 提示时，求解完成。

10.2.8 后处理

（1）在 GUI 界面中选择 MainMenu > TimeHist Postpro 命令，弹出 Time History Variables 对话框，如图 10-18 所示。单击按钮，弹出 Add Time-History Variable 对话框。

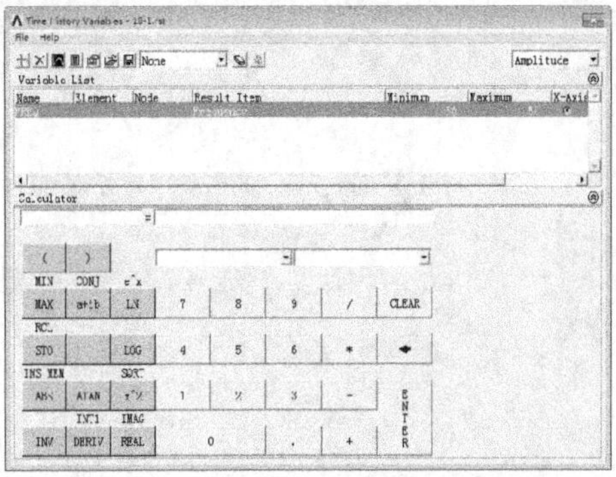

图 10-18 Time History Variables 对话框

（2）从中选择 Nodal solution > DOF Solution > Y_Component of displacement，弹出拾取对话框，添加变量 UY_2，单击 OK 按钮，弹出 Node for Date 拾取框，拾取模型节点 2（中间节点球处），单击 OK 按钮退出。

（3）重复上述操作，将节点 7 的 Y 方向定义为 UY_3。在 Time History Variables 对话框的变量列表中选择变量 UY_2 和 UY_3，单击 Graph Data 按钮，ANSYS 显示窗口将显示两个变量随频率变化的曲线，如图 10-19 所示。

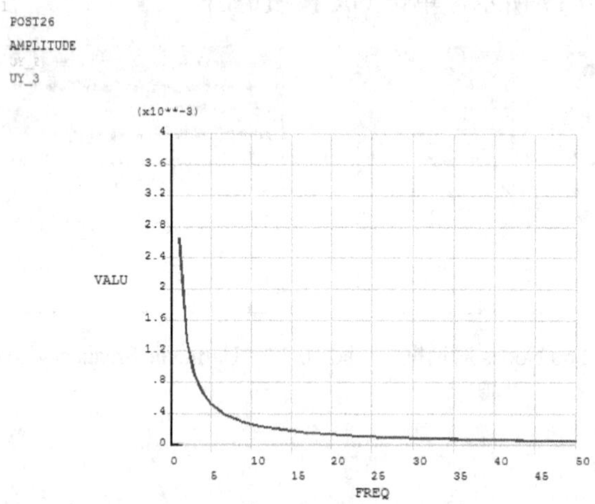

图 10-19　节点响应随频率变化曲线

（4）选择 Utility Menu > File > Exit 命令，弹出 Exit from ANSYS 对话框，选择 Save Everything 单选按钮，单击 OK 按钮，关闭 ANSYS 程序。

10.2.9　命令流

```
/CLEAR
/UNITS,SI
/PREP7
ET,1,BEAM188
ET,2,MASS21,,,4

sectype,1,beam,rect
secdata,8e-4,9e-4,0.04

R,2,3.79

MP,EX,1,210E9
MP,NUXY,1,0.3
MP,DENS,1,7850
K,1,0,0,0
```

```
K,2,1.5,0,0
K,3,3,0,0
L,1,2
L,2,3
LATT,1,,1,,,,1
LESIZE,ALL,,,5,1,,,
LMESH,ALL

TYPE,2
REAL,2
E,2
E,7

/SOLU
DK,1,ALL
ANTYPE,HARMONIC
HROPT,FULL
F,7,FY,20
HARFRQ,0,50
NSUBST,50
KBC,0
SOLVE
FINISH

/POST26
NSOL,2,2,U,Y,UY_2
NSOL,3,7,U,Y,UY_3
PLVAR,2,3
FINISH
```

10.3 本章小结

本章介绍了谐响应分析。谐响应分析需要在求解模态的基础上进行进一步的处理，用户应多加练习熟悉这一分析模式。

谐响应分析是用于确定线性结构在承受随时间按正弦（简谐）规律变化的载荷时的稳态响应的一种技术。分析的目的是计算结构在几种频率下的响应并得到一些响应值（通常是位移）对频率的曲线，从这些曲线上可找到"峰值"响应，并进一步查看峰值频率对应的应力。

谐响应分析可以采用 Full 方法（完全）、Reduced 方法、Mode Super position 方法（模态叠加）等 3 种方法。

第 11 章

瞬态动力学分析

瞬态动力学分析是用于分析结构承受任意的随时间变化载荷动力响应的一种方法。用户可以使用 ANSYS 的瞬态动力学技术计算结构在稳态载荷、瞬态载荷和简谐载荷的随意组合作用下的随时间变化的位移、应变、应力及力。载荷和时间的相关性使得相关惯性力和阻尼作用比较重要。如果惯性力和阻尼作用不重要，就可以用静力学分析替代瞬态动力学分析。

学习目标：

- 了解 ANSYS 瞬态动力学的基础；
- 掌握瞬态动力学的分析方法。

11.1 概述

含义和应用

瞬态动力学分析（亦称时间历程分析）是用于确定承受任意随时间变化载荷结构的动力学响应的一种方法，可用其分析确定结构在静载荷、瞬态载荷和简谐载荷的随意组合作用下随时间变化的位移、应变、应力及力。载荷和时间的相关性使得惯性力和阻尼作用比较显著，如果惯性力和阻尼作用不重要，即可用静力学分析代替瞬态分析。

- 预备工作

瞬态动力学分析比静力学分析更复杂，因为按工程时间计算，该分析通常要占用更多的计算机资源和更多的人力，可以做必要的预备工作以节省大量资源。

如果分析中包含非线性，可以通过进行静力学分析尝试了解非线性特性如何影响结构的响应，有时在动力学分析中不必包括非线性。

通过模态分析计算结构的固有频率和振型，即可了解这些模态被激活时结构如何响应。固有频率同样也对计算正确的积分时间步长有用。

瞬态动力学分析也可以采用 Full、Reduced 或 Mode Superposition 方法。

■ 步骤

使用 Full 方法进行瞬态动力学分析过程的主要步骤为建模、加载并求解，以及查看结果及后处理。

1. 建模

在该步骤中需指定文件名和分析标题，然后用 PREP7 来定义单元类型、单元实常数、材料特性及几何模型，需记住的要点如下。

只有线性行为是有效的，如果有非线性单元，则按线性单元处理。

必须指定杨氏模量 EX（或某种形式的刚度）和密度 DENS（或某种形式的质量）。材料特性可为线性、各向同性或各向异性，以及恒定的或和温度相关的，忽略非线性材料特性。

2. 加载并求解

在该步骤中定义分析类型和选项、加载、指定载荷步选项，并开始有限元求解。

进入 ANSYS 求解器。

GUI：Main Menu > Solution。

命令

```
/SOLU
```

定义分析类型和分析选项，用于瞬态动力学响应分析的选项见表 11-1。

New Analysis[ANTYPE]：选择新分析。已完成静力学预应力或 Full 方法瞬态动力学分析并准备延伸时间历程；选择 Restart，重新启动一次失败的非线性分析。

Analysis Type[ANTYPE]：选择分析类型为 Transient Dynamics（瞬态动力学分析）。

Solution Method[HROPT]：选择 Full、Reduced 或 Mode Superposition 求解方法。

Large Deformation Effects[NLGEOM]：考虑属于几何非线性的大变形（如弯曲的细长棒）或大应变（如金属成型问题）时，打开（ON）选项。默认为小变形和小应变。

Mass Matrix Formulation[LUMPM]：建议在大多数应用中采用默认质量矩阵形成方式（和单元相关）。但对有些包含薄膜结构的问题，采用集中质量矩阵近似经常产生较好的结果，并且求解时间短，需要内存少。

Equation Solver[EQSLV]：可选求解器有 Frontal（默认）、Sparse Direct（SPARSE）、Jacobi Conjugate Gradient（JCG）、JCG out-of-memory、Incomplete Cholesky Conjugate Gradient（ICCG）、Preconditioned Conjugate Gradient（PCG）和 Iterative（自动选择，仅用于非线性静力学分析/Full 方法瞬态动力学分析或稳态/瞬态热力学分析，建议采用）。对于大型模型，建议采用 PCG 求解器。

Stress Stiffening Effect[SSTIF]：应力刚化属于几何非线性，在小变形分析中希望结构中的应力显著增加（或降低）结构的刚度，如承受法向压力的圆形薄膜，或者在大变形分析中如果需要用此选项帮助收敛时选择为 ON（默认为 OFF）。

Newton-Raphson Option[NRORT]：指定在求解期间切线矩阵被刷新的频度。仅在存在非线性时用，可选项包括 Program-chosen（默认）、Full、Modified 及 Initial Stiffness。

在模型上加载。按定义，瞬态动力学分析包含数值为时间函数的载荷，要指定这样的载荷，需将载荷对时间的关系曲线划分成合适的载荷步。在载荷/时间曲线上的每个拐角都应作为一个载荷步，如图 11-1 所示。

表 11-1　用于瞬态动力学响应分析的选项

选项	命令	GUI 路径
New Analysis	ANTYPE	MainMenu > Solution > Analysis Type > New Analysis
Analysis Type:Transient Dynamics	ANTYPE	MainMenu > Solution > Analysis Type > NewAnalysis > Transient Dynamics
Solution Method	HROPT	MainMenu > Solution > Analysis Type > Analysis Options
Large Deformation Effects	NLGEOM	MainMenu > Solution > Analysis Type > Analysis Options
Mass Matrix Formulation	LUMPM	MainMenu > Solution > Analysis Type > Analysis Options
Equation Solver	EQSLV	MainMenu > Solution > Analysis Type > Analysis Options
Stress Stiffening Effect	SSTIF	MainMenu > Solution > Analysis Type > Analysis Options
Newton-Raphson Option	NROPT	MainMenu > Solution > Analysis Type > Analysis Options

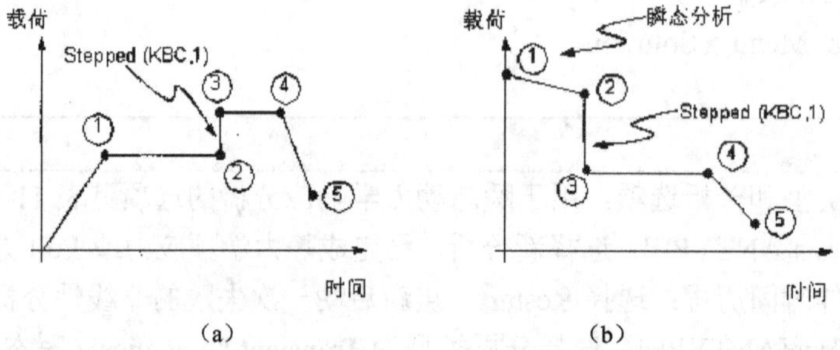

图 11-1　载荷/时间关系曲线的实例

第 1 个载荷步通常用来建立初始条件，然后指定后继的瞬态载荷及加载步选项。对于每一个载荷步，都要指定载荷值和时间值，以及其他载荷步选项，如载荷时按 Steped 或 Ramped 方式施加，以及是否使用自动时间步长等。最后将每一个载荷步写入文件并一次性求解所有的载荷步。

施加瞬态载荷的第 1 步是建立初始关系（即零时刻的情况），瞬态动力学分析要求给定初始位移 U_0 和初始速度 V_0 两种初始条件。如果没有设置，U_0 和 V_0 都假定为 0。初始加速度 a_0 一般被假定为 0，但可以通过在一个小的时间间隔内施加合适的加速度载荷来指定非零的初始加速度。

非零初始位移及/或非零初始速度的设置方法如下。

■　GUI：Main Menu > Solution > Define Loads > Apply > Initial Condit'n > Define。

命令：

```
IC
```

除惯性载荷外，可以在实体模型（由关键点，线及面组成）或有限元模型（由节点和单元组成）上施加载荷。在分析过程中可以施加、删除载荷或操作及列表载荷。

普通选项如下。

Time[TIME]：指定载荷步结束时间。

Stepped or Ramped Loads[KBC]：设置在载荷步[KBC]内用 Ramped（直线上升，默认）方式或 Stepped（阶跃）方式加载荷。

Integration Time Step[NSUBST 或 DELTIML]：积分时间步长是用于运动方程时间积分的时间增量值。可以直接用命令[DELTIM]或间接地用子步数[NSUBST]指定。时间步长决定解的精度，其值越小，精度越高。

Automatic Time Stepping[AUTOTS]：在瞬态分析中也为时间步长优化，指程序按结构的响应增加或减缩积分步长。对于大多数问题，建议选择此选项并指定上下限。

动力学选项如下。

Time Integration Effects[TIMINT]：考虑惯性和阻尼影响时必须打开时间积分效果，否则进行静力分析。默认为打开。该选项对以静力分析开始的瞬态动力学分析很有用，即第 1 个载荷步求解时应关闭时间积分效果。

Transient Integration Parameters[TINTP]（瞬态积分参数）：控制 Newmark 时间积分法特性，默认为采用恒定平均加速度方案。

Damping：在多数结构中存在某种形式的阻尼且应在分析中加以考虑，在瞬态动力学分析中可指定 Alpha（质量）阻尼[ALPHAD]、Beta（刚度）阻尼[BETAD]和恒定阻尼比[DMPRAT]共 3 种形式的阻尼。

非线性选项包括仅当存在非线性特性（塑性，接触单元和蠕变等）时有用。

输出控制选项如下：

Printed Output[OUTPR]：指定输出文件中包含的结果数据。

Data base and Results File Output[OUTRES]：控制 Jobname.rst 文件中包含的数据。

Extra polation of Results[ERESX]：设置采用将结果复制到节点处方式，而默认的外插方式得到单元积分点结果。

保存当前载荷步设置到载荷步文件中。

■ GUI：Main Menu > Solution > Load Step Opts > Write LS File。

命令：

```
LSWRITE
```

对载荷/时间关系曲线上的每个拐点重复以上步骤。可能需要一个额外的延伸到载荷曲线上最后一个时间外的载荷步，以考察在瞬态载荷施加后结构的响应。

开始求解。

■ GUI：MainMenu > Solution > Solve > Current LS。

命令：

```
SOLVE
```

退出 SOLUTION。

GUI：关闭 Solution 菜单。

命令：

```
FINISH
```

3. 查看结果和后处理

瞬态动力学分析的结果被保存到结构分析 Jobname.rst 文件中，可以用 POST26 和 POST1 查看结果。

POST26 要用到结果项/频率对应关系表，即 variables（变量）。每个变量都有一个参考号，1 号变量内定为频率，其中主要操作如下。

定义变量。

GUI：MainMenu > TimeHist Postpro > Define Variables。

命令：NSOL 用于定义基本数据（节点位移），ESOL 用于定义派生数据（单元数据，如应力），RFORCE 用于定义反作用力数据，FORCE（合力，或合力的静力分量，阻尼分量和惯性力分量）及 SOLU（时间步长，平衡迭代次数和响应频率等）。

绘制变量变化曲线或列出变量值，通过查看整个模型关键点处的时间历程分析结果，即可找到用于进一步的 POST1 后处理的临界时间点。

- GUI：Main Menu > Time Hist Postpro > Graph Variables。
- Main Menu > Time Hist Postpro > List Variables。
- Main Menu > Time Hist Postpro > List Extremes。

绘制变量变化曲线的命令：

```
PLVAR
```

变量值列表的命令：

```
EXTREM
```

使用 POST1 时主要操作如下：

从数据文件中读入模型数据。

- GUI：Utility > Menu > File > Resume from。

命令：

```
RESUME
```

读入需要的结果集，用 SET 命令根据载荷步及子步序号或时间数值指定数据集。

- GUI：MainMenu > General > Postproc > ReadResults > ByTime/Freq。

命令：

```
SET
```

如果指定时刻没有可用结果，得到的结果将是和该时刻相距最近的两个时间点对应结果之间的线性插值。

显示结构的变形状况，应力及应变等的等值线，或向量的向量图要得到数据的列表表格，使用 PRNSOL、PRESOL 或 PRRSOL 等。

- Display Deformed Shape。
- GUI：Main Menu > General Postproc > Plot Results > Deformed Shape。

命令：

```
PLDISP
```

- Contour Displays。

- GUI：Main Menu > General Postproc > Plot Results > Contour Plot > Nodal Solu or Element Solu。

命令：PLNSOL 或 PLESOL，KUND 参数选择是否将未变形的形状叠加到显示结果中。

- List Reaction Forces and Moments。
- GUI：Main Menu > General Postproc > List Results > Reaction Solu。

命令：

```
PRRSOL
```

- List Nodal Forces and Moments。
- GUI：Main Menu > General Postproc > List Results > Element Solution。

命令：

```
PRESOL、F 或 M
```

列出选点的一组节点的总节点力和总力矩，这样即可选定一组节点并得到作用在这些节点上的总力大小。

- GUI：Main Menu > General Postproc > Nodal > Calcs > Total Forceum。

命令：

```
FSUM
```

同样也可以查看每个选定节点处的总力和总力矩，对于处于平衡态的物体，除非存在外加的载荷或反作用载荷；否则所有节点处的总载荷应为零。

- GUI：Main Menu > General Postproc > Nodal Caics > Sum@Each Node。

命令：NFORCE。

还可以设置要查看的力的分量，如合力（默认）、静力分量、阻尼力分量或惯性力分量。

- GUI：Main Menu > General Postproc > Options for Outp。

命令：

```
FORCE
```

- Line Element Results。
- GUI：Main Menu > General Postproc > Element Table > Define Table。

命令：

```
ETABLE
```

- Vector Plots。
- GUI：Main Menu > General Postproc > Plot Results > Vector Plot > Predefined。

命令：

```
PLVECT
```

- Tabular Listings。
- GUI：Main Menu > General Postproc > List Results > Nodal Solution。
- Main Menu > General Postproc > List Results > Element Solution。
- Main Menu > General Postcroc > List Results > Reaction Solution。
- Main Menu > General Postproc > List Results > Sorted Listing > Sort Nodes。

命令：PRNSOU（节点结果）、PRESOL（单元-单元结果）、PRRSOI（反作用力数据等）及 NSORT 和 ESORT（对数据排序）。

11.2 斜拉悬臂梁结构瞬态响应分析

11.2.1 问题描述

斜拉结构在实际工程中有着广泛的应用，其他结构形式由塔柱、拉索及空间结构（如雨篷、桥体和星面等）组成。从简化结构模型的角度来考虑，空间结构在一定程度上可以用悬臂梁来替代，而塔柱为拉索提供的约束可以视为铰接，结构模型如图 11-2 所示。

当悬臂梁上有移动载荷 1kN，以约 0.1m/s 的速度移动时，计算此过程中悬臂梁结构的位移及应力响应。

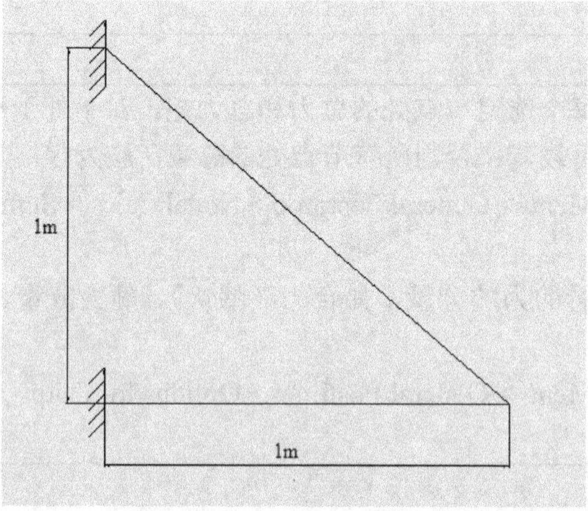

图 11-2 斜拉悬臂梁结构

结构的几何体如图 11-2 所示，梁长为 1m，索悬挂点与悬臂梁固定端的竖直距离为 1m。结构的材料属性如下：弹性模量为 $2.1\times10^{11}N/m^2$，泊松比为 0.3，密度为 $7850kg/m^3$，截面尺寸为 0.4m×0.25m，拉索截面面积为 $0.004m^2$。

11.2.2 设置环境变量

（1）启动 Mechanical APDL Product Launcher，弹出 Mechanical APDL Product Launcher 窗口。

（2）在 Mechanical APDL Product Launcher 窗口中设置 Simulation Environment 为 ANSYS，License 为 ANSYS Multiphysics，在 Working Directory 中输入工作目录名称，JobName 输入项目名称 11-1，单击 Run 按钮，运行 ANSYS 程序。

（3）在主菜单中选择 Preferences 命令，弹出如图 11-3 所示的 Preferences for GUI filtering 对话框。选择分析类型为 Structural，单击 OK 按钮，完成分析环境设置。

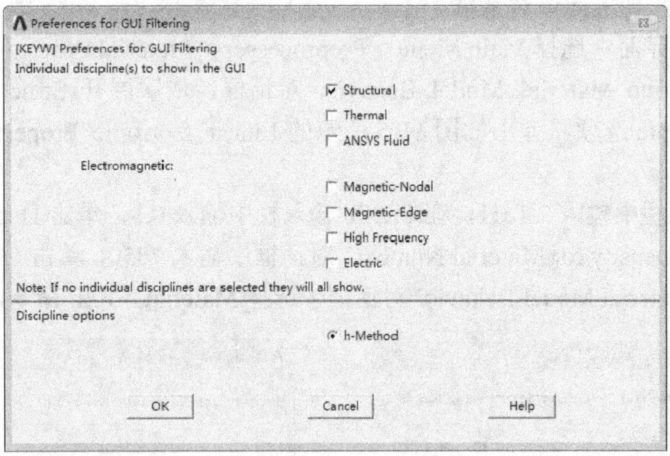

图 11-3　PreferencesforGUIfiltering 对话框

11.2.3　设置材料属性

（1）在 GUI 界面中选择 Main Menu > Preprocessor > Element Type > Add/Edit/Delete 命令，弹出 Element Type 对话框。

（2）单击 Add 按钮，弹出如图 11-4 所示的 Library of Element Types 对话框。在 Library of Element Types 对话框中，在左侧选择 Structural Beam，在右侧列表选择 3D 2node 188，单击 OK 按钮。

同理，选择 Link10 单元模拟索，单击 OK 按钮关闭该对话框。此时回到 ElementTypes 对话框中即可看到添加完成的单元。

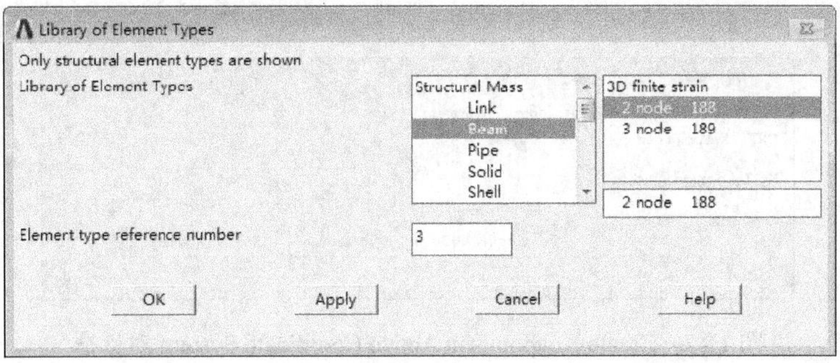

图 11-4　Library of Element Types 对话框

（3）在 GUI 界面中选择 Main Menu > Preprocessor > Real Constants > Add/Edit/Delete 命令，弹出 Element Type for Real Constants 对话框，单击 Add 选项，选择 Link10 单元，弹出 Real Constant Set Number1,for Link10 单元对话框，定义索截面面积为 0.004m^2，单击 OK 按钮关闭该对话框。

选择 Main Menu > Preprocessor > Sections > Beam > Common Sections 命令，弹出 Beam Tool 对话框，在 Sub-Type 栏中选择方截面，并在 B、H 栏中分别输入截面参数 0.4、0.25，单击 OK 按钮关闭该对话框。

（4）在 GUI 界面中选择 Main Menu > Preprocessor > Material Props > Material Models 命令，弹出 Define Material Model Behavior 对话框，依次展开 Structural > Linear > Elastic > Isotropic 选项，弹出如图 11-5 所示的 Linear Isotropic Properties for Material Number1 对话框。

在 EX 输入栏中输入 2.1e11，在 PRXY 输入栏中输入 0.3，单击 Density 选项，在如图 11-6 所示的 Density for Material Number1 对话框中输入 7850，单击 OK 按钮关闭对话框。在 Define Material Model Behavior 对话框中选择 Material > Exit 命令，关闭该对话框。

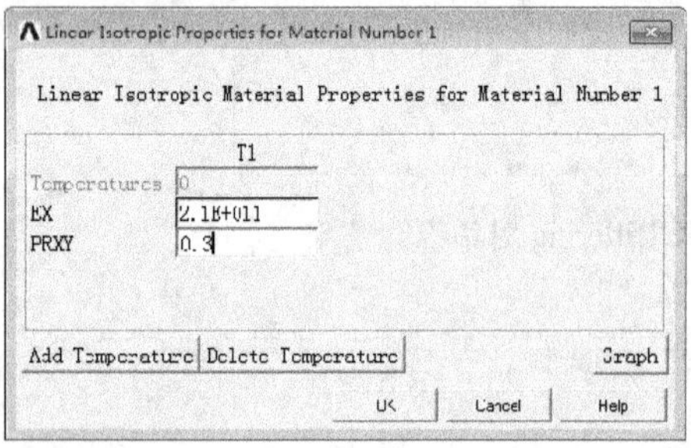

图 11-5　Linear Isotropic Properties for Material Number1 对话框

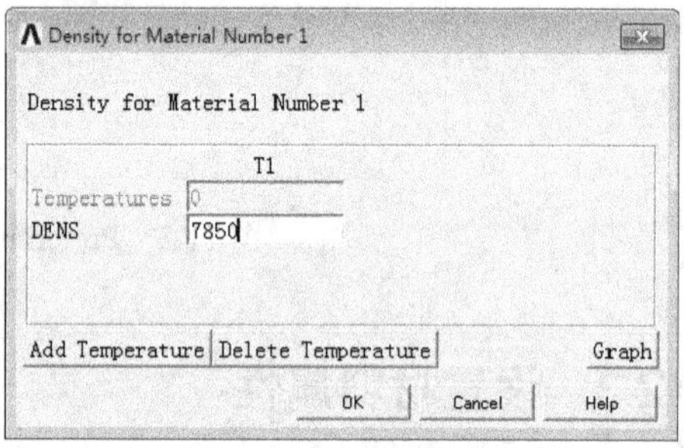

图 11-6　Density for Material Number1 对话框

11.2.4　建立模型

（1）在 GUI 界面中选择 Main Menu > Preprocessor > Modeling > Create > Keypoints > In Active CS 命令，弹出如图 11-7 所示的 Create Keypoints in Active Coordinate System 对话框。

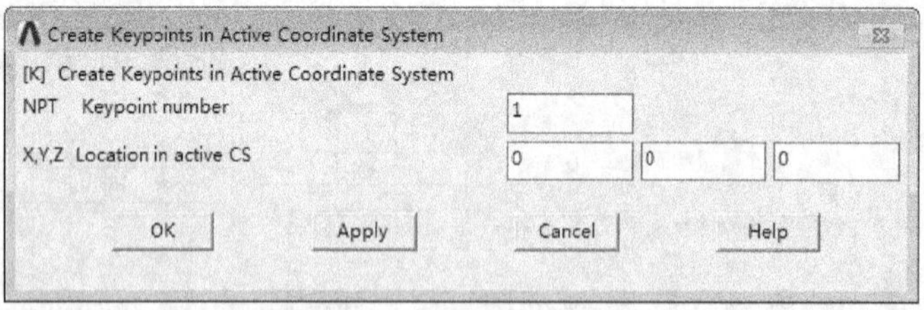

图 11-7　Create Keypoints in Active Coordinate System 对话框

（2）在 NPT 输入框中输入关键点的编号 1，在 X、Y、Z 中 1 号关键点的坐标值为 0,0,0，单击 Apply 按钮确认，并继续输入下一个关键点，直至完成表 11-1 所示的所有关键点的定义。完成定义的 3 个关键点如图 11-8 所示。

表 11-1　关键点坐标

关键点号	X	Y	Z
1	0	0	0
2	1	0	0
3	0	0	1

（3）在 GUI 界面中选择 Main Menu > Preprocessor > Modeling > Create > Lines > Lines > Straight Line 命令，弹出 Create Straight Line 对话框，依次选择 1、2，2、3 号关键点创建线，单击 OK 按钮关闭该对话框。

图 11-8　完成定义的 3 个关键点

11.2.5　划分网格

（1）在 GUI 界面中选择 MainMenu > Preprocessor > Meshing > Meshing Attributes > ALL Lines 命令，弹出 Lines Attributes 对话框，选择 Link10 单元，单击 OK 按钮关闭该对话框。

选择 Main Menu > Preprocessor > Meshing > SizeCntrls > Manual Size > Lines > Picked Lines 命令，弹出 Element Size on Picked Lines 拾取菜单，用鼠标在 ANSYS 显示窗口中选择拉索，单击 Apply 按钮，在 No. of element divisions 栏中输入 1，单击 OK 按钮退出该对话框。

（2）选择 Main Menu > Preprocessor > Meshing > Lines 命令，用鼠标分别选择拉索，单击 OK 按钮，划分拉索单元。

同理设置网格划分属性为 Beam188 单元，将其划分为 10 份，如图 11-9 所示为划分网格后有限元模型。最后选择 Utility > Plotctrls > Numbering...命令，设置显示节点编号。

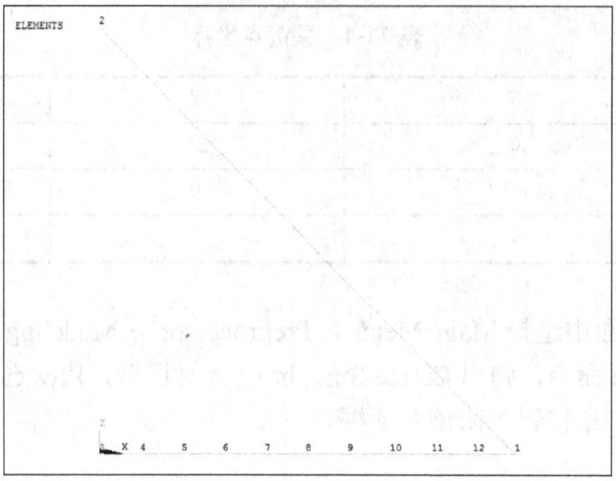

图 11-9　划分网格后的有限元模型

11.2.6　施加载荷

（1）在 GUI 界面中选择 Main Menu > Preprocessor > Loads > Define Loads > Apply > Structural > Displacement > On Keypoints 命令，弹出 Apply U,ROT on Keypoints 拾取菜单，用鼠标拾取 1 号关键点，单击 Apply 按钮。

弹出 Apply U,ROT on KPs 对话框，选取 ALL DOF 选项。同理选择 3 号关键点并约束 UX、UY、UZ，单击 OK 按钮关闭该对话框。

（2）在 GUI 界面中选择 Main Menu > Preprocessor > Solution > Analysis Type > New Analysis 命令，弹出如图 11-10 所示的 New Analysis 对话框，选择模态分析 Trasient，单击 OK 按钮，弹出 Trasient Analysis 对话框，在 Solution method 栏中选择 Full 方法，如图 11-11 所示，单击 OK 按钮确认。

（3）在 GUI 界面中选择 Main Menu > Solution > Analysis Type > Sol'nControl 命令，弹出 Solution Controls 对话框，在 Basic 选项卡中设置载荷步结束时间为 1.000，载荷子步数为 10，其他选项采用默认设置，如图 11-12 所示，单击 OK 按钮关闭该对话框。

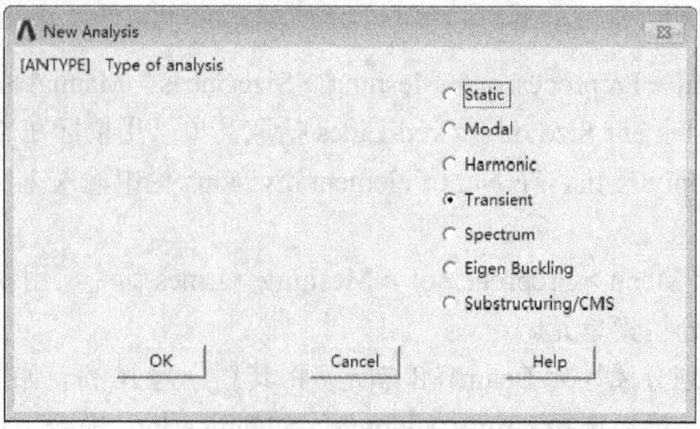

图 11-10　New Analysis 对话框

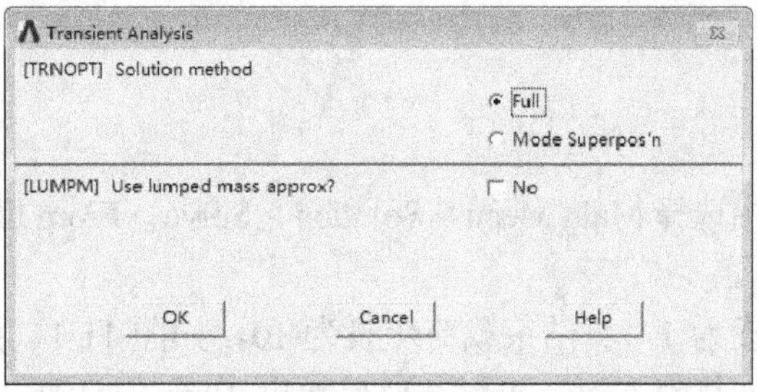

图 11-11　Trasient Analysis 对话框

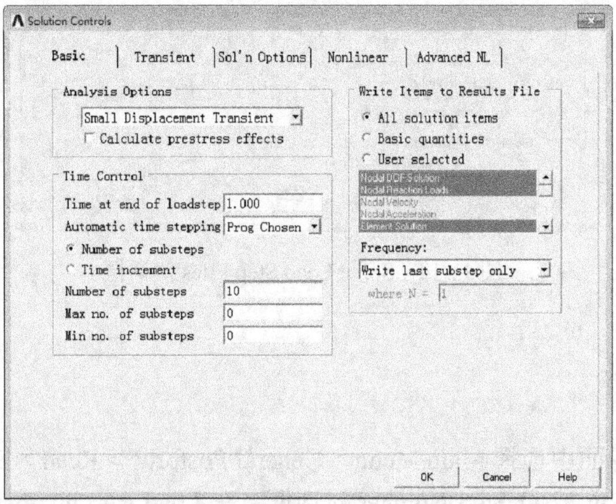

图 11-12　Solution Control 对话框

（4）在 GUI 界面中选择 Main Menu > Preprocessor > Loads > Define Loads > Apply > Structural > Force/moment > On Nodes 命令，在节点 4 的 Z 方向施加-1000N 的力，如图 11-13 所示。

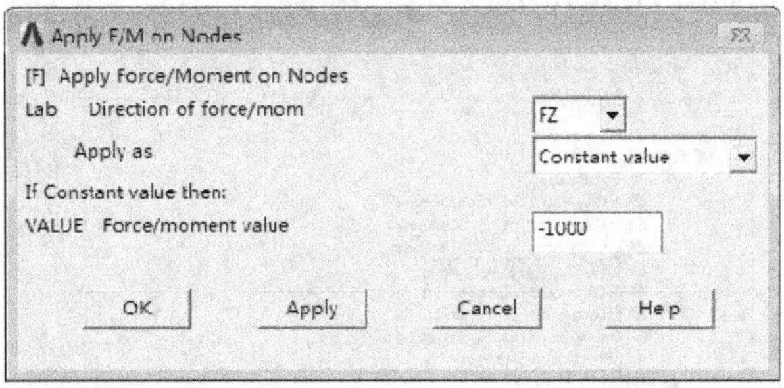

图 11-13　Apply Force/moment On Nodes 对话框

在 GUI 界面中选择 Main Menu > Solution > Load StepOpts > Write LS File 命令，将上述载荷步设置为载荷步 1 写入载荷步文件。

重复上述操作，每隔 1.0s 将载荷步依次移动到节点 3～1 上，施加载荷前需要将上一步载荷所施加的载荷删除。

11.2.7 求解

（1）在 GUI 界面中选择 Main Menu > Solution > Solve > From LS File 命令，弹出 Solve Load Step Files 对话框。

（2）将起始载荷设为 1，将结束载荷步设为 10，如图 11-14 所示，单击 OK 按钮，关闭该对话框，开始计算瞬态解。求解结束后弹出 Note 对话框，提示 Solution is done 时，求解完成，单击 Close 按钮关闭对话框。

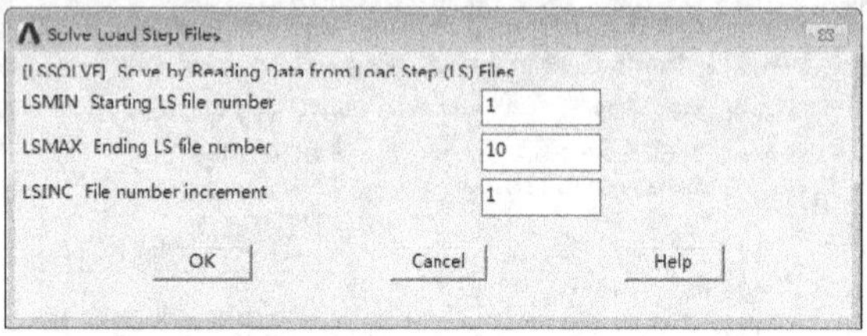

图 11-14 Solve Load Step Files 对话框

11.2.8 后处理

（1）在 GUI 界面中选择 Main Menu > General Postproc > Read > By Load Step 命令，弹出 Read Results by Load Step Number 对话框，在 Load step number 栏中输入 6，单击 OK 按钮，退出该对话框，读入载荷步 6 的计算结果。

在 GUI 界面中选择 Main Menu > General Postproc > Plotresults > Contour Plot > Nodal Solution 命令，弹出如图 11-15 所示 Contour Nodal Solution Data 对话框。

选择 DOF Solution 列表中的 Displacement Vector Sum，单击 OK 按钮，即可在工作区中看到位移云图，如图 11-16 所示。

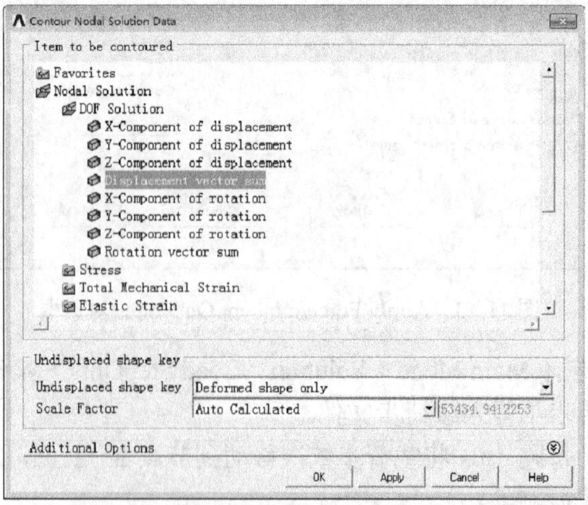

图 11-15 Contour Nodal Solution Data 对话框

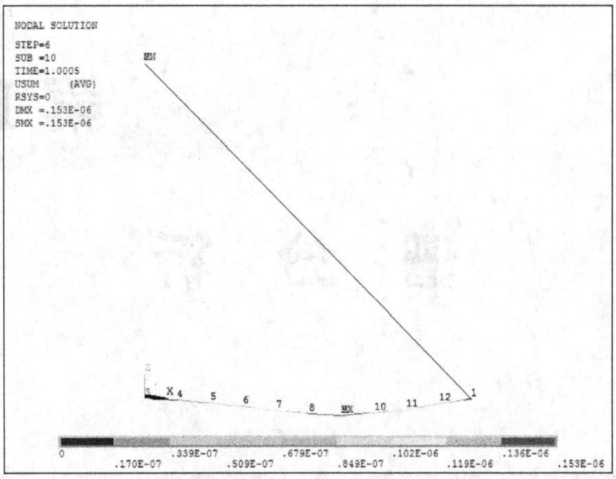

图 11-16 位移云图

（2）选择 Utility Menu > File > Exit 命令，弹出 Exit from ANSYS 对话框，选择 SaveEverything，单击 OK 按钮，关闭 ANSYS 程序。

11.3 本章小结

瞬态动力学分析（亦称时间历程分析）是用于确定承受任意的随时间变化载荷结构的动力学响应的一种方法，可用其分析确定结构在静载荷、瞬态载荷和简谐载荷的随意组合作用下随时间变化的位移、应变、应力及力。载荷和时间的相关性使得惯性力和阻尼作用比较显著，如果惯性力和阻尼作用不重要，即可用静力学分析代替瞬态分析。

第12章

谱分析

谱分析是一种将模态分析的结果与一个已知的谱联系起来计算模型的位移和应力的分析技术。谱分析替代瞬态动力学分析，主要用于确定结构对随机载荷或随时间变化载荷的响应，如地震、风载、海洋风浪、火箭发动机振动等的动力响应情况。

在工程设计中，往常要求了解系统受到冲击载荷作用后的最大响应值，即振动的位移或加速度的最大值。由于作用时间短暂，计算最大响应值时通常忽略系统的阻尼，使计算结果更偏于安全。最大响应值与激励的某个参数的关系曲线成为响应谱。

学习目标：

- 了解 ANSYS 谱分析的基础；
- 掌握谱分析的方法。

12.1 ANSYS 谱分析概述

谱是谱值和频率的关系曲线，反映了时间-历程载荷的强度和频率之间的关系。响应谱代表系统对一个时间-历程载荷函数的响应，是一个响应和频率的关系曲线。

谱分析是一种将模态分析结果和已知谱联系起来的计算结构响应的分析方法，主要用于确定结构对随机载荷或随时间变化载荷的动力响应。

谱分析可分为时间-历程分析和频域的谱分析。时间-历程谱分析主要应用瞬态动力学分析。谱分析可以代替费时的时间-历程分析，主要用于确定结构对随机载荷或时间变化载荷（地震、风载、海洋波浪、喷气发动机推力、火箭发动机振动等）的动力响应情况。

谱分析的主要应用包括核电站（建筑和部件），机载电子设备（飞机/导弹），宇宙飞船部件、飞机构件，任何承受地震或其他不规则载荷的结构或构件，建筑框架和桥梁等。

功率谱密度（Power Spectrum Density）：是结构在随机动态载荷激励下响应的统计结果，是一条功率谱密度值-频率值的关系曲线，其中 PSD 可以是位移 PSD、速度 PSD、加速度 PSD、力 PSD 等形式。数学上，PSD-频率关系曲线下面的面积就是方差，即响应标准偏差的平方值。

ANSYS 谱分析分为以下 3 种类型。

■　响应谱分析（SPRS OR MPRS）

ANSYS 响应谱分为单点响应谱和多点响应谱，前者指在模型的一个点集（不局限于一个点）定义一条响应谱；后者指在模型的多个点集定义多条响应谱。

■　动力设计分析（DDAM）

动力分析设计是一种用于分析船舶装备抗震性的技术。

■　随机振动分析（PSD）

随机振动分析主要用于确定结构在具有随机性质的载荷作用下的响应。

与响应谱分析类似，随机振动分析也可以是单点的或多点的。在单点随机振动分析时，要求在结构的一个点集上指定一个 PSD；在多点随机振动分析时，则要求在模型的不同点集上指定不同的 PSD。

1. 单点响应谱分析的基本步骤。

① 建立模型；
② 求得模态解；
③ 求得谱解；
④ 扩展模态；
⑤ 合并模态；
⑥ 观察结果。

（1）模型的建立

只允许线性行为，任何非线性特性均作为线性处理，即非线性行为无效；
一定要定义弹性模量 EX 和密度 DENS。

（2）计算模态解

结构的固有频率和模态振型是谱分析所必需的数据，在进行谱分析求解前需要先计算模态解。

■　只能用 subspace，Reduced 法和 black lanczos 法；
■　所提取的模态数应足以表征在感兴趣的频率范围内结构所具有的响应；
■　如果采用 GUI 菜单操作，在模态设置对话框打开了 Expand mode shapes 选项，将在模态分析中进行扩展操作，否则扩展操作将在谱分析求解之后进行（即模态扩展可在模态求解过程中实施，也可在谱分析以后单独扩展）；
■　有材料相关的阻尼必须在模态分析中定义；
■　对于地震谱必须在施加激励谱的位置添加自由度约束；
■　对于力/压力谱，必须在模态分析时加载；
■　求解结束退出 solution 处理器。

（3）谱分析求解

① 设置谱分析选项

指定分析类型为 single-ptresp（单点响应谱）；
no .of models for solu（模态扩展数）；

Calculate elemstresses（如果需要计算单元应力，打开该选项）。

② 设置激励谱选项

Type of responsespectrum 响应谱的类型：Seismic displac 位移(Units:length)、Seismic velocity 速度(length/time)、Seismic accel 加速度(length/time^2)、Force spectrum 力(force amplitude multipliers)、PSD(acceleration^2/(cycles/time))等；除了力谱之外，其余的都可以表示地震谱，即它们都假定作用于基础上，即有约束的节点上。

力谱作用于没有约束的节点，可以用 F 或 FK 命令施加，方向分别用 FX、FY 和 FZ 表示。PSD 施加在非基础节点上（PSD 翻译成(in/sec^2)^2/Hz，是加速度 PSD，ANSYS 不推荐在 SPRS 中使用 PSD 分析），（命令：sytyp）。

Excitationdirection 设置激励谱方向，通过 3 个坐标分量确定（命令：sed,x,y,z）。

③ 定义激励谱的谱值-谱线关系曲线（freq 和 sv）

④ 设置阻尼

⑤ 开始求解

（4）扩展模态

- 只选择有明显意义的模态进行扩展；
- 扩展后才能合并；
- 选择应力计算。

（5）合并模态

合并模态前要重新进入 ANSYS 求解器。

① 指定分析选项为 Spectrum

② 选择模态合并方法

- Mode Combination Method；
- CQC 法；
- GRP 法；
- DSUM 法；
- SRSS 法；
- NRLSUM 法。

Type of output 指定输出结果类型：位移 disp（位移、应力、载荷等），速度 velo（速度、应力速度、载荷速度等）和加速度 acel（加速度、应力加速度、载荷加速度等）。

合并求解 Solve-CurrentLS。

（6）观察结果

单点响应谱分析的结果是以 POST1 命令的形式写入模态合并文件 Jobname.MCOM 中的，这些命令依据模态合并方法指定的某种方式合并最大模态响应，最终计算出结构的总响应。

总响应包括总的位移（或总速度、总加速度）以及在模态扩展过程中得到的结果——总应力（或总反应力速度、总反应加速度）、总应变（或总应变速度、或总应变加速度）、总的反作用力（或总的反作用力速度、总反作用力加速度）。

- 进入通用后处理器 POST1；

■ 读入 jobname.MCOM 文件；
■ 显示结果。

注意，使用 PLNSOL 命令将衍生数据如应力、应变进行节点平均化处理，导致不同材料、不同壳厚度或其他不连续性单元共有的节点平均意义十分模糊。

为避免这种问题，在执行 PLNSOL 命令前，先使用 SELECTING 选择工具将具有同材料、相同壳体厚度等单元选择出来，再分别执行 PLNSOL 命令进行节点平均化处理。

2. 随机振动分析

功率谱密度（PSD）是针对随机变量在均方意义上的统计方法，用于随机振动分析。此时，响应的瞬态数值只能用于概率函数来表示，其数值的概率对应一个精确值。

基本步骤如下：

① 建立模型；
② 计算模态解；
③ 谱分析求解；
④ 扩展模态；
⑤ 合并模态；
⑥ 观察结果。

其中①、②、④与单点响应谱分析相同。

（1）模型的建立

只允许线性行为，任何非线性特性均作为线性处理，即非线性行为无效，例如，如果分析中包括接触单元，它们的刚度将依据原始状态来计算并且之后就不再改变；

一定要定义弹性模量 EX 和密度 DENS

（2）计算模态解

结构的固有频率和模态振型是谱分析所必需的数据，在进行谱分析求解前需要先计算模态解。

■ 只能用 subspace，Reduced 法和 black lanczos 法；
■ 所提取的模态数应足以表示在感兴趣的频率范围内结构所具有的响应；
■ 如果采用 GUI 菜单操作，在模态设置对话框打开了 Expand mode shapes 选项，将在模态分析中进行扩展操作，否则扩展操作将在谱分析求解之后进行（即模态扩展可在模态求解过程中实施，也可在谱分析以后单独扩展）；
■ 有材料相关的阻尼必须在模态分析中定义；
■ 对于地震谱必须在施加激励谱的位置添加自由度约束；
■ 对于力/压力谱，必须在模态分析时加载；
■ 求解结束退出 solution 处理器。

（3）谱分析求解

进入 ANSYS 求解器，设置分析类型为 Spectrum。

① 设置谱分析选项

■ 指定分析类型为 P.S.D 功率谱密度分析；

■ no. of models for solu(模态扩展数)；

■ Calculate elem stresses（如果需要计算单元应力，打开该选项）。

② 设置激励谱选项

Type of responses pectrum 响应谱的类型：加速度 Acceleration (Acceleration ^2/Hz), Accal (g^2/Hz),速度 Velocity (velocity ^2/Hz),位移 Displacement（displacement ^2/Hz）,力 Force spectrum (force ^2/Hz)和压力 Pressure Spectrum (pressure ^2/Hz)功率谱密度等；Force spectrum 和 Pressure Spectrum 只能作为节点激励，且必须在模态分析时就加载（命令 PSDUNIT，TBLNO，TYPE GVALUE)。Value of acceleration duce to gravity arbitrayunits for ACCG PSD table.Default is 386.4 in /s^2）。

③ 定义激励谱的谱值-谱线关系曲线（freq 和 sv）

④ 施加功率谱密度激励

Main Menu > Solusion > Define Loads > Apply > Spectrum > Base PSD Excit/Node PSD Excit

这个施加步骤很关键：基础激励就默认加载在定义的约束点上；节点激励就默认加载在模态分析时所加的力或压力作用的节点。

⑤ 计算 PSD 参与因子

Table no. of PSD table 指定所要计算的 PSD 谱编号，Base or Node Excitation。

设置 PSD 激励谱的类型是基础激励还是节点激励命令（PFACT, TBLNO, Excit, Parcor）。

⑥ 设置输出控制

■ 位移解 Load Step3；

■ 速度解 Load Step4；

■ 加速度解 Load Step5。

⑦ 开始求解

（4）扩展模态

■ 只选择有明显意义的模态进行扩展；

■ 扩展后才能合并；

■ 选择应力计算。

（5）合并模态

合并模态前要重新进入 ANSYS 求解器，随机振动分析的合并模态操作与单点响应谱分析不同之处在于随机振动分析的合并方法只有 PSD 一种，在分析对话框中需要指定需要合并的模态数。

（6）观察结果

随机振动分析结果写入结果文件 jobname.rst 中，包括模态振型、基础激励静力解、位移解、速度解和加速度解，可用 POST1 和 POST26 观察结果。

① 通用后处理器 POST1

读入 jobname.MCOM 文件，显示结果。

② POST26

■ 存储频率向量；

- STOR，PSD；
- 定义变量；
- 计算响应 PSD 并保存为变量；
- 获得响应曲线；
- 命令 PLVAR 画出曲线；
- 还可计算协方差得到任意变量间的关系。

12.2 三角平台结构地震响应分析

12.2.1 问题描述

三角平台为直角三角形，两直角边的边长为 1.414m，斜边长为 2m，平台柱子高为 1m。三角平台的坐标系中的坐标位置如图 12-1（位置坐标见表 12-1）所示，单位为 m。材料属性如下：

- 弹性模量为 $2.1\times10^{11}N/m^2$
- 密度为 $7850kg/m^3$
- 泊松比为 0.3
- 柱子截面尺寸为□800×400×16mm
- 平台板厚度为 25mm

计算在 X 方向的地震位移谱作用下三角平台的响应情况，地震响应谱如表 12-2 所示。

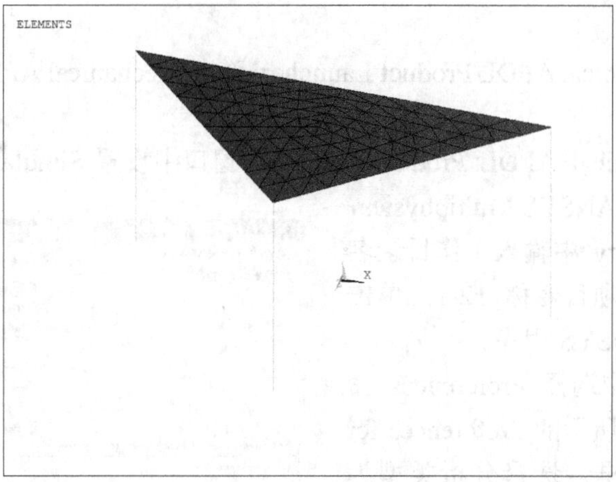

图 12-1　三角平台结构模型

表 12-1 坐标位置

坐标点	坐标（xyz）
1	(-1,0,0)
2	(1,0,0)
3	(0,0,1)
4	(0,1,1)
5	(-1,1,0)
6	(1,1,0)

表 12-2 地震响应谱

频率/Hz	位移/mm
0.5	2
1.2	9
2.4	8
3.6	12
4.8	75
6.0	86

12.2.2 分析

该问题属于单点响应频谱分析问题，在分析中，根据图 12-1 建立几何模型，并选择 BEAM188 梁单元和 SHELL63 壳单元分别模拟柱和板进行分析。

12.2.3 设置环境变量

（1）启动 Mechanical APDL Product Launcher，弹出 Mechanical APDL Product Launcher 窗口。

（2）在 Mechanical APDL Product Launcher 窗口中设置 Simulation Environment 为 ANSYS，License 为 ANSYS Multiphysics，在 Working Directory 中输入工作目录名称，JobName 输入项目名称 12-1，单击 Run 按钮，运行 ANSYS 程序。

（3）在主菜单中选择 Preferences 命令，弹出如图 12-2 所示的 Preferences for GUI filtering 对话框。选择分析类型为 Structural，单击 OK 按钮，完成分析环境设置。

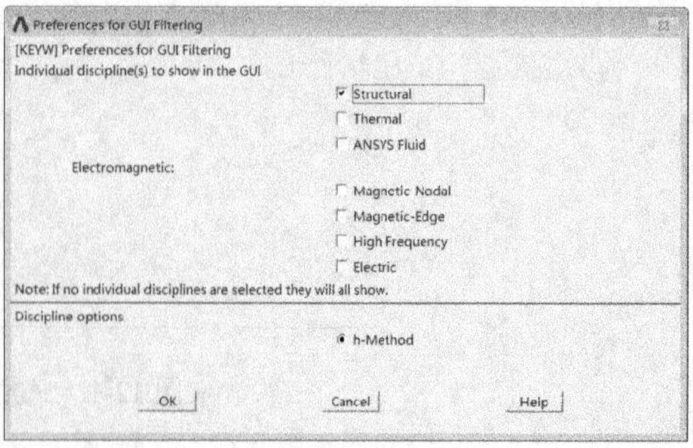

图 12-2 Preferences for GUI filtering 对话框

12.2.4 设置材料属性

（1）在 GUI 界面中选择 Main Menu > Preprocessor > Element Type > Add/Edit/Delete 命令，弹出 Element Type 对话框。单击 Add 按钮，弹出图 12-3 所示的 Library of Element Types 对话框。在 Library of Element Types 对话框中，左侧选择 Structural Beam，在右侧列表选择 3D 2node 188，单击 OK 按钮。

（2）同理，选择 SHELL63 单元模拟平台板，单击 OK 按钮关闭该对话框。此时回到 Element Types 对话框中，即可看到添加完成的单元，如图 12-4 所示。

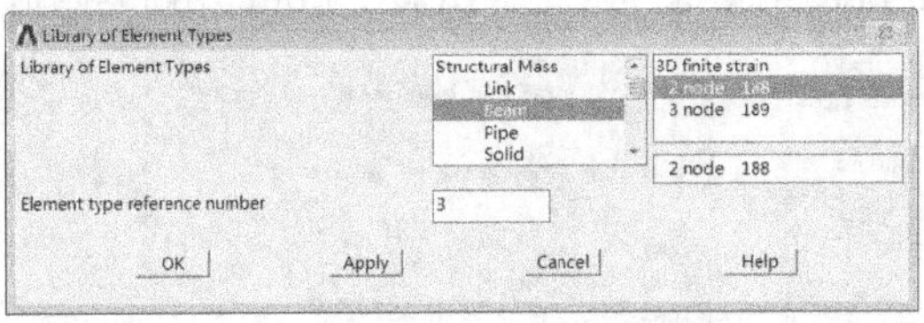

图 12-3 所示的 Library of Element Types 对话框

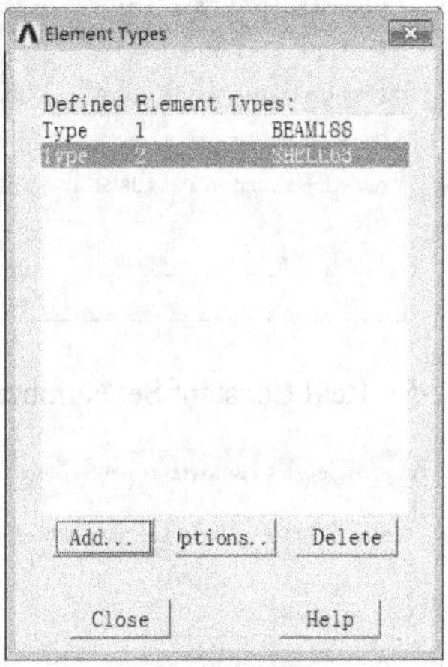

图 12-4 Element Types 对话框

（3）在 GUI 界面中选择 Main Menu > Preprocessor > Real Constants > Add/Edit/Delete 命令，弹出 Element Type for Real Constants 对话框，单击 Add 选项，单击 SHELL63，弹出 Real Constant Set Number1, for SHELL63 对话框，定义板厚为 0.025m，如图 12-5 所示，单击 OK 按钮关闭该对话框。

（4）选择 Main Menu > Preprocessor > Sections > Beam > Common Sections 命令，弹出 Beam Tool 对话框，在 Sub-Type 栏中选择方截面，并在 W1、W2、t1、t2、t3、t4 栏中分别输入截面参数 0.8、0.4、0.016、0.016、0.016、0.016，如图 12-6 所示，单击 OK 按钮关闭该对话框。

（5）在 GUI 界面中选择 Main Menu > Preprocessor > Material Props > Material Models 命令，弹出 Define Material Model Behavior 对话框。

依次展开 Structural > Linear > Elastic > Isotropic 选项，弹出如图 12-7 所示的 Linear Isotropic Properties for Material Number1 对话框，在 EX 输入栏中输入 2.1e11，在 PRXY 输入栏中输入 0.3，单击 Density 选项。

在如图 12-8 所示的 Density for Material Number1 对话框中输入 7850，单击 OK 按钮关闭对话框。在 Define Material Model Behavior 对话框中选择 Material > Exit 命令，关闭

该对话框。

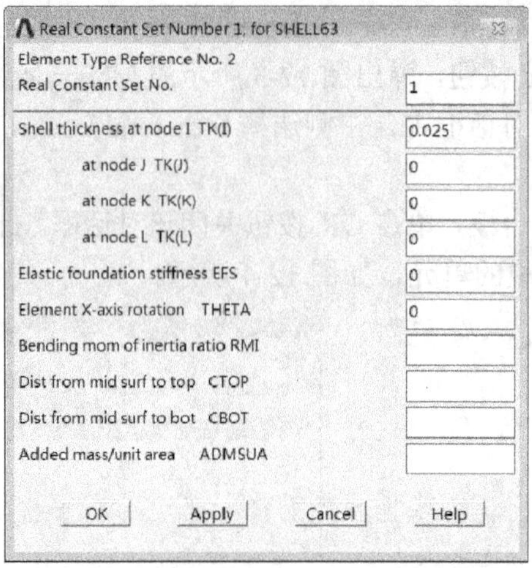

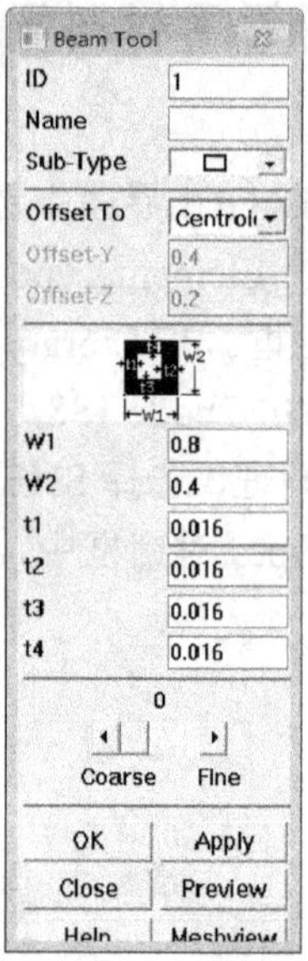

图 12-5 Real Constant Set Number 1,for SHELL63 对话框

图 12-6 BeamTool 对话框

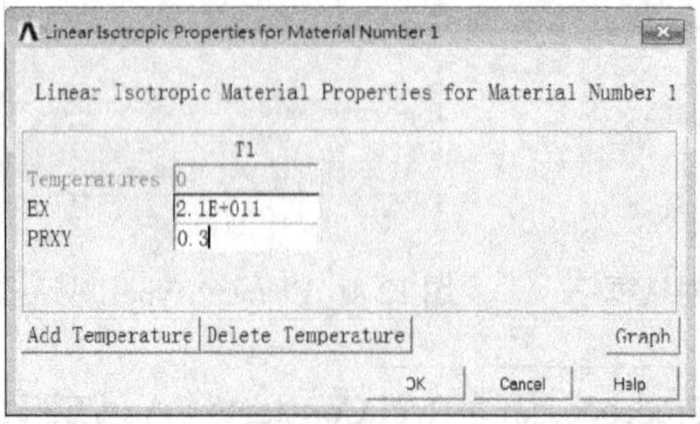

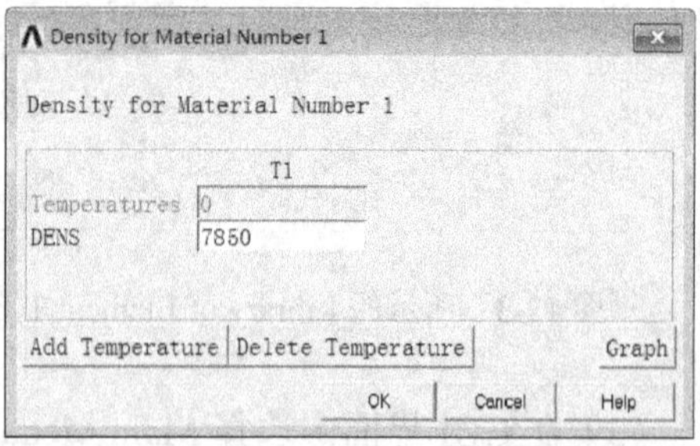

图 12-7 Linear Isotropic Properties for Material Number 1 对话框

图 12-8 Density for Material Number 1 对话框

12.2.5 建立模型

（1）在 GUI 界面中选择 Main Menu > Preprocessor > Modeling > Create > Keypoints > In Active CS 命令，弹出图 12-9 所示的 Create Keypoints in Active Coordinate System 对话框。

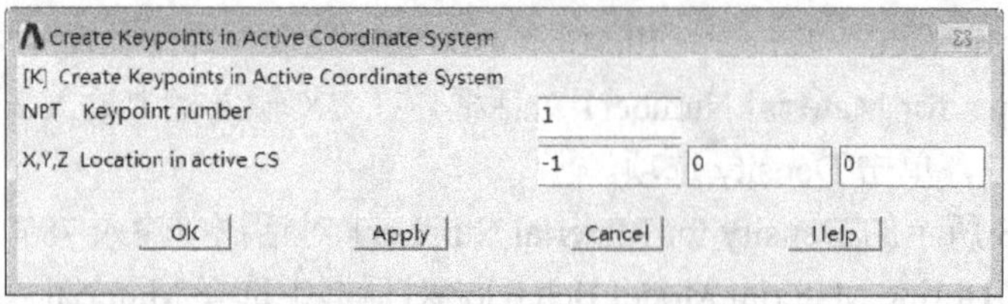

图 12-9 Create Keypoints in Active Coordinate System 对话框

（2）在 NPT 输入框中输入关键点的编号 1，在 X、Y、Z 中 1 号关键点的坐标值如图 12-9 所示，单击 Apply 按钮确认，并继续输入下一个关键点，直至完成表 12-3 所示的所有关键点的定义，完成定义的 6 个关键点如图 12-10 所示。

表 12-3　关键坐标

关键点号	X	Y	Z
1	-1	0	0
2	1	0	0
3	0	0	1
4	0	1	1
5	-1	1	0
6	1	1	0

（3）在 GUI 界面中选择 Main Menu > Preprocessor > Modeling > Create > Areas > Arbitrary > Through KPs 命令，弹出 Create Area thruKPs 对话框，选择 4、5、6 号节点创建平台板。

（4）在 GUI 界面中选择 Main Menu > Preprocessor > Modeling > Create > Lines > Lines > Straight Line 命令，弹出 Create Straight Line 对话框，依次选择 1、5，3、4，2、6 号关键点创建线，单击 OK 按钮关闭该对话框，生成模型如图 12-11 所示。

图 12-10　完成定义的 6 个关键点

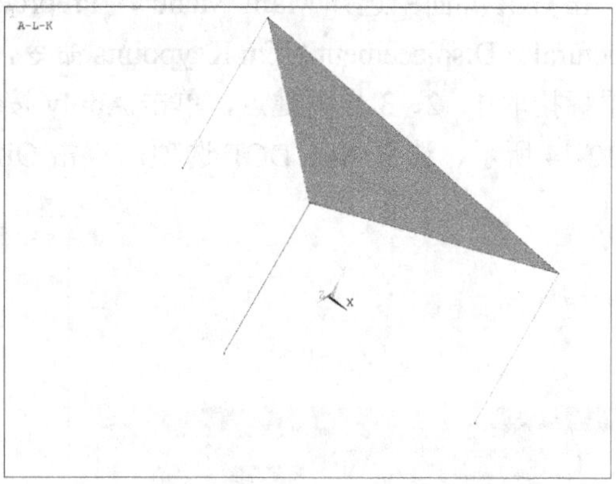

图 12-11　创建的模型

12.2.6　划分网格

（1）在 GUI 界面中选择 Main Menu > Preprocessor > Meshing > Meshing Attributes > ALL Lines 命令，弹出 Lines Attributes 对话框，选择 Beam188 单元，单击 OK 按钮关闭该对话框。

（2）选择 Main Menu > Preprocessor > Meshing > SizeCntrls > Manual Size > Lines >

Picked Lines 命令，弹出 Element Size on Picked Lines 拾取菜单，用鼠标在 ANSYS 显示窗口中选择 3 个柱子直线，单击 Apply 按钮，在 No. of element divisions 栏中输入 10，单击 OK 按钮退出该对话框，图形显示如图 12-12 所示。

（3）选择 Main Menu > Preprocessor > Meshing > Lines 命令，用鼠标分别选择柱子，单击 OK 按钮，划分梁单元。同理，设置网格划分属性为 SHELL63 单元，将其划分为三角形单元，单元网格设为 10 份，如图 12-13 所示为划分网格后有限元模型。

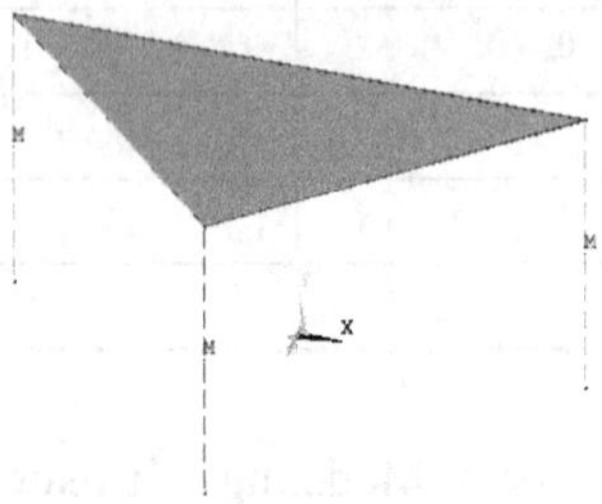

图 12-12　柱子网格划分

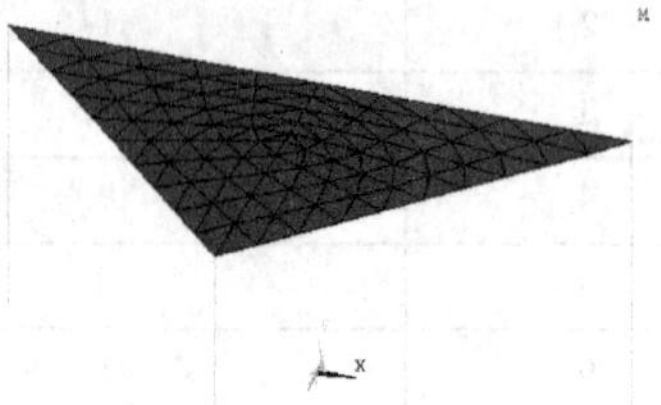

图 12-13　划分网格后有限元模型

12.2.7　施加载荷

在 GUI 界面中选择 Main Menu > Preprocessor > Loads > Define Loads > Apply > Structural > Displacement > On Keypoints 命令，弹出 Apply U,ROT on Keypoints 拾取菜单，用鼠标拾取 1、2、3 号关键点，单击 Apply 按钮。弹出 Apply U,ROT on KPs 对话框，如图 12-14 所示，选取 ALL DOF 选项。点击 OK 按钮，生成边界约束，如图 12-15 所示。

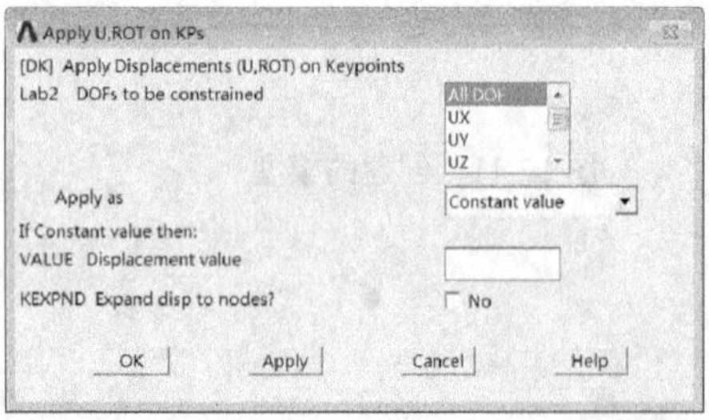

图 12-14　New Analysis 对话框

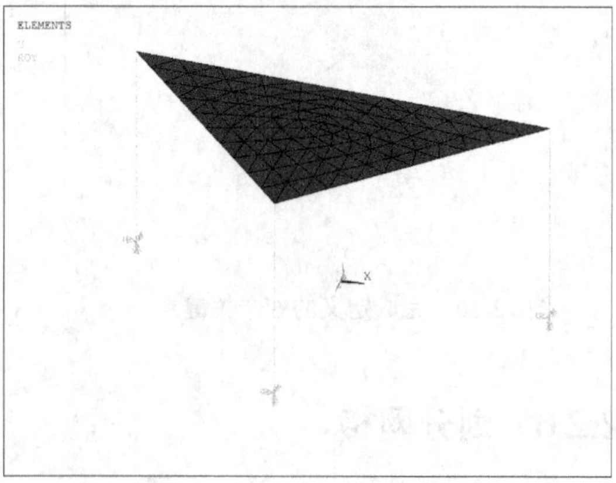

图 12-15　生成边界约束

12.2.8 求解

（1）在 GUI 界面中选择 Main Menu > Preprocessor > Solution > Analysis Type > New Analysis 命令，弹出 New Analysis 对话框，选择模态分析（Modal），如图 12-16 所示，单击 OK 按钮确认。

（2）在 GUI 界面中选择 Main Menu > Preprocessor > Solution > Analysis Type > Analysis Options 对话框，弹出 Modal Analysis 对话框，模态提取方法采用 Blodk Lanczos，提取模态数设置为 10，扩展模态数设置为 10，如图 12-17 所示。

单击 OK 按钮，弹出 Blodk Lanczos Method 对话框，在 FREQB START Freq(intial shift) 输入栏中输入 0，在 FREQE End Frequency 输入栏中输入 1000000，在 Nrmkey Normalize mode shapes 下拉列表框中选择 To mass matrix 选项，如图 12-18 所示，单击 OK 按钮关闭该对话框。

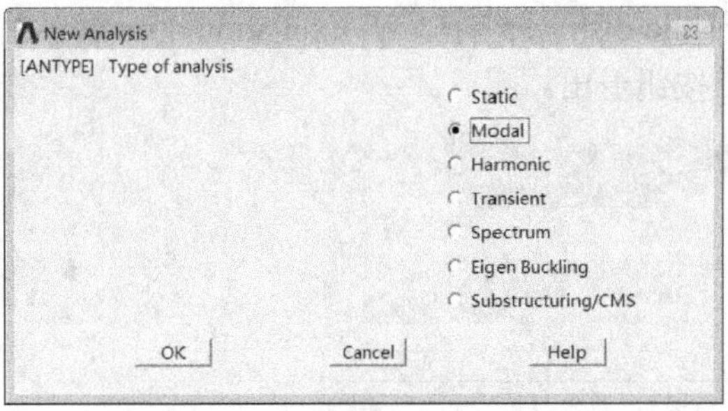

图 12-16　New Analysis 对话框

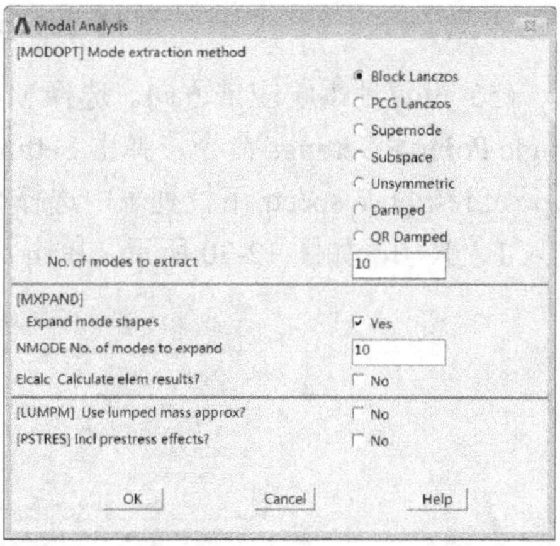

图 12-17　Modal Analysis 对话框

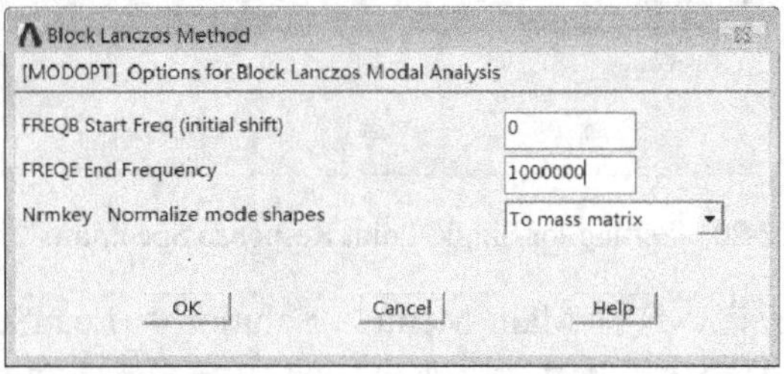

图 12-18　Blodk Lanczos Method 对话框

（3）在 GUI 界面选择 Main Menu > Solution > Solve > Current LS 命令，弹出 STATUS Command 窗口，窗口中显示了项目的求解信息及输出选项。同时弹出的还有 Solve Current LoadStep 对话框，询问用户是否开始进行求解。

单击 Solve Current LoadStep 对话框中的 OK 按钮开始求解，当弹出 Solution is done! 提示时，求解完成。

（4）选择在 GUI 界面中选择 Main Menu > Preprocessor > Solution > Analysis Type > New Analysis 命令，设置分析类型为 Spectrum。选择 Main Menu > Preprocessor > Solution > Analysis Type > Analysis Options 命令，在 Spectrum Analysis 对话框中设置分析类型为 Sing-pt resp，模态求解数设为 10，如图 12-19 所示。

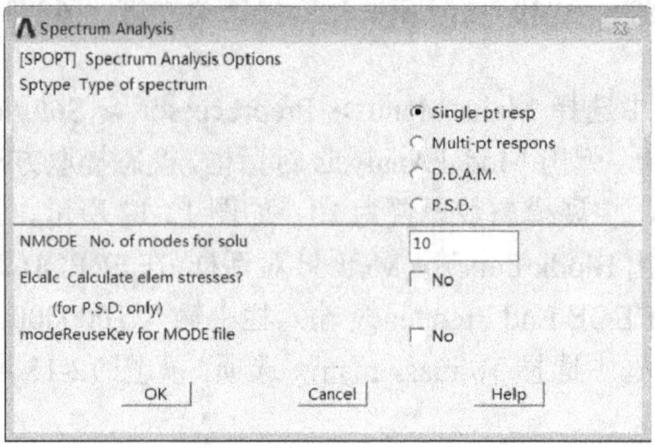

图 12-19　Spectrum Analysis 对话框

（5）设置地震响应谱方向。选择 Main Menu > Solution > LoadSetp Opts > Spectrum > Single Point > Settings 命令，弹出 Setting for Single-Point Response Spectrum 对话框，在 Type of response spectr 下拉列表中选择 Seismic displac 选项，在 Excitation direction 栏中输入 1、0、0，如图 12-20 所示，单击 OK 按钮退出。

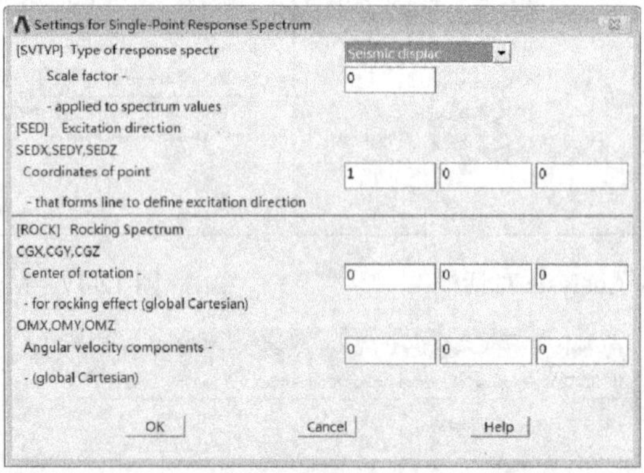

图 12-20　Setting for Single-Point Response Spectrum 对话框

（6）输入地震响应谱。选择 Main Menu > Solution > LoadSetp Opts > Spectrum > Single Point > Freq Table 命令，弹出 Frequency Table 对话框，在 FREQ1~FREQ6 栏中依次输入 0.5，1.2，2.4，3.6，4.8，6.0，如图 12-21 所示，单击 OK 按钮退出。

选择 Main Menu > Solution > LoadSetp Opts > Spectrum > Single Point > Spectrum values 命令，弹出 Spectrum values-Damping Ratios 对话框，设置阻尼比为 0，如图 12-22 所示，单击 OK 按钮，在 Spectrum Values 对话框的 FREQ1~FREQ6 输入栏中依次输入 0.002，0.009，0.008，0.012，0.075，0.086，如图 12-23 所示，单击 OK 按钮退出。

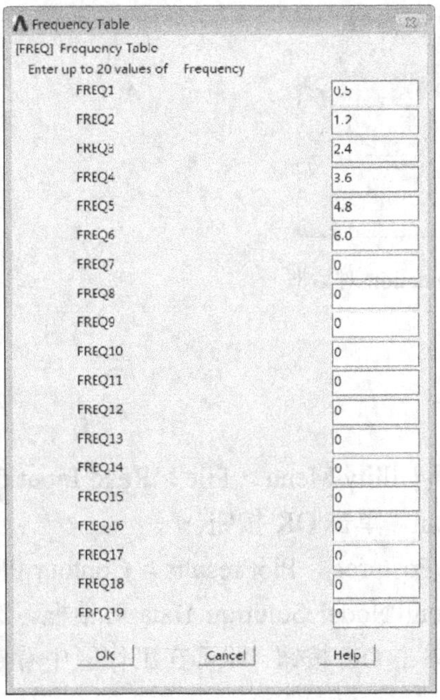

图 12-21　FrequencyTable 对话框

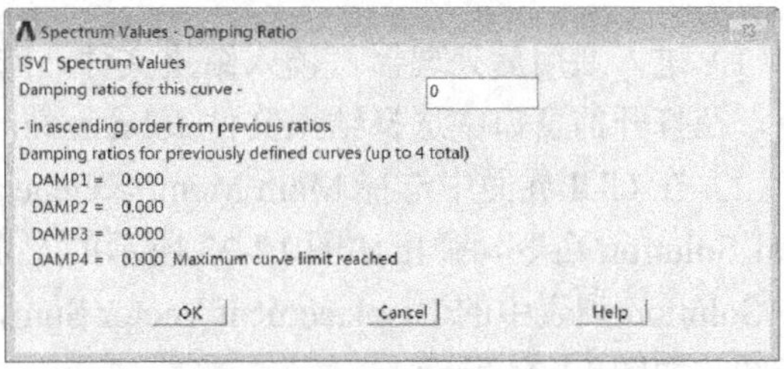

图 12-22　Spectrum values-Damping Ratios 对话框

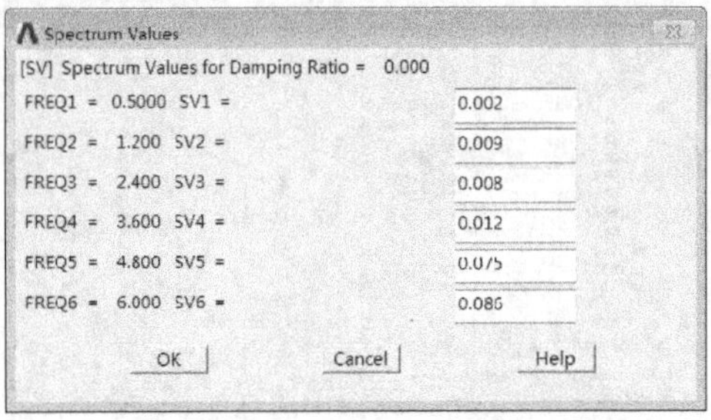

图 12-23　Spectrum Values 对话框

（7）谱分析求解。在 GUI 界面中选择 Main Menu > Solution > Solve > Current LS 命令，弹出 STATUS Command 窗口，窗口中显示了项目的求解信息及输出选项。

同时弹出的还有 Solve Current Load Step 对话框，询问用户是否开始进行求解。单击 Solve Current Load Step 对话框中的 OK 按钮开始求解，当弹出 Solution is done!提示时，求解完成。单击 Close 按钮关闭该对话框，并退出求解器。

（8）模态合并。选择 Main Menu > Solution > LoadSetp Opts > Spectrum > Single Point > Mode Combine 命令，弹出 Mode Combination Methods 对话框。

选择模态合并方式为 SRSS，在 Significant threshold 栏中输入 0.002，在 Type of output 下拉列表框中选择 Displacement 选项，如图 12-24 所示，单击 OK 按钮退出。

（9）模态合并求解。在 GUI 界面选择 Main Menu > Solution > Solve > Current LS 命令，弹出 STATUS Command 窗口，窗口中显示了项目的求解信息及输出选项。

同时弹出的还有 Solve Current Load Step 对话框，询问用户是否开始进行求解。单击 Solve Current LoadStep 对话框中的 OK 按钮开始求解，当弹出 Solution is done 提示时，求解完成。单击 Close 按钮关闭该对话框，并退出求解器。

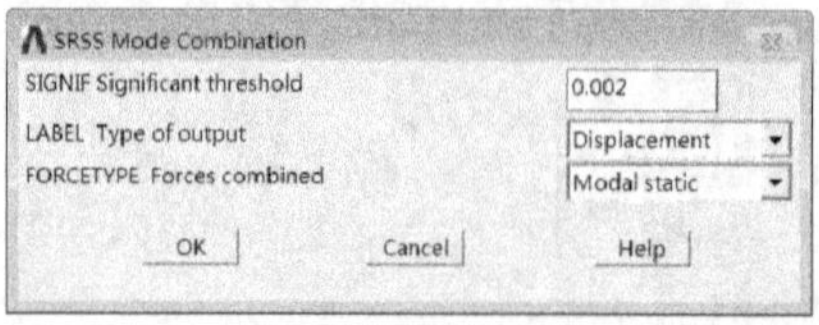

图 12-24　SRSS Mode Combination 对话框

12.2.9　观察结果

（1）进入通用后处理器，读入结果文件，选择 Utility Menu > File > Read Input from 命令，在打开的窗口中选择结果文件 Jobname.mcom，单击 OK 按钮。

（2）在 GUI 界面中选择 Main Menu > General Postproc > Plot results > Contour Plot > Nodal Solution 命令，弹出如图 12-23 所示的 Contour Nodal Solution Data 对话框。选择 DOF Solution 列表中的 Displacement Vector Sum，单击 OK 按钮，即可在工作区中看到位移云图，如图 12-24 所示。

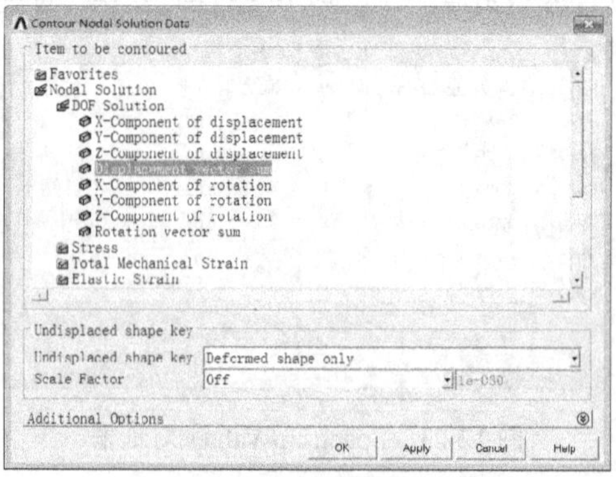

图 12-25　Contour Nodal Solution Data 对话框

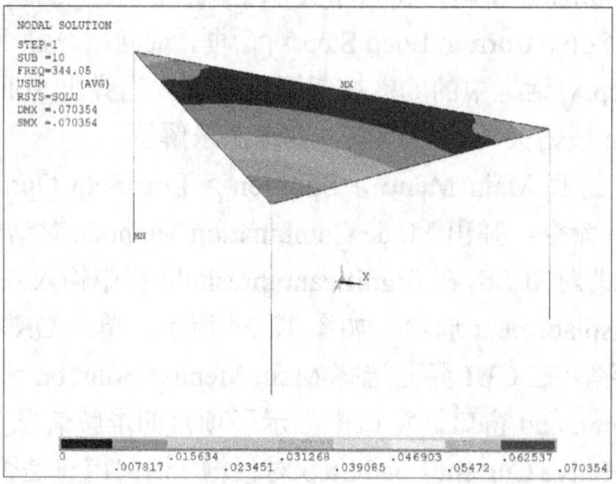

图 12-26　位移场分布等值线图

12.3 本章小结

本章通过分析三角平台结构在地震位移谱作用下的响应，详细介绍了谱分析的基本操作流程。期望读者在掌握谱分析的原理情况下，熟练应用谱分析。

第 13 章

热 分 析

本章介绍热分析，热分析用于计算一个系统或部件的温度分布及其他物理参数，如热量的获取或损失、热梯度、热流密度（热通量）等，热分析在许多工程应用中扮演重要的角色，如内燃机、涡轮机、换热器、管路系统、电子元件等。

学习目标：

- 了解 ANSYS 热分析的基础；
- 掌握热—应力耦合的分析方法。

13.1 热分析介绍

13.1.1 热分析的类型

（1）稳态传热：系统的温度场不随时间变化。

（2）瞬态传热：系统的温度场随时间明显变化。

（3）耦合分析：指在有限元分析的过程中考虑了两种或者多种工程学科（物理场）的交叉作用和相互耦合。例如压电分析考虑了结构和电场的相互作用，它主要解决由于所施加的位移载荷引起的电压分布问题，反之亦然。其他耦合场分析还有热—应力耦合分析，热—电耦合分析，流体—结构耦合分析，磁—热耦合分析和磁—结构耦合分析等。

13.1.2 热分析的基本过程

（1）建模

确定 jobname、title、unit；进入 PREP7 前处理，定义单元类型，设定单元选项；定义单元实常数；定义材料热性能参数，对于稳态传热，一般只需要定义导热系数，它可以是恒定的，也可以随温度变化；创建几何模型并划分网格。

（2）施加载荷计算

- 定义分析类型：确定新的热分析，还是继续上一次分析，比如增加边界条件等。
- 施加载荷：可以直接在实体模型或单元类型上施加 5 种载荷（边界条件）。
- 恒定的温度：通常作为自由度约束施加于温度已知的边界上。
- 热流率：热流率作为节点集中载荷，主要用于线单元模型中（通常线单元模型不能施加对流或热流密度载荷），如果输入的值为正，代表热流流入节点，即单元获取热量。如果温度与热流率同时施加在一节点上，则 ANSYS 读取温度值进行计算。
- 对流：对流边界条件作为面载施加于实体的外表面，计算与实体的热交换，它不仅施加于实体和壳模型上，对于线模型，可以通过对流线单元 LINK34 考虑对流。
- 热流密度：热流密度也是一种面载。当通过单位面积的热流率已知或通过 FLOTRANCFD 计算得到时，可以在模型相应的外表面施加热流密度。如果输入的值为正，代表热流流入单元。热流密度也仅适应于实体和壳单元。热流密度与对流可以施加在同一外表面，但 ANSYS 仅读取最后施加的面载荷进行计算。
- 生热率：生热率作为体载施加于单元上，可以模拟化学反应生热或电流生热。它的单位是体积的热流率。

（3）确定载荷步选项

对于一个热分析，可以确定普通选项、非线性选项以及输出控制。

- 普通选项：时间选项考虑，对于稳态热分析时间选项并没有实际的物理意义，但它提供了一个方便的设置载荷步和载荷子步的方法。每载荷中子步的数量或时间步大小，对于非线性分析，每一载荷步需要多个子步。递进或阶跃选项：如果定义阶跃选项，载荷值在这个载荷步内保持不变；如果为递进选项，则载荷值由上一个载荷步值到本载荷步值随每一子步线性变化。
- 非线性选项：非线性选项的迭代次数设置每一子步允许的最多的迭代次数。默认值为 25，对于大多数热分析问题足够。自动时间步长考虑，对于非线性问题可以自动设定子步间载荷的增长，保证求解的稳定性和准确性。收敛误差可根据温度、热流率等检验热分析的收敛性。求解结束选项，确定如果在规定的迭代次数内达不到收敛，ANSYS 可以停止求解或到下一载荷步继续求解。线性搜索可使 ANSYS 用 Newton-Raphson 方法进行线性搜索。预测矫正可激活每一子步第一次迭代对自由度求解的预测矫正。
- 输出控制：控制打印输出可将任何结果数据输出到*.out 文件中。控制结果文件控制*.rth 的内容。

（4）确定分析的选项

选择求解器：可选择求解器中一个进行求解。

（5）求解

（6）后处理

ANSYS 将热分析的结果写入*.rth 文件中，它包含如下数据。

- 基本数据：节点温度。
- 导出数据：节点及单元的热流密度、节点及单元的热梯度、单元热流率、节点的反作用热流率及其他。

可以通过以下 3 种方式查看结果。

- 彩色云图显示。
- 矢量云图显示。
- 列表显示。

13.2 热—应力耦合分析实例

本节通过对梁的热—应力进行分析，来介绍 ANSYS 热—应力耦合问题的分析过程。

13.2.1 问题描述

一个含有两种材料的双金属梁，这两种材料的热膨胀系数不同，初始时在同一个参考温度，梁被简支并在上下表面施加同一温度，梁将会发生较大的侧向偏转。确定中跨面的变形和材料分界处的温度。该模型是对称的，梁的一般模型如图 13-1 所示。

每个梁：

传导率：k1=k2=5 BTU/hr-in-°F

材料 1：

弹性模量：E1=10e6 psi

热膨胀系数：$\alpha 1$=1.45e-5 in/in°F

材料 2：

弹性模量：E2=10e6 psi

热膨胀系数：$\alpha 1$=2.5e-6 in/in°F

几何尺寸：

长度：L=10 in

厚度：t=0.1 in

载荷：

上表面温度：T_{top}=400.0 °F

下表面温度：T_{bot}=400.0 °F

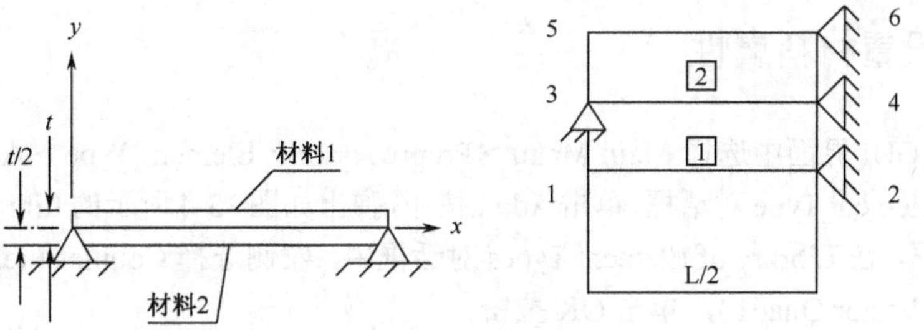

图 13-1　对称模型

13.2.2　设置环境变量

（1）从实用菜单中选择 Utility Menu：File > Change Jobname 命令，将打开 Change Jobname（修改文件名）对话框，如图 13-2 所示。

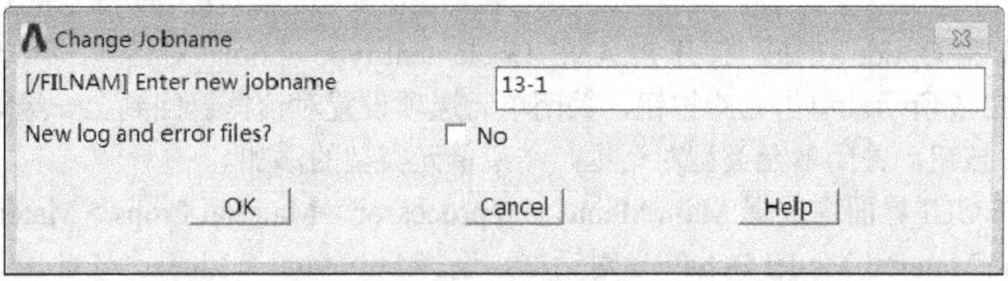

图 13-2　修改文件名对话框

（2）在 Enter new jobname 文本框中输入文字“13-1”，为本分析实例的文件名。单击 OK 按钮，完成文件名的修改。

（3）从实用菜单中选择 Utility Menu > File > Change Title 命令，将打开 Change Title 对话框，如图 13-3 所示。在 Enter new title 文本框中输入文字 Bimetallic beam under thermal load 为本分析实例的标题名。单击 OK 按钮，完成对标题名的指定。

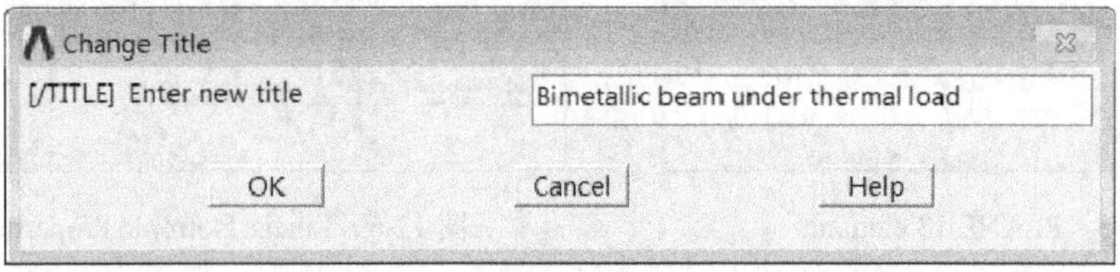

图 13-3　Change Title 对话框

（4）从实用菜单中选择 Utility Menu：Plot > Replot 命令，指定的标题 Bimetallic beam under thermal load 将显示在图形窗口的左下角。

13.2.3 设置材料属性

（1）在 GUI 界面中选择 Main Menu > Preprocessor > Element Type > Add/Edit/Delete 命令，弹出 Element Type 对话框。单击 Add...按钮，弹出如图 13-4 所示的 Library of Element Types 对话框。在 Library of Element Types 对话框中，左侧选择 Couples Field 选项，在右侧列表选择 Vector Quad13，单击 OK 按钮。

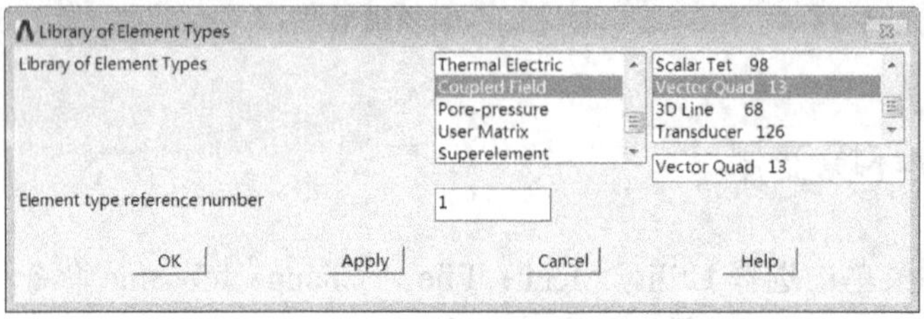

图 13-4 Library of Element Types 对话框

（2）单击 Option 按钮，打开 PLANE 13 element type options 对话框，对单元进行设置，如图 13-5 所示。单击 OK 按钮，关闭单元选项设置对话框返回到上一级对话框中，单击 Close 按钮，关闭单元类型对话框，结束单元类型的添加。

（3）在 GUI 界面中选择 Main Menu > Preprocessor > Material Props > Material Models 弹出 Define Material Model Behavior 对话框，选择 Structural > Linear > Elastic > Isotropic（结构、线性、弹性、各向同性），弹出如图 13-6 所示的对话框。输入 EX=1E7，PRXY=0.3 单击 OK 按钮。

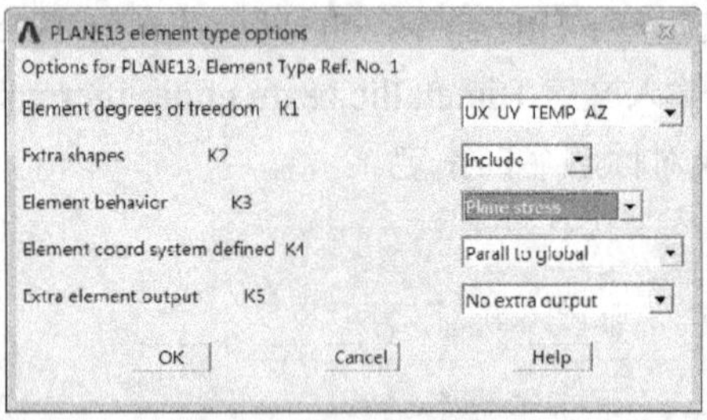

图 13-5 PLANE 13 element type options 对话框

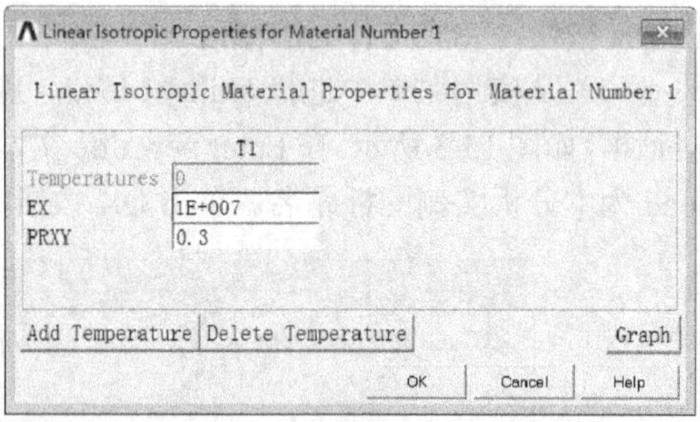

图 13-6 Linear Isotropic Properties for Material Number1 对话框

（4）在设置材料行为对话框中依次单击 Thermal，Expansion，Coef > Isotropic。打开材料参数对话框，在 ALPX 栏中输入 1.45e-5，单击 OK 按钮，如图 13-7 所示。

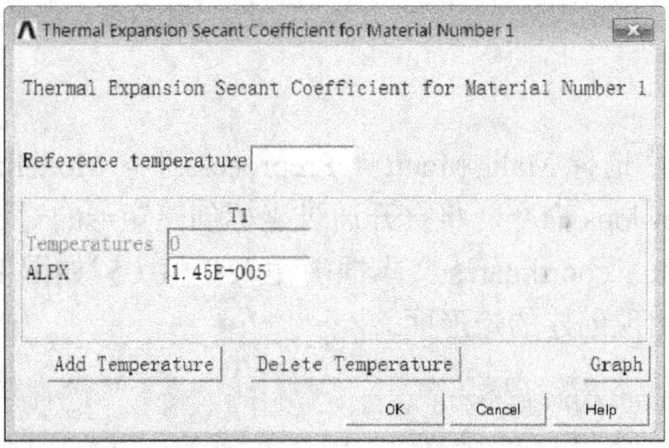

图 13-7　Thermal Expansion Secant Coefficient for Material Number 1 对话框

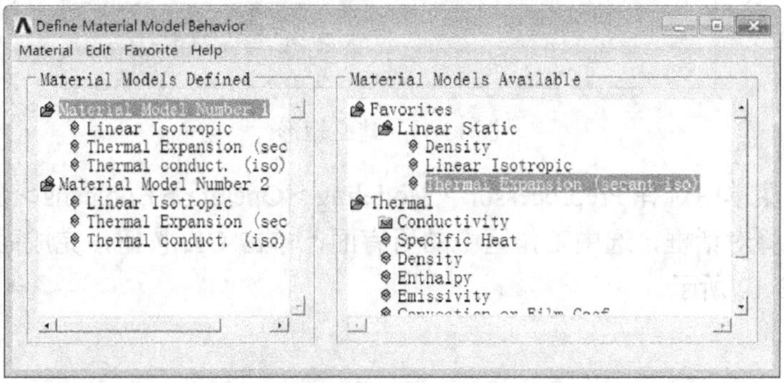

图 13-8　Define Material Model Behavior 对话框

（5）在设置材料行为对话框中依次单击 Thermal，Conductivity，Isotropic，如图 13-8 所示。打开材料对话框，在 KXX 栏中输入 1.45e-5，单击 OK 按钮。

（6）在设置材料行为对话框中选择菜单路径：Edit > Copy，单击 OK 按钮，复制 Material Model Number1 到 Material Model Number2。Material Model Number2 将在设置材料行为对话框中左边出现。如图 13-9 所示。

（7）在设置材料行为对话框中，单击 Material Model Number 2 和 Thermal Expansion，出现热膨胀系数对话框，修改 ALPX 值为 2.5e-6，单击 OK 按钮，如图 13-10 所示。

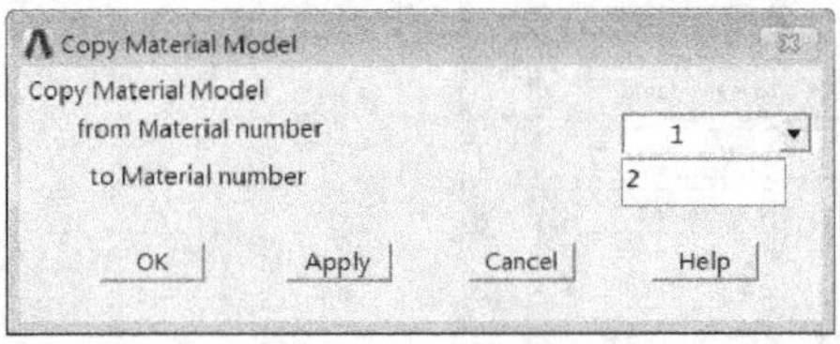

图 13-9　设置材料号

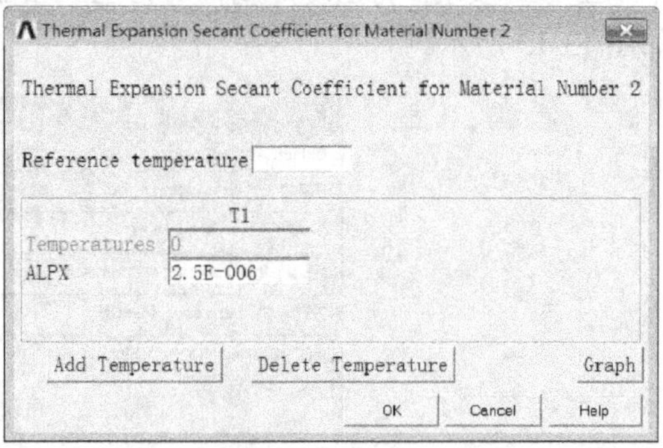

图 13-10　修改材料参数

13.2.4 建模

（1）在 GUI 界面中选择 Main Menu > Preprocessor > Modeling > Create > Areas > Rectangle > By Dimensions 命令，将打开通过坐标创建矩形的对话框，在 X coordinates 文本框中输入 0～5，在 Y coordinates 文本框中输入 0～0.05，如图 13-11 所示。单击 Apply 按钮，在图形窗口将出现创建的矩形面。

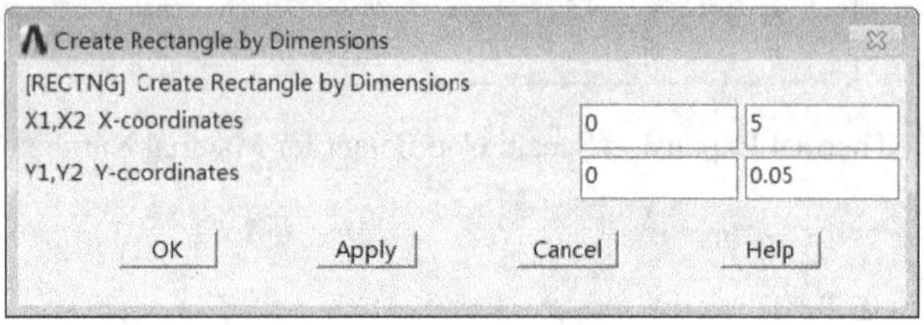

图 13-11 建立矩形

（2）从主菜单中选择 Preprocessor > Modeling > Operate > Booleans > Glue > Areas 命令。弹出面选择对话框，选中工作区中的所有面，单击 OK 按钮，完成面的粘结，粘接后的图如图 13-12 所示。

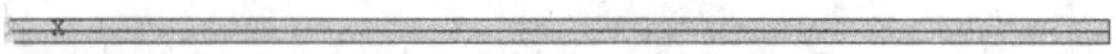

图 13-12 粘接后的图

13.2.5 网格划分

（1）在 GUI 界面中选择 Main Menu > Preprocessor > Meshing > Meshing Attributes > Picked Areas 命令，出现面选择对话框。在表框中选择上面的矩形，然后在面选择对话框中单击 OK 按钮，将出现面属性对话框。在 material number 栏中输入 2，单击 OK 按钮，如图 13-13 所示。

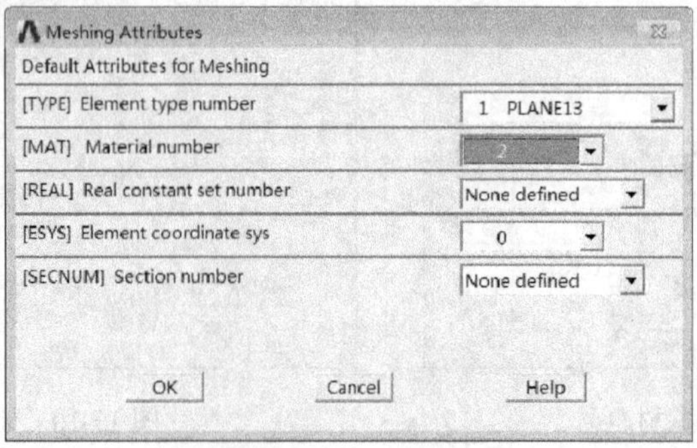

图 13-13 面属性

（2）在 GUI 界面中选择 Main Menu > Preprocessor > Meshing > Size Control > ManualSize>Global > Size 命令，弹出 Global Element Sizes 对话框，设置如图 13-14 所示，单击 OK 按钮完成单元尺寸定义。

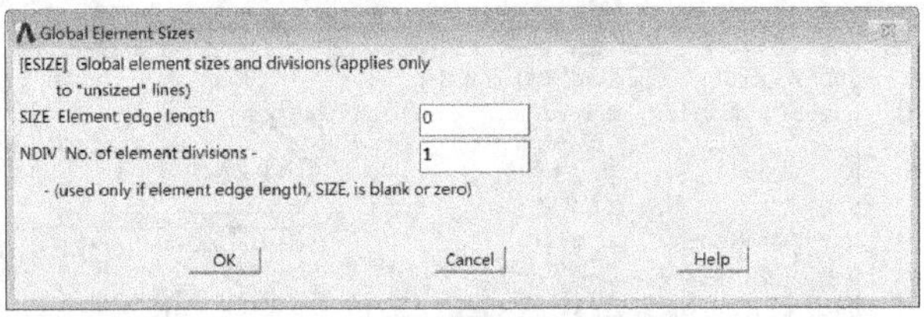

图 13-14 整体划分网格控制

（3）在 GUI 界面中选择 Main Menu > Preprocessor > Meshing > Mesh > Areas > Free 命令，打开 Mesh Areas picking 对话框，单击 PickAll 按钮，对所有面进行划分网格。

（4）选取菜单途径 Utility Menu > Select > Entities，弹出 Select Entities 窗口，在第一个下拉选框中选择 Nodes，在第二个下拉选框中选择 By Location，选择 X coordinates 设置 X 方向坐标。在 Min，Max 栏中输入 0（如图 13-15 所示），（单击 Apply 按钮。选择 Y coordinates 设置 Y 方向坐标，并选择 Reselect，进行选择。在 Min，Max 栏中输入 0.05），单击 OK 按钮，如图 13-16 所示。

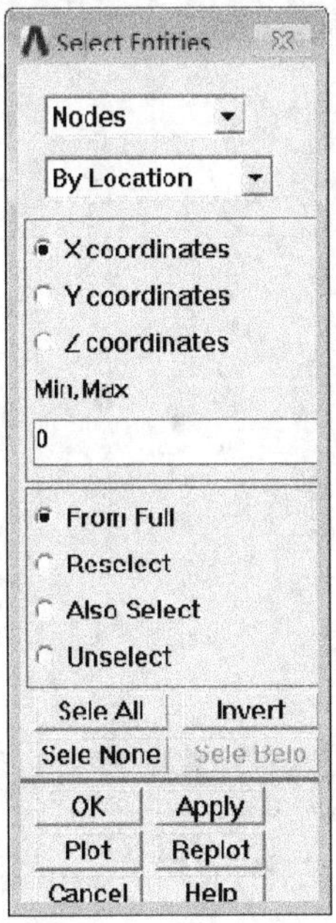

图 13-15 选择节点 1

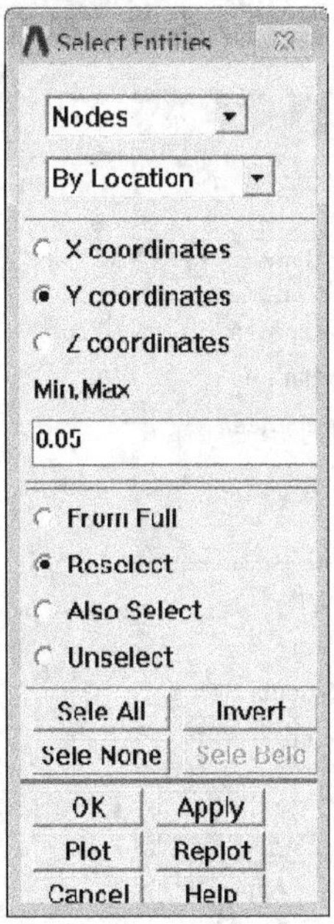

图 13-16 选择节点 2

13.2.6 加载

（1）在 GUI 界面中选择 Main Menu > Solution > Define Loads > Apply > Structural >

Displacement > On Nodes 命令，弹出 Apply U,ROT on Nodes 对话框。

（2）单击 PickAll，将弹出图 13-17 所示的 Apply U,ROT on Nodes 对话框。选择 UY，单击 OK 按钮，完成约束。

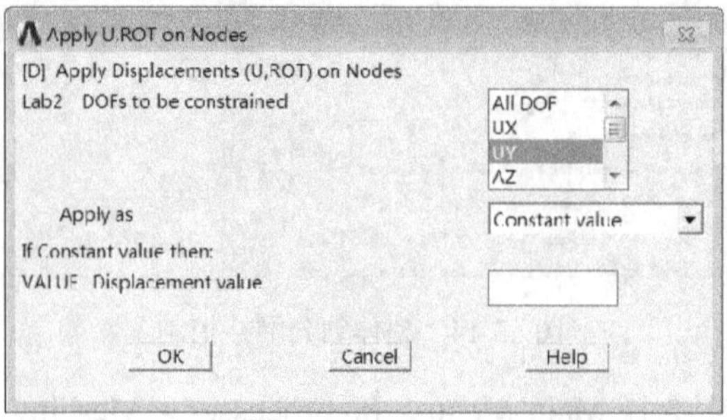

图 13-17　Apply U,ROT on Nodes 对话框

（3）选取菜单途径 Utility Menu > Select > Entities，弹出 Select Entities 窗口，在第一个下拉选框中选择 Nodes，在第二个下拉选框中选择 By Location，选择 X coordinates 设置 X 方向坐标，并选择 From Full。在 Min，Max 栏中输入 5，单击 OK 按钮，如图 13-18 所示。

（4）在 GUI 界面中选择 Main Menu > Solution > Define Loads > Apply > Structural > Displacement > Symmetry B.C > On Nodes 命令，弹出如图 13-19 所示的 Apply SYMM on Nodes 对话框。按默认设置，单击 OK 按钮，完成约束。

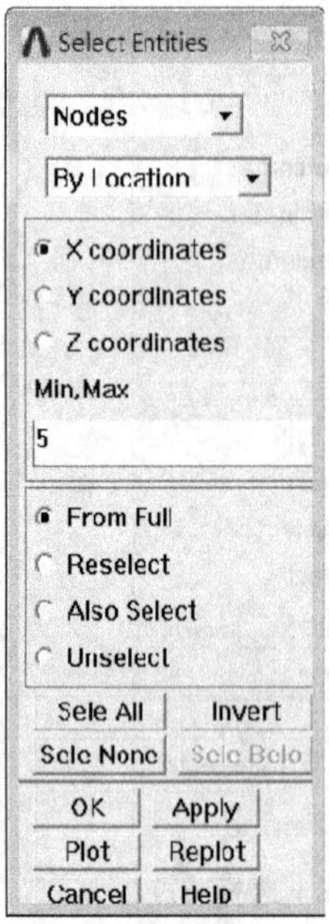

图 13-18　Select Entities 菜单

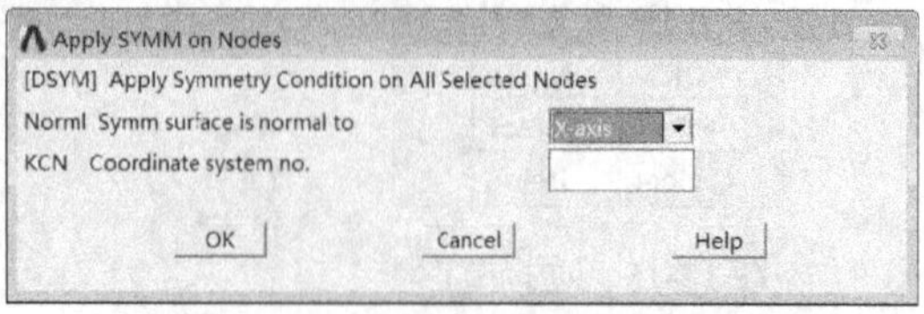

图 13-19　Apply SYMM on Nodes 对话框

（5）在菜单中选择 Utility Menu > Select > Everything 命令，选择所有（All）。

（6）在 GUI 界面中选择 Main Menu > Solution > Define Loads > Apply > Structural > Displacement > On Nodes 命令，弹出 Apply U,ROT on Nodes 对话框。

（7）单击 Pick All 按钮，将弹出如图 13-20 所示的 Apply U，ROT on Nodes 对话框。选择 Temp，在 Displacement value 栏中输入 400，单击 OK 按钮，完成约束，设置载荷后的模型如图 13-21 所示。

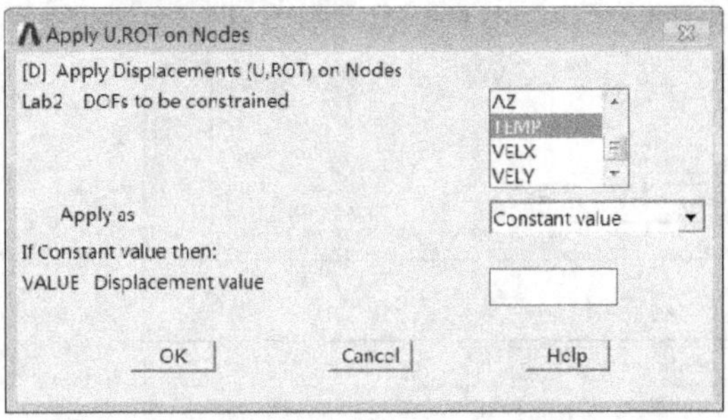

图 13-20 Apply U，ROT on Nodes 对话框

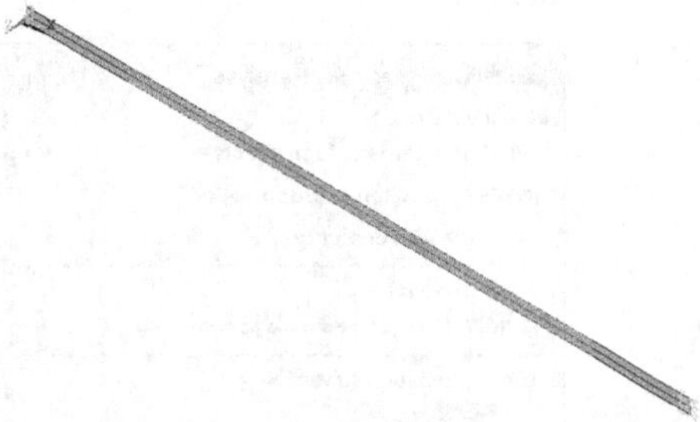

图 13-21 设置载荷后模型

13.2.7 求解

（1）在 GUI 界面中选择 Main Menu > Solution > Analysis Type > New Analysis 命令，弹出 New Analysis 对话框，选择静态选项（Static），如图 13-22 所示，单击 OK 按钮确认。

（2）在 GUI 界面中选择 Main Menu > Solution > Analysis Type > Analysis Options 命令，将出现如图 13-23 所示的 Staticor Steady-State Analysis 对话框。选择 Large deform effects 选项，单击 OK 按钮。

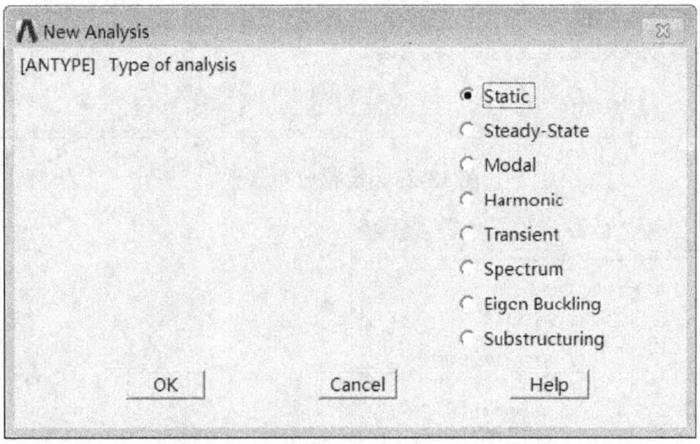

图 13-22 New Analysis

（3）在 GUI 界面中选择 Main Menu > Solution > Load Step Opts > Nonlinear > Convergence Crit 命令，将出现 Default Nonlinear Convergence Criteria 对话框。选择 F 和 Replace，在 Minimum reference value 输入 0.1，单击 OK 按钮，关闭提示信息对话框，单击 Close 按钮。

（4）在 GUI 界面选择 Main Menu > Solution > Solve > Current LS 命令，弹出如图 13-24

所示的 STATUS Command 窗口，窗口中显示了项目的求解信息及输出选项。同时弹出的还有 Solve Current Load Step 对话框，询问用户是否开始进行求解。

（5）单击 Solve Current Load Step 对话框中的 OK 按钮，开始求解，当弹出图 13-25 所示的 Solution is done 提示时，求解完成。

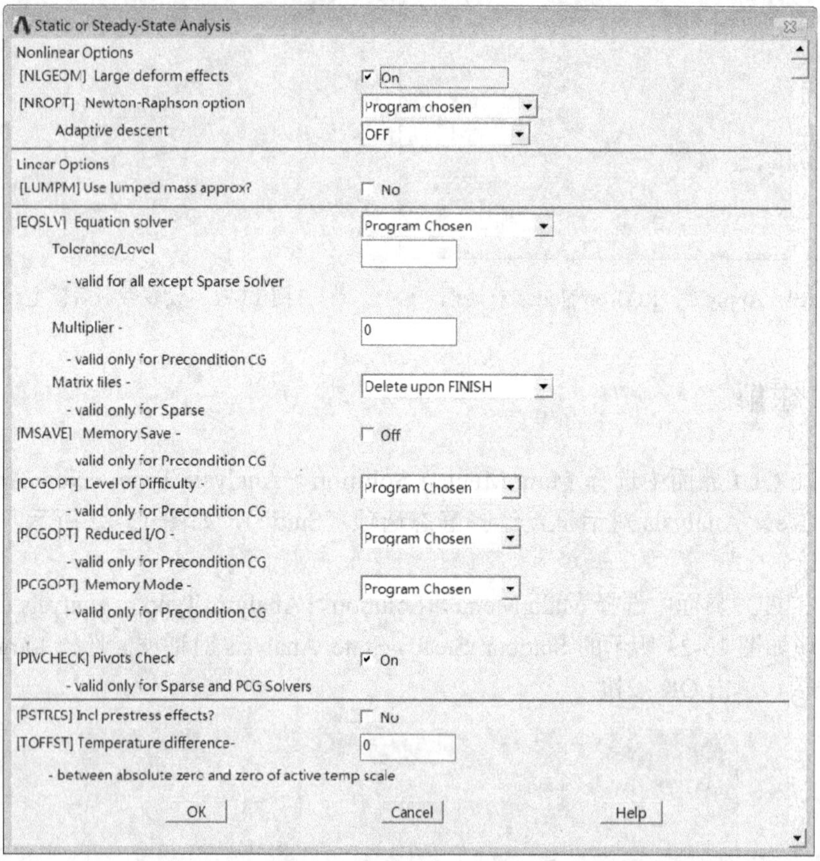

图 13-23　设置分析条件

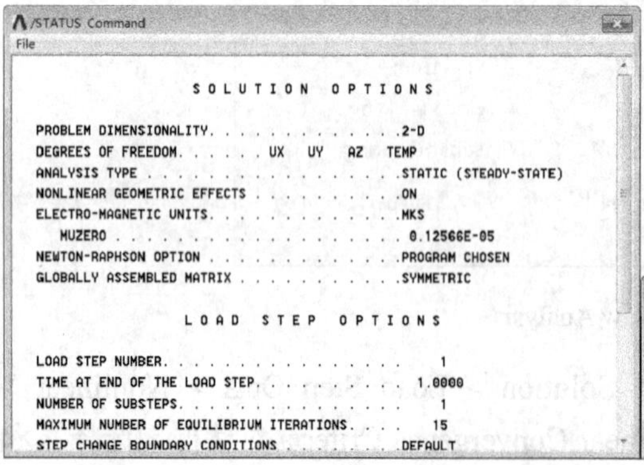

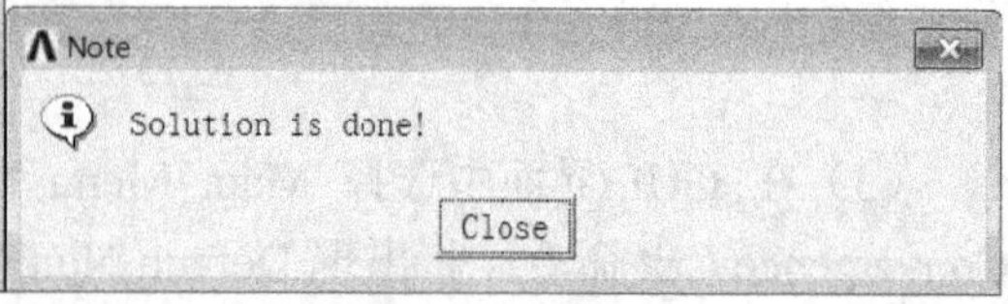

图 13-24　STATUS Command 窗口　　　　图 13-25　求解完成

13.2.8 后处理

（1）在实用菜单中选择 Utility Menu > PlotCtrls > Style > Displacement Scaling 命令，在 Displacement scale factor 栏中选择 1.0，单击 OK 按钮，如图 13-26 所示。

（2）在 GUI 界面中选择 Main Menu > General Postproc > Plot Results > Deformed Shape...命令，弹出如图 13-27 所示的 Plot Deformed Shape 对话框。

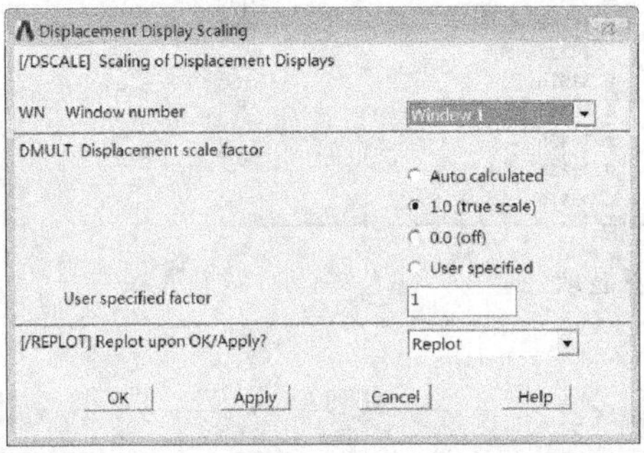

图 13-26 等值线显示节点解数据对话框

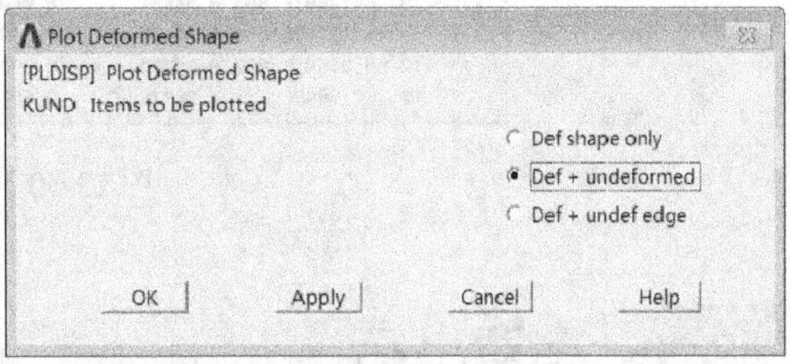

图 13-27 选择变形

（3）在 Plot Deformed Shape 对话框选择 Def+undefedge 选项，单击 OK 按钮，即可在工作区中显示如图 13-28 所示的变形图。

（4）在 GUI 界面选择 Main Menu > General Postproc > List Results > Nodal Solution 命令，将出现如图 13-29 所示的 List Nodal Solution 对话框。在列表框中选取 Nodal Solution > DOF Solution > Displacement vector sum，单击 OK 按钮。

（5）在 PRNSOL Command 窗口中查看结果，如图 13-30 所示。

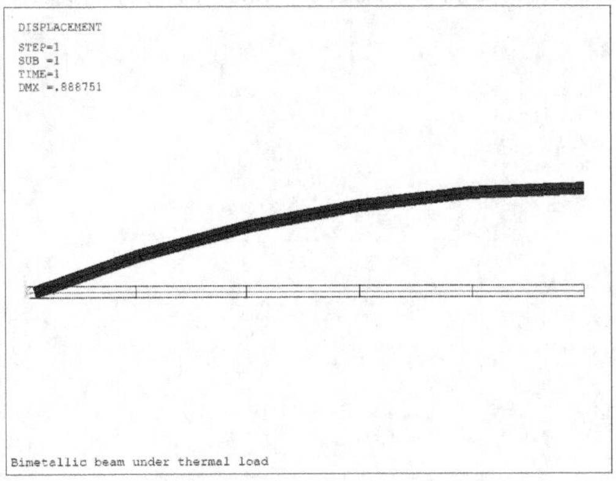

图 13-28 位移图

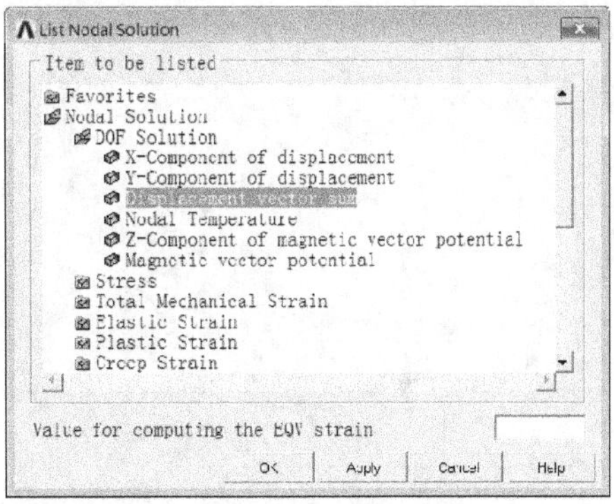

图 13-29 List Nodal Solution 对话框

（6）选择 ANSYS 工具栏中的 QUIT，选择需要保存的项，然后单击 OK 按钮，退出 ANSYS 程序。

```
PRNSOL  Command
File
 LOAD STEP=     1  SUBSTEP=     1
  TIME=    1.0000      LOAD CASE=   0

 THE FOLLOWING DEGREE OF FREEDOM RESULTS ARE IN THE GLOBAL COORDINATE SYSTEM

   NODE       UX           UY          UZ          USUM
      1  0.10576      0.30708E-002 0.0000      0.10581
      2  0.0000       0.88834      0.0000      0.88834
      3  0.54493E-001 0.31854      0.0000      0.32317
      4  0.23090E-001 0.56639      0.0000      0.56686
      5  0.68482E-002 0.74479      0.0000      0.74483
      6  0.84469E-003 0.85239      0.0000      0.85239
      7  0.0000       0.88842      0.0000      0.88842
      8  0.88307E-001  0.0000      0.0000      0.88307E-001
      9  0.40371E-001 0.31658      0.0000      0.31914
     10  0.12403E-001 0.56531      0.0000      0.56545
     11 -0.32265E-003 0.74435      0.0000      0.74435
     12 -0.27547E-002 0.85233      0.0000      0.85234
     13  0.0000       0.88875      0.0000      0.88875
```

图 13-30　列表显示

13.3 本章小结

本章介绍了 ANSYS 的热分析功能。ANSYS 的热分析功能在内燃机、涡轮机、换热器、管路系统、电子元件等场合具有重要用途。

根据分析对象的时间特性，ANSYS 热分析可以分为稳态热分析与瞬态热分析。用户对这些分类可以参考结构分析中的静力分析与动力分析进行理解。

进行 ANSYS 热分析的基本步骤与结构分析类似，也是分为前处理、加载与求解、后处理，但在加载时施加的边界条件为热力学边界，这里的自由度不是结构分析中的位移，而是温度。在求解热应力时，施加的边界条件是耦合场载荷—热分析的计算结果。

第14章

电磁场分析

ANSYS 以 Maxwell 方程组作为电磁场分析的出发点。有限元法计算的未知量（自由度）主要是磁通量或通量，其他关心的物理量可以由这些自由度导出。根据用户所选择的单元类型和单元选项的不同，ANSYS 计算的自由度可以是标量磁位、矢量磁位或者边界通量。

电场分析就是要计算导电系统或者电容系统中的电场，需要计算的典型物理量为电场、电流密度、电荷密度、传导热焦耳等。电场分析在工程设计中具有广泛的应用，如保险丝、汇流条、传输线等。

学习目标：

- 了解电磁场分析的基础知识；
- 掌握棱边单元法进行磁场分析的方法；
- 掌握静电场分析的方法。

14.1 磁场分析

ANSYS 可分析计算下列设备中的电磁场，如电力发动机、磁带及磁盘驱动器、变压器、连接器、电动机、螺线管传动器、波导、天线辐射、图像显示设备传感器、谐振腔、滤波器、回旋加速器等。

在一般电磁场分析中所涉及的典型的物理量有：能量消耗、磁通密度、磁场强度、磁力及磁矩、阻抗、电感、涡流、回波损耗、品质因子等。存在电流、永磁体和外加场都会激励起需要分析的磁场。

对于电场分析，很多情况下，先进行电流传导分析，或者同时进行热分析，以确定因焦耳热而导致的温度分布，也可以在电流传导分析之后直接进行磁场分析，以确定电流产生的磁场。本章主要介绍稳态电流传导分析、静电场分析和电路分析。

ANSYS 可以进行的磁场分析有如下类型。

- 二维静态磁场分析：分析直流电或永磁体所产生的磁场，用矢量位方法。
- 二维谐波磁场分析：分析低频交流电流或交流电压所产生的磁场，用矢量位方法。

- 二维瞬态磁场分析：分析随时间任意变化的电流或外场所产生的磁场，包括永磁体的效应，用矢量位方法。
- 三维静态磁场分析：分析直流电或者永磁体所产生的磁场，用标量位方法。
- 三维谐波磁场分析：分析低频交流电所产生的磁场，用棱边单元法。建议尽量用这种方法求解谐波磁场分析。
- 三维瞬态磁场分析：分析随时间任意变化的电流或外场所产生的磁场，用棱边单元法。建议尽量用这种方法求解谐波磁场分析。

基于节点方法的三维静态磁场分析，用矢量位方法。

基于节点方法的三维谐波磁场分析，用矢量位方法。

基于节点方法的三维瞬态磁场分析，用矢量位方法。

三维分析就是用三维模型模拟被分析的结构。实际应用中大多数结构需要三维模型来进行模拟。然而三维模型对建模的复杂度和计算的时间都有较高要求。所以，若有可能，应尽量考虑用二维模型进行建模求解。

电磁场分析所用到的方法主要有棱边单元、标量位、矢量位方法，下面进行简要的介绍。

1. 棱边单元法

棱边单元法是 ANSYS 提供的基于单元的求解方法。

在解决大多数的三维时谐和瞬态问题时，推荐使用棱边单元法，但此方法对于二维问题不适用。

棱边单元法中的自由度与单元边有关系，而与单元节点没关系。此方法在三维低频静态和动态电磁场的模拟仿真方面有很好的求解能力。

这种方法和基于节点的矢量位法同时求解具有相同函数表达式的模型，此方法更精确。当自由度是变化的情况下，棱边单元法比基于节点的矢量位方法更有效。

2. 磁标量位法

对于大多数三维静态分析应尽量使用标量位方法。此方法将电流源以基元的方式单独处理，无须为其建立模型和划分有限元网格。由于电流源不必成为有限元网格模型中的一部分，建立模型更容易，磁标量位方法具有以下特点。

- 支持六面体、楔形、金字塔型、四面体单元。
- 电流源以基元的方式定义（线圈型、弧型、杆型）。
- 可含永久磁体激励。
- 求解线性和非线性导磁率问题。
- 可使用节点耦合和约束方程。

此外，磁标量位方法中电流源建模简单，因为客户只需要在合适的位置加电流源基元（线圈型、弧型、杆型等），就可以模拟电流对磁场的影响。

3. 磁矢量位法

磁矢量位法是 ANSYS 支持的两种基于节点的方法中的一种（标量位法是另一种基于节点的方法）。这两种方法都可用于求解三维静态、时谐、瞬态分析。

磁矢量位方法中的每个节点的自由度要比标量位方法多：因为它在 X、Y 和 Z 方向分别具有磁矢量位 AX、AY、AZ。在载压或电路耦合分析中，还引入了另外 3 个自由度：电流、电压降和电压。二维静态磁分析必须采用磁矢量位方法，此时自由度只有 AZ。

在磁矢量位方法中，电流源（电流传导区域）要作为整个有限元模型的一部分，由于它的节点自由度更多，所以比磁标量位方法的运算速度更慢一些。

磁矢量位方法可应用于三维静态、时谐和瞬态的磁分析计算，但是当计算区域含有导磁材料时，该方法三维精度会损失（因为在不同导磁材料的分界面上，由于矢量位的法向分量非常大，影响计算的结果）。

14.2 电场分析

1. 稳态电流传导分析

稳态电流传导分析可以分析计算直流电流和电压降产生的电流密度和电位分布。可以进行两种加载：电压和电流。

稳态电流传导分析认为电压和电流成线性关系，即电流与所加电压成正比。

2. 静电场分析

静电场分析用以确定由电荷分布或外加电势所产生的电场和电场标量位（电压）分布。该分析能加第二种形式的载荷：电压和电荷密度。

静电场分析是假定为线性的，电场正比于所加电压。

3. 电路分析

电路分析可以计算源电压和源电流在电路中引起的电压和电流分布。分析方法由以下源的类型决定。

- 交流谐波分析；
- 直流静态分析；
- 随时间变化瞬态分析。

要在电磁学分析中用有限元来模拟全部电势，就必须提供足够的灵活性来模拟载流电磁设备。ANSYS 程序对于电路分析有如下性能。

用经过改进的基于节点的分析方法来模拟全部电势，就必须提供足够的灵活性来模拟载流电磁设备，ANSYS 程序对于电路分析有如下性能。

- 用经过改进的基于节点的分析方法来模拟电路分析。

- 可以将电路与绕线圈和块状导体直接耦合。
- 二维和三维模型都可以进行耦合分析。
- 支持直流、交流和时间瞬态模拟。

ANSYS 程序中电路耦合模拟功能精确地模拟多种电子设备，如螺旋线、管线圈、变压器、交流机械等。

14.3 屏蔽带状传输线静电场分析

14.3.1 问题描述

如图 14-1 所示，为屏蔽带状传输线截面示意图。已知几何参数 α=10cm，ω=1cm，空气的相对介电量 ε_r=1，基底的相对介电常量 ε_r=10，载荷为 V_1=10V，V_0=0.5V。分析电场分布、电位分布、单位长度储能及电容量。

模型左右对称，故本例可以只进行右半边的分析。

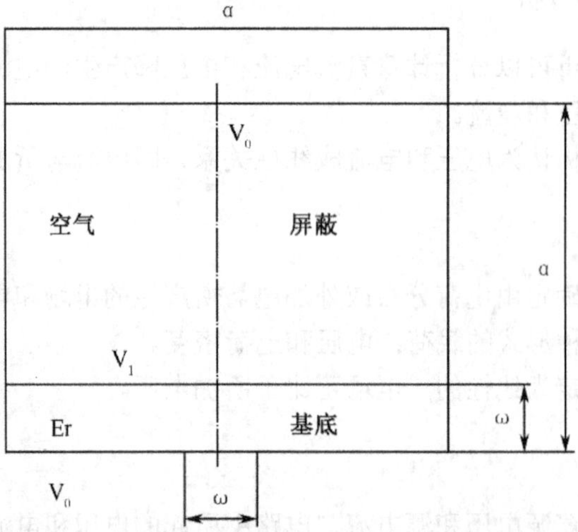

图 14-1 几何模型示意图

14.3.2 设置环境变量

（1）启动 Mechanical APDL Product Launcher，弹出 Mechanical APDL Product Launcher 窗口。

（2）在 Mechanical APDL Product Launcher 窗口中设置 Simulation Environment 为 ANSYS，License 为 ANSYS Multiphysics，在 Working Directory 中输入工作目录名称，JobName 输入项目名称 14-1，单击 Run，进入 GUI 界面。

14.3.3 设置材料属性

（1）在 GUI 界面中选择 Main Menu > Preprocessor > Element Type > Add/Edit/Delete 命令，弹出 Element Type 对话框，单击 Add 按钮，弹出如图 14-2 所示的 Library of Element Types 对话框。在 Library of Element Types 对话框中选择单元类型为 Electrostatic 2D Quad 121，单击 OK 按钮完成单元类型的定义。

（2）在 GUI 界面中选择 Utility Menu > Parameters > Scalar Parameters 命令，弹出 Scalar Parameters 对话框，定义参数如图 14-3 所示。

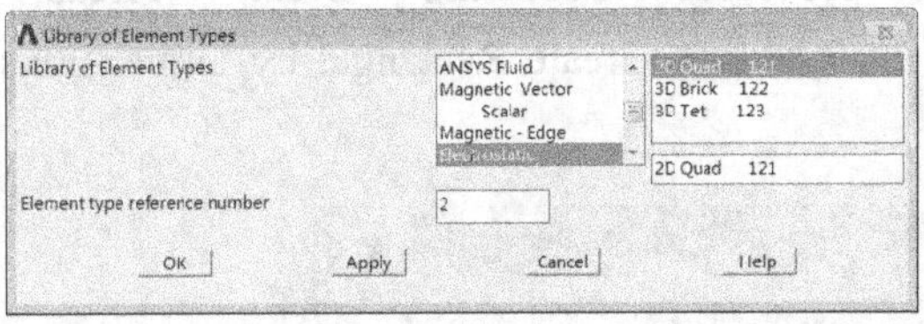

图 14-2 Library of Element Types 对话框

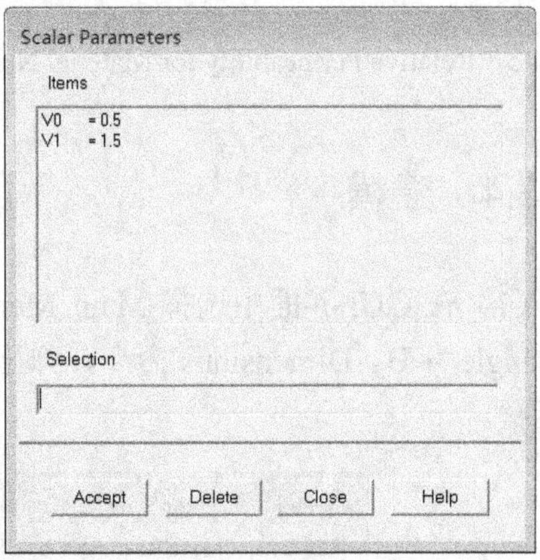

图 14-3 Scalar Parameters 对话框

（3）在 GUI 界面中选择 Main Menu > Preprocessor > Material Props > Material Models 命令，弹出如图 14-4 所示的 Define Material Model Behavior 对话框。选择 Electromagnetics > Relative Permittivity（相对介电常量）> Constant，弹出如图 14-5 所示的 Relative Permeability for Material Number1 对话框。

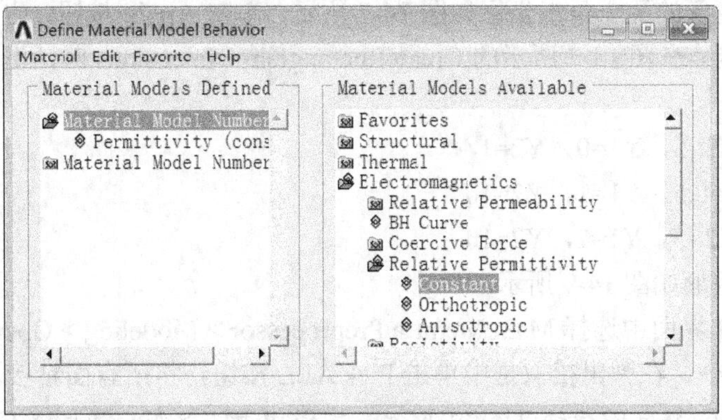

图 14-4 Define Material Model Behavior 对话框

（4）在 Relative Permittivity for Material Number1 对话框输入 PERX=1，单击 OK 按钮完成。

（5）重复上述操作，定义材料 2 的相对介电常量为 10，完成定义的材料参数如图 14-6 所示。

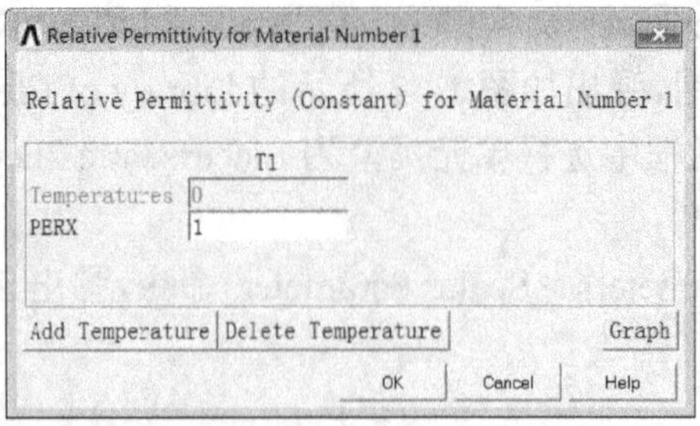

图 14-5　Relative Permeability for Material Number1 对话框

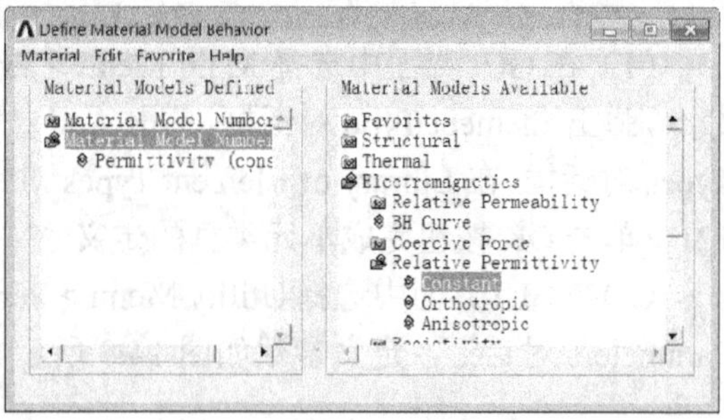

图 14-6　完成材料参数的定义

14.3.4　建模

（1）在 GUI 界面中选择 Main Menu > Preprocessor > Modeling > Create > Areas > Rectangle > By Dimensions 命令，弹出如图 14-7 所示的 Create Rectangle by Dimensions 对话框。

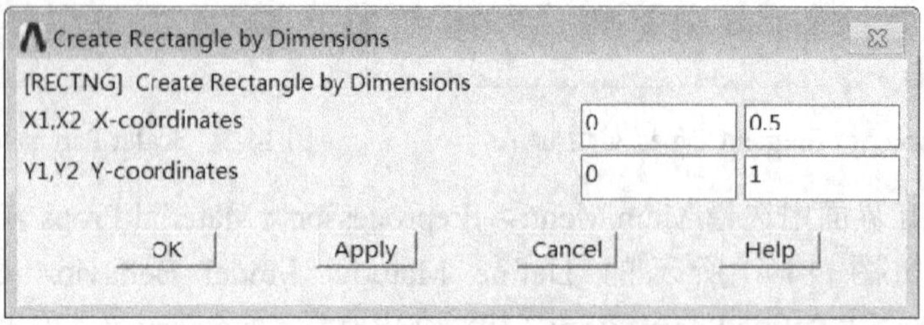

图 14-7　Create Rectangle by Dimensions 对话框

（2）输入矩形的两个角点坐标如图 14-7 所示，单击 Apply 按钮，生成第一个矩形如图 14-8 所示。继续在图 14-7 所示的 CreateRectanglebyDimensions 对话框中输入矩形的角点坐标如下：

X1=0.5，X2=5，Y1=0，Y2=1

X1=0，X2=0.5，Y1=1，Y2=10

X1=0.5，X2=5，Y1=1，Y2=10

生成 4 个矩形如图 14-9 所示。

（3）在 GUI 界面中选择 Main Menu > Preprocessor > Modeling > Operate > Booleans > Glue > Areas 命令，在弹出拾取框中单击 Pick ALL 按钮，将所有面粘接。

（4）在 GUI 界面中选择 Utility Menu > PlotCtrls > Numbering Ctrls > Compress Numbers 命令，弹出如图 14-10 所示的 Compress Numbers 对话框。选择 Areas，单击 OK 按钮，在工作区中显示面编号压缩。

图 14-8　生成第一个矩形

图 14-9　生成 4 个矩形

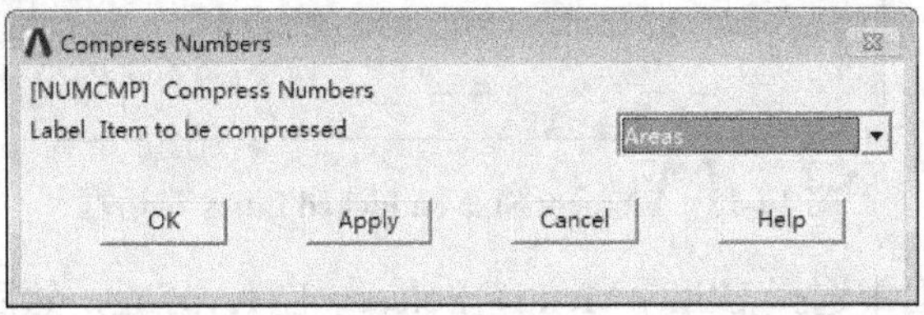

图 14-10　Compress Numbers 对话框

（5）在 GUI 界面中选择 Utility Menu > PlotCtrls > Numbering...命令，弹出如图 14-11 所示的 Plot Numbering Controls 对话框，选中 Areas Numbers 复选框，off 变为 on，单击 OK 按钮关闭该对话框，选择 Utility Menu > Plot > Areas 命令。此时，编号在 ANSYS 的图形窗口中显示如图 14-12 所示。

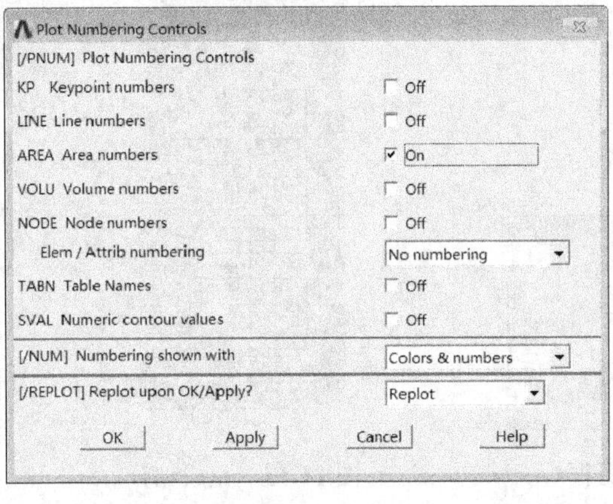

图 14-11　PlotNumberingControls 对话框

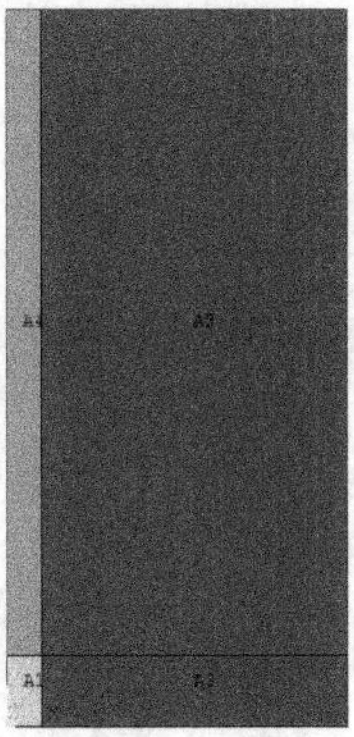

图 14-12　显示面编号

14.3.5　划分网格

（1）在 GUI 界面中选择 Main Menu > Preprocessor > Meshing > Mesh Attributes > Picked Areas 命令，弹出 Area Attributes 对话框，拾取 1 号面与 2 号面，单击 OK 按钮，弹出 Area Attributes 对话框。设置材料为 2，单击 OK 按钮完成。

（2）在 GUI 界面中选择 Utility Menu > Select > Entities 命令，弹出 Select Entities 对话框，选出 Y=1 且 X=0.5 的线。

（3）在 GUI 界面中选择 Main Menu > Preprocessor > Meshing > Size Cntrls > Manual Size > Lines > Pickes Lines 命令，单击 Pick ALL 按钮，弹出如图 14-13 所示的 Element Size on Picked Lines 对话框。输入 NDIV=8，将该线划分为 8 份，单击 OK 按钮完成。

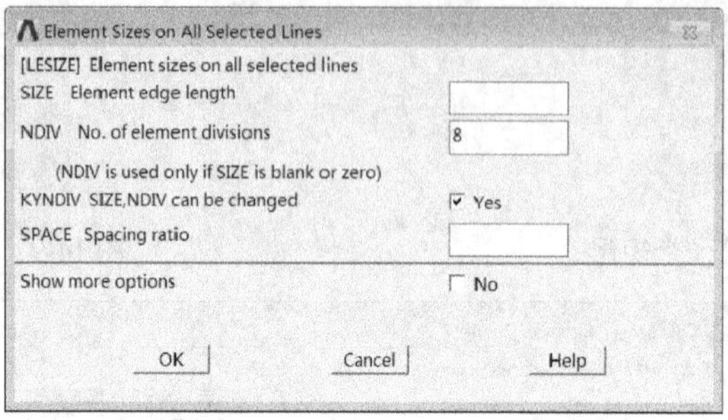

图 14-13 Element Size on Picked Lines 对话框

（4）在 GUI 界面中选择 Utility Menu > Select > Everything，然后在 GUI 界面中选择 Main Menu > Preprocessor > Meshing > Size Cntrls > Smart Size > Basic 命令，弹出如图 14-14 所示的 Basic Smart Size Settings 对话框，设置尺寸等级为 3，单击 OK 按钮完成。

（5）在 GUI 界面中选择 Main Menu > Preprocessor > Meshing > Mesh > Areas > Free 命令，选中工作区中的所有面，单击 OK 按钮，完成网格的划分如图 14-15 所示，网格被定义为两种不同的材料。

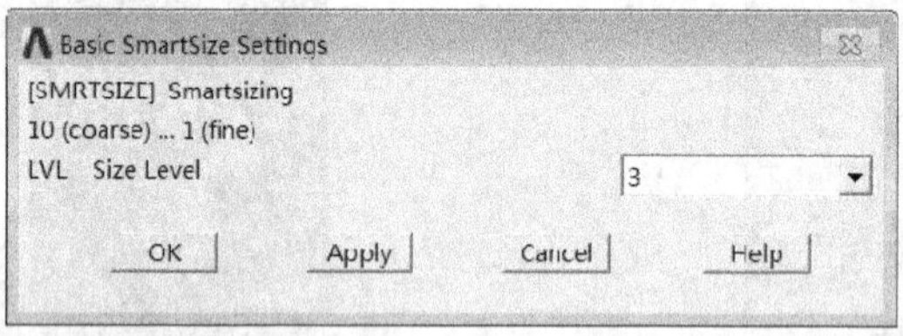

图 14-14 Basic SmartSize Settings 对话框

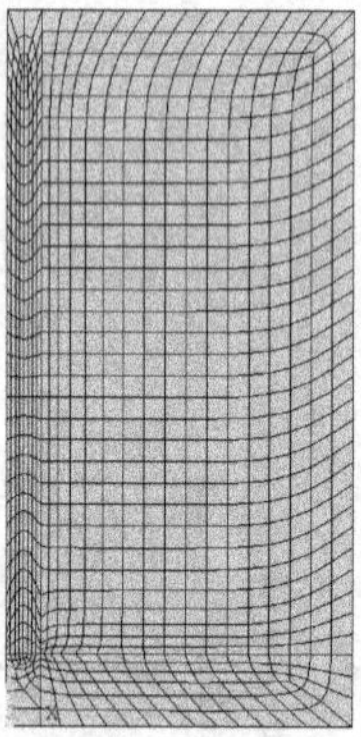

图 14-15 完成划分

14.3.6 加载

（1）在 GUI 界面中选择 Utility Menu > Select > Entities 命令，弹出 Select Entities 对话框，选出 Y=1 且 X=0~0.5 的节点，如图 14-16 所示。

（2）在 GUI 界面中选择 Main Menu > Solution > Define Loads > Apply > Electric > Boundary > Voltage > On Nodes 命令，单击 Pickll 命令，弹出如图 14-17 所示的 Apply VOLT on nodes 对话框，输入电压值为 V1，单击 OK 按钮，施加电压值，如图 14-18 所示。

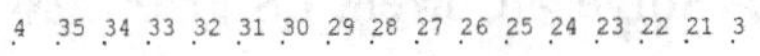

图 14-16　选中的节点

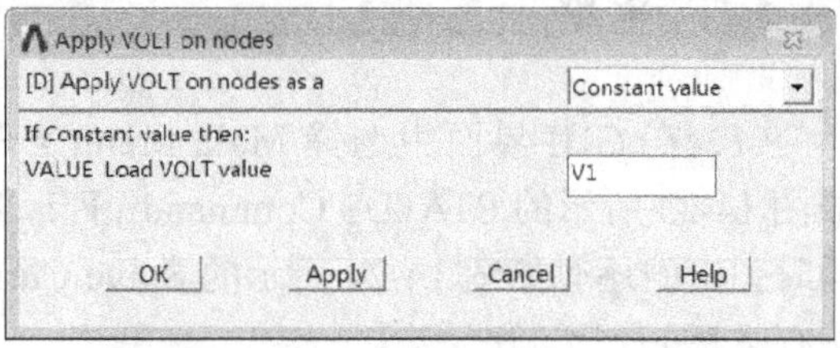

图 14-17　Apply VOLT on Nodes 对话框

（3）在 GUI 界面中选择 Utility Menu > Select > Entities 命令，弹出 Select Entities 对话框，选出 Y=0、Y=10 的节点、X=5 的节点，如图 14-19 所示。

（4）在 GUI 界面中选择 Main Menu > Solution > Define Loads > Apply > Electric > Boundary > Voltage > On Nodes 命令，单击 Pick ALL 命令，弹出如图 14-20 所示的 Apply VOLT on nodes 对话框，输入电压值为 V0，单击 OK 按钮，施加电压值，如图 14-21 所示。

（5）在 GUI 界面中选择 Main Menu > Preprocessor > Modeling > Operate > Scale > Areas 命令，单击 Pick ALL，弹出如图 14-22 所示的 Scale Areas 对话框。输入缩放面参数如图 14-22 所示，单击 OK 按钮完成。

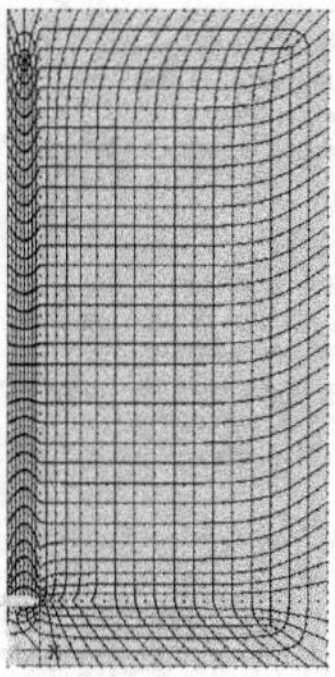

图 14-18　施加约束

图 14-19　选中的节点

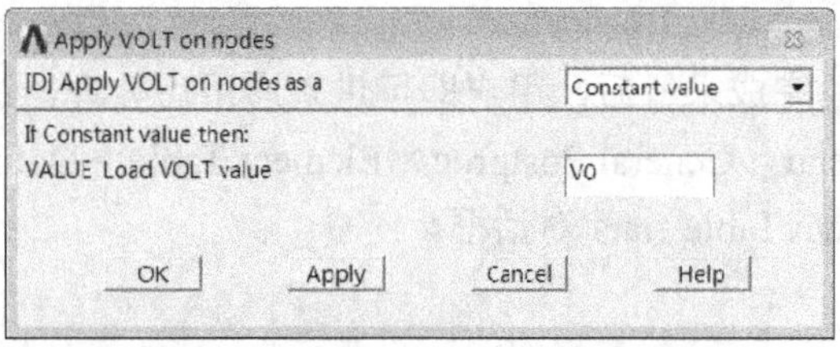

图 14-20　Apply VOLT on Nodes 对话框

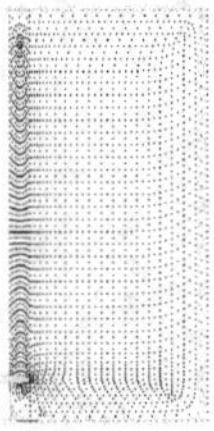

图 14-21　施加约束

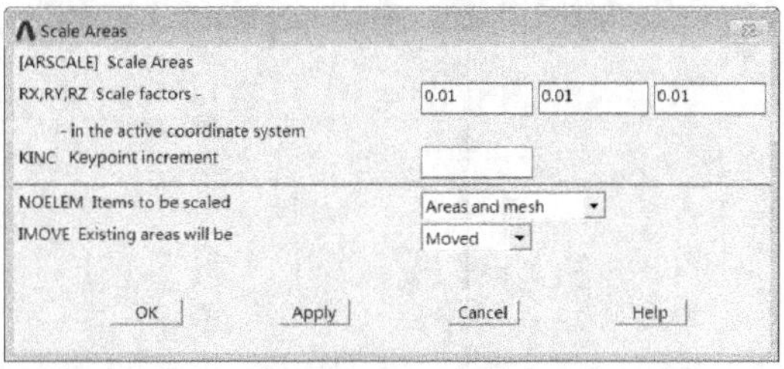

图 14-22　Scale Areas 对话框

14.3.7 求解

（1）在 GUI 界面中选择 Main Menu > Solution > Solve > Current LS 命令，弹出如图 14-23 所示的 STATUS Command 窗口，窗口中显示了项目的求解信息及输出选项。同时弹出的还有如图 14-24 所示的 Solve Current Load Step 对话框，询问用户是否开始进行求解。

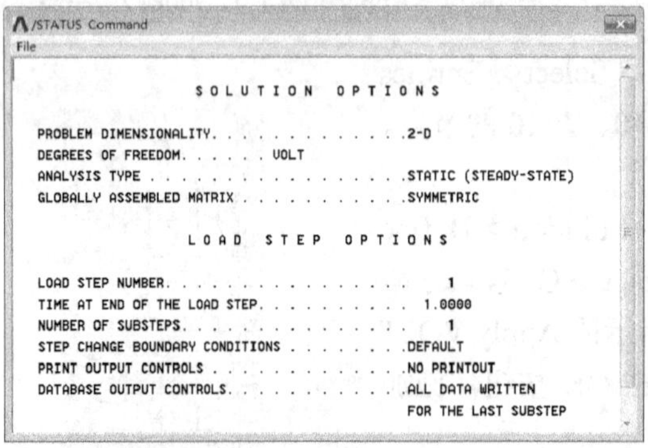

图 14-23　STATUS Command 窗口

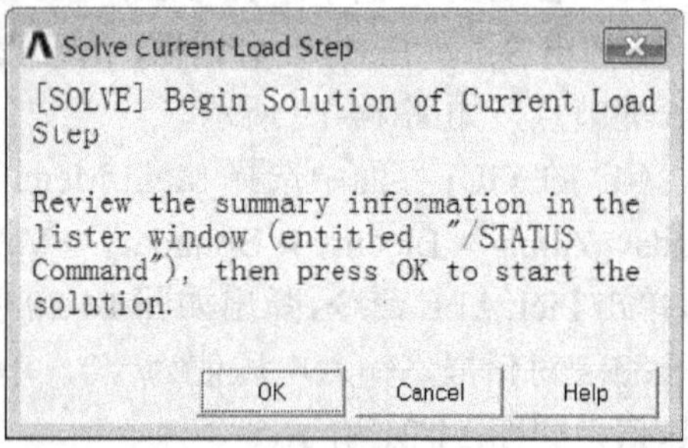

图 14-24　Solve Current Load Step 对话框

（2）单击如图 14-24 所示 Solve Current Load Step 对话框中的 OK 按钮，开始求解，当弹出 Solution is done 提示时，求解完成。

14.3.8 后处理

（1）完成求解后，用户即可进入通用后处理器进行处理分析。在 GUI 界面中选择 Main Menu > General Postproc > Element Table > Define Table 命令，弹出如图 14-25 所示的 Element Table Data 对话框。

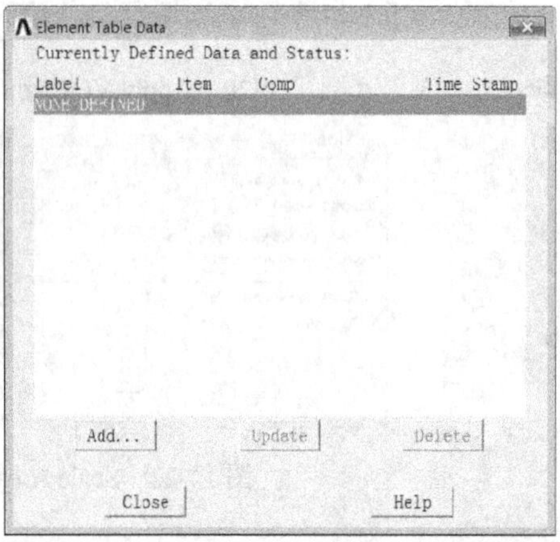

图 14-25　Element Table Data 对话框

（2）单击 OK 按钮，弹出如图 14-26 所示的 Define Additional Element Table Items 对话框。输入 Lab 为 SENE，选择 Item 为 Energy > SENE，单击 Apply 按钮。

（3）继续定义 Element Table,Lable=EFX，选择 flu&gradient > EFX，单击 Apply 按钮；输入 Lab=EFY，选择 flu&gradient > EFY，单击 OK 按钮完成后，完成定义的 Element TableData 对话框应如图 14-27 所示。

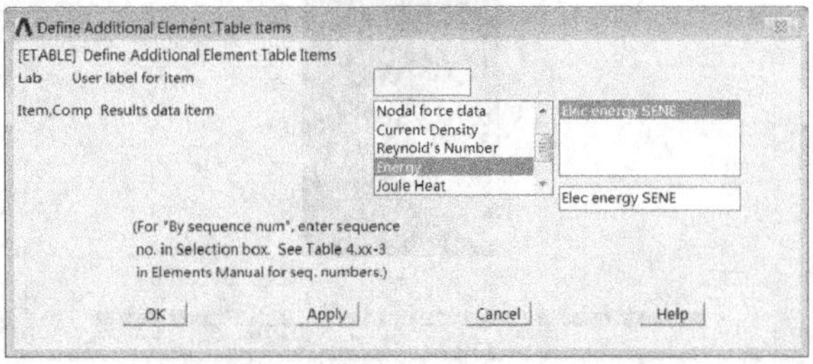

图 14-26　Define Additional Element Table Items 对话框

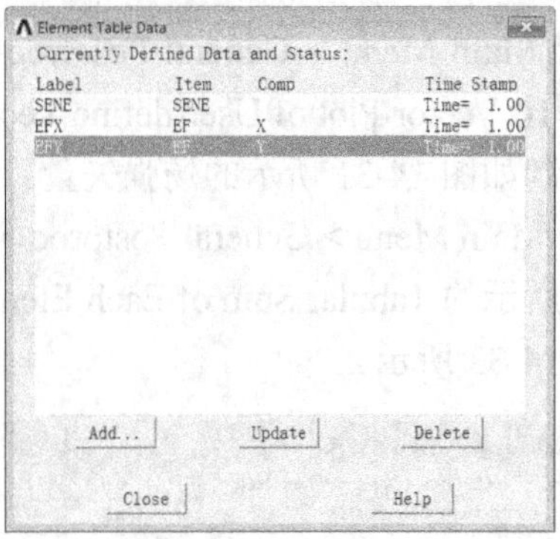

图 14-27　完成定义

（4）在 GUI 界面中选择 Main Menu > General Postproc > Plotresults > Contour Plot > Nodal Solu 命令，弹出图 14-28 所示的 Contour Nodal Solution Data 对话框。

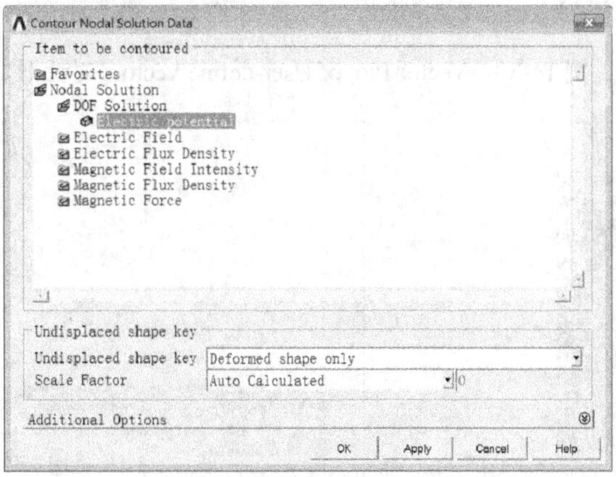

图 14-28　Contour Nodal Solution Data 对话框

（5）选择 DOF Solution 下的 Electric potential，单击 OK 按钮。在工作区中绘出如

图 14-29 所示的等电势线图。

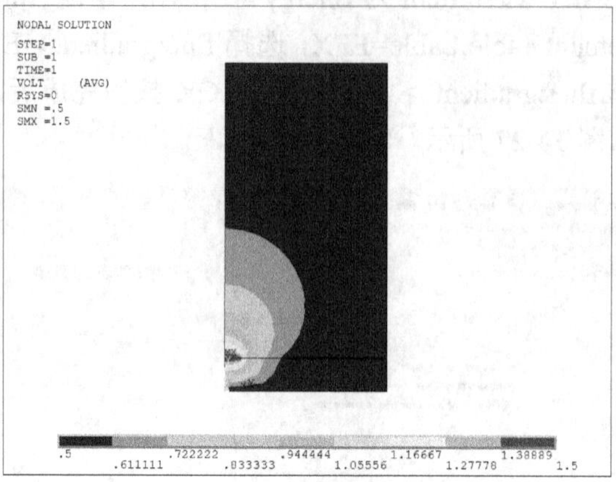

图 14-29　等电势线图

（6）在 GUI 界面中选择 Main Menu > General Postproc > Plot results > Vector Plot > User-define Vectors 命令，弹出 Vector Plot of User-define Vectors 对话框，设置如图 14-30 所示。单击 OK 按钮后，绘制如图 14-31 所示的场强矢量。

（7）在 GUI 界面中选择 Main Menu > General Postproc > Element Table > Sum of Each Item 命令，弹出如图 14-32 所示的 Tabular Sum of Each Element Table Item 对话框。单击 OK 按钮，求总能量，如图 14-33 所示。

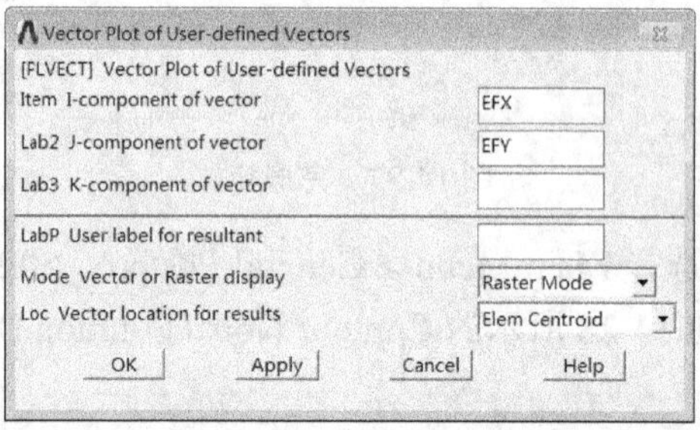

图 14-30　Vector Plot of User-define Vectors 对话框

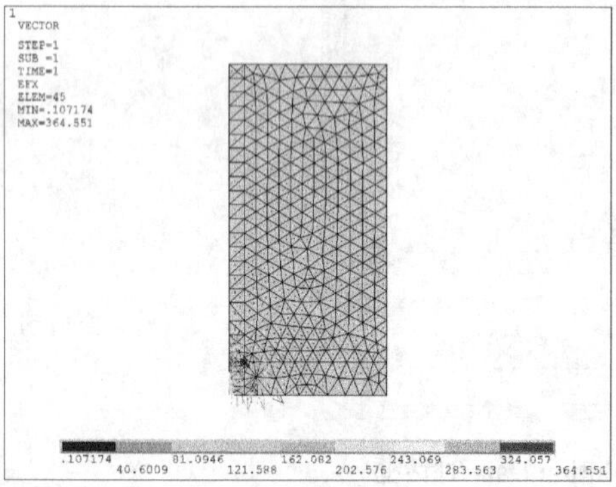

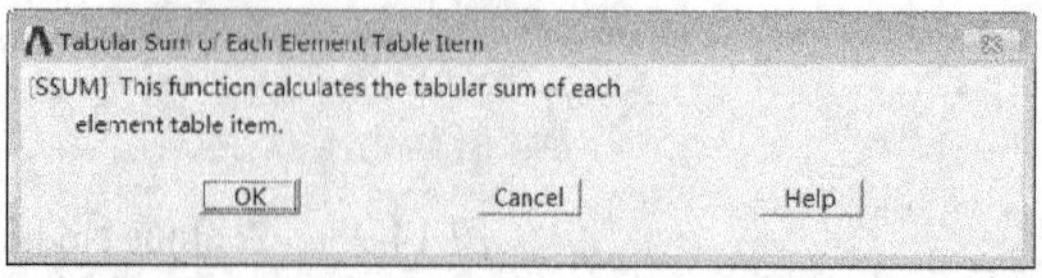

图 14-31　场强矢量　　　图 14-32　Tabular Sum of Each Element Table Item 对话框

（8）在命令输入框中运行如下命令。

```
*GET,W,SSUM,,ITEM,SENE
C=(W*2)/((V1-V0)**2)
C=((C*2)*1E12)
```

由上述公式求出 C 值。在 GUI 界面中选择 Utility Menu > List > Status> Parameters > ALL Parameters 命令，弹出如图 14-34 所示的*STAT Command 窗口。

图 14-34 所示的*STAT Command 窗口中显示了所要求的电容值。

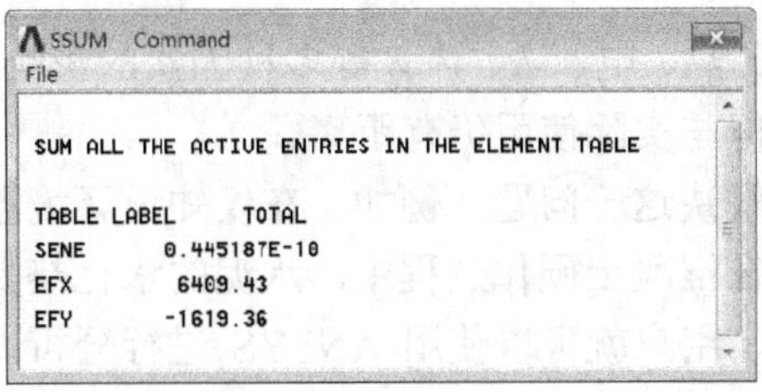

图 14-33 SSUM Command 窗口

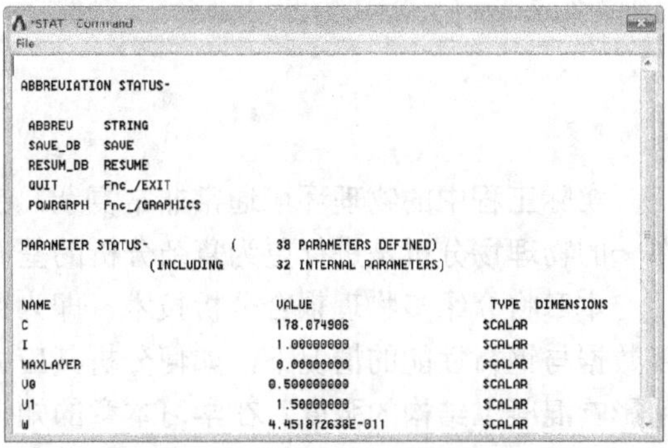

图 14-34 *STAT Command 窗口

(9)单击工具栏中的QUIT按钮，弹出Exit from ANSYS对话框。选择Save Everything，保存所有项目，单击 OK 按钮，退出 ANSYS。

14.4 本章小结

ANSYS 除了可以进行结构、热分析外，也可以进行电磁场分析。在一般电磁场分析中所涉及的典型物理量有：能量消耗、磁通密度、磁场强度、磁力及磁矩、阻抗、电感、涡流、回波损耗、品质因子等。存在电流、永磁体和外加场都会激励起需要分析的磁场。

稳态电流传导分析可以分析计算直流电流和电压降产生的电流密度和电位分布，可以进行两种加载：电压和电流。

稳态电流传导分析认为电压和电流成线性关系，即电流与所加电压成正比。

静电场分析用以确认由电荷分布或外加电势所产生的电场和电场标量位（电压）分布。该分析能加两种形式的载荷：电压和电荷密度。静电场分析是假定为线性的，电场正比于所加电压。

电路分析可以计算源电压和源电流在电路中引起的电压和电流的分布，分析方法由源的类型来决定。

第15章

多物理场耦合分析

实际工程中的物理环境通常非常复杂，包含了热、电、磁、流体等多种因素的影响，单一的物理场分析是进行更为复杂分析的基石，但与实际使用仍有距离。

本章将介绍多物理耦合分析技术，即为用户解决这一问题。例如，在仅知道环境温度数据与钢材性能的情况下，如何分析其应力？在混凝土硬化过程中，水泥的水化热如何影响混凝土结构的强度？在学习本章的知识后，用户就可以使用 ANSYS 进行分析，解决类似上述问题。

学习目标：

- 了解多物理场耦合的基本概念；
- 掌握顺序耦合方法；
- 掌握直接耦合分析方法；
- 掌握不同场合下顺序耦合分析或直接耦合分析的方法。

15.1 概述

耦合场分析是指考虑两个或多个工程物理场之间相互作用的分析。例如压电分析，考虑结构和电场间的相互作用，求解由施加位移造成的电压分布或相反过程。常见的耦合场分析还有热应力分析、热电分析、流体结构分析等。

耦合场分析的过程依赖于耦合的物理场，但可以分为两类：顺序耦合和直接耦合。

15.1.1 顺序耦合

顺序耦合方法包括两个或多个按一定顺序排列的分析，每一种属于不同物理场的分析，通过将前一个分析结果作为载荷施加到第二个分析中的方式进行耦合。典型的例子是热应力顺序耦合分析，热分析中得到节点温度作为“体载荷”施加到随后的应力分析中。

顺序多场耦合是指将不同工程领域多个相互作用的综合分析，求解一个完整的工程问题。为了方便，本章把一个与工程学科求解分析相联系的过程叫作一个物理分析。当一个物理分析的输入依赖另一个分析的结果时，那么那些分析是耦合的。

有些情况只使用“单向”耦合。例如，计算流过水泥墙的流场提供了对墙壁进行结构分析的压力载荷。压力引起墙变形，反过来又会影响墙周围流场的几何形状。实际上流场的几何形状变化很小，可以忽略不计，因此，没必要返回来计算变性后的流场。当然，在此分析中，流体单元用于求解流场，结构单元用于计算应力和变形。

一个较复杂的情况是感应加热问题，交流电磁场分析计算出焦耳热生成的数据，瞬态热分析用于预测时间相关的温度解。但在两个物理分析中材料的性能都是随温度明显变化的，造成感应热问题求解的复杂性，这就需要两种物理分析的反复进行。

顺序耦合是指多个物理分析一个一个按顺序分析。第一个物理分析的结果作为第二个物理分析的载荷。如果分析是完全耦合的，那么第二个物理分析的结果又会影响第一个物理分析的输入，全部载荷可分为基本物理载荷与耦合载荷。基本物理载荷不是其他物理分析的函数，这种载荷也叫名义边界条件；耦合载荷是其他物理分析的结果。

典型 ANSYS 顺序耦合分析应用，包括热应力、感应加热、感应搅拌、稳态流体-结构耦合、磁-结构耦合、静电结构耦合、电流传导-静磁等。

ANSYS 程序能够使用一个数据库文件对同一个有限元模型进行多物理耦合分析。

15.1.2 直接耦合分析

直接耦合分析方法一般只涉及一次分析，利用包括所有必要自由度的耦合场类型单元。通过计算包含所需物理量的单元矩阵或载荷向量的方式进行耦合。例如压电分析、利用 TRANS126 单元的 MEMS 分析等。

对于耦合情况的相互作用非线性程度不是很高的情况，顺序耦合法更有效，也更灵活。因为两个分析之间是相互独立的。例如，在热应力顺序耦合分析中，可以先进行非线性瞬态热分析，然后再进行线性静力分析。可以将瞬态热分析中任一载荷步或时间点的节点温度作为载荷施加到应力分析中。顺序耦合可以是不同物理场之间交替执行，直到收敛到一定精度为止。

当耦合场之间的相互作用是高度非线性时，直接耦合具有优势。它使用耦合变量一次求解得到结果。直接耦合的例子有压电分析，流体流动的共轭传热分析，电路-电磁分析。这些分析中使用了特殊的耦合单元直接求解耦合场间的相互作用。

15.2 双层金属簧片耦合场分析

15.2.1 问题描述

本例将分析一个双层金属片。

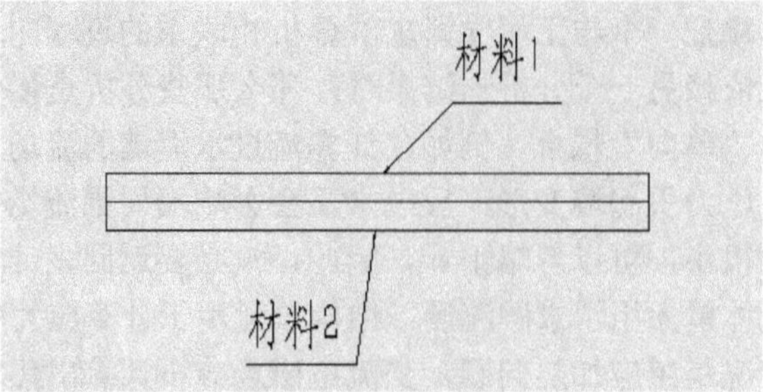

图 15-1　几何模型示意图

如图 15-1 所示，双层金属由两种不同的材料牢固地粘接在一起，材料 1 与材料 2 的物理性质如表 15-1 所示。

表 15-1　材料参数

材料 1	弹性模量	2.00E11
	泊松比	0.3
	线膨胀系数	1.00E-5
材料 2	弹性模量	1.10E+11
	泊松比	0.34
	线膨胀系数	1.60E-5

金属片左端固支，分析金属片 100℃时的形变。

15.2.2　设置环境变量

（1）启动 Mechanical APDL Product Launcher，弹出 Mechanical APDL Product Launcher 窗口。

（2）在 Mechanical APDL Product Launcher 窗口中设置 Simulation Environment 为 ANSYS，License 为 ANSYS Multiphysics，在 Working Directory 中输入工作目录名称，JobName 输入项目名称 15-1，单击 Run，进入 GUI 界面。

15.2.3　设置材料属性

（1）在 GUI 界面中选择 Main Menu > Preprocessor > Element Type > Add/Edit/Delete 命令，弹出 Element Type 对话框，单击 Add 按钮，弹出如图 15-2 所示的 Library of Element Types 对话框。在 Library of Element Types 对话框中选择单元类型为 SOLID186，单击 OK 按钮完成单元类型的定义。

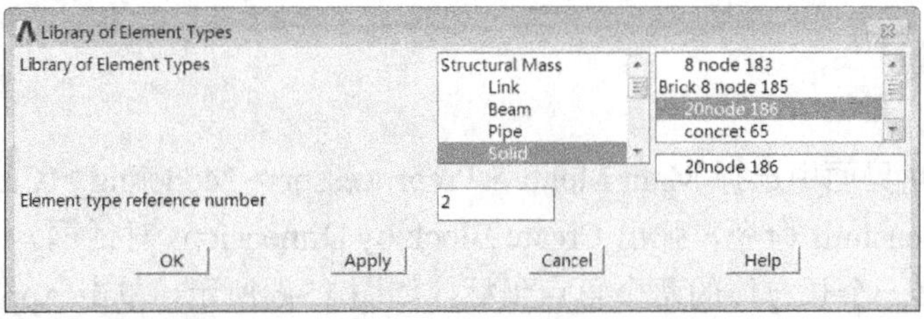

图 15-2　Library of Element Types 对话框

（2）在 GUI 界面中选择 Main Menu > Preprocessor > Material Props > Material Models 命令，弹出如图 15-3 所示的 Define Material Model Behavior 对话框。选择材料模型为 Thermal Expansion > Secant Coefficient > Isotropic。

（3）在弹出如图 15-4 所示的 Thermal Expansion Secant Coefficient for Material Number1 对话框中，设置材料 1 的线膨胀系数，如图 15-4 所示。

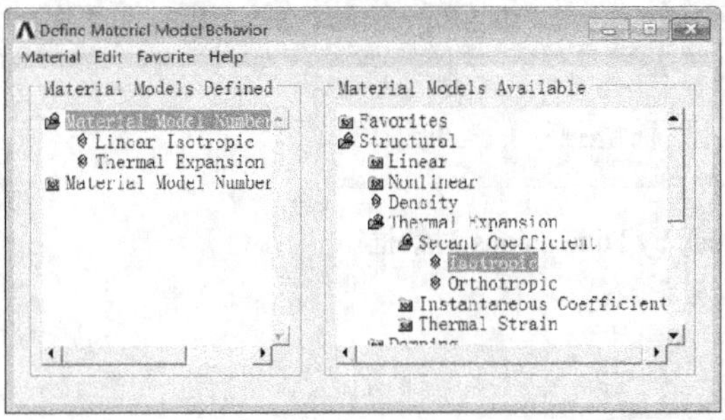

图 15-3　Define Material Model Behavior 对话

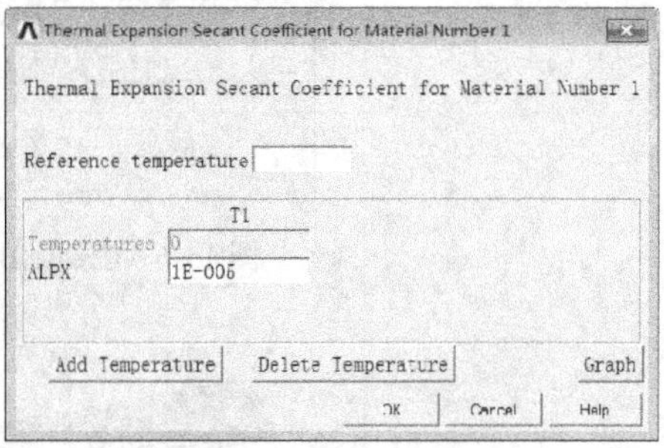

图 15-4　材料 1 线性膨胀

（4）在 Thermal Expansion Secant Coefficient for Material Number1 对话框中还可以设置材料的 Reference temperature（参考温度），在本例中可以直接设置参考温度为 0，也可以在完成加载后统一设置参考温度为 0。

（5）回到图 15-3 所示的 Define Material Model Behavior 对话框，选择材料模型 Structural > Linear > Elastic > Isotropic，定义各向同性弹性材料参数，如图 15-5 所示。

（6）重复上述操作，完成材料 2 的参数定义，材料 2 的参数定义见表 15-1。

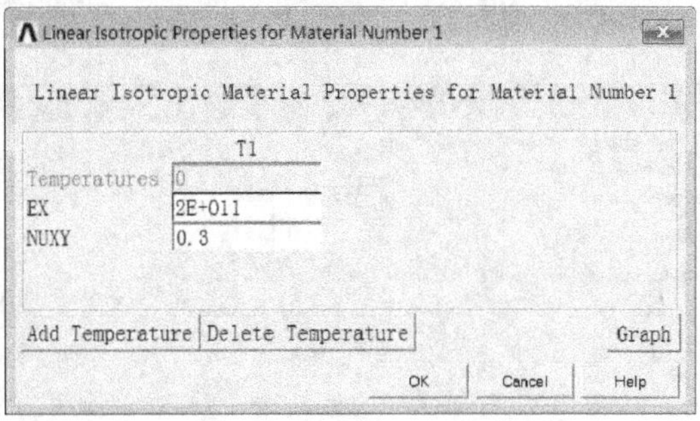

图 15-5　材料 1 强度参数

15.2.4 建模

（1）在 GUI 界面中选择 Main Menu > Preprocessor > Modeling > Create > Volumes > Block > By Dimensions 命令，弹出 Create Block by Dimensions 对话框。

（2）输入第一个长方体的两个角点坐标，如图 15-6 所示，单击 Apply 按钮，生成第一个长方形，继续输入第二个长方体的参数如下。

```
X1=0,X2=0.04
Y1=0.0005,Y2=0.001
Z1=0,Z2=0.005
```

单击 OK 按钮，完成模型建立，如图 15-7 所示。

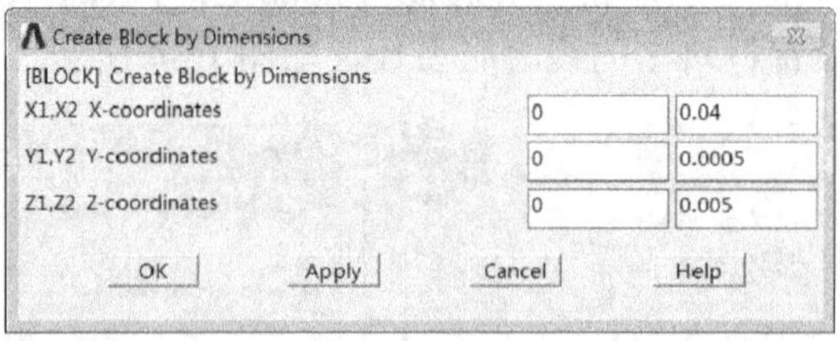

图 15-6　Create Block by Dimensions 对话框

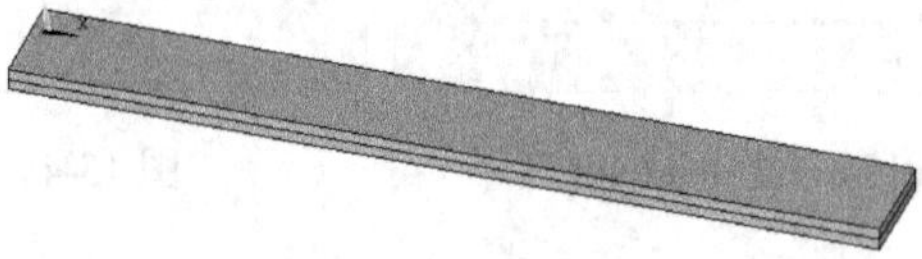

图 15-7　完成几何模型

（3）在 GUI 界面中选择 Main Menu > Preprocessor > Modeling > Operate > Booleans > Glue > Volumes 命令，在弹出的拾取框中单击 Pick ALL 按钮，将所有体粘接。

（4）在 GUI 界面中选择 Main Menu > Preprocessor > Meshing > Size Cntrls > Manual size > Global > Size 命令，弹出如图 15-8 所示的 Global Element Size 对话框，设置单元尺寸为 0.0005。

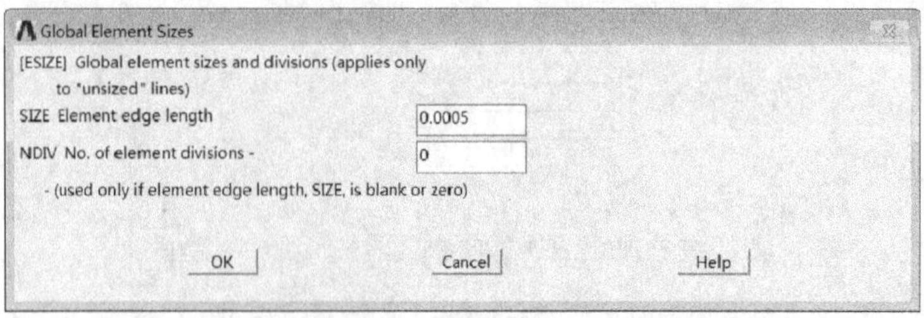

图 15-8　Global Element Size 对话框

15.2.5 划分网格

（1）在 GUI 界面中选择 Main Menu > Preprocessor > Meshing > Mesher Attributes > Default Attributes 命令，输入体编号 1，单击 OK 按钮，弹出如图 15-9 所示的 Volume Attributes 对话框。

（2）设置材料编号为 1，单击 OK 按钮。在 GUI 界面中选择 Main Menu > Preprocessor > Meshing > Mesh > Volumes > Mapped > 4 or 6 sided 命令，输入体编号 1，单击 OK 按钮，完成 1 号体的网格划分。

（3）在 GUI 界面中选择 Main Menu > Preprocessor > Meshing > Mesher Attributes > Default Attributes 命令，输入体编号 2，单击 OK 按钮，在 Volume Attributes 对话框中设置材料编号为 2，单击 OK 按钮。在 GUI 界面中选择 Main Menu > Preprocessor > Meshing > Mesh > Volumes > Mapped > 4 or 6 sided 命令，输入体编号 2，单击 OK 按钮，完成网格划分的模型如图 15-10 所示。

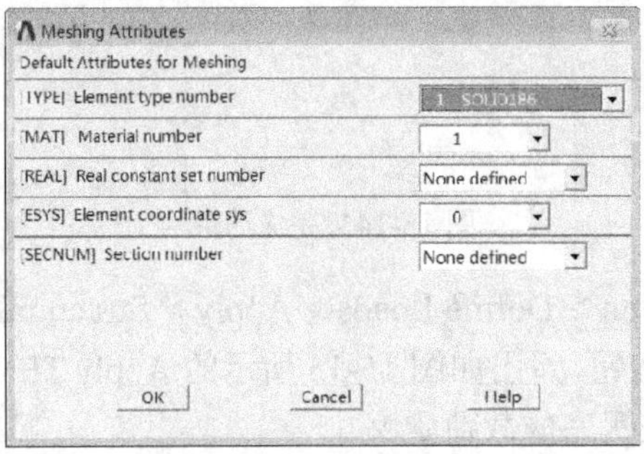

图 15-9　1 号体划分

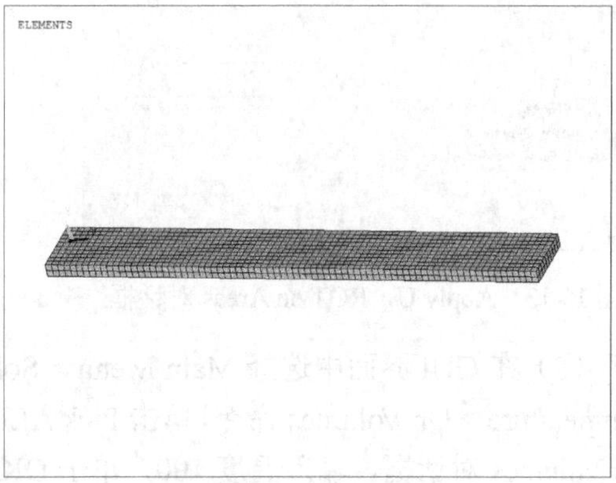

图 15-10　完成单元划分

15.2.6 加载

（1）在 GUI 界面中选择 Utility Menu > PlotCtrls > Numbering...命令，弹出如图 15-11 所示的 Plot Numbering Controls 对话框，选中 Areas Numbers 复选框，off 变为 on，单击 OK 按钮关闭该对话框，选择 Utility Menu > Plot > Areas 命令。此时，编号在 ANSYS 的图形窗口中显示如图 15-12 所示。

（2）在 GUI 界面中选择 Main Menu > Solution > Define Loads > Apply > Structural > Displacement > On Areas 命令，弹出 Apply U,ROT onAreas 对话框。

（3）在 Apply U,ROT on Areas 对话框中输入面编号 5，弹出如图 15-13 所示的 Apply U，ROT on Areas 对话框。设置要约束的自由度为 ALL DOFs，单击 OK 按钮完成。

（4）重复上述操作，约束 16 号面的全部自由度。完成自由度约束后如图 15-14 所示。

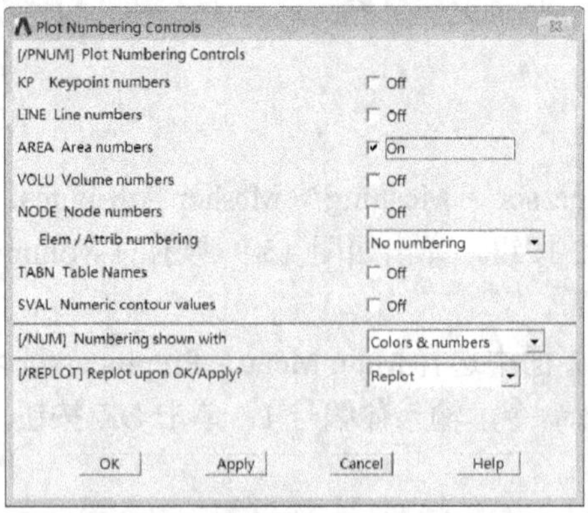

图 15-11　Plot Numbering Controls 对话框

图 15-12　显示面编号

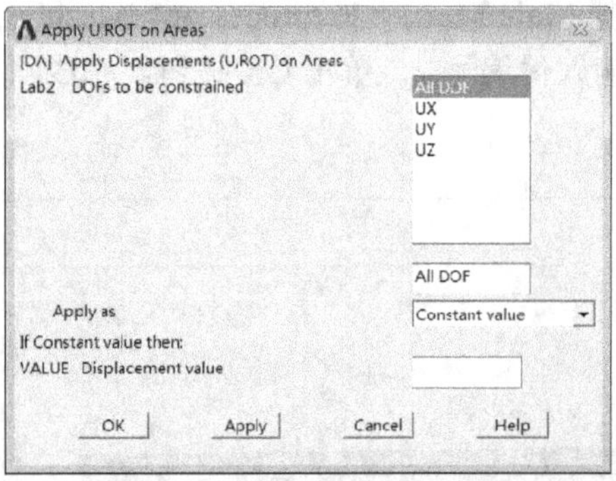

图 15-13　Apply U，ROT on Areas 对话框

图 15-14　完成约束

（5）在 GUI 界面中选择 Main Menu > Solution > Define Loads > Apply > Structural > Temperature > On Volumes 命令，单击 Pick ALL 按钮，弹出如图 15-15 所示的 Apply TEMP On Volumes 对话框，输入温度 100，单击 OK 按钮完成载荷定义。

（6）在 GUI 界面中选择 Main Menu > Solution > Define Loads > Settings > Reference Temp 命令，弹出如图 15-16 所示的 Reference Temperature 对话框，设置参考温度为 0，单击 OK 按钮完成。如在定义材料的时候已经定义参考温度，则本步骤可省略。

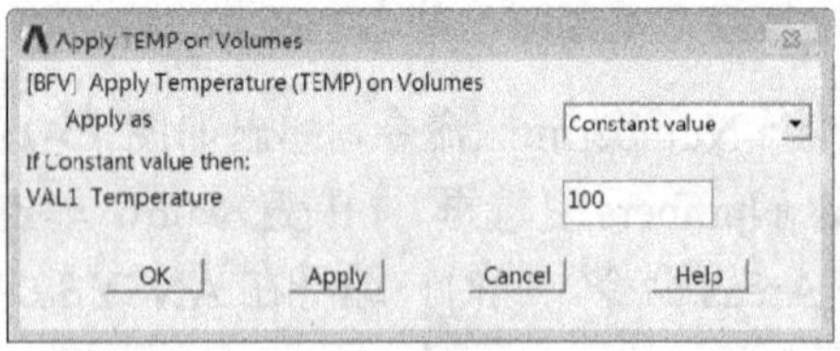

图 15-15　Apply TEMP On Volumes 对话框

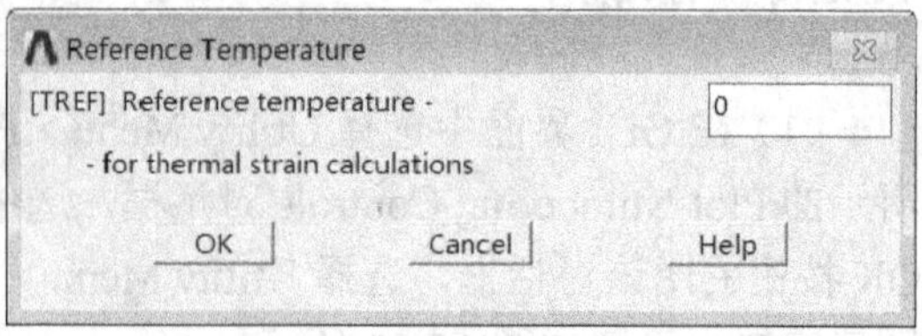

图 15-16　Reference Temperature 对话框

15.2.7　求解

（1）在 GUI 界面选择 Main Menu > Solution > Solve > Current LS 命令，弹出如图 15-17

所示的 STATUS Command 窗口，窗口中显示了项目的求解信息和输出选项。同时弹出的还有如图 15-18 所示的 Solve Current Load Step 对话框，询问用户是否开始进行求解。

（2）单击如图 15-18 所示 Solve Current Load Step 对话框中的 OK 按钮，开始求解，当弹出 Solution is done 提示时，求解完成。

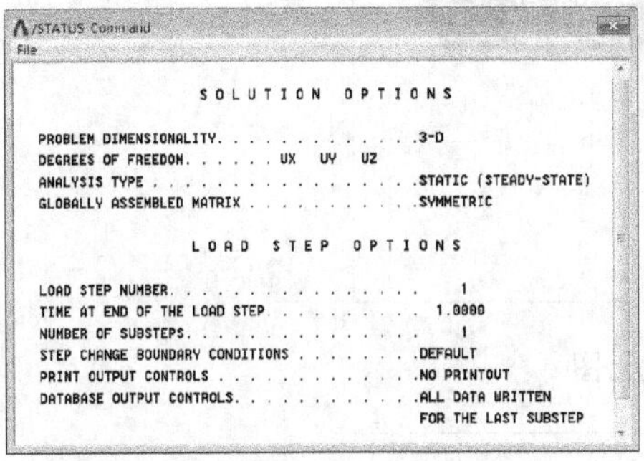

图 15-17　STATUS Command 窗口

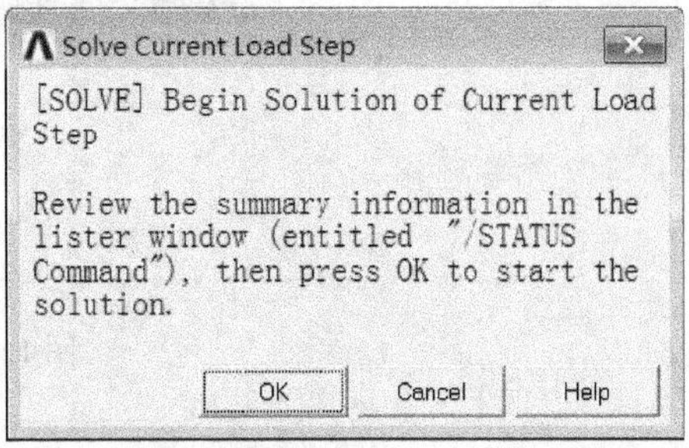

图 15-18　Solve Current Load Step 对话框

15.2.8　后处理

（1）在 GUI 界面中选择 Main Menu > General Postproc > Plot results > Contour Plot > Nodal Solu 命令，弹出如图 15-19 所示的 Contour Nodal Solution Data 对话框，选择 Body Temperature，单击 OK 按钮，在工作区中绘出如图 15-20 所示的温度云图。

（2）选择 DOF Solution 列表中的 Displacement Vector Sum，单击 OK 按钮，即可在工作区中看到位移云图，如图 15-21 所示。

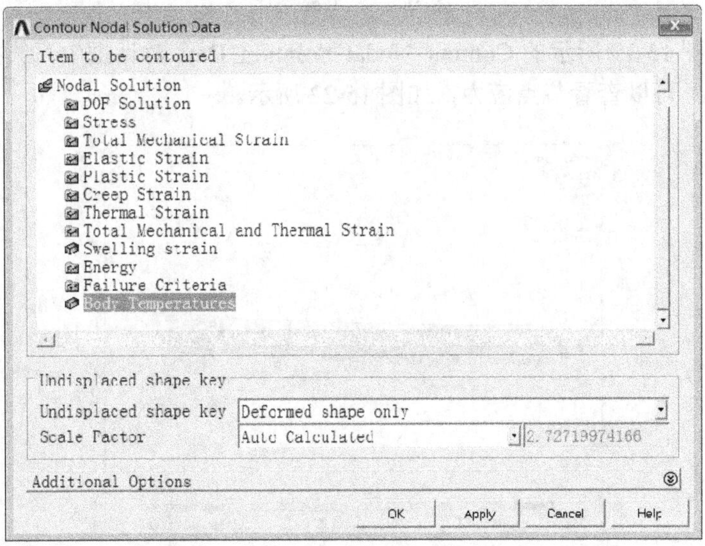

图 15-19　Contour Nodal Solution Data 对话框

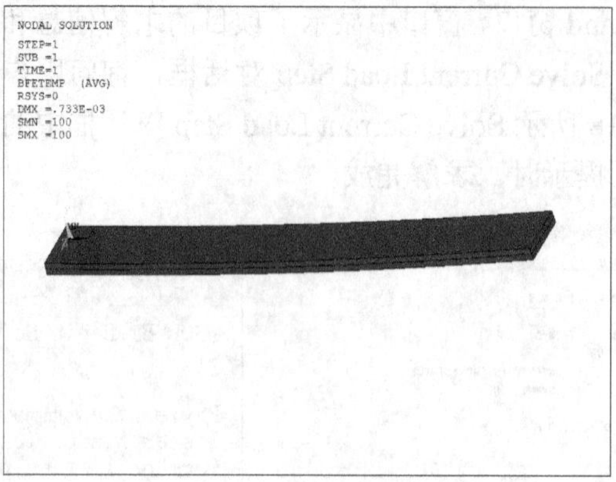

图 15-20　温度云图

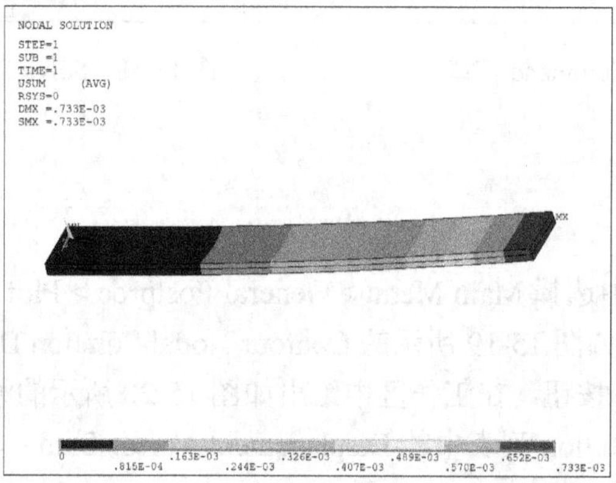

图 15-21　节点位移

（3）在如图 15-19 所示的 Contour Nodal Solution Data 对话框中，选择 Stress > 1st Principle stress，可以查看节点应力，如图 15-22 所示。

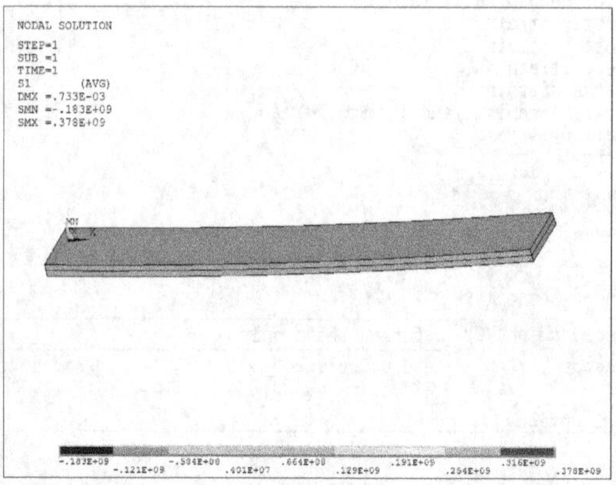

图 15-22　节点应力

（4）单击工具栏中的 QUIT 按钮，弹出 Exit from ANSYS 对话框。选择 Save Everything，

保存所有项目，单击 OK 按钮，退出 ANSYS。

15.3 本章小结

本章介绍的 ANSYS 耦合场分析技术是以之前的结构分析、热分析、电磁分析等为基础的，用户应熟练运用各物理场的分析功能，合理地进行组合，才能达到理想的分析效果。

在选用直接耦合还是顺序耦合分析的问题上，用户应该充分考虑分析对象的复杂性一级可以调用的计算能力，合理作出选择。

对于耦合情况的相互作用非线性程度不是很高的情况，顺序耦合法更有效，也更灵活。因为两个分析之间是相互独立的。例如，在热应力顺序耦合分析中，可以先进行非线性瞬态热分析，然后再进行线性静力分析。可以将瞬态热分析中任一载荷步或时间点的节点温度作为载荷施加到应力分析中。顺序耦合可以是不同物理场之间交替执行，直到收敛到一定精度为止。

当耦合场之间的相互作用是高度非线性时，直接耦合具有优势。它使用耦合变量一次求解得到结果。直接耦合的例子有压电分析，流体流动的共轭传热分析，电路-电磁分析。这些分析中，使用了特殊的耦合单元直接求解耦合场间的相互作用。

第16章

非线性静力分析

工程上的结构分析分为线性分析与非线性分析。在本章之前讨论的所有实例均是以线性模型为基础的，即结构的受力与变形、位移与应变之间均满足线性规定。

实际工程中，几乎不存在具有理想线性行为的结构。为了使模拟的结构更接近实际，不可避免地要进行非线性问题的求解。

学习目标：

- 了解非线性分析的概念；
- 了解非线性分析的基础知识；
- 掌握解决几何非线性问题的方法。

16.1 概述

在日常生活中，会经常遇到结构非线性问题。例如，用钉书针钉书，金属书钉将永久地弯曲成一个不同的形状，如图16-1（a）所示；如果在一个木架上放置重物，随着时间的迁移它将越来越下垂，如图16-1（b）所示；当在汽车或卡车上装货时，它的轮胎和下面路面间距离将随货物重量而变化，如图16-1（c）所示。如果将上面例子的载荷变形曲线画出来，将发现它们都显示了非线性结构的基本特征，即变化的结构刚性。

16.1.1 非线性问题的分类

引起结构非线性的原因很多，它可以分成以下三种主要类型。

- 状态变化（包括接触）

许多普通结构表现出一种与状态相关的非线性行为，例如，一根只能拉伸的电缆可能是松弛的，也可能是绷紧的；轴承套可能是接触的，也可能是不接触的；冻土可能是冻结的，也可能是融化的。

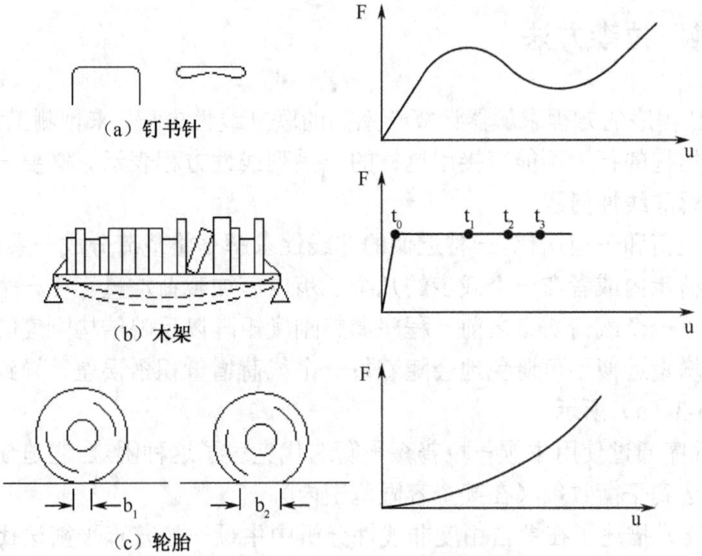

图 16-1　非线性结构行为的普通例子

这些系统的刚度，由于系统状态的改变，在不同的值之间突然变化。状态改变也许和载荷直接有关（如在电缆情况中），也可能由某种外部原因引起（如在冻土中的紊乱热力学条件）。ANSYS 程序中单元的激活与杀死选项，用来给这种状态的变化建模。

接触是一种很普遍的非线性行为，接触是状态变化非线性类型中一个特殊而重要的子集。

■　几何非线性

如果结构经受大变形，它变化的几何形状可能会引起结构的非线性响应。一个垂向刚性，随着垂向载荷的增加，杆不断弯曲，以致动力臂明显减少，导致杆端显示出在较高载荷下不断增长的刚性，如图 16-2 所示。

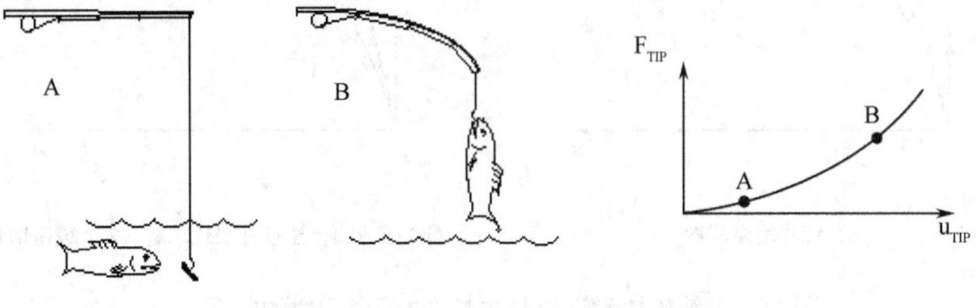

图 16-2　钓鱼杆示范几何非线性

■　材料非线性

非线性的应力-应变关系是结构非线性名的常见原因。许多因素可以影响材料的应力-应变性质，包括加载历史（如在弹-塑性响应状况下），环境状况（如温度），加载的时间总量（如在蠕变响应状况下）。

16.1.2 牛顿-拉森方法

用 ANSYS 程序的方程求解器计算一系列的联立线性方程，来预测工程系统的响应。然而，非线性结构的行为不能直接用这样的一系列线性方程表示。需要一系列带校正的线性近似来求解非线性问题。

逐步递增载荷和平衡迭代。一种近似的非线性求解是将载荷分成一系列的载荷增量，可以在几个载荷步内或者在一个载步的几个子步内施加载荷增量。在一个增量求解完成后，继续进行下一个载荷增量之前，程序调整刚度矩阵以反映结构刚度的非线性变化。但是，纯粹的增量近似不可避免地会随着每一个载荷增量积累误差，导致结果最终失去平衡，如图 16-3（a）所示。

ANSYS 程序通过使用牛顿－拉普森平衡迭代克服了这种困难，它迫使在每一个载荷增量的末端解达到平衡收敛（在某个容限范围内）。

图 16-3（b）描述了在单自由度非线性分析中牛顿－拉普森平衡迭代的使用。在每次求解前，NR 方法估算出残差矢量，这个矢量是回复力（对应于单元应力的载荷）和所加载荷的差值。

程序然后使用非平衡载荷进行线性求解，且核查收敛性。如果不满足收敛准则，重新估算非平衡载荷，修改刚度矩阵，获得新解。持续这种迭代过程直到问题收敛。

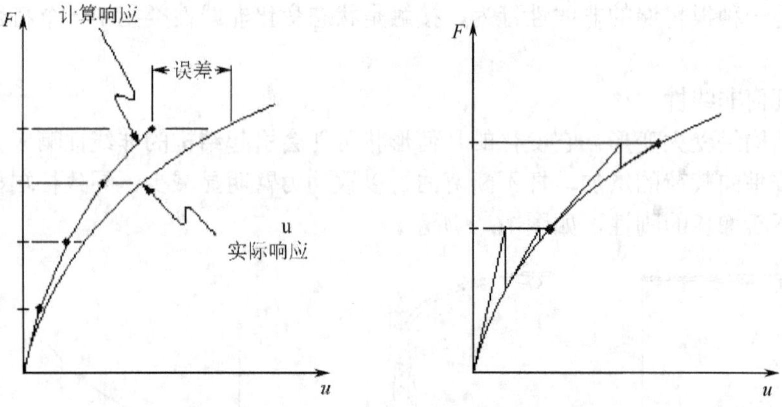

（a）纯粹增量式解　　（b）全牛顿-拉普森迭代求解（2 个载荷增量）

图 16-3　纯粹增量近似与牛顿-拉普森近似的关系。

ANSYS 程序提供了一系列命令来增强问题的收敛性，如自适应下降、线性搜索、自动载荷步、二分法等，可用激活来加强问题的收敛性，如果不能得到收敛，那么程序或继续计算下一个载荷或终止计算（依据用户的指示）。

对某些物理意义上不稳定系统的非线性静态分析，如果仅仅使用 NR 方法，正切刚度矩阵可能变为降秩短阵，导致严重的收敛问题。这样的情况包括独立实体从固定表面分离的静态接触分析，结构或者完全崩溃或者“突然变成”另一个稳定形状的非线性弯曲问题。对这样的情况，可以激活另外一种迭代方法，即弧长方法来帮助稳定求解。

弧长方法导致 NR 平衡迭代沿一段弧收敛，从而即使当正切刚度矩阵的倾斜为零或负值时，也往往阻止发散。这种迭代方法以图形表示如图 16-4 所示。

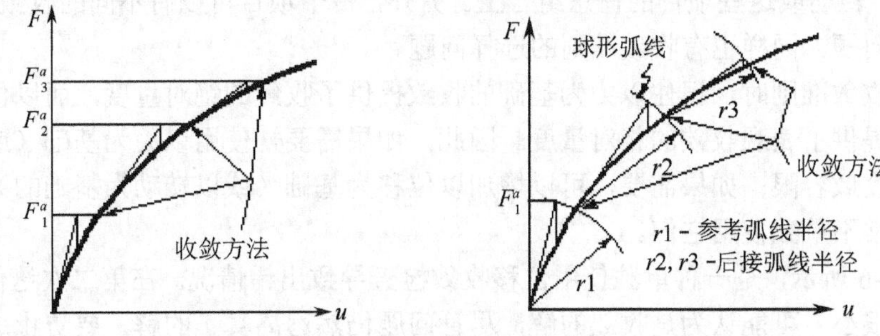

图 16-4　传统的 NR 方法与弧长方法的比较

16.1.3　非线性求解的组织级别

非线性求解被分成三个操作级别：载荷步、子步、平衡迭代。

“顶层”级别由在一定“时间”范围内明确定义的载荷步组成。假定载荷在载荷步内是线性变化的。

- 在每一个载荷步内，为了逐步加载，可以控制程序来执行多次求解（子步或时间步）。
- 在每一个子步内，程序将进行一系列的平衡迭代，以获得收敛的解。

图 16-5 说明了一段用于非线性分析的典型载荷历史。

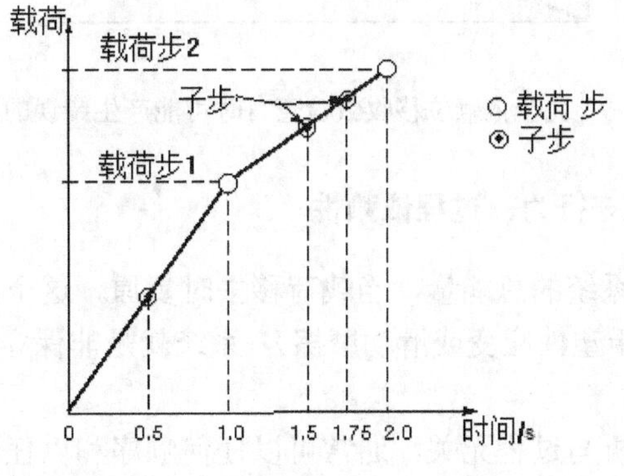

图 16-5　载荷步、子步、及“时间”

1. 收敛容限

当对平衡迭代确定收敛容限时，必须思考以下问题。

■　是基于载荷、变形，还是联立二者来确定收敛容限？

■ 既然径向偏移（以弧度度量）比对应的平移小，是不是要对这些不同的条目建立不同的收敛准则？

当确定收敛准则时，ANSYS 程序会给出一系列的选择，即可以将收敛检查建立在力、力矩、位移、转动或这些项目的任意组合上。另外，每个项目可以有不同的收敛容限值。对多自由度问题，同样也有收敛准则的选择问题。

当确定收敛准则时，记住以力为基础的收敛提供了收敛的绝对量度，而以位移为基础的收敛仅提供了表观收敛的相对量度。因此，如果需要，使用以力为基础（或以力矩为基础的）收敛容限；如果需要，可以增加以位移为基础（或以转动为基础的）收敛检查，但是通常不单独使用它们。

如图 16-6 所示，是一种单独使用位移收敛检查导致出错情况。在第二次迭代后，计算出的位移很小，可能认为是收敛的解，尽管问题仍然远离真正的解，要防止这样的错误，应当使用力收敛检查。

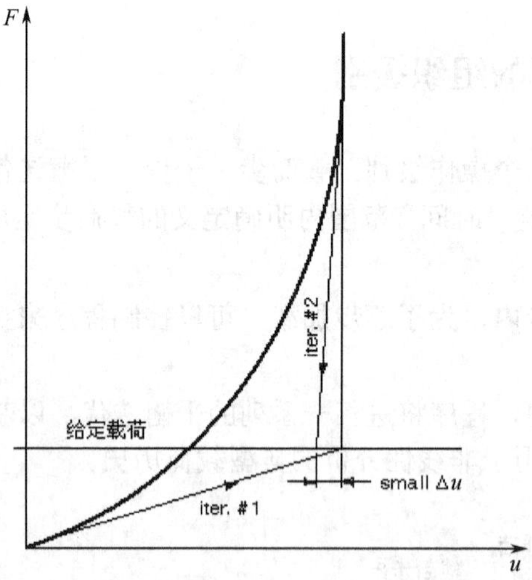

图 16-6　完全依赖位移收敛检查有时可能产生错误的结果

2. 保守行为与非保守行为：过程依赖性

如果通过外载输入系统的总能量，当载荷移去时复原，这个系统就是保守的。如果能量被系统消耗（如由于塑性应变或滑动摩擦），系统就是非保守的，一个非守恒系统的例子如图 16-7 所示。

一个保守系统的分析与过程无关，通常可以任何顺序和以任何数目的增量加载，而不影响最终结果。相反，一个非保守系统的分析与过程相关，就必须紧紧跟随系统的实际加载历史，以获得精确的结果。如果对给定的载荷范围，可以有多于一个的解是有效的（如在突然转变分析中），这样的分析也可能是过程相关的。过程相关问题通常要求缓慢加载（也就是，使用许多子步）到最终的载荷值。

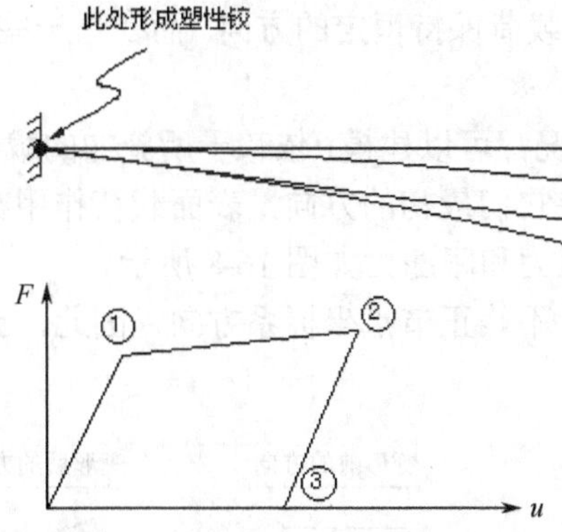

图 16-7　非守恒（过程相关的）过程

3. 子步

当使用多个子步时，需要考虑精度和代价之间的平衡；更多的子步骤（也就是，小的时间步）通常导致较好的精度，但以增加运行时间为代价。ANSYS 提供两种方法来控制子步数：

- 子步数或时间步长

可以通过指定实际的子步数，也可以通过指定时间步长控制子步数。

- 自动时间步长

ANSYS 程序，基于结构的特性和系统的响应，来调整时间步长。

4. 子步数

如果结构在整个加载历史期间显示出高度的非线性特点，而且对结构的行为子解足够好，可以确保得到收敛解，那么必须能够自动确定小的时间步长，且对所有的载荷步使用同一时间步（务必允许足够大的平衡迭代数）。

5. 自动时间分步

如果预料到结构的行为将从线性到非线性变化，也许要在系统响应的非线性部分期间变化时间步长。在这样一种情况，可以激活自动时间分步以便随需要调整时间步长，获得精度和代价之间的良好平衡。同样，如果不确信问题将成功收敛，可使用自动时间分步来激活 ANSYS 程序的二分特点。

二分法提供了一种对收敛失败自动矫正的方法。无论何时，只要平衡迭代收敛失败，二分法将把时间步长分成两半，然后从最后收敛的子步自动重新启动，如果已二分的时间步再次收敛失败，二分法将再次分割时间步长，然后重新启动，持续这一过程直到获得收敛或到达最小时间步长（由用户指定）。

6. 载荷和位移方向

当结构经历大变形时，应该考虑到载荷将发生了什么变化。在多数情况中，无论结构如何变形，施加在系统中的载荷保持恒定的方向。而在另一些情况中，力将改变方向，随着单元方向的改变而变化。

ANSYS 程序对这两种情况都可以建模，依赖于所施加的载荷类型。加速度和集中力将不管单元方向的改变而保持它们最初的方向，表面载荷作用在变形单元表面的法向，且可用来模拟“跟随”力。恒力和跟随力如图 16-8 所示。

注意，在大变形分析中，不修正节点坐标系方向，因此，计算出的位移在最初的方向上输出。

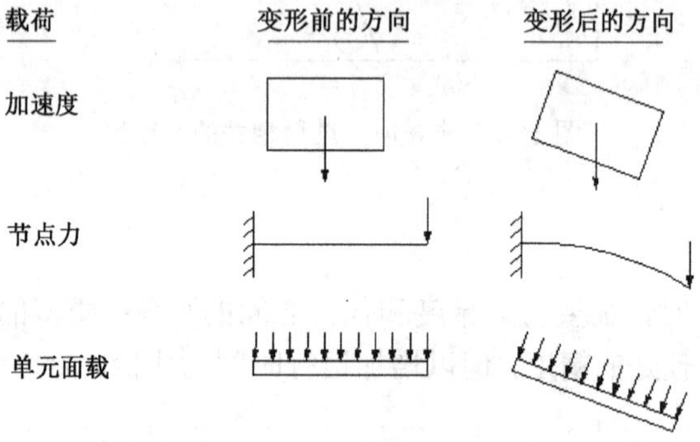

图 16-8　变形前后载荷方向

16.1.4　非线性瞬态过程的分析

用于分析非线性瞬态行为的过程，与对线性静态行为的处理相似，以步进增量加载，程序在每一步中进行平衡迭代。静态和瞬态处理的主要不同，是在瞬态过程分析中要激活时间积分效应。因此，在瞬态过程分析中，“时间”总是表示实际的时序。自动时间分步和二等分特点同样也适用于瞬态过程分析。

■　非线性分析中用到的命令

使用与其他任何类型分析的同一系列的命令来建模和进行非线性分析。同样，无论正在进行何种类型的分析，可从用户图形界面 GUI 选择相似的选项来建模和求解问题。

本章后面的非线性实例分析（命令），显示了使用批处理方法用 ANSYS 分析一个非线性分析时的一系列命令。另一部分的非线性实例分析（GUI 方法），显示了如何从 ANSYS 的 GUI 中执行同样的分析。

■　非线性分析步骤综述

尽管非线性分析比线性分析更加复杂，但处理方法基本相同。只是在非线性分析的适当过程中，添加了需要的非线性特性。

如何进行非线性静态分析，非线性静态分析是静态分析的一种特殊形式。任何静态分析，处理流程主要由以下三个主要步骤组成。

① 建模。

② 加载且得到解。

③ 考察结果。

（1）步骤1：建模。

这一步对线性和非线性分析都是必需的，尽管非线性分析在这一步中可能包括特殊的单元或非线性材料性质，如果模型中包含大应变效应，应力－应变数据必须依据真实应力和真实（或对数）应变表示。

（2）步骤2：加载且得到解。

在这一步中，定义分析类型和选项，指定载荷步选项，开始有限元求解。既然非线性求解经常要求多个载荷增量，且总是需要平衡迭代，它不同于线性求解，处理过程如下。

① 进入ANSYS求解器。

命令：

```
/Solution
```

GUI：MainMenu > Solution

② 定义分析类型及分析选项。

分析类型和分析选项在第一个载荷步后（也就是，在发出第一个SOLVE命令之后）不能被改变。ANSYS提供这些选项用于静态分析。

选项：新的分析〔ANTYPE〕。

一般情况下会使用NewAnalysis（新的分析）。

选项：分析类型，静态〔ANTYPE〕，选择Static（静态）。

选项：大变形或大应变选项（GEOM）。

并不是所有的非线性分析都产生大变形。参看“使用几何非线性”对大变型的进一步讨论。

选项：应力刚化效应〔SSTIF〕，如果存在应力刚化效应选择ON。

选项：牛顿-拉普森选项〔NROPT〕。

仅在非线性分析中使用这个选项。这个选项指定在求解期间每隔多久修改一次正切矩阵，可以指定这些值中的一个。

程序选择（NROPT，ANTO），程序基于模型中存在的非线性种类，选择用这些选项中的一个，在需要时牛顿－拉普森方法将自动激活自适应下降。

完全的〔NROPT，FULL〕，程序使用完全的牛顿－拉普森处理方法，在这种处理方法中，每进行一次平衡迭代，修改刚度矩阵一次。如果自适应下降是关闭的，程序每一次平衡迭代都使用正切刚度矩阵。一般不建议关闭自适应下降，但是或许发现这样做可能更有效。如果自适应下降是打开的（默认），只要迭代保持稳定（也就是，只要残余项减小，且没有负主对角线出现）程序将仅使用正切刚度阵。如果在一次迭代中探测到发散倾向，程序抛弃发散的迭代且重新开始求解，应用正切和正割刚度矩阵的加权组合。当迭代回到收敛模式时，程序将重新开始使用正切刚度矩阵。对复杂的非线性问题自适应下降通常将提高程序获得收敛的能力。

修正的（NROPT，MODI），程序使用修正的牛顿－拉普森方法，在这种方法中正切刚度矩阵在每一子步中都被修正。在一个子步的平衡迭代期间矩阵不被改变。这个选项

不适用于大变形分析。自适应下降是不可用的

初始刚度（NROPT，INIT），程序在每一次平衡迭代中，都使用初始刚度矩阵这一选项比完全选项似乎较不易发散，但它经常要求更多次的迭代来得到收敛。它不适用于大变形分析。自适应下降是不可用的。

选项：方程求解器。对于非线性分析，使用前面的求解器（默认选项）。

③ 在模型上加载，记住，在大变型分析中惯性力和点载荷将保持恒定的方向，但表面力将“跟随”结构而变化。

④ 指定载荷步选项。这些选项可以在任何载荷步中改变，下列选项对非线性静力态分析是可用的。

■ 普通选项

普通选项包括如下。

● Time（TIME）

ANSYS 程序借助在每一个载荷步末端给定的 TIME 参数识别出载荷步和子步。使用 TIME 命令定义受某些实际物理量（如先后时间，所施加的压力等等。）限制的 TIME 值。程序通过这个选项指定载荷步的末端时间。

注意，在没有指定 TIME 值时，程序将依据默认值自动对每一个载荷步按 1.0 增加 TIME（在第一个载荷步的末端以 TIME=1.0 开始）。

● 时间步的数目〔NSUBST〕

● 时间步长〔DELTIM〕

非线性分析要求在每一个载荷步内有多个子步（或时间步；这两个术语是等效的），从而 ANSYS 可以逐渐施加所给定的载荷，得到精确的解。NSUBST 和 DELTIM 命令都获得同样的效果（给定载荷步的起始，最小，以及最大步长）。NSNBST 定义在一个载荷步内将使用的子步数目，而 DELTIM 明确定义时间步长。如果自动时间步长是关闭的，那么起始子步长用于整个载荷步。默认时，是每个载荷步有一个子步。

● 渐进式或阶跃式的加载

在与应变率无关的材料行为的非线性静态分析中，通常不需要指定这个选项，因为依据默认，载荷将为渐进式的阶跃式载荷〔KBC，1〕，除了在同一相关材料行为情况下（蠕变或黏塑性），在静态分析中通常没有意义。

● 自动时间分步〔AUTOTS〕

这一选项允许程序确定子步间载荷增量的大小，决定在求解期间是增加还是减小时间步（子步）长，默认时是 OFF（关闭）。

可以用 AUTOTS 命令打开自动时间步长和二分法。通过激活自动时间步长，可以让程序决定在每一个载荷步内使用多少个时间步。

在一个时间步求解完成后，下一个时间步长的大小基于以下四种因素预计。

* 在最近过去的时间步中使用的平衡迭代数目（更多次的迭代成为时间步长减小的原因）。
* 对非线性单元状态改变预测（当状态改变临近时减小时间步长）。
* 塑性应变增加的大小。

* 蠕变增加的大小。

■ 非线性选项

程序将连续进行平衡迭代直到满足收敛准则（或者直到达到允许的平衡迭代的最大数〔NEQIT〕。可以用默认的收敛准则，也可以自己定义收敛准则。

● 收敛准则〔CNVTOL〕

默认的收敛准则，依据默认，程序将以 VALUE・TOLER 的值对力（或者力矩）进行收敛检查。VALUE 的默认值是在所加载荷（或所加位移，Netwton-Raphson 回复力）的 SRSS 和 MINREF（其默认值为 1.0）中，取值较大者。TOLER 的默认值是 0.001。

应当使用力收敛检查。可以添加位移（或者转动）收敛检查。对于位移，程序将收敛检查建立在当前（*i*）和前面（*i*-1）次迭代之间的位移改变上。

注意，如果明确定义了收敛准则（CNVTOL〕，默认准则将“失效”。因此，如果定义了位移收敛检查，将不得不再定义力收敛检查（使用多个 CNVTOL 命令来定义多个收敛准则）。

● 用户收敛准则

可以定义用户收敛准则，替代默认的值。

使用严格的收敛准则将提高结果的精度，但以更多次平衡迭代为代价。如果想严格（加放松）准则，应当改变 TOLER 两个数量级。一般地，应当继续使用 VALUE 的默认值；也就是通过调整 TOLER，而不是 VALUE 改变收敛准则。应当确保 MINREF=1.0 的默认值在分析范围内有意义。

● 在单一和多 DOF 系统中检查收敛

要在单自由度（DOF）系统中检查收敛，对这一个 DOF 计算出不平衡力，然后对照给定的收敛准则（VALUE*TOLER）参看这个值[同样也可以对单一 DOF 的位移（和旋度）收敛进行类似的检查]。然而，在多 DOF 系统中，也许使用不同的比较方法。

ANSYS 程序提供以下三种不同的矢量规范用于收敛核查。

* 无限规范在模型中的每一个 DOF 处重复单一 DOF 核查。
* L1 规范将收敛准则同所有 DOFS 的不平衡力（力矩）的绝对值的总和相对照。
* L2 规范使用所有 DOFS 不平衡力（或力矩）的平方总和的平方根进行收敛检查。

实录：对于下面例子，如果不平衡力（在每一个 DOF 处单独检查）小于或等于 5000×0.0005（也就是 2.5），且如果位移的改变（以平方和的平方根检查）小于或等于 10×0.001（也就是 0.01），子步将认为是收敛的。

```
CNVTOL , F , 5000 , 0.005 , 0
CNVTOL , U , 10 , 0.001 , 2
```

● 平衡迭代的最大次数〔NEQIT〕

使用这个选项对在每一个子步中进行的最大平衡迭代次数实行限制（默认=25）。如果在这个平衡迭代次数之内不能满足收敛准则，且如果自动步长是打开的〔AUTOTS〕，分析将尝试使用二分法。如果二分法是不可能的，那么，分析或者终止，或者进行下一个载荷步，依据在 NCNV 命令中发出的指示。

- 求解终止选项〔NCNV〕

这个选项处理五种不同的终止准则。

* 如果位移“太大”，则建立一个用于终止分析和程序执行的准则。
* 对累积迭代次数设置限制。
* 对整个时间设置限制。
* 对整个 CPU 时间设置限制。

- 弧长选项〔ARCLEN〕。

如果预料结构在载荷历史内某些点变得物理意义上不稳定（也就是，结构的载荷－位移曲线的斜度将为 0 或负值），可以使用弧长方法来帮助稳定数值求解。

激活弧长方法的典型系列命令显示如下。

注意，合适时，可以和弧长方法一起使用许多其他的分析和载荷步选项。然而，不应和弧长方法一起使用下列选项：不要使用线搜索〔LNSRCH〕、时间步长预测〔PRED〕、自适应下降〔NROPT，，，ON〕、自动时间步长〔AUTOTS，TIME，DELTIM〕、打开时间－积分效应（TIMINT）。

- 时间步长预测——纠正选项〔PRED〕。

对于每一个子步的第一次平衡迭代，你可以激活和 DOF 求解有关的预测。这个特点加速收敛且如果非线性响应是相对平滑的，它特别的有用。在包含大转动或粘弹的分析中它并不是非常有用。

- 线搜索选项〔LNSRCH〕

这个选项是对自适应下降的替代。当被激活时，无论何时发现硬化响应，这个收敛提高工具用程序计算出的比例因子（具有 0 和 1 之间的值）乘以计算出的位移增量。因为线搜索算法是用来对自适应下降选项〔NROPT〕进行的替代，如果线搜索选项打开，自适应下降不被自动激活。不建议同时激活线搜索和自适应下降。

当存在强迫位移时，直到迭代中至少有一次具有一个的线搜索值运算才会收敛。ANSYS 调节整个 DU 矢量，包括强迫位移值；否则，除了强迫 DOF 处一个小的位移值将随处发生。直到迭代中的某一次具有 1 的线搜索值，ANSYS 才施加全部位移值。

- 蠕变准则〔CRPLIM，CRCR〕。

如果结构表现出蠕变行为，可以指定蠕变准则用于自动时间步调整。程序将对所有单元计算蠕变应变增量（在最近时间步中蠕变的变化）对弹性应变的比值。如果自动时间步长〔AUTOTS〕不是打开的，这个蠕变准则将无效。如果最大比值比判据大，程序将减小下一个时间步长；如果小，程序或许增加下一个时间步长。同样，程序将把自动时间步长建立在平衡迭代次数，将发生的单元状态改变，以及塑性应变增量的基础上。时间步长将调整到对应这些项目中的任何一个所计算出的最小值。如果比值高于 0.25 的稳定界限，且如果时间增量不能被减小，解可能发散，且分析将由于错误信息而终止。这个问题可以通过使最小时间步长足够小避免〔DELTIM，NSUBST〕。

- 激活和杀死选项

在 ANSYS/Mechanical 和 ANSYS/LS－DYNA 产品中，可以用杀死和激活单元来模拟材料的消去和添加。

程序通过用一个非常小的数（它由 ESTIF 命令设置）乘以它的刚度，从总质量矩阵消去它的质量“杀死”一个单元。对无活性单元的单元载荷（压力、热通量、热应变等）同样设置为零。需要在前处理中定义所有可能的单元，不可能在 SOLUTION 中产生新的单元。

分析的后面阶段中“出生”的那些单元，要在第一个载荷步前应当被杀死，然后在适当的载荷步开始时被重激活，当单元被重激活时，它们具有零应变状态，且如果（NLGEOM，ON）它们的几何（开头长度，面积等）将修改，与它们的现偏移位置相适应。

■杀死（EKILL）

■激活（EALIVE）

● 改变材料性质参考号〔MPCHG〕

另一种在求解期间影响单元行为的办法是改变它的材料性质参考号。这个选项允许在载荷步间改变一个单元的材料性质。

EKILL 适用于大多数单元类型，MPCHG 适用于所有单元类型。

■输出控制选项

输出控制选项包括如下。

● 打印输出（OUTPR）

使用这个选项，使输出文件（Jobname.out）包括所想要的结果数据。

● 结果文件输出〔OUTRES〕

这个选项控制结果文件中的数据（Jobname.rst）。

OUTPR 和 OUTRES 用来控制结果被写入这些文件的频率。

● 结果外推〔ERESX〕

这个选项，依据默认，复制一个单元的积分点应力和弹性应变结果到节点，而替代外推它们，如果在单元中存在非线性（塑性，蠕变，膨胀）的话，积分点非线性变化总是拷贝到节点。

注意，对输出行使下列警告。

■恰当使用多个 OUTRES 或 OUTPR 命令，有时可能有一点小的技巧。

■依据默认，在非线性分析中只有最后一个子步写入结果文件。要写入所有子步，设置 OUTRES 中的 FREQ 域为 ALL。

■依据默认，只有 1000 个结果集（子步）可以写入结果文件。如果超过了这个数目（基于 OUTRES 指定），程序将因错误而终止。使用命令/CONFIG，NRES 来增加这个界限。

⑤ 存储基本数据的备份副本于另一文件。

命令：SAVE

GUI：UtilityMenu > File > SaveAs

⑥ 开始求解计算。

命令：SOLVE

GUI：MainMenu > Solution > Solve > CurrentLS

⑦ 如果需要定义多个载荷步，对每一个其余的载荷步重复步骤③至⑥。

⑧ 离开 SOLUTION 处理器。

命令：FINISH

GUI：关闭 Solution 菜单。

（3）步骤 3：考察结果。

来自非线性静态分析的结果主要由位移、应力、应变，以及反作用力组成。可以用 POST1、通用后处理器，或者用 POST26、时间历程后处理器，来考察这些结果。

记住，用 POST1 一次仅可以读取一个子步，且来自那个子步的结果应当已写入 Jobname.rst。载荷步选项命令 OUTRES 控制哪一个子步的结果存储于 Jobname.rst，典型的 POST1 后处理顺序将在下面描述。

① 要记住的要点

- 用 POST1 考察结果，数据库中的模型必须与用于求解计算的模型相同。
- 结果文件（Jobname.rst）必须是可用的。

② 用 POST1 考察结果。

- 检查输出文件（Jobname.out）是否在所有的子步分析都收敛。
- 如果不收敛，可能不像后处理结果，而像确定为什么收敛失败。
- 如果收敛，那么继续进行后处理。
- 进入 POST1。如果用于求解的模型不在数据中，发出 RESUME。

命令：POST1

GUI：MainMenu > GeneralPostproc

- 读取需要的载荷步和子步结果，可以依据载荷步和子步号或者时间来识别，然而不能依据时间识别出弧长结果。

命令：SET

GUI：MainMenu > GeneralPostproc > ReadResults > Loadstep

同样，可以使用 SUBSET 或者 APPEND 命令对选出的部分模型读取或者合并结果数据。这些命令中的任何一个 LIST 参数，列出结果文件中可用的解。同样，可以通过 INRES 命令限制从结果文件到基本数据被写的数据总量。另外，可以用 ETABLL 命令对选出的单元进行后处理。

注意，如果指定了一个没有结果可用的 Time 值，ANSYS 程序将进行线性内插来计算出 Time 处的结果。认识到在非线性分析中，这种线性内插通常将导致某些精度损失（见图 16-9）。因此，对于非线性分析，通常应当在一个精确对应于要求子步的 TIME 处进行后处理。

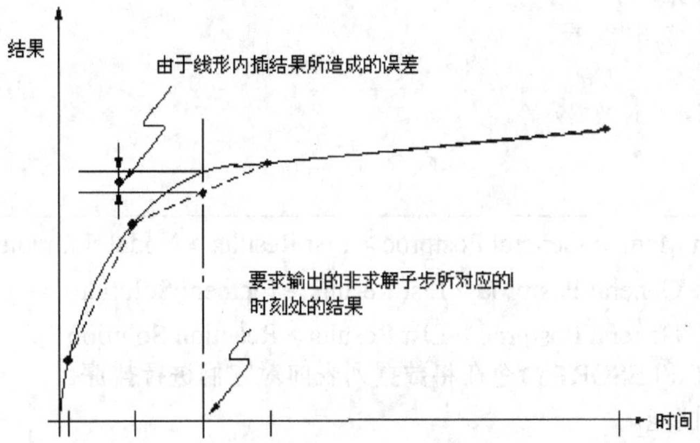

图 16-9　非线性结果的线性内插可能引起某些误差

- 使用下列任意选项显示结果。

选项：显示已变形的形状。

命令：

PLDISP

GUI：Main Menu > General Postproc > Plot Results > Deformed Shapes

在大变形分析中，一般优先使用真实比例显示〔IDSCALE,，1〕。

选项：等值线显示。

命令：

PLNSOL 或者 PLESOL

GUI：Main Menu > General Postproc > Plot Results > Contour Plot > Nodal Solu 或者 Element Solu

使用这些选项显示应力、应变，或者其他任何可用项目的等值线。如果邻接的单元具有不同材料行为（可能由于塑性或多线性弹性的材料性质，由于不同的材料类型，或者由于邻近单元的死活属性不同而产生），应当注意避免结果中节点的应力平均错误。

同样，可以绘制单元表数据和线单元数据的等值线。

命令：

PLETAB，PLLS

GUIS：Main Menu > General Postproc > Element Table > Plot Element Table

Main Menu > General Postproc > Plot Results > Contour Plot > Line Elem Res

使用 PLETAB 命令（GUI 路径 Main Menu > General Postproc > Element Table > Plot Element Table）来绘制单元表数据的等值线，用 PLLS（GUI 路径 Main Menu > General Postproc > Plot Results > Line elem Res）绘制线单元数据的等值线。

选项：列表。

命令：

PRNSOL（节点结果）

PRESOL（结果）
PRRSOL（反作用力数据）
PRETAB
PRITER（子步总计数据）等。
NSORT
ESORT

GUIS：Main Menu > General Postproc > List Results > Nodal Solution

Main Menu > General Postproc > List Results > Element Solution

Main Menu > General Postproc > List Results > Reaction Solution

使用 NSORT 和 ESORT 命令在将数据列表前对它们进行排序。

- 其他的性能。

许多其他的后处理函数，在路径上映射结果、记录、参量列表等，在 POST1 中是可用的。对于非线性分析，载荷工况组合通常是无效的。

③ 用 POST26 考察结果

同样，可以使用 POST26，时间一历程后处理器考察非线性结构的载荷一历程响应。使用 POST26 比较一个 ANSYS 变量对另一个变量的关系。例如，可以用图形表示某一节点处的位移与对应的所加载荷的关系，或者可以列出某一节点处的塑性应变和对应的 TIME 值之间的关系。典型的 POST26 后处理顺序可以遵循这些步骤。

- 根据输出文件（Jobname.OUT）检查是否在所有要求的载荷步内分析都收敛。不应当将设计决策建立在非收敛结果的基础上。

如果解是收敛的，进入 POST26，如果现模型不在数据库内，发出 RESUME 命令。

命令：

POST26

GUI：Main Menu > Time Hist Postpro

定义在后处理期间使用的变量。

命令：

NSOL
ESOL
RFORCL

GUI：Main Menu > Time Hist Postproc > Define Variables

图形或者列表显示变量。

命令：

PLVAR（图形表示变量）
PRVAR
EXTREM（列表变量）

GUIS：Main Menu > Time Hist Postprac > Graph Variables

Main Menu > Time Hist Postproc > List Variables

Main Menu > Time Hist Postproc > List Extremes

- 其他的性能。

许多其他的后处理函数可用于 POST26。

终止正在运行的工作；重启动。

可以通过产生一个“abort”文件（Jobname.abt）停止一个非线性分析。一旦求解成功完成，或者收敛失败发生，程序也将停止分析。

如果一个分析在终止前已成功完成了一次或多次迭代，可以屡次重启动。

16.2 实例分析一

16.2.1 问题描述

有一个无限长的橡胶圆筒，其截面积形状如图 16-10 所示，圆筒构成材料参数见表 16-1，在其内壁面承受均布压力载荷 *P* 的作用，求圆筒的应力和位移响应。

几何参数：外径 *R*1=20mm，内径 *R*2=5mm，载荷为 80Mpa。

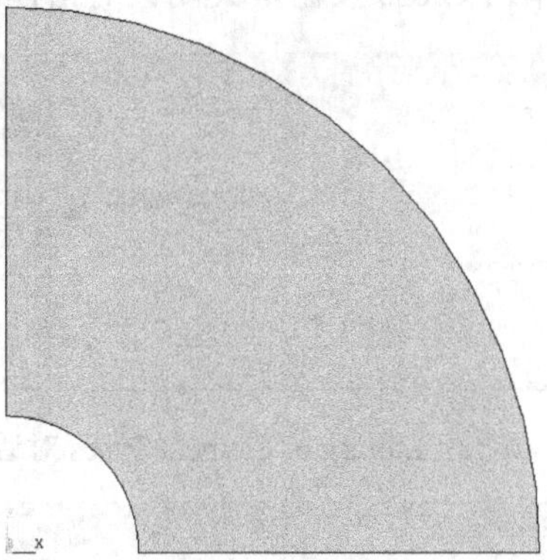

图 16-10　橡胶圆筒

表 16-1　材料参数表

T1/℃	A1/Mpa	B1/Mpa	T2/℃	A2/Mpa	B2/Mpa	PRXY
20	40	10	40	120	30	0.5

16.2.2 分析

考虑到圆筒的无限长特性，忽略其端面效应，按平面应变问题进行分析；同时根据对称性，选取圆筒横截面的 1/4 建立几何模型，并选择 PLANE182 单元进行求解。在建模过程中，长度单位用 mm，应力单位采用 Mpa。

16.2.3 设置环境变量

（1）从实用菜单中选择 Utility Menu:File > Change Jobname 命令，将打开 Change Jobname（修改文件名）对话框。

（2）在 Enter new jobname 文本框中输入 example16-1，为本分析实例的文件名，单击 OK 按钮，完成文件名的修改。

16.2.4 设置属性

（1）在 GUI 界面中选择 Main Menu > Preprocessor > Element Type > Add/Edit/Delete 命令，弹出 Element Type 对话框。单击 Add 按钮，弹出如图 16-11 所示的 Library of Element Types 对话框。在 Library of Element Types 对话框中，在左侧选择 Structural Solid，在右侧列表选择 Quad 4 node 182，单击 OK 按钮。

（2）关闭单元类型对话框，同时返回到 Element Type 对话框，单击 Option 按钮，打开如图 16-12 所示的 PLANE182 element type options 对话框，对 PLANE182 单元进行设置，设置如图 16-12 所示，单击 Close 按钮，关闭该对话框。

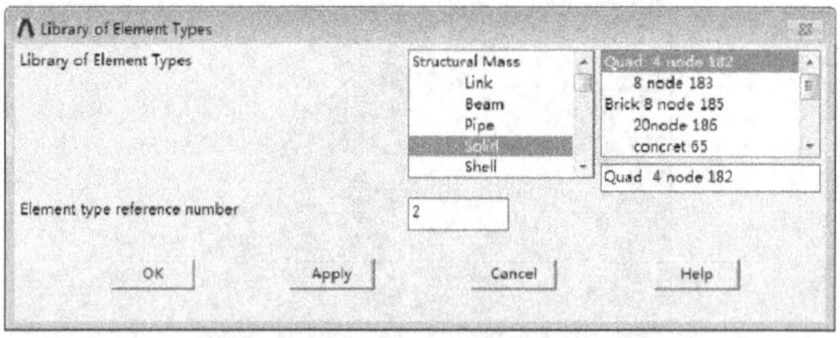

图 16-11　Library of Element Types 对话框

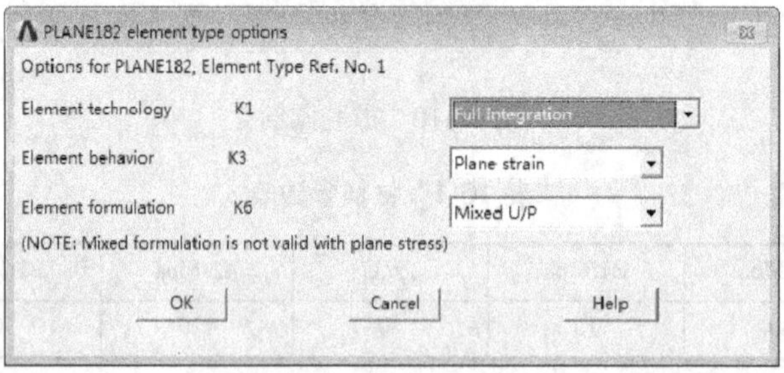

图 16-12　PLANE182 elementtype options 对话框

（3）从主菜单中选择 Main Menu > Preprocessor > Material Props > Material Models 命令，将打开 Define Material Model Behavior（定义材料模型属性）窗口，依次单击 Structural > Linear > Isotropic，展开材料属性的树形结构。将打开 1 号材料的泊松比 PRXY 定义为 0.5，单击 OK 按钮，关闭对话框。

（4）在 Material Models Available 栏中，依次展开 Structure > Nonlinear > Elastic >

Hyperelastic > Mooney-Rivlin > 2 parameters 选项，弹出 Hyper-Elastic Table 对话框，单击 Add Temperature 按钮，参照图 16-13 对其进行参数设置，单击 OK 按钮，关闭该对话框。选择 Material > Exit 命令，关闭该对话框。

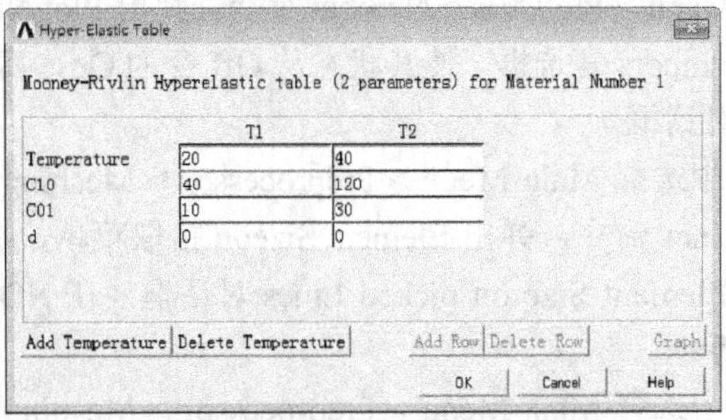

图 16-13 Hyper-ElasticTable 对话框

16.2.5 建模

（1）在 GUI 界面中选择 Main Menu > Preprocessor > Modeling > Create > Areas>Circle > Partial Annulus 命令，弹出 Part Annular Circ Area 对话框。

（2）在 Rad-1 输入栏中输入 5，在 Theta-1 输入栏中输入 0，在 Rad-2 输入栏中输入 20，在 Theta-2 输入栏中输入 90，如图 16-14 所示，单击 OK 按钮，关闭该对话框，所建模型如图 16-15 所示。

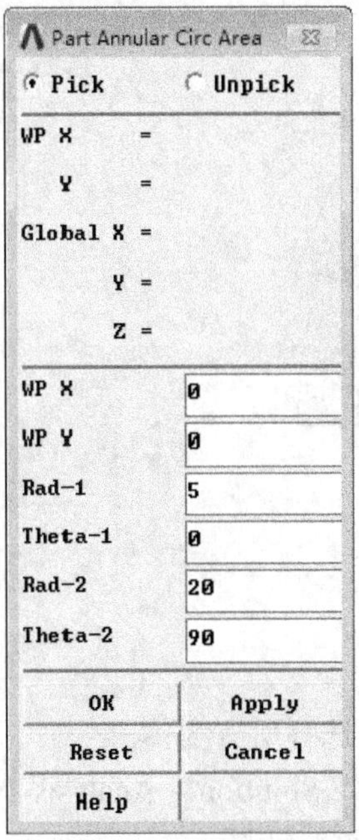

图 16-14 Part Annular Circ Area 对话框

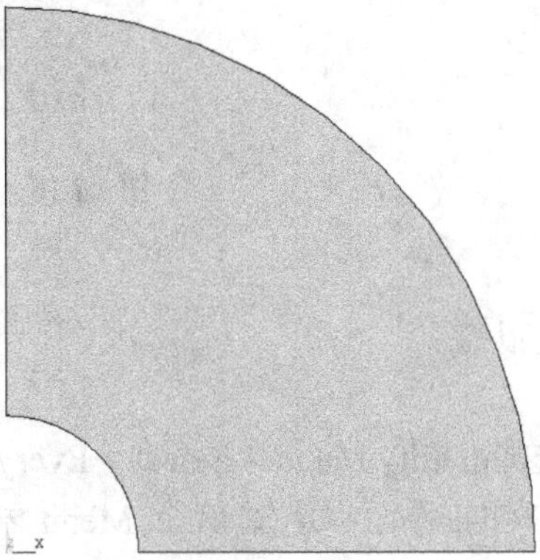

图 16-15 建立的模型

16.2.6 划分网格

（1）选择 Utility Menu > PlotCtrls > Number 命令，弹出 Plot Numbering Controls 对话框，选中 LINE line Numbers 复选框，使其状态从 Off 变为 On，其余选项采用默认设置，单击 OK 按钮，关闭对话框。

（2）在 GUI 界面中选择 Main Menu > Preprocessor > Meshing > SizeCntrls > Manual size > Lines > picked Lines 命令，弹出 Element Sizeon 拾取菜单，在输入栏中输入 1、3，单击 OK 按钮，弹出 Element Size on picked Lines 对话框，在 NDIV 输入框中输入 10，单击 OK 按钮关闭对话框。

（3）在 GUI 界面中选择 Main Menu > Preprocessor > Meshing > SizeCntrls > Manual size > Lines > picked Lines 命令，弹出 Element Size on 拾取菜单，在输入栏中输入 2、4，单击 OK 按钮，弹出 Element Size on picked Lines 对话框，在 NDIV 输入框中输入 16，单击 OK 按钮关闭对话框。

（4）在 GUI 界面中选择 Main Menu > Preprocessor > Meshing > Mesh > Areas > Free 命令，弹出 Mesh Areas 拾取菜单，单击 Pick ALL 按钮关闭该菜单。

（5）选择 Utility Menu > Plot > Elements 命令，ANSYS 显示窗口将显示网格划分结果，如图 16-16 所示。

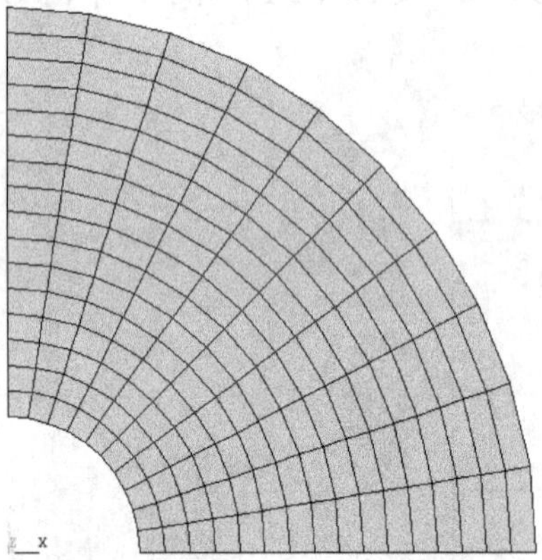

图 16-16 网格划分结果

16.2.7 加载

（1）选择 Utility Menu > Select > Everything 命令，选择所有实体。

（2）在 GUI 界面中选择 Main Menu > Preprocessor > Solution > Analysis Type > New Analysis 选择静力分析（Static），单击 OK 按钮，关闭该对话框。

（3）在GUI界面中选择Main Menu > Analysis Type > Sol'n Controls 命令，弹出 Solution Controls 对话框，如图 16-17 所示，单击 Basic 选项卡，参照图 16-17 进行参数设置，单

击 OK 按钮，关闭该对话框。

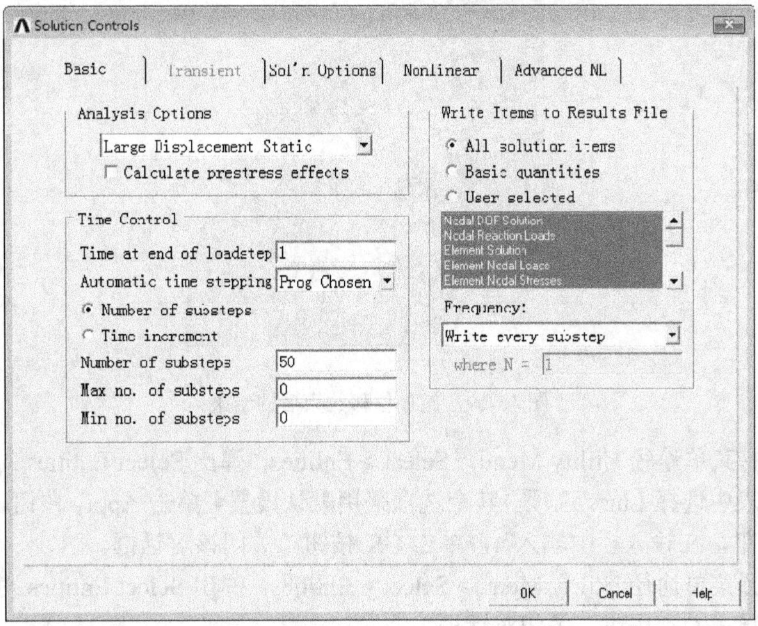

图 16-17　Solution Controls 对话框

（4）在 GUI 界面中选择 Main Menu > Solution > Define Loads > Apply > Structural > Temperature > Uniform Temp 命令，弹出 Uniform Temperature 对话框，在[TUNIF] Uniform temperature 输入栏中输入 30，如图 16-18 所示，单击 OK 按钮，关闭该对话框。

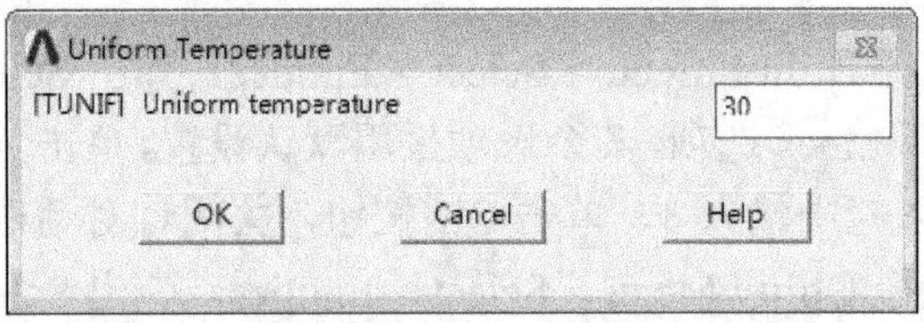

图 16-18　UniformTemperature 对话框

（5）选择菜单途径 Utility Menu > Select > Entities，弹出 Select Entities 对话框，在第一个下拉列表中选择 Lines 选项，其余选项采用默认设置，单击 Apply 按钮，弹出 Selectlines 拾取菜单，在输入栏中输入 2，单击 OK 按钮，关闭该对话框。

（6）选择菜单途径 Utility Menu > Select > Entities，弹出 Select Entities 对话框，进行参数设置，单击 OK 按钮，关闭对话框。

（7）选择菜单途径 Main Menu > Solution > Define Loads > Apply > Structural > Displacement > On Nodes，弹出 Apple U,ROT on Nodes 拾取对话框。单击 Pick All 按钮，弹出 Apply U,ROT on Nodes 窗口，将 Lab2 设置为 UX，在 Applyas 下拉列表中选择 Constant value 选项，在 VALUE Displacement value 输入栏中输入 0，单击 OK 按钮，关闭该对话框，施加位移约束后结果如图 16-19 所示。

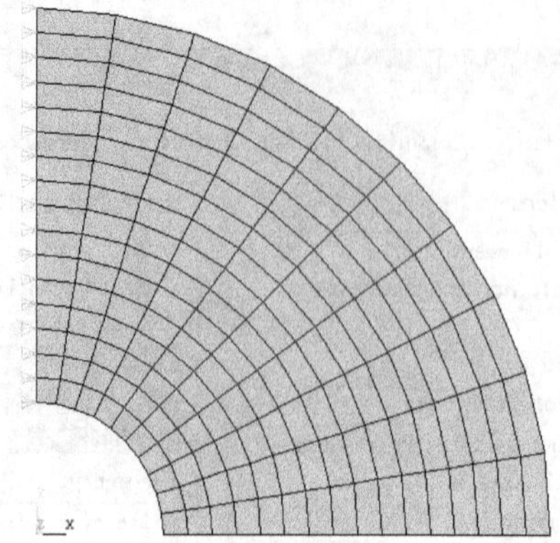

图 16-19　施加位移约束后的结果

（8）选择菜单途径 Utility Menu > Select > Entities，弹出 Select Entities 对话框，在第一个下拉列表中选择 Lines 选项，其余选项采用默认设置，单击 Apply 按钮，弹出 Select lines 拾取菜单，在输入栏中输入 4，单击 OK 按钮，关闭该对话框。

（9）选择菜单途径 Utility Menu > Select > Entities，弹出 Select Entities 对话框，进行参数设置，单击 OK 按钮，关闭对话框。

（10）选择菜单途径 Main Menu > Solution > Define Loads > Apply > Structural > Displacement > On Nodes，弹出 Apple U,ROT on Nodes 拾取对话框。单击 Pick All 按钮，弹出 Apply U,ROT on Nodes 窗口，将 Lab2 设置为 UY，在 Applyas 下拉列表中选择 Constant value 选项，在 VALUE Displacement value 输入栏中输入 0，单击 OK 按钮，关闭该对话框。

（11）选择菜单途径 Utility Menu > Select > Entities，弹出 Select Entities 对话框，在第一个下拉列表中选择 Lines 选项，其余选项采用默认设置，单击 Apply 按钮，弹出 Select lines 拾取菜单，在输入栏中输入 3，单击 OK 按钮，关闭该对话框。

（12）选择菜单途径 Utility Menu > Select > Entities，弹出 Select Entities 对话框，进行参数设置，单击 OK 按钮，关闭对话框。

（13）选择菜单途径 Main Menu > Solution > Define Loads > Apply > Structural > Pressure > On Nodes，弹出 Apple PRES on Nodes 拾取对话框。单击 Pick All 按钮，弹出 Apply U,ROT on Nodes 窗口，将 Lab2 设置为 UX，在 Applyas 下拉列表中选择 Constant value 选项，在 VALUE Load value 输入栏中输入 80，单击 OK 按钮，关闭该对话框。施加位移约束后的结果如图 16-20 所示。

16.2.8　求解

（1）选择菜单途径 Utility Menu > Solution > Solve > Current LS，弹出如图 16-21 所示的 Solve Current Load Step 对话框，同时弹出/STAT Command 窗口。

（2）仔细阅读/STAT Command 窗口的信息，然后单击 Close 按钮，关闭/STAT

Command 窗口。

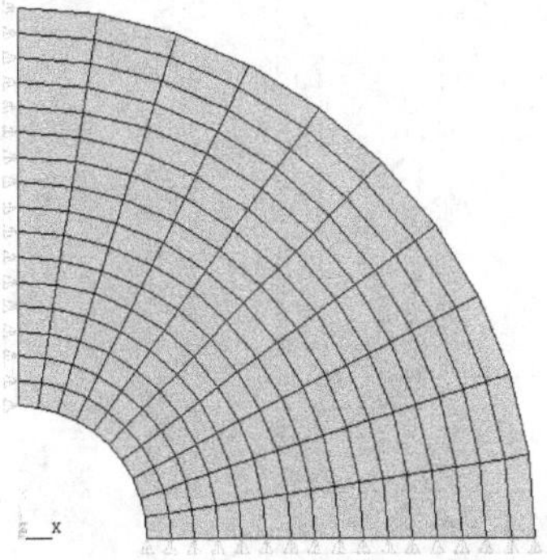

图 16-20　施加位移约束后的结果

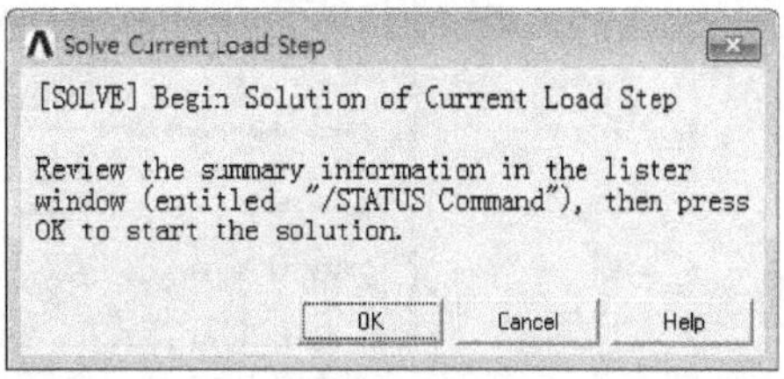

图 16-21　Solve Current Load Step 对话框

16.2.9　后处理

（1）在 GUI 界面选择 Main Menu > General Postproc > Read Results > Last Set 命令，读取最后一个载荷步的求解结果。

（2）在 GUI 界面选择 Main Menu > General Postproc > Plot Results > Deformed Shape...命令，弹出 Plot Deformed Shape 对话框。在 Plot Deformed Shape 对话框选择 Def shape only 选项，单击 OK 按钮，即在工作区中显示如图 16-22 所示的变形图。

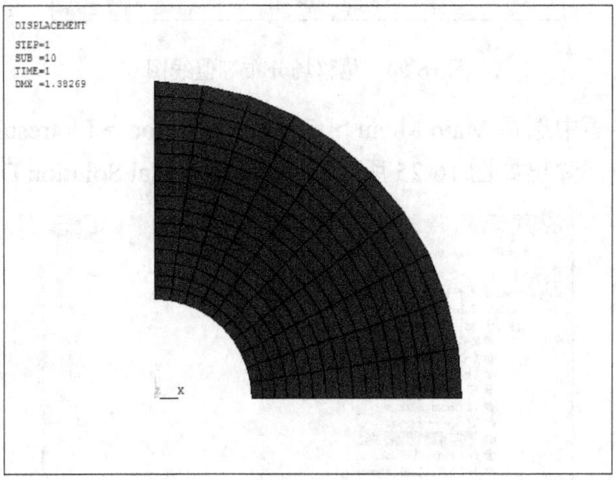

图 16-22　变形图

（3）在 GUI 界面中选择 Main Menu > General Postproc > Plot results > Contour Plot > Nodal Solution 命令，弹出如图 16-23 所示的 Contour Nodal Solution Data 对话框。

选择 DOF Solution 列表中的 Y-Component of displacement，其余选项采用默认设置，单击 OK 按钮，即在工作区中看到位移场分布等值线图，如图 16-24 所示。

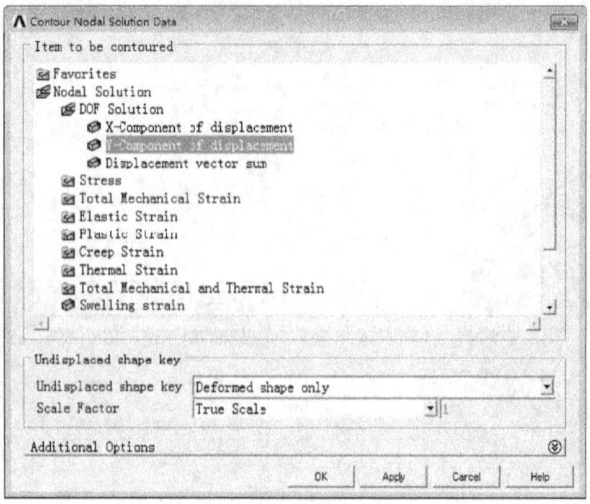

图 16-23　Contour Nodal Solution Data 对话框

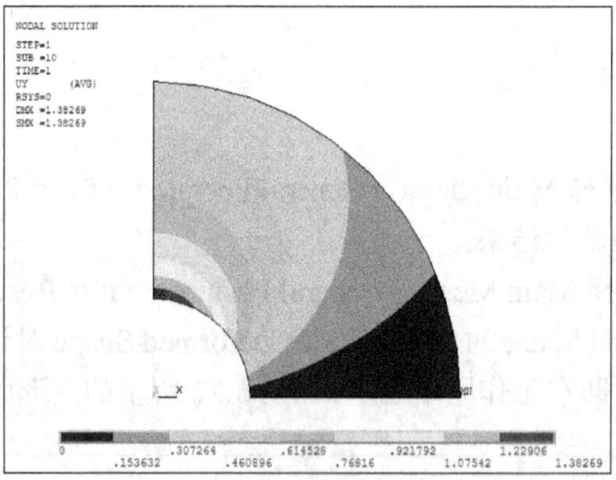

图 16-24　位移场分布等值线图

（4）在 GUI 界面中选择 Main Menu > General Postproc > Plotresults > Contour Plot > Nodal Solution 命令，弹出如图 16-25 所示的 Contour Nodal Solution Data 对话框。

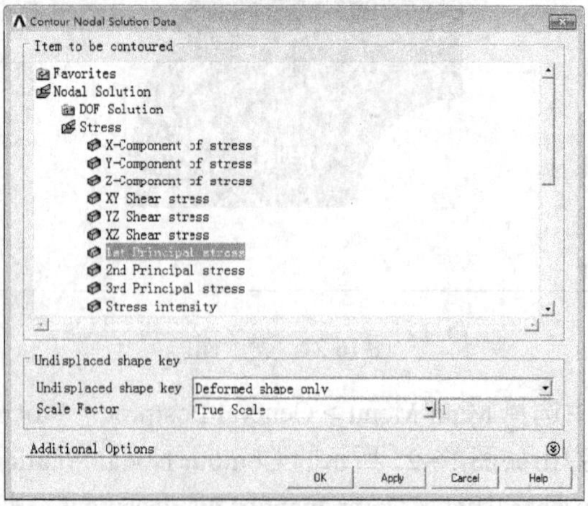

图 16-25　Contour Nodal Solution Data 对话框

选择 Stress 列表中的 1st Principal stress 对话框，其余选项采用默认设置，单击 OK 按钮，即在工作区中看到 1st Principal stress 应力场分布等值线图，如图 16-26 所示。

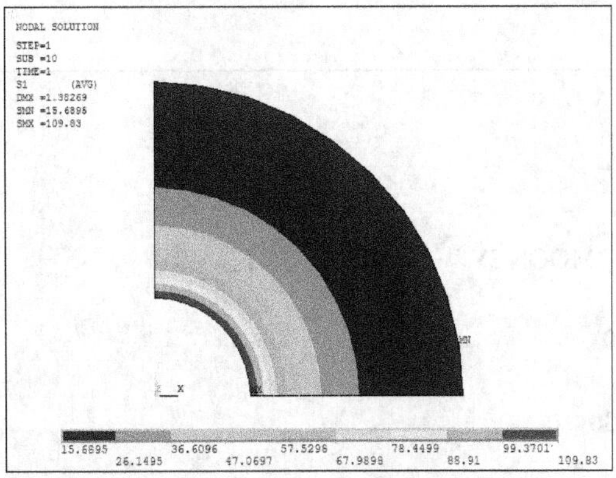

图 16-26　Mises 等效应力场分布等值线图

（5）选择菜单途径 Utility Menu > Select > Entities，弹出 Select Entities 对话框，在第一个下拉列表中选择 Nodes 选项，在第二个下拉列表中选择 By Location 选项，选择 Y coordinates 单选按钮，在 Min,Max 输入栏中输入 0，选择 From Full 单选按钮，如图 16-27 所示，单击 OK 按钮，关闭该对话框。

（6）在 GUI 界面中选择 Main Menu > General Postproc > List results > Nodal Solution 命令，弹出 List Nodal Solution 对话框，在 Item to be listed 列表中选择 DOF Solution 项中的 Displacement Vector Sum，窗口将显示 X 轴上所有节点的位移结果，如图 16-28 所示。

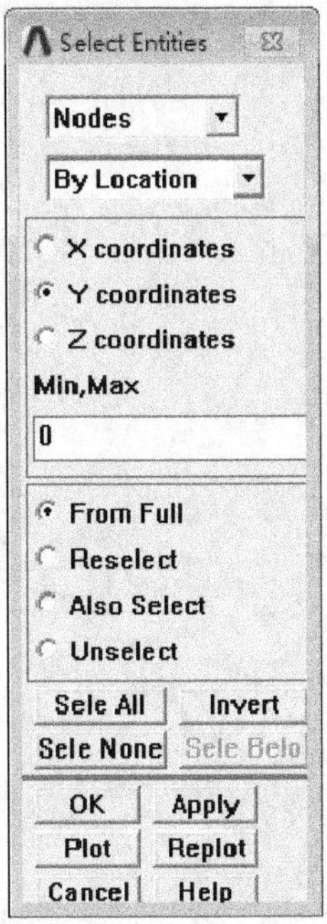

图 16-27　Select Entities 对话框

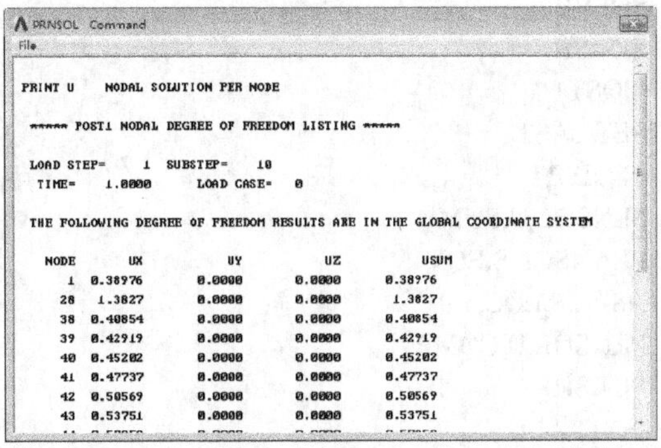

PRNSOL Command

File

PRINT U   NODAL SOLUTION PER NODE

***** POST1 NODAL DEGREE OF FREEDOM LISTING *****

LOAD STEP=   1 SUBSTEP=   10
TIME=   1.0000   LOAD CASE=   0

THE FOLLOWING DEGREE OF FREEDOM RESULTS ARE IN THE GLOBAL COORDINATE SYSTEM

NODE	UX	UY	UZ	USUM
1	0.38976	0.0000	0.0000	0.38976
28	1.3827	0.0000	0.0000	1.3827
38	0.40854	0.0000	0.0000	0.40854
39	0.42919	0.0000	0.0000	0.42919
40	0.45202	0.0000	0.0000	0.45202
41	0.47737	0.0000	0.0000	0.47737
42	0.50569	0.0000	0.0000	0.50569
43	0.53751	0.0000	0.0000	0.53751

图 16-28　X 轴上所所有节点的位移结果

16.2.10 命令流

本例命令流如下：

```
/PREP7
ET,1 , PLANE182
KEYOPT,1 , 3 , 2
MP,PRXY,1 , ,0.5
TB,HYPE,1 , 2 , 2 , MOONEY
TBTEMP,20
TBDATA,1 , 40 , 10
TBTEMP,40
TBDATA,1 , 120 , 30 , 0 , ,,
CYL4 , ,,5 , 0 , 20 , 90
/PNUM,LINE,1
LSEL,S,,,1 , 3 , 2
LESIZE,ALL,,,10
LSEL,S,,,2 , 4 , 2
LESIZE,ALL,,,16
AMESH,1
FINISH
/SOL
ANTYPE,STATIC
NLGEOM,ON
NSUBST,50
TIME,1
BTUNIF,TEMP,30
LSEL,S,,,4
NSLL,S,1
D,ALL,UY
LSEL,S,,,4
NSLL,S,1
SF,ALL,PRES,80
ALLSEL
SOLVE
FINISH
/POST1
SET,LAST
PLDISP,1
PLNSOL,U,SUM
PLANSOL,S,EQV
NSEL,S,LOC,Y,0
PRNSOL,U,COMP
FINISH
/EXIT,ALL
```

16.3 实例分析二

16.3.1 问题描述

一个薄圆盘边缘被固定，在圆盘的盘面上受到均匀的压力作用，压力大小为10000Pa。盘的半径为 10，厚为 0.01，弹性模量为 2.06e11，泊松比为 0.3。

16.3.2 环境变量设置

（1）设定分析作业名。从实用菜单中选择 UtilityMenu:File > Change Jobname 命令，将打开 Change Jobname（修改文件名）对话框，如图 16-29 所示。在 Enter new jobname 文本框中输入文字 16-2，为本分析实例的文件名。单击 OK 按钮，完成文件名的修改。

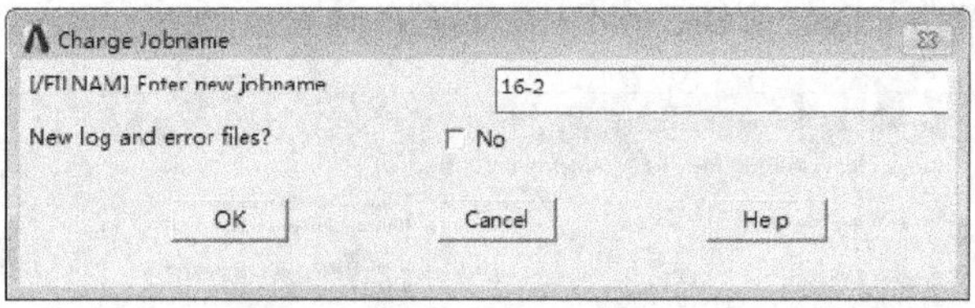

图 16-29　修改文件名对话框

（2）从实用菜单中选择 Utility Menu:File > ChangeTitle 命令，将打开 ChangeTitle 对话框，如图 16-30 所示。在 Enter new title 文本框中输入文字 large displacement analysis of a plane，为本分析实例的标题名。单击 OK 按钮，完成对标题名的指定。

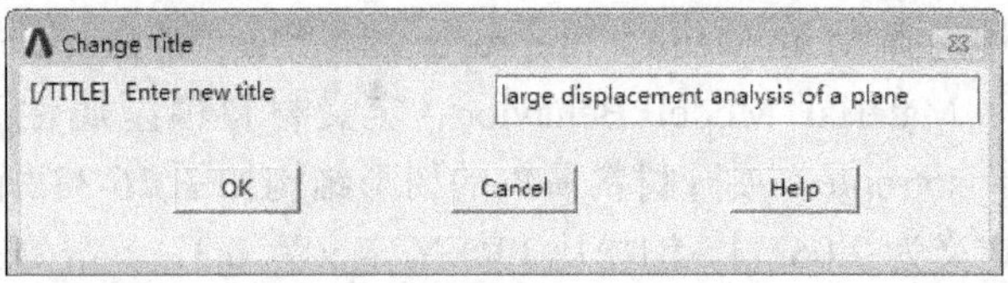

图 16-30　ChangeTitle 对话框

（3）从实用菜单中选择 Utility Menu: Plot > Replot 命令，指定的标题 large displacement analysis of a plane 将显示在图形窗口的左下角。

（4）从主菜单中选择 Main Menu > Preprocessor 命令，将打开 Preference of GUI Filtering（菜单过滤参数选择）对话框，选中 Structural 复选框，单击 OK 按钮确定。

16.3.3 设置属性

（1）在 GUI 界面中选择 Main Menu > Preprocessor > Element Type > Add/Edit/Delete

命令，弹出 Element Type 对话框。单击 Add...按钮，弹出如图 16-31 所示的 Library of Element Types 对话框。在 Library of Element Types 对话框中，左侧选择 Structural Solid，在右侧列表选择 Quad 4node 182，单击 OK 按钮。

（2）关闭单元类型对话框，同时返回到 Element Type 对话框。

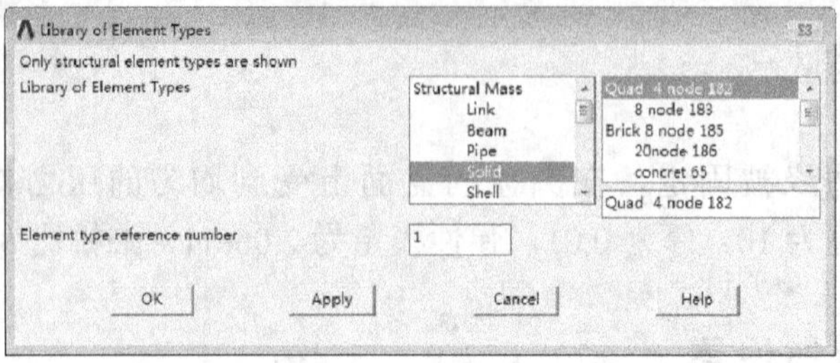

图 16-31　Library of Element Types 对话框

（3）单击 Options 按钮，打开如图 16-32 所示的 PLANE182 element type options 对话框，对 PLANE182 进行设置，使其可用于计算轴对称问题。在 K1 下拉列表中选择 Simple Enhanced Strn 选项。在 Element behavior K3 下拉列表中选择 Axisymmetric 选项，单击 OK 按钮返回。再单击 Close 按钮，关闭该对话框。

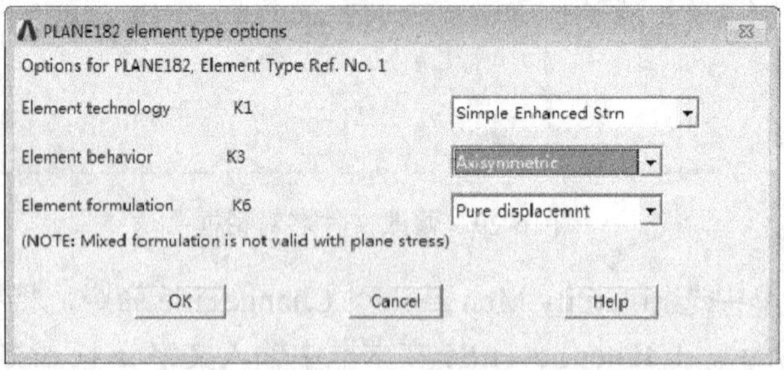

图 16-32　PLANE182 element type options 对话框

（4）从主菜单中选择 Main Menu > Preprocessor > Material Props > Material Models 命令，将打开 Define Material Model Behavior（定义材料模型属性）窗口，依次单击 Structural > Linear > Isotropic，展开材料属性的树形结构如图 16-33 所示。将打开 1 号材料的弹性模量 EX 定义为 2.06e11，泊松比 PRXY 定义为 0.3，单击 OK 按钮关闭对话框，如图 16-34 所示。

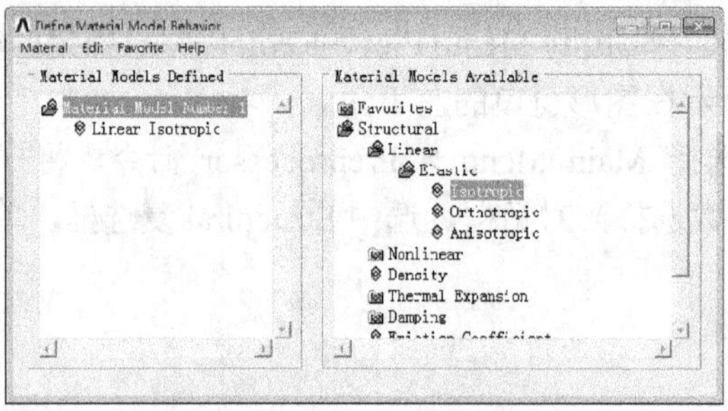

图 16-33　定义材料模型属性

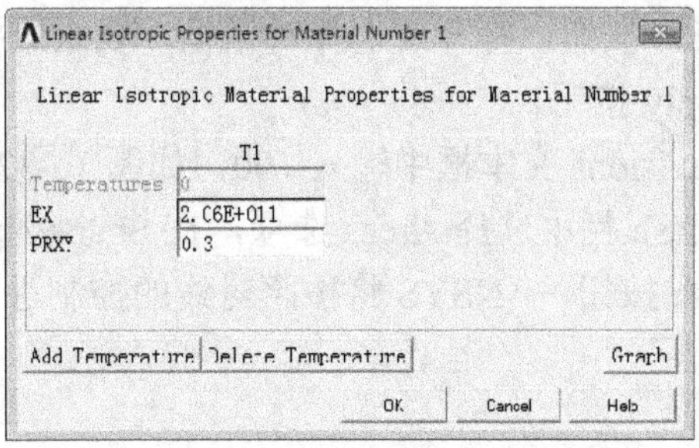

图 16-34　linear isotropic porperties for material number 1 对话框

16.3.4　建模

（1）从主菜单中选择 Main Menu > Modeling > Create > Areas > Rectangle > By 2 Corners 命令，在弹出的如图 16-35 所示的对话框中，输入 X=0，Y=0，Width=10，Heigh=0.01，单击 OK 按钮。

16.3.5　网格划分

对圆盘进行网格划分。从主菜单中选择 Main Menu > Meshing > MeshTool 命令，打开 Mesh Tool 对话框，如图 16-36 所示。

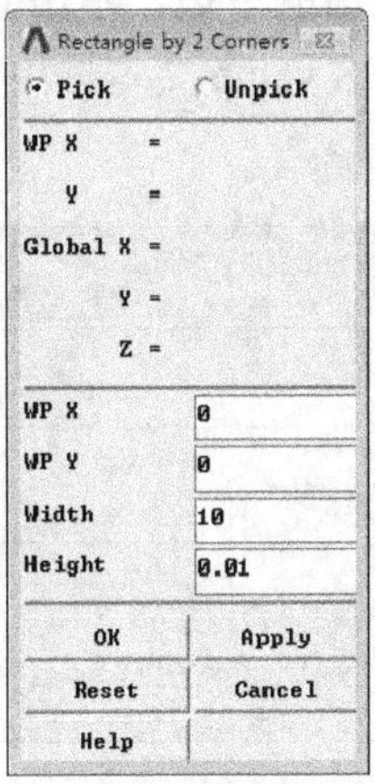

图 16-35　Rectangle By 2 Corners 对话框

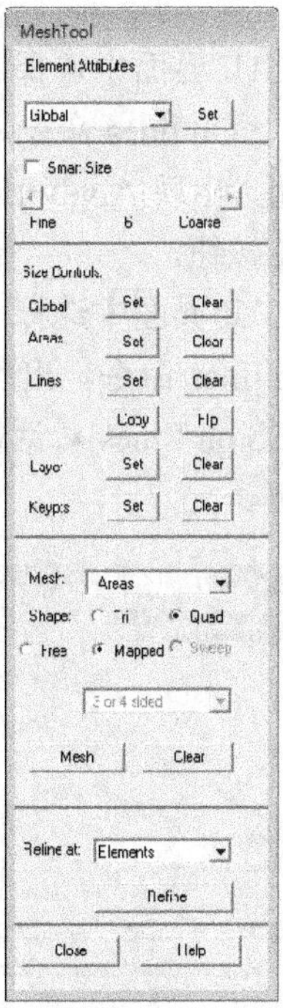

图 16-36　MeshTool 对话框

（2）单击 Line 域的 Set 按钮，打开线选择对话框，要求选择定义单元划分数的线。在图上选择 L1，单击 Apply 按钮。

在 No. of element divisions 文本框中输入 100，如图 16-37 所示，将 L1 线分成 100 份，单击 OK 按钮。在 Mesh 栏中选择 Areas 选项，在 Shape 选项中选择 Mapped 选项，进行映射分网，选择 Mesh 按钮，ANSYS 将按照对线的控制进行网格划分。

16.3.6 加载

（1）在 GUI 界面中选择 Main Menu > Solution > Define Loads > Apply > Structural > Displacement > Symmetry B.C > On lines 命令。

（2）出现 Apply SYMM 对话框，选择盘的中心线 L4（左端竖直线），单击 OK 按钮。

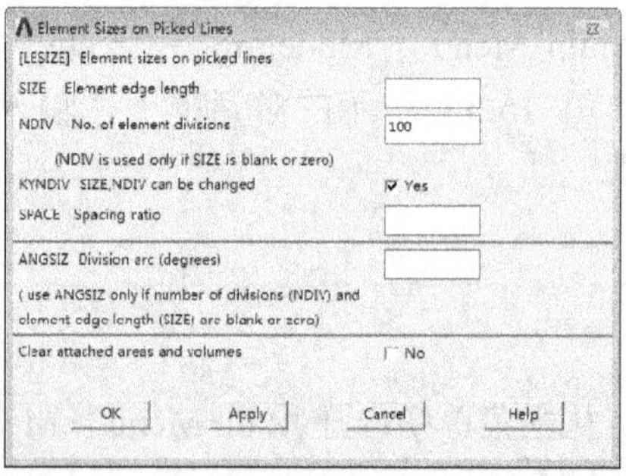

图 16-37 element sizes on picked lines 对话框

（3）在 GUI 界面中选择 Main Menu > Solution > Define Loads > Apply > Structural > Displacement > On lines 命令。出现选择对话框，选择盘截面外沿上的线 L2（右端竖直线），单击 OK 按钮，出现 Apply U,ROT on Lines 对话框，如图 16-38 所示。选择 ALL DOF 选项，单击 OK 按钮。

（4）在 GUI 界面中选择 Main Menu > Solution > Define Loads > Apply > Structural > Pressure > On lines 命令。出现线选择对话框，选择圆盘截面的下边，单击 OK 按钮，出现 Apply PRES on Lines 对话框，见图 16-39。在 Load PRES value 文本框中输入 10000，单击 OK 按钮。

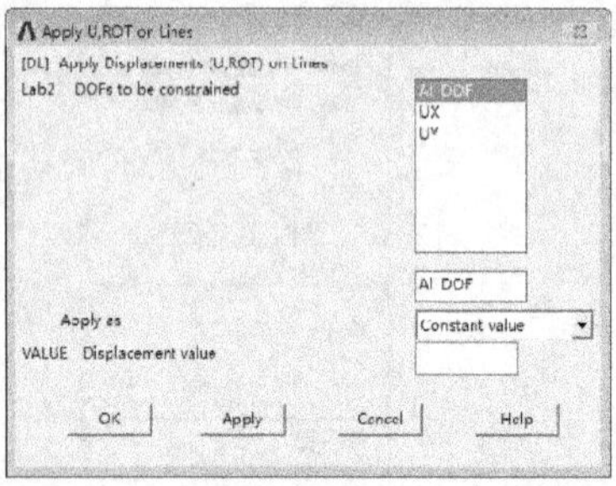

图 16-38 Apply U,ROT on Lines 对话框

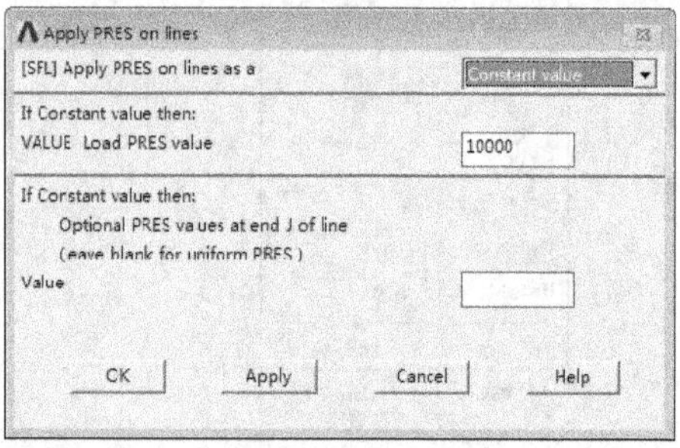

图 16-39 Apply PRES on Lines 对话框

（5）在GUI界面中选择Main Menu > Analysis Type > Sol'n Controls命令，弹出Solution Controls对话框，单击Basic选项卡，参照图16-40进行参数设置。在Nolinear选项卡中单击Set convergence criteria选项，如图16-41所示。

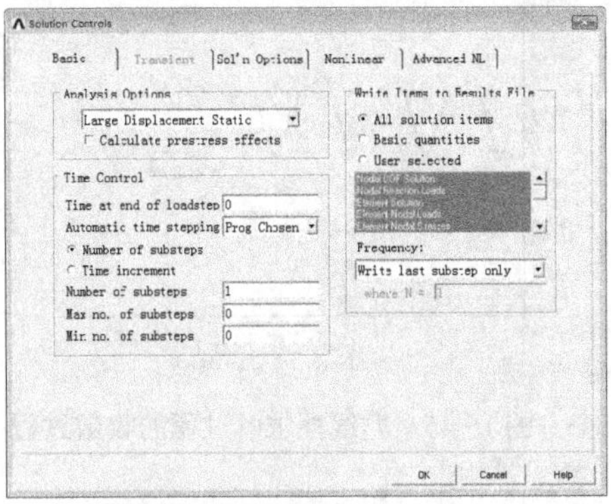

图 16-40　Basic 选项卡

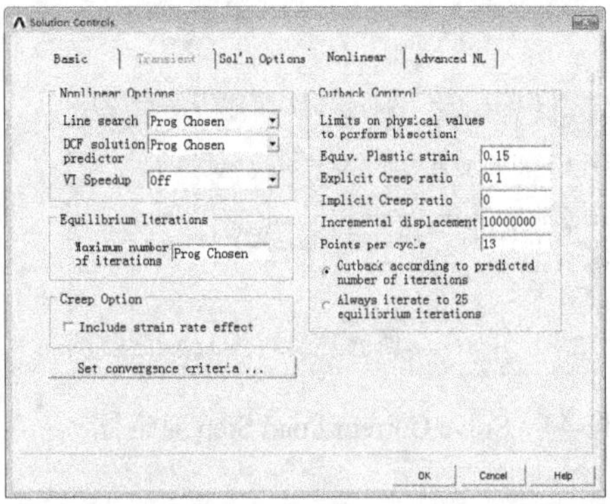

图 16-41　Nolinear 选项卡

（6）在默认非线性设置对话框中选择F，单击Replace按钮，如图16-42所示。在非线性控制对话框的Convergence is based on列表中选择Structural，在右边的列表中选择Force F，在Minimum reference value文本框中输入1，单击OK按钮关闭，如图16-43所示。在Solution Controls窗口中单击OK按钮，结束求解控制的设置。

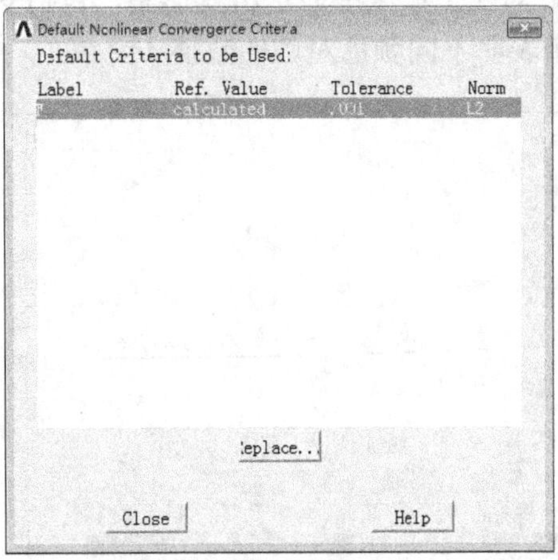

图 16-42 Default Nonlinear Convergence Criteria 菜单

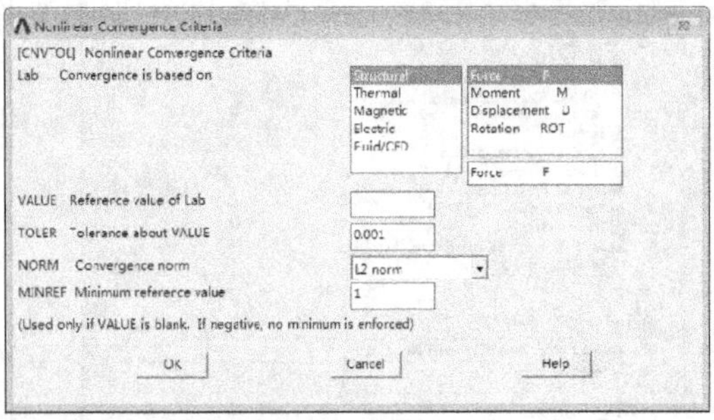

图 16-43　nonlinear convergence criteria 对话框

16.3.7　求解

（1）选择菜单途径Utility Menu > Solution > Solve > Current LS，弹出如图16-44所示的Solve Current Load Step对话框，同时弹出/STAT Command窗口。

（2）仔细阅读/STAT Command窗口的信息，然后单击Close按钮，关闭/STAT Command窗口。ANSYS会显示非线性求解过程的收敛过程，如图16-45所示。求解完成后，出现提示求解完成的对话框，单击 Close 按钮，关闭该对话框。

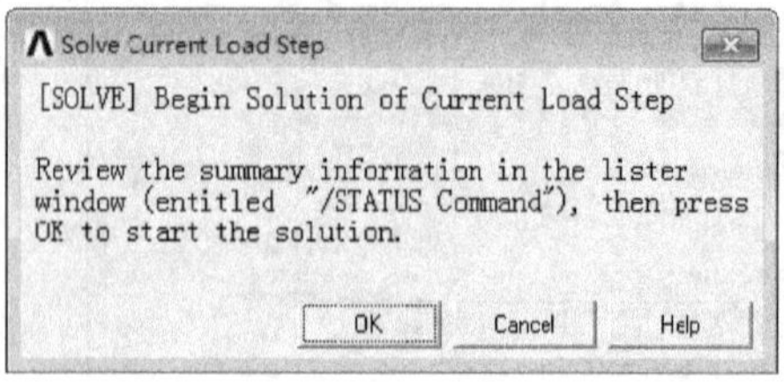

图 16-44　Solve Current Load Step 对话框

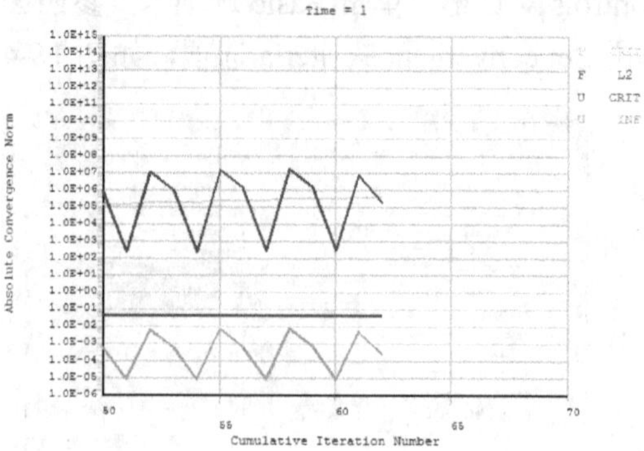

图 16-45　非线性求解过程的收敛过程

16.3.8　后处理

（1）在 GUI 界面中选择 Main Menu > General Postproc > Plot results > Contour Plot > Nodal Solution 命令，弹出如图 16-46 所示的 Contour Nodal Solution Data 对话框。

（2）选择 DOF Solution 列表中的 Y-Component of displacement 选项，选择 Deformed shape with undeformsd edge 选项，单击 OK 按钮，即在工作区中显示出变形图，包括变形前的轮廓线，如图 16-47 所示，图中下方的色谱表明不同颜色对应的数值。

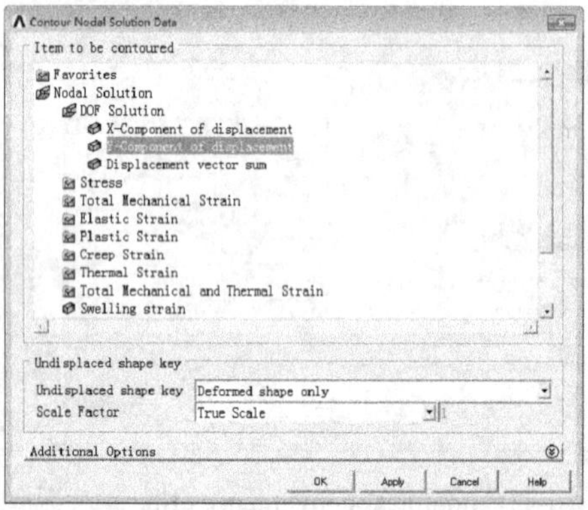

图 16-46　Contour Nodal Solution Data 对话框

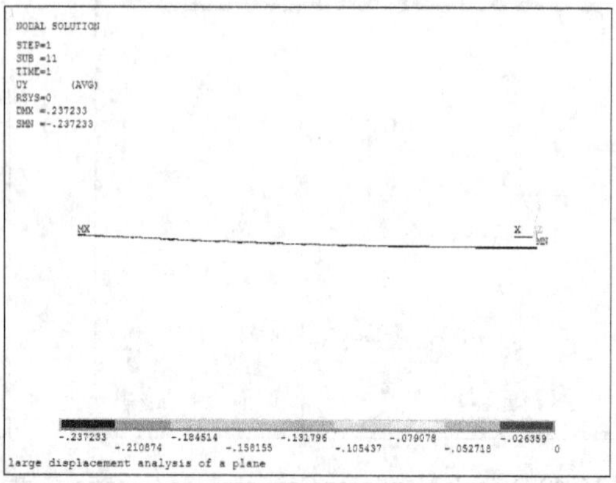

图 16-47　变形图

（3）在 GUI 界面中选择 Main Menu > General Postproc > Read results > By Load Step 命令，打开 Read Results By Load Step Number 对话框，单击 OK 按钮，如图 16-48 所示。

（4）从应用菜单中选择 Utility Menu > Parameters > Get Scalar Data 命令，打开 Get Scalar Data 对话框，在 Type of data to be retrieved 下拉表框中选择 Results data，在框中选择 Nodal Results，单击 OK 按钮，如图 16-49 所示。

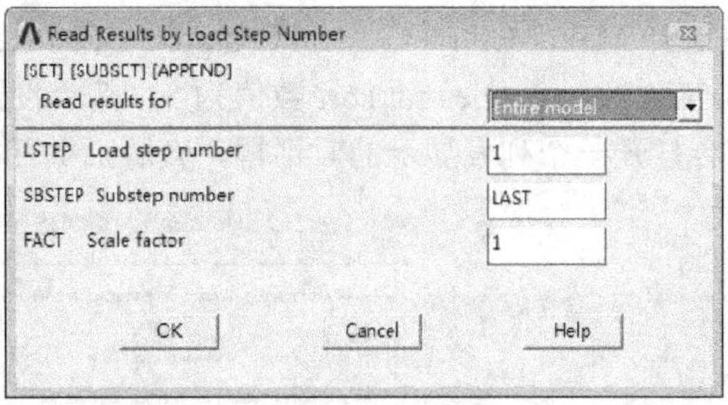

图 16-48　Read Results By Load Step Number 对话框

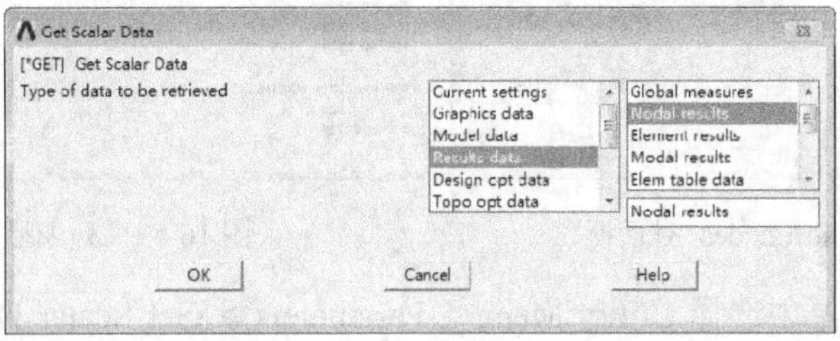

图 16-49　Get Scalar Data 对话框

（5）打开 Get Nodal Results 对话框，在 Name of parameter to be defined 文本框中输入 UY，Node number N 文本框中输入 1，Results data to be retrieved 列表框中选择 Tanslation UY，单击 OK 按钮，如图 16-50 所示。

（6）在 GUI 界面中选择 Main Menu > General Postproc > Element Table > Define Table 命令，打开 Element Table Data 对话框，如图 16-51 所示，单击 Add 按钮。打开 Defines Additional Element Table Items 对话框，在 Eff NU for EQV strain 文本框中输入 CENT，User lable for item 文本框中输入 SEQUENCE，Results data item 列表框中选择 By sequence num 选项，右边列表中选择 LS，下面的文本框中输入 LS，5，单击 OK 按钮。将会出现单元列表数据显示框。

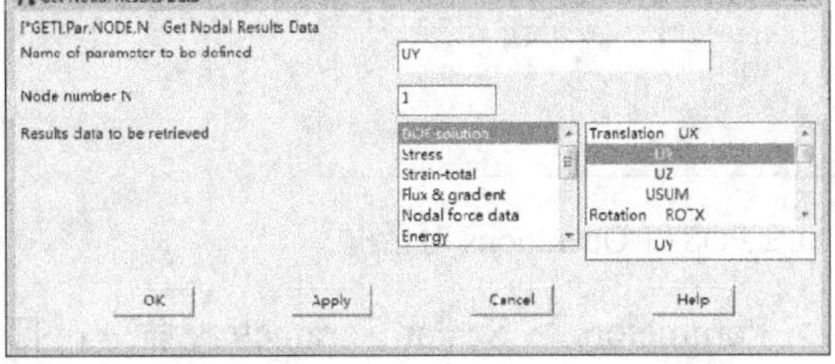

图 16-50　Get Nodal Results 对话框

图 16-51　Element Table Data 对话框

(7)在 GUI 界面中选择 Main Menu > General Postproc > List Results > Sorted Listing > Sort Nodes 命令，输入 Number of nodes for sort 数值为 5，其余设置如图 16-52 所示，单击 OK 按钮。ANSYS 会打开一个列表显示的对话框，查看后关闭，如图 16-53 所示。

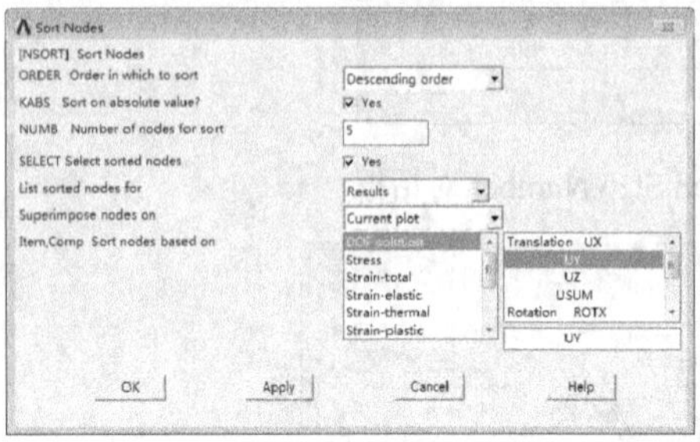

图 16-52　sort nodes 对话框

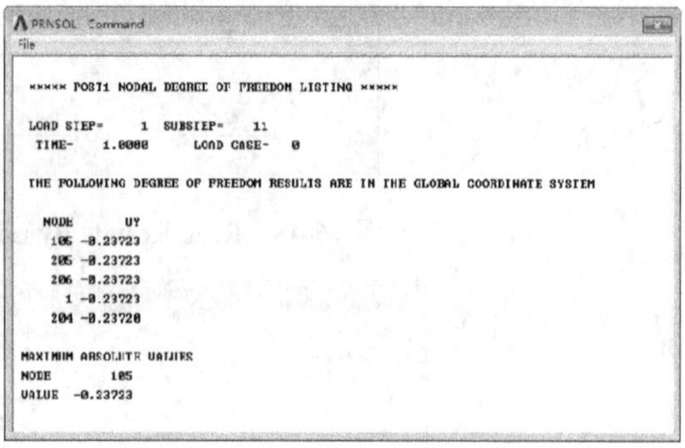

图 16-53　列表显示的对话框

（8）从应用菜单中选择 Utility Menu > Parameters > Get Scalar Data 命令，打开 Get Scalar Data 对话框，在 Type of data to be retrieved 下拉表框中选择 Results data，在框中选择 other operations，单击 OK 按钮，如图 16-54 所示。

（9）在打开的 Get Data from Other POST1 Operations 对话框中，Name of parameter to be defined 文本框中输入 PRSCNT，在 Datas to be retrieved 列表中选择 From sort oper n，在右边列表中选择 Maximum value，单击 OK 按钮，如图 16-55 所示。

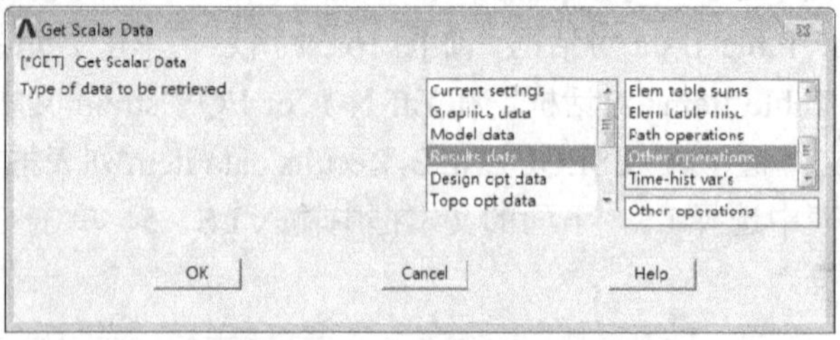

图 16-54　Get Scalar Data 对话框

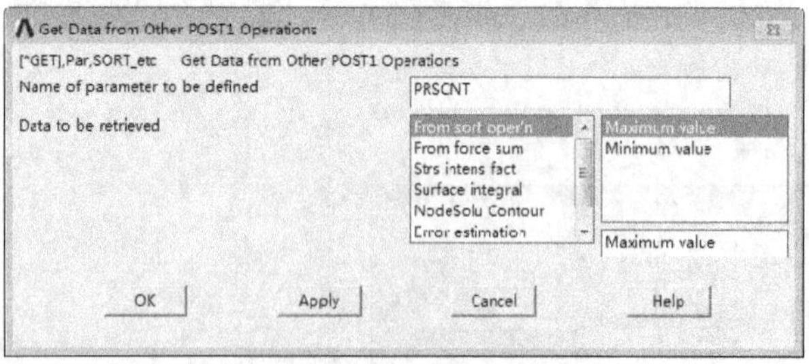

图 16-55　Get Data from Other POST1 Operations 对话框

（10）从应用菜单中选择 Utility Menu > Parameters > Scalar Parameters 命令，打开 Scalar Parameters 显示框，如图 16-56 所示。

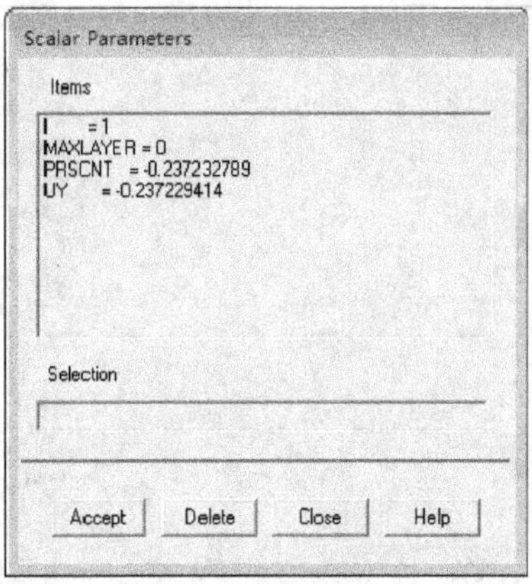

图 16-56　Scalar Parameters 显示框

16.3.9　命令流

```
/FINAME,16-2,0
/TITLE,large displacement anaysis of a plane
/PREP7
ET,1,PLANE182
KEYOPT,1,1,3
KEYOPT,1,3,1
MPTEMP,,,,,,,,
MP,TEMP,1,0
MPDATA,EX,1,,2.06E11
MPDATA,PRXY,1,,0.3
BLC4,,,10,0.01
PLST,5,1,4,ORDE,1
FITEM,5,3
CM,_Y,LINE
LSEL,,,,P51X
CM,_Y1,LINE
CMSEL,,_Y
LESIZE,_Y1,,,100,,,,,1
MSHAPE,0,20
MSHKEY,1
CM,_Y,AREA
ASEL,,,,1
CM,_Y1,AREA
CHKMSH,AREA
CMSEL,S,S_Y
AMESH,_Y1
```

```
CMDELE,_Y
CMDELE,_Y2
CMDELE,_Y3
FINISH
/SOL
DL,4,,SYMM
FLST,2,1,4,ORDE,1
FITEM,2,2
/GO
DL,P51X,,ALL
/AUTO,1
/REP,FAST
FLST,2,1,4,ORDE,1
FITEM,2,1
/GO
SFL,P51X,PRES,1E6
CNVTOL,F,,0.001,2,1
ANTYPE,0
NLGEOM,1
/STATUS,SOLU
SOLVE
FINISH
/POST1
/EFACET,1
PLNSOL,U,Y,1,1
/AUTO,1
/REP,FAST
SET,1,LAST,1
*GET,UY.NODE,1,U,Y
AVPRIN,0,CENT
ETABLE,SEQUENCE,LS,5
NSORT,U,Y,0,0,5,0
*GET,PRSCNT,SORT,,MAX
*STAT
*GET,PRSCNT,SORT,,MAX
PLETAB,SEQUENCE,AVG
/EFACET,1
PLNSOL,U,SUM,0,1
prnsol,,
SAVE
FINISH
```

16.4 本章小结

非线性问题是工程实践中的重要问题，非线性问题主要有几何非线性、材料非线性、状态非线性三类，这三种结构非线性在日常生活中有很多实际的应用和体现，所以掌握非线性分析对解决结构问题至关重要。本章对材料非线性提供了实例，读者可以根据实例进行非线性分析的学习。同时，要精通 ANSYS 结构非线性的分析，还要对 ANSYS 静力学、动力学，以及热力学有一定的了解，希望读者可以综合多个方面更进一步提高。

第 17 章

接触问题

接触问题是一种高度非线性行为，需要较多的计算机资源。为了进行切实有效地计算，理解问题的物理特性和建立合理的模型是很重要的。

学习目标：

- 了解 ANSYS 接触问题的基础；
- 掌握接触问题的分析方法。

17.1 概述

接触问题具有以下两个较大的难点。

首先，在用户求解问题之前，用户通常不知道接触区域。随载荷、材料、边界条件和其他因素的不同，表面之间可以接触或者分开，这往往在很大程度上难以预料，并且还可能是突然变化的。

其次，大多数的接触问题需要考虑摩擦作用，有几种摩擦定律和模型可供挑选，它们都是非线性的。摩擦效应可能是无序的，所以摩擦使问题的收敛性成为一个难点。如果在模型中不考虑摩擦，且物体之间总是保持接触，则可以应用约束方程或自由度耦合来代替接触。

接触问题分为两种基本类型：刚体—柔体的接触、柔体—柔体的接触。

刚体—柔体的接触问题中，接触面的一个或多个被当作刚体（与接触的变形体相比，有大得多的刚度）。一般情况下，一种软材料和一种硬材料接触时，可以假定为刚体—柔体的接触，许多金属成形问题归为此类接触。

柔体—柔体的接触是一种更普遍的类型，在这种情况下，两个接触体都是变形体（有相似的刚度）。栓接法兰就是一种柔体—柔体接触。

根据接触面的类型，可以分为面面接触、点面接触、点点接触。每种接触方式使用不同的接触单元集，并适用于某一特定类型问题。

在涉及两个边界的接触问题中，很自然把一个边界作为“目标面”，而把另一个作为“接触面”。对刚体—柔体的接触，目标面总是刚性面，接触面总是柔性面；对柔体-柔体的接触，目标面和接触面都与变形体关联。这两个面合起来叫做“接触对”。

在 ANSYS 中可以使用点面接触单元，来模拟一个表面和一个节点的接触。另外，可以通过把表面指定为一组节点，从而用点面接触来代表面面接触。ANSYS 程序的点面接触单元允许下列线性行为。

- 有大变形的面面接触分析；
- 接触和分离；
- 库仑摩擦滑动；
- 热传递。

点面接触是工程应用中普遍发生的现象，例如夹具（螺母、螺栓、铆钉、销钉等）、金属成形、轧制、动力管道装配等，工程技术人员关心由于结构之间的接触而产生的应力、变形、力和温度等的改变。

在 ANSYS 中，还可以应用点点接触单元来模拟点点接触（柔体—柔体或刚体—柔体接触）。此外，可以应用这些单元来表示两个面之间的接触，在各个面上相对的节点之间指定各自的点点接触。这个用法需要相对两个面上的节点在几何上匹配，而且忽略两个面之间相对滑动。此外，两个面的唯一转角必须保持为小量。

17.2 齿轮接触分析

17.2.1 问题描述

一对啮合的齿轮在工作时产生接触，分析其接触的位置、面积和接触力的大小。

标准齿轮如图 17-1 所示，参数见表 17-1。

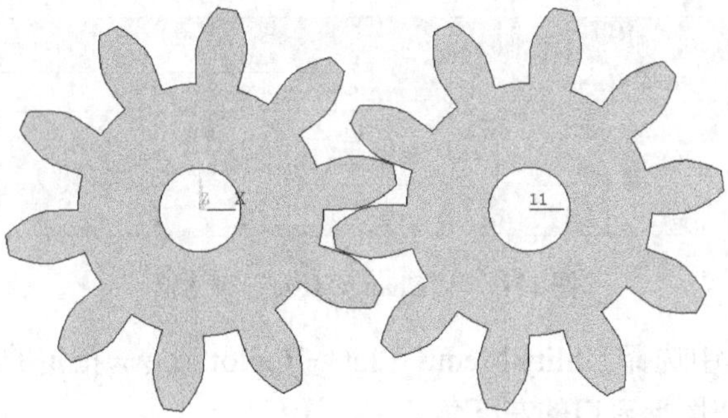

图 17-1 齿轮图

表 17-1　接触齿轮参数

齿轮参数	数值
齿顶圆直径	48
齿根圆直径	30
齿数	10
厚度	4
弹性模量	2.06e11
摩擦系数	0.1
中心距	40

17.2.2　设置环境变量

（1）设定分析作业名。从实用菜单中选择 UtilityMenu:File > Change Jobname 命令，将打开 Change Jobname（修改文件名）对话框，如图 17-2 所示。在 Enter new jobname 文本框中输入文字 17-1，为本分析实例的文件名。单击 OK 按钮，完成文件名的修改。

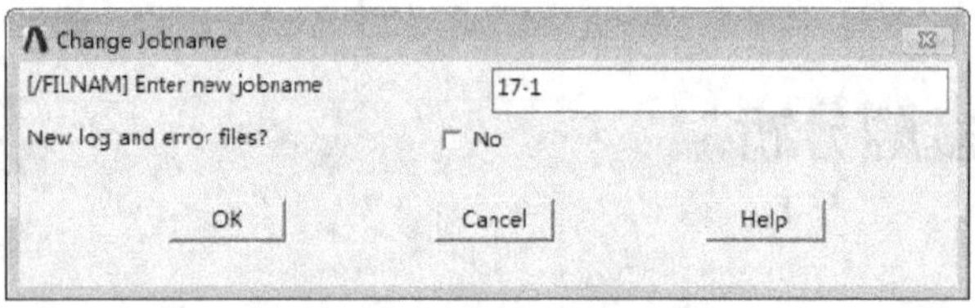

图 17-2　修改文件名对话框

（2）从实用菜单中选择 Utility Menu:File > Change Title 命令，将打开 Change Title 对话框，如图 17-3 所示。在 Enter new title 文本框中输入文字 contact analysis of two gears，为本分析实例的标题名。单击 OK 按钮，完成对标题名的指定。

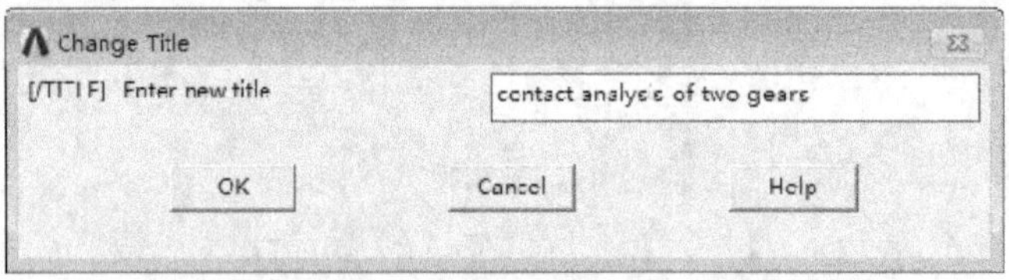

图 17-3　“Change Title”对话框

（3）从实用菜单中选择 Utility Menu：Plot > Replot 命令，指定的标题 contact analysis of two gears 将显示在图形窗口的左下角。

（4）从主菜单中选择 Main Menu > Preprocessor 命令，将打开 Preference of GUI Filtering（菜单过滤参数选择）对话框，选中 Structural 复选框，单击 OK 按钮。

17.2.3 设置属性

（1）在 GUI 界面中选择 Main Menu > Preprocessor > Element Type > Add/Edit/Delete 命令，弹出 Element Type 对话框。单击 Add 按钮，弹出如图 17-4 所示 Library of Element Types 对话框。在 Library of Element Types 对话框中，在左侧选择 Structural Solid，在右侧列表选择 Quad 4 node 182，单击 OK 按钮。

（2）关闭单元类型对话框，同时返回到 Element Type 对话框，单击 Option 按钮，打开 PLANE182 element type options 对话框，对 PLANE182 单元进行设置。单击 Close 按钮，关闭该对话框。

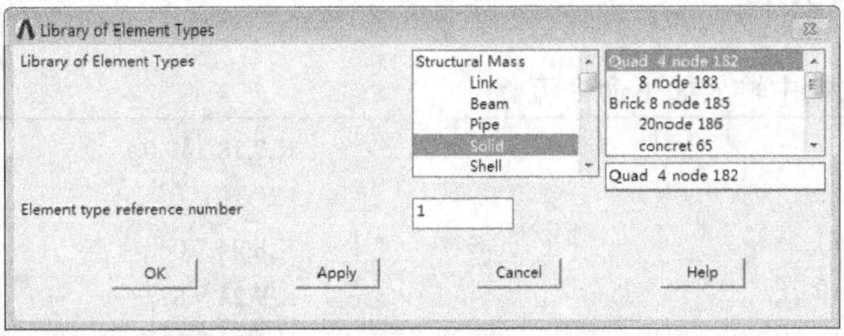

图 17-4　Library of Element Types 对话框

（3）从主菜单中选择 Main Menu > Preprocessor > Material Props > Material Models 命令，将打开 Define Material Model Behavior（定义材料模型属性）窗口，依次单击 Structural > Linear > Isotropic，展开材料属性的树形结构，如图 17-5 所示。将打开 1 号材料的弹性模量 EX 定义为 2.06E+11，泊松比 PRXY 定义为 0.3，单击 OK 按钮，关闭对话框，如图 17-6 所示。

（4）依次单击 Structural > Friction Coefficient，打开定义材料摩擦系数对话框，如图 17-7 所示。在 MU 文本框中输入数值 0.3，单击 OK 按钮，关闭对话框，并返回到定义材料模型属性窗口，在此窗口的左边一栏参考号为 1 的材料属性下方出现摩擦系数。单击右上角 退出。

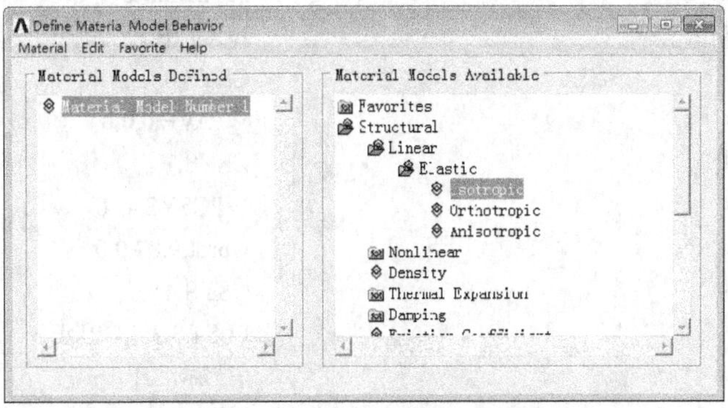

图 17-5　定义材料模型属性窗口

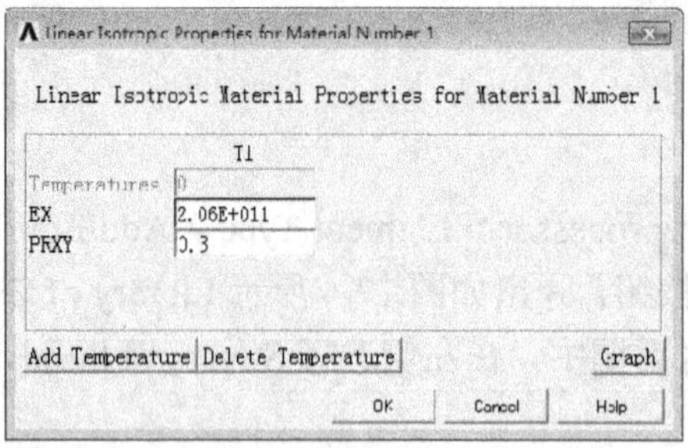

图 17-6 linear isotropic porperties for material number 1 对话框

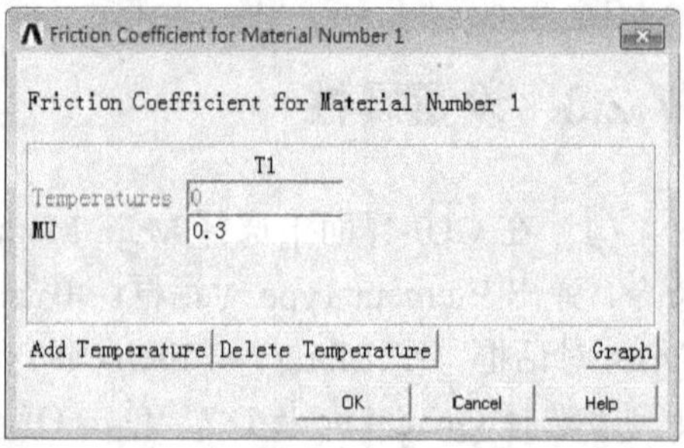

图 17-7 定义材料摩擦系数对话框

17.2.4 建立模型

（1）在输入栏中输入如下命令流。

```
CSYS,1
K,1,15,0,,
K,110,11.5,40,,
KWPAVE,110
wprot,-50,0,0
CSYS,4
K,2,10.489,0,,
CSYS,1
K,120,11.5,44.5,,
K,130,11.5,49,,
K,140,11.5,53.5,,
K,150,11.5,58,,
K,160,11.5,62.5,,
KWPAVE,120
wprot,4.5,0,0
CSYS,4
K,3,11.221,0,,
KWPAVE,130
wprot,4.5,0,0
K,4,13.182,0,,
KWPAVE,140
wprot,4.5,0,0
K,5,15.011,0,,
KWPAVE,150
wprot,4.5,0,0
K,6,16.663,0,,
KWPAVE,160
wprot,4.5,0,0
K,7,18.349,0,,
CSYS,1
K,8,24,7.06,,
K,9,24,9.87,,
K,10,15,-8.13,,
LSTR,10,1
LSTR,1,2
LSTR,2,3
LSTR,3,4
LSTR,4,5
LSTR,5,6
LSTR,6,7
LSTR,7,8
LSTR,8,9
FLST,2,7,4,ORDE,2
FITEM,2,2
FITEM,2,-8
LCOMB,P51X,,0
CSYS,0
WPAVE,0,0,0
CSYS,1
WPCSYS,-1,0
wprot,9.87,0,0
CSYS,4
FLST,3,3,4,ORDE,3
FITEM,3,1
FITEM,3,-2
FITEM,3,9
```

```
LSYMM,Y,P51X,,,,1000,0,0
FLST,2,2,4,ORDE,2
FITEM,2,5
FITEM,2,9
LGLUE,P51X
FLST,2,2,4,ORDE,2
FITEM,2,5
FITEM,2,-6
LCOMB,P51X,,0
CSYS,1
FLST,3,5,4,ORDE,2
FITEM,3,1
FITEM,3,-5
LGEN,10,P51X,,,,36,,,0
FLST,2,2,4,ORDE,2
FITEM,2,38
FITEM,2,41
LGLUE,P51X
FLST,2,2,4,ORDE,2
FITEM,2,43
FITEM,2,46
LGLUE,P51X
FLST,2,2,4,ORDE,2
FITEM,2,1
FITEM,2,48
LGLUE,P51X
FLST,2,2,4,ORDE,2
FITEM,2,3
FITEM,2,6
LGLUE,P51X
FLST,2,2,4,ORDE,2
FITEM,2,8
FITEM,2,11
LGLUE,P51X
FLST,2,2,4,ORDE,2
FITEM,2,13
FITEM,2,16
LGLUE,P51X
FLST,2,2,4,ORDE,2
FITEM,2,18
FITEM,2,21
LGLUE,P51X
FLST,2,2,4,ORDE,2
FITEM,2,23
FITEM,2,26
LGLUE,P51X
FLST,2,2,4,ORDE,2
FITEM,2,28
FITEM,2,31
LGLUE,P51X
FLST,2,2,4,ORDE,2
FITEM,2,33
FITEM,2,36
LGLUE,P51X
FLST,2,2,4,ORDE,2
FITEM,2,38
FITEM,2,51
LCOMB,P51X,,0
FLST,2,2,4,ORDE,2
FITEM,2,41
FITEM,2,43
LCOMB,P51X,,0
FLST,2,2,4,ORDE,2
FITEM,2,1
FITEM,2,46
LCOMB,P51X,,0
FLST,2,2,4,ORDE,2
FITEM,2,3
FITEM,2,48
LCOMB,P51X,,0
FLST,2,2,4,ORDE,2
FITEM,2,6
FITEM,2,8
LCOMB,P51X,,0
FLST,2,2,4,ORDE,2
FITEM,2,11
FITEM,2,13
LCOMB,P51X,,0
FLST,2,2,4,ORDE,2
FITEM,2,16
FITEM,2,18
LCOMB,P51X,,0
FLST,2,2,4,ORDE,2
FITEM,2,21
FITEM,2,23
LCOMB,P51X,,0
```

```
FLST,2,2,4,ORDE,2
FITEM,2,26
FITEM,2,28
LCOMB,P51X,,0
FLST,2,2,4,ORDE,2
FITEM,2,31
FITEM,2,33
LCOMB,P51X,,0
FLST,2,40,4,ORDE,21
FITEM,2,1
FITEM,2,-7
FITEM,2,9
FITEM,2,-12
FITEM,2,14
FITEM,2,-17
FITEM,2,19
FITEM,2,-22
FITEM,2,24
FITEM,2,-27
FITEM,2,29
FITEM,2,-32
FITEM,2,34
FITEM,2,-35
FITEM,2,37
FITEM,2,-42
FITEM,2,44
FITEM,2,-45
FITEM,2,47
FITEM,2,49
FITEM,2,-50
LGLUE,P51X
FLST,2,120,4,ORDE,12
FITEM,2,8
FITEM,2,13
FITEM,2,18
FITEM,2,23
FITEM,2,28
FITEM,2,33
FITEM,2,36
FITEM,2,43
FITEM,2,46
FITEM,2,48
FITEM,2,51
FITEM,2,-160
LGLUE,P51X
FLST,2,140,4
FITEM,2,175
FITEM,2,26
FITEM,2,84
FITEM,2,83
FITEM,2,79
FITEM,2,80
FITEM,2,24
FITEM,2,173
FITEM,2,25
FITEM,2,81
FITEM,2,82
FITEM,2,76
FITEM,2,75
FITEM,2,21
FITEM,2,171
FITEM,2,20
FITEM,2,74
FITEM,2,73
FITEM,2,69
FITEM,2,70
FITEM,2,17
FITEM,2,169
FITEM,2,19
FITEM,2,71
FITEM,2,72
FITEM,2,66
FITEM,2,65
FITEM,2,15
FITEM,2,167
FITEM,2,14
FITEM,2,64
FITEM,2,63
FITEM,2,55
FITEM,2,56
FITEM,2,9
FITEM,2,165
FITEM,2,11
FITEM,2,59
FITEM,2,60
FITEM,2,52
```

```
FITEM,2,51
FITEM,2,6
FITEM,2,163
FITEM,2,5
FITEM,2,48
FITEM,2,46
FITEM,2,67
FITEM,2,68
FITEM,2,16
FITEM,2,161
FITEM,2,4
FITEM,2,36
FITEM,2,43
FITEM,2,33
FITEM,2,28
FITEM,2,3
FITEM,2,162
FITEM,2,12
FITEM,2,62
FITEM,2,61
FITEM,2,85
FITEM,2,86
FITEM,2,27
FITEM,2,164
FITEM,2,2
FITEM,2,18
FITEM,2,23
FITEM,2,58
FITEM,2,57
FITEM,2,10
FITEM,2,166
FITEM,2,7
FITEM,2,54
FITEM,2,53
FITEM,2,117
FITEM,2,118
FITEM,2,49
FITEM,2,168
FITEM,2,50
FITEM,2,119
FITEM,2,120
FITEM,2,78
FITEM,2,77
```

```
FITEM,2,22
FITEM,2,170
FITEM,2,1
FITEM,2,13
FITEM,2,8
FITEM,2,113
FITEM,2,114
FITEM,2,45
FITEM,2,172
FITEM,2,47
FITEM,2,115
FITEM,2,116
FITEM,2,112
FITEM,2,111
FITEM,2,44
FITEM,2,174
FITEM,2,42
FITEM,2,110
FITEM,2,109
FITEM,2,103
FITEM,2,104
FITEM,2,39
FITEM,2,176
FITEM,2,41
FITEM,2,107
FITEM,2,108
FITEM,2,102
FITEM,2,101
FITEM,2,38
FITEM,2,178
FITEM,2,37
FITEM,2,100
FITEM,2,99
FITEM,2,93
FITEM,2,94
FITEM,2,32
FITEM,2,180
FITEM,2,35
FITEM,2,97
FITEM,2,98
FITEM,2,92
FITEM,2,91
FITEM,2,31
```

```
FITEM,2,179
FITEM,2,34
FITEM,2,96
FITEM,2,95
FITEM,2,87
FITEM,2,88
FITEM,2,29
FITEM,2,177
FITEM,2,40
FITEM,2,105
FITEM,2,106
FITEM,2,90
FITEM,2,89
FITEM,2,30
AL,P51X
CYL4,,,5
ASBA,1,2
/REPLOT,RESIZE
CSYS,0
FLST,3,1,5,ORDE,1
FITEM,3,3
AGEN,2,P51X,,,40,,,,0
/REPLOT,RESIZE
LOCAL,11,1,40,0,0,,,,1,1,
CSYS,11,
FLST,3,1,5,ORDE,1
FITEM,3,1
/REPLOT,RESIZE
```

（2）将激活的坐标系设置为总体直角坐标系。从实用菜单中选择 Utility Menu > Work Plane > Change Active CS to > Global Cartesian 命令。

（3）在直角坐标系下进行复制面。选择 Main Menu > Preprocessor > Modeling > Copy > Areas 命令，单击 Pick ALL 按钮。

（4）ANSYS 会自动提示复制的数量和偏移的坐标，在 Number of copies 文本框中输入 2，在 X-off setinactive CS 文本框中输入 40，单击 OK 按钮，如图 17-8 所示。

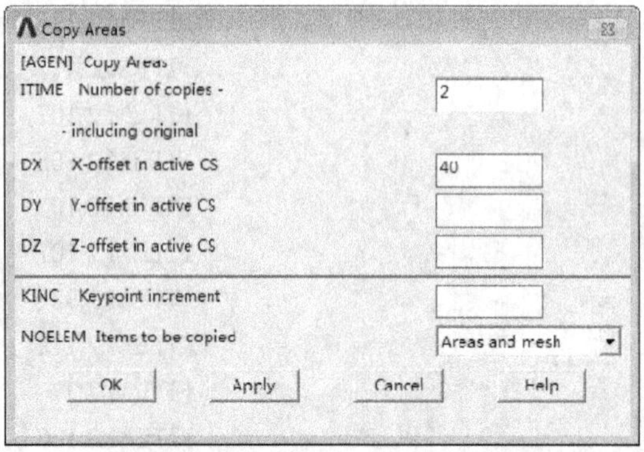

图 17-8　Copy Areas 对话框

（5）创建局部坐标系。从实用菜单中选择 Utility Menu > WorkPlane > Local Coordinate Systems > Create Local CS > At Specified Loc 命令。

（6）在 Global Cartesian 文本框中输入 40，0，0（如图 17-9 所示），然后单击 OK 按钮，弹出 Create Local CS > At Specified Location 对话框。

（7）在 Ref number of new coord sys 中输入 11，在 Type of coordinate system 中选择 Cartesian 0，在 Origin of coord system 文本框中分别输入 40，0，0，单击 OK 按钮，如图 17-10 所示。

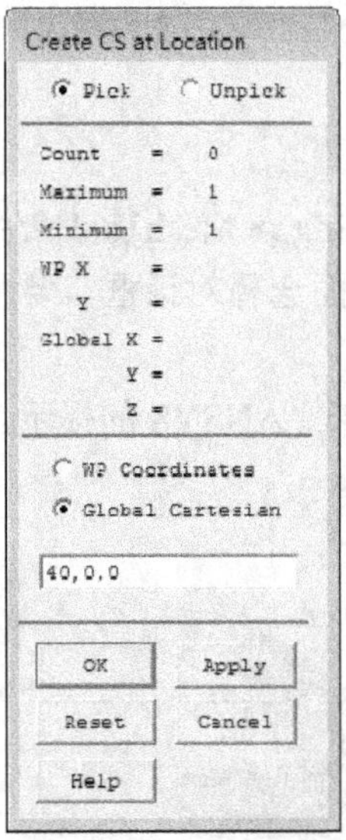

图 17-9　输入坐标

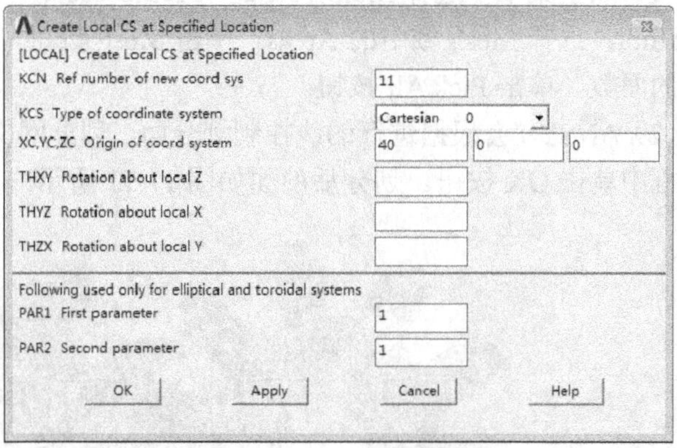

图 17-10　创建局部坐标系

（8）将激活的坐标系设置为局部坐标系。从实用菜单中选择 Utility Menu > WorkPlane > Change Active CS to > Specified Coord Loc 命令，在文本框中输入 11，如图 17-11 所示。

（9）在局部坐标系下进行复制面。选择 Main Menu > Preprocessor > Modeling > Copy > Areas 命令，选择生成的第二个面，单击 OK 按钮。

（10）ANSYS 会自动提示复制的数量和偏移的坐标，在 Number of copies 文本框中输入 3，在 Y -offset in active CS 文本框中输入-1.8，单击 OK 按钮，将产生第三个面。

（11）删除第二个面。从主菜单中选择 Main Menu > Preprocessor > Modeling > Delete > Area and Below 命令。选择第二个面，由于第二个面和第三个面的位置接近，所以 ANSYS 会产生提示。

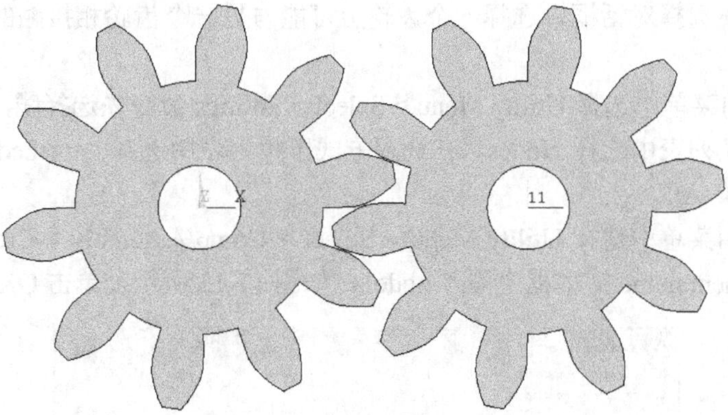

图 17-11　生成面

（12）存储 ANSYS 数据。拾取 SAVE_DB。

17.2.5 对齿面划分网格

（1）从主菜单中选择 Main Menu > Preprocessor > Meshing > MeshTool 命令，打开 MeshTool，选择 Mesh 域中的 Areas，单击 Mesh 按钮，打开面选择对话框，要求选择要划分的面数。单击 Pick All 按钮。

（2）ANSYS 会根据进行的线控制划分面，划分网格会出现 ANSYS 的提示，在提示对话框中单击 OK 按钮。划分后的面如图 17-12 所示。

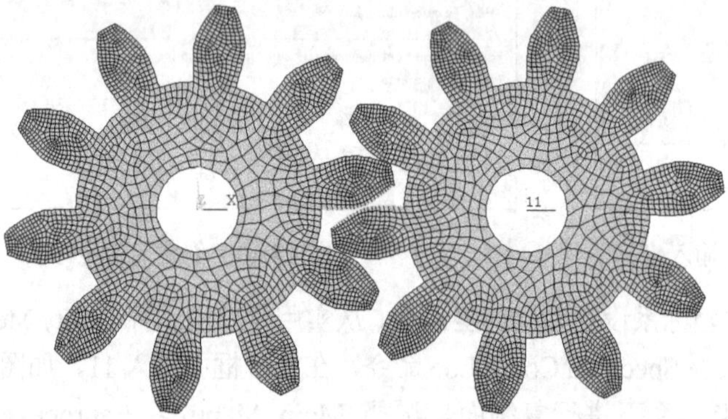

图 17-12 齿面网格划分

17.2.6 定义接触对

（1）从实用菜单中选择 Utility Menu > Select > Entities 命令，先选择线，在类型下拉列表中选择 Lines，单击 Apply 按钮。

（2）打开线选择对话框，选择一个齿轮上可能与另一个齿轮相接触的线，单击 OK 按钮。

（3）从实用菜单中选择 Utility Menu > Select > Entities 命令先选择线，在实体选择对话框的类型下拉列表中选择 Nodes，在选择方式下拉列表中选择 Attached to，在单选列表中选择 Lines，All。

（4）从实用菜单中选择 Utility Menu > Select > Comp/Assembly > Create Component 命令在 Component name 文本框中输入 node1，如图 17-13 所示，单击 OK 按钮。

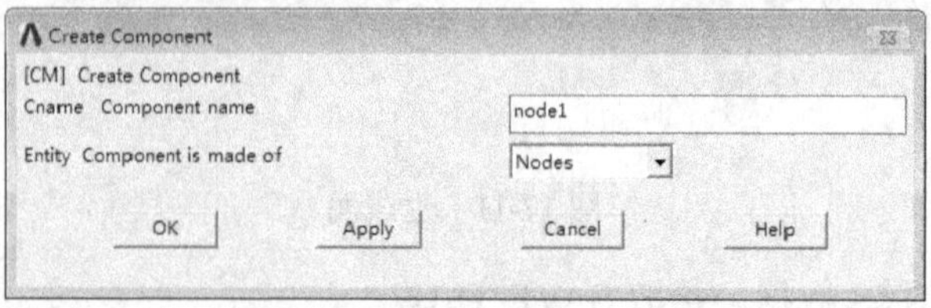

图 17-13 定义部件

（5）从实用菜单中选择 Utility Menu > Select > Entities 命令，先选择线，在类型下拉列表中选择 Lines，在选择方式下拉列表中选择 By Num/Pick，单击 Apply 按钮。

（6）打开线选择对话框，选择另一个齿轮上可能与前一个齿轮相接触的线，单击 OK 按钮。

（7）从实用菜单中选择 Utility Menu > Select > Entities 命令，先选择线，在实体选择对话框中的类型下拉列表中选择 Nodes，在选择方式下拉列表中选择 Attached to，在单选列表中选择 Lines，All。

（8）从实用菜单中选择 Utility Menu > Select > Comp/Assembly > Create Component 命令在 Component name 文本框中输入 node2，单击 OK 按钮。

（9）从实用菜单中选择 Utility Menu > Select > Everything 命令。

（10）单击工具条中的接触定义向导按钮（如图 17-14 所示）。

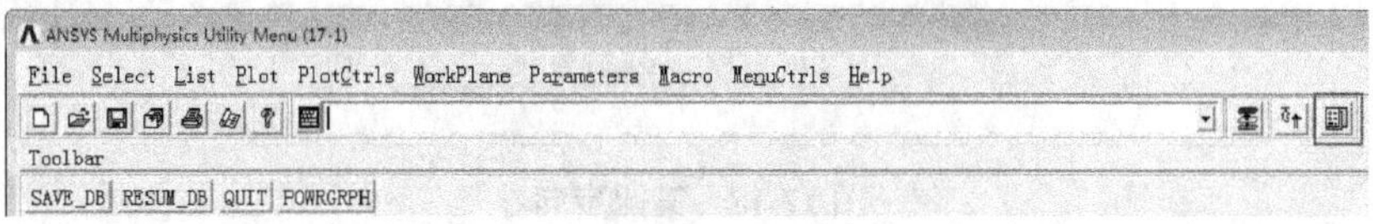

图 17-14　接触定义向导按钮

（11）ANSYS 会打开如图 17-15 所示 Pair Based Contact Manager 对话框，选择工具条中的第一项 NODE1（如图 17-16 所示），会打开下一步操作的向导。在对话框中选择 NODE2，单击 Next 按钮（如图 17-17 所示），在对话框中单击 Create 按钮（如图 17-18 所示），ANSYS 会显示接触对建立完成（如图 17-19 所示），在提示对话框中单击 OK 按钮。

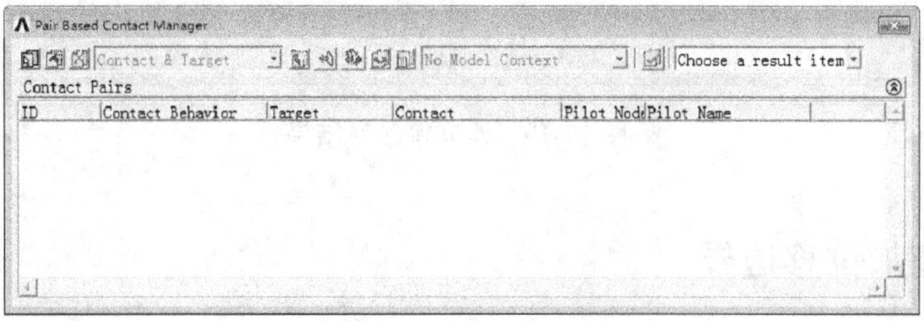

图 17-15　定义接触向导

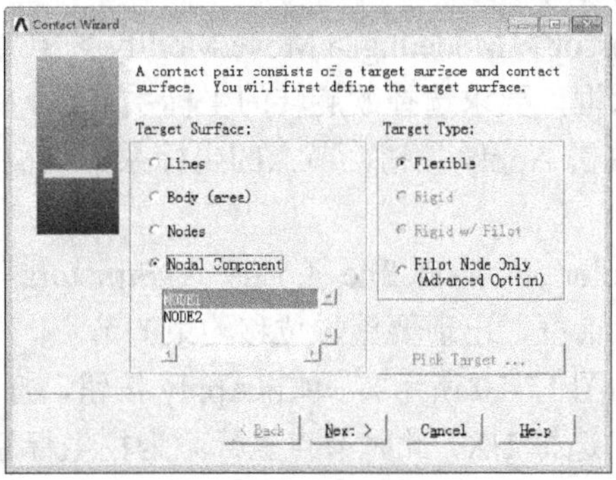

图 17-16　第二步向导

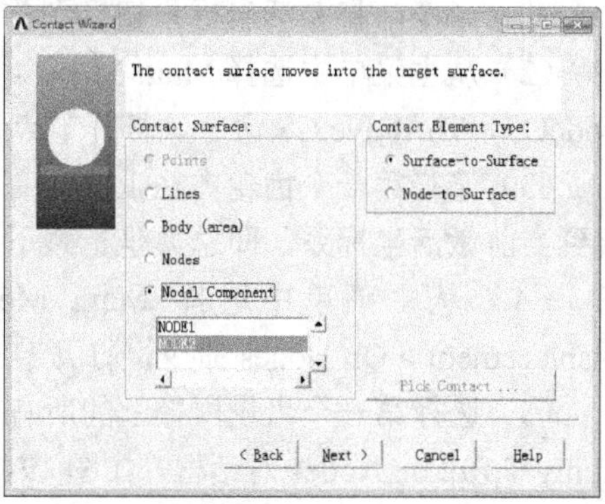

图 17-17　第三部向导

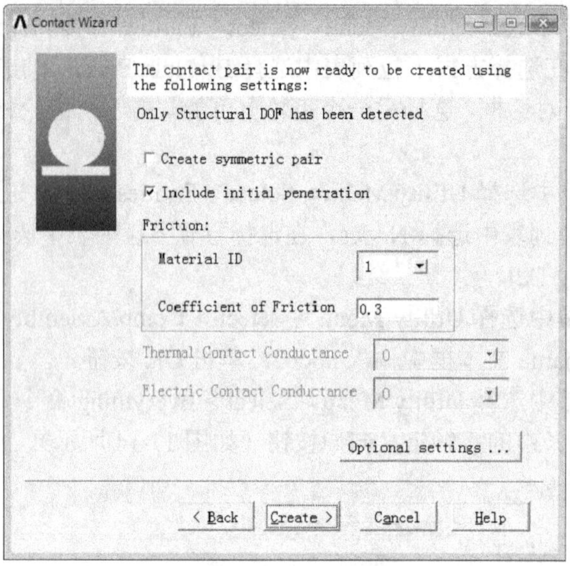

图 17-18　第四步向导

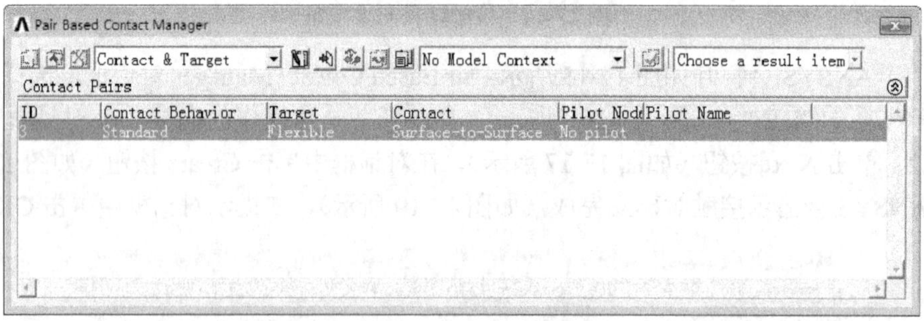

图 17-19　建立接触对结果

17.2.7　施加位移边界

（1）从实用菜单中选择 Utility Menu > WorkPlane > Change Active CS to > Global Cartesian 命令，将激活坐标系切换到总体柱坐标系下。

（2）从主菜单中选择 Main Menu > Preprocessor > Modeling > Move/Modify > Rotate NodeCS > ToActive CS 命令，打开节点选择对话框，要求选择欲旋转的坐标系节点。

（3）选择第一个齿轮内径上的所有节点，单击 Apply 按钮，节点的坐标系都将被旋转到当前激活坐标系，即总体坐标系下。

（4）从主菜单中选择 Main Menu > Solution > Define Loads > Structural > Displacement > On Nodes 命令，打开节点选择对话框，出现要施加位移约束的节点。

（5）选择第一个齿轮内径上的所有节点（如图 17-20 所示），单击 Apply 按钮，打开 Apply U,Rot on Nodes 对话框，如图 17-21 所示。选择 UX，此时节点坐标系为柱坐标系，X 方向为径向，即施加径向位移约束。单击 OK 按钮，ANSYS 在选定节点上施加指定的位移约束。

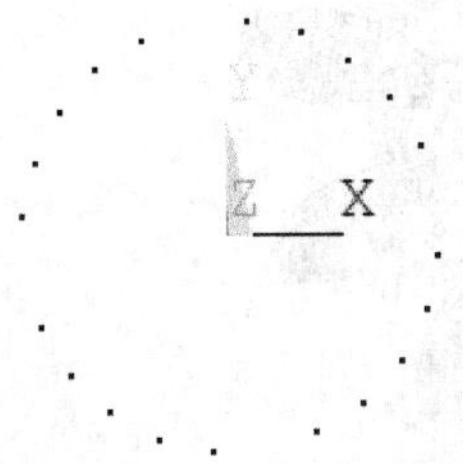

图 17-20 选取节点

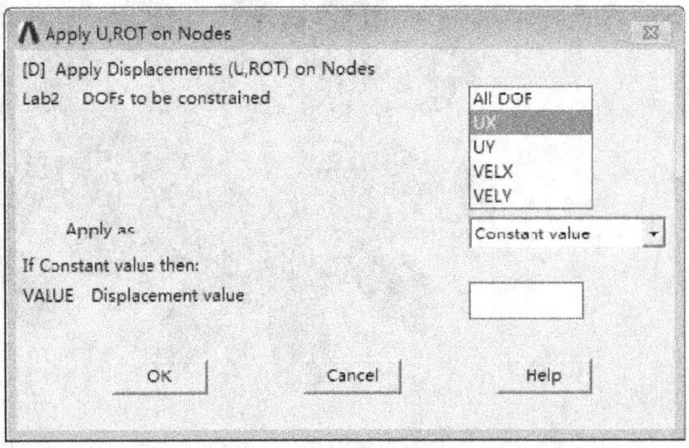

图 17-21 在节点上施加位移约束对话框

（6）从主菜单中选择 Main Menu > Solution > Define Loads > Apply > Structural > Displacement > on Nodes 命令，打开节点选择对话框，要求选择欲施加位移约束的节点。

（7）选择第一个齿轮内径上的所有节点，单击 Apply 按钮，打开 Apply U，ROT on Nodes 对话框，如图 17-22 所示。选择 UY，此时节点坐标系为柱坐标系，Y 方向为周向，即施加周向位移约束，在 Displacement value 文本输入框中输入-0.2，单击 OK 按钮。

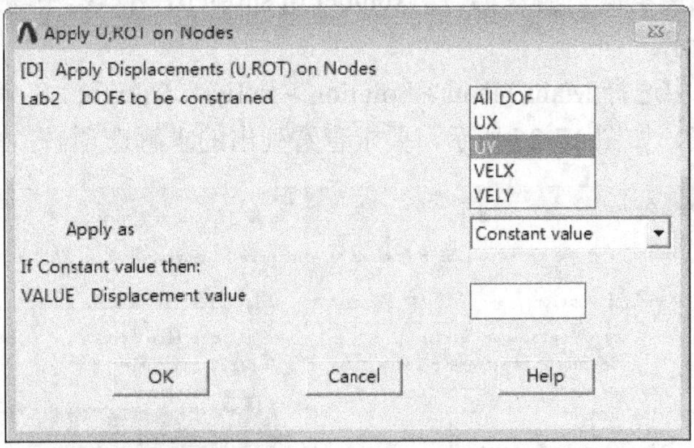

图 17-22 在节点上施加位移约束对话框

（8）从实用菜单中选择 Utility Menu > WorkPlane > Change Active CS to > Global Cartesian 命令。

（9）从主菜单中选择 Main Menu > Solution > Define Loads > Apply > Structural > Displacement > on Nodes 命令，打开节点选择对话框，要求选择欲施加位移约束的节点。

（10）选择第二个齿轮内径上的所有节点，单击 Apply 按钮，打开 Apply U，ROT on Nodes 对话框，选择 AllDOF，施加各个方向位移约束，在 Displacement value 文本输入框中输入 0，单击 OK 按钮，所得的结果如图 17-23 所示。

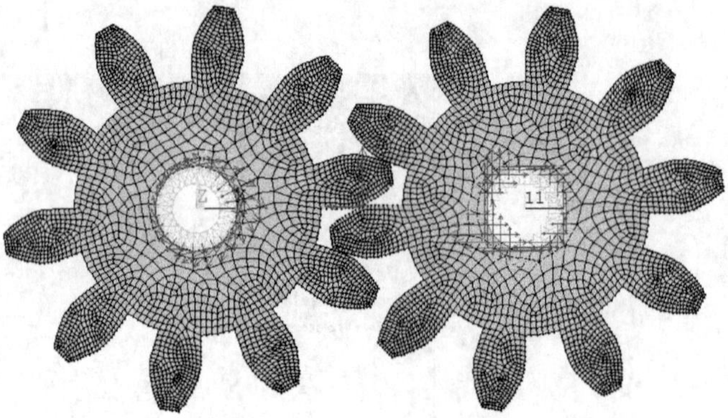

图 17-23　结果图

17.2.8　求解

（1）从主菜单中选择 Main Menu > Solution > Analysis Type > Sol'n Controls 命令，打开求解控制对话框，在 Analysis Options 下拉列表中选择 Large Displacement Static，在 Time at end of Load step 文本框中输入 1，在 Number of substeps 文本框中输入 20，单击 OK 按钮，如图 17-24 所示。

（2）从主菜单中选择 Main Menu > Solution > Solve > Current LS 命令，打开一个确认对话框和状态列表，如图 17-25 所示，要求查看列出的求解选项。

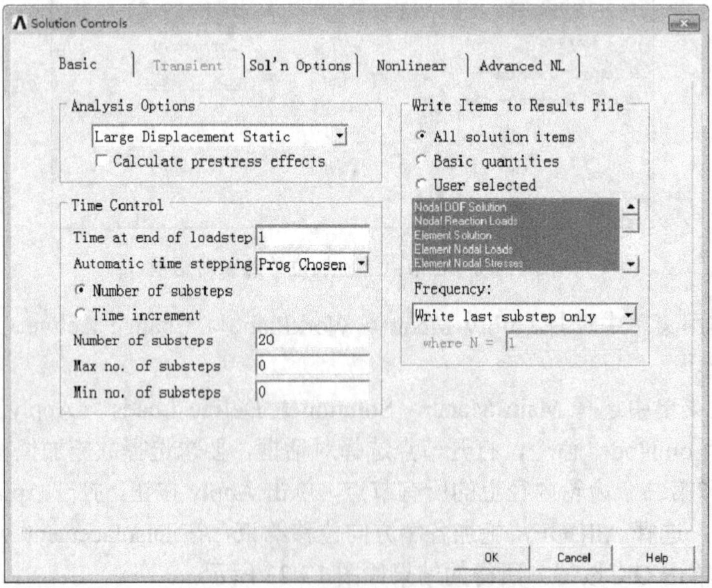

图 17-24　Solution Controls 对话框

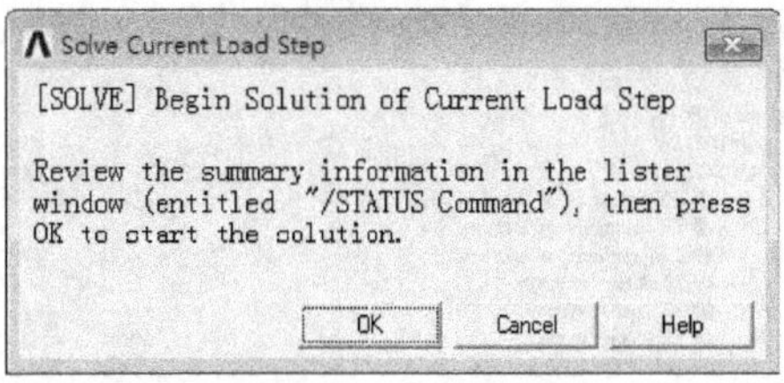

图 17-25　求解当前载荷步确认对话框

（3）查看列表中的信息确认无误后，单击 OK 按钮，开始求解。

（4）求解过程中会出现结果收敛与否的图形显示，如图 17-26 所示。

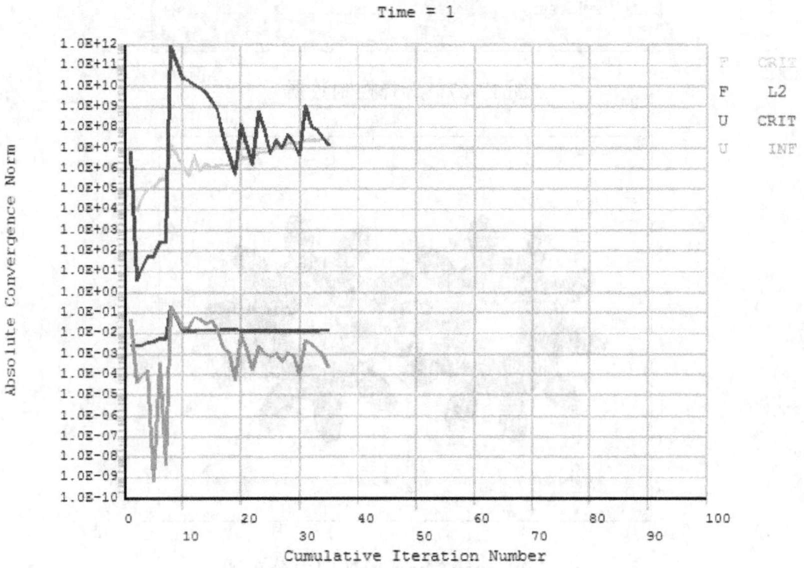

图 17-26　结果收敛批示

17.2.9　后处理

（1）从主菜单中选择 Main Menu > General Postproc > Plot Results > Contour Plot > Nodal Solu 命令，打开 Contour Nodal Solution Data 对话框。在 Item to be contoured 域中选择 Stress 选项。在列表中选择 von Mises stress 选项，如图 17-27 所示。

（2）选择 Deformed shape only 单选按钮，单击 OK 按钮，图形窗口中显示 von Mises 等效应力分布图，如图 17-28 所示。

（3）从主菜单中选择 Main Menu > General Postproc > Plot Results > Contour Plot > Nodal Solu 命令，打开 Contour Nodal Solution Data 对话框。在 Item to be contoured 域中选择 Contact 选项。在列表中选择 Contact Pressure 选项，如图 17-29 所示。选择 Deformed shape only 单选按钮，单击 OK 按钮，图形窗口中显示 Pressure FRES 等效应力分布图，如图 17-30 所示。

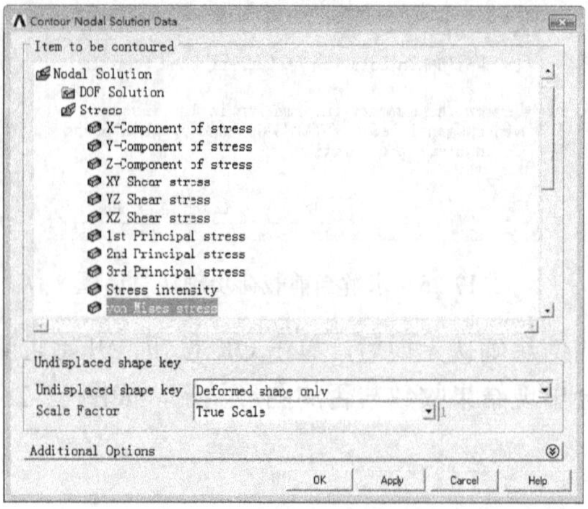

图 17-27　选择控制数据

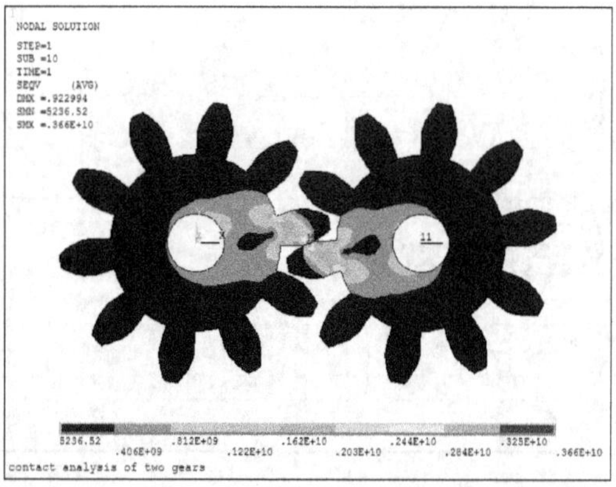

图 17-28　von Mises 等效应力分布图

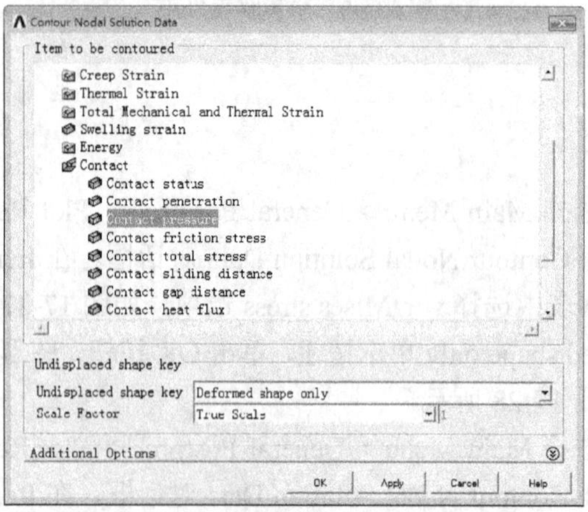

图 17-29　选择 Contact Pressure 选项

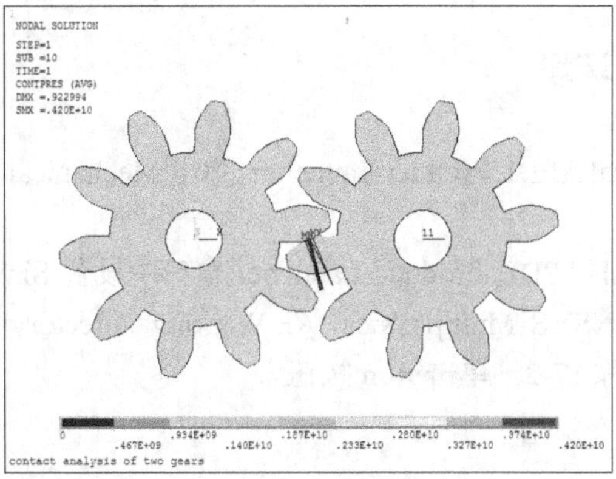

图 17-30　接触应力

17.3 并列放置两个圆柱体的接触问题

17.3.1　问题描述

本例介绍两个圆柱体并列放置，在外力作用下的接触问题。

17.3.2　分析

从模型的特点分析，两圆并列，根据模型的对称性，只需要建立如图 17-31 所示的四分之一圆即可。建立模型的时候，先建立平面模型，划分网格后再拉伸为三维模型。

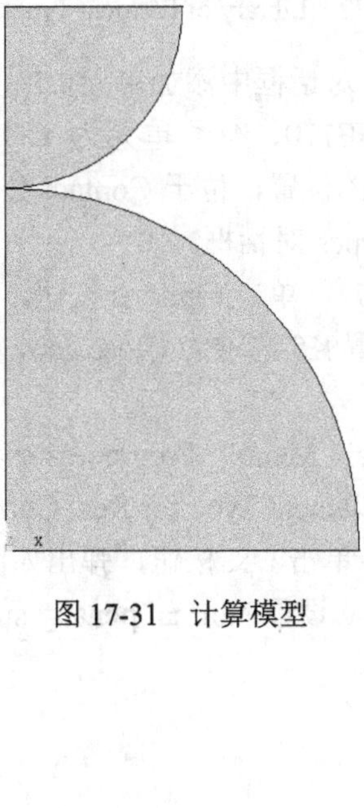

图 17-31　计算模型

17.3.3 设置分析环境

（1）启动 Mechanical APDL Product Launcher，弹出 Mechanical APDL Product Launcher 窗口。

（2）在 Mechanical APDL Product Launcher 窗口中设置 Simulation Environment 为 ANSYS，License 为 ANSYS Multiphysics，在 Working Directory 中输入工作目录名称，Job Name 输入项目名称 17-2，单击 Run 按钮。

17.3.4 设置属性

本例由于是接触问题，需要定义四种单元类型，即平面实体单元（因为要先建立平面模型）、三维实体模型（拉伸为三维实体模型）、接触单元、目标单元。

（1）在 GUI 界面中选择 Main Menu > Preprocessor > Element Type > Add/Edit/Delete 命令，弹出 Element Type 对话框。单击 Add 按钮，弹出如图 17-32 所示的 Library of Element Types 对话框。

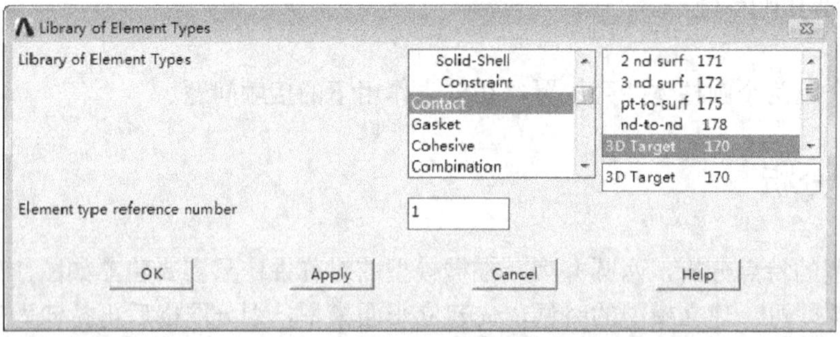

图 17-32 Library of Element Types 对话框

在 Library of Element Types 对话框中添加单元，1 号单元为 PLANE183，2 号单元为 SOLID186，3 号单元为 TARGE170，4 号单元为 CONTA174，注意图 17-33 所示的 TARGE170 单元与 CONTA174 的位置，位于 Contact 分类下。完成单元类型添加后，返回如图 17-32 所示的 Element Types 对话框。

（2）选择 Type 4 CONTA174，单击 Options 按钮，弹出图 17-34 所示的 CONTA174 element type options 对话框，设置 K5 选项为 Close gap，单击 OK 按钮完成。关闭 Element Types 对话框。

（3）在 GUI 界面中选择 Main Menu > Preprocessor > Real Constant > Add/Edit/Delete 命令，弹出如图 17-35 所示的 Element Type for Real Constant 对话框。

选择 TYPE 4 CONTA 174，单击 OK 按钮，弹出如图 17-36 所示的 Real Constant Set Number1 for CONTA174 对话框，设置 Normal penalty stiffness（法向接触刚度）为 0.1，单击 OK 按钮完成。

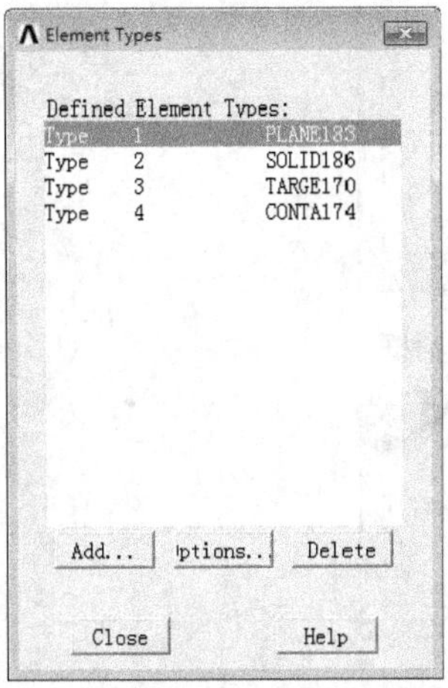

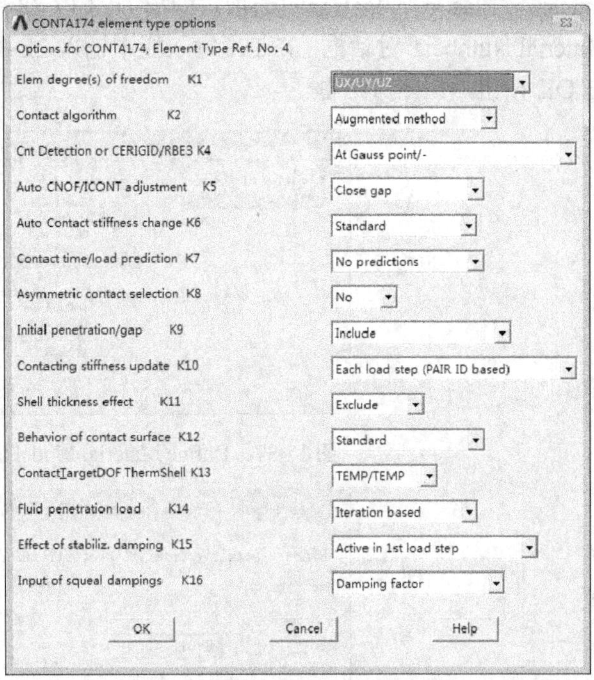

图 17-33 Element Types 对话框

图 17-34 CONTA174 element type options 对话框

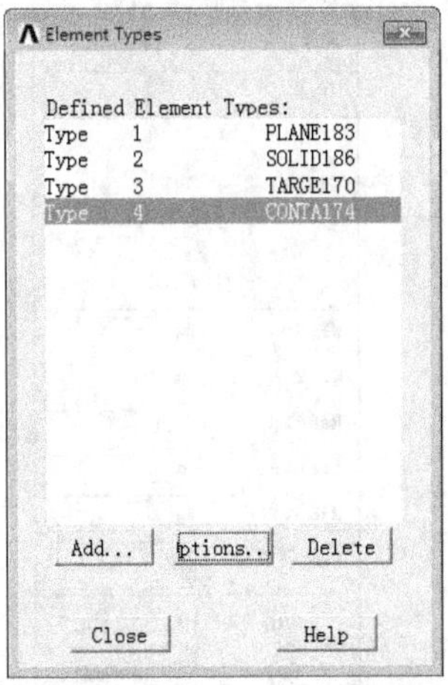

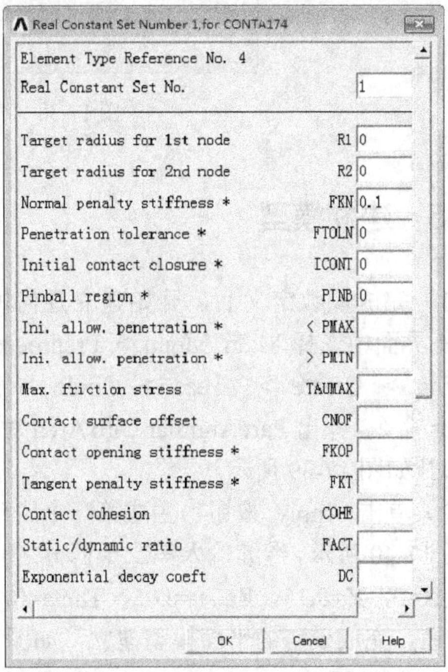

图 17-35 Element Type for Real Constant 对话框

图 17-36 Real Constant Set Number1 for CONTA174 对话框

（4）在 GUI 界面中选择 Main Menu > Preprocessor > Material Props > Material Models 命令，弹出如图 17-37 所示的 Define Material Model Behavior 对话框，依次展开 Structural >

Linear > Elastic > Isotropic 选项，弹出如图 17-38 所示的 Linear Isotropic Properties for Material Number1 对话框，在 EX 输入栏中输入 2E+011，在 PRXY 输入栏中输入 0.3，单击 OK 按钮，关闭对话框。

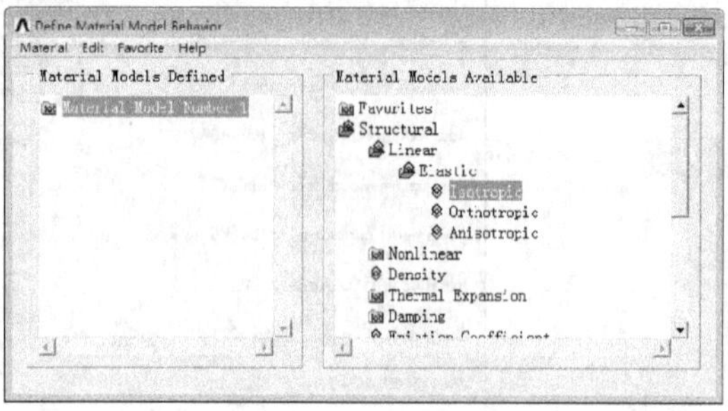

图 17-37　Define Material Model Behavior 对话框

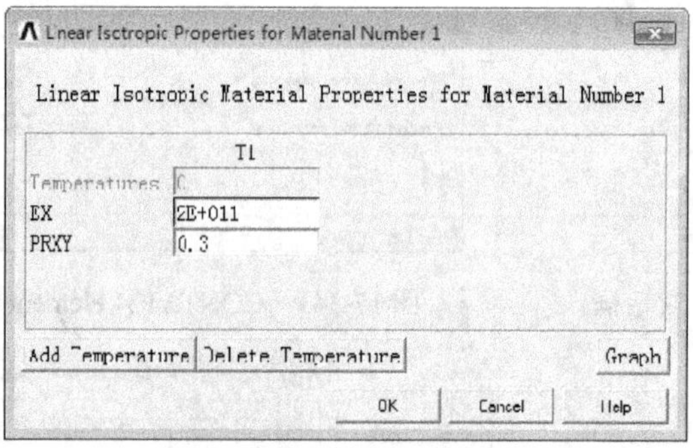

图 17-38　线性材料参数

17.3.5　建立模型

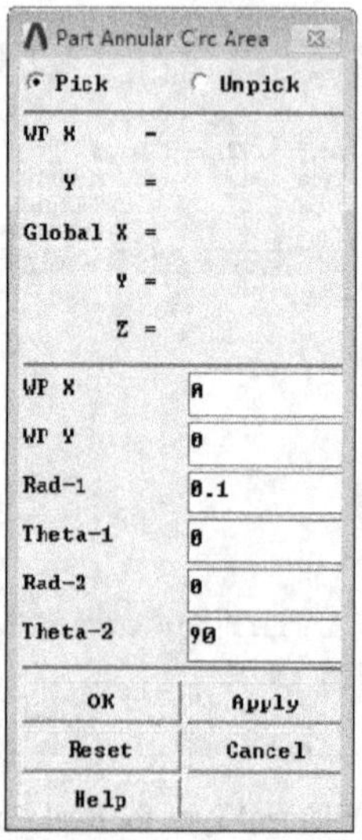

图 17-39　Part Annular Circ Area 对话框

（1）完成参数定义后，开始建立几何模型。在 GUI 界面中选择 Main Menu > Preprocessor > Modeling > Create > Areas > Circle > Partial Annulus 命令，弹出 Part Annular Circ Area 对话框，输入参数如图 17-39 所示。

（2）单击 Apply 按钮，生成第一个四分之一圆如图 17-40 所示。继续输入第二个四分之一圆的参数，X=0，Y=0.15，Rad1=0.05，Theta=0，单击 OK 按钮，完成模型的平面模型建立，如图 17-41 所示。

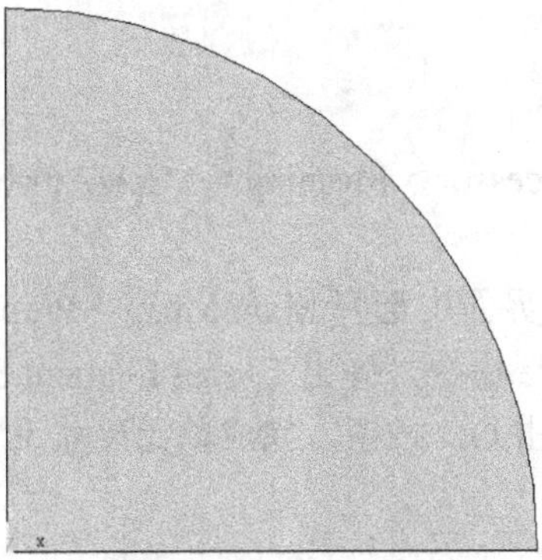

图 17-40　生成第一部分模型

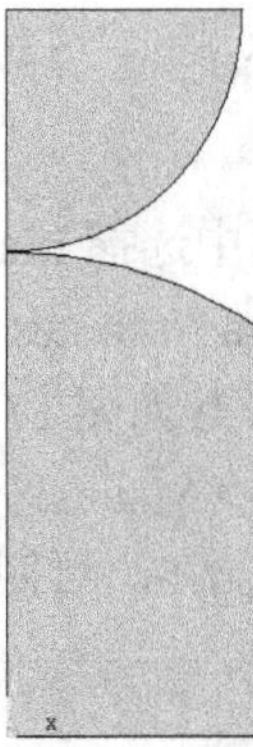

图 17-41　完成模型

（3）在 GUI 界面中选择 Utility Menu > WorkPlane > Offset WP by Increments 命令，弹出 Offset WP 对话框。

输入 X、Y、Z Offsets=0.01，如图 17-42 所示，单击 X+，将工作平面沿 X 轴正方向移 0.1，再输入 XY、YZ、ZX Angles=90，单击 Z-，将工作平面旋转 90°。

（4）在 GUI 界面中选择 Main Menu > Preprocessor > Modeling > Operate > Booleans > Divide > Area by WorkPlane 命令，单击 Pick All 按钮，则工作区中的面被工作平面分割后如图 17-43 所示。

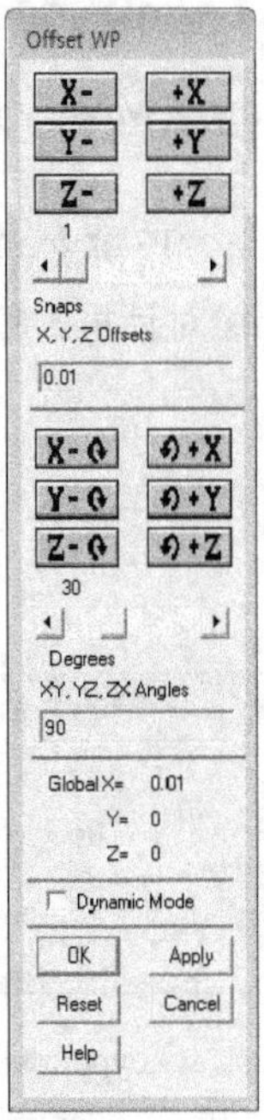

图 17-42　Offset WP 对话框

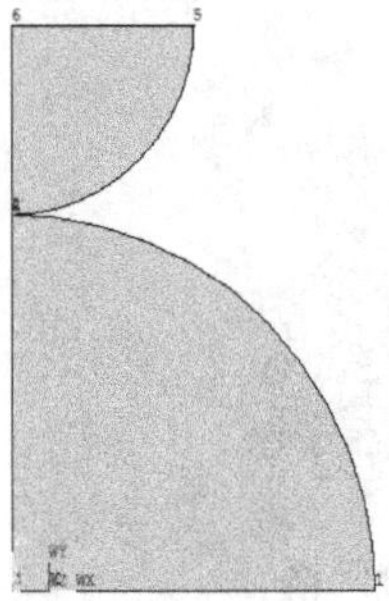

图 17-43　使用工具平面分割

17.3.6 网格划分

（1）在 GUI 界面中选择 Main Menu > Preprocessor > Meshing > Mesh Attributes > All Areas 命令，弹出 Area Attibutes 对话框，

（2）设置面的划分数如图 17-44 所示，在 GUI 界面中选择 Main Menu > Preprocessor > Meshing > Size Cntrls > ManualSize > Global > Size 命令，弹出 Global Element Sizes 对话框，输入单元尺寸 0.0075，如图 17-45 所示，单击 OK 按钮，完成单元尺寸设置。

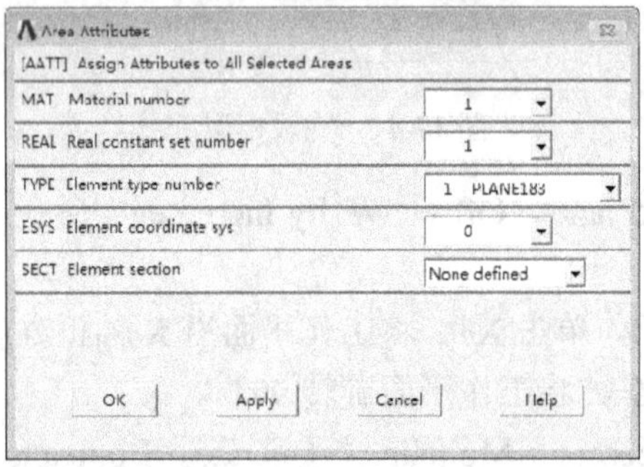

图 17-44 Area Attibutes 对话框

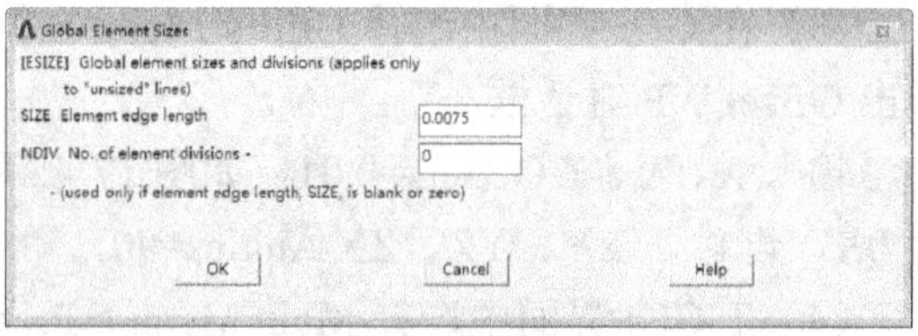

图 17-45 Global Element Sizes 对话框

（3）在 GUI 界面中选择 Main Menu > Preprocessor > Meshing > Mesh > Areas > Free 命令，单击 Pick ALL，完成网格的划分，如图 17-46 所示。

（4）在 GUI 界面中选择 Main Menu > Preprocessor > Meshing > Modify Mesh > Refine At > Keypoints 命令，弹出 Refine mesh at keypoints 对话框。

在 Refine mesh at keypoints 对话框中输入关键点编号 2 与 4，用英文半角逗号隔开，单击 OK 按钮，弹出如图 17-47 所示的 Refine Mesh at Keypoints 对话框，单击 OK 按钮，完成关键点 2 与关键点 4 附近的网格细化，如图 17-48 所示。

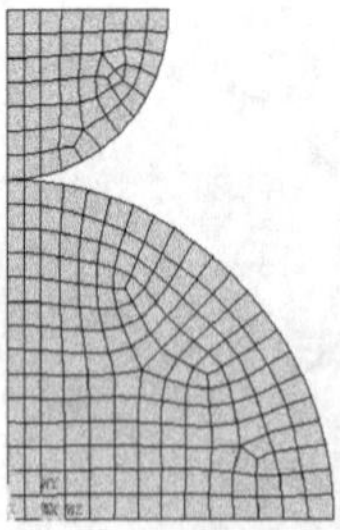

图 17-46 划分网格

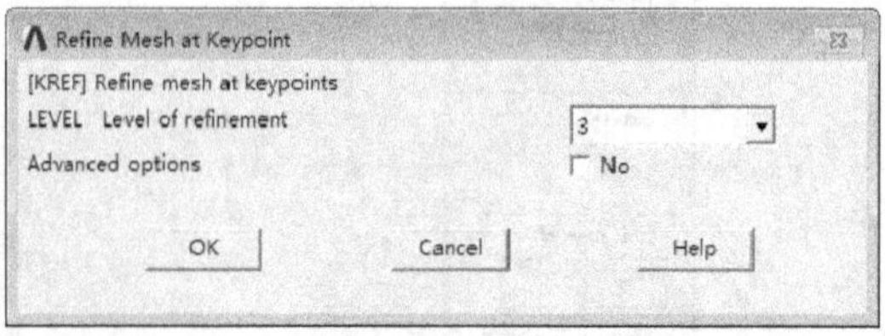

图 17-47 Refine mesh at keypoints 对话框

（5）在 GUI 界面中选择 Main Menu > Preprocessor > Meshing > Mesh Attributes > Default Attribs 命令，弹出图 17-49 所示的 Meshing Attributes 对话框，将单元类型改为 2 SOLID 186，单击 OK 按钮。

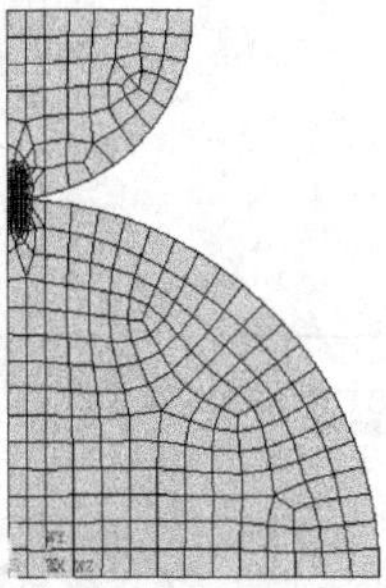

图 17-48　网格局部细化

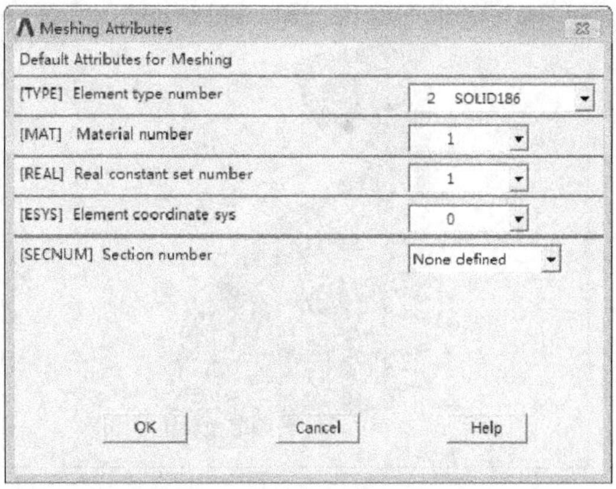

图 17-49　Mesh Attributes 对话框

（6）在 GUI 界面中选择 Main Menu > Preprocessor > Modeling > Operate > Extrude > Elem Ext Opts 命令，弹出如图 17-50 所示的 Element Extrusion Options 对话框。设置 VAL1=5（拉伸方向分为 5 份），勾选 ACLEAR，即拉伸后删除面。

（7）在 GUI 界面中选择 Main Menu > Preprocessor > Modeling > Operate > Extrude > Areas > By XYZ Offset 命令，拾取工作区中的所有面，单击 OK 按钮，弹出如图 17-51 所示的 Extrude Areas by XYZ Offset 对话框。输入 Z=0.01，单击 OK 按钮，完成模型拉伸如图 17-52 所示。

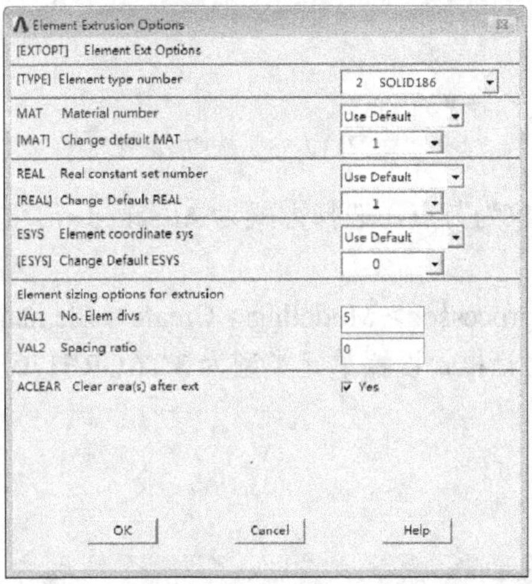

图 17-50　Element Extrusion Options 对话框

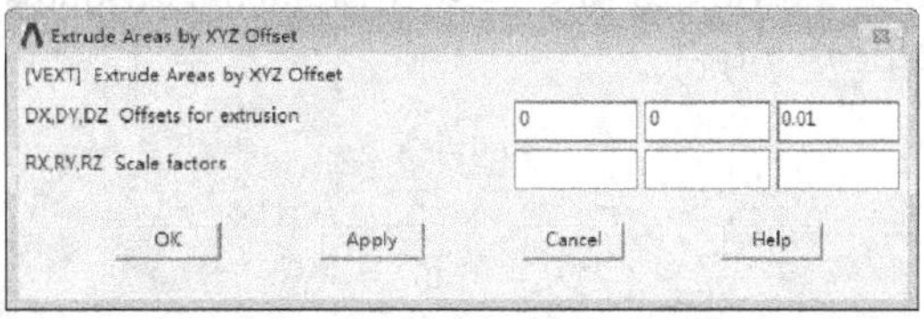

图 17-51　Extrude Areas by XYZ Offset 对话框

（8）在 GUI 界面中选择 Utility Menu > Plot Ctrls > Numbering 命令，弹出如图 17-53 所示的 Plot Numbering Controls 对话框。勾选 Area numbers，单击 OK 按钮，在工作区中显示编号如图 17-54 所示，注意编号 14 的位置。

（9）在 GUI 界面中选择 Utility Menu > Select > Entities 命令，先选中 14 号面，如图 17-55 所示。

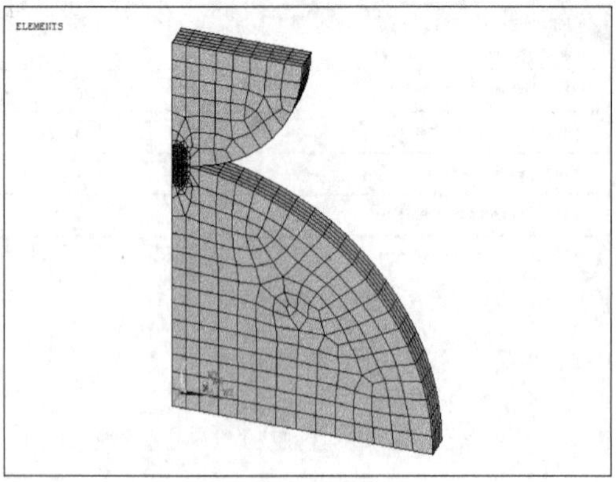

图 17-52　完成拉伸

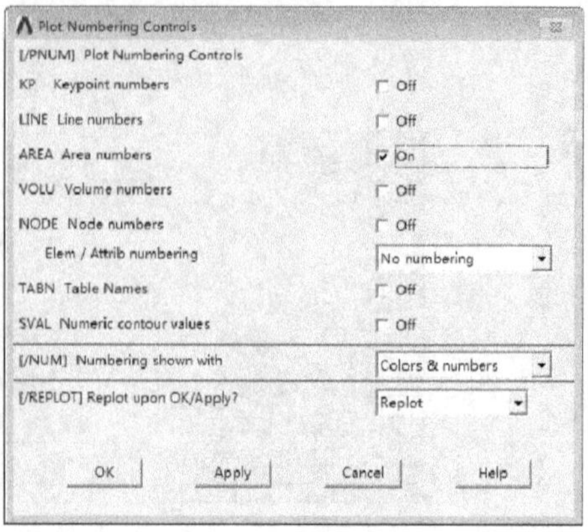

图 17-53　Plot Numbering Controls 对话框

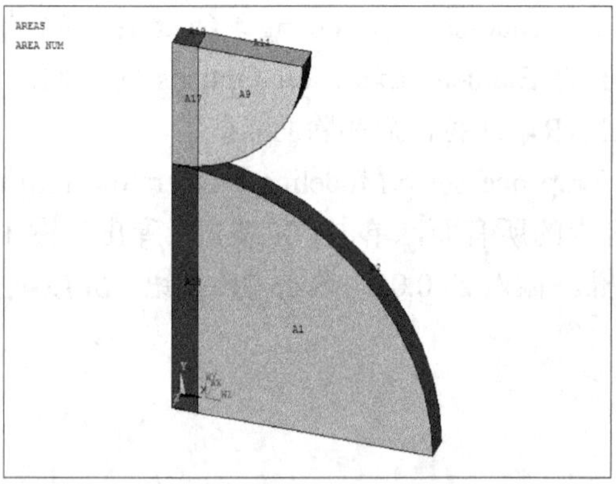

图 17-54　显示面编号

图 17-55　选中 14 号面

（10）设置 Select Entities 对话框，选择对象为节点，选择方式为 Attached to，选中 14 号面上的节点，如图 17-56 所示。

（11）在 GUI 界面中选择 Main Menu > Preprocessor > Modeling > Create > Elements > Elem Attributes 命令，弹出 Element Attributes 对话框，设置单元类型为 3 TAGRE170，如图 17-57 所示。

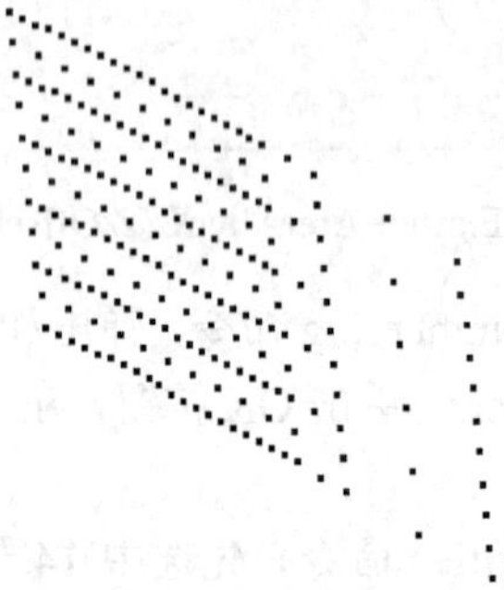

图 17-56　选中 14 号面上的节点

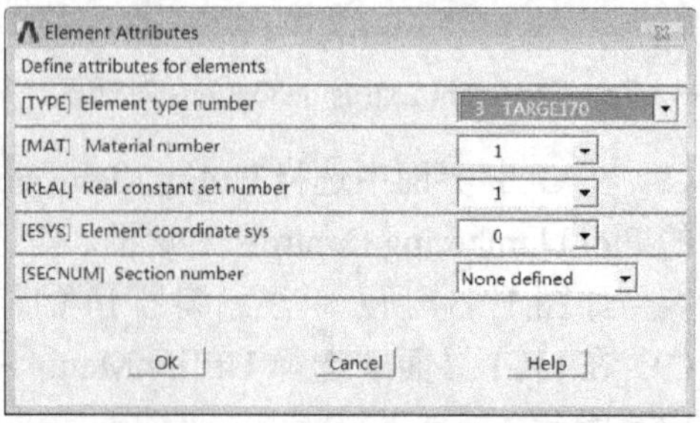

图 17-57　Element Attributes 对话框

（12）在 GUI 界面中选择 Main Menu > Preprocessor > Modeling > Create > Elements > Surf/Contact > Inf Acoustic 命令，单击 OK 按钮确定。

（13）重复上述操作，在 18 号面上生成接触单元，定义完整的接触单元与目标单元，如图 17-58 所示。

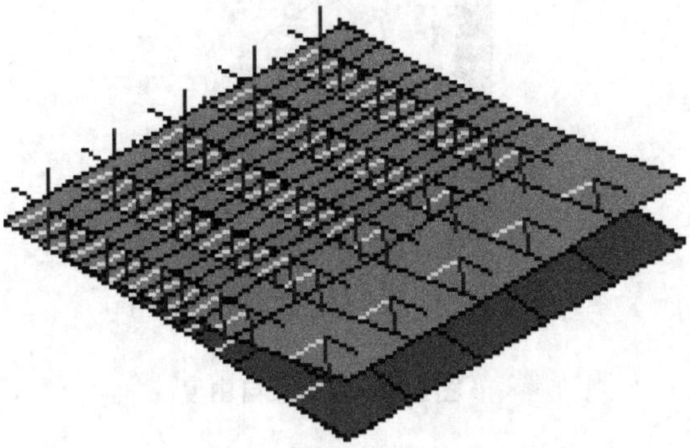

图 17-58　接触单元与目标单元

17.3.7　定义约束

（1）在 GUI 界面中选择 Main Menu > Solution > Define Loads > Apply > Structural > Displacement > On Areas 命令，输入面编号 16 与 8，弹出如图 17-59 所示的 Apply U ROT on Areas 对话框。选择要约束的自由度为 UY，单击 OK 按钮，完成约束如图 17-60 所示。

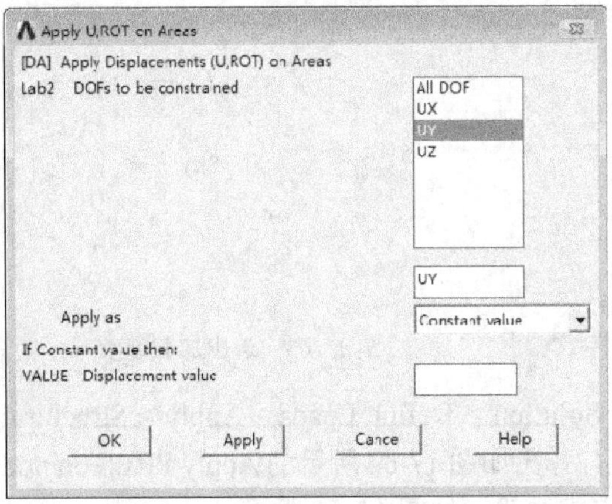

图 17-59　Apply U ROT on Areas 对话框

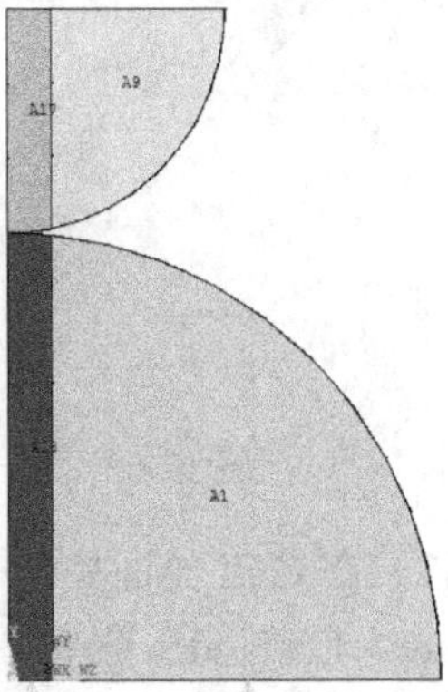

图 17-60　约束 16 号面与 8 号面

（2）重复上述操作，约束 15 号面与 20 号面的 UX 方向自由度，约束 1、9、13、17 号面的 UZ 方向自由度，完成约束如图 17-61 所示。

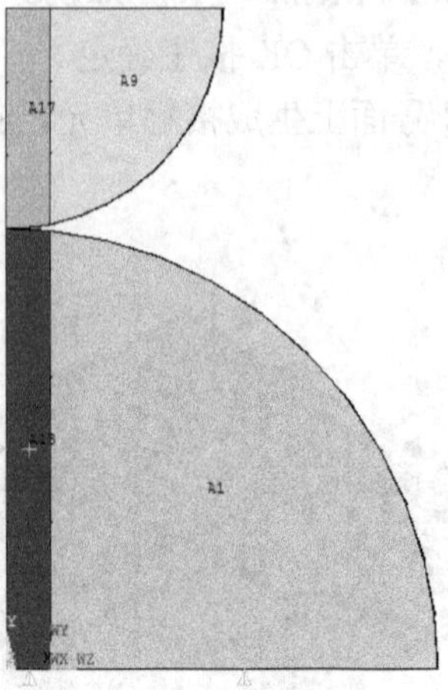

图 17-61　约束自由度

17.3.8　加载

（1）在 GUI 界面中选择 Utility Menu > Select > Entities 命令，选出面 11 与面 19，如图 17-62 所示。设置 Select Entities 对话框，选择对象改为 Nodes，选择方式为 Attached to，选出面 11 与面 19 上的节点，如图 17-63 所示。

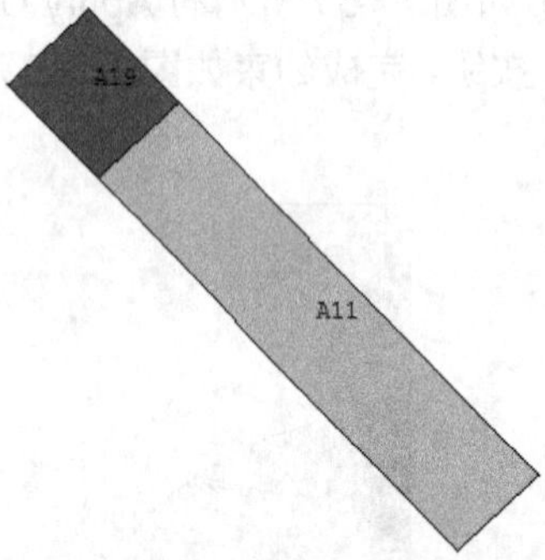

图 17-62　选出加载面

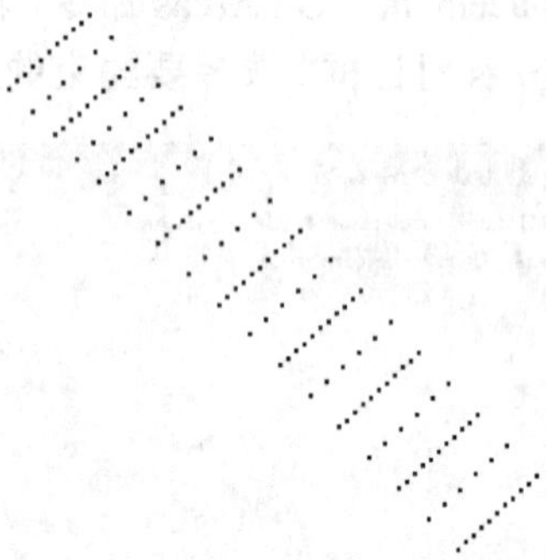

图 17-63　选出加载节点

（2）在 GUI 界面中选择 Main Menu > Solution > Define Loads > Apply > Structural > Pressure > On Nodes 命令，单击 Pick All 按钮，弹出如图 17-64 所示的 Apply PRES on nodes 对话框。输入压力值 1E6，单击 OK 按钮完成加载，如图 17-65 所示。

（3）在 GUI 界面中选择 Main Menu > Preprocessor > Coupling/Ceqn > Couple DOFs 命令，单击 Pick All 按钮，弹出如图 17-66 所示的 Define Coupled DOFs 对话框。选择耦合自由度为 UY，单击 OK 按钮，如图 17-67 所示。

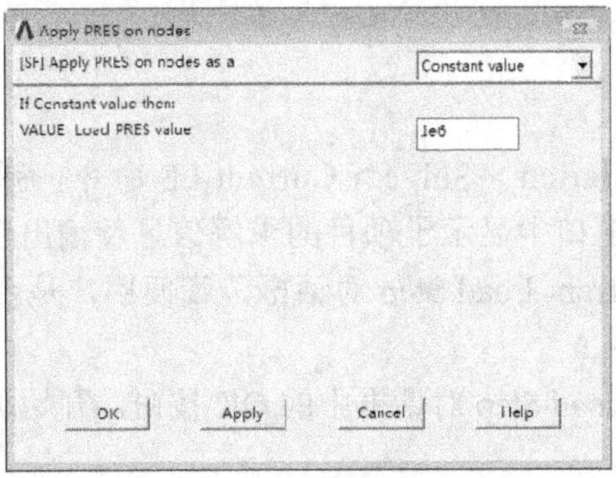

图 17-64　Apply PRES on nodes 对话框

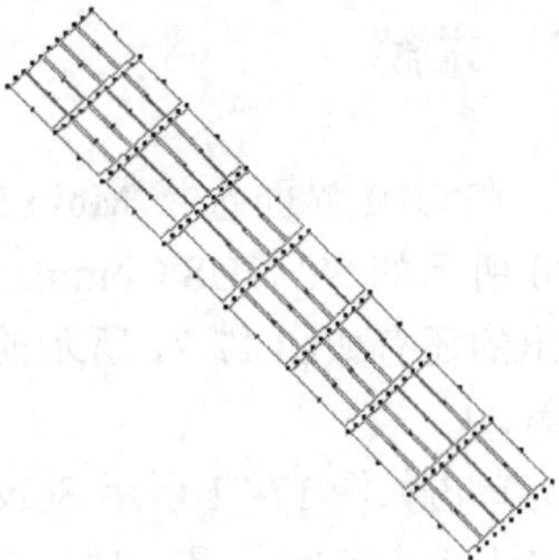

图 17-65　加载

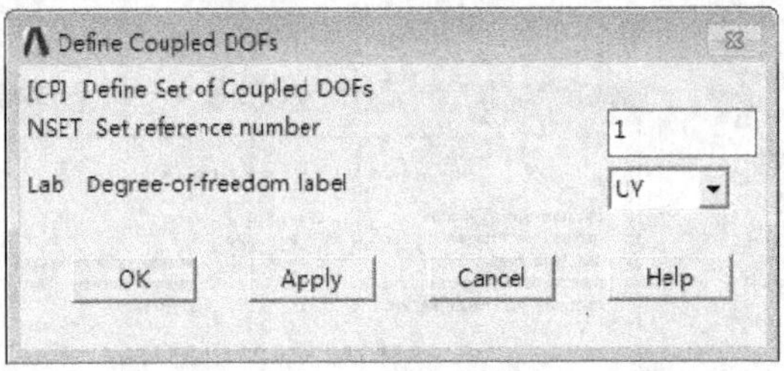

图 17-66　Define Coupled DOFs 对话框

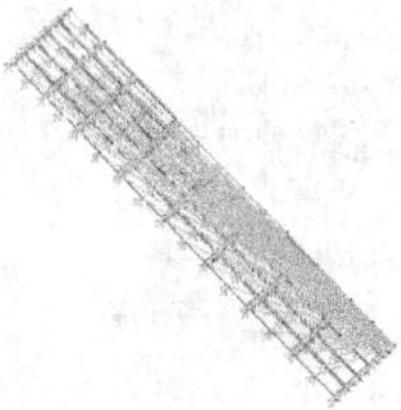

图 17-67　耦合自由度

（4）在 GUI 界面中选择 Main Menu > Solution > Analysis Type > Sol'n Controls 命令，弹出 Solution Controls 对话框，在 Basic 选项卡中设置如图 17-68 所示，打开 Nolinear 选项卡，默认设置，如图 17-69 所示，完成设置后单击 OK 按钮。

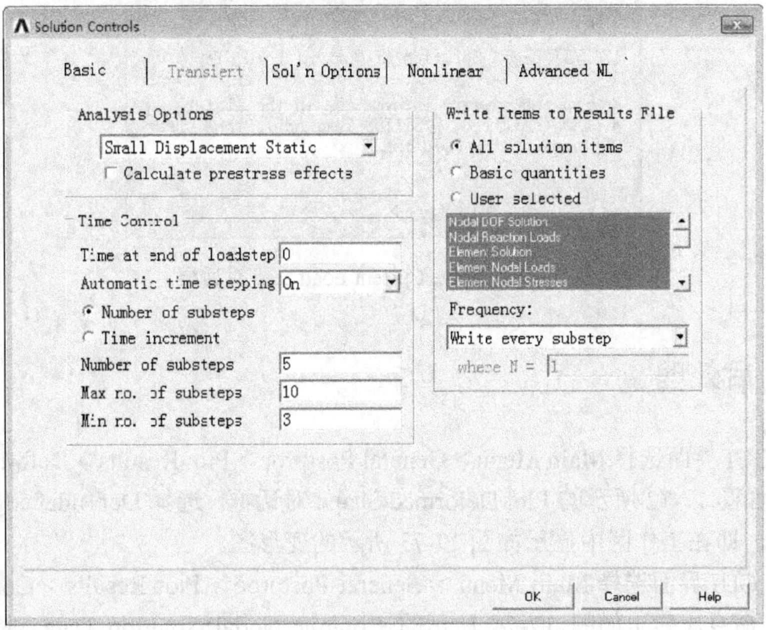

图 17-68　Solution Controls 对话框

17.3.9 求解

（1）在 GUI 界面选择 Main Menu > Solution > Solve > Current LS 命令，弹出如图 17-70 所示的 STATUS Command 窗口，窗口中显示了项目的求解信息及输出选项。同时弹出的还有如图 17-71 所示的 Solve Current Load Step 对话框，询问用户是否开始进行求解。

（2）单击如图 17-71 所示 Solve Current Load Step 对话框中的 OK 按钮，开始求解，当弹出 Solution is done!提示时，求解完成。

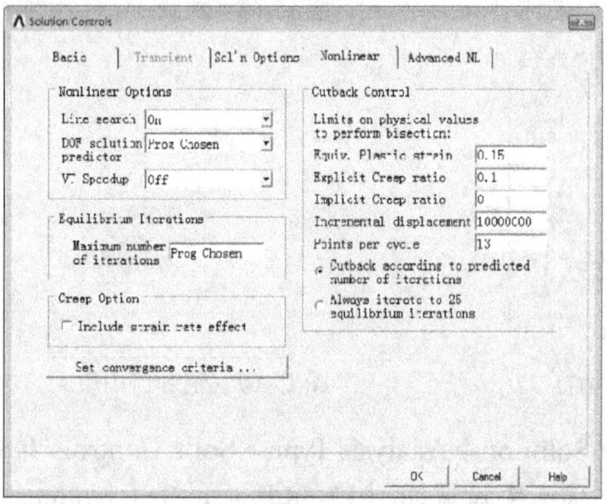

图 17-69　Solution Controls 对话框

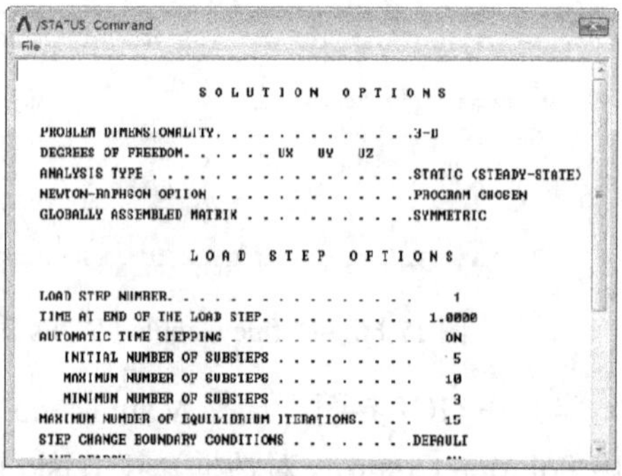

图 17-70　STATUS Command 窗口

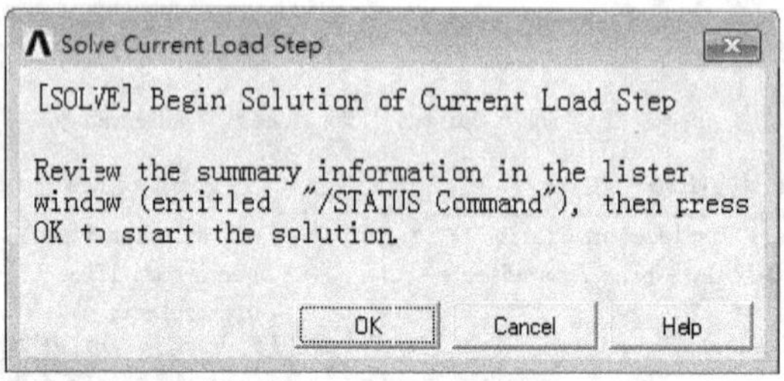

图 17-71　Solve Current Load Step 对话框

17.3.10 后处理

（1）在 GUI 界面选择 Main Menu > General Postproc > Plot Results > Deformed Shape...命令，弹出如图 17-72 所示的 Plot Deformed Shape 对话框，选择 Def+udef edge 选项，单击 OK 按钮，即在工作区中显示如图 17-73 所示的变形图。

（2）在 GUI 界面选择 Main Menu > General Postproc > Plot Results > Contour Plot > Nodal Solu 命令，弹出如图 17-74 所示的 Contour Nodal Solution Data 对话框，选择 Y-Component of displacement 选项，显示接触点附近的位移云图如图 17-75 所示。

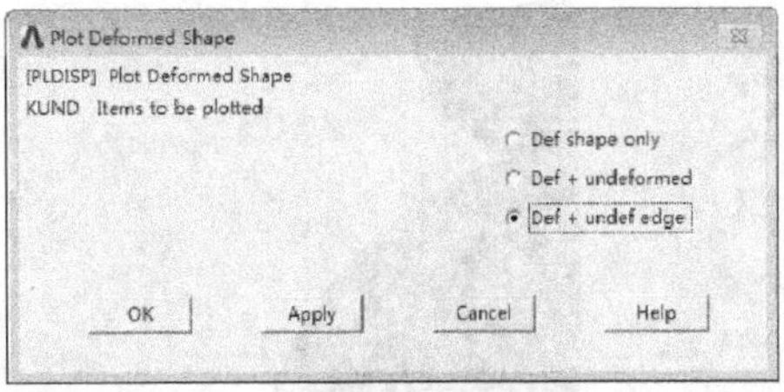

图 17-72 Plot Deformed Shape 对话框

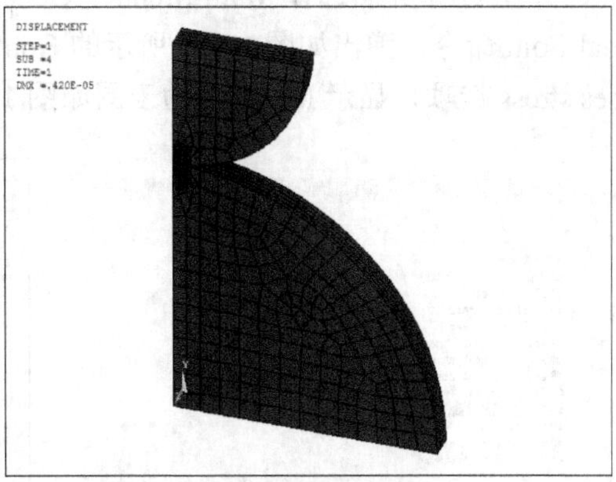

图 17-73 变形图

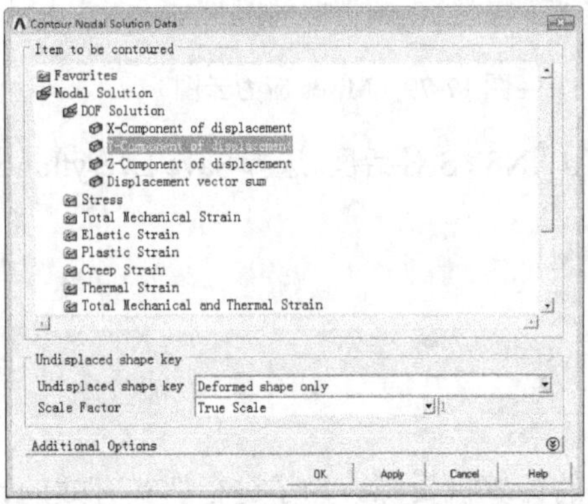

图 17-74 Contour Nodal Solution Data 对话框

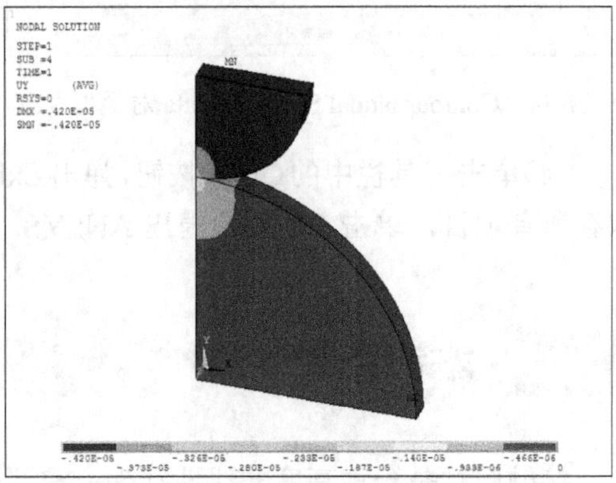

图 17-75 显示位移

（3）在 GUI 界面选择 Main Menu > General Postproc > Plot Results > Contour Plot > Nodal Solu 命令，弹出如图 17-76 所示的 Contour Nodal Solution Data 对话框，选择 X-Component of stress 选项，显示 X 方向应力云图如图 17-77 所示。

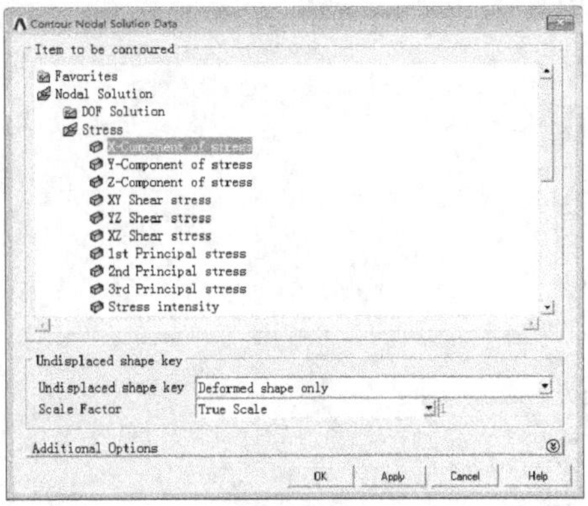

图 17-76 Contour Nodal Solution Data 对话框

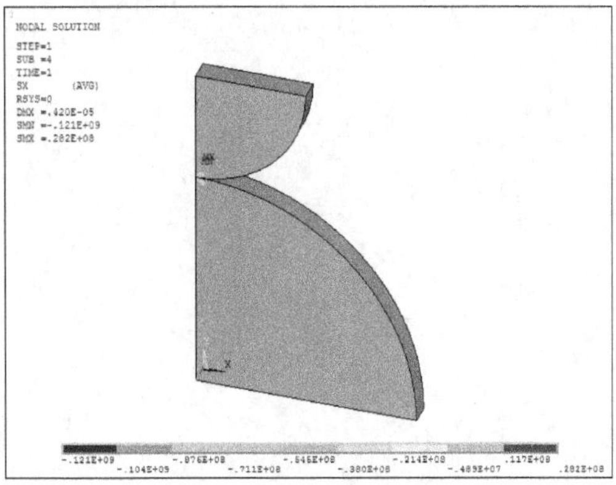

图 17-77 X 方向应力云图

（5）在 GUI 界面选择 Main Menu > General Postproc > Plot Results > Contour Plot > Nodal Solu 命令，弹出如图 17-78 所示的 Contour Nodal Solution Data 对话框，选择 von Mises stress 选项，显示 Mises 应力云图如图 17-79 所示。

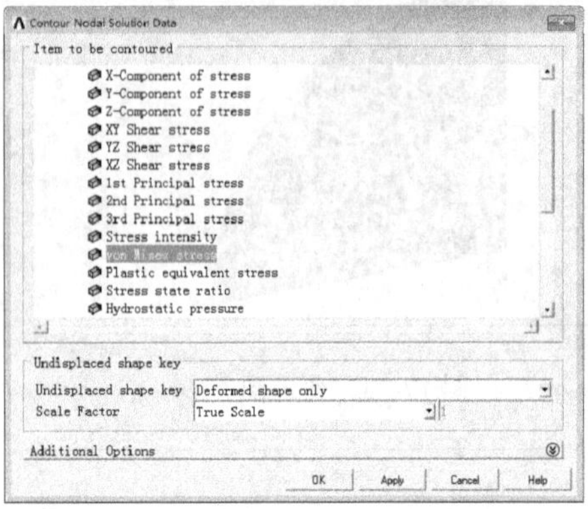

图 17-78　Contour Nodal Solution Data 对话框

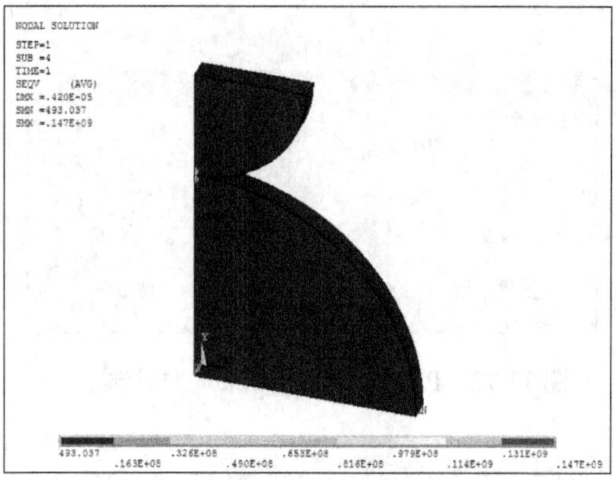

图 17-79　Mises 应力云图

（4）单击工具栏中的 QUIT 按钮，弹出 Exit from ANSYS 对话框。选择 Save Everything，保存所有项目，单击 OK 按钮退出 ANSYS。

17.4 本章小结

接触问题是一种高度非线性行为，需要较多的计算机资源。为了进行切实有效的计算，理解问题的物理特性和建立合理的模型很重要。

第18章

“生死”单元

在工程中有这样一类问题，用户需要随时添加或删除材料，例如焊接、混凝土浇筑过程、复杂机械的组装等。这需要先将某一部分单元“杀死”，使其“不存在”，当这一部分结构被装上或生成时，再将这一部分单元激活，使其“出现”。这就涉及单元的“生死”问题。

学习目标：

- 了解单元“生死”的概念；
- 掌握“生死”单元使用的流程；
- 掌握使用“生死”单元模拟焊接过程的方法。

18.1 概述

如果模型中加入（或删除）材料，模型中相应的单元就“存在”（或消亡）。单元生死选项就用于这种情况下杀死或重新激活选择的单元。“生死”单元功能主要用于钻孔（如开矿和挖通隧道等）、建筑施工（如桥的建筑过程）、顺序组装（如分层的计算机芯片组装），以及用户可以根据单元位置而方便地激活和不激活它们的其他一些应用。

18.1.1 “生死”单元的基本概念

要激活“单元死”的效果，ANSYS 程序并不是将“杀死”的单元从模型中删除，而是将其刚度（或传导，或其他分析特性）矩阵乘以一个很小的系数。因子默认值为 1.0E-6，也可以赋予其他数值。

死单元的单元载荷将为 0，从而不对载荷向量生效（但仍然在单元载荷的列表中出现）。同样，死单元的质量、阻尼、比热容和其他类似效果也设为 0 值。死单元的质量和能量将不包括在模型求解过程中。单元的应变在“杀死”的同时也将设为 0。

与上面的过程类似，如果单元“出生”，并不是将其加到模型中，而是重新激活它们。用户必须在 PREP7 中生成所有的单元，包括后面要激活的单元。在求解器中不能生成新的单元。要“加入”一个单元，先杀死它，然后在合适的载荷步中重新激活它。

当一个单元被重新激活时，其刚度、质量、单元载荷等将恢复其原始的数据。重新激活的单元没有应变记录（也无热量存储等）。但是，初应变是以实参形式输入的不为单元“生死”选项所影响。而且，除非是打开了大变形选项，一些单元类型将以它们之前的几何特性恢复（大变形效果有时用来得到合理的结果）。

单元在被激活后第一个求解过程中，如果其承受热量体载荷，同样可以有热应变（等于 a*（T-TREF））。

支持单元“生死”技术的单元类型见表 18-1。

表 18-1　支持单元“生死”技术的单元类型

SOLID72	CONTA171	LINK33	PLANE78
SOLID97	COMBIN14	PIPE60	SOLID122
TARGE170	LINK32	PLANE77	CONTA174
PLANE13	PIPE59	PLANE121	PIPE18
LINK31	PLANE75	CONTA173	PLANE35
SHELL57	SHELL99	PIPE17	SHELL63
SOLID73	CONTA172	LINK34	PLANE82
SOLID98	PIPE16	SOLID62	SOLID123

18.1.2　单元“生死”技术的使用

用户可以在大多数静态和非线性瞬态分析中使用单元生死，其基本过程与相应的分析过程一致。对于其他分析来说，这一过程主要包括建模、施加载荷求解、查看结果。

基本分析步骤如下（已包括单元的生死特征）。

1. 建模

在/PREP7 中，生成所有单元，包括那些只有在以后载荷步中才激活的单元，因为在/PREP7 外不能生成新的单元。

2. 施加载荷并求解

在 SOLUTION 中完成以下操作。

在第一个载荷步中，用户必须选择分析类型和所有的分析选项，用下列方法指定分析类型。

APDL 命令：

```
ANTYPE
```

GUI 界面操作：Main Menu > Preprocessor > Solution > Analysis Type > New Analysis

在结构分析中，大变形效果应打开，用下列命令设置该选项。

APDL 命令：

```
NLGEOM,ON
```

GUI 界面操作：Main Menu > Preprocessor > Solution > Analysis Options。

对于所有单元生死起作用，在第一个载荷步中应设置牛顿—拉夫森选项，因为程序不能预知 EKILL 命令出现在后面的载荷步中，用下列命令完成该操作。

APDL 命令：

```
NROPT
```

GUI 界面操作：Main Menu > Preprocessor > Solution > Analysis Options。

"杀死"[EKILL]所有要加入到后续载荷步中的单元，用下列命令操作。

APDL 命令：

```
EKILL
```

GUI 界面操作：Main Menu > Preprocessor > Solution > Load Step Opts Other > Kill Element。

单元在载荷步的第一子步被杀死（或激活），然后在整个载荷步中保持该状态。要注意，保证使用默认的矩阵缩减因子不会引起一些问题。有些情况下要考虑用严格的缩减因子，用下列方法指定缩减因子数值。

APDL 命令：

```
ESTIF
```

GUI 界面操作：Main Menu > Preprocessor > Solution > Other > Stiffness Mult。

不与任何激活单元相连的节点将"漂移"，具有浮动的自由度数值。在一些情况下，用户可能想约束不被激活的自由度以减少要求解的方程数目，并防止出现位置错误。约束非激活自由度，重新激活的单元要有特定的温度等，这些很有影响，因为在重新激活单元时要删除这些约束。同时要删除非激活自由度的节点载荷（也就是不与任意激活的单元相连的节点）。同样，用户必须在重新激活的自由度上施加新的节点载荷。

在后续载荷步中，用户可以随意"杀死"或重新激活单元，像上面提到的，要正确地施加和删除约束和节点载荷。

3. 查看结果

对于大多数情况来说，用户在对包含不激活或重新激活的单元操作时，应按照标准过程来做。但是必须清楚的是，"杀死"的单元仍在模型中，尽管对刚度（传导）矩阵的贡献可以忽略。因此，它们将包括在单元显示、输出列表等操作中。

例如，不激活的单元在节点结果平均（PLNSOL 命令或 Main Menu > General Postproc > Plotresults > Contour Plot > Nodal Solu）时，将"污染"结果。整个不激活单元的输出应当被忽略，因为很多项带来的效果都很小。建议在单元显示和其他后处理操作前，用选择功能将不激活的单元选出选择集。

应用单元生成技术应注意如下问题。

- 约束方程不能施加在"死"自由度上。
- 可以通过单元的"生死"来模拟退热处理（例如退火）。
- 在非线性分析中，当心不要让单元的"生死"创造奇异点（例如尖的再生角）和突然极大地改变刚度，因为这样可能导致收敛困难。
- 除了"生死"单元以外，模拟是完全线性的（没有接触或其他非线性单元，材料是线性），那么 ANSYS 将分析按线性对待。

■ 打开自适应下降因子的全牛顿-拉普森选项，通常产生更好的结果。

■ 可以通过一个参数的值来表示单元的“生死”（*get,par,elem,n,attr,live），这便于以后进行和单元“生死”有关的操作。

■ 当有单元的“生死”行为时，求解多个载荷步的载荷步文件方法（lswrite）不能使用，因为载荷步文件不能记录单元的生死状态。

18.2 焊接过程模拟

生死单元常用于焊接、组装、浇筑等过程的模拟，本章将为读者分析一个焊接过程的实例，为用户提供参考。

18.2.1 问题描述

两块厚钢板通过双 V 形坡口焊缝对焊在一起，求钢板中的残余应力。由于对称性，只对一块板作有限元分析，如图 18-1 所示，材料的参数见表 18-2。

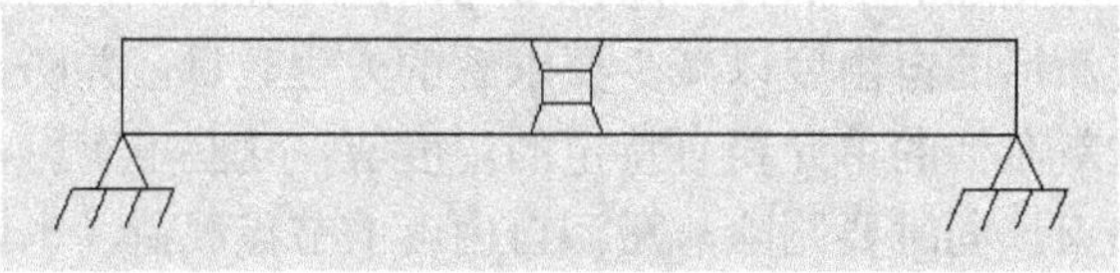

图 18-1 模型示意图

表 18-2 材料参数

温度	0	1000	2400	2700	3000
弹性模量	3.0E7	3.0E7	1.0E7	5.0E6	2.0E5
屈服应力	36000	36000	5000	1000	500
切向应力	1.0E6	1.0E6	1.0E6	5.0E5	1.0E5

18.2.2 定义材料参数

（1）运行如下命令。

```
fini
/cle
/prep7
et,1,13,4
 et,2,13,4
```

（2）定义单元类型时，同时指定了单元的 KEY OPTION 选项，将 K1 设置为 4，即定义可用的自由度有 UX、UY、TEMP、AZ，如图 18-2 所示。继续运行如下命令，定义材料模型。

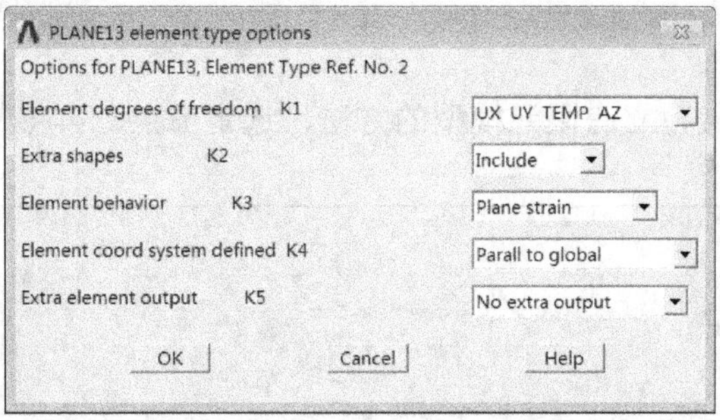

图 18-2 单元 KEYOPTION 选项

```
mp,kxx,1,0.24e-3！定义材料导热系数
mp,kxx,2,0.24e-3
mp,kxx,3,0.24e-3
mp,c,1,0.2！定义材料比热容
mp,c,2,0.2
mp,c,3,0.2
mp,dens,1,0.2833！定义材料密度
mp,dens,2,0.2833
mp,dens,3,0.2833
mp,alpx,1,6.5e-6！定义材料线膨胀系数
mp,alpx,2,6.5e-6
mp,alpx,3,6.5e-6
mp,murx,1,1！相对渗透率
mp,murx,2,1
mp,murx,3,1
mp,reft,1,3000！定义材料参考温度
mp,reft,2,1550
mp,reft,3,100
```

（3）完成定义后的材料模型如图 18-3 所示。

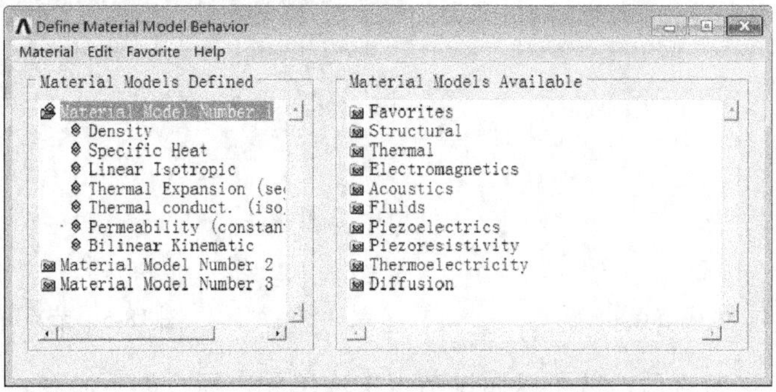

图 18-3 定义三种材料模型

18.2.3 建立模型

（1）本例采用直接建立有限元模型的方法，选定节点，再将节点直接连接为单元，运行如下命令定义节点。

```
n,1$n,2,,0.39
n,3,,0.41
n,4,,0.79
n,5,,0.81$n,6,,1.2
n,7,0.2$n,8,0.1,0.39
n,9,0.1,0.41
n,10,0.1,0.79
n,11,0.1,0.81
n,12,0.2,1.2
n,13,0.22
n,14,0.12,0.4
n,15,0.12,0.8
n,16,0.22,1.2
n,17,0.6
n,18,0.6,0.4
n,19,0.6,0.8
n,20,0.6,1.2
```

（2）生成的节点如图 18-4 所示，继续运行如下命令。

```
ngen,10,4,17,20,1,0.6
```

（3）NGEN 命令将 17、18、19、20 四个节点沿 X 正方向复制十次，间距为 0.6，完成的节点如图 18-5 所示。

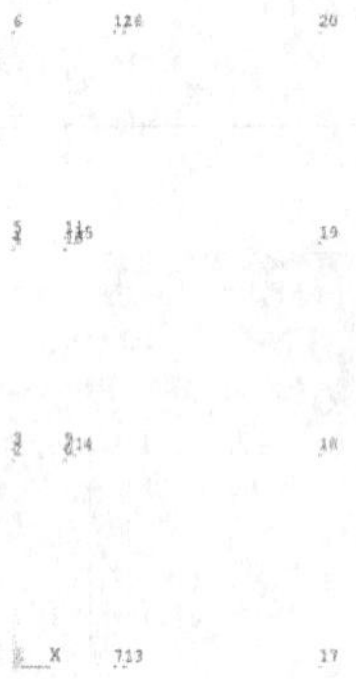

图 18-4　生成节点

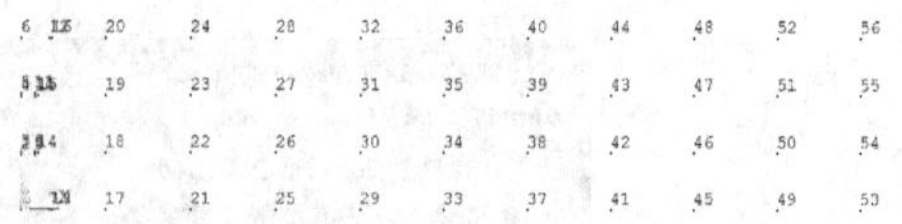

图 18-5　节点阵列

（4）完成定义节点后，就可以通过节点生成单元，运行如下命令。

```
type,1！单元模型 1
mat,1！材料模型 1
```

（5）选择单元模型 1 与材料模型 1，用于定义单元，运行如下命令。

```
e,1,7,8,2
```

（6）将节点 1、7、8、2 连接围成单元，如图 18-6 所示，继续运行如下命令。

```
egen,5,1,-1
```

（7）生存剩余焊缝部分的单元如图 18-7 所示。

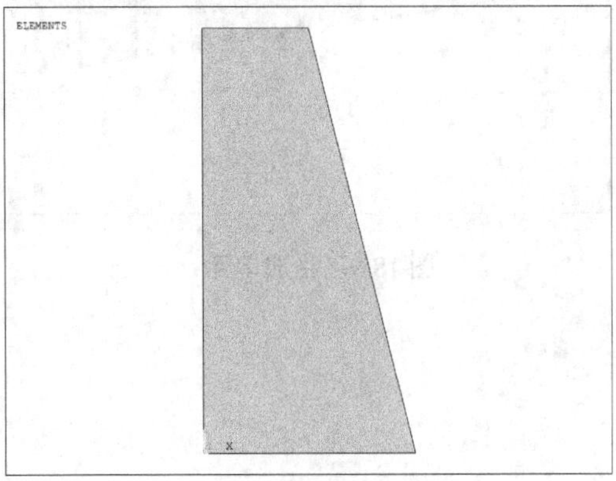

图 18-6　生成单元

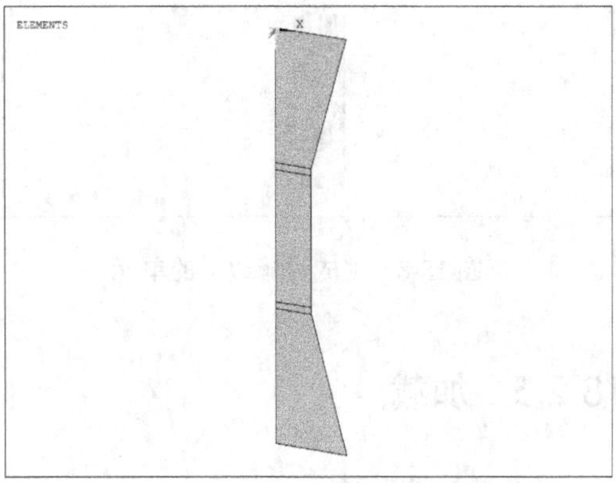

图 18-7　焊缝

（8）运行如下命令。

```
mat,2
```

（9）将材料改为 2，继续运行如下命令。

```
e,7,13,14,8
e,8,14,9,9
e,9,14,15,10
e,10,15,11,11
e,11,15,16,12
```

生成单元如图 18-8 所示。

18.2.4　生成钢板的单元

（1）运行如下命令。

```
type,2
mat,3
e,13,17,18,14
egen,3,1,-1
egen,10,4,-3
```

（2）生成完成的有限元模型如图 18-9 所示。

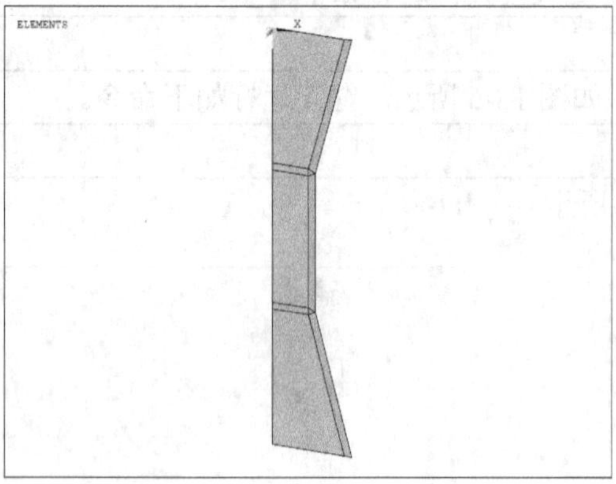

图 18-8　生成焊缝边上的单元

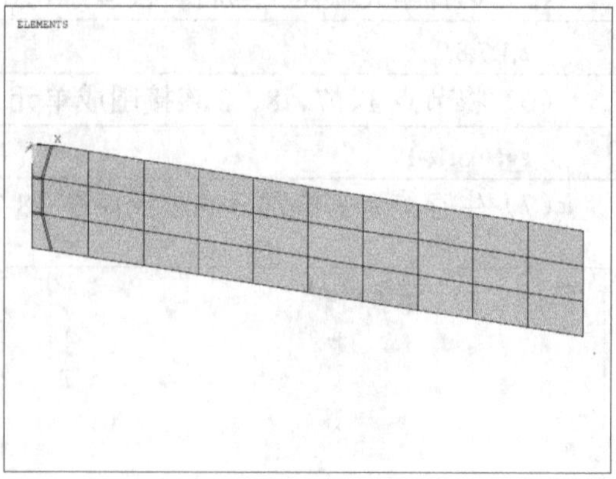

图 18-9　生成单元

18.2.5　加载

（1）先定义约束。

```
d,1,ux,0
d,2,ux,0
d,3,ux,0
d,4,ux,0
d,5,ux,0
d,6,ux,0
```

（2）将 1~6 号节点的 X 方向平移自由度约束，运行如下命令。

```
nsel,s,loc,x,6
nsel,r,loc,y,0
```

（3）选出右端节点，用于加载支座的约束。

```
d,all,uy,0
```

（4）D 命令将选出的右端节点的 Y 方向自由度约束，如图 18-10 所示。运行如下命令，选出所有节点，约束 Z 方向自由度。

```
nsel,all！选出所有节点
d,all,az！约束 Z 方向自由度
```

（5）定义完成的约束如图 18-11 所示。

（6）本例将要考虑材料属性随温度变化，运行如下命令。

```
mptemp,1,100,1000,2400,2700,3000
mptemp,ex,1,1,30e6,30e6,10e6,5e6,2e6
mptemp,ex,2,1,30e6,30e6,10e6,5e6,2e6
mptemp,ex,3,1,30e6,30e6,10e6,5e6,2e6
```

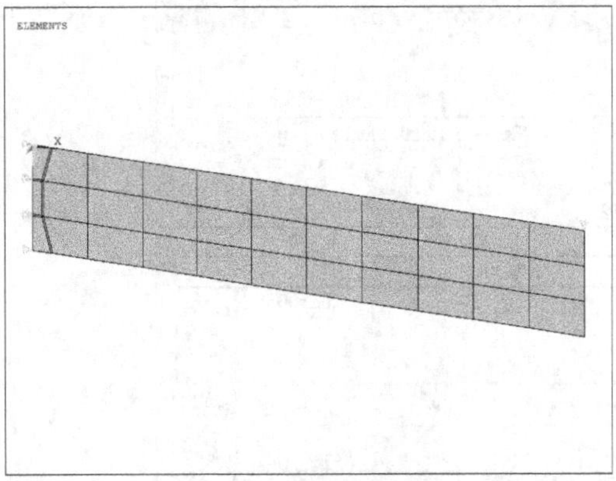

图 18-10　定义 XY 平面内的约束

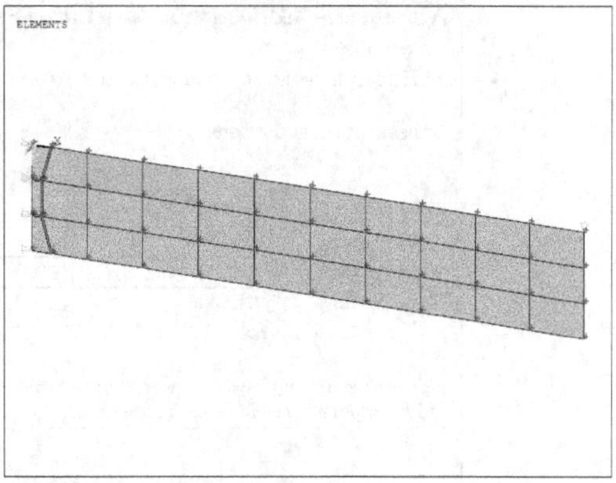

图 18-11　完整约束

（7）以上命令定义了材料弹性模量随温度改变，列表如图 18-12 所示。图 18-12 所示的 Linear Isotropic Properties for Material Number 1 对话框，列出了材料的弹性模量随温度变化。

（8）继续执行如下命令，定义不同温度下材料的屈服强度。

```
tb,bkin,1,5
tbtemp,100
tbdata,1,36000,1e6
tbtemp,1000
tbdata,1,36000,1e6
tbtemp,2400
tbdata,1,5000,1e6
tbtemp,2700
tbdata,1,1000,0.5e6
tbtemp,3000
tbdata,1,500,0.1e6
```

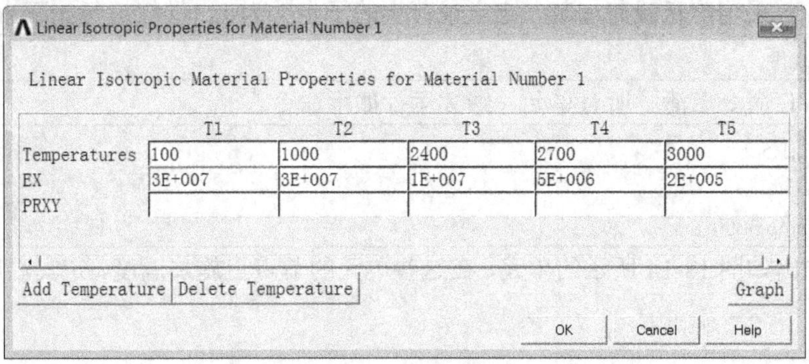

图 18-12　Linear Isotropic Properties for Material Number 1 对话框

（9）定义完材料屈服强度后，如图 18-13 所示，为材料 1 在不同温度下的屈服强度。至此，前处理完成，进入求解器，进行加载与求解。

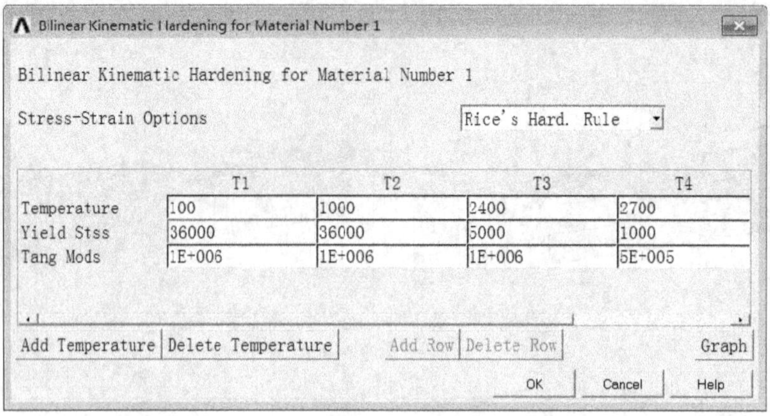

图 18-13　Bilinear Kinematic Hardening for Material Number1 对话框

18.2.6　求解

（1）运行如下命令。

```
/solution
antype,transient                    ！分析类型
timint,off                          ！瞬态效应
autots,on                           ！自动时间步
cnvtol,heat！收敛选项
cnvtol,f
outpr,basic,last！输出控制
outres,,last！输出控制步
kbc,1！阶跃载荷
nsubst,1！定义载荷步的子步数
```

（2）以上命令定义分析类型为瞬态分析，关闭瞬态效应，打开自动时间步，设置收敛值为 heat，采用阶跃载荷加载，定义载荷步的子步数为 1，继续运行如下命令。

```
ealive,all
```

EALIVE 命令激活了所有单元，继续运行如下命令。

```
esel,s,,,1,5,2
nsle
d,all,temp,3000
```

（3）选出如图 18-14 所示的单元，在这些单元的节点上施加温度，定义温度为 3000，如图 18-15 所示。

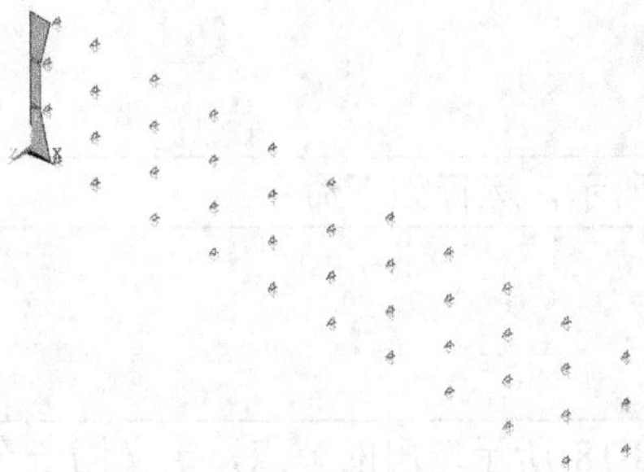

图 18-14　选出焊缝单元

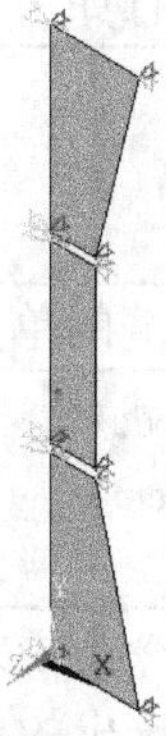

图 18-15　施加温度载荷

（4）继续运行如下命令。

```
nsel,inve
d,all,temp,100
```

反选出钢板的节点，施加温度载荷 100。

（5）运行如下命令进行温度求解（第 1 载荷步）。

```
nsel,all
esel,all
time,1
solve
```

求解过程收敛曲线如图 18-16 所示。

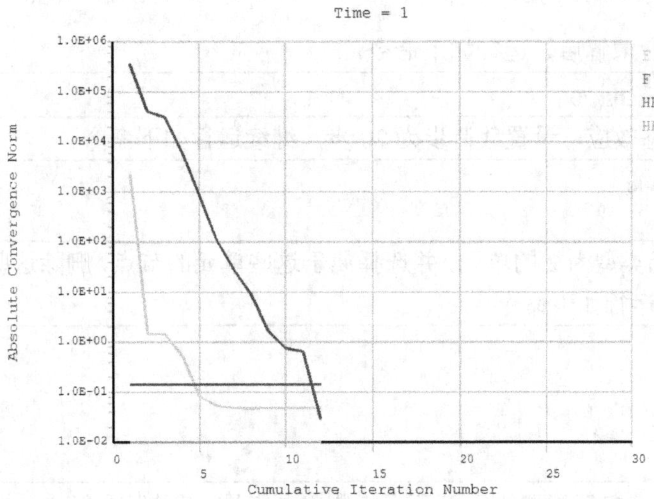

图 18-16　收敛曲线

（6）继续运行如下命令。

```
esel,s,,,1,5,2
nsle
esln,a
```

（7）选出焊缝的单元与节点，如图 18-17 所示，运行如下命令。

```
cm,wnode,node
cm,welem,elem
ekill,all
```

（8）CM 命令用于定义组件名称，在图 18-18 所示选出的节点，定义为一个组件，名为 wnode，将选出的单元定义为一个整组，名为 welem。

（9）EKILL 命令杀死了上述单元，此时，焊缝单元“不存在”，如图 18-18 所示，然后即可运行求解命令如下，完成第 2 载荷步求解。

```
nsel,all$esel,all
time,2$solve
```

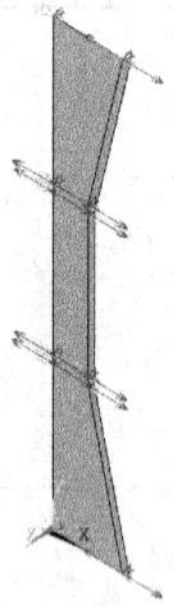

图 18-17　选出焊缝部分单元

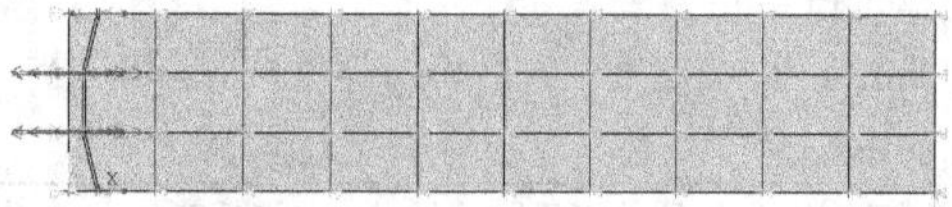

图 18-18　“活”单元

（10）完成温度求解后，运行如下命令。

```
timint,on,ther$nsubst,20
```

（11）开启瞬态效应，设置载荷步为 20 步，继续运行如下命令。

```
esel,s,type,,2$nsle
ddele,all,temp
```

（12）选出单元类型为 2 的单元，并选择属于这些单元的节点，删除这些节点的温度，如图 18-19 所示，运行如下命令。

```
nsel,all
esel,s,,,3
nsle
ddele,all,temp
```

选出 3 号单元，再选出属于它的节点，删除其温度，如图 18-20 所示。

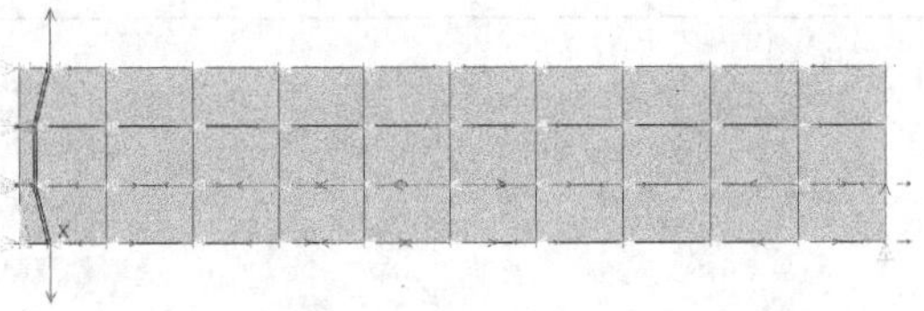

图 18-19　选出的节点

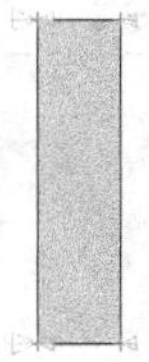

图 18-20　删除 3 号单元温度

（13）运行如下命令。

```
nsel,all
esel,all
ealive,3
ealive,8
```

激活 3 号单元与 8 号单元。此时模型中活单元如图 18-21 所示。逐步激活单元用以模拟焊接过程，继续运行如下命令。

```
nsel,s,loc,y,0
nsel,a,loc,y,1.2
hfval=0.0001
sf,all,conv,hfval,100
```

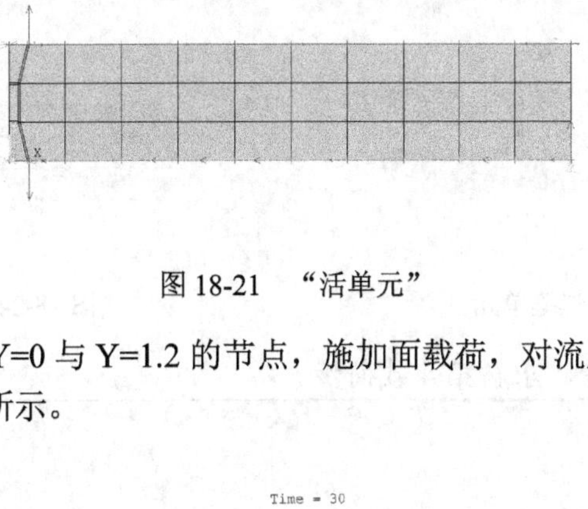

图 18-21　“活单元”

（14）选中模型中 Y=0 与 Y=1.2 的节点，施加面载荷，对流系数为 hfval，体平均温度为 100，如图 18-22 所示。

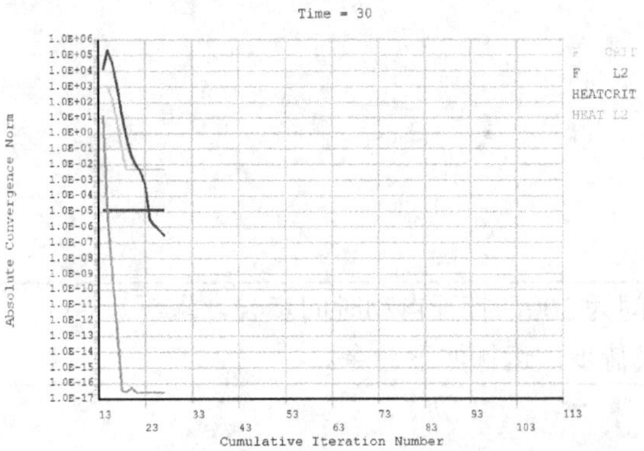

图 18-22　定义对流系数与体温度

（15）运行如下命令。

```
nsel,all
time,30
outpr,all,all
outes,all,all
solve
```

定义第 3 步载荷步，时间设置为 30，设置输出参数为全部输出，求解。

（16）求解完第 3 个载荷步后，运行如下命令。

```
esel,s,,,1,3,2
nsle
ddele,all,temp
```

将 1、3、2 号单元上的节点选出，删去其上温度，如图 18-23 所示，运行如下命令。

```
nsel,all
esel,s,,,,5
nsle
esln,a
esel,inve
ealive,all
```

此时活单元如图 18-24 所示。

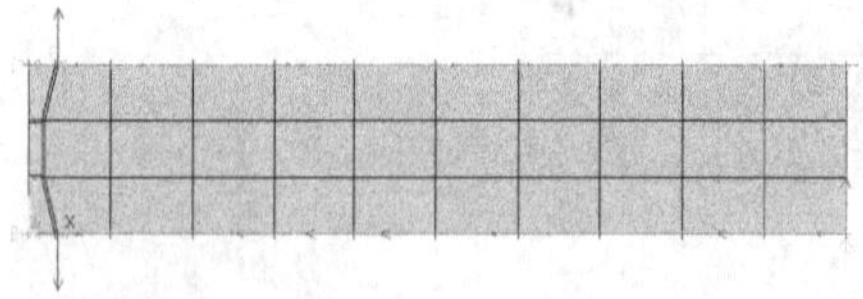

图 18-23　激活焊缝单元

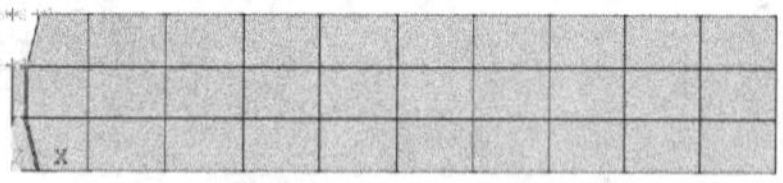

图 18-24　“活”单元

（17）运行如下命令，求解第 4 载荷步。

```
nsel,all
esel,all
time,300
autot,on
deltim,10,5,30
outpr,all,all
outes,all,all
solve
```

设置载荷步的时间为 300，打开自动时间步长，求解。

（18）完成第 4 载荷步，运行如下命令。

```
ddele,all,temp
ealive,all
time,600
```

```
autot,on
deltim,10,5,30
outpr,all,all
outes,all,all
solve
fini
```

此时，活单元如图 18-25 所示，焊缝已经生成。

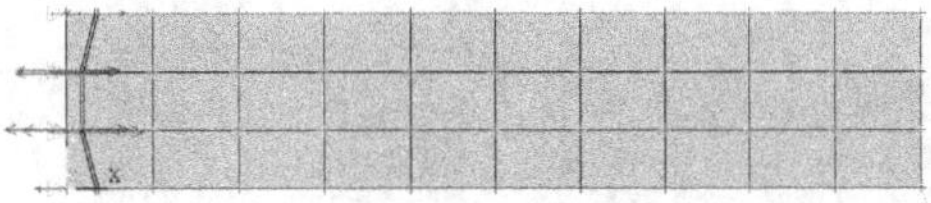

图 18-25　激活全部单元

18.2.7　查看图形结果

（1）在 GUI 界面选择 Main Menu > General Postproc > Plot Results > Deformed Shape...命令，弹出如图 18-26 所示的 Plot Deformed Shape 对话框，选择 Def+undefedge 选项，单击 OK 按钮，在工作区中显示如图 18-27 所示的变形图。

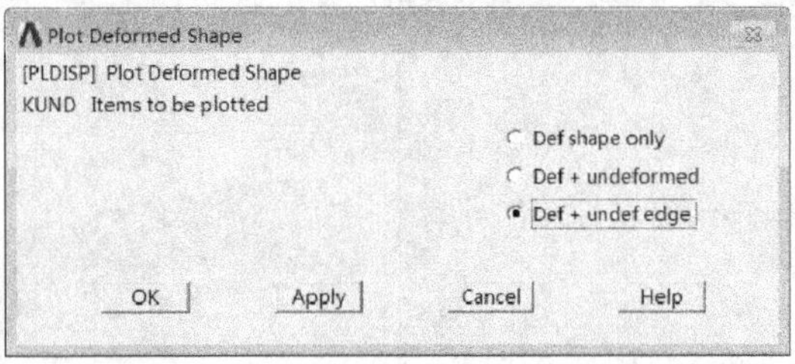

图 18-26　Plot Deformed Shape 对话框

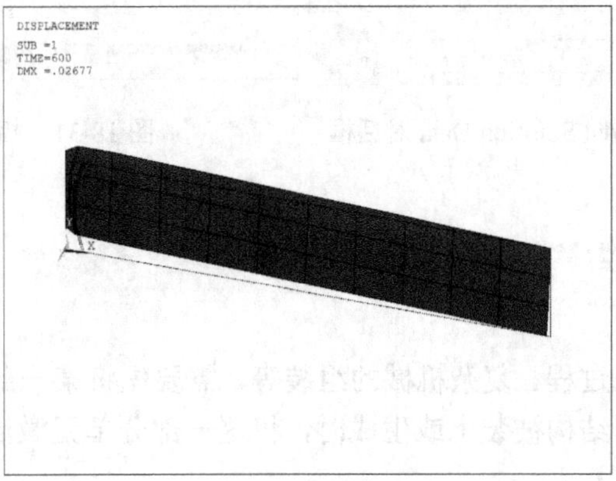

图 18-27　变形图

（2）在 GUI 界面中选择 Main Menu > General Postproc > Plotresults > Contour Plot > Nodal Solution 命令，弹出如图 18-28 所示的 Contour Nodal Solution Data 对话框。选择 Stress 列表中的 von Mises Data 对话框，其余选项采用默认设置，单击 OK 按钮，可在工作区中看到相对位移等值线图，如图 18-29 所示。

（3）在 GUI 界面中选择 Main Menu > General Postproc > Plotresults > Contour Plot > Nodal Solution 命令，弹出如图 18-30 所示的 Contour Nodal Solution Data 对话框。选择 DOF Solution 列表中的 Displacement Vector Sum，其余选项采用默认设置，单击 OK 按钮，可在工作区中看到 Mises 等效应力场分布等值线图，如图 18-31 所示。

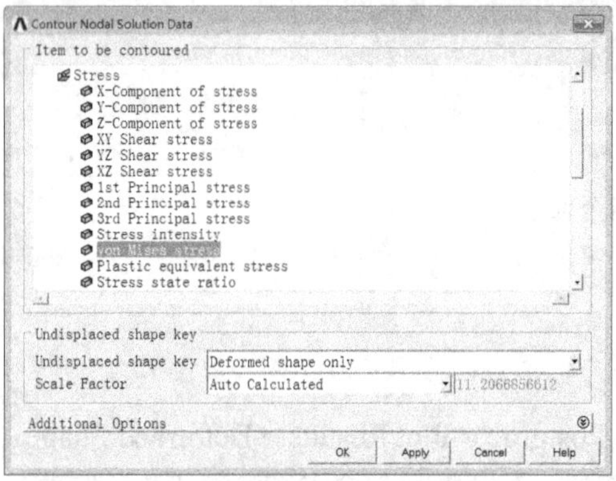

图 18-28　Contour Nodal Solution Data 对话框

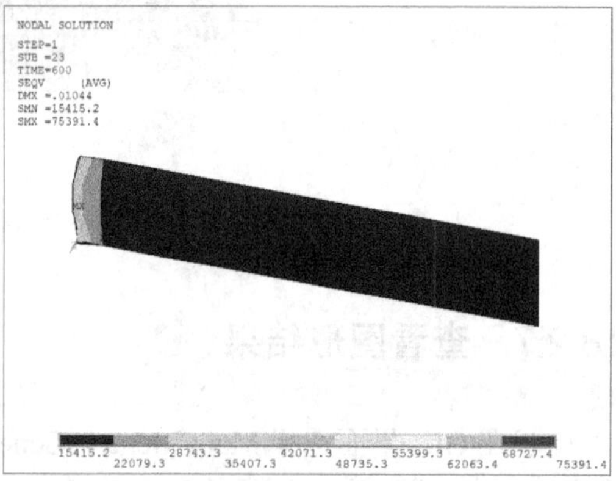

图 18-29　初始应力

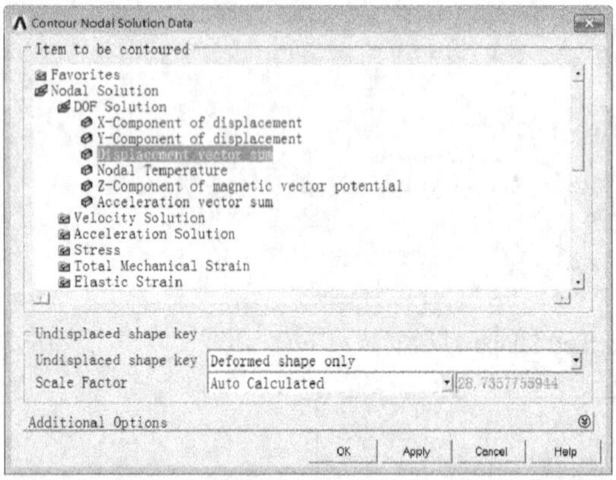

图 18-30　Contour Nodal Solution Data 对话框

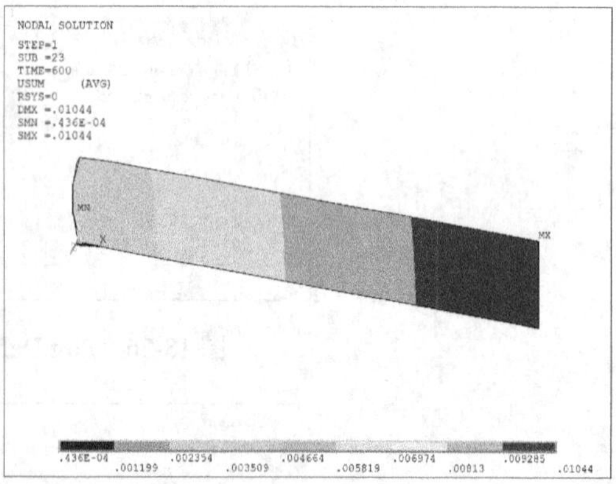

图 18-31　相对位移等值线图

18.3 本章小结

焊接、混凝土浇筑过程、复杂机械的组装等，需要先将某一部分单元“杀死”，使其“不存在”，当这一部分结构被装上或生成时，将这一部分单元激活，使其“出现”。这就涉及单元的生死问题。

用户可以在大多数静态和非线性瞬态分析中使用单元生死，其基本过程与相应的分析过程一致。对于其分析来说，这一过程主要包括建模、施加载荷求解、查看结果。

要激活“单元死”的效果，ANSYS 程序并不是将“杀死”的单元从模型中删除，而是将其刚度（或传导，或其他分析特性）矩阵乘以一个很小的系数。因子默认值为 1.0E-6，也可以赋予其他数值。死单元的单元载荷将为 0，从而不对载荷向量生效（但仍然在单元载荷的列表中出现）。同样，死单元的质量，阻尼，比热和其他类似效果也设为 0 值。死单元的质量和能量将不包括在模型求解过程中。单元的应变在“杀死”的同时也将设为 0。

第 19 章

复合材料分析

复合材料是由一种具有不同结构性质的材料构成，它的主要优点是具有很高的比刚度（刚度与质量之比）。在工程应用中，典型复合材料有纤维和叠层型材料，如玻璃纤维、玻璃环氧树脂、石墨环氧树脂、硼环氧树脂等。

学习目标：

- 了解复合材料的基本概念；
- 了解可用于模拟复合材料的单元类型；
- 了解复合材料的叠层结构；
- 掌握定义失效准则的方法；
- 掌握使用复合材料单元的方法。

19.1 复合材料的相关概念

复合材料结构是由两种或两种以上性质不同的材料复合制成的结构，主要部分是增强材料和基体材料。

复合材料不仅保持了增强材料和基体材料本身的优点，而且通过各组性能的互补和关联，获得更加优异的性能。

复合材料具有比强度大、抗疲劳性能好、比刚度高、各向异性，以及材料性能可设计的特点，被广泛应用于航空、航天、军事、民用等各个领域，可以获得显著的多种效益，并能够改善结构性能，从而提高经济效益。

ANSYS 程序中提供一种特殊单元——层单元来模拟复合材料。利用这些单元就可以作任意的结构分析（包括非线性，如大挠度和应力刚化等问题）。对于热、磁、电场分析，目前尚未提供层单元。

19.2 建立复合材料模型

与铁或钢等各向同性材料相比，建立复合材料的模型要复杂一些。由于各层材料性能为任意正交各向异性，材料性能与材料主轴取向有关，在定义各层材料的材料性能和方向时要特别注意，本节主要探讨如下问题。

- 选择合适的单元类型；
- 定义材料层；
- 确定失效准则；
- 应遵循建模和后处理规则。

19.2.1 选择合适的单元类型

用于建立复合材料模型的单元类型有 SHELL99、SHELL91、SHELL181、SOLID46 和 SOLID191 五种单元。但 ANSYS/Professional 只能使用 SHELL99 和 SHELL46 单元。具体应选择哪一类单元，要根据具体应用和所需计算结果类型等来确定，所有的层单元允许失效准则计算。

1. SHELL99—线性层状结构壳单元

SHELL99 是一种八节点三维壳单元，每个节点有六个自由度。该单元主要适用于薄到中等厚度的板和壳结构，一般要求宽厚比应大于 10。对于宽厚比小于 10 的结构，则应考虑选用 SOLID46 来建立模型。

SHELL99 允许有多达 250 层的等厚材料层，或者 125 层厚度在单元面内呈现双线性变化的不等材料层。如果材料层大于 250，用户可通过输入自己的材料矩阵形式来建立模型。还可以通过一个选项将单元节点偏置到结构的表层或底层。

2. SHELL91—非线性层状结构壳单元

SHELL91 与 SHELL99 有些类似，只是它允许复合材料最多只有 100 层，而且用户不能输入自己的材料性能矩阵。但是，SHELL91 支持塑性、大应变行为，以及一个特殊的“三明治”选项，而 SHELL99 则不能。另外 SHELL91 更适用于大变形的情况。

3. SHELL181—有限应变壳单元

SHELL181 是四节点三维壳单元，每个节点有六个自由度。该单元支持所有的非线性功能（包括大应变），允许有多达 250 层材料层。应该通过截面命令，而不是实常数来定义层的信息，可以通过 FC 命令来指定失效准则。

4. SOLID46—三维层状结构体单元

SOLID46 是八节点三维实体单元 SOLID45 的一种叠层形式，其每个节点有三个自由度（UX, UY, UZ）。它可用来建立叠层壳或实体的有限元模型，每个单元允许有多达 250 层的等厚材料层，或者 125 层的厚度在单元面内呈现双线性变化的不等厚材料层。

该单元的另一个优点是可以用叠加几个单元的方式来对多于 250 层的复合材料建立模型，并允许沿厚度方向的变形斜率连续。用户也可输入自己的本构矩阵。

SOLID46 调整横向的材料特性，以允许在横向上为常应力。与八节点壳单元相比较，SOLID46 的阶次要低些，因此，如在壳结构应用中要得到与 SHELL91 或 SHELL99 相同的求解精度，需要更密的网格。

5. SOLID191—层状结构体单元

SOLID191 是 20 节点三维实体单元 SOLID95 的一种叠层形式，其每个节点有三个自由度（UX, UY, UZ）。它可用以建立厚的叠层壳或实体的有限元模型，每个单元允许有多达 100 层的材料层。与 SOLID46 类似，SOLID191 可以模拟厚度上的不连续。

SOLID46 可以调整横向的材料特性，以允许在横向上为常应力。这个单元不支持非线性材料或大挠度。

6. 其他

除上述层单元外，还有以下其他一些具有层功能的单元。

- SOLID95 是 20 节点的结构实体单元，在 KEYOPT(1)=1 时，其作用与单层的 SOLID191 单元类似，包括应用方位角和失效准则，还允许非线性材料和大挠度。
- SHELL63 是四节点壳单元，可用于对“三明治”壳结构作粗糙、近似的计算。像两块金属片之间夹有一层聚合物的问题就很典型，此时聚合物的弯曲刚度相对于金属片的弯曲刚度来说是一个小量。用户可以用实常数 RMI 来修正单元的弯曲刚度，使其等效于由金属片引起的弯曲刚度。从中面到外层纤维的距离（实常数 CTOP 和 CBOT）可用来获得“三明治”壳的表层输出应力。这种单元不如 SHELL91、SHELL99 和 SHELL181 那样用得频繁，故后面不再论述。
- SOLID65 是三维钢筋混凝土实体单元，可以模拟在三个用户指定方向配筋的各向同性介质。
- BEAM188 和 BEAM189 为三维有限应变梁单元，其截面可以包含多种材料。

19.2.2 定义材料的叠层结构

复合材料最重要的特征就是其叠层结构。每层材料都有可能由不同的正交各向异性材料构成，并且其主方向也可能各不相同。对于叠层复合材料，纤维的方向决定了层的主方向。

有以下两种方法可用来定义材料层的配置。

■ 通过定义各层材料的性质；

■ 通过定义表示宏观力、力矩与宏观应变、曲率之间相互关系的本构矩阵（只适合于 SOLID46 和 SHELL99）。

19.2.2.1　定义各层材料的性质

这种方法由下到上一层一层定义材料层的配置。底层为第一层，后续的层沿单元坐标系的 Z 轴正方向自底向上叠加。如果叠层结构是对称的，可以只定义一半的材料层。

有时，某个物理层可能只延伸到模型的一部分。为了建立连续的层，可以把这些中断的层的厚度设置为零，图 19-1 显示了一个四层模型，其中第二层在某处中断了。

图 19-1　有中断层的层叠模型

对于每一层材料，由单元实常数表[R，RMORE，RMODIF]（Maim Menu > Preprocessor > Real Constants）定义如下性质。

■ 材料性质（通过材料参考号 MAT 来定义）；

■ 层的定向角（THETA）；

■ 层的厚度（TK）。

分层的截面可以通过截面工具来定义（Prep > Sections > Shell > Add/Edit）。对每一层，通过截面命令或截面工具（SECTYPE,SECDATA）定义下面的属性。

■ 材料性质（通过材料参考号 MAT 来定义）

■ 层的定向角（THETA）

■ 层的厚度（TK）

■ 每层积分点的数目（NUMPT）

材料性质——与其他单元一样用 MP 命令（Main Menu > Preprocessor > Material Props > Material Models > Structural Implicit > Linear > Elastic > Isotropic 或 Orthotropic）定义线性材料特性，用 TB 命令定义非线性数据表（塑性仅可用于 SOLID191 和 SHELL91 单元）。唯一不同是，复合材料单元的材料参考号由其实常数表来指定。

对于层单元，MAT 命令（Main Menu > Preprocessor > Meshing > Attributes > Default Attribs）属性仅用于 MP 命令的 DAMP 和 REFT 参数。各层的线性材料特性可以是各向同性，也可以是正交异性，见《ANSYS Elements Reference》。

典型的纤维加强复合材料包括各向异性材料，且这些特性主要以主泊松比的形式提供。材料方向平行于层坐标系（由单元坐标系和层定向角定义）。

层的定向角——它定义层坐标系相对于单元坐标系的角度。它是这两个坐标系的 X 轴之间的夹角（单位为“度”）。默认情况是层坐标系与单元坐标系平行。

所有单元都有默认的坐标系，可用 ESYS 命令（Main Menu > Preprocessor >

Attributes > Default Attribs）来改变。用户还可用自己的子程序来定义单元和层坐标系（USERAN 和 USANLY，见《ANSYS Guide to User Programmable Features》）。

层的厚度——如果层的厚度是常数，用户只需定义节点 i 处的厚度 TK(i)，否则四个角节点处的厚度都需输入。中断的层必须为零厚度。每层的积分点数目，用于确定计算结果的详细程度。对于非常薄的层，当其与很多其他层一起使用时，有一个积分点就足够。但对于层数很少的片状结构，需要的积分点就应该比较多，默认为 3。本特性仅适用于通过截面命令定义的截面。

注意，目前，GUI 只允许层数（实常数）最大值为 100。如果需要层数大于 100，可以使用 R 和 RMORE 命令来实现。

19.2.2.2 定义本构矩阵

这是定义各层材料性质的另一种方式，适用于 SOLID46 和 SHELL99（通过设置其 KEYOPT(2)）。该矩阵表示了单元的力—力矩与应变—曲率的关系，必须在 ANSYS 外进行计算，详见《ANSYS Theory Reference》。它们可以通过 KEYOPT(1)设置为求解输出的一部分。这种方法的主要优点如下。

- 允许用户合并聚合复合材料的性质；
- 支持热载荷向量；
- 可表示层数无限制的材料。

矩阵的元素作为实常数来定义。通过定义单元平均密度（实常数 AVDENS）还可以将质量影响考虑进去。但是，使用这种方法时，由于没有输入每层材料各自的信息，就不能得到每层材料的详细结果。

19.2.2.3 夹层(“三明治”)结构和多层结构

夹层结构有两个薄的面板和一个厚的但相对软的夹心层。图 19-2 显示了一个夹层结构。并假定夹心层承受了所有的横向剪切载荷，而面板则承受了所有的（或几乎所有的）弯曲载荷。

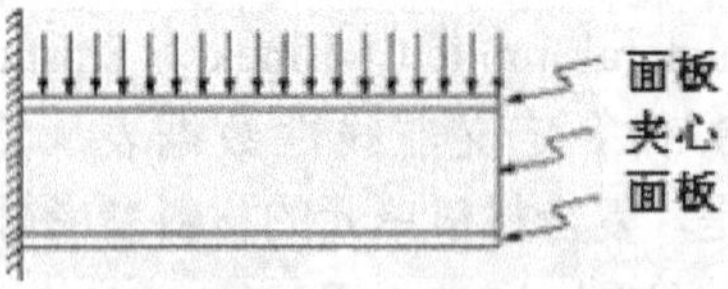

图 19-2 夹层结构

夹层结构可用 SHELL63、SHELL91 或 SHELL181 单元来建立有限元模型。SHELL63 只能有一层，但可通过实常数选项来模拟，即通过修改有效弯曲惯性矩和中面到外层纤维的距离来考虑对夹心层的影响。

SHELL91 可用于夹层结构并且允许面板和夹心层有不同的性质，该单元的 KEYOPT(9)=1 即可激活夹层选项，只有 SHELL91 有此夹层选项。SHELL181 通过能量等效方法模拟横向剪切偏转。

19.2.2.4 节点偏置

SHELL181 通过截面命令定义截面，可以在定义截面时通过 SECOFFSET 命令偏置节点。使用 SHELL91 和 SHELL99 单元的节点偏置选项（KEYOPT(11)）可将单元的节点设置在壳的底面、中面或顶面上。

图 19-3 显示如何方便建立台阶状的叠层板模型。图 19-3 表示节点在板的底面（KEYOPT(11)=1），各板在这点对齐。图 19-4 表示节点在板的中面（KEYOPT(11)=0），各板在这点对齐。

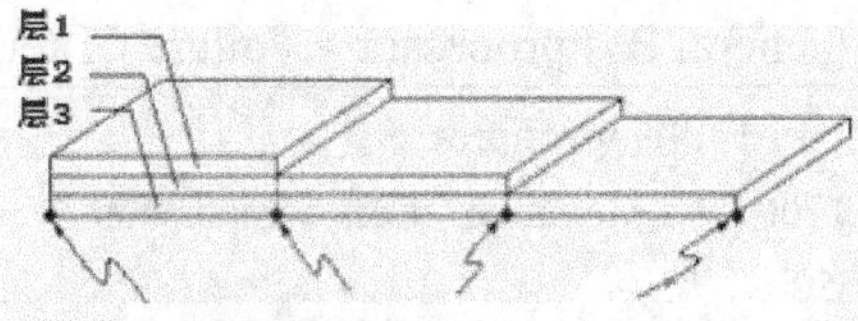

图 19-3　SHELL91 和 SHELL99 节点在底面的分层壳单元

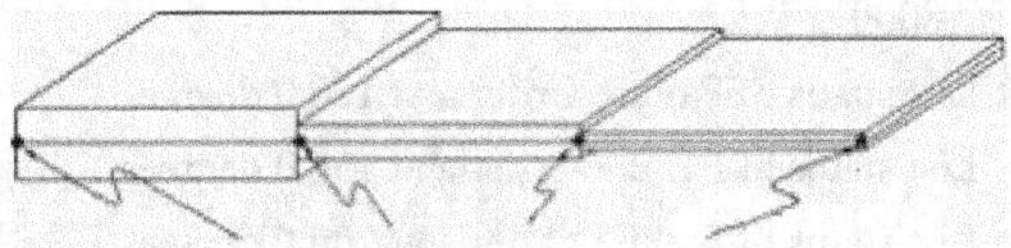

图 19-4　SHELL91 和 SHELL99 节点在中面的分层壳单元

19.2.3　定义失效准则

失效准则用于获知在所加载荷下，各层是否失效。用户可从三种预定义好了的失效准则中选择失效准则，或者自定义多达六种的失效准则，三种预定义失效准则如下。

- 最大应变失效准则，允许有九个失效应变；
- 最大应力失效准则，允许有九个失效应力；
- Tsai-Wu 失效准则，允许有九个失效应力和三个附加的耦合系数。

失效应变、应力和耦合系数可以是与温度相关的。《ANSYS Elements Reference》中有每种准则所需数据的详细介绍。通过 TB 命令族或 FC 命令族指定失效准则。

TB 命令族包括 TB、TBTEMP 和 TBDATA 命令（Main Menu > Preprocessor > Material Props > Material Models > Structural > Nonlinear > Inelastic > Non-Metal Plasticity > Failure Criteria），其典型的命令流如下。

```
TB,FAIL,1,2   ! Data table for failure criterion, material 1,
no. of temperatures = 2
TBTEMP,,CRIT   ! Failure criterion key
TBDATA,2,1   ! Maximum Stress Failure Criterion (Const. 2 = 1)
TBTEMP,100     ! Temperature for subsequent failure properties
```

```
TBDATA,10,1500,,40,,10000   ! X, Y, and Z failure tensile stresses (Z value
set to a large number)
TBDATA,16,200,10000,10000   ! XY, YZ, and XZ failure shear stresses
TBLIST
TBTEMP,200   ! Second temperature
TBDATA,...
```

有关 TB、TBTEMP、TBDATA 和 TBLIST 命令见《ANSYS Commands Reference》。

FC 命令族包括 FC、FCDELE 和 FCLIST 命令（Main Menu > Preprocessor > Material Props > Material Models > Structural > Nonlinear > Inelastic > Non-Metal Plasticity > Failure Criteria 和 Main Menu > General Postprocessor > Failure Criteria），其典型的命令流如下。

```
FC,1,TEMP,,   100,   200   !   Temperatures
FC,1,S,XTEN, 1500,   1200   !   Maximum stress components
FC,1,S,YTEN,   400,   500
FC,1,S,ZTEN,10000,   8000
FC,1,S,XY   ,   200,   200
FC,1,S,YZ   ,10000,   8000
FC,1,S,XZ   ,10000,   8000
FCLIST,   ,100   !   List status of Failure Criteria at 100.0 degrees
FCLIST,   ,150   !   List status of Failure Criteria at 150.0 degrees
FCLIST,   ,200   !   List status of Failure Criteria at 200.0 degrees
PRNSOL,S,FAIL   !   Use Failure Criteria
```

注意，TB 命令（TB，TBTEMP 和 TBDATA）仅适用于 SHELL91、SHELL99、SOLID46 或 SOLID191，而 FC 和 FCLIST 命令适用于所有的二维或三维结构实体单元和三维壳单元。

定义失效准则的一些注意事项如下。

- 失效准则是正交各向异性的，因此，用户必须输入所有方向上的失效应力或失效应变值（在压缩值等于拉伸值时例外）；
- 如果不希望在某个特定的方向上检查失效应力或失效应变，则在那个方向上定义一个大值（如前面命令流中那样）。

用户可通过用户子程序 USRFC1 到 USRFC6 自定义失效准则。这些子程序应事先与 ANSYS 程序做链接。

19.2.4 应遵循的建模和后处理规则

在复合材料单元的建模和后处理中，一些附加规则如下。

（1）复合材料会体现出几种类型的耦合效应，诸如弯扭耦合、拉弯耦合等。这是由具有不同性质的多层材料互相重叠引起的。其结果是，如果材料层的积叠顺序是非对称的，则即使模型的几何形状和载荷都是对称的，也不能按照对称条件只求解一部分模型，因为结构的位移和应力可能不对称。

（2）在模型自由边界上的层间剪切应力通常都是很重要的。要求在这些部位相对精确的层间剪切应力，则模型边界上的单元尺寸应约等于总的叠层厚度。

对于壳来说，增加实际材料层数并不一定提高层间剪切应力的求解精度。但是，如果用 SOLID46、SOLID95、SOLID191 单元，则沿厚度方向上的叠加单元会使得沿厚度方向上层间应力的求解更为精确。

壳单元的层间横向剪应力的计算，基于单元上下表面不承受应力的假设。这些层间剪应力只在单元的中心处计算，而不是沿着单元边界。建议使用壳-实体子模型精确计算自由边的层间应力。

（3）因为复合材料的求解需要大量输入数据，故在进行求解之前应对这些数据做检验，可用如下命令来完成这些工作。

ELIST 命令（Utility Menu > List > Elements）：列表显示所有被选单元的节点和属性。

EPLOT 命令（Utility Menu > Plot > Elements）：图形显示所有被选单元。在该命令之前使用[/ESHAPE,1]命令（Utility Menu > PlotCtrls > Style > Size and Shape），将使壳单元以实体单元的形式显示，显示出的厚度为从实常数中得到的厚度（图 19-5）。它也使 SOLID46 单元以层的形式显示出来。

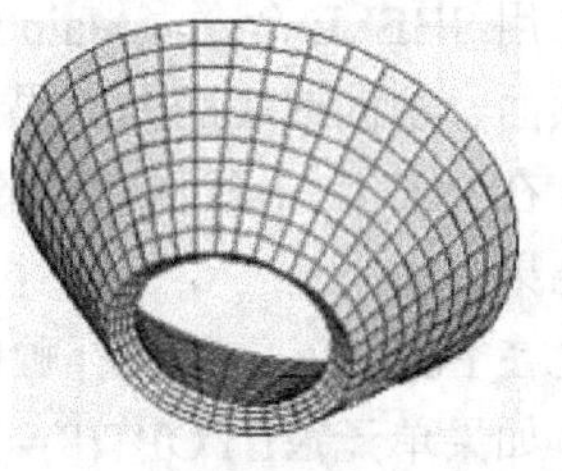

图 19-5 /ESHAPE 打开时 SHELL99 单元显示

/PSYMB,LAYR,n 命令（Utility Menu > PlotCrls > Symbols）：在执行 EPLOT 命令之前执行该命令，可图形显示所选全部单元的第 n 层。它可用于显示并检验整个模型的每一层。

/PSYMB,ESYS,1 命令：在 EPLOT 命令之前执行该命令，可显示出那些默认单元坐标系被改变了的单元坐标系。

LAYLIST 命令（Utility Menu > List > Elements > Layered Elements）：可根据实常数列表显示层的叠加顺序和 SHELL99、SHELL91、SOLID46、SOLID191 单元的任意两种材料的性能，还可以指定要显示层的范围。

```
LIST LAYERS    1 TO    4 IN REAL SET    1 FOR ELEMENT TYPE    1
 TOTAL LAYERS =    4 LSYM =    1 LP1 =    0 LP2 =    0    EFS    = .000E+00
NO. ANGLE THICKNESS    MAT
--- ----- ---------- ---
 1   45.0   0.250    1
 2 -45.0   0.250    2
 3 -45.0   0.250    2
 4   45.0   0.250    1
------------------------
SUM OF THK    1.00
```

LAYPLOT 命令（Utility Menu > Plot > Layered Elements）：以卡片的形式图形显示层的积叠顺序。为清楚起见，各层以不同的颜色和截面线显示，截面线的方向表示了层的方向角（实常数 THETA），颜色表示了层的材料号（实常数 MAT），还可以指定要显示层的范围。

SECPLOT 命令（Prep... > Sections > Shell-Plot Sections）：以卡片的形式图形显示截面的积叠顺序。为清楚起见，各截面以不同的颜色和截面线显示，截面线的方向表示了层的方向角（THETA），颜色表示了层的材料号（MAT），还可以指定要显示层的范围。

（4）默认情况下，只有第一层（底层）的底面、最后一层（顶层）的顶面，以及最大失效值所在层的结果数据被写入结果文件，如果用户对所有层的结果数据都感兴趣，则应设置 KEYOPT(8)=1，但这样可能导致结果文件很大。

（5）通过[ESEL,S,LAYER]命令选择特定层号的单元。如果某单元指定层为零厚度，则不被选中。

（6）在后处理 POST1 中使用 LAYER 命令（Main Menu > General Postproc > Options for Outp），或在 POST26 中使用 LAYERP26 命令（Main Menu > Timellist Postpro > Define Variables），来指定要处理哪一层的结果。

用 SHELL 命令（Main Menu > Timellist Postpro > Define Variables）来定义使用该层的顶面、中面或底面的结果。

在 POST1 中默认存贮的是底层底面的结果、顶层顶面的结果和最大失效准则所在层的结果。

在 POST26 中默认存贮的是第一层的结果。

如果单元 KEYOPT(8)=1（即保存所有层的结果），则 LAYER 和 LAYERP26 命令将存贮指定层的顶面（TOP）和底面（BOT）的结果，而中面（MID）的结果则由其顶面和底面的结果取平均值得到。对于横向剪切应力，POST1 中只能以线性变化的形式显示，而在单元解打印输出数据中的形式，则可以是二次变化的。

（7）默认时，POST1 将在总体笛卡尔坐标系中显示所有结果。使用 RSYS 命令（Main Menu > General Postproc > Options for Outp）可将结果转换到别的坐标系中。

对于层单元，如果执行了 LAYER 命令，且命令中指定的层号非零，则[RSYS,SOLU]命令可使结果在层坐标系中显示。

19.3 复合材料分析实例

19.3.1 问题描述

如图 19-6、图 19-7 所示，有一长 3m 的工字梁，高度为 0.3m，上下翼缘的宽度为 0.2m。材料为 T300/5208，是 20 层对称分布叠层板，每层的厚度为 0.001m，各层的方向角分别为 0、45、90、-45、0、0、45、90、-45 和 0 度，材料特性为：Ex=140Gpa，Ey=Ez=9Gpa，Gxy=Gyz=Gxz=5Gpa，$\mu12$=$\mu13$=0.3，$\mu23$=0.325。

沿轴强度：$\sigma x+$=1500Mpa，$\sigma x-$=1500Mpa，$\sigma y+$=40Mpa，$\sigma y-$=246Mpa，$\sigma x+$=40Mpa，$\sigma x-$=246Mpa，τxy=68Mpa（+表示受拉，-表示受压）。工字梁一端固定，另一端受集中力分别为：100N、10000N 和 100N。计算工作应力和应变、失效应力和失效层等。

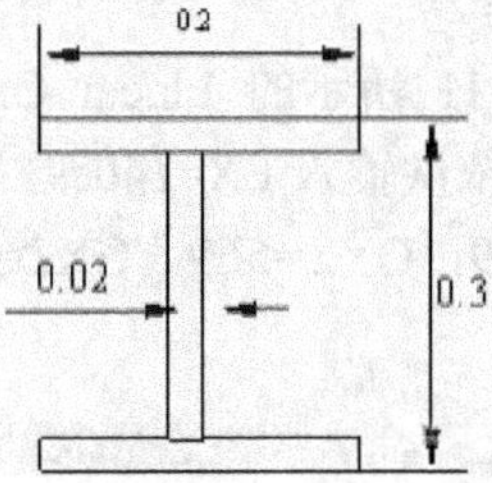

图 19-6　叠层板工字梁结构

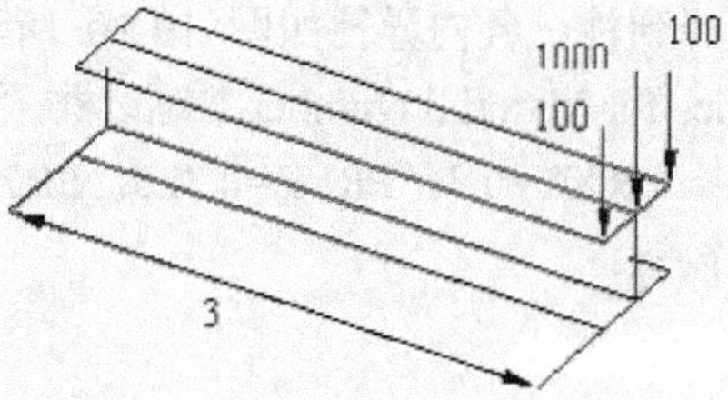

图 19-7　叠层板工字梁载荷示意图

19.3.2　定义单元类型、实常数及材料特性

（1）选择菜单途径 Main Menu > Preprocessor > Element type > Add/edit/delete，弹出 Element Types 窗口。单击 Add 按钮，弹出如图 19-8 所示的 Library of Element Types 对话框，左边选择 Structural Shell，右边选择 3D 4node 181，单击 OK 按钮。

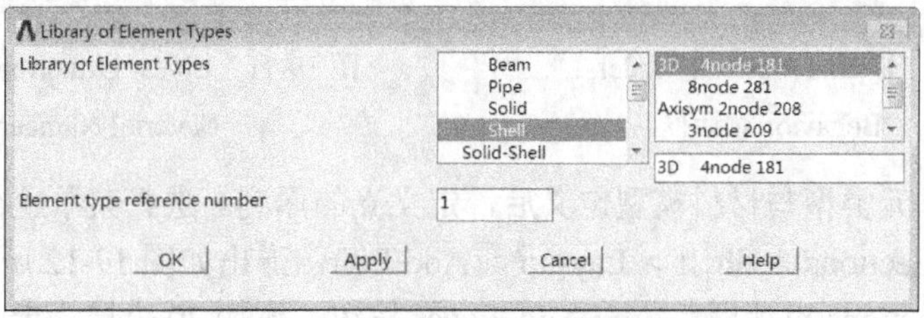

图 19-8　Library of Element Types 对话框

（2）单击 Element Types 窗口中 Options，弹出如图 19-9 所示的 SHELL 181 Element Type Options 对话框，将 K8 设置为 ALL Layers，单击 OK 按钮。单击 Element Types 对话框中 Close 按钮。

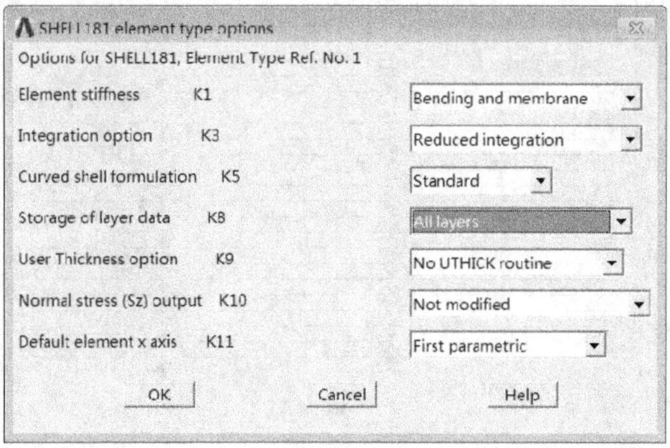

图 19-9　SHELL 181 ElementType Options 对话框

（3）选择菜单途径 Main menu > Preprocessor > Material Props > Material Models，弹

出如图 19-10 所示的 Define Material Model Behavior 对话框。

选择弹性、各向异性如图 19-10 所示。弹出如图 19-11 所示的 Linear Orthotropic Properties for Material Number 1 对话框，单击 OK 按钮后，依次输入 EX=140e9，EY=9e9，EZ=9e9，PRXY=0.3，PRYZ=0.325，PRXZ=0.3，GXY=5E9，GYZ=5E9，GXZ=5E9，单击 OK 按钮。

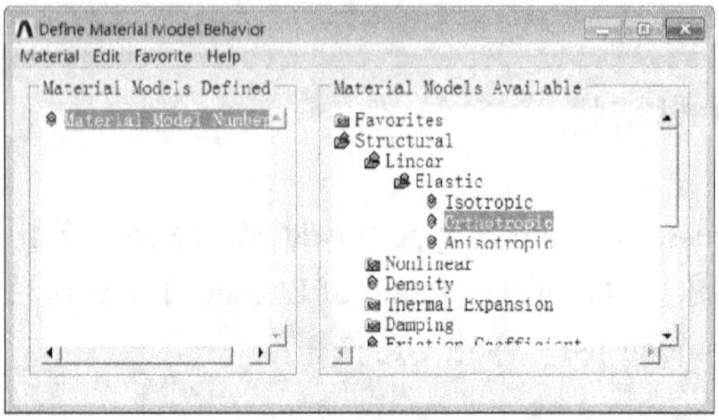

图 19-10 Define Material Model Behavior 对话框

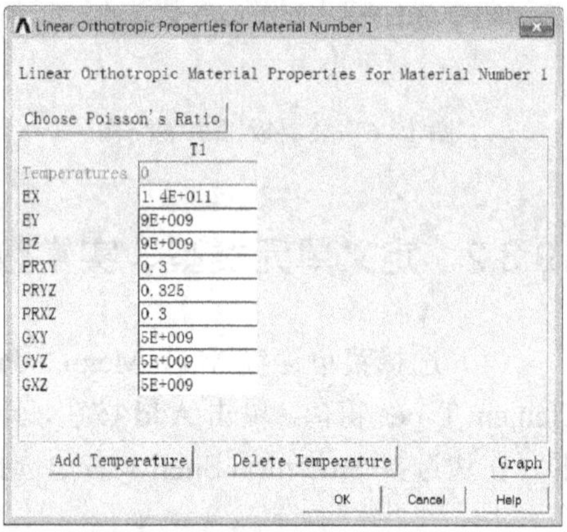

图 19-11 Linear Orthotropic Properties for Material Number 1 对话框

（4）完成单元类型与材料模型定义后，定义壳的厚度。选择菜单途径 Main menu > Preprocessor > Sections > Shell > Lay-up > Add/Edit，弹出如图 19-12 所示的 Create and Modify Shell Sections 对话框。单击 Add Layer 按钮，添加 20 个层，定义每层的厚都为 0.001，方向按照 90°，45°，0°，−45° 四个角度循环定义，5 个循环定义 20 个层。定义每层的厚度与方向解。

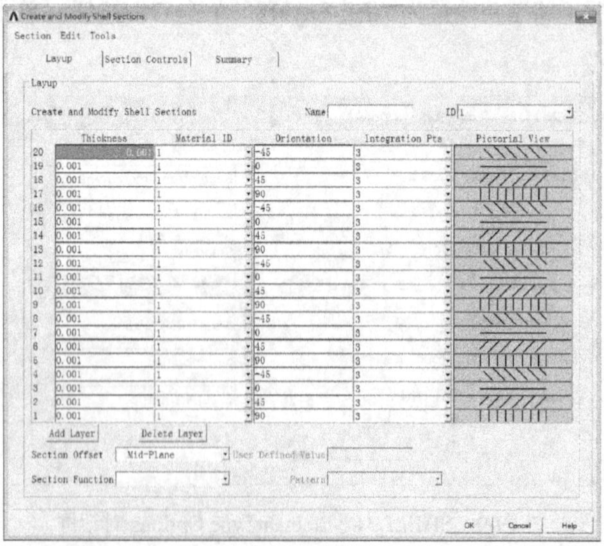

图 19-12 Create and Modify Shell Sections 对话框

（5）定义失效准则。运行如下命令进行强度参数的定义。

```
TB,FALL,1
TBTEMP,,CRIT
TBDATA,1，0，0，1
TBTEMP,20
TBDATA,10，1500E6
TBDATA,11，-1500E6
TBDATA,12，40E6
TBDATA,13，-246E6
TBDATA,14，40E6
TBDATA,15，-246E6
TBDATA,16，68E6
```

19.3.3 建立有限元模型

（1）在 GUI 界面中选择 Main Menu > Preprocessor > Modeling > Create > Keypoints > In Active CS 命令，弹出如图 19-13 所示的 Create Keypoints in Active Coordinate System 对话框，输入 1 号关键点的坐标（0,0,0），单击 Apply 按钮，继续输入关键点的坐标，直至完成表 19-1 所示的关键点坐标的输入。完成定义的关键点如图 19-14 所示。

表 19-1　关键点坐标输入

关键点编号	X	Y	Z
1	0	0	0
2	3	0	0
3	3	0.3	0
4	0	0.3	0
5	0	0	0.1
6	3	0	0.1
7	3	0	-0.1
8	0	0	-0.1
9	0	0.3	0.1
10	3	0.3	0.1
11	3	0.3	-0.1
12	0	0.3	-0.1

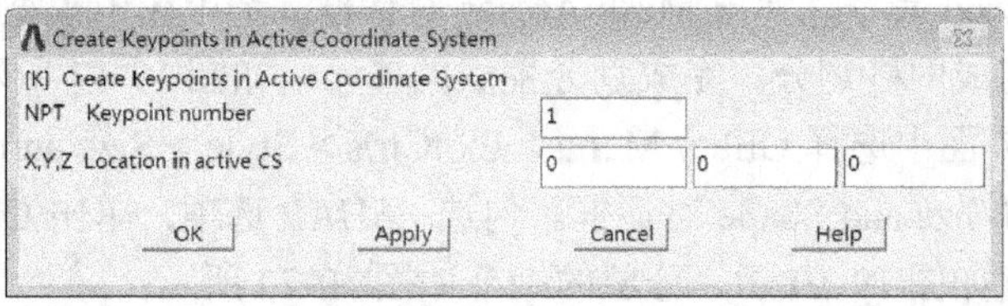

图 19-13　Create Keypoints in Active Coordinate System 对话框

图 19-14　定义关键点

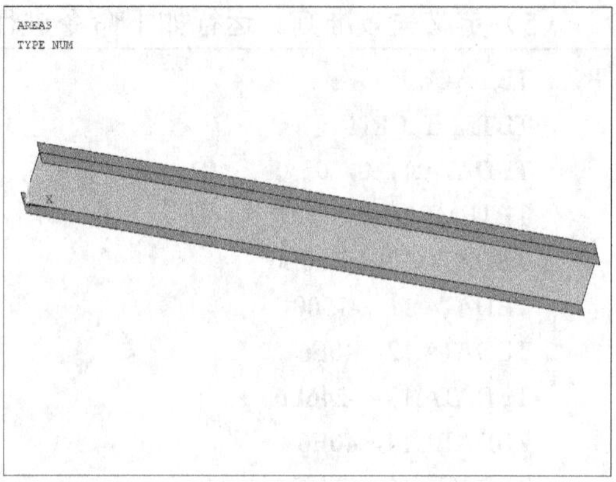

图 19-15　生成面模型

（2）定义完关键点后，将关键点围成面。选择菜单途径 Main menu > Prepocessor > Modeling > Creat > Areas > Arbitrary > Through KPs 命令，拾取 1、2、3、4 号关键点，连接成为面。继续生成面，将 5、6、7、8 关键点，9、10、11、12 关键点分别连接成面，完成的模型如图 19-15 所示。

（3）从主菜单中选择 Preprocessor > Modeling > Operate > Booleans > Partition > Areas 命令。选中工作区中的所有面，单击 OK 按钮，完成面的搭接。

19.3.4　划分网格

（1）在 GUI 界面中选择 Main Menu > Preprocessor > Meshing > Size Control > Global > Size 命令，弹出如图 19-16 所示的 Global Element Sizes 对话框，设置单元尺寸为 0.1，单击 OK 按钮，完成单元尺寸定义。

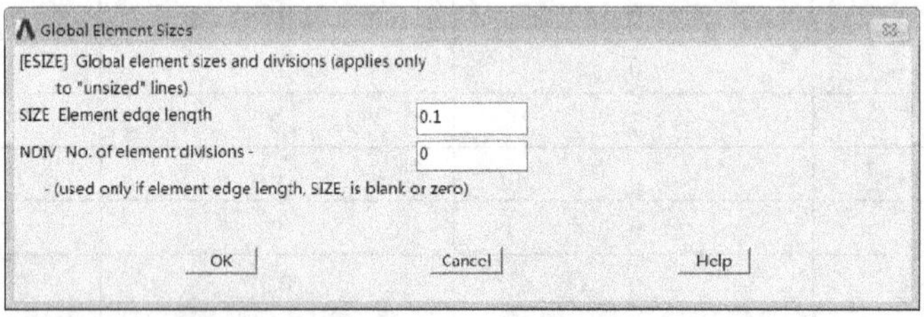

图 19-16　Global Element Sizes 对话框

（2）在 GUI 界面中选择 Main Menu > Preprocessor > Meshing > Mesh > Areas > Mapped > 3 or 4 sided 命令，弹出 Mesh Aresas 对话框，选中图中模型，单击 OK 按钮，关闭该对话框，完成网格划分。完成划分生成的单元，如图 19-17 所示。

（3）在 GUI 界面中选择 Utility Menu > PlotCtrls > Style > Size and Shape 命令，弹出如图 19-18 所示的 Size and Shape 对话框。勾选/ESHAP 选项，单击 OK 按钮，在工作区中显示单元的厚度如图 19-19 示，分层的细节如图 19-20 所示。

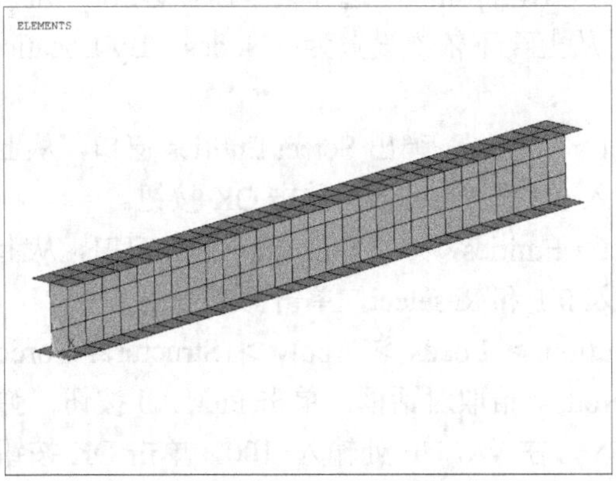

图 19-17　划分网格

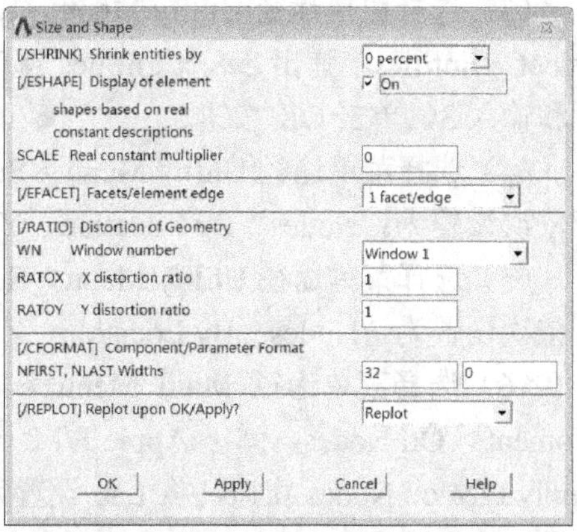

图 19-18　Size and Shape 对话框

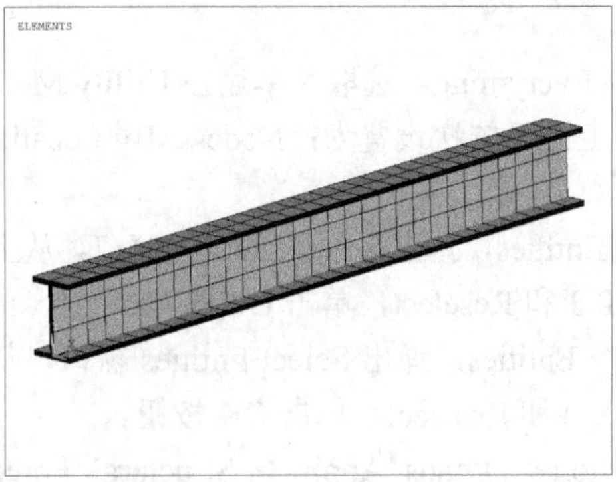

图 19-19　显示单元厚度

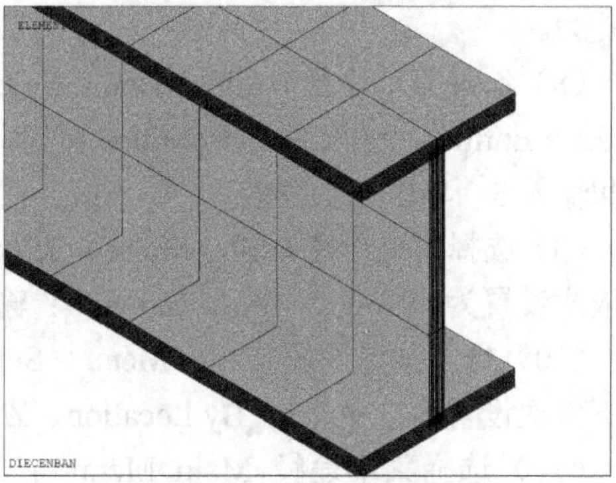

图 19-20　分层细节

19.3.5　添加约束和载荷

（1）选择菜单途径 Utility Menu > Select > Entities ，弹出 Select Entities 窗口，从上至下依次设置为：Nodes、By Location、X 输入 0，单击 OK 按钮，结果如图 19-21 所示。

（2）选取菜单途径 Main Menu > Solution > Loads-Apply > Structural Displacement > On Nodes，弹出如图 19-22 所示的 Apple U,ROT on Nodes 拾取对话框。单击 Pick All 按钮，弹出 Apply U,ROT on Nodes 窗口，将 Lab2 设置为 ALL DOF，单击 OK 按钮。

图 19-21　选出端面节点

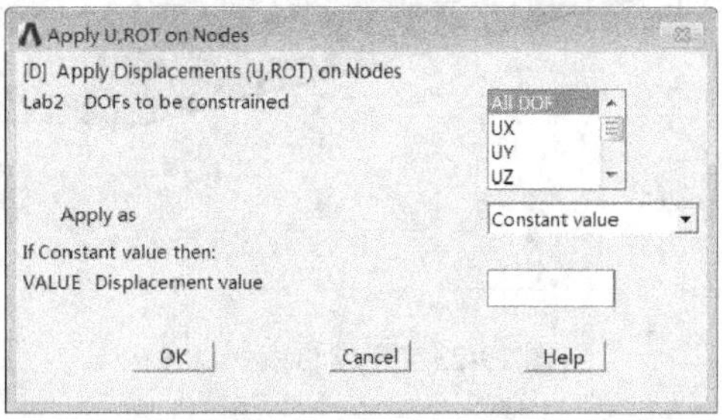

图 19-22　Apple U,ROT on Nodes 拾取对话框

（3）选择菜单途径 Utility Menu > Select > Everything，选择菜单途径 Utility Menu > Select > Entities，弹出 Select Entities 窗口，从上至下依次设置为：Nodes、By Location、X 和输入 3，单击 OK 按钮。

（4）选择菜单途径 Utility Menu > Select > Entities，弹出 Setect Entities 窗口，从上至下依次设置为：Nodes、By Location、Y 输入 0.3 和 Reselect，单击 OK 按钮。

（5）选择菜单途径 Utility Menu > Select > Entities，弹出 Select Entities 窗口，从上至下依次设置为：Nodes、By Location、Z 输入 0.1 和 Reselect，单击 OK 按钮。

（6）选择菜单途径 Main Menu > Solution > Loads > Apply > Structural Force > Moment > On Nodes，弹出 Apple F/M, on Nodes 拾取对话框。单击 Pick All 按钮，弹出 Apply F/M on Nodes 窗口，将 Lab 设置为 FY，在 VALUE 处输入-100，单击 OK 按钮，如图 19-23 所示。

（7）重复步骤（3）～（6），并注意将（5）中 Z 输入改为-0.1，设置工字梁另一侧的受力。

（8）选择菜单途径 Utility Menu > Select > Everything。选取菜单途径 Utility Menu > Select > Entities，弹出 Select Entities 窗口，从上至下依次设置为：Nodes、By Location、X 和输入 3，单击 OK 按钮。

（9）选择菜单途径 Utility Menu > Select > Entities，弹出 Setect Entities 窗口，从上至下依次设置为：Nodes、By Location、Y 输入 0.3 和 Reselect，单击 OK 按钮。

（10）选择菜单途径 Utility Menu > Select > Entities，弹出 Select Entities 窗口，从上至下依次设置为：Nodes、By Location、Z 输入 0 和 Reselect，单击 OK 按钮。

（11）选择菜单途径 Main Menu > Solution > Loads Apply > Structural Force > Moment > On Nodes，弹出 Apple F/M, on Nodes 拾取对话框。单击 Pick All 按钮，弹出 Apply F/M on Nodes 窗口，将 Lab 设置为 FY，在 VALUE 处输入-10000，单击 OK 按钮，如图 19-24 所示。

（12）选择菜单途径 Utility Menu > Select > Everything，单击 OK 按钮。

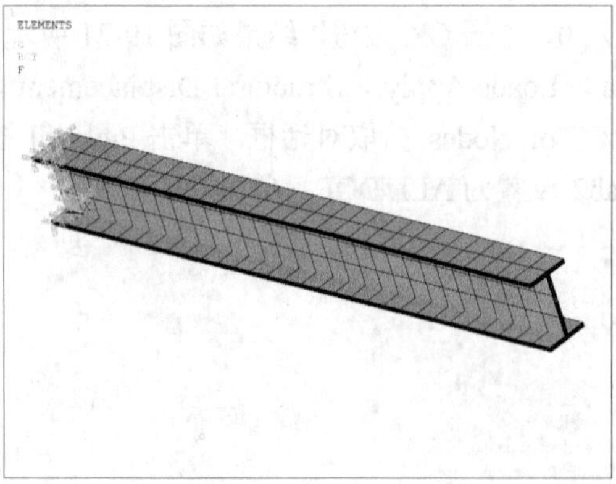

图 19-23　完成约束

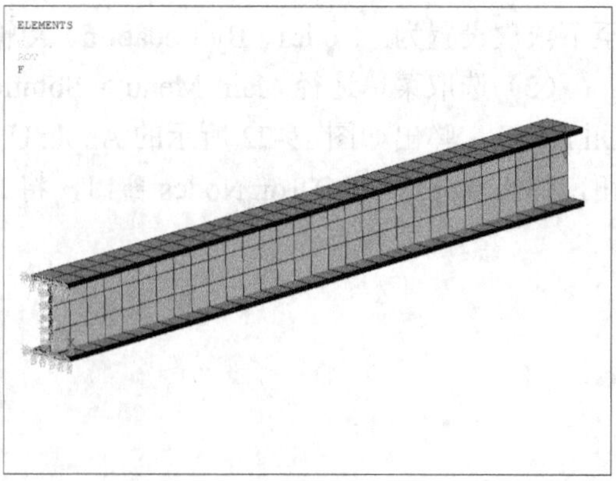

图 19-24　完成边界条件的定义

19.3.6 求解

（1）选择菜单途径 Utility Menu > Solution > Solve Current LS，弹出如图 19-25 所示的 Solve Current Load Step 对话框，同时弹出如图 19-26 所示的/STAT Command 窗口。仔细阅读/STAT Command 窗口的信息，然后单击 Close 按钮，关闭/STAT Command 窗口。

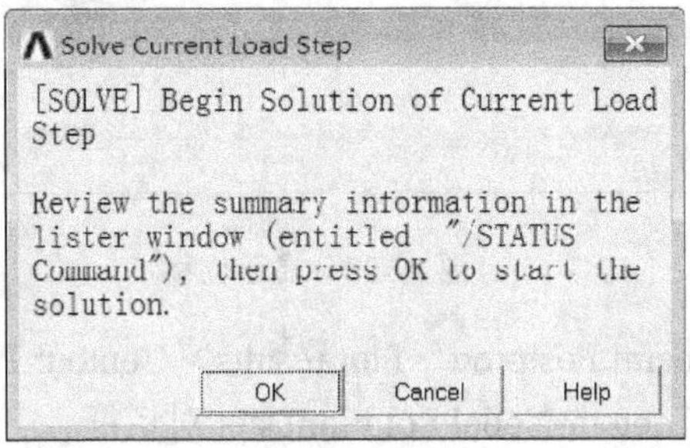

图 19-25 Solve Current Load Step 对话框

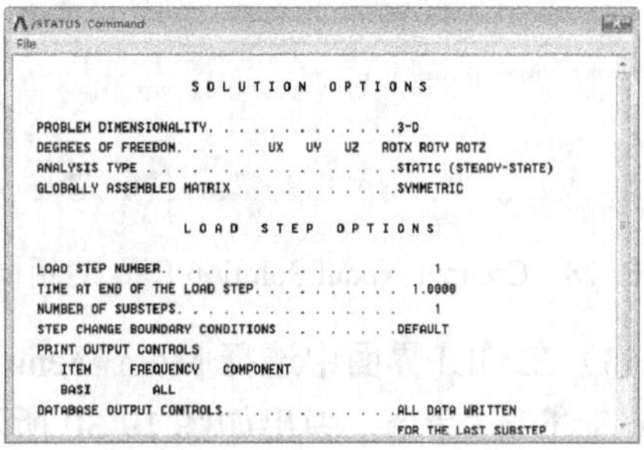

图 19-26 STAT Command 窗口

（2）单击 Solve Current Load Step 对话框中的 OK 按钮，开始求解计算。

（3）当求解结束时，弹出 Solution is done 对话框，关闭即可。

19.3.7 后处理

（1）在 GUI 界面选择 Main Menu > General Postproc > Plot Results > Deformed Shape... 命令，弹出 Plot Deformed Shape 对话框。在 Plot Deformed Shape 对话框选择 Def + undef edge 选项，单击 OK 按钮，即可在工作区中显示如图 19-27 所示的变形图。

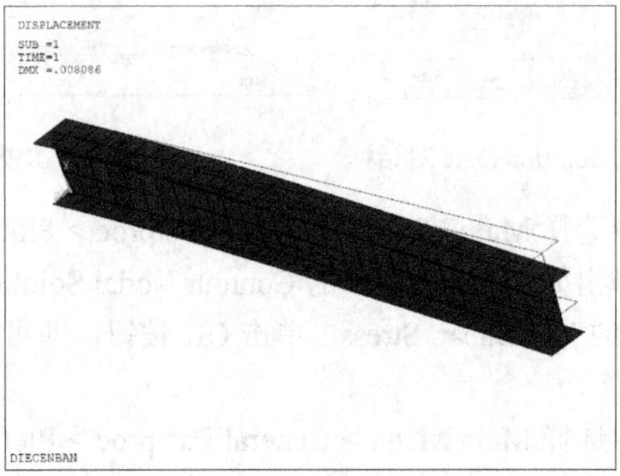

图 19-27 变形图

（2）在 GUI 界面中选择 Main Menu > General Postproc > Plot results > Contour Plot > Nodal Solution 命令，弹出如图 19-28 所示的 Contour Nodal Solution Data 对话框。

选择 DOF Solution 列表中的 Displacement Vector Sum，其余选项采用默认设置，单击 OK 按钮，即可在工作区中看到位移云图，如图 19-29 所示。

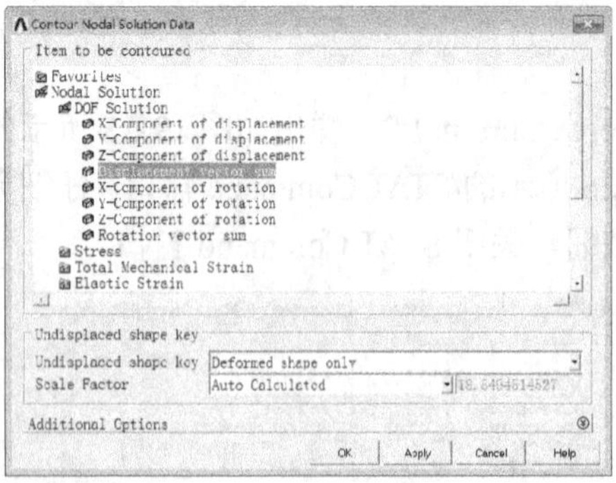

图 19-28　Contour Nodal Solution Data 对话框

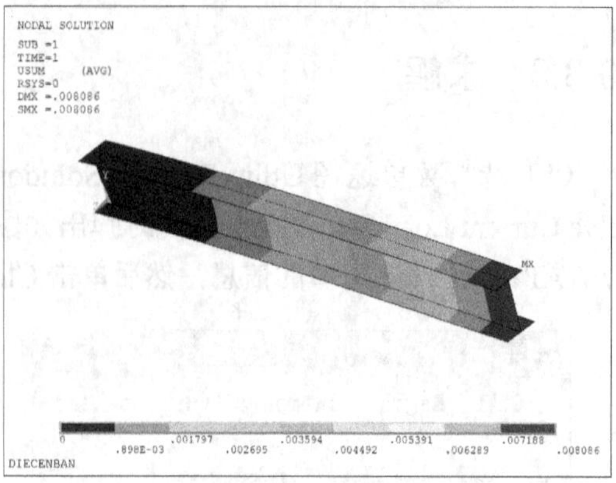

图 19-29　显示位移

（3）在 GUI 界面中选择 Main Menu > General Postproc > Plot results > Contour Plot > Nodal Solution 命令，弹出如图 19-30 所示的 Contour Nodal SolutionData 对话框。

选择 Stress 列表中的 X-Component of displacement，单击 OK 按钮，即可在工作区中看到 X 方向应力云图，如图 19-31 所示。

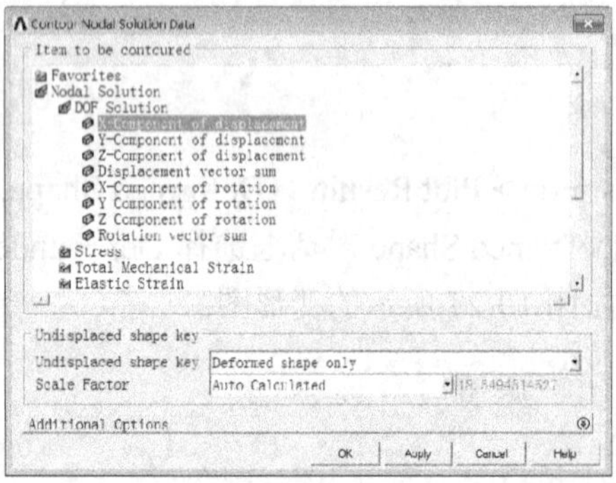

图 19-30　Contour Nodal Solution Data 对话框

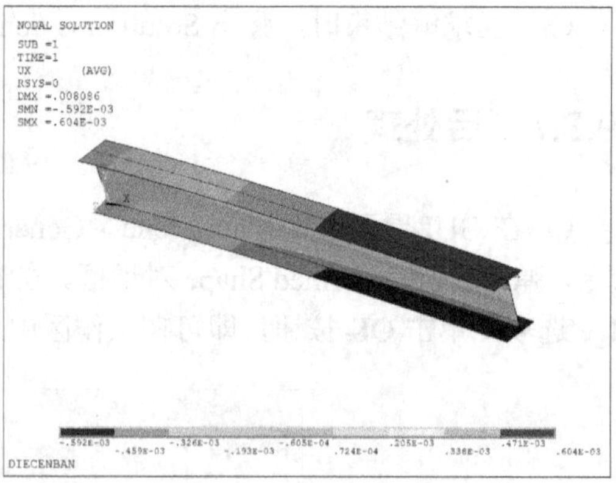

图 19-31　X 方向应力云图

（4）在 GUI 界面中选择 Main Menu > General Postproc > Plot results > Contour Plot > Nodal Solution 命令，弹出如图 19-32 所示的 Contour Nodal Solution Data 对话框。

选择 Stress 列表中的 XY Shear Stress，单击 OK 按钮，即可在工作区中看到位移云图，如图 19-33 所示。

（5）在 GUI 界面中选择 Main Menu > General Postproc > Plot results > Contour Plot > Nodal Solution 命令，弹出如图 19-34 所示的 Contour Nodal SolutionData 对话框。

选择 Stress 列表中的 1st Princial stress，单击 OK 按钮，即可在工作区中看到第一主云图，如图 19-35 所示。

（5）在 GUI 界面中选择 Main Menu > General Postproc > Plot results > Contour Plot > Nodal Solution 命令，弹出如图 19-36 所示的 Contour Nodal SolutionData 对话框。

选择 Stress 列表中的 2rd Princial stress，单击 OK 按钮，即可在工作区中看到第三主云图，如图 19-37 所示。

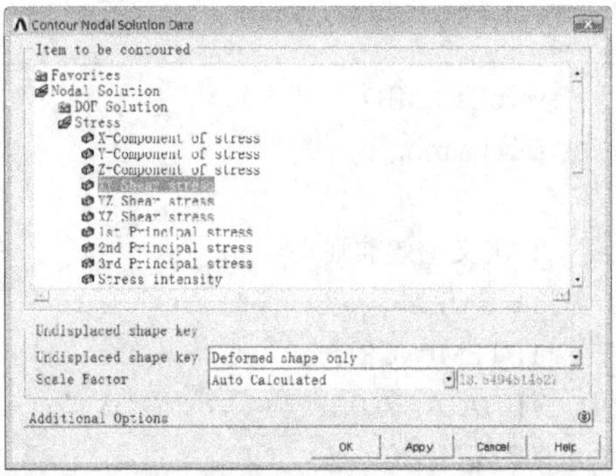

图 19-32　Contour Nodal Solution Data 对话框

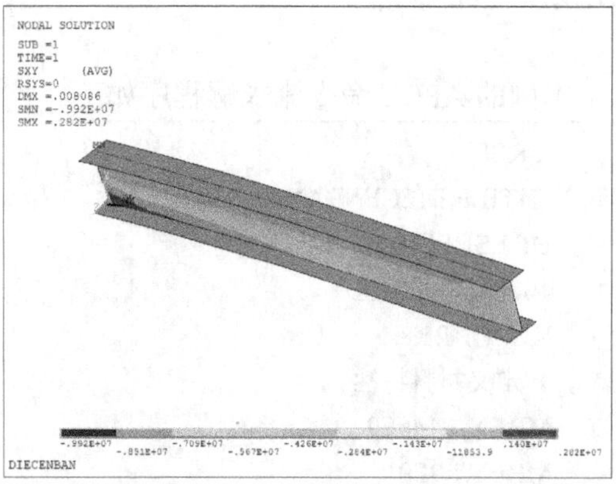

图 19-33　XY 剪应力云图

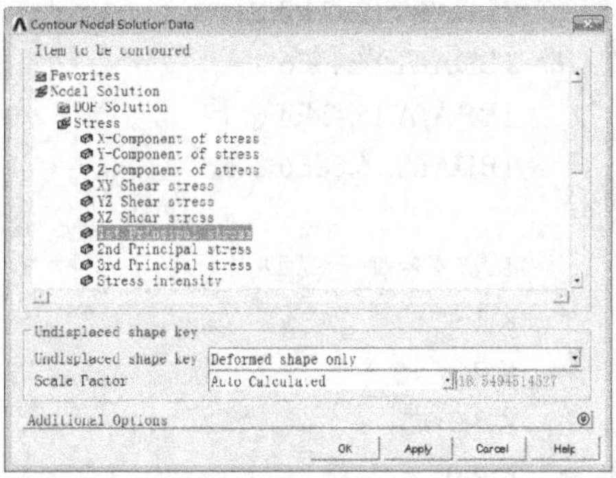

图 19-34　Contour Nodal Solution Data 对话框

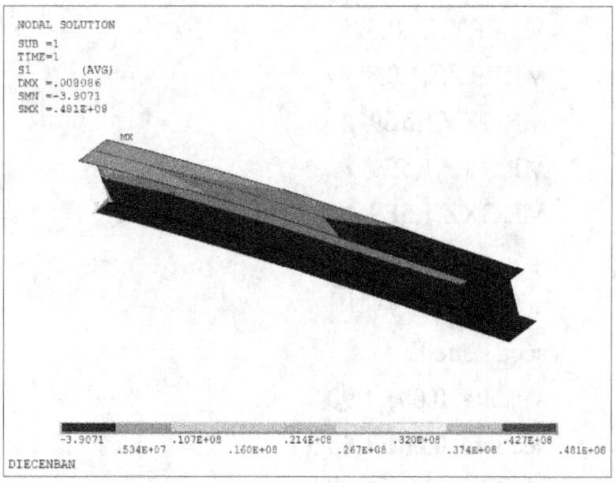

图 19-35　第一主应力云图

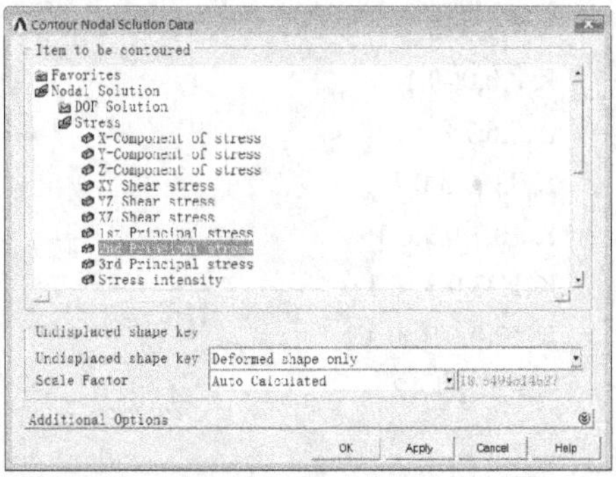

图 19-36　Contour Nodal Solution Data 对话框

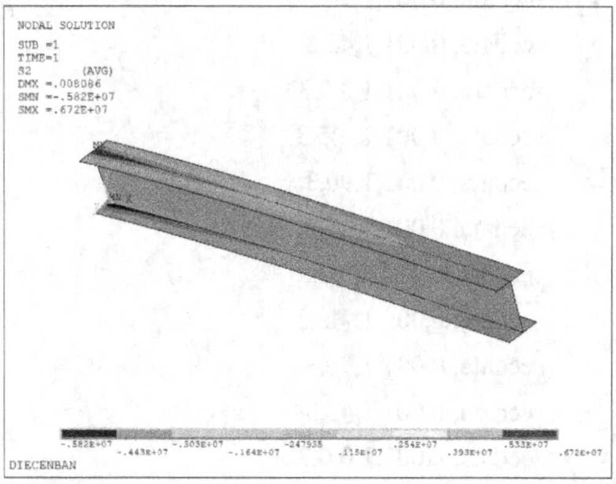

图 19-37　第二主应力云图

19.3.8 命令流

本例的 APDL 命令流求解程序如下。

```
/PREP7
/TITILE,DIECENBAN
ET,1,SHELL181
！定义单元类型
KEYOPT,1,8,1
！定义材料特性
MP,EX,1,140E9
MP,EY,1,9E9
MP,EZ,1,9E9
MP,PRXY,1,0.3
MP,PRYZ,1,0.325
MP,PRXZ,1,0.3
MP,GXY,1,5E9
MP,GYZ,1,5E9
MP,GXZ,1,5E9

！定义截面类型
sect,1,shell,,
secdata, 0.001,1,90,3
secdata, 0.001,1,45,3
secdata, 0.001,1,0.0,3
secdata, 0.001,1,-45,3
secdata, 0.001,1,90,3
secdata, 0.001,1,45,3
secdata, 0.001,1,0.0,3
secdata, 0.001,1,-45,3
secdata, 0.001,1,90,3
secdata, 0.001,1,45,3
secdata, 0.001,1,0.0,3
secdata, 0.001,1,-45,3
secdata, 0.001,1,90,3
secdata, 0.001,1,45,3
secdata, 0.001,1,0.0,3
secdata, 0.001,1,-45,3
secdata, 0.001,1,90,3
secdata, 0.001,1,45,3
secdata, 0.001,1,0.0,3
secdata, 0.001,1,-45,3
secoffset,MID
seccontrol,,,, , , ,

！定义生效准则
TB,FAIL,1
TBTEMP, ,CRIT
TBDATA,1,0,0,1
TBTEMP,20
TBDATA,10,1500E6
TBDATA,11,-1500E6
TBDATA,12,40E6
TBDATA,13,-246E6
TBDATA,14,40E6
TBDATA,15,-246E6
TBDATA,16,68E6

！定义有限元模型
K,1
K,2,3
K,3,3,0.3
K,4,0,0.3
A,1,2,3,4
K,5,0,0,0.1
K,6,3,0,0.1
K,7,3,0,-0.1
K,8,0,0,-0.1
A,5,6,7,8
K,9,0,0.3,0.1
K,10,3,0.3,0.1
K,11,3,0.3,-0.1
K,12,0,0.3,-0.1
A,9,10,11,12

!面间相互分割
APTN,1,2,3
AATT,1, ,1,0,1
ESIZE,0.1
AMESH,ALL
```

```
NUMMRG,NODE
NUMCMP,NODE
FINISH

/SOLU
NSEL, S,LOC,X,0
！添加约束
D,ALL,ALL
NSEL,ALL
NSEL,S,LOC,X,3
！添加载荷
NSEL,R,LOC,Y,0.3
NSEL,R,LOC,Z,0
F,ALL,FY,-10000
NSEL,ALL
NSEL,S,LOC,X,3
NSEL,R,LOC,Y,0.3
NSEL,R,LOC,Z,0.1
F,ALL,FY,-100
NSEL,ALL
NSEL,S,LOC,X,3
NSEL,R,LOC,Y,0.3
NSEL,R,LOC,Z,-0.1
F,ALL,FY,-100
NSEL,ALL
OUTPR, ,1
SOLVE
FINISH
/POST1
！观察结果
ETABLE,NX,SMISC,7
ETABLE,FC,NMISC,1
ETABLE,FCMC,NMISC,2
ETABLE,FCLN,NMISC,3
ETABLE,ILMX,NMISC,4
ETABLE,ILLN,NMISC,5
PRETAB,NX,ILLN,ILMX
PRETAB,FC,FCLN,FCMX
FINISH
```

19.4 本章小结

本章结合一个工程实例介绍了 ANSYS 复合材料结构分析的基本方法、步骤和过程，并介绍了单元类型的选择、建模及后处理等方面的内容。通过本章的学习，希望读者对 ANSYS 复合材料结构分析有基本的掌握，并可以结合自己的工作需求进行复杂的工程结构分析。

第 20 章

机械零件分析

自有限元算法诞生 40 多年来，有限元法的应用已从弹性力学平面问题扩展到空间问题、板壳问题，从静力问题扩展到稳定性问题、动力问题，从固体力学问题扩展到流体力学、传热学、电磁学等领域，分析的对象从弹性材料扩展到塑性、黏弹性、黏塑性以及复合材料。工程问题的数值模拟技术的应用，推动力有限元软件的发展。在科技日新月异的今天，传统的产品开发模式正在发生根本性的变革。

学习目标：

- 了解 ANSYS 在机械工程中的应用；
- 掌握 ANSYS 在机械工程中应用的分析方法。

20.1 扳手的静力分析

本节对机械工程中常用的工具——扳手的受力进行静力学分析。

20.1.1 问题描述

如图 20-1 所示的扳手零件，厚度 3mm，材料弹性模量为 $2.06\times10^{11}N/m^2$，泊松比为 0.3。

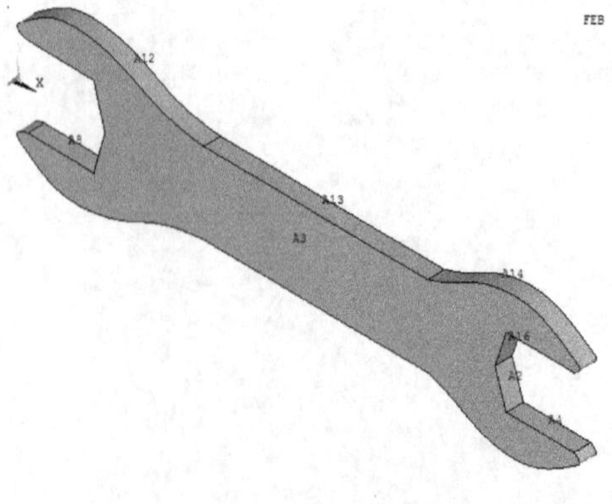

图 20-1 扳手

20.1.2 设置分析环境

（1）启动 Mechanical APDL Product Launcher，弹出 Mechanical APDL Product Launcher 窗口。

（2）在 Mechanical APDL Product Launcher 窗口中设置 Simulation Environment 为 ANSYS，License 为 ANSYS Multiphysics，在 Working Directory 中输入工作目录名称，JobName 输入项目名称 20-1，单击 Run 按钮。

（3）在主菜单中选择 Preferences 命令，弹出 Preferences for GUI filtering 对话框。选择分析类型为 Structural，单击 OK 按钮，完成分析环境设置。

20.1.3 定义单元与材料属性

（1）在 GUI 界面中选择 Main Menu > Preprocessor > Element Type > Add/Edit/Delete 命令，弹出 Element Type 对话框。单击 Add 按钮，弹出如图 20-2 所示的 Library of Element Types 对话框。

在 Library of Element Types 对话框中选择 Structural Solid 中的 Brick 20node 186 单元，单击 OK 按钮，关闭对话框。此时回到 Element Types 对话框中即可看到添加完成的单元，单击 Close 按钮，关闭对话框。

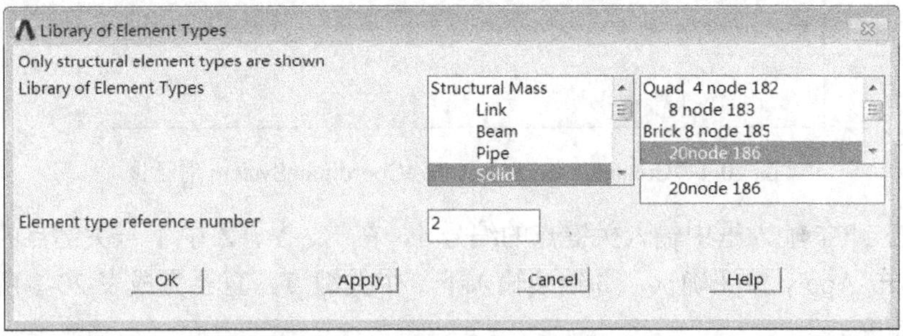

图 20-2 Library of Element Types 对话框

（2）在 GUI 界面中选择 Main Menu > Preprocessor > Material Props > Material Models 弹出 Define Material Model Behavior 对话框。

选择 Structural > Linear > Elastic > Isotropic（即结构、线性、弹性、各向同性），弹出如图 20-3 所示对话框。输入 EX=2.06E5，PRXY=0.3，单击 OK 按钮确定。

在 Define Material Model Behavior 对话框中选择 Materia > Exit 命令，关闭该对话框。

（3）在 GUI 界面中选择 UtilityMenu > File > Save as Jobname.db，保存上述操作过程。

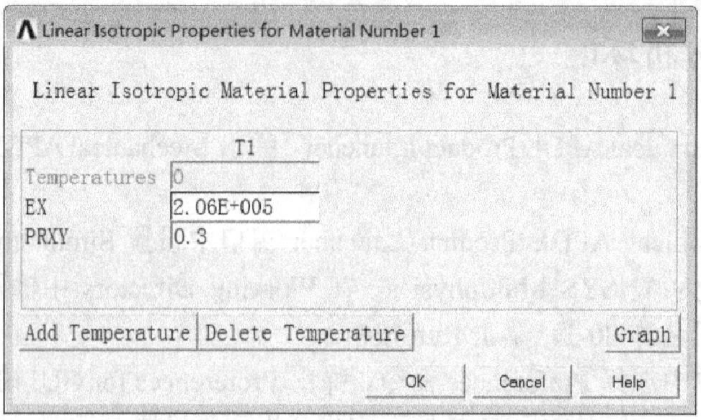

图 20-3　Linear Isotropic Density for Material Number 1 对话框

20.1.4　建立模型

（1）在 GUI 界面中选择 Main Menu > Preprocessor > Modeling > Create > Keypoints > In Active CS 命令，弹出如图 20-4 所示的 Create Keypoints in Active Coordinate System 对话框。

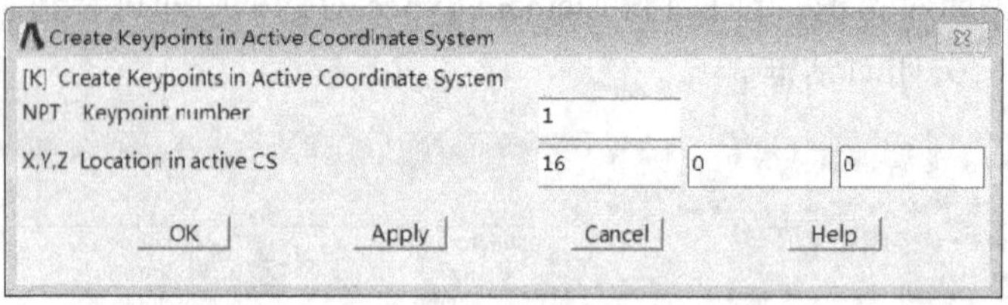

图 20-4　CreateKeypointsinActiveCoordinateSystem 对话框

（2）在 NPT 输入框中输入关键点的编号 1，在 X、Y、Z 中 1 号关键点的坐标值为 16，0，单击 Apply 按钮确认，并继续输入下一个关键点，直至完成表 20-1 所示的所有关键点的定义。

表 20-1　关键点编号及坐标

节点编号	1	2	3	4	5	6	7	8	9	10	11	12	13	14	15	16	17	18
X 坐标	16	14	2	0	2	8	18	25	34	74	79	83	92	100	101	100	88	86
Y 坐标	0	7	7	8	10	13	12	9	7	7	9	11	12	8	7	6	6	0

（3）所有关键点建立完之后，选择 Utility Menu > PlotCtrls > Numbering...命令，弹出 Plot Numbering Controls 对话框，选中 Keypoint Numbers 复选框，off 变为 on。

单击 OK 按钮，关闭该对话框，选择 Utility Menu > Plot > Keypoints > Keypoints 命令。此时，关键点在 ANSYS 的图形窗口中显示如图 20-5 所示。

图 20-5　关键点的结果显示

（4）在 GUI 界面中选择 Main Menu > Preprocessor > Modeling > Create > Lines > StraightLine 命令，弹出 Create Straight...拾取菜单。在工作区中拾取 1、2、3 号关键点，生成直线 L1，L2。

选择 Main Menu > Preprocessor > Modeling > Create > Splines > Spline thru KPs 命令，弹出 B-Spline 拾取菜单，依次选取关键点 3，4，5，6，7，8，9，单击 OK 按钮，生成曲线 L3。

按照上述方法，分别生成直线 L4、L6、L7、L8 以及曲线 L5。

选择 UtilityMenu > PlotCtrls > Numbering...命令，弹出 Plot Numbering Controls 对话框，选中 Line Numbers 复选框，off 变为 on，单击 OK 按钮，关闭该对话框，选择 Utility Menu > Plot > Lines 命令。

（5）在 GUI 界面中选择 Main Menu > Preprocessor > Modeling > Create > Areas > Arbitrary > By Lines 命令，弹出 Create Area by L...拾取菜单。依次选取 L1、L2、L3、L4、L5、L6、L7、L8，生成平面 A1。打开 Plot Numbering Controls 对话框，选中 Area Numbers 复选框，off 变为 on，单击 OK 按钮关闭该对话框。选择 Utility Menu > Plot > Areas 命令。

（6）生成整个扳手的投影面。在 GUI 界面中选择 Main Menu > Preprocessor > Modeling > Reflect > Areas 命令，弹出 ReflectAreas 拾取菜单，选取面 A1，如图 20-6 所示，弹出 Reflect Areas 对话框，在 Ncomp Plane of symmetry 栏中选择 X-Z plane Y 单选按钮，单击 OK 按钮，生成新的平面 A2，如图 20-7 所示。

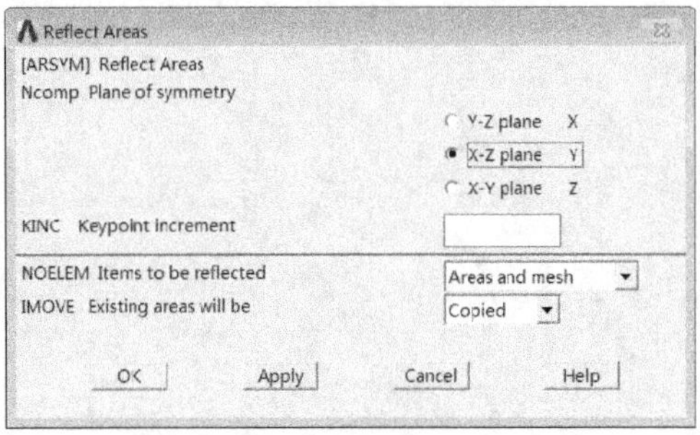

图 20-6　弹出 ReflectAreas 对话框

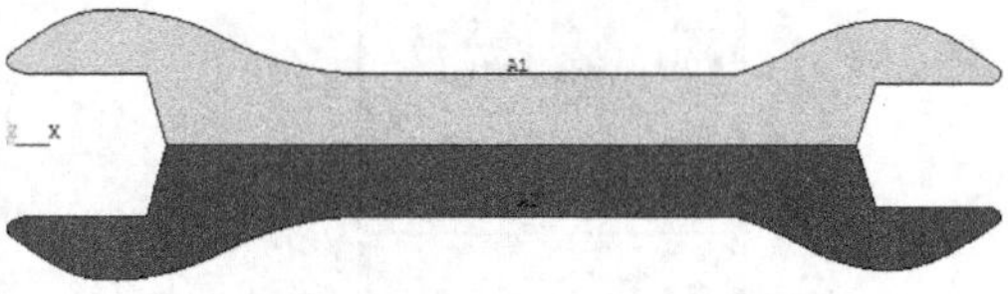

图 20-7　生成新的面

（7）在 GUI 界面中选择 Main Menu > Preprocessor > Modeling > Operate > Booleans > Add > Areas 命令，弹出 Add Area 对话框，单击 Pick ALL 按钮，再单击 OK 按钮，将面 A1，A2 相加生成新的平面 A3。

（8）在 GUI 界面中选择 Main Menu > Preprocessor > Modeling > Operate > Extrude > Areas > Along Normal 命令，弹出 Extrude Areasby...拾取菜单，选择平面 A3，再单击

OK 按钮，弹出 Extrude Area Along Normal 对话框，在 Length of extrusion 输入栏中输入 3，如图 20-8 所示，拉伸得到的扳手零件实体，如图 20-9 所示。

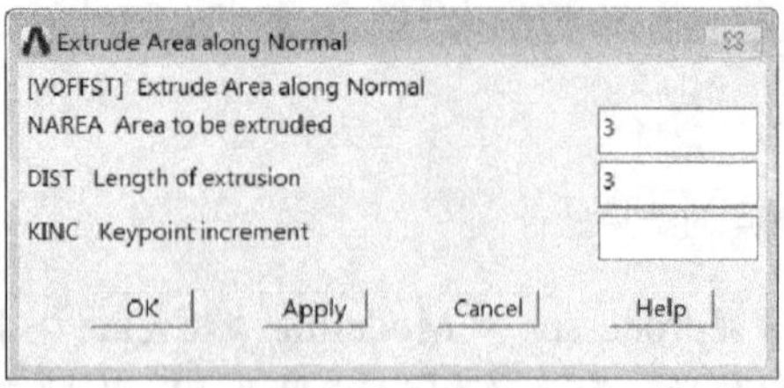

图 20-8　Extrude Area Along Normal 对话框

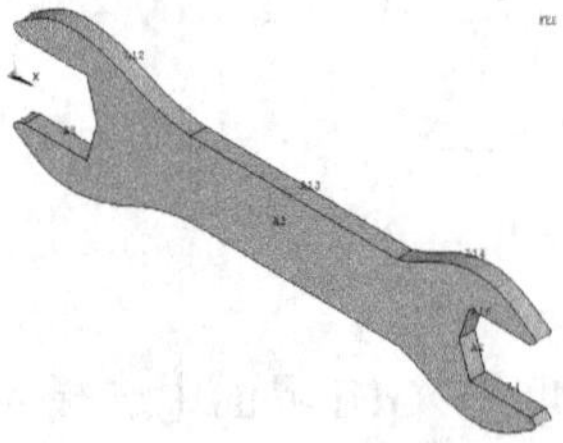

图 20-9　拉伸得到的扳手零件实体

（9）为防止数据意外丢失，应该随时保存，单击 SAVE DB 命令即可。

20.1.5　划分网格

（1）在 GUI 界面中选择 Main Menu > Preprocessor > Meshing > MeshTool 命令，弹出 MeshToo 网格划分工具。通过设定 SmartSize 值，让系统自动设定每个边的网格尺寸。

单击 SmartSize 检验栏显示出一个滑动块。这里只需选择 SmartSize 参数即可划分整个模型网格。单元尺寸级别决定单元的稀疏程度，其数值由上图滑块控制，取 SmartSize 值为 2，如图 20-10 所示。

（2）在网格划分工具中选择 SizeControl > Global > Set，弹出图 20-11 所示的 Global Element Sizes 对话框。

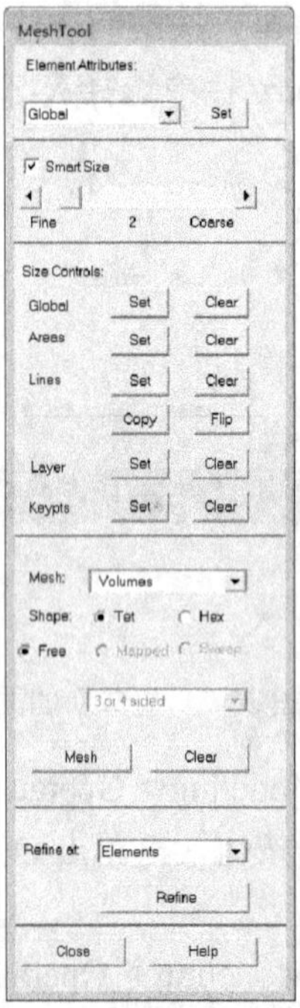

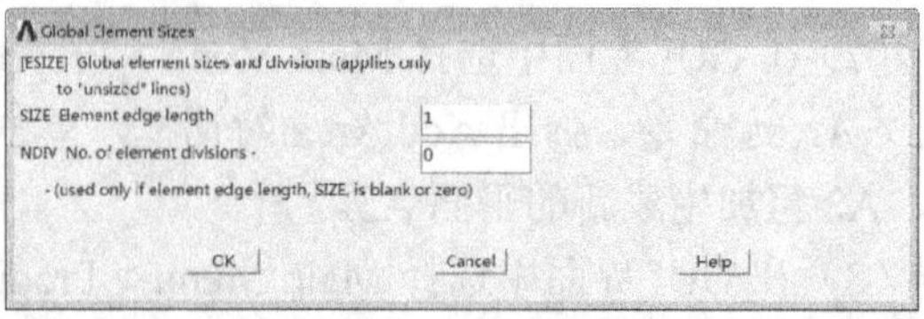

图 20-10　MeshTool 网格划分工具

图 20-11　Global Element Sizes 对话框

（3）在 SIZE Element edge length 输入框中输入 1，单击 OK 按钮确认。单击 MeshTool 中的 Mesh 按钮，打开 Mesh Volumes 对话框，选中工作区中的几何模型，单击 OK 按钮，完成网格划分，完成划分生成的单元，如图 20-12 所示。

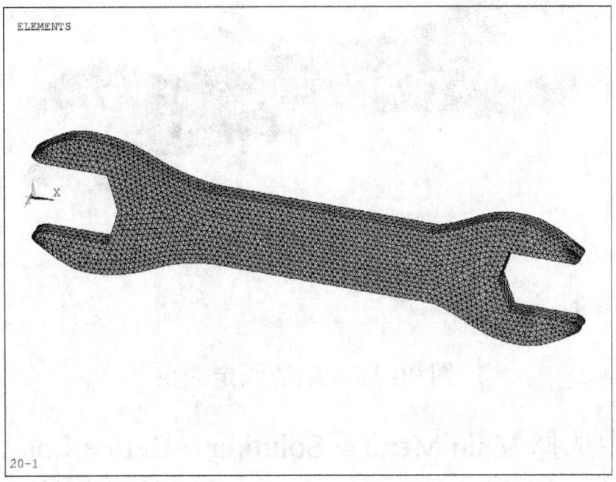

图 20-12　划分网格

20.1.6　施加边界条件

（1）在 GUI 界面中选择 Main Menu > Solution > Define Loads > Apply > Structural > Displacement > On Areas 命令，弹出 Apply U，ROT On Areas 拾取菜单。拾取面 A9、A12，如图 20-13 所示，单击 OK 按钮，弹出如图 20-14 所示的 Apply U，ROT On Areas 对话框。

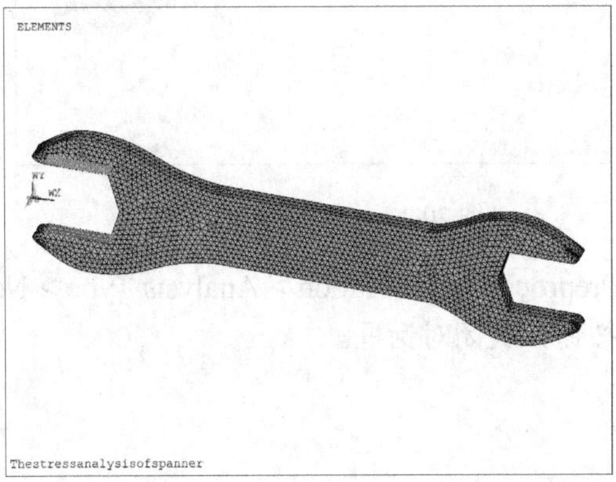

图 20-13　拾取面 A9、A12

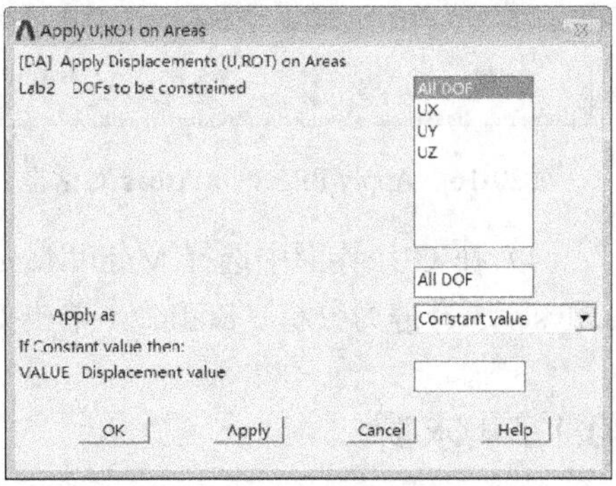

图 20-14　Apply U，ROT on Nodes 对话框

（2）选择 ALL DOF，单击 OK 按钮，设置位移约束后的结果如图 20-15 所示。

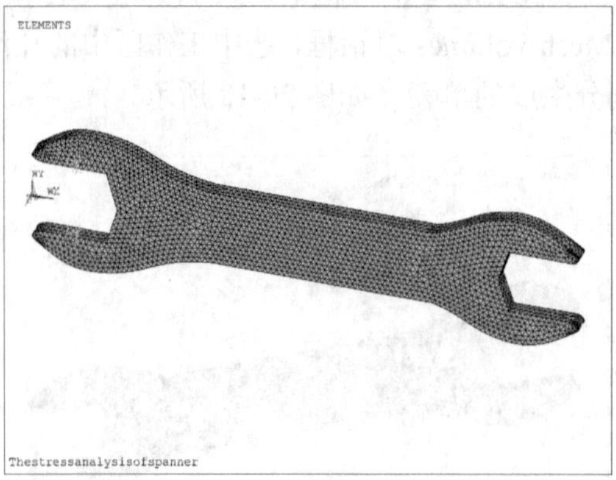

图 20-15　底边固定约束

（3）在 GUI 界面中选择 Main Menu > Solution > Define Loads > Apply > Structural > Pressure > On Areas 命令，弹出 Apply PRES On Areas 拾取菜单，拾取 A15，单击 OK 按钮，弹出如图 20-16 所示的 Apply PRES On Areas 对话框，输入压力值 1，单击 OK 按钮，即可看到施加后的结果如图 20-17 所示。

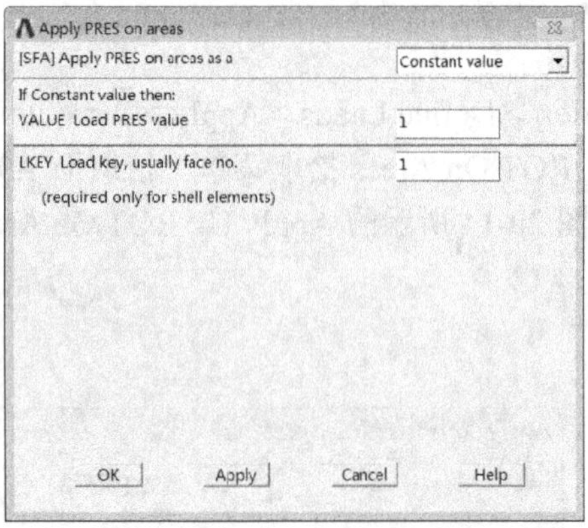

图 20-16　Apply PRES On Areas 对话框

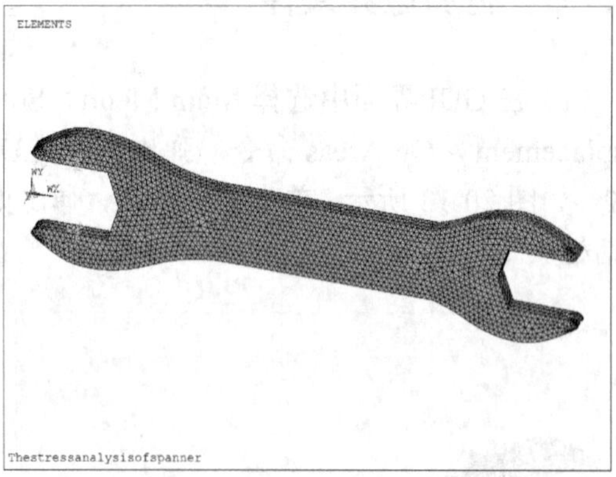

图 20-17　施加完成的压力

（4）在 GUI 界面中选择 Main Menu > Preprocessor > Solution > Analysis Type > New Analysis 选择静力分析（Static），单击 OK 按钮，关闭对话框。

20.1.7　求解

（1）在 GUI 界面选择 Main Menu > Solution > Solve > Current LS 命令，弹出 STATUS Command 窗口，窗口中显示项目的求解信息及输出选项。同时弹出的还有 Solve Current Load Step 对话框，询问用户是否开始进行求解。

（2）单击 Solve Current Load Step 对话框中的 OK 按钮，开始求解，当弹出 Solution is done!提示时，求解完成。

（3）在 GUI 界面中选择 Toolbar > SAVE_DB，保存上述操作过程。

20.1.8 查看求解结果

（1）在 GUI 界面选择 Main Menu > General Postproc > Plot Results > Deformed Shape... 命令，弹出 Plot Deformed Shape 对话框，选择 Def+undefedge 选项，单击 OK 按钮，即可在工作区中显示如图 20-18 所示的变形图。

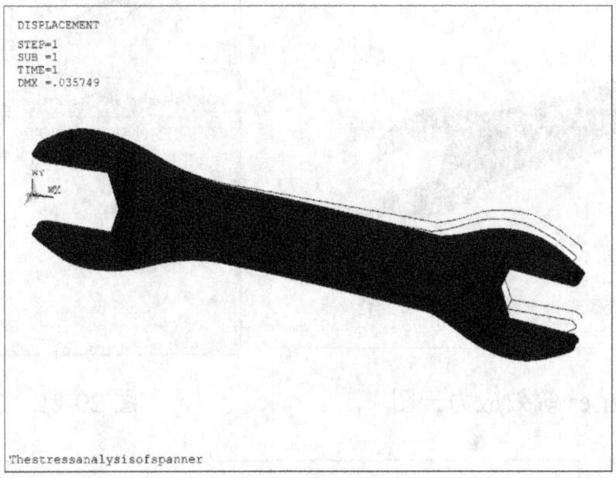

图 20-18　变形图

（2）在 GUI 界面中选择 Main Menu > General Postproc > Plotresults > Contour Plot > Nodal Solu 命令，弹出 Contour Nodal Solution Data 对话框。选择 DOF Solution 列表中的 Displacement Vector Sum，单击 OK 按钮，即可在工作区中看到位移云图，如图 20-19 所示。

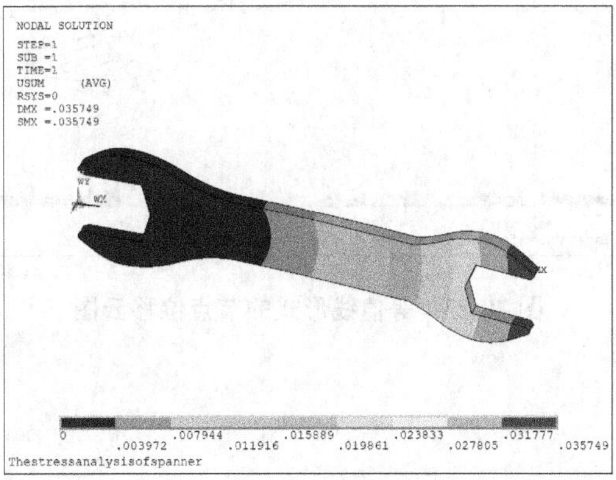

图 20-19　节点位移图

（3）在 GUI 界面中选择 Main Menu > General Postproc > Plotresults > Contour Plot > Nodal Solution 命令，弹出 Contour Nodal Solution Data 对话框。选择 DOF Solution 列表中的 von Mises stress 选项，其余选项采用默认设置，单击 OK 按钮，即可在工作区中看到 Mises 等效应力分布等值图，如图 20-20 所示。

（4）在 GUI 界面中选择 Main Menu > Plot Controls > Device Options 命令，弹出如图

20-21 所示的 Device Options 对话框，选中 Vector mode（wireframe）复选框，单击 OK 按钮，生成如图 20-22 所示的等值线形式的节点位移云图。其他云图，如应力云图、应变云图等也可用等值线形式表示。

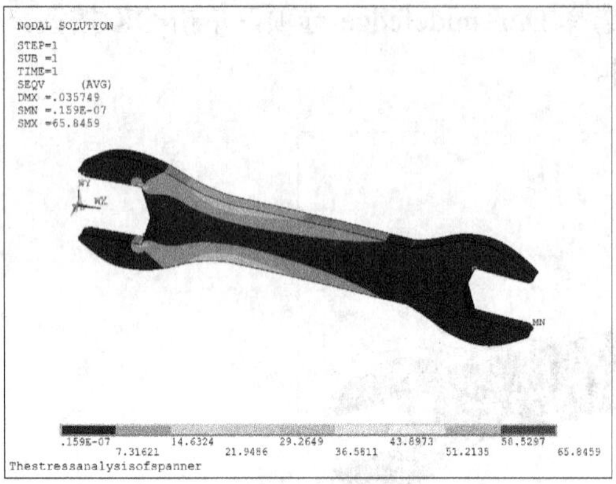

图 20-20　节点 Mises 等效应力云图

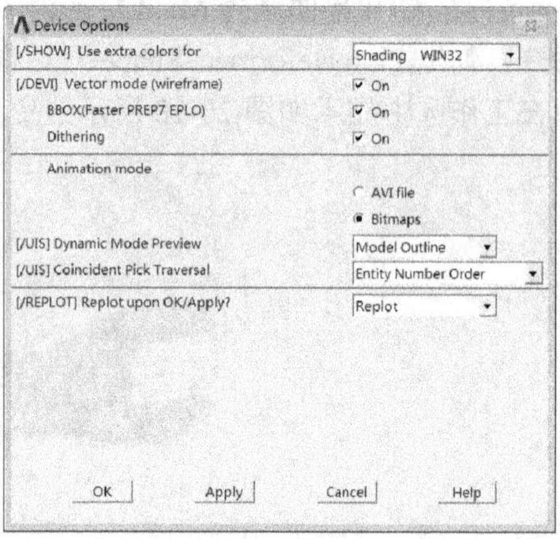

图 20-21　DeviceOptions 对话框

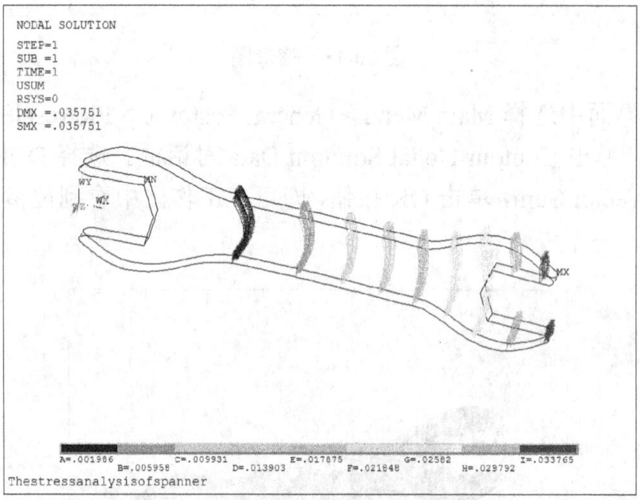

图 20-22　等值线形式的节点位移云图

20.1.9　退出系统

（1）在 GUI 界面中选择 Utility Menu > File > Exit 命令，弹出 Exit from ANSYS 对话框，选择 Save Everything 选项，单击 OK 按钮，关闭 ANSYS 程序。

20.1.10　命令流

本例命令流如下。

```
/BATCH
/input,menust,tmp,'',,,,,,,,,,,,,,,,1
WPSTYLE,,,,,,,0
/FILNAME,20-1,0
/TITLE,Thestressanalysisofspanner
WPSTYLE,,,,,,,1
/UDOC,1,DATE,0
/RGB,INDEX,100,100,100, 0
/RGB,INDEX, 80, 80, 80,13
/RGB,INDEX, 60, 60, 60,14
/RGB,INDEX, 0, 0, 0,15
/REPLOT

/PREP7
MPTEMP,,,,,,,
MPTEMP,1,0
MPDE,EX,1
MPDE,PRXY,1
MPDATA,EX,1,,2.06E5
MPDATA,PRXY,1,,0.3

ET,1,SOLID186


K,1,16,0,0,
K,2,14,7,0,
K,3,2,7,0,
K,4,0,8,0,
K,5,2,10,0,
K,6,8,13,0,
K,7,18,12,0,
K,8,25,9,0,
K,9,34,7,0,
K,10,74,7,0,
K,11,79,9,0,
K,12,83,11,0,
K,13,92,12,0,
K,14,100,8,0,
K,15,101,7,0,
K,16,100,6,0,
K,17,88,6,0,
K,18,86,0,0,

LSTR,1,2
LSTR,2,3

FLST,3,7,3
FITEM,3,3
FITEM,3,4
FITEM,3,5
FITEM,3,6
FITEM,3,7
FITEM,3,8
FITEM,3,9
BSPLIN,,P51X

LSTR,9,10

FLST,3,7,3
FITEM,3,10
FITEM,3,11
FITEM,3,12
FITEM,3,13
FITEM,3,14
FITEM,3,15
FITEM,3,16
BSPLIN,,P51X

LSTR,16,17
LSTR,17,18
LSTR,18,1

FLST,2,8,4
FITEM,2,1
FITEM,2,2
FITEM,2,3
FITEM,2,4
FITEM,2,5
FITEM,2,6
FITEM,2,7
FITEM,2,8
AL,P51X
```

```
FLST,3,1,5,ORDE,1
FITEM,3,1
ARSYM,Y,P51X,,,,0,0

FLST,2,2,5,ORDE,2
FITEM,2,1
FITEM,2,-2
AADD,P51X

VOFFST,3,3,,
SMRT,6
SMRT,2
ESIZE,1,0,

MSHAPE,1,3D
MSHKEY,0
CM,_Y1,VOLU
VSEL,,,,
CM,_Y1,VOLU

CHKMSH,'VOLU'
CMSEL,S,_Y
VMESH,_Y1
CMDELE,_Y
CMDELE,_Y1
CMDELE,_Y2
FINISH

/SOL
FLST,2,2,5,ORDE,2
FITEM,2,9
FITEM,2,12

/GO
DA,P51X,ALL,
FLST,2,1,5,ORDE,1
FITEM,2,15

/GO
SFA,P51X,1,PRES,0.5

SOLVE
FINISH

/POST1
FINISH
```

20.2 材料非线性分析

塑性是一种在某种给定载荷下，材料产生永久变形的材料特性，对大多数的工程材料来说，当其应力低于比例极限时，应力-应变关系一般是线性的。另外，大多数材料在其应力低于屈服点时，表现为弹性行为，也就是说，当移走载荷时，其应变也完全消失。

由于材料的屈服点和比例极限相差很小，因此在 ANSYS 程序中，假定它们相同。在应力-应变的曲线中，低于屈服点的称作弹性部分，超过屈服点的称作塑性部分，也称作应变强化部分。塑性分析中考虑了塑性区域的材料特性。

当材料中的应力超过屈服点时，塑性被激活（也就是说，有塑性应变发生）。而屈服应力本身可能是下列某个参数的函数。

- 温度；
- 应变率；
- 以前的应变历史；
- 侧限压力；
- 其他参数。

本节通过对铆钉的冲压进行应力分析，介绍 ANSYS 塑性问题的分析过程。

20.2.1 问题描述

为了考察铆钉在冲压时，发生多大的变形，对铆钉进行分析。

铆钉圆柱高：10mm

铆钉圆柱外径：6mm

铆钉内径孔径：3mm

铆钉下端球径：15mm

弹性模量：2.0e11

泊松比：0.3

铆钉材料的应力-应变关系如表 20-2 所示。

表 20-2 应力应变关系表

应变	0.003	0.005	0.007	0.009	0.011	0.02	0.2
应力/MPa	600	1000	1300	1450	1500	1600	1610

20.2.2 设置环境变量

（1）从实用菜单中选择 Utility Menu:File > Change Jobname 命令，将打开 Change Jobname（修改文件名）对话框，如图 20-23 所示。

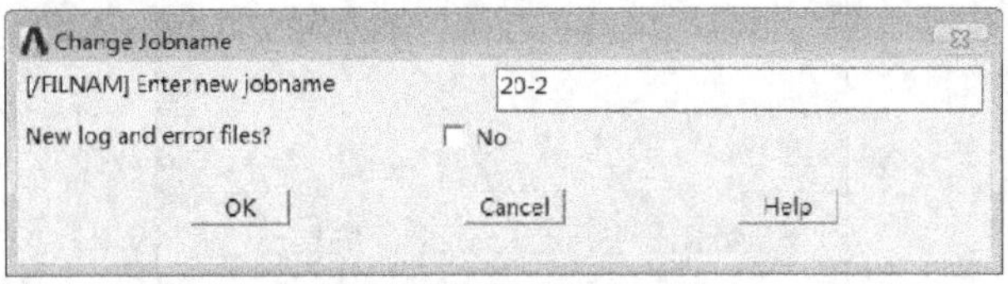

图 20-23 修改文件名对话框

（2）在“Enter new jobname”文本框中输入文字“20-2”，为本分析实例的文件名。单击 OK 按钮，完成文件名的修改。

（3）从实用菜单中选择 Utility Menu:File > Change Title 命令，将打开 Change Title 对话框，如图 20-24 所示。

（4）在 Enter new title 文本框中输入文字 plastic analysis of a part，为本分析实例的标题名，单击 OK 按钮，完成对标题名的指定。

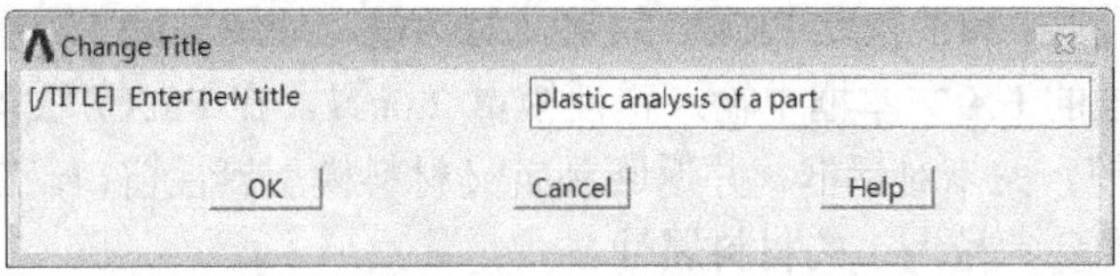

图 20-24 修改标题

（5）从实用菜单中选择 Utility Menu：Plot > Replot 命令，指定的标题 plastic analysis of a part 将显示在图形窗口的左下角。

（6）从主菜单中选择 Main Menu > Preprocessor 命令，将打开 Preference of GUI Filtering（菜单过滤参数选择）对话框，选中 Structural 复选框，单击 OK 按钮确定。

20.2.3　定义单元类型

（1）在进行有限元分析时，首先应根据分析问题的几何结构、分析类型和所分析的问题精度要求等，选定适合具体分析的单元类型。本例中选用四节点四边形板单元 SOLID45，如图 20-25 所示。SOLID45 可用于计算三维应力问题。

（2）在输入窗口，输入命令如下。

```
ET,1，SOLID45
```

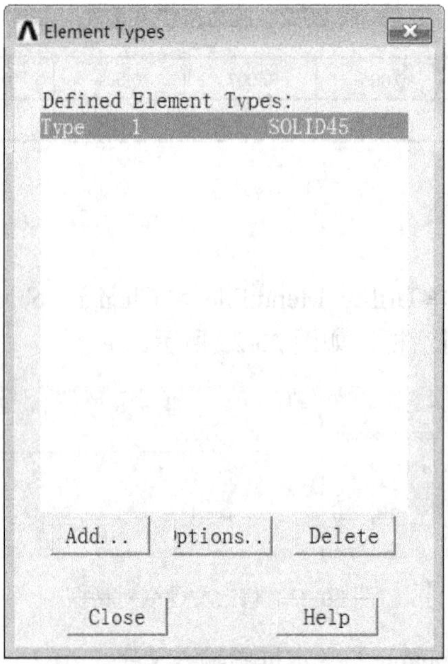

图 20-25　定义单元类型对话框

（3）从主菜单中选择 Main Menu > Preprocessor > Material Props > Material Models 命令，将打开 Define Material Model Behavior （定义材料模型属性）窗口，如图 20-26 所示。

（4）依次单击 Structural > Linear > Isotropic，展开材料属性的树形结构。将打开 1 号材料的弹性模量 EX 和泊松比 PRXY 的定义对话框，如图 20-27 所示。

（5）在对话框的 EX 文本框中输入弹性模量 2.0e11，在 PRXY 文本框中输入泊松比 0.3，单击 OK 按钮，关闭对话框，并返回到定义材料模型属性窗口，在此窗口的左边一栏出现刚刚定义的参考号为 1 的材料属性。

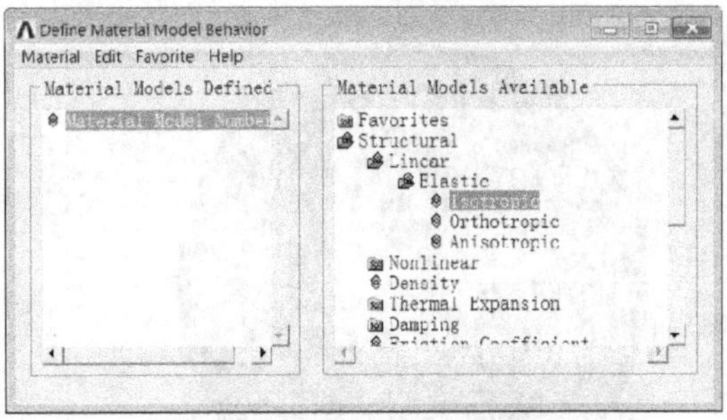

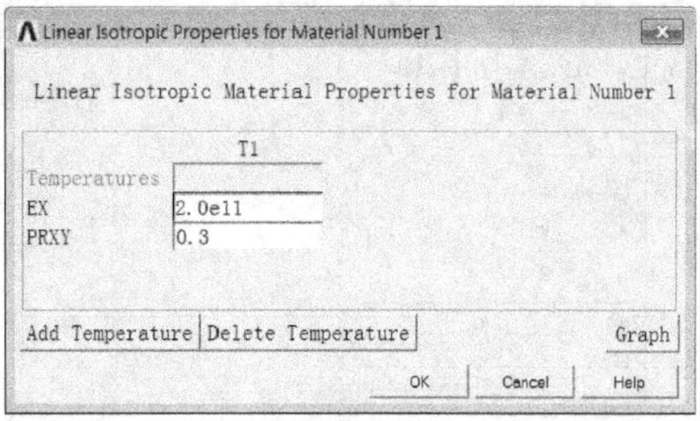

图 20-26　定义材料模型属性　　　　图 20-27　定义材料的弹性模量和泊松比

（6）依次单击 Structural > Nolinear > Elastic > Multilinear Elastic，打开定义材料应力应变对话框，如图 20-28 所示。单击 Add 按钮，Point 增加材料的关系点，分别输入材料的关系点，如图 20-29 所示。还可以显示材料的曲线关系，单击 Graph 按钮，在图形窗口中就会显示出来。

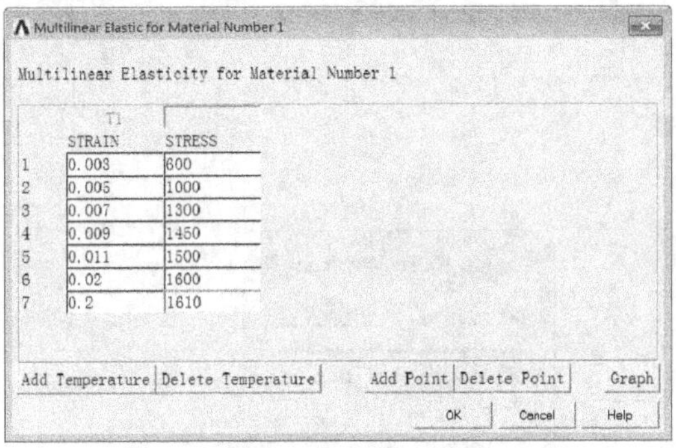

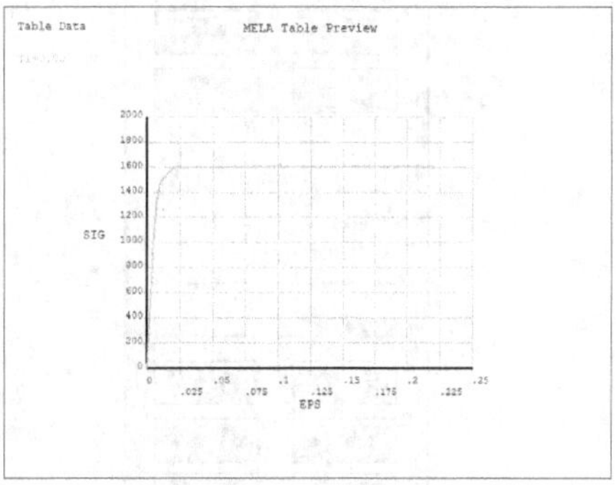

图 20-28　定义材料应力应变对话框　　　　图 20-29　材料曲线关系

（7）单击 OK 按钮，关闭对话框，并返回到定义材料模型属性窗口。在 Define Material Model Behavior 窗口中，从菜单选择 material > Exit 命令，或者单击右上角的"×"按钮，退出定义材料模型属性窗口，完成对材料模型属性的定义。

20.2.4　建立实体模型

（1）创建一个球体，从主菜单中选择 Main Menu > Preprocessor > Modeling > Create > Volumes > Sphere > Solid Sphere 命令。在文本框中输入 X=0，Y=3，Radius=7.5，如图 20-30 所示，单击 OK 按钮，模型如图 20-31 所示。

（2）将工作面旋转 90°，从应用菜单中选择 Utility Menu > WorkPlane > Offset WP by Increments 命令。在 XY,YZ,ZX Angles 文本框中输入 0,90,0，如图 20-32 所示，单击 OK 按钮。

（3）用工作平面分割球。从主菜单中选择 Main Menu > Preprocessor > Modeling > Operate > Booleans > Divide > Volu by WorkPlane 命令，弹出如图 20-33 所示对话框。选择刚建立的球，单击 OK 按钮。

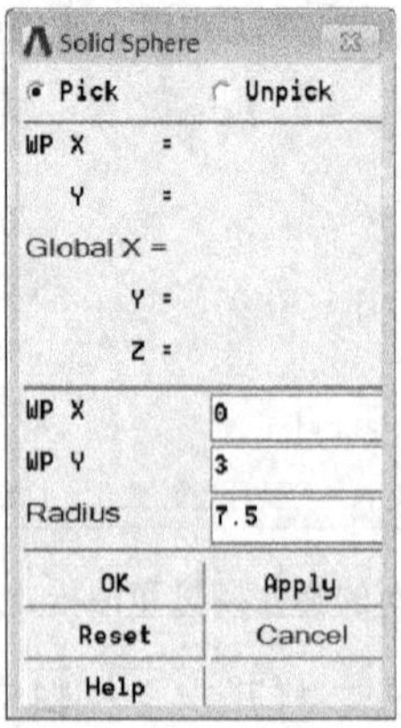

图 20-30 创建球体对话框

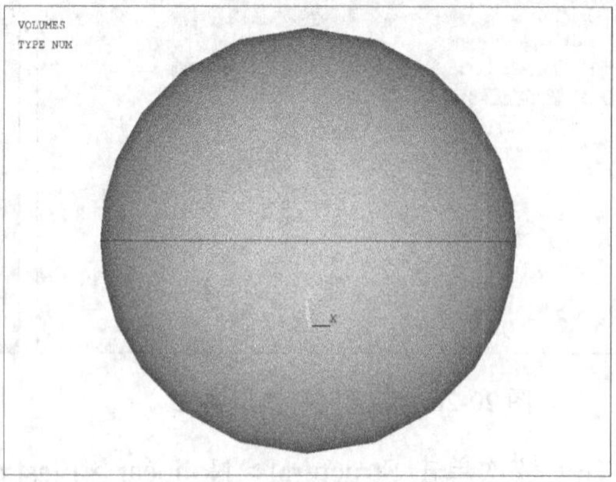

图 20-31 球体模型

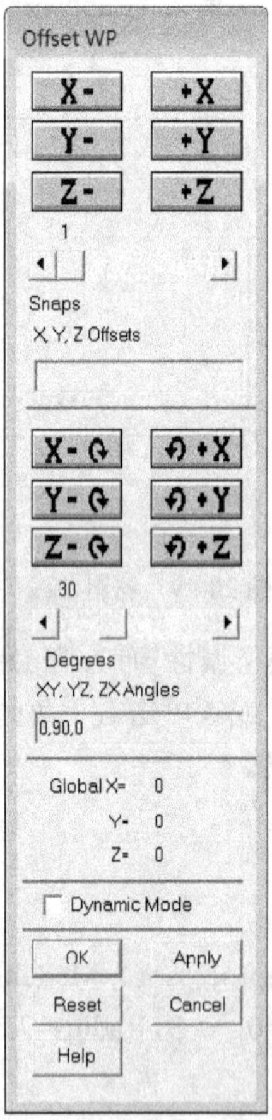

图 20-32 Offset WP 对话框

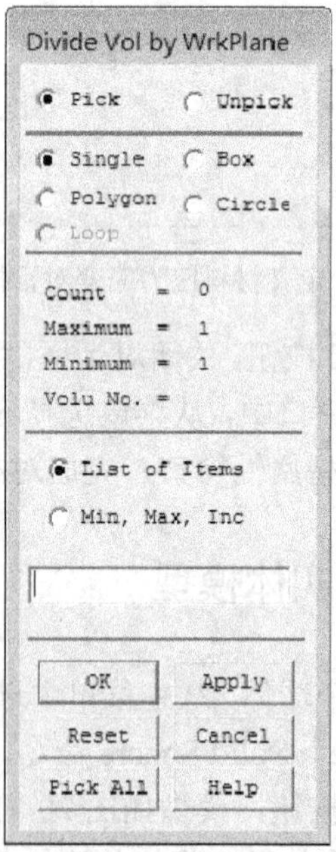

图 20-33 Divide Vou by WorkPlane 对话框

（4）删除上半球。从主菜单中选择 Main Menu > Preprocessor > Modeling > Delete > Volume and Below 命令弹出对话框如图 20-34 所示。选择球的上半部分，单击 OK 按钮。所得到的结果如图 20-35 所示。

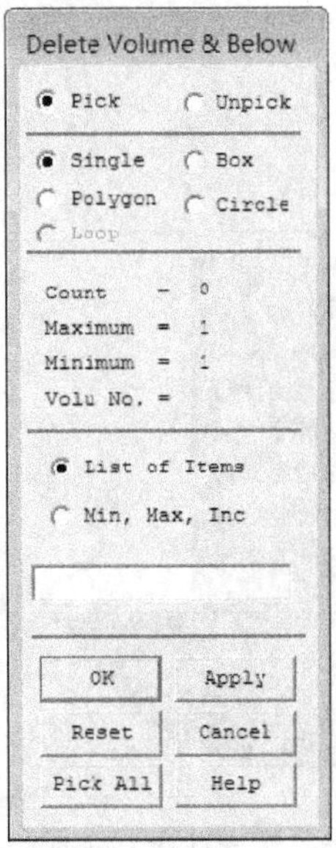

图 20-34　删除体对话框

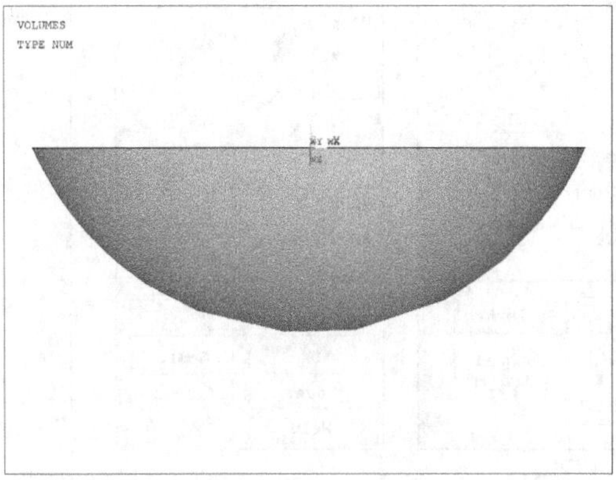

图 20-35　删除体后模型

（5）创建一个圆柱体。从主菜单中选择 Main Menu > Preprocessor > Modeling > Create > Volumes > Cylinder > Solid Cylinder 命令。在文本框中输入 X=0，Y=0，Radius=3，，如图 20-36 所示，单击 OK 按钮，生成一个圆柱体，如图 20-37 所示。

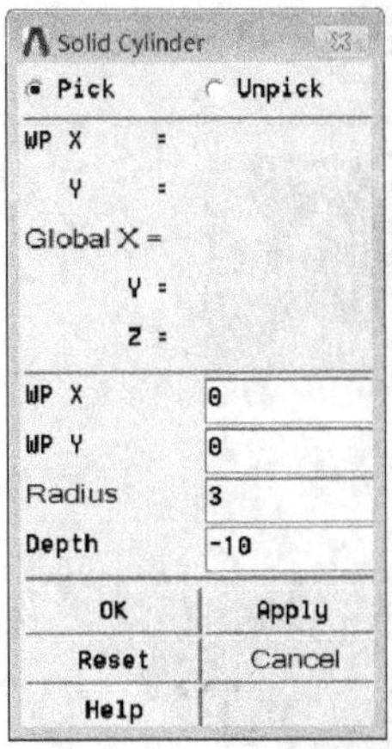

图 20-36　创建圆柱体

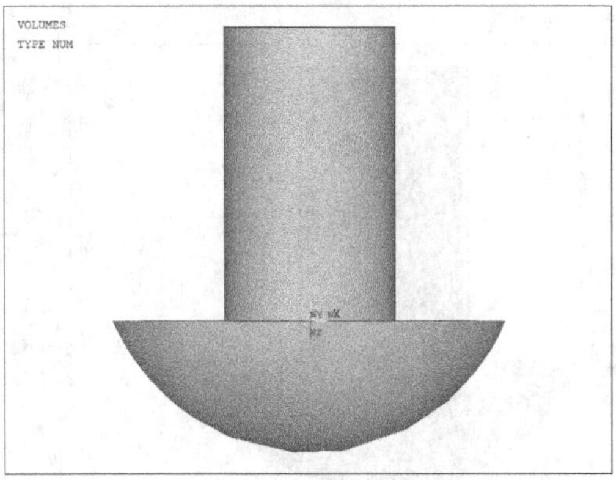

图 20-37　创建圆柱体后模型

（6）偏移工作平面到总坐标系的某一点。从应用菜单中选择 Utility Menu > WorkPlane > Offset WP to > XYZ Locations 命令，如图 20-38 所示。在 Global Gartesian 文本框中输入 0,10,0，单击 OK 按钮。

（7）从主菜单中选择 Main Menu > Preprocessor > Modeling > Create > Volumes > Cylinder > Solid Cylinder 命令。在文本框中输入 X=0，Y=0，Radius=1.5，如图 20-39 所示，单击 OK 按钮，生成另一个圆柱体，如图 20-40 所示。

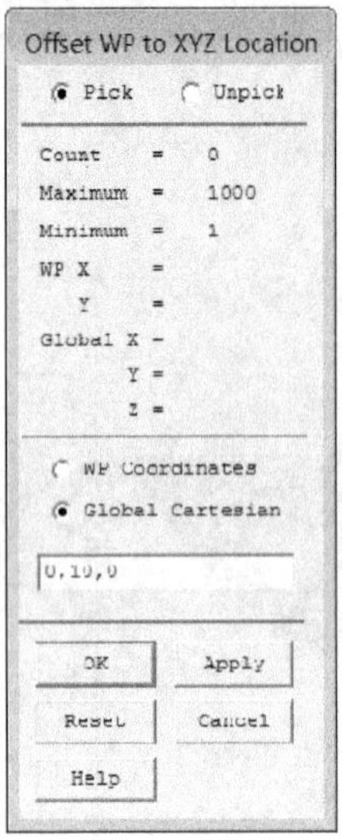

图 20-38　偏移工作平面对话框

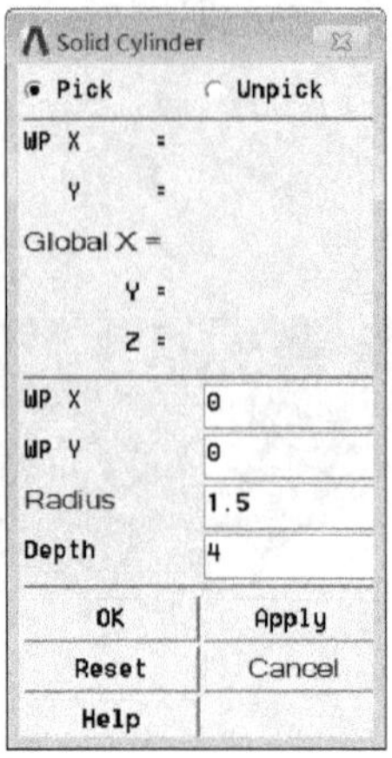

图 20-39　创建另一个圆柱体

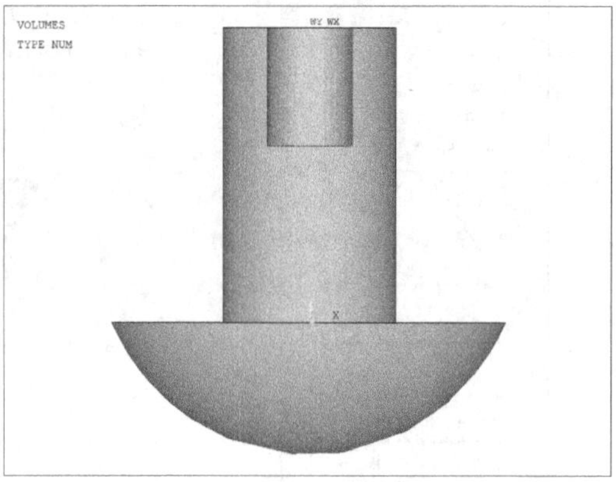

图 20-40　创建另一个圆柱体后模型

（8）从大圆柱中“减去”小圆柱体。从主菜单中选择 Main Menu > Preprocessor > Modeling > Operate > Booleans > Subtract > Volumes 命令。拾取大圆柱，如图 20-41 所示，作为布尔减操作的母体，单击 Apply 按钮，拾取小圆柱作为“减去”的对象，如图 20-42 所示，单击 OK 按钮。从大圆柱中“减去”小圆柱体的结果如图 20-43 所示。

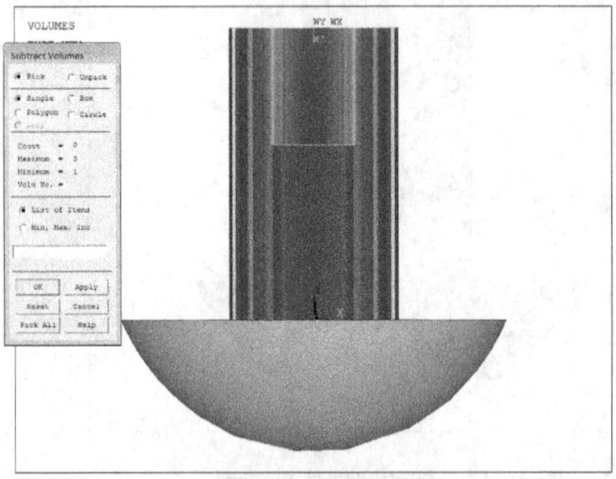

图 20-41　拾取大圆柱

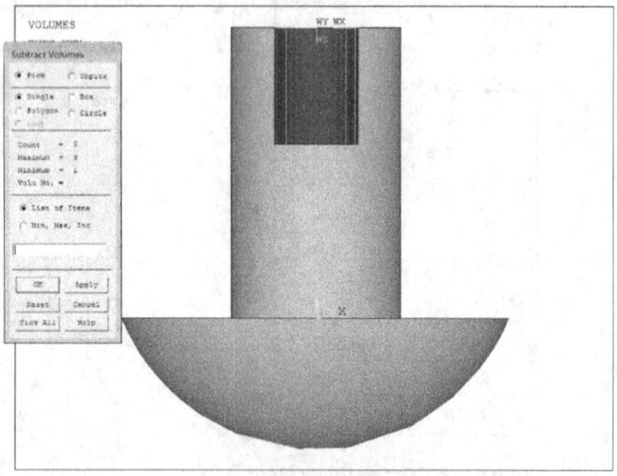

图 20-42　拾取小圆柱

（9）从大圆柱中“减去”小圆柱体的结果与下半球相加。从主菜单中选择 Main Menu > Preprocessor > Modeling > Operate > Booleans > Add > Volumes 命令，单击 Pick All 按钮，合并实体。

（10）存储数据库 ANSYS，拾取 SAVE_DB。

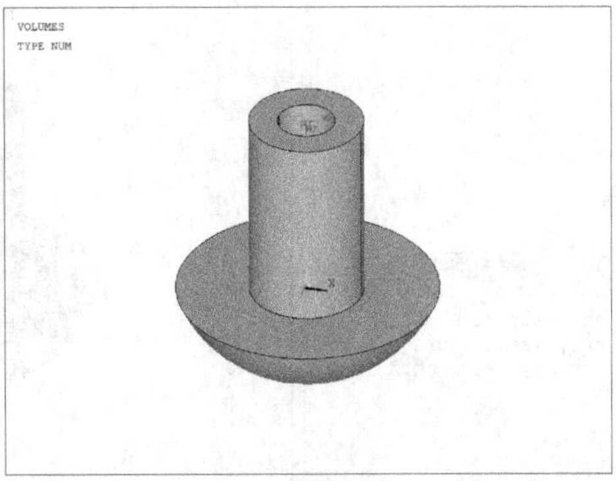

图 20-43　从大圆柱中“减去”小圆柱体的结果

20.2.5　划分网格

（1）从主菜单中选择 Main Menu > Preprocessor > Meshing > MeshTool 命令，打开 Mesh Tool 网格工具，如图 20-44 所示。选择 Mesh 域中的 Volumes，单击 Mesh 按钮，打开面选择对话框，要求选择要划分的体。

（2）单击 Pick All 按钮，如图 20-45 所示。ANSYS 会根据进行的控制划分体，划分过程中 ANSYS 会给出提示，如图 20-46 所示，单击 Close 按钮。划分后的结果如图 20-47 所示。

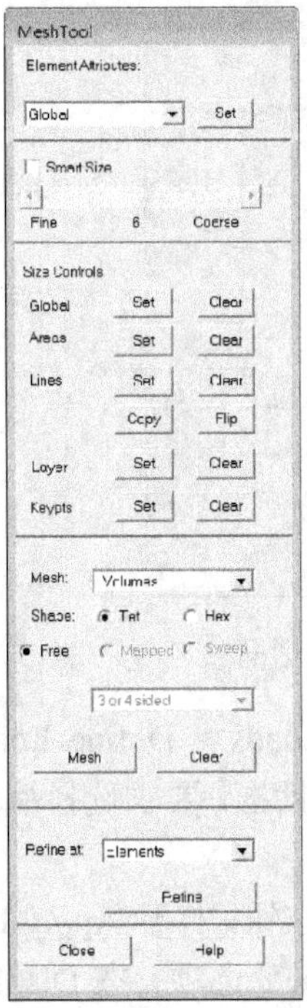

图 20-44　Mesh Tool 网格工具

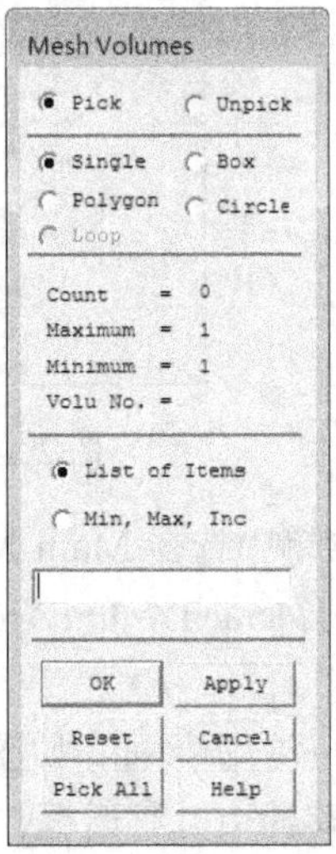

图 20-45　选取体划分网格对话框

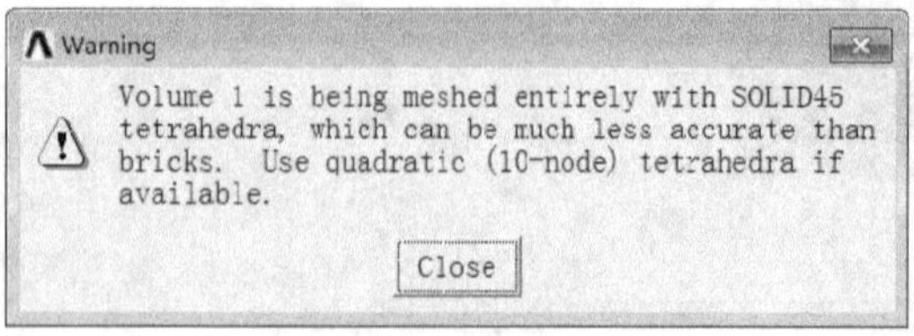

图 20-46　提示对话框

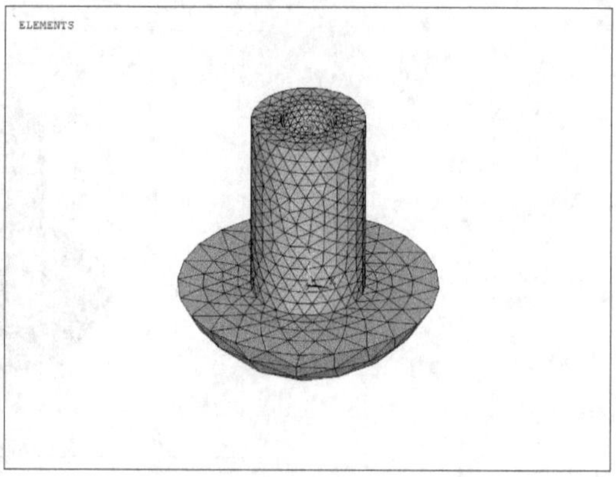

图 20-47　划分后的结果

20.2.6　加载

（1）从主菜单中选择 Main Menu > Preprocessor > Solution > Define Loads > Apply > Structural > Displacement > On Areas 命令。打开面选择对话框，要求选择欲增加位移约束的面。

（2）选择下半球面，单击 OK 按钮，打开 Apply U,Rot on Areas（在面上施加位移约束）对话框，如图 20-48 所示。选择 ALL DOF 选项，单击 OK 按钮，ANSYS 在选定面施加指定的位移约束。

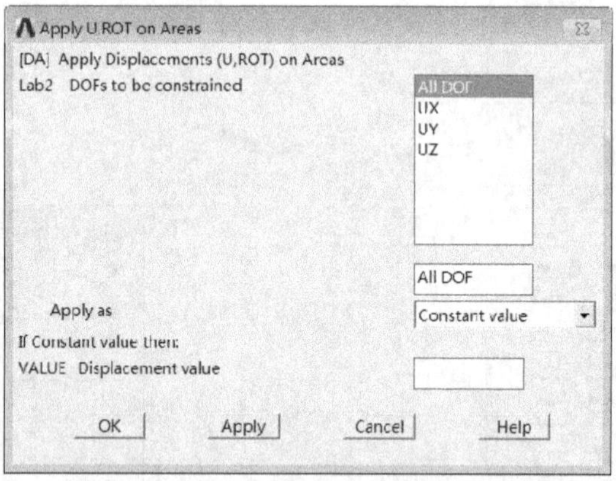

图 20-48　Apply U,Rot on Areas 对话框

（3）从主菜单中选择 Main Menu > Preprocessor > Loads > Define Loads > Apply > Structural > Displacement > On Areas 命令。打开面选择对话框，要求选择欲增加位移约束的面。

（4）选择侧面的圆周面，如图 20-49 所示，单击 OK 按钮，打开 Apply U,Rot on Areas（在面上施加位移约束）对话框，如图 20-50 所示。选择 UY 选项，在 Displacement value 文本框中输入 3，单击 OK 按钮，ANSYS 在选定面施加指定的位移约束。

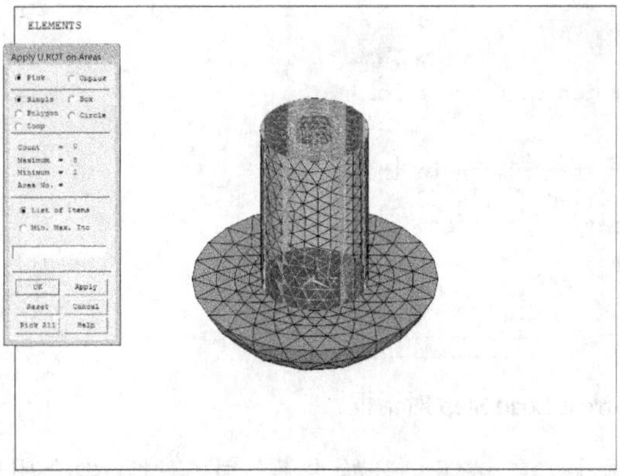

图 20-49　选择侧面的圆周面图

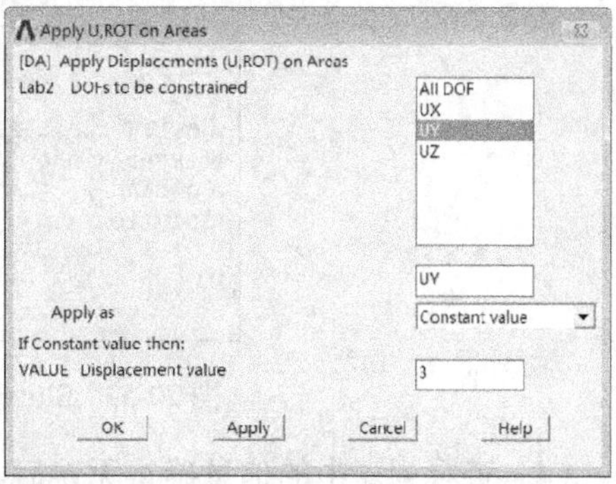

图 20-50　Apply U,Rot on Areas 对话框

（5）拾取 SAVE_DB，存储数据库。

20.2.7　求解

（1）从主菜单中选择 Main Menu > Preprocessor > Solution > Analysis Type > Sol'n Controls 命令，打开 Solution Controls 窗口，如图 20-51 所示。

（2）在 Basic 选项卡中的 Write Items to Results File 窗口中选择 ALL solution items，下面的 Frequency 中选择 Write every Nth substeps 处输入 20；单击 OK 按钮。

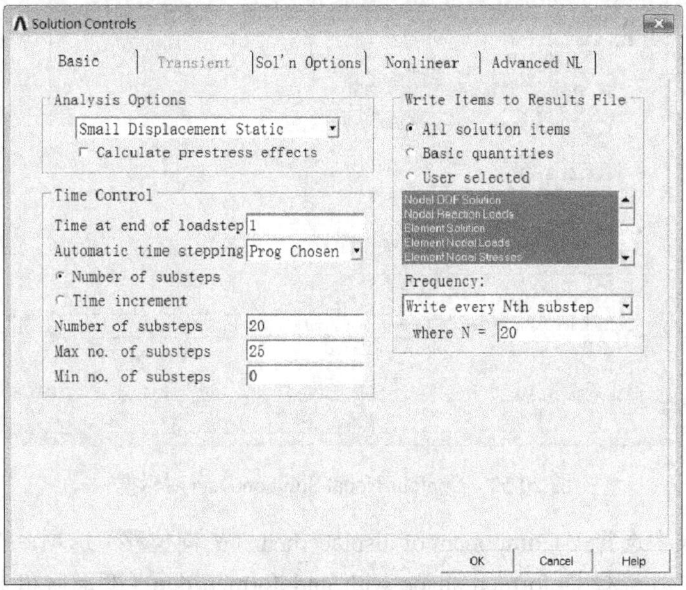

图 20-51　Solution Controls 窗口

（3）从主菜单中选择 Main Menu > Preprocessor > Solution > Solve > Current LS 命令，打开一个确认对话框和状态列表，如图 20-52 所示，要求查看列出的求解选项。

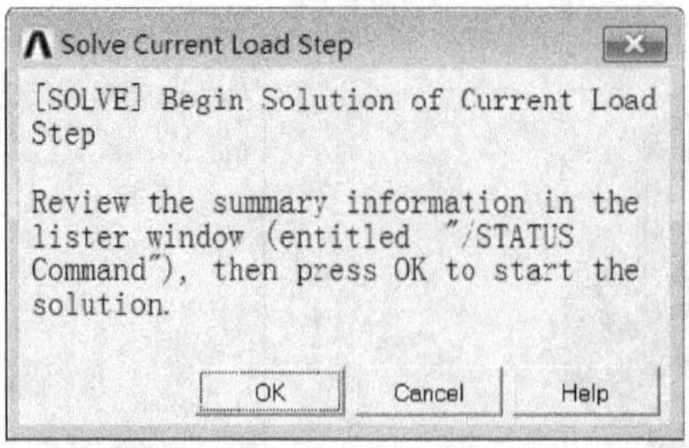

图 20-52　Slove Current Load Step 对话框

（4）查看列表中的信息确认无误后，单击 OK 按钮，开始求解。求解过程中会出现结果收敛与否的图形显示。

20.2.8　后处理

（1）查看变形。从主菜单中选择 Main Menu > Preprocessor > Plot Result > Contour Plot > Nodal Solu 命令，打开 Contour Nodal Solution Data（等值线显示节点解数据）对话框，如图 20-53 所示。在 Item to be contoured（等值线结果项）域中选择 DOF solution（自由度解）选项。

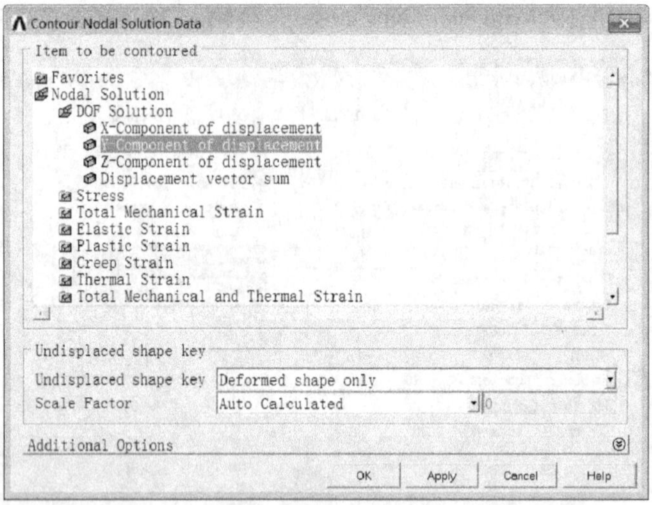

图 20-53　Contour Nodal Solution Data 对话框

（2）在列表中选择 Y-Component of displacement（Y 向位移）选项，Y 向位移即为铆钉高方向的位移。选择 Deformed shape with undeformed dge（变形后和未变形轮廓线）单选按钮，单击 OK 按钮，在图形窗口中显示出变形图，包括变形前的轮廓线，如图 20-54 所示。图中下方的色谱表明不同的颜色对应的数值（带符号）。

（3）查看应力。从主菜单中选择 Main Menu > Preprocessor > Plot Result > Contour Plot > Nodal Solu 命令，打开 Contour Nodal Solution Data（等值线显示节点解数据）对话框

框，如图 20-55 所示。在 Item to be contoured（等值线结果项）域中选择 Total Mechanical Strain（应变）选项。

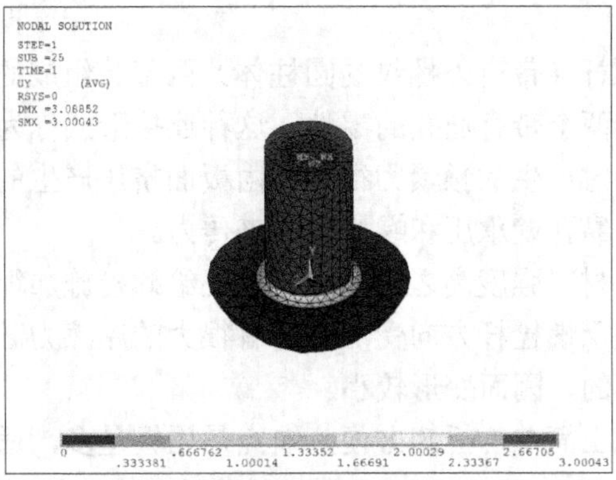

图 20-54　变形图

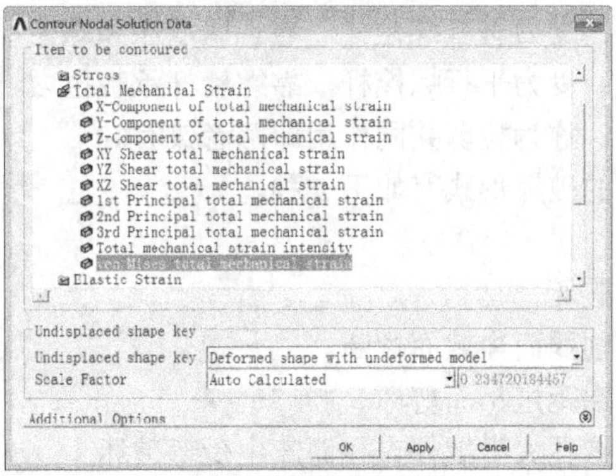

图 20-55　Contour Nodal Solution Data 对话框

（4）在列表中选择 von Mises total mechanical strain （von Mises 应变）选项，选择 Deformed shape only（仅显示变形后模型）单选按钮，单击 OK 按钮，图形窗口中显示出 von Mises 应变分布图，如图 20-56 所示。

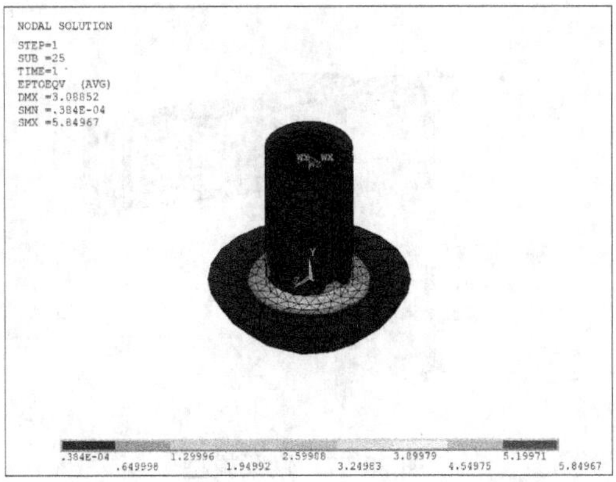

图 20-56　von Mises 应变分布图

20.3 螺栓连接件仿真分析

螺栓是由头部和螺杆（带有外螺纹的圆柱体）两部分组成的一类紧固件，需要与螺母配合，用于紧固连接两个带有通孔的零件。这种连接形式称为螺栓连接。

普通螺栓拧紧螺帽时产生的预紧力很小，由板面挤压产生的摩擦力可以忽略不计。普通螺栓抗剪连接是依靠孔壁承压和螺栓抗剪来传力。

高强度螺栓除了其材料强度高之外，施工时还给螺栓施加很大的预紧力，使板面间产生挤压力。因此垂直于螺栓杆方向受剪时会有很大的摩擦力。依靠摩擦力阻止板间相对滑移，达到传力的目的，因而变形较小。

普通螺栓优点是施工简单，拆卸方便，缺点是用钢量多，适用于安装连接和需要经常拆卸的结构。

普通螺栓连接按照螺栓传力方式分为以下 3 种类型。

（1）抗剪螺栓连接：受力垂直螺栓杆，靠孔壁承压和螺栓杆抗剪传力。

（2）抗拉螺栓连接：受力平行螺栓杆，靠螺栓杆承载拉力。

（3）既受剪又受拉，称为拉剪共同作用即两者兼有。

剪力螺栓可能发生的破坏形式有如下 5 种。

（1）螺栓剪断。

（2）钢板孔壁挤压破坏。

（3）钢板由于螺孔削弱而净截面拉断。

（4）钢板因螺栓孔端距过小而剪坏。

（5）螺杆因太长或螺孔大于螺杆直径而产生受弯破坏。

板较厚而螺栓较细时，可能发生螺栓被剪断，而板较薄但螺栓较粗时，螺栓孔壁可能被挤坏。板上开孔，板的截面削弱时，板也可能出现被拉断的情况。螺栓端距过于小时，钢板可能被剪坏。若钢板过厚而螺栓过于细长时，螺栓可能出现弯曲破坏。

本例将为读者介绍一个螺栓连接的钢梁分析，探讨有限元法在螺栓连接件分析中的应用。钢梁的几何模型如图 20-57 所示。

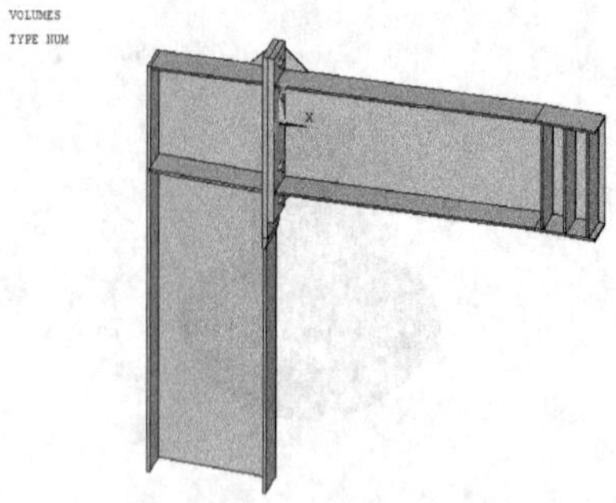

图 20-57　钢梁模型

20.3.1 设置分析环境

（1）启动 Mechanical APDL Product Launcher，弹出 Mechanical APDL Product Launcher 窗口。

（2）在 Mechanical APDL Product Launcher 窗口中设置 Simulation Environment 为 ANSYS，License 为 ANSYS Multiphysics，在 Working Directory 中输入工作目录名称，Job Name 输入项目名称 20-3，单击 Run 按钮。

20.3.2 定义几何参数

在 GUI 界面中选择 Utility Menu > Parameters > Scalar Parameters，依次输入下面参数如图 20-58 所示。

```
hc=400              !柱截面高度
bc=200              !柱截面宽度
tcf=10              !柱翼缘厚度
tcw=8               !柱腹板厚度
lc=1100             !柱构件伸出长度
tep=20              !端板厚度
bep=bc+20           !端板宽度
hep1=hc+200         !端板高度
tst=10              !端板外伸部分加紧肋厚度
hst=80              !端板外伸部分加紧肋高度
bst=bc/2-5          !端板外伸部分加紧肋宽度
lbt=2*tep           !螺栓杆长度
dbt=20              !螺栓杆直径或有效直径
dbth=31.4           !螺栓头和螺母直径
lbth=11.5           !螺栓头厚度
preten=155000       !螺栓施工预紧力
miu=0.4             !端板间抗滑移系数
hb=400              !梁截面告诉
bb=200              !梁截面宽度
tbf=8               !梁翼缘厚度
tbw=6               !梁腹板厚度
lb1=870             !梁构件伸出长度
lb2=200             !梁构件伸出的水平加载端长度
hb1=362             !梁最左端高度
dh0=dbt+2           !螺栓孔直径
randa=0.05          !梁的坡度
aa=50               !螺栓中心到梁翼缘边缘（非受力方向）的距离
aa1=50              !螺栓中心到梁翼缘边缘（受力方向的距离）
```

```
ab=120              !一二排螺栓间距
displa=-50          !施加的位移载荷大小
```

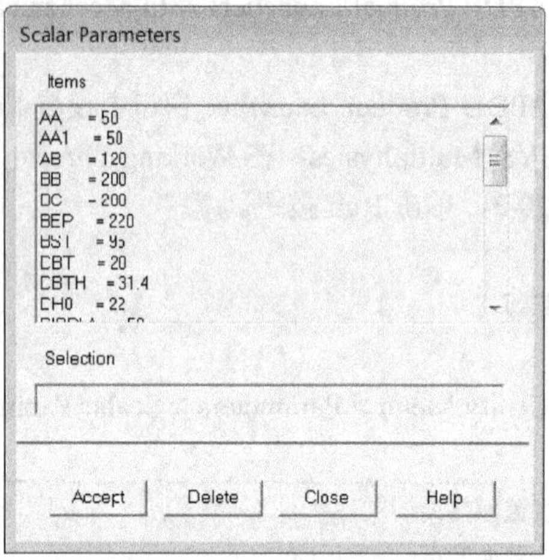

图 20-58　Scalar Parameters 对话框

20.3.3　生成板梁

（1）在 GUI 界面中选择 Main Menu > Preprocessor > Modeling > Create > Volumes > Block > By Dimensions 命令，输入第一块体的参数：X1=0、X2=tep、Y1=-hep1/2、Y2=hep1/2、Z1=0、Z2=bep/2，单击 Apply 按钮。

（2）输入第二块体的参数：X1= -tep、X2=0、Y1=-hep1/2-100+4*tcf、Y2=hep1/2、Z1=0、Z2=bep/2，生成的两个块体如图 20-59 图所示。

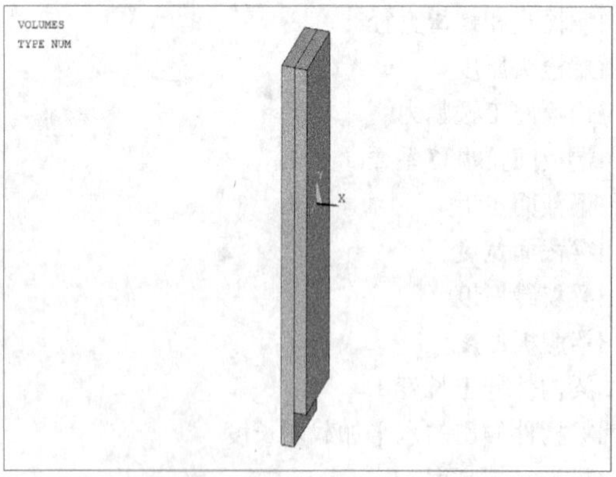

图 20-59　生成两块体

（3）在 GUI 界面中选择 Main Menu > Preprocessor > Modeling > Create > Keypoints > In Active CS 命令，输入关键点的坐标，完成表 20-3 中所列的关键点的定义。

表 20-3　关键点 20~27

关键点编号	X	Y	Z
20	tep	hb/2	0
21	tep	hb/2−tbf	0
22	tep+lb1	hb/2−tbf+lb1*randa	0
23	tep+lb1	hb/2+lb1*randa	0
24	tep	hb/2	bb/2
25	tep	hb/2−tbf	bb/2
26	tep+lb1	hb/2−tbf+lb1*randa	bb/2
27	tep+lb1	hb/2+lb1*randa	bb/2

完成的关键点如图 20-60 所示。

（4）在 GUI 界面中选择 Main Menu > Preprocessor > Modeling > Create > Volumes > Arbitrary > Through KPs 命令，在拾取框中输入关键点，用英文逗号隔开，或者直接在工作区中拾取这些关键点，生成的体如图 20-61 所示。

（5）在 GUI 界面中选择 Main Menu > Preprocessor > Modeling > Create > Keypoints > In Active CS 命令，输入关键点的坐标，完成表 20-4 中所列的关键点的定义。

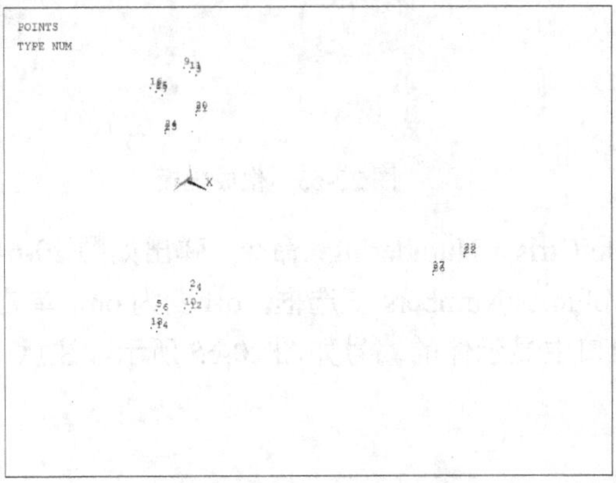

图 20-60　生成 20~27 号关键点

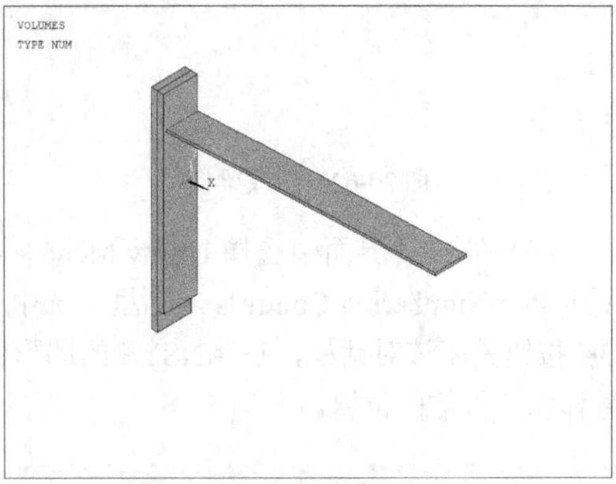

图 20-61　生成梁板

表 20-4　关键点 28~35

关键点编号	X	Y	Z
28	tep	hb/2−tbf	0
29	tep	−hb/2+tbf	0
30	tep+lb1	−hb/2+tbf+lb1*randa	0
31	tep+lb1	hb/2−tbf+lb1*randa	0
32	tep	hb/2−tbf	tbw/2
33	tep	−hb/2+tbf	tbw/2
34	tep+lb1	−hb/2+tbf+lb1*randa	tbw/2
35	tep+lb1	hb/2-tbf+lb1*randa	tbw/2

（6）在 GUI 界面中选择 Main Menu > Preprocessor > Modeling > Create > Volumes > Arbitrary > Through KPs 命令，在拾取框中输入关键点，用英文逗号隔开，或者直接在工作区中拾取这些关键点，生成的块体如图 20-62 所示。

（7）在 GUI 界面中选择 Main Menu > Preprocessor > Modeling > Create > Volumes > Block > By Dimensions 命令，输入第一块体的参数：X1=tep+lb1、X2= tep+lb1+lb2、Y1= hb/2 -tbf+lb1*randa、Y2= hb/2 +lb1*randa、Z1=0、Z2=bb/2，单击 Apply 按钮。

（8）输入第二块体的参数：X1=tep+lb1、X2= tep+lb1+lb2、Y1= -hb/2 +tbf+lb1*randa、Y2= hb/2 -tbf+lb1*randa、Z1=0、Z2=tbw/2，单击 OK 按钮完成，生成两个块体如图 20-63 所示。

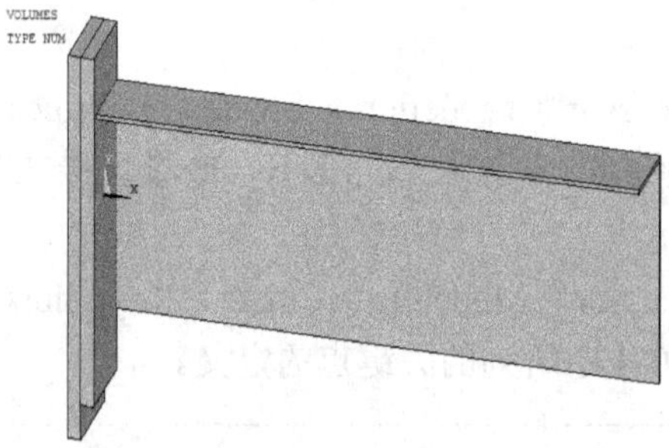

图 20-62　生成梁板

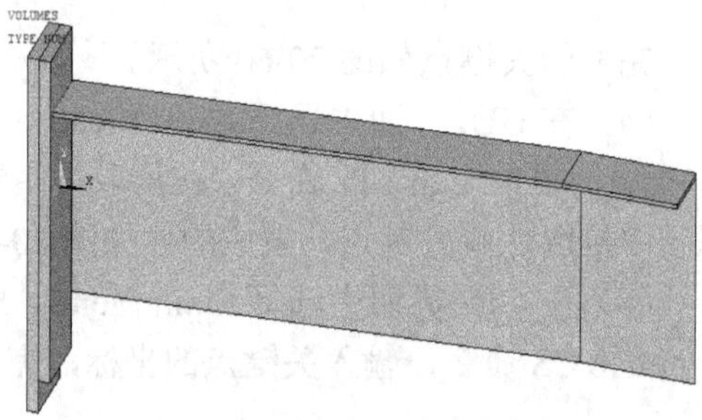

图 20-63　生成梁板

（9）在 GUI 界面中选择 Utility Menu > PlotCtrls > Numbering...命令，弹出如图 20-64 所示 Plot Numbering Controls 对话框，选中 Volumes Numbers 复选框，off 变为 on，单击 OK 按钮关闭该对话框，在 ANSYS 的图形窗口中显示体的编号如图 20-65 所示，注意 3 号体和 5 号体的位置。

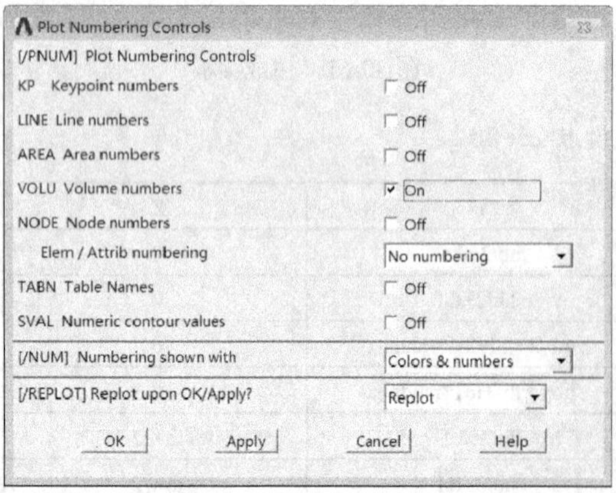

图 20-64　Plot Numbering Controls 对话框

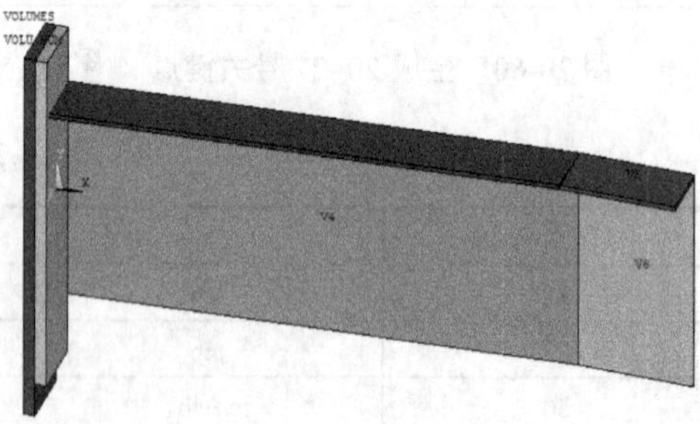

图 20-65　显示体编号

（10）在 GUI 界面中选择 Main Menu > Preprocessor > Modeling > Copy > Volumes 命令，拾取 3 号体与 5 号体，单击 OK 按钮，弹出如图 20-66 所示的 Copy Volumes 对话框。输入复制的份数为 2，DY=-hb+tbf，单击 OK 按钮，复制梁板如图 20-67 所示。

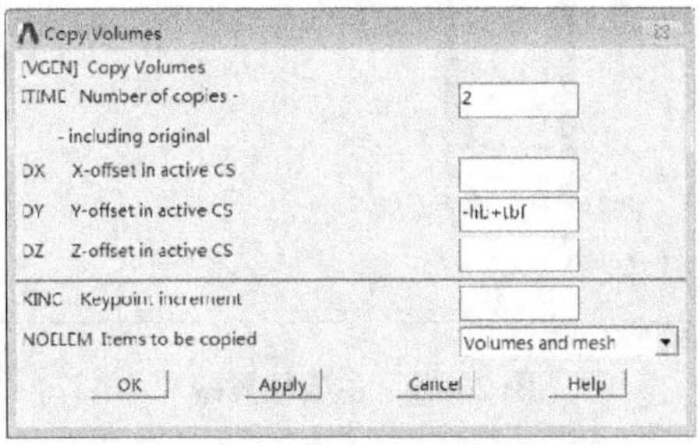

图 20-66　Copy Volumes 对话框

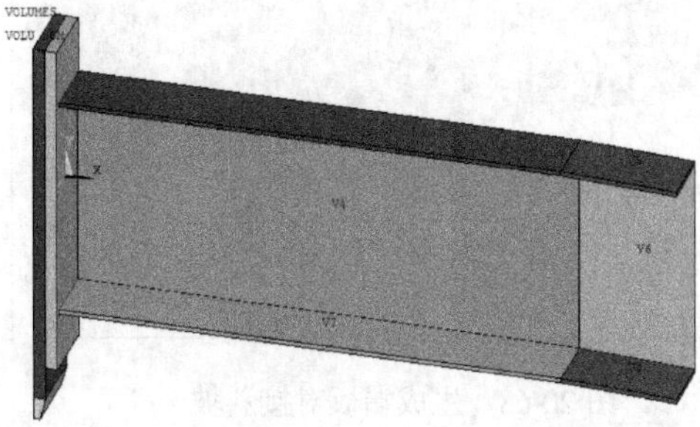

图 20-67　复制

20.3.4　生成柱腹板

（1）在 GUI 界面中选择 Main Menu > Preprocessor > Modeling > Create > Keypoints > In Active CS 命令，输入关键点的坐标，完成表 20-5 中所列的关键点的定义。

表 20-5　关键点 80~87

关键点编号	X	Y	Z
80	−tep	−hep1/2−100+4*tcf	0
81	−tep	−hep1/2−100	0
82	−tep+tcf	−hep1/2−100	0
83	0	−hep1/2−100+4*tcf	0
84	−tep	−hep1/2−100+4*tcf	bep/2
85	−tep	−hep1/2−100	bep/2
86	−tep+tcf	−hep1/2−100	bep/2
87	0	−hep1/2−100+4*tcf	bep/2

（2）在 GUI 界面中选择 Main Menu > Preprocessor > Modeling > Create > Volumes > Arbitrary > Through KPs 命令，在拾取框中输入关键点，用英文逗号隔开，或者直接在工作区中拾取这些关键点，生成的块体如图 20-68 所示。

（3）在 GUI 界面中选择 Main Menu > Preprocessor > Modeling > Create > Volumes > Block > By Dimensions 命令，输入第一块体的参数：X1= −tep、X2= −tep+tcf、Y1= −hb/2−lc、Y2= −hep1/2−100、Z1=0、Z2=bb/2，单击 Apply 按钮。

（4）输入第二块体的参数：X1= −tep−hc+tcf、X2= −tep−hc+2*tcf、Y1= −hb/2−lc、Y2= hb/2− (hc−2*tcf)*randa−tbf、Z1=0、Z2=bb/2，单击 OK 按钮完成，生成的两个块体如图 20-69 所示。

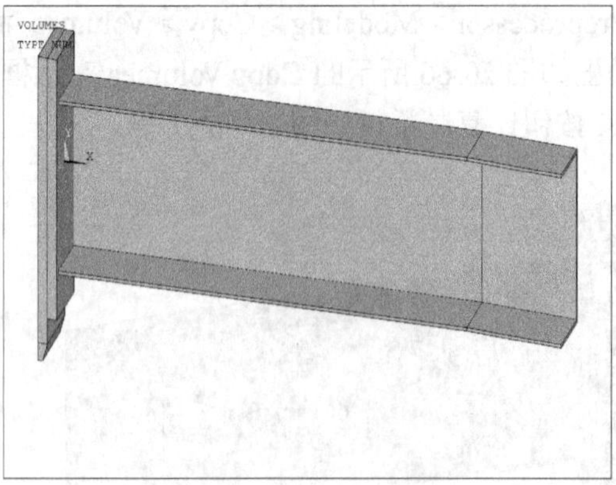

图 20-68　生成端板对接斜坡

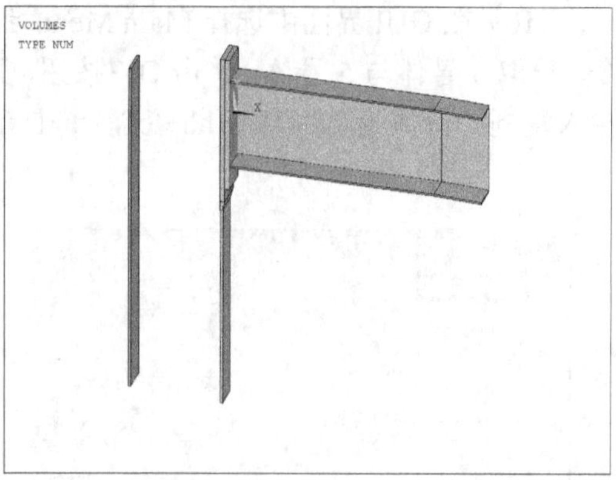

图 20-69　生成柱翼缘

（5）在 GUI 界面中选择 Main Menu > Preprocessor > Modeling > Create > Keypoints > In Active CS 命令，输入关键点的坐标，完成表 20-6 中所列的关键点的定义。

表 20-6　关键点 89~96

关键点编号	X	Y	Z
89	-tep-hc+2*tcf	-hb/2-lc	0
90	-tep	-hb/2-lc	0
91	-tep	hb/2-tbf	0
92	-tep-hc+2*tcf	hb/2- (hc-2*tcf)*randa-tbf	0
93	-tep-hc+2*tcf	-hb/2-lc	tep/2
94	-tep	-hb/2-lc	tep/2
95	-tep	hb/2-tbf	tep/2
96	-tep-hc+2*tcf	hb/2- (hc-2*tcf)*randa-tbf	tep/2

（6）在 GUI 界面中选择 Main Menu > Preprocessor > Modeling > Create > Volumes > Arbitrary > Through KPs 命令，在拾取框中输入关键点，用英文逗号隔开，或者直接在工作区中拾取这些关键点生成的体。

（7）在 GUI 界面中选择 Main Menu > Preprocessor > Modeling > Create > Keypoints > In Active CS 命令，输入关键点的坐标，完成表 20-7 中所列的关键点的定义。

表 20-7　关键点 97~100

关键点编号	X	Y	Z
97	-tep-hc+2*tcf	hb/2- (hc-2*tcf)*randa-tbf	bb/2
98	-tep	hb/2- -tbf	bb/2
99	-tep	hb/2	bb/2
100	-tep	hb/2	0

（8）在 GUI 界面中选择 Main Menu > Preprocessor > Modeling > Create > Volumes > Arbitrary > Through KPs 命令，在拾取框中输入关键点 92,97,98,91,75,79,99,100，用英文

逗号隔开，或者直接在工作区中拾取这些关键点，生成的块体如图 20-70 所示。

（9）在 GUI 界面中选择 Main Menu > Preprocessor > Modeling > Create > Volumes > Block > By Dimensions 命令，输入第一块体的参数：X1= −tep−hc+2*tcf、X2= −tep、Y1= −hb/2、Y2= −hb/2 +tst、Z1= tcw/2、Z2= tcw/2+bst，单击 OK 按钮完成，生成的两个块体如图 20-71 所示，并产生关键点 101~108。

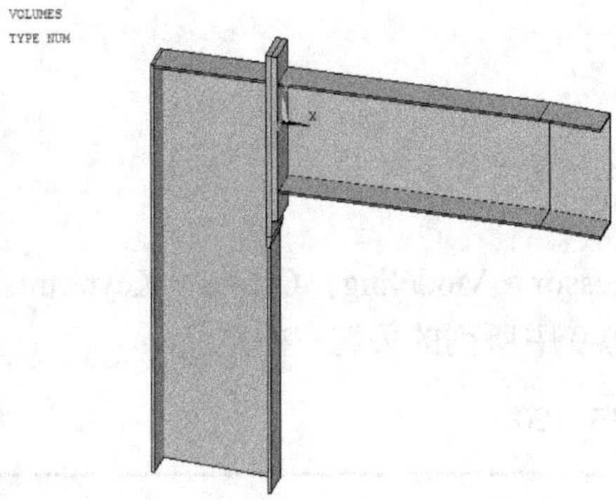

图 20-70　生成柱腹板（一）

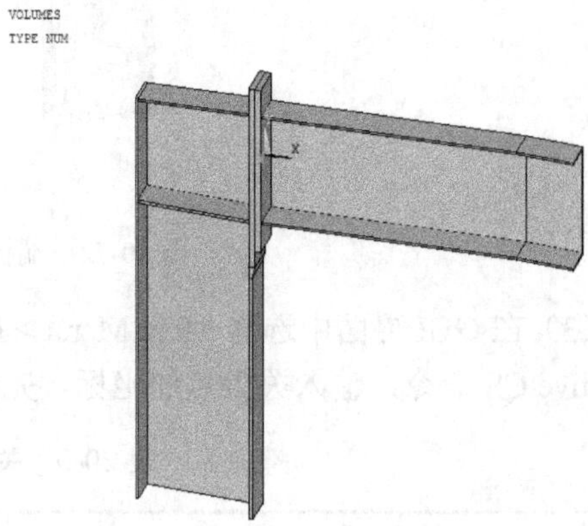

图 20-71　生成柱腹板（二）

20.3.5　生成肋板

（1）在 GUI 界面中选择 Main Menu > Preprocessor > Modeling > Create > Keypoints > In Active CS 命令，输入关键点的坐标，完成表 20-8 中所列的关键点的定义。

表 20-8　109~114 关键点

关键点编号	X	Y	Z
109	tep	hb/2	0
110	tep+hst	hb/2+hst*randa	0
111	tep	hb/2+hst	0
112	tep	hb/2	tst/2
113	tep+hst	hb/2+hst*randa	tst/2
114	tep	hb/2+hst	tst/2

（2）在 GUI 界面中选择 Main Menu > Preprocessor > Modeling > Create > Volumes > Arbitrary > Through KPs 命令，在拾取框中输入关键点，用英文逗号隔开，或者直接在工作区中拾取这些关键点，生成的块体如图 20-72 所示。

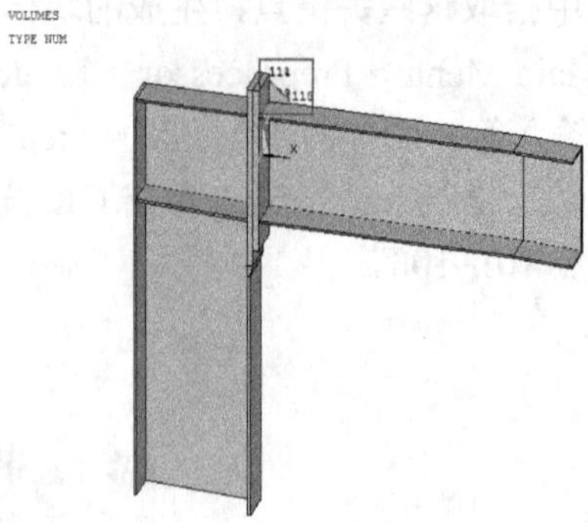

图 20-72　端板外伸肋板（一）

（3）在 GUI 界面中选择 Main Menu > Preprocessor > Modeling > Create > Keypoints > In Active CS 命令，输入关键点的坐标，完成表 20-9 中所列的关键点的定义。

表 20-9　关键点 115~120

关键点编号	X	Y	Z
115	tep	−hb/2	0
116	tep+hst	−hb/2+hst*randa	0
117	tep	−hb/2-hst	0
118	tep	−hb/2	tst/2
119	tep+hst	−hb/2+hst*randa	tst/2
120	tep	−hb/2-hst	tst/2

（4）在 GUI 界面中选择 Main Menu > Preprocessor > Modeling > Create > Volumes > Arbitrary > Through KPs 命令，在拾取框中输入关键点，用英文逗号隔开，或者直接在工作区中拾取这些关键点，生成的体如图 20-73 所示。

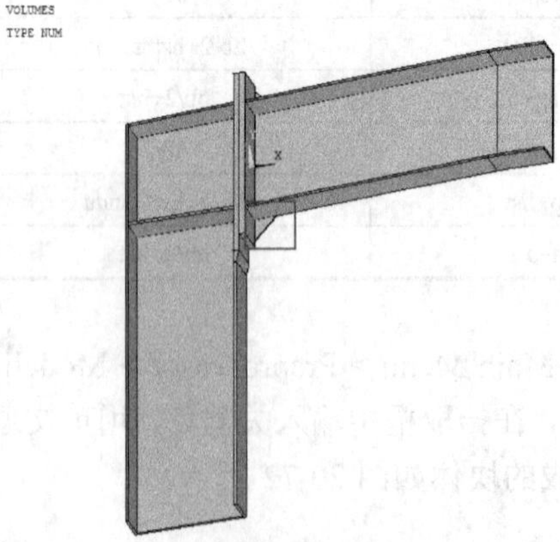

图 20-73　端板外伸肋板（二）

（5）在 GUI 界面中选择 Main Menu > Preprocessor > Modeling > Create > Keypoints > In Active CS 命令，输入关键点的坐标，完成表 20-10 中所列的关键点的定义。

表 20-10　关键点 121~126

关键点编号	X	Y	Z
121	−tep	hb/2	0
122	−tep−hst	hb/2−hst*randa	0
123	−tep	hb/2+hst	0
124	−tep	hb/2	tst/2
125	−tep−hst	hb/2−hst*randa	tst/2
126	−tep	hb/2+hst	tst/2

（6）在 GUI 界面中选择 Main Menu > Preprocessor > Modeling > Create > Volumes > Arbitrary > Through KPs 命令，在拾取框中输入关键点号 121，122，123，124，125，126，用英文逗号隔开，或者直接在工作区中拾取这些关键点，生成体如图 20-74 所示。

（7）在 GUI 界面中选择 Utility Menu > WorkPlane > Offset WP by Increments 命令，设置工作平面的移动距离为 X= tep+lb1+lb2/2、Y= −hb/2+tbf+lb1*randa。

（8）在 GUI 界面中选择 Main Menu > Preprocessor > Modeling > Create > Volumes > Block > By Dimensions 命令，输入块的参数：X1= −tst/2，X2= tst/2，Y1=0，Y2= hb−2*tbf，Z1= tbw/2，Z2= tbw/2+bst，单击 Apply 按钮。

（9）输入第二块的参数：X1= −tst/2+75，X2= tst/2+75，Y1=0，Y2= hb−2*tbf，Z1= tbw/2，Z2= tbw/2+bst，单击 Apply 按钮。

（10）输入第三块的参数：X1= −tst/2−75，X2= tst/2−75，Y1=0，Y2= hb−2*tbf，Z1= tbw/2，Z2= tbw/2+bst，单击 OK 按钮，生成的三个体如图 20-75 所示。

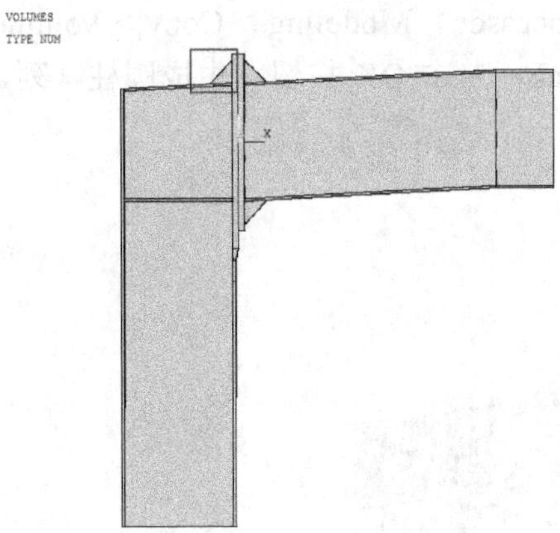

图 20-74　端板外伸肋板（三）

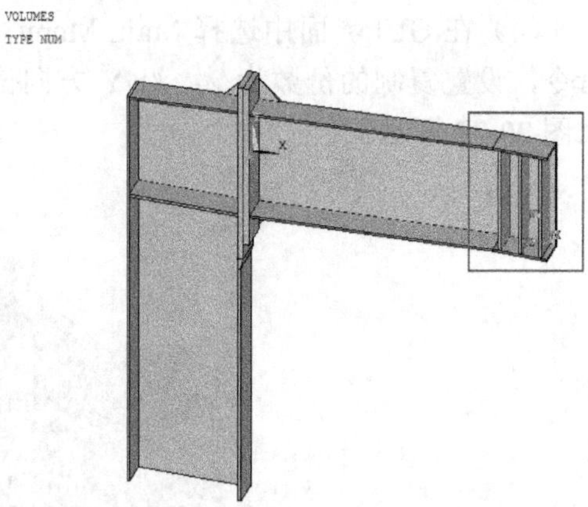

图 20-75　端板外伸肋板（四）

20.3.6 生成螺栓孔

（1）在 GUI 界面中选择 Utility Menu > WorkPlane > Align WP with > XYZ Location 命令，输入工作平面的坐标参数：X=0，Y=hb/2-aa1，Z=0，单击 OK 按钮。Utility Menu > WorkPlane >Offset WP by Increments 弹出 Offset WP 对话框，在 Degrees XY,YZ,ZX Angles 框中输入 0,0,90 单击 Apply 按钮，完成旋转。在 Snaps X,Y,Z Offsets 框中输入-bb/4,2*aa1,0 完成坐标系平移。

（2）在 GUI 界面中选择 Main Menu > Preprocessor > Modeling > Create > Volumes > Cylinder > By Dimensions 命令，输入圆柱的参数：RAD1=dh0/2、RAD2=0、Z1=-tep-10、Z2=tep+10、THETA1=0、THETA2=360，生成圆柱如图 20-76 所示。

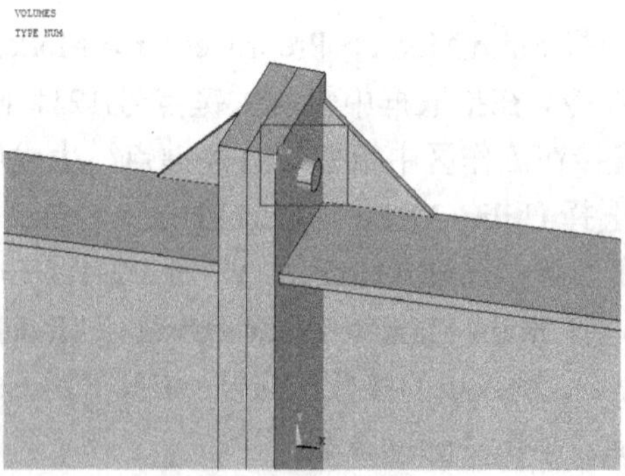

图 20-76　生成第一个螺栓

（3）在 GUI 界面中选择 Utility Menu > Select > Entities 命令，弹出 Select Entities 对话框，在 Select Entities 对话框中，使用按坐标位置选择体的功能选择出位于 Y=hb/2 +100-aa 的体，也即上一步生成的圆柱。

（4）在 GUI 界面中选择 Main Menu > Preprocessor > Modeling > Copy > Volumes 命令，设置复制的份数为 2，沿 Y 方向偏移为-ab，单击 OK 按钮，生成圆柱阵列，如图 20-77 所示。

图 20-77　阵列（一）

（5）在 GUI 界面中选择 Main Menu > Preprocessor > Modeling > Copy > Volumes 命令，拾取上一步生成的两个圆柱，设置复制的份数为 2，沿 Y 方向偏移为-(hep1-2*aa-ab)，单击 OK 按钮，生成圆柱阵列如图 20-78 所示。

（6）在 GUI 界面中选择 Main Menu > Preprocessor > Modeling > Operate > Booleans > Subtract > Volumes 命令，弹出拾取框后，先拾取与圆柱相交的两个板，单击 OK 按钮，在拾取 4 个圆柱，单击 OK 按钮，将完成梁与柱连接处打孔。

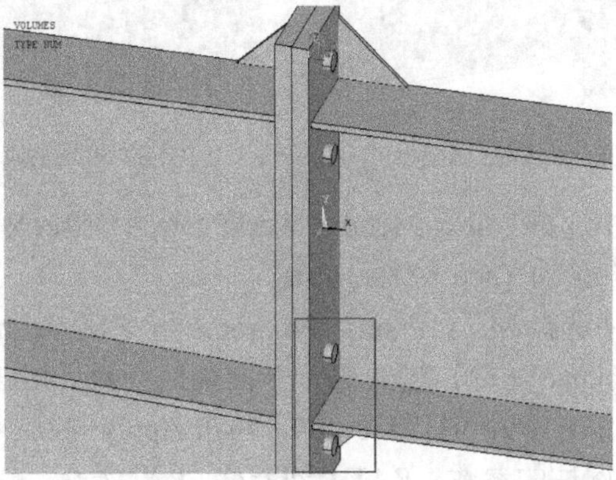

图 20-78　阵列（二）

20.3.7　生成螺栓

（1）在 GUI 界面中选择 Main Menu > Preprocessor > Modeling > Create > Volumes > Cylinder > By Dimensions 命令，输入第一个圆柱的参数：RAD1= dh0/2，RAD2=0，Z1=-tep，Z2=tep，THETA1=0，THETA=360，单击 Apply 按钮。

（2）输入第二个圆柱的参数：RAD1=dbth/2，RAD2=0，Z1=-tep-lbth，Z2=-tep，THETA1=0，THETA=360，单击 Apply 按钮。

（3）输入第三个圆柱的参数：RAD1=dbth/2，RAD2=0，Z1=tep，Z2=tep+lbth，THETA1=0，THETA=360，单击 OK 按钮，生成圆柱如图 20-79 所示。

（4）在 GUI 界面中选择 Utility Menu > WorkPlane > Offset WP by Increments 命令，设置工作平面沿 Y 方向移动-ab。

（5）在 GUI 界面中选择 Main Menu > Preprocessor > Modeling > Create > Volumes > Cylinder > By Dimensions 命令，输入第一个圆柱的参数：RAD1=dbth/2，RAD2=0，Z1=-tep，Z2=tep，THETA1=0，THETA=360，单击 Apply 按钮。

（6）输入第二个圆柱的参数：RAD1=dbth/2，RAD2=0，Z1=-tep-lbth，Z2=-tep，THETA1=0，THETA=360，单击 Apply 按钮。

（7）输入第三个圆柱的参数：RAD1=dbth/2，RAD2=0，Z1=tep，Z2=tep+lbth，THETA1=0，THETA=360，单击 OK 按钮，生成如图 20-80 所示圆柱。

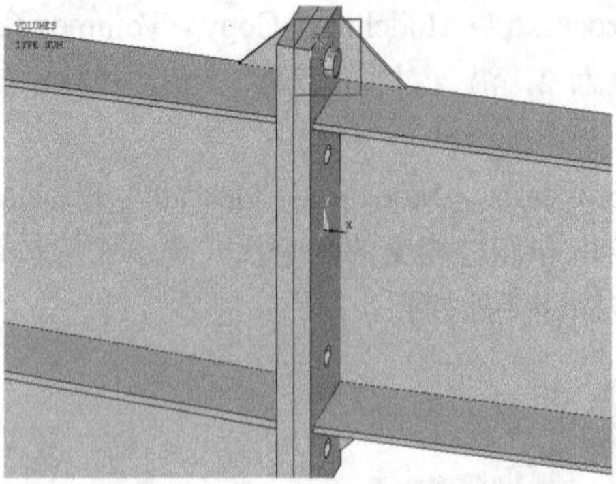

图 20-79　生成第一组螺栓模型

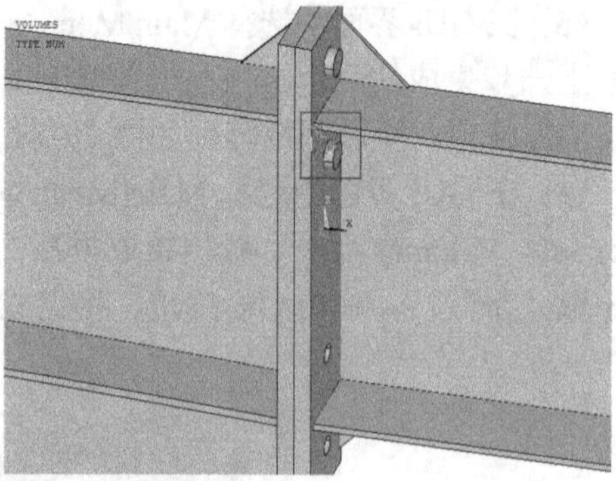

图 20-80　生成第二组螺栓模型

（8）在 GUI 界面中选择 Utility Menu > WorkPlane > Offset WP by Increments 命令，设置工作平面沿 Y 方向移动-(hep1-2*aa-ab)。

（9）在 GUI 界面中选择 Main Menu > Preprocessor > Modeling > Create > Volumes > Cylinder > By Dimensions 命令，输入第一个圆柱的参数：RAD1=dbth/2，RAD2=0，Z1=-tep，Z2=tep，THETA1=0，THETA=360，单击 Apply 按钮。

（10）输入第二个圆柱的参数：RAD1=dbth/2，RAD2=0，Z1=-tep-lbth，Z2=-tep，THETA1=0，THETA=360，单击 Apply 按钮。

（11）输入第三个圆柱的参数：RAD1=dbth/2，RAD2=0，Z1=tep，Z2=tep+lbth，THETA1=0，THETA=360，单击 OK 按钮，生成如图 20-81 所示圆柱。

（12）在 GUI 界面中选择 Utility Menu > WorkPlane > Offset WP by Increments 命令，设置工作平面沿 Y 方向移动 ab。

（13）在 GUI 界面中选择 Main Menu > Preprocessor > Modeling > Create > Volumes > Cylinder > By Dimensions 命令，输入第一个圆柱的参数：RAD1=dbth/2，RAD2=0，Z1=-tep，Z2=tep，THETA1=0，THETA=360，单击 Apply 按钮。

（14）输入第二个圆柱的参数：RAD1=dbth/2，RAD2=0，Z1=-tep-lbth，Z2=-tep，THETA1=0，THETA=360，单击 Apply 按钮。

（15）输入第三个圆柱的参数：RAD1=dbth/2，RAD2=0，Z1=tep，Z2=tep+lbth，THETA1=0，THETA=360，单击 OK 按钮，生成如图 20-82 所示圆柱。

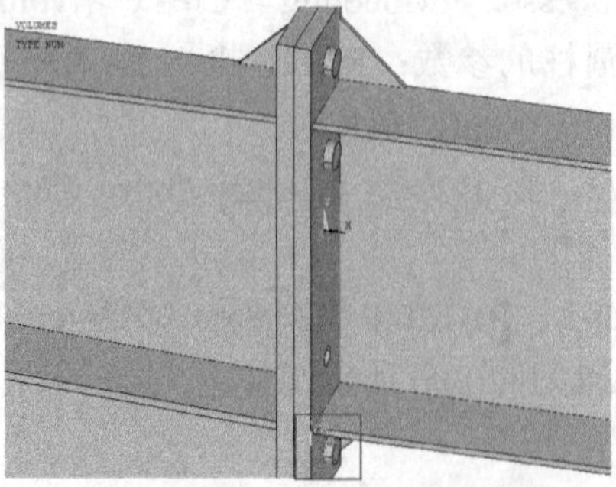

图 20-81　生成第三组螺栓模型

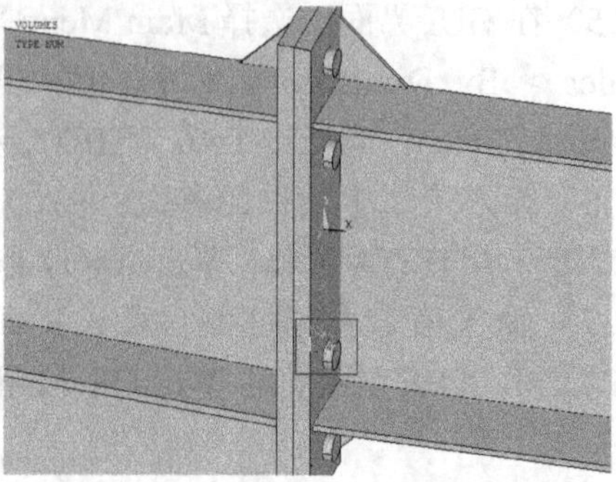

图 20-82　生成第四组螺栓模型

20.3.8 黏接

（1）在 GUI 界面中选择 Main Menu > Preprocessor > Numbering Ctrls > Merge Items 命令，弹出 Merge Coincident Equivalently Define Items 对话框。设置压缩项目为 ALL，单击 OK 按钮。

（2）在 GUI 界面中选择 Utility Menu > Select > Entities 命令，选择立柱与属于立柱的肋板。在 GUI 界面中选择 Main Menu > Preprocessor > Modeling > Operate > Booleans > Glue > Volumes 命令，单击 Pick ALL 按钮，将肋板与柱体黏接到一起。

（3）在 GUI 界面中选择 Utility Menu > Select > Entities 命令，选择横梁与属于梁的肋板。在 GUI 界面中选择 Main Menu > Preprocessor > Modeling > Operate > Booleans > Glue > Volumes 命令，单击 Pick ALL 按钮，将肋板与梁黏接到一起。

（4）在 GUI 界面中选择 Utility Menu > Select > Entities 命令，根据坐标选择体，选出 Z=bep/2-aa1 的体，即在工作区选择出四组螺栓，如图 20-83 所示。在 GUI 界面中选择 Main Menu > Preprocessor > Modeling > Operate > Booleans > Glue > Volumes 命令，单击 Pick ALL 按钮，将四组螺栓黏接到一起。

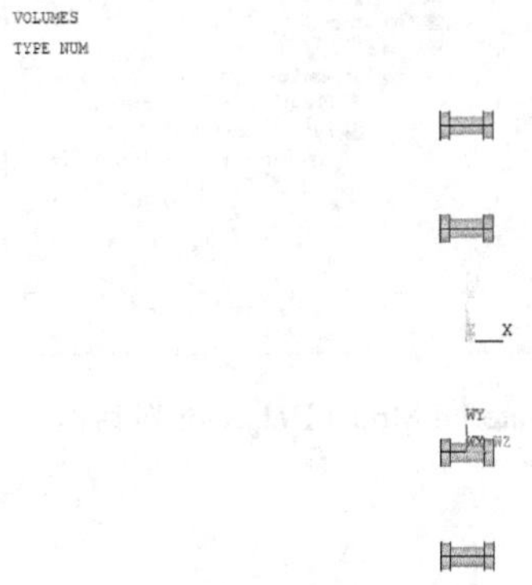

图 20-83　螺栓组

20.3.9 设置属性

（1）在 GUI 界面中选择 Main Menu > Preprocessor > Element Type > Add/Edit/Delete 命令，弹出 Element Type 对话框，单击 Add...按钮，弹出如图 20-84 所示的 Library of Element Types 对话框。在 Library of Element Types 对话框中选择单元类型为 SOLID187，单击 OK 按钮。

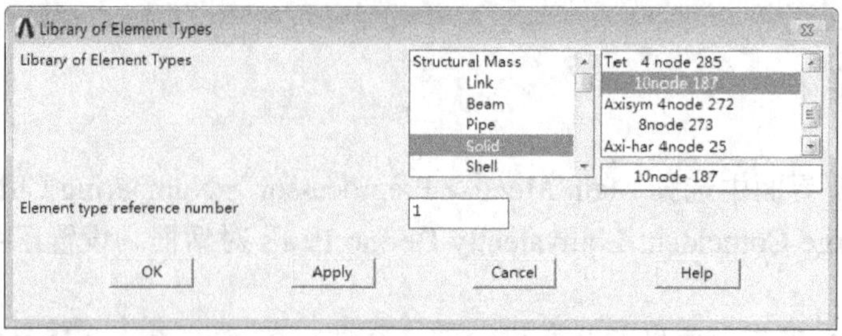

图 20-84　Library of Element Types 对话框

（2）在 GUI 界面中选择 Main Menu > Preprocessor > Material Props > Material Models 弹出 Define Material Model Behavior 对话框，定义材料模型 1 为线弹性各向同性，输入 EX=200E3，PRXY=0.3，定义屈服强度 345，用于模拟梁与柱的 345 钢材料。

（3）在 Define Material Model Behavior 对话框中的 Material > New Model 中新建一个材料模型 2，如图 20-85 所示，用作模拟高强度螺栓。材料 2 的线性参数同材料 1，屈服强度为 940。

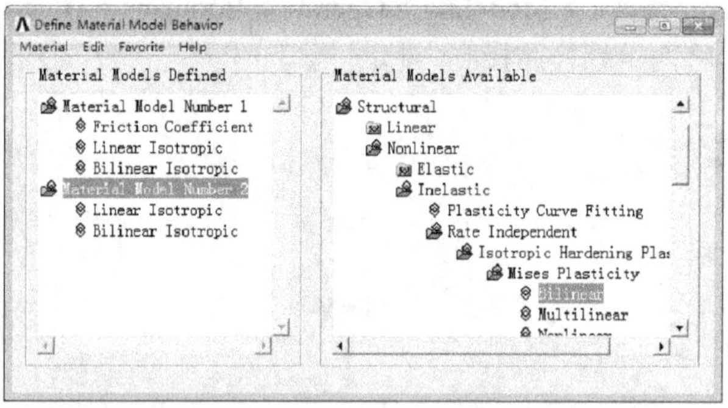

图 20-85　Define Material Model Behavior 对话框

20.3.10　划分网格

（1）在 GUI 界面中选择 Main Menu > Preprocessor > Meshing > Mesh Attributes > Pick Volumes 命令，拾取模型中的四组螺栓，单击 OK 按钮，弹出 Volumes Attributes 对话框。设置材料编号为 2，单元类型号为 1，单击 OK 按钮完成。

（2）在 GUI 界面中选择 Utility Menu > Select > Entities 命令，在 Select Entities 对话框中选择出四组螺栓组，然后单击 Invert 按钮，选出梁与柱。

（3）在 GUI 界面中选择 Main Menu > Preprocessor > Meshing > Mesh Attributes > ALL Volumes 命令，在 Volumes Attributes 对话框中定义材料编号为 1，单元类型号为 1，单击 OK 按钮完成。

（4）在 GUI 界面中选择 Utility Menu > Select > Entities 命令，在 Select Entities 对话框中选择出四个螺栓圆柱，如图 20-86 所示。

（5）在 GUI 界面中选择 Main Menu > Preprocessor > Meshing > Mesh > Volumes > Free

命令，单击 Pick ALL 按钮，完成网格。

（6）在 GUI 界面中选择 Utility Menu > Select > Entities 命令，在 Select Entities 对话框中选择出螺栓组的螺栓头与螺母，如图 20-87 所示。

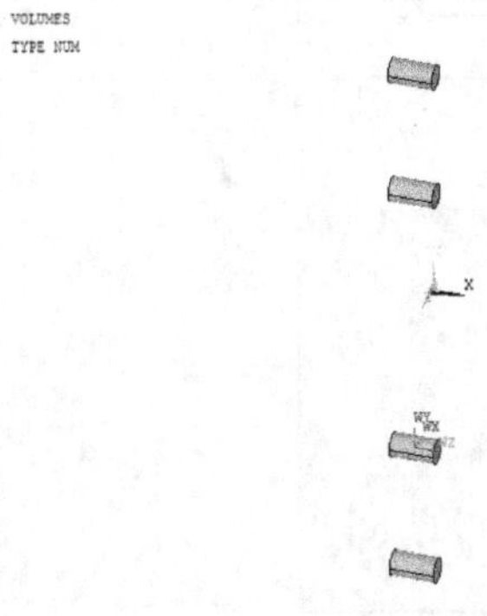

图 20-86　选出螺栓杆

图 20-87　选出螺栓头与螺母

（7）在 GUI 界面中选择 Main Menu > Preprocessor > Meshing > Mesh > Volumes > Free 命令，单击 Pick ALL 按钮，完成网格的划分。

（8）在 GUI 界面中选择 Utility Menu > Select > Entities 命令，在 Select Entities 对话框中选择体，这些体是梁与体的连接端板，如图 20-88 所示。

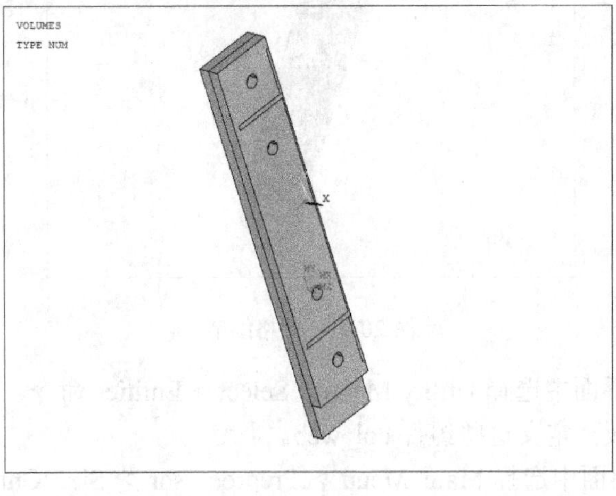

图 20-88　选出端板

（9）在 GUI 界面中选择 Utility Menu > Select > Comp/Assembly > Create Component 命令，弹出 Create Component 对话框，输入组件名称为 endplate，如图 20-89 所示，单击 OK 按钮。

（10）在 GUI 界面中选择 Main Menu > Preprocessor > Size Cntrls > ManualSize > Global > Size 命令，弹出 Global Element Size 对话框，设置单元尺寸为 bep/10，如图 20-90 所示。

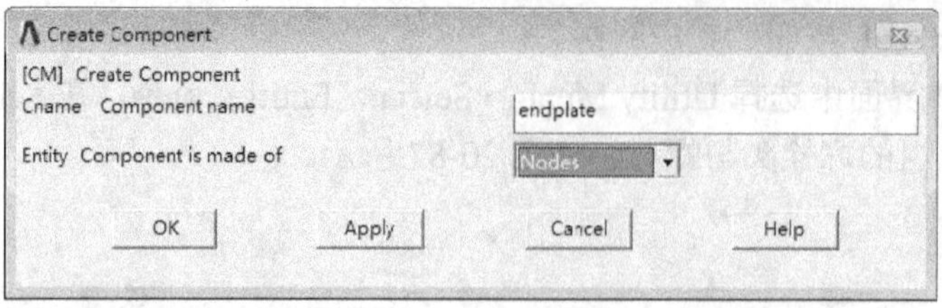

图 20-89 Create Component 对话框

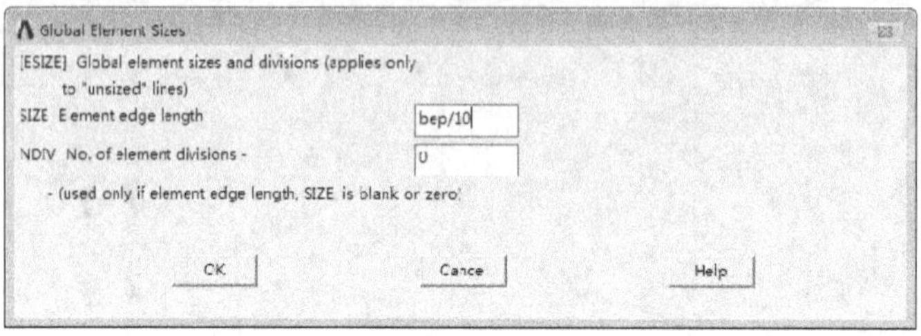

图 20-90 Global Element Size 对话框

（11）在 GUI 界面中选择 Main Menu > Preprocessor > Meshing > Mesh > Volumes > Free 命令，单击 Pick ALL 按钮，完成划分如图 20-91 所示的接触位置的网格细节。

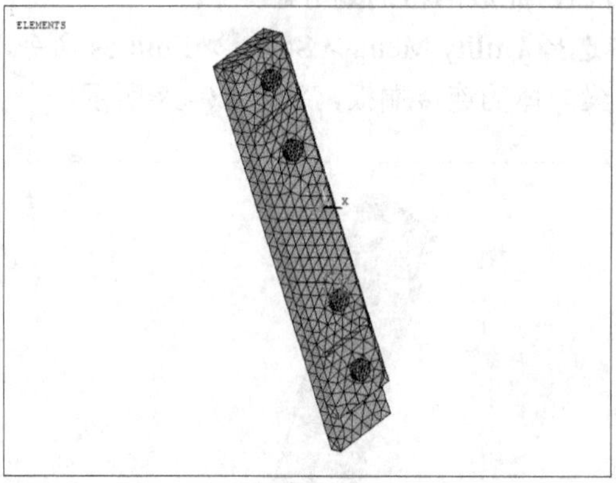

图 20-91 网格细节

（12）在 GUI 界面中选择 Utility Menu > Select > Entities 命令，在 Select Entities 对话框中选择立柱腹板，定义这些组件 col_web。

（13）在 GUI 界面中选择 Main Menu > Preprocessor > Size Cntrls > ManualSize > Global > Size 命令，设置单元尺寸为 bc/6。

（14）在 GUI 界面中选择 Main Menu > Preprocessor > Meshing > Mesh > Volumes > Free 命令，单击 Pick ALL 按钮。

（15）在 GUI 界面中选择 Utility Menu > Select > Entities 命令，在 Select Entities 对话框中选择出立柱还未划分部分。

（16）在 GUI 界面中选择 Main Menu > Preprocessor > Size Cntrls > ManualSize > Global > Size 命令，弹出 Global Element Size 对话框，设置单元尺寸为 bc/6。

（17）在 GUI 界面中选择 Main Menu > Preprocessor > Meshing > Mesh > Volumes > Free 命令，单击 Pick ALL 按钮，完成网格的划分。

（18）在 GUI 界面中选择 Utility Menu > Select > Entities 命令，在 Select Entities 对话框中选择出梁与属于梁的肋板。

（19）在 GUI 界面中选择 Main Menu > Preprocessor > Meshing > Mesh > Volumes > Free 命令，单击 Pick ALL 按钮，完成网格的划分，如图 20-92 所示。

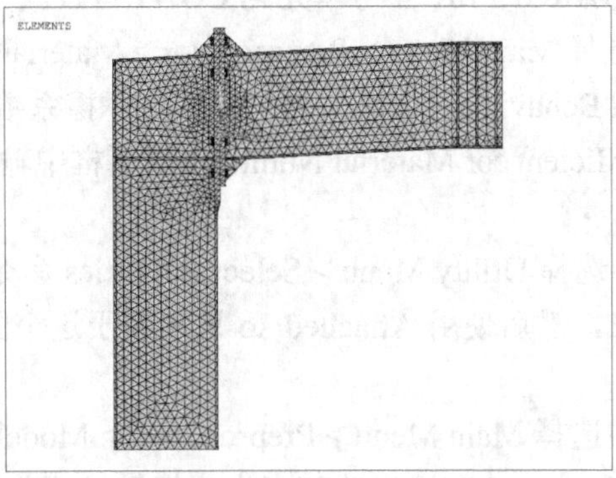

图 20-92　网格划分

20.3.11　定义接触

（1）在 GUI 界面中选择 Utility Menu > Select > Comp/Assembly > Select Comp/Assembly 命令，在弹出的对话框中选择 By Component Name，单击 OK 按钮，弹出 Select Component or Assembly 对话框。

（2）在 Select Component or Assembly 对话框中选择组件 endplate，选择方式为 From full set，单击 OK 按钮，选出的端板如图 20-93 所示。

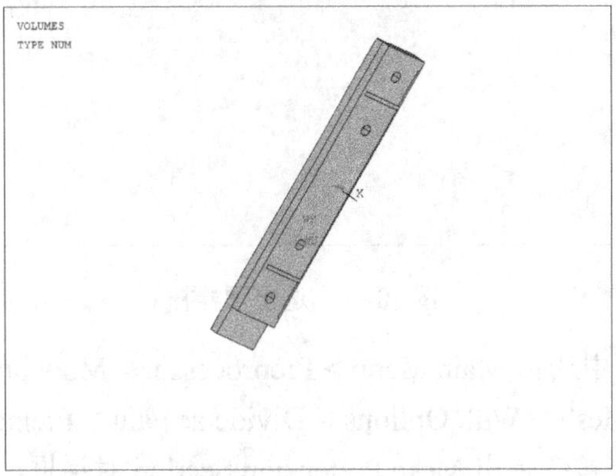

图 20-93　选择出端板

（3）在 GUI 界面中选择 Utility Menu > Select > Entities 命令，在 Select Entities 对话框中选择出属于柱的与梁端板接触的面。

（4）在 GUI 界面中选择 Utility Menu > Select > Comp/Assembly > Create Component 命令，将上一步选出的面定义为组件 TARGET1 组件。

（5）重复上述操作，选择梁的接触端面，定义为 CONTACT1 组件。

（6）在 GUI 界面中选择 Main Menu > Preprocessor > Element Type > Add/Edit/Delete 命令，定义 3 号单元为 TARGE170、4 号单元为 CONTA171。

（7)在 GUI 界面中选择 Main Menu > Preprocessor > Material Props > Material Models，在 Define Material Model Behavior 对话框中为材料添加摩擦系数为 0.4。

（8）在 Friction Coefficient for Material Number1 对话框中输入 MU=0.4，单击 OK 按钮完成摩擦系数的定义。

（9）在 GUI 界面中选择 Utility Menu > Select > Entities 命令，在 Select Entities 对话框中选择组件 TARGET1，然后使用 Attached to 选出属于这个面的节点，并设置单元类型为 3 TARGE170。

（10）在 GUI 界面中选择 Main Menu > Preprocessor > Modeling > Create > Elements > Surf/Contact > Inf Acoustic 命令，在选出的节点生成接触目标单元。重复上述操作，选出 CONTACT1 组件的节点，在这个面上生成接触单元（单元类型改为 4）。

（11）在 GUI 界面中选择 Utility Menu > Select > Entities 命令，在 Select Entities 对话框中选择用于模拟螺栓的 4 个圆柱，如图 20-94 所示。

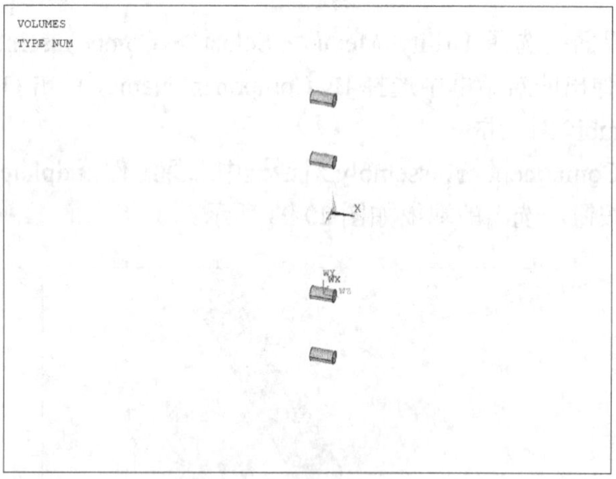

图 20-94　选出螺栓杆

（12）在 GUI 界面中选择 Main Menu > Preprocessor > Modeling > Create > Elements > Pretension > Pretensn Mesh > With Options > Divide at Valu > Elements in Volu 命令，拾取第一个螺杆，单击 OK 按钮弹出 Mesh Pretension Section 对话框。

（13）输入预紧界面编号 1，定义名称为 bolt1，单击 OK 按钮完成。重复上述操作，为 4 个螺杆定义预紧截面 bolt1~ bolt4。

20.3.12 加载

（1）在 GUI 界面中选择 Main Menu > Preprocessor > Solution > Analysis Type > New Analysis 命令，设置分析类型为 Static。

（2）在 GUI 界面中选择 Main Menu > Preprocessor > Solution > Analysis Type > Analysis Options 命令，在 Basic 选项卡中设置时间为 1，单选 Number of substeps，载荷子步数为 200，最大平衡迭代步数为 300。在 Ansys Options 中选择 Large Displacement Static，单击 OK 按钮。

（3）在 GUI 界面中选择 Utility Menu > Select > Entities 命令，选出 Z=0 的面。在 GUI 界面中选择 Main Menu > Solution > Define Loads > Apply > Structural > Displacement > Symmetry B.C > On Areas 命令，单击 Pick ALL 按钮，定义对称约束。

（4）在 GUI 界面中选择 Utility Menu > Select > Entities 命令，选出 Y= -hb/2-lc 的节点，如图 20-95 所示。

（5）在 GUI 界面中选择 Main Menu > Solution > Define Loads > Apply > Structural > Displacement > On Nodes 命令，单击 Pick ALL 按钮，选择 ALL DOF，完成柱底节点的约束，如图 20-96 所示。

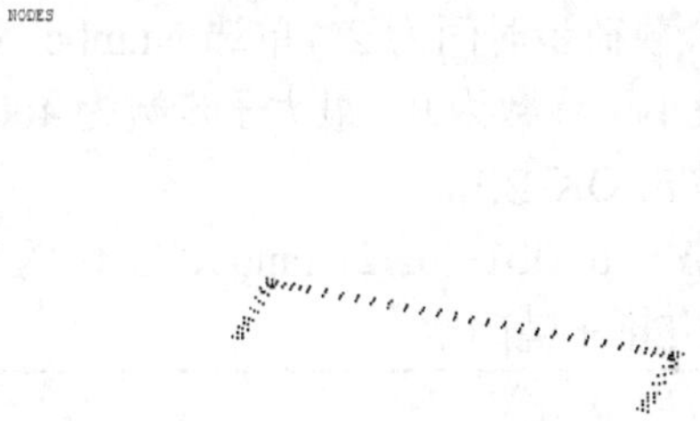

图 20-95 选择柱底节点

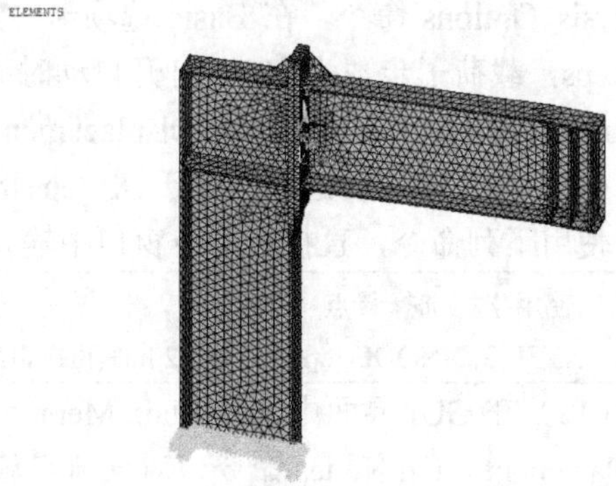

图 20-96 柱底固定约束

（6）在 GUI 界面中选择 Utility Menu > Select > Everything 命令。

（7）在 GUI 界面中选择 Main Menu > Solution > Define Loads > Apply > Structural > Pretnsn Sectn 命令，弹出如图 20-97 所示的 Pretension Section Loads 对话框，设置 Pretension Section Loads 对话框，单击 OK 按钮，完成预紧力的设置。

（8）在 GUI 界面中选择 Utility Menu > Select > Everything 命令。

（9）在 GUI 界面中选择 Main Menu > Solution > Load Step Opts> Write LS File 命令，弹出 Write Load Step File 对话框，在 Load step file number n 文本框中输入 1，单击 OK 按钮，完成载荷步 1 设置。

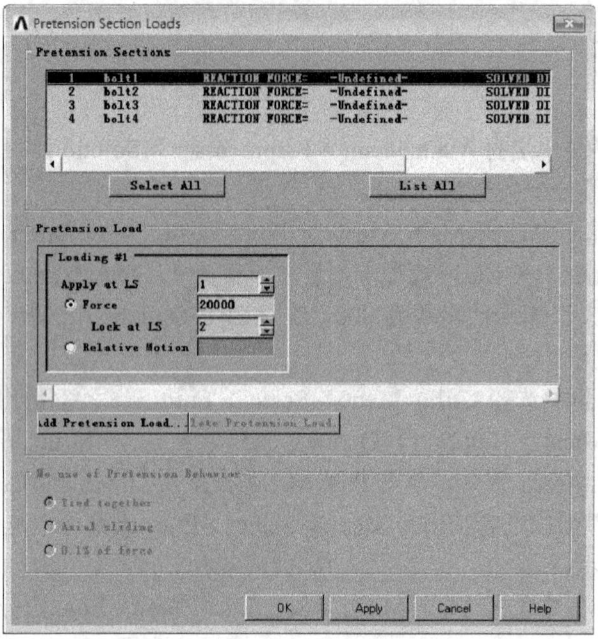

图 20-97 Pretension Section Loads 对话框

（10）在 GUI 界面中选择 Main Menu > Preprocessor > Solution > Analysis Type > Analysis Options 命令，在 Basic 选项卡中定义第二个载荷步时间为 2，单选 Number of substeps，载荷子步数为 300，打开自动时间步长的最小子步数为 0，最大子步数为 400，在 Ansys Options 中选择 Large Displacement Static，单击 OK 按钮。

（11）使用按坐标选择出位于 X=tep+lb1+lb2/2，Y=hb+(lb1+lb2/2)*randa，Z=0 的节点。使用下列命令，直接在命令窗口中输入即可，按 Enter 键确定。

```
!使用坐标选择节点
NSEL,S, , ,NODE(tep+lb1+lb2/2,hb+(lb1+lb2/2)*randa,0)
```

（12）在 GUI 界面中选择 Main Menu > Solution > Define Loads > Apply > Structural > Displacement > On Nodes 命令，对该节点施加 UY 位移，值为 DISPLA。

（13）在 GUI 界面中选择 Utility Menu > Select > Everything 命令。

（14）在 GUI 界面中选择 Main Menu > Solution > Load Step Opts> Write LS File 命令，弹出 Write Load Step File 对话框，在 Load step file number n 文本框中输入 2，单击 OK 按钮，完成载荷步 2 设置。

20.3.13 求解

（1）在 GUI 界面选择 Main Menu > Solution > Solve > From LS Files 命令，弹出如图 20-98 所示的 Solve Load Step Files 对话框，在 Starting Ls file number 框中输入 1，在 Ending LS file number 框中输入 2，在 File number increment 框中输入 1，单击 OK 按钮。

（2）开始求解，当弹出如图 20-99 所示的 Solution is done 提示时，求解完成。

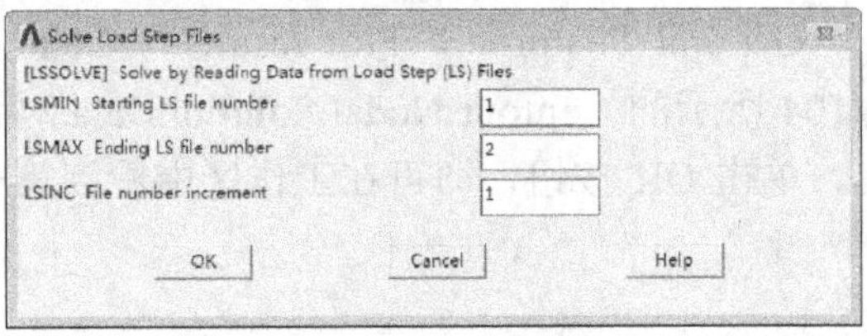

图 20-98 Solve Load Step Files 对话框　　图 20-99 Solve Current Load Step 对话框

20.3.14 后处理

（1）在 Plot Deformed Shape 对话框中设置如图 20-100 所示，在工作区中显示变形图，如图 20-101 所示。

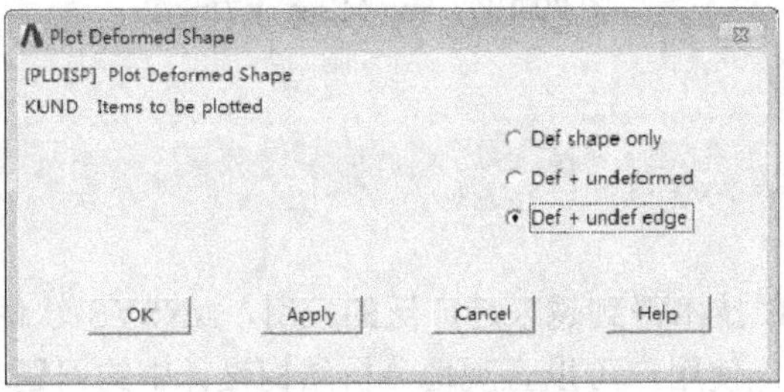

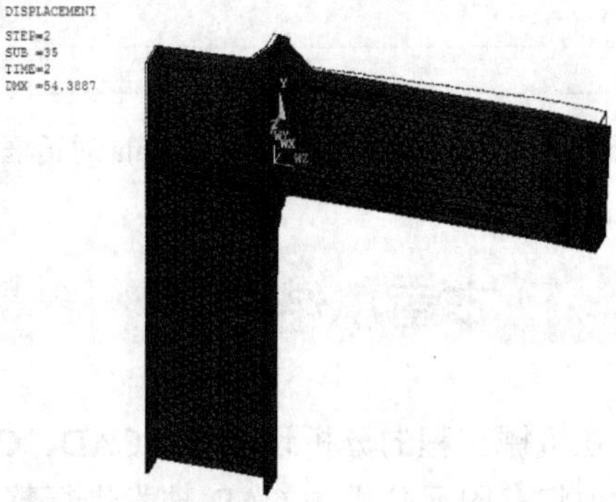

图 20-100 Plot Deformed Shape　　图 20-101 变形图

（2）在 GUI 界面中选择 Main Menu > General Postproc > Plot results > Contour Plot > Nodal Solution 命令，弹出如图 20-102 所示的 Contour Nodal Solution Data 对话框。

选择 DOF Solution 列表中的 Displacement Vector Sum，单击 OK 按钮，即可在工作区中看到位移云图，如图 20-103 所示。

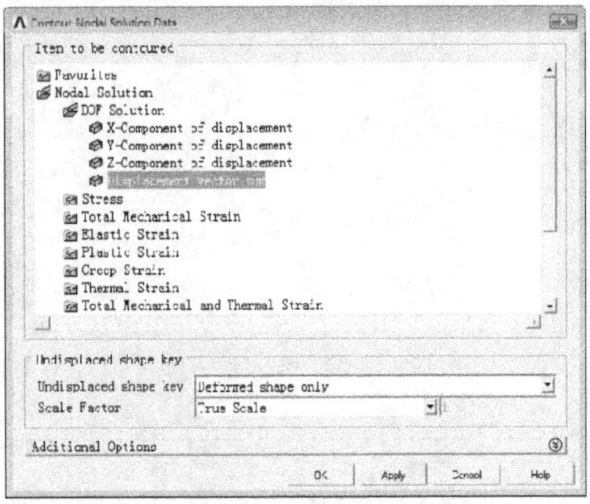

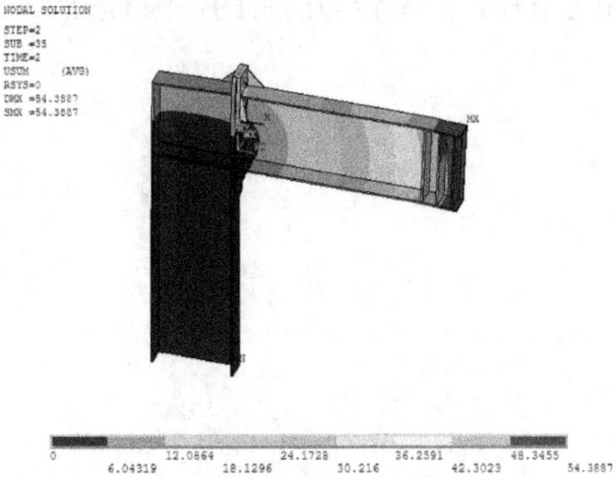

图 20-102 Contour Nodal Solution Data 对话框　　图 20-103 显示位移图

（3）在 GUI 界面中选择 Main Menu > General Postproc > Plot results > Contour Plot > Nodal Solution 命令，弹出如图 20-104 所示的 Contour Nodal SolutionData 对话框。选择 Stress 列表中的 von Mises stress，单击 OK 按钮，即可在工作区中看到第一主云图，如图 20-105 所示。

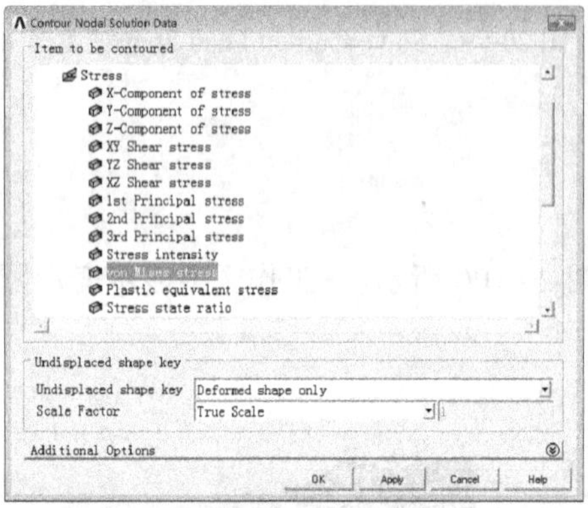

图 20-104　Contour Nodal Solution Data 对话框

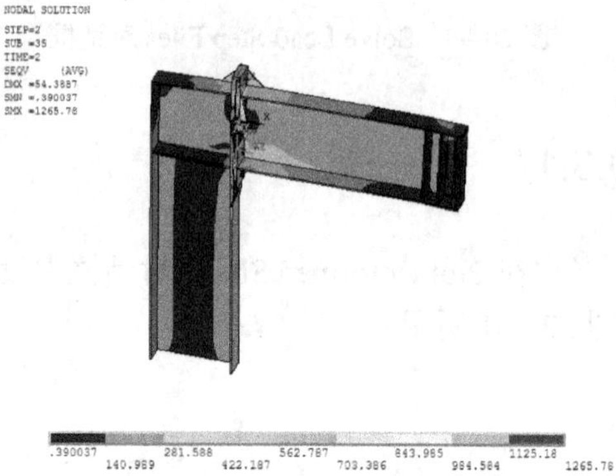

图 20-105　von Mises 应力云图

20.4　本章小结

在机械工程的分析设计中，CAD、CAE 技术得到越来越广泛的应用，ANSYS 软件有效地将有限元分析与 CAD 技术进行整合，使用户可以直观地分析结构设计中的问题。

非线性分析、大变形分析、接触问题、运动仿真、模态分析、施加预紧力、复杂结构建模等，都是机械工程中经常要遇到的问题。

普通螺栓拧紧螺帽时产生的预紧力很小，由板面挤压产生的摩擦力可以忽略不计。普通螺栓抗剪连接是依靠孔壁承压和螺栓抗剪来传力。

高强度螺栓除了其材料强度高之外，施工时还给螺栓施加很大的预紧力，使板面间产生挤压力。因此，垂直于螺栓杆方向受剪时，会有很大的摩擦力。依靠摩擦力阻止板间相对滑移，达到传力的目的，因而变形较小。

第21章

薄膜结构分析

薄膜结构是一种应用非常广泛的形式，由于薄膜在无应力情况下没有刚度，不具有承载力和一定的形状，所以必须施加适当的预应力来使其产生足够的刚度并确定形状。本章主要介绍ANSYS在薄膜结构中的应用，并结合实例详细介绍找形的方法和步骤。

学习目标：

- 了解ANSYS在薄膜结构中的应用；
- 掌握ANSYS在薄膜结构中应用的分析方法。

21.1 概述

薄膜结构应用非常广泛，但在应用时，须施加适当的预应力来使其产生足够的刚度，并确定形状。其设计中主要涉及3个关键环节：找形、载荷分析和裁剪分析。

找形也叫做形态分析，指的是给定预应力分布以及控制点（即约束点，通常为实际的支座点）坐标，通过适当的方法确定该预应力分布下索膜结构的平衡形态。

找形是载荷分析和裁剪分析的基础，是索膜设计的出发点，也是一个难点，需要找到给定预应力分布下的平衡状态，因为预先并不知道该状态。在初设形态下，预应力一般不能平衡，需要通过适当的方法进行迭代计算，来确定能够使预应力分布平衡的位移形态。本节将探讨这种计算方法，并给出ANSYS解决方案以及相应的验证实例。

1. 单元类型

ANSYS提供了SHELL41、SHELL63、SHELL181等壳单元。由于膜单元具有不抗弯、不抗压的特性，故选择用SHELL41单元最符合实际。但SHELL41单元不能直接赋予初应力，而是通过降温的手段达到模拟施加预应力的目的。因此当运用SHELL41单元时，势必通过温度与预应力的换算公式来确定所施加的温度。

在这里不采用SHELL41单元，而选择采用SHELL181单元来模拟索膜布。其优点是：SHELL181单元可以直接指定预应力，不用通过温度来进行模拟施加，通过设置材料属性，可将SHELL181单元保留很小的抗弯刚度，这样有利于计算的稳定，为载荷分布中可能出现的褶皱情况下的计算收敛提供帮助，并有助于模拟出褶皱形状，复合膜结构弯曲刚度不完全为 0 的实际情况。

膜结构的刚度都可以用面刚度给出，即 ExT 的值，其中 Ex 为弹性模量，T 为膜的厚度。所以，可以设定 SHELL181 单元的厚度为很小的值，同时，按比例调整材料的弹性模量，只要保证 ExT 的值不变即可。

2. 找形的方法和步骤

（1）建立初设形态的模型。

初设形态由支座点控制，以支座点为控制关键点，建立初设形态几何模型（包括面、线）并划分单元。注意，具有不同预应力的单元最好指定不同的材料，以方便指定初应力。单元应该采用三角形形状，因为薄膜结构空间曲面可能扭曲，用四边形时计算过程可能会由于单元扭曲而出现问题。

（2）施加约束（通常在支座点）。基于薄膜的特点，仅约束平动自由度。

指定初应力。需注意的是，ANSYS 初应力基于单元坐标系。另外，如果结构中每种材料具有同样的初应力，则可以直接用命令完成初应力的施加，如果每种材料具有不同的初应力，则需要通过初应力文件来施加，可以通过命令流自动生成初应力文件。

打开大变形效应，进行计算。初设形态下预应力通常不会平衡，会产生位移，预应力会由于位移而释放。也就是说，计算结束后的应力状态将和预应力不一致。

（3）迭代计算，完成找形，新的体型则为平衡状态体型。如果没有收敛，则迭代继续。

21.2 实例详解：悬链面薄膜结构找形分析

21.2.1 问题描述

如图 21-1 所示为悬索线示意图。悬索面为一个上下端固定的等应力面，是由悬链线绕 Z 轴旋转得到的面，其方程为

$$y=-a\left[\ln\left(\sqrt{x^2+z^2}+\sqrt{x^2+z^2-a^2}\right)-\ln a\right]+h, (x^2+z^2 \geqslant a^2)$$

本例中，取 a=5m，b=30m，h=11.3894m。通过这 3 个数据可以确定悬链面的上下边缘，通过找形找出平衡态。

膜材为面内各向同性材料，其刚度为 ExT=2.36×10^4N/m，泊松比为 0.4。

悬索面的平衡态形状与预紧力大小无关（当然，预紧力大小会对结构的受力特性产生影响，但与本节讨论方向无关），取 2×10^4N/m。

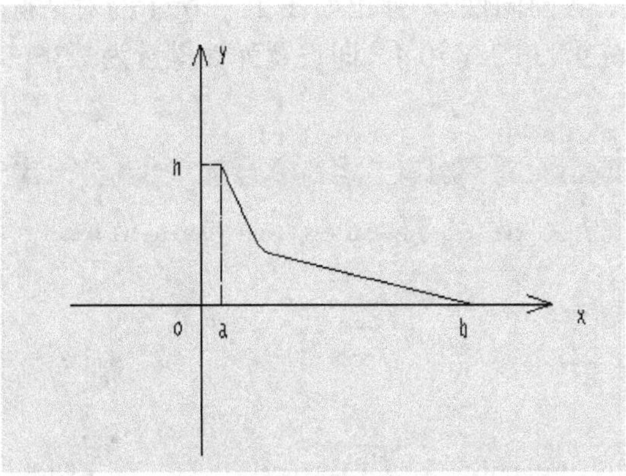

图 21-1 悬索线示意图

21.2.2 设置分析环境

（1）启动 Mechanical APDL Product Launcher，弹出 Mechanical APDL Product Launcher 窗口。

（2）在 Mechanical APDL Product Launcher 窗口中设置 Simulation Environment 为 ANSYS，License 为 ANSYS Multiphysics，在 Working Directory 中输入工作目录名称，JobName 输入项目名称 21-1，单击 Run 按钮。

（3）在主菜单中选择 Preferences 命令，弹出 Preferences for GUI filtering 对话框。选择分析类型为 Structural，单击 OK 按钮，完成分析环境设置。

21.2.3 定义单元与材料属性

（1）在 GUI 界面中选择 Main Menu > Preprocessor > Element Type > Add/Edit/Delete 命令，弹出 Element Type 对话框，单击 Add 按钮，弹出 Library of Element Types 对话框。在 Library of Element Types 对话框中选择单元类型为 Structural Shell 中的 4node181 单元，如图 21-2 所示，单击 OK 按钮。

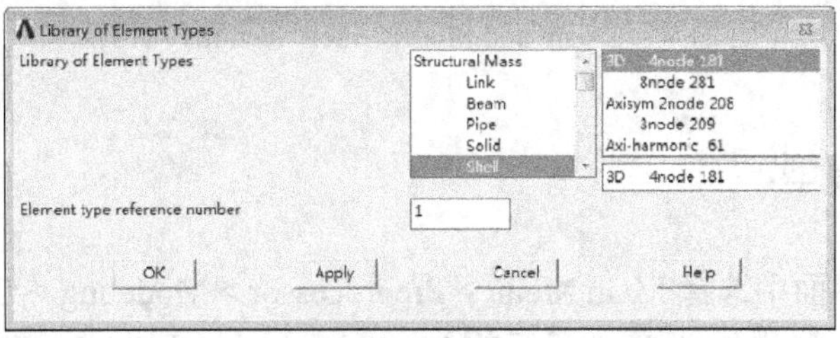

图 21-2 LibraryofElementTypes 对话框

（2）在 GUI 界面中选择 Main Menu > Preprocessor > Material Props > Material Models 弹出 Define Material Model Behavior 对话框，选择 Structural > Linear > Elastic > Isotropic

（即结构、线性、弹性、各向同性），弹出如图 21-3 所示的对话框。

（3）输入 EX=2.36E9，PRXY=0.4，即设置弹性模量为 2.36E9Pa，泊松比 0.3，单击 OK 按钮确定。

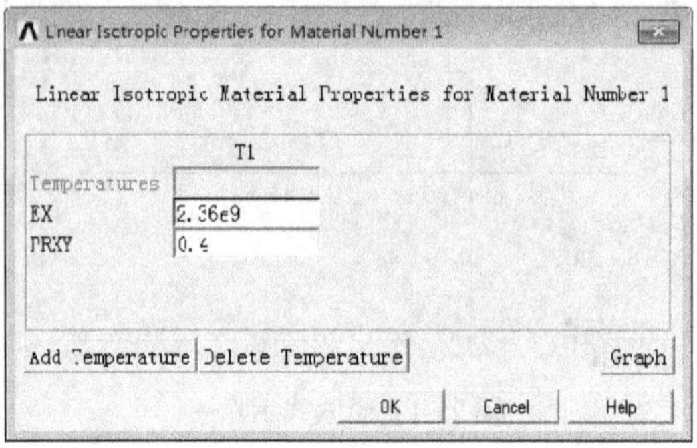

图 21-3　各向同性线弹性材料参数

（4）在 GUI 界面中选择 Main Menu > Preprocessor > Sections > Shell > Lay-up > Add/Edit，弹出如图 21-4 所示的 Createand Modify Shell Sections 对话框。在 Thickness 输入框中输入单元厚度 0.0001，在 Intergration Pts 输入栏中输入 5，在 Section Offset 下拉列表中选择 Mid-Plane 选项，单击 OK 按钮关闭该对话框。

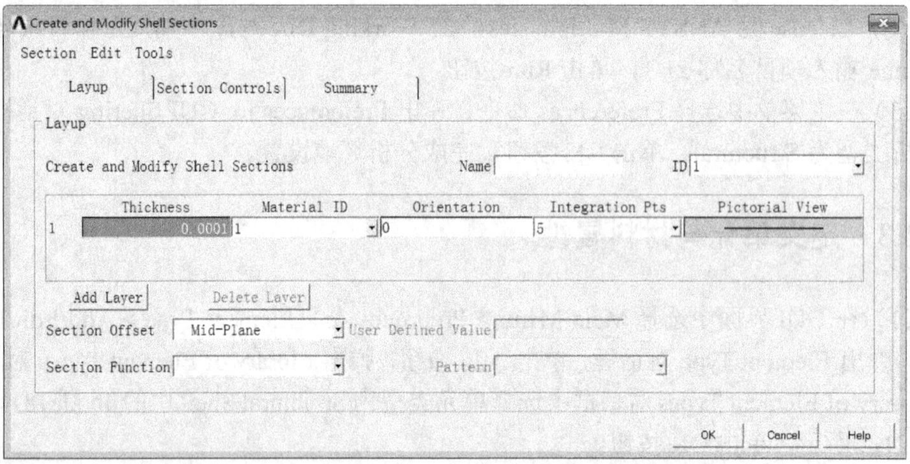

图 21-4　Create and Modify Shell Sections 对话框

21.2.4　建立模型

（1）在 GUI 界面中选择 Main Menu > Preprocessor > Modeling > Create > Keypoints > In Active CS 命令，弹出如图 21-5 所示的 Create Keypoints in Active Coordinate System 对话框。

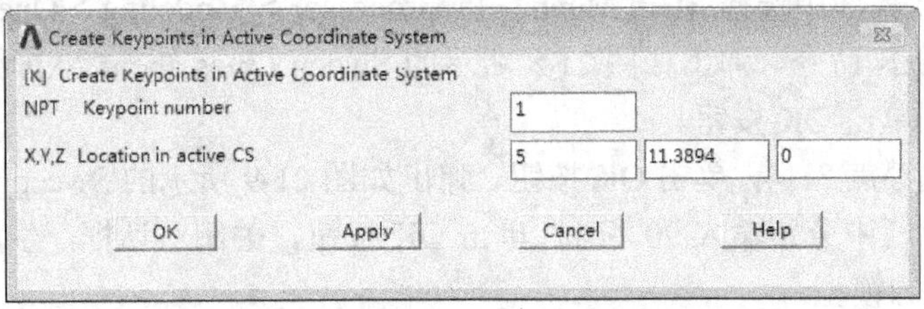

图 21-5　Create Keypoints in Active Coordinate System 对话框

（2）在 NPT 输入框中输入关键点的编号 1，在 X、Y、Z 中 1 号关键点的坐标值为 5，11.3894，0，单击 Apply 按钮确认，并继续输入下一个关键点，直至完成表 21-1 所示的所有关键点的定义。

表 21-1　关键点坐标

关键点号	X	Y	Z
1	5	11.3894	0
2	30	0	0
3	0	0	0
4	0	10	0

（3）在 GUI 界面中选择 Main Menu > Preprocessor > Modeling > Create > Lines > Lines > In Active Coord 命令，弹出 Lines In Active Coord 对话框。

（4）选择 Min,Max,Inc 单选按钮，在空白栏中输入 1，2，如图 21-6 所示，单击 OK 按钮，完成线的定义如图 21-7 所示。

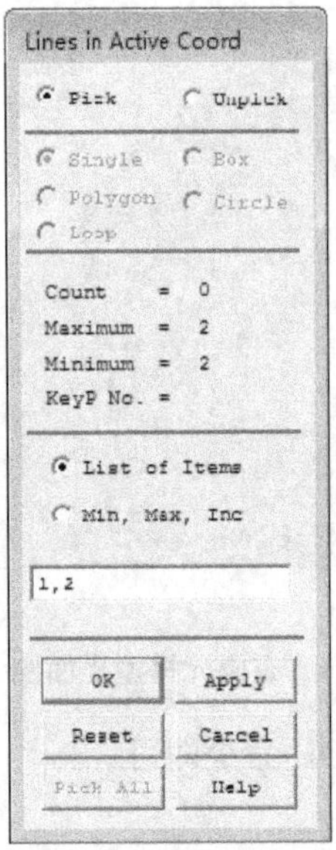

图 21-6　Lines In Active Coord 对话框

图 21-7　生成线

（5）在 GUI 界面中选择 Main Menu > Preprocessor > Modeling > Operate > Extrude > Lines > About Axis 命令，弹出如图 21-8 所示的 Sweep Lines about Axis 拾取菜单。选择工作区中的线，单击 OK 按钮。

（6）选中关键点 3，4，单击 OK 按钮，弹出如图 21-9 所示的 Sweep Lines about Axis 对话框，在输入栏中分别输入 90 和 1，单击 OK 按钮，关闭对话框，生成如图 21-10 和如图 21-11 所示的模型。

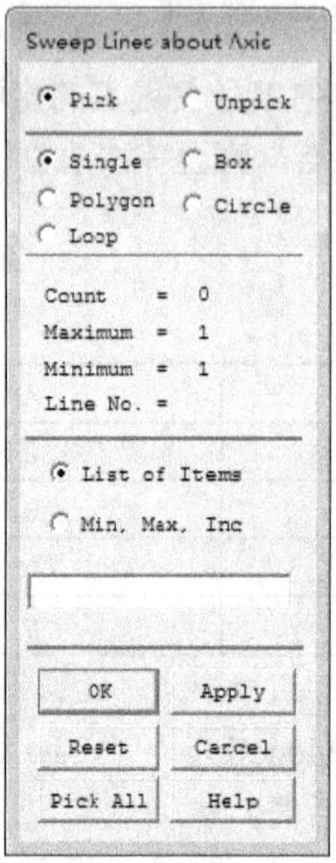

图 21-8　Sweep Lines about Axis 拾取菜单

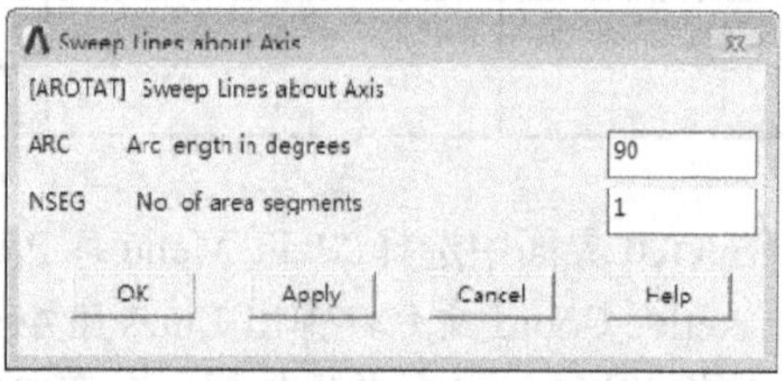

图 21-9　Sweep Lines about Axis 对话框

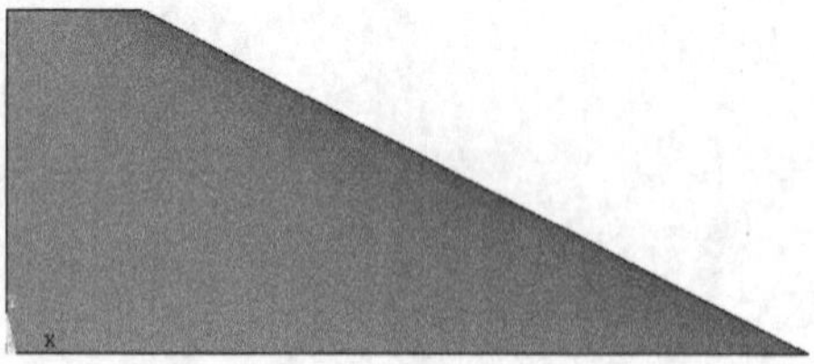

图 21-10　有限元模型立面图

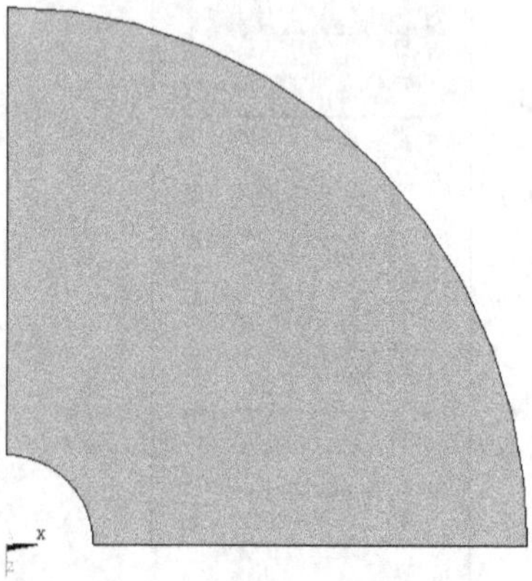

图 21-11　有限元模型平面图

（7）为防止数据意外丢失，应该及时保存，单击 SAVE DB 命令即可。

21.2.5 划分网格

（1）在进行计算之前，必须结合模型进行网格划分，转换成有限元模型才可以进行分析，在 GUI 界面中选择 Main Menu > Preprocessor > Meshing > SizeCntrls > Manual size > Lines > ALL Lines 命令，弹出如图 21-12 所示的 Element Size on ALL Selected Lines 对话框。

（2）在 NDIV 输入框中输入 18，即设置线被分为 18，单击 OK 按钮确认。

（3）在 GUI 界面中选择 Main Menu > Preprocessor > Meshing > Mesher Opts 命令，弹出 Mesher Options 对话框，如图 21-13 所示，在 MesherType 栏中选择 Mapped 单选按钮，单击 OK 按钮，弹出 Set Element Shape 对话框，如图 21-14 所示，在 2D Shapekey 下拉列表中选择 Tri（三角形分网）选项，单击 OK 按钮，关闭对话框。

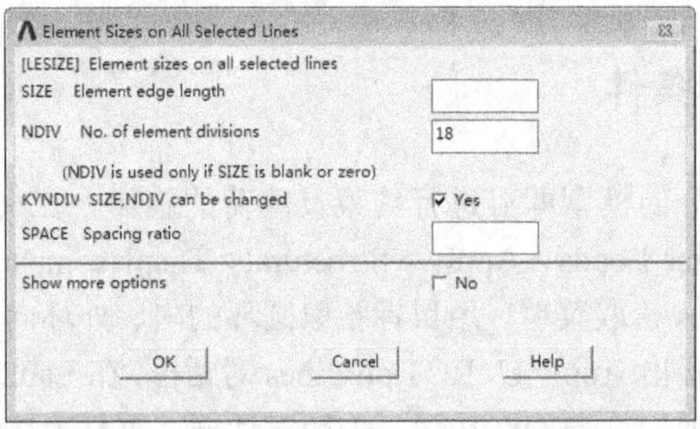

图 21-12 Element Size on ALL Selected Lines 对话框

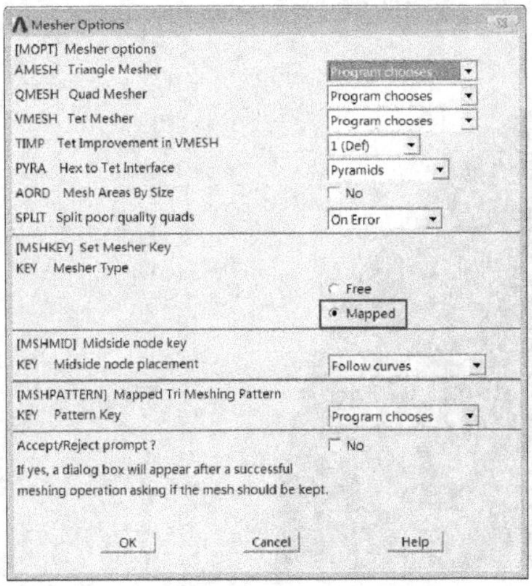

图 21-13 Mesher Options 对话框

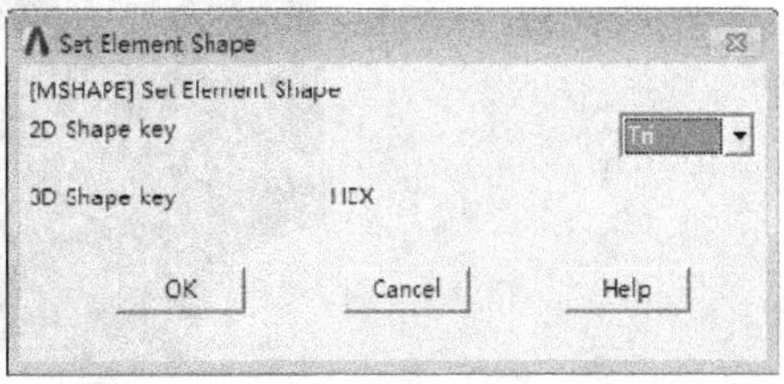

图 21-14 Set Element Shape 对话框

（4）在 GUI 界面中选择 Main Menu > Preprocessor > Meshing > Mesh > Areas > Mapped > 3 or 4 sided 命令，弹出 MeshAresas 对话框，选中图中模型，单击 OK 按钮，关闭该对话框，完成网格划分，完成划分生成的单元如图 21-15 所示。

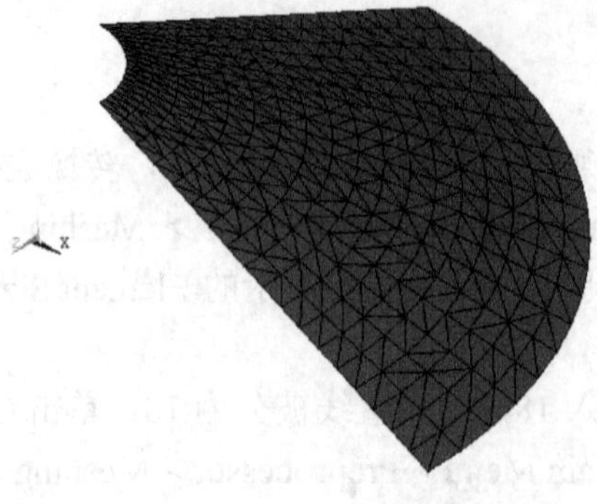

图 21-15 划分网格后的模型

（5）在 GUI 界面中选择 Utility Menu > File > Save as Jobnamen.db，保存上述操作过程。

21.2.6 施加边界条件

（1）完成网格划分的模型即可进行约束及载荷的施加。在 GUI 界面中选择 Main Menu > Solution > Define Loads > Apply > Structural > Displacement > On Lines 命令，弹出 Apply U，ROT on Lines 拾取菜单，用鼠标拾取圆环的内、外环向边界线，如图 21-16 所示，单击 Apply 按钮，弹出 Apply U，ROT on Lines 对话框，在 Lab2 DOFs to be constrained 列表框中选择 UX 选项，单击 OK 按钮，关闭对话框。重复上述步骤，依次选取 UY、UZ 选项。

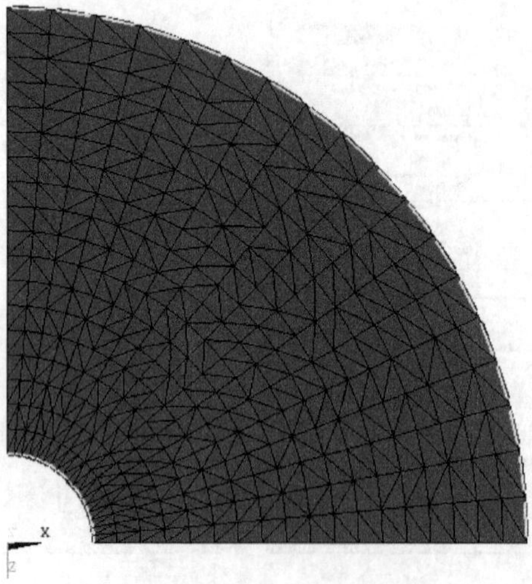

图 21-16 拾取圆环的内、外环向边界线

（2）在 GUI 界面中选择 Main Menu > Solution > Define Loads > Apply > Structural > Displacement > On Lines 命令，弹出 Apply U，ROT on Lines 拾取菜单，用鼠标拾取圆环的两条径向边界线，单击 Apply 按钮，弹出 Apply U，ROT on Lines 对话框，在 Lab2 DOFs to be constrained 列表框中选择 UX 选项，单击 OK 按钮，关闭对话框。重复上述步骤，选取 UZ 选项。

注意，该操作对圆环内、外环向边界线 X、Y、Z 三个方向的位移进行固定约束，对圆环的两条径向边界线 X、Z 两个方向的位移进行固定约束，即允许膜片在 Y 向进行移动。

（3）在命令输入框中输入如下命令。

```
inistate,define,all,,,,2e-1,2e-1,,,,
```

如图 21-17 所示，按回车键。

图 21-17　输入命令流

注意，该操作对膜面施加 X、Y 向预应力。

（4）在 GUI 界面中选择 Main Menu > Preprocessor > Solution > Analysis Type > New Analysis 选择静力分析（Static），单击 OK 按钮，关闭该对话框。

（5）在 GUI 界面中选择 Main Menu > Analysis Type > Sol'n Controls 命令，弹出 Solution Controls 对话框，如图 21-18 所示，单击 Basic 选项卡，在 Analysis Options 下拉列表框中选择 Large Displacement Static 选项，在 Time Control 栏的 Time at end of load step 输入框中输入 1，在 Automatic time stepping 下拉列表中选择 On 选项，在 Number of substeps 栏中输入 1，在 Max no.of substeps 栏中输入 10，在 Min no.of substeps 栏中输入 1，在 Write items to Results File 栏的 Frequency 下拉列表中选择 Write every Nth substep 选项，在 where N=输入栏中输入 all，单击 OK 按钮。

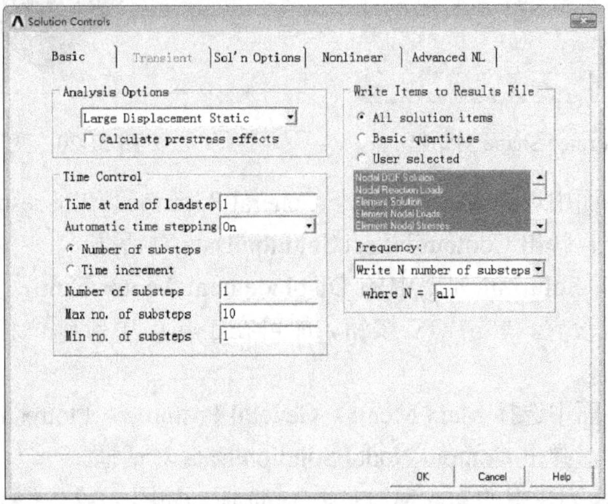

图 21-18　Solution Controls 对话框

21.2.7 求解

（1）在 GUI 界面选择 Main Menu > Solution > Solve > Current LS 命令，弹出 STATUS Command 窗口，窗口中显示了项目的求解信息及输出选项。同时弹出 Solve Current LoadStep 对话框，询问用户是否开始进行求解。

（2）单击 Solve Current Load Step 对话框中的 OK 按钮，开始求解，当弹出 Solution is done 提示时，求解完成。

（3）在 GUI 界面中选择 Utility Menu > File > Save as Jobnamen.db，保存上述操作过程。

21.2.8 后处理

（1）在 GUI 界面选择 Main Menu > General Postproc > Plot Results > Deformed Shape...命令，弹出 Plot Deformed Shape 对话框。在 Plot Deformed Shape 对话框中选择 Def+undefedge 选项，如图 21-19 所示，单击 OK 按钮，即可在工作区中显示如图 21-20 所示的变形图。

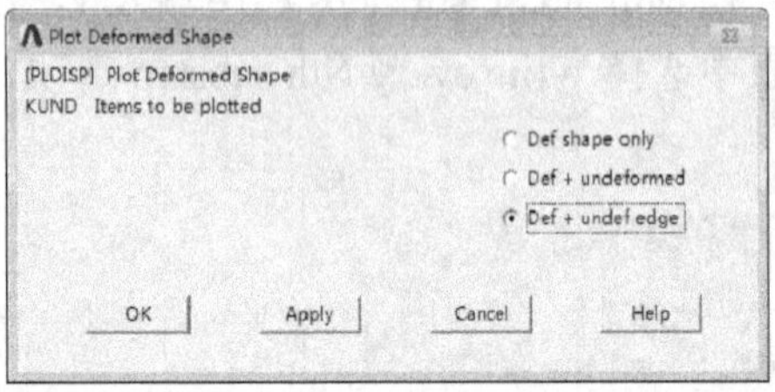

图 21-19 Plot Deformed Shape 对话框

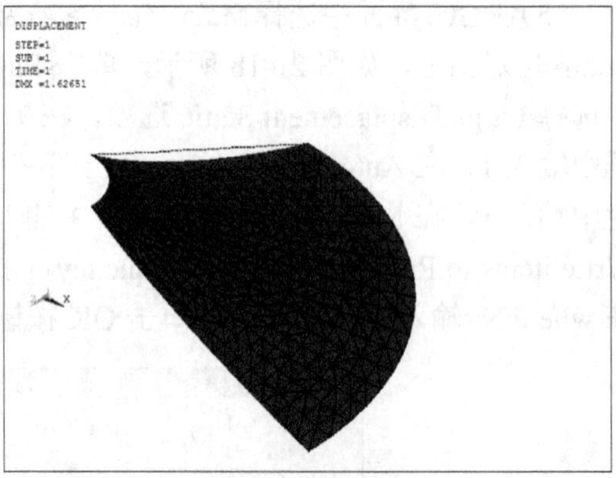

图 21-20 变形图

（2）在 GUI 界面中选择 Main Menu > General Postproc > Plot results > Contour Plot > Nodal Solution 命令，弹出 Contour Nodal Solution Data 对话框。

（3）选择 DOF Solution 列表中的 Displacement Vector Sum，如图 21-21 所示，其余选项采用默认设置，单击 OK 按钮，即可在工作区中看到位移云图，如图 21-22 所示。

（4）在 GUI 界面中选择 Main Menu > General Postproc > Plotresults > Contour Plot > Nodal Solution 命令，弹出 Contour Nodal Solution Data 对话框。

（5）选择 Stress 列表中的 von Mises stress 选项，如图 21-23 所示，其余选项采用默认设置，单击 OK 按钮，即可在工作区中看到 Mises 等效应力分布等值图，如图 21-24

所示。

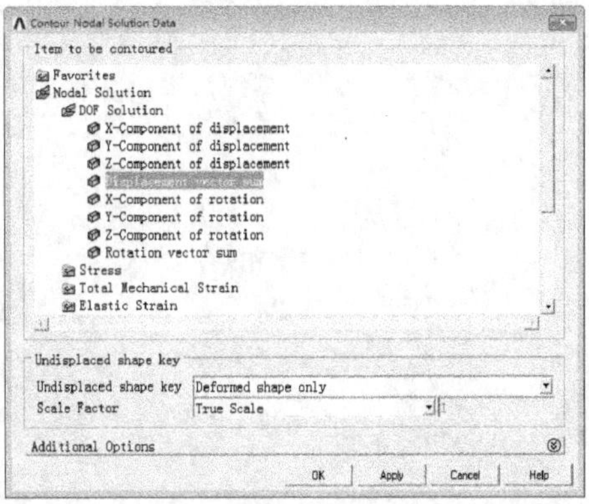

图 21-21 Contour Nodal Solution Data 对话框

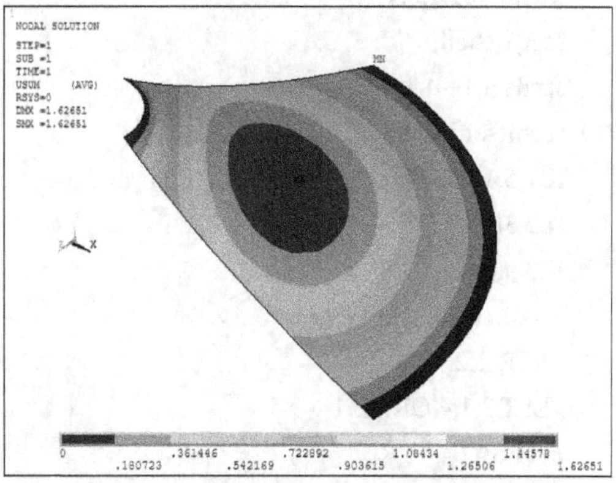

图 21-22 位移场分布等值图

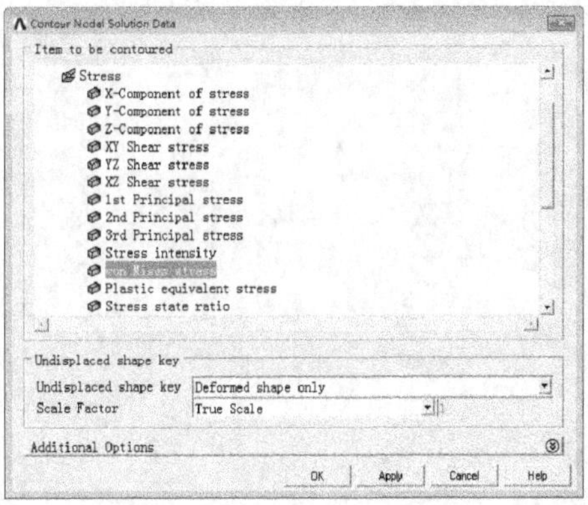

图 21-23 Contour Nodal Solution Data 对话框

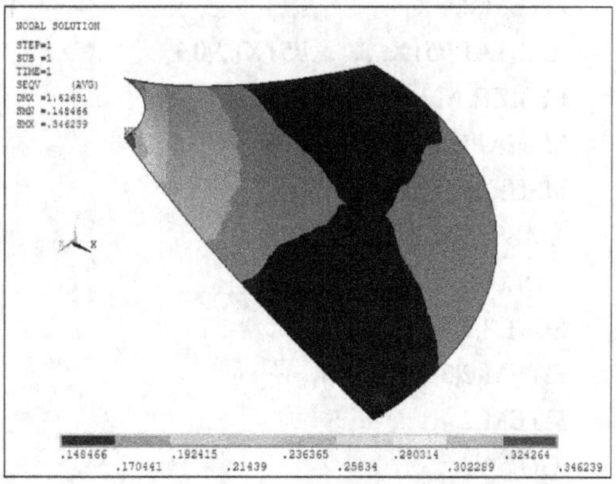

图 21-24 Mises 等效应力分布等值图

(6)单击工具栏中的 QUIT 按钮，弹出 Exit from ANSYS 对话框。选择 Save Everything，保存所有项目，单击 OK 按钮，退出 ANSYS。

21.3 命令流

```
/UDOC,1,DATE,0
/RGB,INDEX,100,100,100, 0
/RGB,INDEX, 80, 80, 80,13
/RGB,INDEX, 60, 60, 60,14
/RGB,INDEX, 0, 0, 0,15
/REPLOT
/filename,21-1,0
/prep7
ET,1,SHELL181
```

```
MP,EX,1,2,36E9
MP,PRXY,1,0.4
sect,1,shell,,
secdata,1e-4,1,0,5
secoffset,MID
K,1,5,11.3894,0
K,2,30,0,0
K,3,0,0,0
K,4,0,10,0
LSTR,1,2
FLST,2,1,4,ORDE,1
FITEM,2,1
FLST,8,2,3
FITEM,8,3
FITEM,8,4
AROTAT,P51X, , , , , ,P51X, ,90,1,
LESIZE,ALL,,,18,,,,,1
MSHAPE,1,2D
MSHKEY,1
AMESH,ALL
/SOL
FLST,2,2,4,ORDE,2
FITEM,2,3
FITEM,2,-4
/GO
DL,P51X, ,UX,
FLST,2,2,4,ORDE,2
FITEM,2,3
FITEM,2,-4
/GO
DL,P51X, ,UY,
FLST,2,2,4,ORDE,2
FITEM,2,3
FITEM,2,-4
/GO
DL,P51X, ,UZ,
FLST,2,2,4,ORDE,2
FITEM,2,1
FITEM,2,-2
/GO
DL,P51X, ,UX,
FLST,2,2,4,ORDE,2
```

```
FITEM,2,1
FITEM,2,-2
/GO
DL,P51X, ,UZ,
inistate,define,all,,,,2e-1,2e-1,,,,
ANTYPE,0
ANTYPE,0
NLGEOM,1
NSUBST,1,10,1
OUTRES,ERASE
OUTRES,ALL,all
AUTOTS,1
TIME,1
SOLVE
/POST1
SET,LAST
PLNSOL,U,SUM,0,1
PLNSOL,S,EQV,0,1
```

21.4 本章小结

本章对 ANSYS 在薄膜结构中的应用进行了详细阐述，同时列举了悬链面薄膜找形分析实例，通过该案例可以帮助用户提高对 ANSYS 在薄膜结构分析中的实际应用水平。

第22章

参数化设计与优化设计

本章介绍高级分析技巧，ANSYS除了基本的分析功能外，还有许多高级的分析功能。本章主要介绍的高级功能包括：参数化设计语言、优化设计、拓扑优化。

学习目标：

■ 熟练掌握参数化设计语言；
■ 熟练掌握优化设计；
■ 熟练掌握拓扑优化。

22.1 参数化设计语言

参数化设计语言用建立智能分析的手段，为用户提供自动完成定义模型及其载荷、求解和解释结果的功能。

22.1.1 参数化设计语言介绍

进行有限元分析的标准过程包括：定义模型及其载荷、求解和解释结果，假如求解结果表明有必要修改设计，那么就必须改变模型的几何形状，并重复上述步骤，特别是在模型较复杂或修改较多时，这个过程可能很复杂和费时。

ANSYS参数化设计语言（APDL）用建立智能分析的手段，为用户提供了自动完成上述循环的功能，也就是说程序的输入可设定为根据指定的函数、变量，以及选出的分析标准作决定。APDL允许复杂的数据输入，使用户实际上对任何设计或分析属性有控制权，例如尺寸、材料、载荷、约束位置和网格密度等。APDL扩展了传统有限元分析范围之外的能力，并扩充了更高级运算，包括灵敏度研究、零件库参数化建模、设计参数及设计优化。

22.1.2 参数化设计语言功能

所有全局控制特性、允许按需求改变该程序，以满足特定的建模和分析需求。通过精心策划，能建立一个高度完善的控制方案。该方案将在特定的应用范围内使程序发挥最大效率，下面介绍一个 APDL 的成分和功能。

1. 参数

APDL 允许用户通过指定或程序计算给变量（参数）赋值，在运行 ANSYS 的任一时刻都能定义参数。另外，可将参数保存在一个文件中，供以后的 ANSYS 运行过程或其他运行和报告使用。参数化性能提供了对程序进行控制和简化数据输入的有效方法。

参数可以定义为实常数值，也可以用参数表达式的当前值定义，甚至可以是一个字符串。

例如，用户可以使用命令 PI=3.14159 定义 PI，这个参数一旦定义，在此之后，任何的参数域若使用 PI，本程序就会用 3.14159 替代。通过条件检测也能定义实常数参数。例如，命令 A=B<5.7，表示如果 B 小于 5.7，程序就把 B 的当前值赋给 A，否则，A 就等于 5.7。

2. 数组参数

工程分析所需要和所产生的数据类型，有时用表格形式表示更易理解。ANSYS 数组参数的功能使这类数据的处理很便利。

有 3 种类型的数组参数：第一类由简单整理成表格形式的离散数据组成；第二类就是通常所说的表式数组参数表，即整理成表格形式的数据组成，然而，这种参数类型允许在两个指定的表格项间进行线性插值，另外，表式数组参数可以用非整数数值作为行和列的下标，这些特性使表式数组表成为数据输入和结果处理的有利工具；第三类数组参数是字符串，由文字组成。

使用数组参数能简化数据输入。例如，随时间变化的力函数可用表式数组，这样数据点输入最少，ANSYS 程序能计算出未定义时间点的力值。数据输入方面的应用还有（但不局限于）响应频谱曲线、应力-应变曲线和材料温度曲线。

3. 表达式和函数

另一个与数组参数有关的特性是向量和矩阵运算的能力。向量运算（用于列运算）包括加、减、点积、矢积及许多其他运算；矩阵运算包括矩阵乘法、转置计算及联立方程求解。在 ANSYS 运行中任何时刻数组参数（以及其他参数）能以 FOTRAN 实数的形式写入文件，写出的文件可用于 ANSYS 的其他应用及计算报告的编写。

4. 分支和循环

智能分析需要一个起决定作用的框架，利用分支和循环性把这个框架提供给 ANSYS

程序，循环使用户避免了冗长的命令重复，而分支为用户提供了控制程序全局和指导程序完成分析的能力。

分支利用传统的 FORTRAN GO 和 IF 语句，引导程序按非连续顺序读取命令，GO 命令指示程序转到用户标定的输入行，IF 命令是条件转移语句，只有当满足给定的条件时，该命令才指示程序转入下一行。ELSE 语句也有效，它指示程序根据现行的条件执行几个动作中的一个，IF 命令可以包含用户指定的或 ANSYS 计算出的参数作评估条件。最简单的分析命令 GO，指引程序转到特定的标记，而不执行中间部分的命令。最常见的分支结构为 IF-THEN-ELSE，使用*IF，*ELSE IF 和*ENIF 命令。

分支命令能引导程序根据实际模型或分析作出决定，该命令允许带参数，且允许部分输入值随计算出的某些量值而改变。

循环通过典型的 DO 循环指令实现，这个指令表示程序重复一串命令，循环的次数由计算器或其他循环的控制器来控制，控制器完全根据给定条件的状态决定程序是继续循环还是退出循环。

5. 重复功能和缩写

重复功能通过去除命令串中不必要的重复，简化命令输入，在一个输入序列中输入重复命令*REPEAT 时，程序立即将前面的命令重复执行指定的次数。被重复的命令执行起来就像输入的一样，每重复一次，命令变量就会增加。这些功能可大大简化程序模型构造，在模型开发中可以用重复功能产生节点、关键点、线段、边界条件及其他模型属性。

缩写能用于简化命令输入，一旦一个缩写定义好，就能在命令输入流的任何地方使用。

6. 宏

宏是一系列保存在一个文件中，并能在任何时间，在 ANSYS 中执行的 ANSYS 命令集。宏文件可用系统编辑器或从 ANSYS 程序内部建立，它可以包括 APDL 特性的任何内容，像参数、重复功能、分支等。

在 ANSYS 内部建立宏时，指定复制程序命令集到一个特定的文件，当宏建立时它们自动储存在目录中，在此后，数据输入过程的任意时刻，都能指示程序使用宏文件的命令序列。

在分析中，宏可被重复任意多次嵌套，多达 10 层。一个分析文件中使用宏的数目没有限制，每个宏同样能用于其他分析。常用的宏可成组地放入宏库文件，并能单独在任何 ANSYS 中运行使用。宏最显而易见的方法之一是简化重复的数据输入。例如，模型表面的几个洞建立网格，需要相同的建网格命令，很典型地，建模中对每个洞都必须重复建立网格所必需的一串命令，而用户可以建立一个网格命令的宏，当每个洞要建网格时，用户可以指示程序使用宏文件。其他类型的应用也可以免去重复的命令输入。

在宏内普遍使用的一个 APDL 特性（而且可以用于任何读入 ANSYS 的文件）是*MSG 命令，该命令允许将参数和用户提供的信息写入用户可控制的有格式的输出文件，这些信息可以是一个简单的注释、一个警告、一个错误信息，甚至是一个致命的错误信息（后面两项可能引起运行终止），这就允许用户在 ANSYS 内部，创建特定的报告或产生可用于外部程序读出有格式的输出文件。

宏带参数是宏更复杂的应用，并且功能更强，这一功能允许在分析内部建立输入子程序。宏可看作用户定义的命令。当输入一个 ANSYS 程序不认识的命令时，在目录结构中将建立一个检查序列，如果发现了相同名字的宏，那么，它将被执行。用户可指定宏的路径名，使宏能用于任何 ANSYS 运行，可以把常用宏成组放入单独的目录中。

ANSYS 程序提供了几个预先写好的宏，如自适应网格划分宏命令、动画宏命令等。

7. 用户子程序

虽然不能严格把用户子程序考虑为 APDL 的一部分，但是用户子程序功能允许用户在程序内部扩充专用算法，从而增加了程序的灵活性。ANSYS 程序的开放式结构运行用户写入 FORTRAN 子程序，并把它与 ANSYS 代码程序连接在一起，可用的用户子程序包括如下。

- 用户定义的命令，增强 ANSYS 能力。
- 用户构造的单元，一旦定义好，就可以同其他 ANSYS 单元同样使用。
- 替换 100 层复合壳和实体单元（SHELL99 和 SOLID46）的失效准则。
- 用户自定义蠕变和材料膨胀方程。
- 定义塑性材料行为准则等。

22.1.3 参数化设计语言实例

本节将通过一个梁的实例，来介绍参数设计语言的使用。

如图 22-1 所示，假设在所有有限元模型中，规划长度小于 0.5 时，分割为 5 个元素，0.5～1 时分割为 10 个元素，1～1.5 分割为 15 个元素。

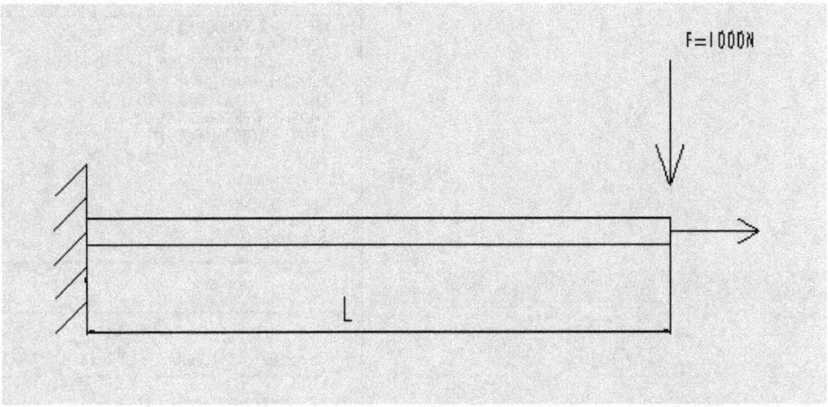

图 22-1　用参数设计语言进行网格划分

22.1.4 设置环境变量

（1）从实用菜单中选择 Utility Menu:File > Change Jobname 命令，将打开 Change Jobname（修改文件名）对话框，如图 22-2 所示。

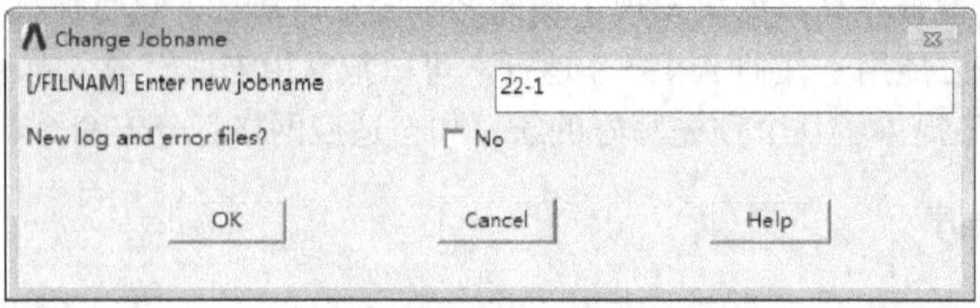

图 22-2 修改文件名对话框

在 Enter new jobname 文本框中输入文字 22-1，为本分析实例的文件名，单击“OK”按钮，完成文件名的修改。

（2）从实用菜单中选择 Utility Menu:File > Change Title 命令，将打开 Change Title 对话框，如图 22-3 所示。在 enter new title 文本框中输入文字 the use of APDL ON beam 为本分析实例的标题名，单击 OK 按钮，完成对标题名的指定。

（3）从实用菜单中选择 Utility Menu：Plot > Replot 命令，指定的标题 the use of APDL on beam 将显示在图形窗口的左下角。

（4）从主菜单中选择 Main Menu > Preprocessor 命令，将打开 Preference of GUI Filtering（菜单过滤参数选择）对话框，选中 Structural 复选框，单击 OK 按钮确定。

（5）从实用菜单中选择 Utility Menu：Parameters > Scalar Parameters 命令，定义参数，如图 22-4 所示。

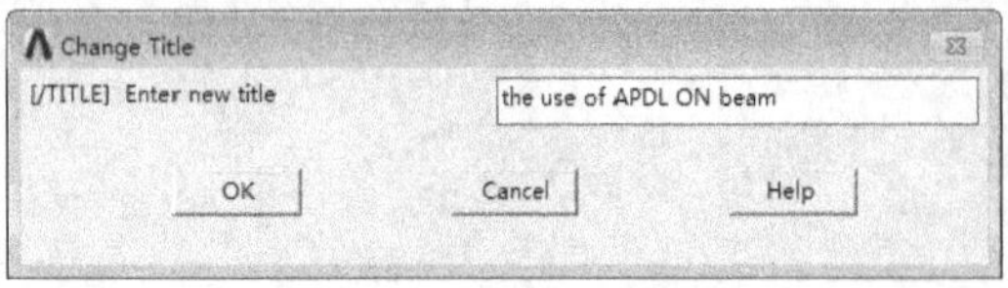

图 22-3 修改标题对话框

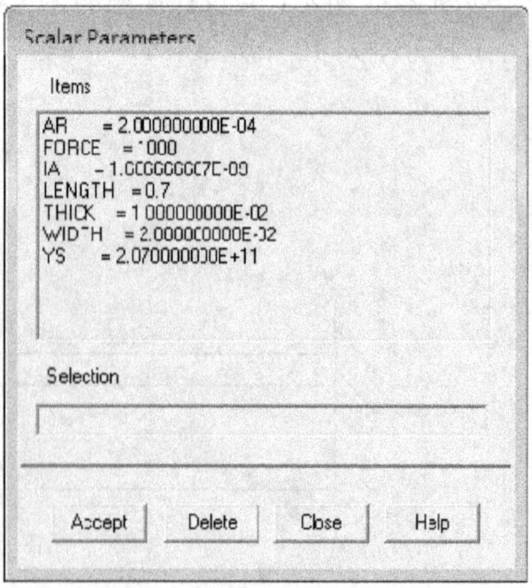

图 22-4 定义参数

22.1.5 定义单元类型

（1）选用 Beam 3 单元，在命令窗口输入以下程序段。

```
ET,1，BEAM3
```

（2）Beam 3 单元需要设置实常数，在命令窗口输入以下程序段。

```
R,1，AR,IA,THICK,,,,
```

22.1.6 定义材料属性

（1）从主菜单中选择 Main Menu > Preprocessor > Material Props > Material Models 命令，将打开 Define Material Model Behavior （定义材料模型属性）窗口，如图 22-5 所示。

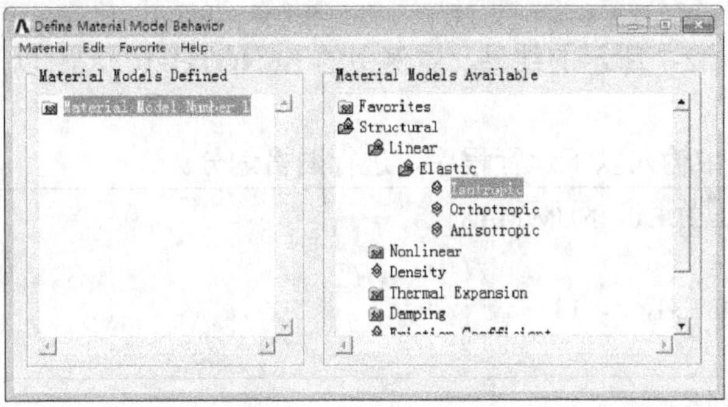

图 22-5 定义材料模型属性窗口

（2）依次单击 Structural > Linear > Isotropic，展开材料属性的树形结构。将打开 1 号材料的弹性模量 EX 和泊松比 PRXY 的定义对话框，如图 22-6 所示。

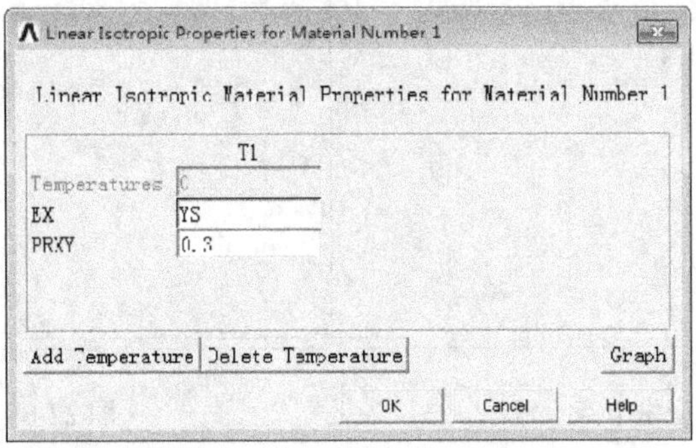

图 22-6 线性各向同性材料的弹性模量和泊松比

（3）在对话框的 EX 文本框中输入弹性模量 YS，在 PRXY 文本框中输入泊松比 0.3。

（4）单击 OK 按钮，关闭对话框，并返回到定义材料模型属性窗口，在此窗口的左边一栏出现刚刚定义的参考号为 1 的材料属性。

（5）在 Define Material Model Behavior 窗口中，从菜单中选择 material > Exit 命令，

或者单击右上角的×按钮，退出定义材料模型属性窗口，完成对材料模型属性的定义。

22.1.7 创建模型并划分网格

（1）在命令窗口输入以下程序段。

```
N,1，0，0
*IF,LENGTH,LE,0.5，THEN
N,6，LENGTH
*ELSEIF,LENGTH,LE,1，THEN
N,11，LENGTH
*ELSEIF,LENGTH,LE,1.5，THEN
N,16，LENGTH
*ENDIF
FILL
```

（2）得到如图 22-7 所示的结果，本例中的 LENGTH=0.7，所以产生了 11 个节点，可以划分 10 个单元。

（3）在命令行中输入以下运行程序，进行网格划分。

```
*GET,FNODE,NODE,0，NUM,MAX
E,1，2
*REPEAT,FNODE,-1，1，1
FINISH
```

结果如图 22-8 所示。

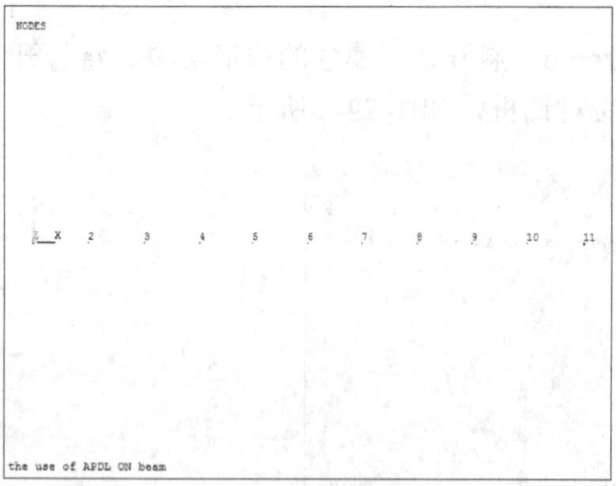

图 22-7 产生节点

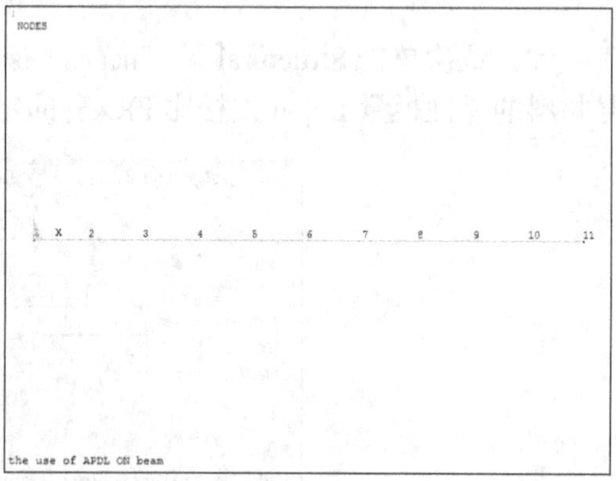

图 22-8 划分网格

22.1.8 施加边界条件

（1）从主菜单中选择 Main Menu > Preprocessor > Solution > Define Loads > Apply > Structural > Displacement > On Nodes 命令。打开节点选择对话框，选择欲增加位移约束

的节点 1，弹出如图 22-9 所示的对话框，选择 All DOF 设置固定约束。

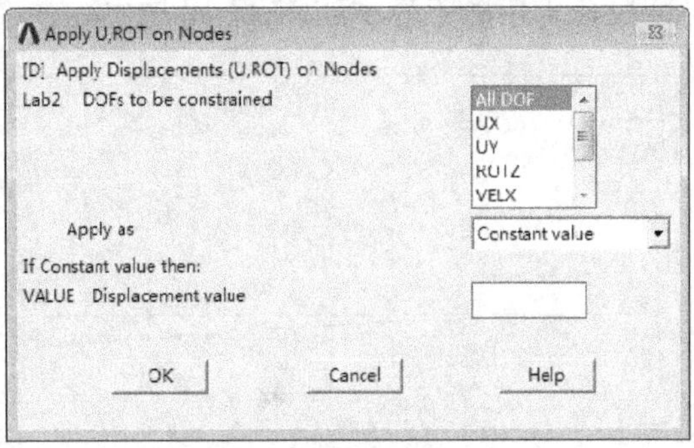

图 22-9　施加位移约束对话框

（2）从主菜单中选择 Main Menu > Preprocessor > Solution > Define Loads > Apply > Structural > Force/Moment > On Nodes 命令。打开节点选择对话框，选择第 11 个节点（节点号为 11），如图 22-10 所示，单击 OK 按钮，打开 Apply F/M on Nodes（在节点上施加力载荷）对话框，在数值 Value 一栏中输入- FORCE，选择 FX，如图 22-11 所示。

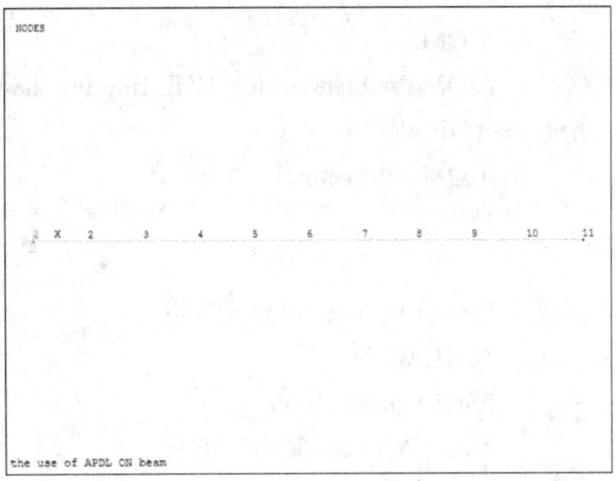

图 22-10　施加的位移约束

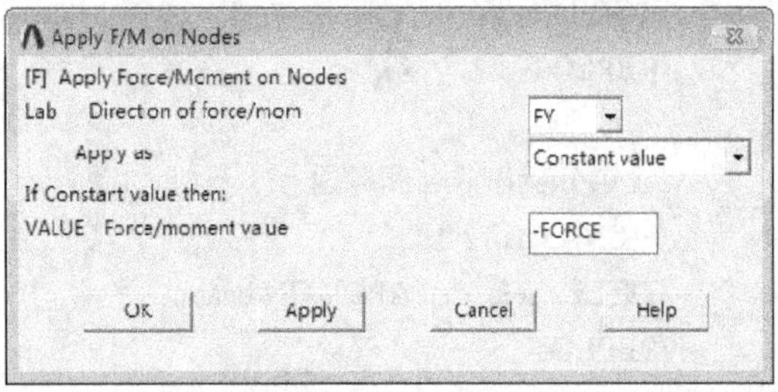

图 22-11　施加力对话框

22.1.9　求解

（1）从主菜单选择 Main Menu > Solution > Slove > Current LS 命令，打开一个确认对话框和状态列表，要求查看列出的求解选项。查看列表中的信息确认无误后，单击 OK 按钮，开始求解。

（2）求解完成后打开提示求解结束对话框，单击 Close 按钮，关闭提示求解对话框。

22.1.10　查看结果

在 GUI 界面选择 Main Menu > General Postproc > Plot Results > Deformed Shape...命

令，弹出 Plot Deformed Shape 对话框。在 Plot Deformed Shape 对话框选择 Def + undef edge 选项，单击 OK 按钮，即可在工作区中显示如图 22-12 所示。

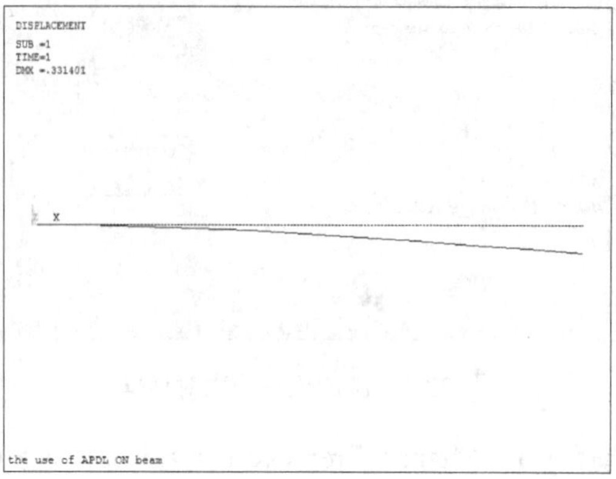

图 22-12　梁的变形图

本例的命令流如下。

```
/UDOC,1,DATE,0
/RGB,INDEX,100,100,100, 0
/RGB,INDEX, 80, 80, 80,13
/RGB,INDEX, 60, 60, 60,14
/RGB,INDEX, 0, 0, 0,15
/REPLOT

!设定分析作业名和标题
/FILNAME,12-1,0
/TITLE,the use of APDL ON beam
/REPLOT

!选中 Structural
!*
/NOPR
KEYW,PR_SET,1
KEYW,PR_STRUC,1
KEYW,PR_THERM,0
KEYW,PR_FLUID,0
KEYW,PR_ELMAG,0
KEYW,MAGNOD,0
KEYW,MAGEDG,0
KEYW,MAGHFE,0
KEYW,MAGELC,0
KEYW,PR_MULTI,0
/GO
!*
/COM,
/COM,Preferences for GUI filtering have been set to display:
/COM,  Structural
!*

!Scalar Parameters 定义参数
*SET,AR,2e-4
*SET,FORCE,1000
*SET,IA,1.66666666667E-9
*SET,LENGTH,0.7
*SET,THICK,1E-2
*SET,WIDTH,2E-2
*SET,YS,2.07E11

/PREP7

!定义单元类型
ET,1,BEAM3
R,1,AR,IA,THICK,,,,

!定义材料属性
MPTEMP,,,,,,,,
MPTEMP,1,0
MPDATA,EX,1,,YS
```

```
MPDATA,PRXY,1,,0.3

!划分网格
N,1,0,0
*IF,LENGTH,LE,0.5,THEN
N,6,LENGTH
*ELSEIF,LENGTH,LE,1,THEN
N,11,LENGTH
*ELSEIF,LENGTH,LE,1.5,THEN
N,16,LENGTH
*ENDIF
FILL

*GET,FNODE,NODE,0,NUM,MAX
E,1,2
*REPEAT,FNODE-1,1,1
FINISH

!定义边界条件
/SOLU

!加边界固定条件
FLST,2,1,1,ORDE,1
FITEM,2,1
!*
/GO
D,P51X,,,,,,ALL,,,,,

!添加力
FLST,2,1,1,ORDE,1
FITEM,2,11
!*
/GO
F,P51X,FY,-FORCE

!/STATUS,SOLU
SOLVE
!求解
FINISH
/POST1
!/EFACE,1
AVPRIN,0,,
!*
!PLNSOL,U,Y,2,1
!查看结果
SAVE
FINISH
!/EXIT,NOSAV
```

22.2 优化设计

设计方案的任何方面都是可以优化的，优化设计是一种寻找确定最优设计方案的技术。

22.2.1 优化设计介绍

优化设计是一种寻找确定最优设计方案的技术。所谓最优设计，指的是一种方案可以满足所有的设计要求，而且所需的的支出（如重量面积、体积、应力、费用等）最小方案。

设计方案的任何方面都是可以优化的，如厚度、形状（如过渡圆角的大小）、支撑位置、制造费用、自然频率、材料特性等。实际上，所有可以参数化的 ANSYS 选项都可以作优化设计。ANSYS 程序提供了两种优化的方法，这两种方法可以处理绝大多数的优化问题。零阶方法是一个很完善的处理方法，可以有效地处理工程问题，一阶方法基于目标函数对设计变量的敏感程度，因此更加适合于精确的优化分析。

对于这两种方法，ANSYS 程序提供了一系列的分析—评估—修正的循环过程。就是对于初始设计进行分析，对分析结果就设计要求进行评估，然后修正设计。这一循环重复进行直到所有的设计要求都满足为止。

除了这两种优化方法，ANSYS 程序还提供了一系列的优化工具，以提高优化过程的效率。例如，随机优化分析的迭代次数是可以指定的，随机计算结果的初始值可以作为优化过程的起始数值。

22.2.2 优化中的基本概念

在介绍优化设计过程之前，先给出一些基本的定义：设计变量、状态变量、目标函数、合理和不合理的设计、分析文件、迭代、循环、设计序列等。

设计变量（DVs）为自变量，优化结果就是通过改变设计变量的数值来实现的。每个设计变量都有上下限，它定义了设计变量的变化范围。

状态变量（SVs）是约束设计的数值。他们是因变量，是设计变量的函数。状态变量可能会有上下限，也可能是单方面的限制，即只有上限或只有下限。

目标函数（OBJ）是要尽量减少的数值。它必须是设计变量的函数，也就是说，改变设计变量的数值将改变目标函数的数值。在 ANSYS 优化程序中，只能设定一个目标函数。

设计变量，状态变量和目标函数总称为优化变量，在 ANSYS 优化中，这些变化是由用户定义的参数来指定的。必须指出在参数集中那些是设计变量，哪些是状态变量，哪些是目标函数。

一个合理的设计是指满足所有给定的约束条件（设计变量的约束和状态变量的约束）的设计。如果其中任一约束条件不被满足，设计就被认为是不合理的。而最优设计是既满足所有的约束条件又能得到最小目标函数值的设计（如果所有的设计序列都是不合理的，那么最优设计是最接近于合理的设计，而不考虑目标函数的数值）。

分析文件是一个 ANSYS 的命令流输入文件，包括一个完整的分析过程（前处理、求解、后处理），它必须包含一个参数化的模型，用参数定义模型，并指出设计变量、状态变量和目标函数。由这个文件可以自动生成优化循环文件（Jobname.LOOP），并在优化计算中循环处理。

一次循环指一个分析周期（可以理解为执行一次分析文件）。最后一次循环的输出存储于文件 Jobname.OPO 中。优化迭代（或仅仅是迭代过程）是产生新的设计序列的一次或多次分析循环。一般来说，一次迭代等同于一次循环。但对于一阶方法，一次迭代代表多次循环。

设计序列是指确定一个特定模型的参数集合。一般来说，设计序列是优化变量的数值来确定的，但所有的模型参数（包括不是优化变量的参数）组成了一个设计序列。

优化数据库记录当前的优化环境，包括优化变量的定义、参数、所有优化设定和设计序列集合。该数据库可以存储，也可以随时读入优化处理器中。

分析文件必须作为一个单独的实体存在，优化数据库不是 ANSYS 模型数据库的一部分。

共有两种方法实现 ANSYS 优化设计：批处理方法和通过 GUI 交互式完成。

22.2.3 优化设计步骤

优化设计通常包括以下几个步骤，这些步骤根据所选用优化方法的不同（批处理或 GUI 方式）而有细微的差别。

其中生成循环所用的分析文件必须包括整个分析的过程，而且必须满足以下条件。

在 ANSYS 数据库里建立与分析文件中变量相对应的参数。这一步是标准的做法，但不是必须的（BEGIN 或 OPT）。

- 参数化建立模型（PREP7）。
- 求解（SOLUTION）。
- 提取并指定状态变量和目标函数（POST1/POST26）。
- 进入 OPT，指定分析文件（OPT）。
- 声明优化变量。
- 选择优化工具或优化方法。
- 指定优化循环控制的方式。
- 进行优化分析。
- 查看设计序列结果（OPT）和后处理（POST1/POST26）。

优化设计中可用的单元类型如下。

- 二维实体单元：PLANE2 和 PLANE82
- 三维实体单元：SOLID92 和 SOLID95
- 壳单元：SHELL93

下面具体介绍一下优化设计的过程。

1. 生成分析文件

生成分析文件是 ANSYS 优化设计过程中的关键部分。ANSYS 程序运用分析文件构造循环文件，进行循环分析。分析文件中可以包括 ANSYS 提供的任意分析类型（结构、热、电磁等，线性或非线性）。

在分析文件中，模型的建立必须是参数化的（通常是优化变量为参数），结果也必须用参数来提取（用于状态变量和目标函数）。优化设计中只能使用数值参数。

建立分析文件有两种方法，即用系统编辑器逐行输入；交互式地完成分析，将 ANSYS 的 LOG 文件作为基础建立分析文件。不论采用哪种方法，分析文件需要包括的内容都是一样的。

参数化的建立过程。用设计变量作为参数建立模型的工作是在 PREP7 中完成的。前面提到，可以对设计的任何方面进行优化，尺寸、形状、材料性质、支撑位置、所加载荷等，唯一要求就是将其参数化。

设计变量可以在程序的任何部分初始化，一般是在 PREP7 中定义。这些变量的初值只是在设计计算开始时用到，在优化循环过程中会被改变。

求解。求解器用于定义分析类型和分析选项、施加载荷、指定载荷步、完成有限元计算。分析中所用到的数据都要指出凝聚法分析中的主自由度、非线性分析中的收敛准则、谐波分析中的频率范围等。载荷和边界条件也可以作为设计变量。

参数化提取结果。在本步骤中，提取结果并赋值给相应的参数。这些参数一般为状态变量和目标函数。提取数据的操作由*GET 命令实现，通常用 POST1 来完成本步操作，特别是涉及数据的存储、加减或其他操作。

分析文件的准备。到此为止，已经对于分析文件的基本需求做了说明。如果是用系统编辑器来编辑的批处理文件，那么，简单地存盘进入第二步即可。如果是用交互方式建模的话，用户必须在交互环境下生成分析文件。

2. 建立优化过程中的参数

在完成了分析文件的建立以后，就可以开始优化分析了（如果是在系统中建立的分析文件的话，就要重新进入 ANSYS)。如果是在交互方式下进行优化，最好（但不是必须）从分析文件中建立参数到 ANSYS 数据库中来，在批处理方式下除外。

进入 OPT，指定分析文件（OPT）。

以下的步骤由 OPT 处理器来完成。首次进入优化处理器时，ANSYS 数据库中的所有参数自动作为设计序列 1。这些参数值假定是一个设计序列。

在交互方式下，用户必须指定分析文件名。这个文件用于生成优化循环文件 Jobname.LOOP。分析文件名无默认值，因此必须输入。

在批处理方式下，分析文件通常是批命令流的第一部分，从文件的第一行到命令/OPT 第一次出现。在批处理方式中，默认的分析文件名 Jobname.BAT（它是一个临时性的文件，是批处理输入文件的一个复制)。因此，在批处理方式下通常不用指定分析文件名。但是，如果出于某种考虑将批文件分成两个部分（一个用于分析，另一个用于整个优化分析)，那么，就必须在进入优化处理器后指定分析文件。

3. 声明优化变量

下一步是声明优化变量，即指定哪些参数是设计变量，哪些参数是状态变量，哪个参数是目标函数。允许有不超过 60 个设计变量和不超过 100 个状态变量，但只能有一个目标函数。

对于设计变量和状态变量可以定义最大和最小值。目标函数不需要给定范围。每一个变量都有一个公差值，这个公差值可以由用户输入，也可以选择由程序计算得出。

如果用 OPVAR 命令定义的参数名不存在，ANSYS 数据库中将自动定义这个参数，并将初始值设为零。

可以在任意时间简单地通过重新定义参数的方法，来改变已经定义过的参数，也可以删除一个优化变量[OPVAR，Name，DEL]。这种删除操作并不真正删除这个参数，而是不将它继续作为优化变量而已。

4. 选择优化工具或优化方法

ANSYS 程序提供了一些优化工具和方法。默认方法是单次循环。

优化方法是使单个函数（目标函数）在控制条件下达到最小值的传统方法。有两种方法是可用的，零阶方法和一阶方法。除此之外，用户可以提供外部的优化算法替代 ANSYS 本身的优化方法。使用任何一种方法之前，必须先定义目标函数。

优化工具是搜索和处理设计空间的技术。因为求最小值不一定是优化的最终目标，所以目标函数在使用这些优化工具时可以不指出。但是，必须指定设计变量。

5. 指定优化循环控制方式

每种优化方法和工具都有相应的循环控制参数，如最大迭代次数等。

用户还可以控制几个循环特性，包括分析文件在循环中如何读取。可以从第一行读取（默认），也可以从第一个/PREP7 出现的位置开始读取；设定为优化变量的参数可以忽略（默认），也可以在循环中处理，而且，可以指定循环中存储哪种变量，只存储数值变量还是存储数值变量和数组变量。这个功能可以在循环中控制参数的数值（包括设计变量和非设计变量）。

6. 进行优化分析

所有的控制选项设定好后，就可以进行分析。

在执行时，优化循环文件（Jobname.LOOP）会根据文件生成。这个循环文件对用户是透明的，并在分析循环中使用。循环在满足下列情况时终止：收敛、中断（不收敛，但最大循环次数或是最大不合理的数目达到了）、分析完成。

如果循环是由于模型的问题（如网格划分问题，非线性求解不收敛，与设计变量数值冲突等）中断时，优化处理器将进行下一次循环。如果是在交互方式下，程序将显示一个警告信息并询问是否继续或结束循环。如果在批处理的方式下，循环将自动继续。

所有优化变量和其他参数在每次迭代后将存储在优化数据文件（Jobname.OPT）中。最多可以存储 130 组这样的序列，如果已经达到了 130 个序列，那么其中数据最“不好”的序列将被删除。

7. 查看设计序列结果

优化循环结束以后，可以用本部分介绍的命令或相应的 GUI 路径来查看设计序列。这些命令适用于任意优化方法和工具生成的结果。

用图显示指定的参数随序列号的变化，可以看出变量是如何随迭代过程变化的。

对于等步长、乘子和梯度工具有一些特别查看结果的方法。在优化处理器中使用本命令，将得到另外一些关于当前优化任务的信息，如分析文件名、优化技术、设计序列数、优化变量等。用 STSTUS 命令可以方便地查看优化环境，验证需要的设定是否全部输入优化处理器。

除了查看优化数据，用户可能希望用 POST1 或 POST26 对分析结果进行后处理。默认情况下，最后一个设计序列的结果存储在文件 Jobname.RST（或.RTH 等，视分析类型而定）中。如果在循环运行前将 OPKEEP 设为 ON，最佳设计序列的数据也将存储在数据库和结果文件中。“最佳结果”在文件 Jobname.BRST（.BRTH 等）中，“最佳数据库”在文件 Jobname.BDB 中。

22.4 拓扑优化

结构的形状可以进行优化，对形状进行优化叫做拓扑优化，有时也称为外型优化。拓扑优化的目标是寻找承受单载荷或多载荷物体的最佳材料分配方案，这种方案在拓扑优化中表现为“最大刚度”设计。

22.4.1 拓扑优化方法

与传统的优化设计不同的是，拓扑优化不需要给出参数和优化变量的定义。目标函数、状态变量和设计变量都是预定义好的。只需要给出结构的参数（材料特性、模型、载荷等）和要省去的材料百分比。

拓扑优化的目标——目标函数是在满足结构约束（V）情况下减少结构的变形能。减小结构的变形能相当于提高结构的刚度。这个技术通过使用设计变量（ηi）给每个有限元的单元赋值予内部伪密度来实现。这些伪密度用 PLNSIL，TOPO 命令来给出。

22.4.2 拓扑优化步骤

1. 定义拓扑优化问题

定义拓扑优化问题同定义其他线性、弹性结构问题做法一样。需要定义材料特性（弹性模量和泊松比），选择合适的单元类型，生成有限元模型，施加载荷和边界条件做单载荷步或多载荷步分析。

2. 选择单元类型

拓扑优化功能可以使用二维平面单元、三维块单元和壳单元。要使用这个功能，模型中只能有下列单元类型，因此可以指定要优化和不优化的区域。

只有单元类型号为 1 的单元才能做拓扑优化。可以使用这种限制控制模型优化和不优化的部分。例如，如果要保留接近圆孔部分或支架部分的材料，将这部分单元类型号指定为 2 或者更大即可，用户可以使用 ANSYS 的选择和修改命令控制单元划分和类型号定义。

3. 定义和控制载荷工况

可以在单个载荷工况和多个载荷工况下做拓扑优化。单载荷工况最简便。

要在几个独立的载荷工况中得到优化结果时，必须用到写载荷工况和求解功能。在定义完每个载荷工况后，要用 LSWRITE 命令将数据写入文件，然后用 LSSOLVE 命令求解载荷工况的集合。

4. 定义和控制优化过程

拓扑优化过程包括两部分：定义优化参数和进行拓扑优化。用户可以用两种方式运行拓扑优化，控制并执行每一次迭代，或自动进行多次迭代。

ANSYS 有 3 个命令定义和执行拓扑优化：TOPDEF、TOPEXE 和 TOPITER。TOPDEF 命令定义要省去材料的量，要处理载荷工况的数目，收敛的公差。TOPEXE 命令执行一次优化迭代，TOPITER 命令执行多次优化迭代。

定义优化参数：要定义省去材料的百分比，要处理载荷工况的数目，收敛的公差。

执行单次迭代：定义好优化参数以后，可以执行一次迭代。迭代后可以查看收敛情况并绘制出或列出当前的拓扑优化结果。可以继续做迭代直到满足要求为止。如果是在 GUI 方式下执行，在 Topological Optimization 对话框（ITER 域）中选择一次迭代。

自动执行多次迭代：在定义好优化参数后，可以自动执行多次迭代。在迭代完成以后，可以查看收敛情况，并绘制出或列出当前拓扑形状。如果需要的话，可以继续执行求解和迭代。TOPITER 命令实际是一个 ANSYS 的宏，可以复制和定制。

每次迭代执行一次 LSSOLVE 命令，一次 TOPEXE 命令和一次 PLNSOL，TOPO 显示命令。当收敛公差达到（用 TOPDEF 定义）或最大迭代次数（用 TOPITER 定义）达到时优化迭代过程终止。

5. 查看结果

拓扑优化结果后，ANSYS 结果文件（Jobname.RST）将存储优化结果供通用后处理器使用，用户可以使用后面提到的后处理命令。

要列出节点解和/或绘出伪密度，使用 PRNSOL 和 PLNSOL 命令的 TOPO 变量。

22.4.3 拓扑优化实例

在本例中，对承受两个工况的梁进行拓扑优化。

22.4.3.1 问题描述

一个承载的弹性梁，梁两端固定，承受两个载荷工况。梁的一个面是用一号单元划分的，用于拓扑优化，另一个面是用二号单元划分的，不作优化。最后的形状是单元 1 的体积减少 50%。

22.4.3.2 设置环境变量

（1）从实用菜单中选择 Utility Menu:File > Change Jobname 命令，将打开 Change Jobname（修改文件名）对话框，如图 22-13 所示。

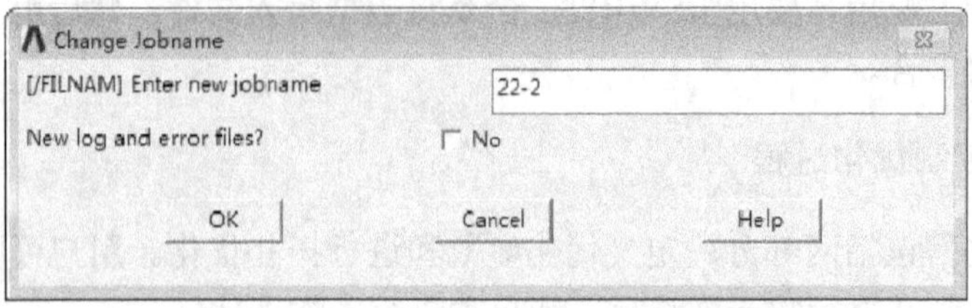

图 22-13 修改文件名对话框

（2）在 Enter new jobname 文本框中输入文字 22-2，为本分析实例的文件名。单击 OK 按钮，完成文件名的修改。

（3）从实用菜单中选择 Utility Menu:File > Change Title 命令，将打开 Change Title 对话框。在 Enter new title 文本框中输入 multipe-load example of topological optimization 如图 22-14 所示，为本分析实例的标题名。单击 OK 按钮，完成对标题名的指定。

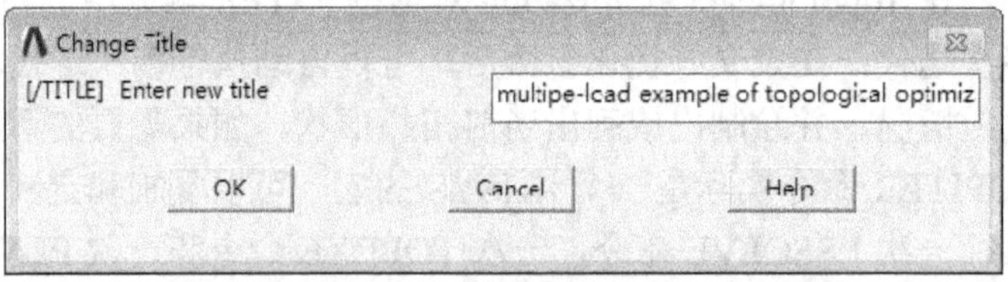

图 22-14 修改标题对话框

（4）从实用菜单中选择 Utility Menu：Plot > Replot 命令，指定的标题名将显示在图形窗口的左下角。

22.4.3.3 设置属性

（1）从主菜单中选择 Main Menu:Preprocessor > Element Type > Add/Edit/Delete 命令，将打开 Element Type（单元类型）对话框。

（2）单击 Add 按钮，将打开 library of Element Type（单元类型库），如图 22-15 所示。

（3）在第二行第二个文本框中手动输入 PLANE2。

（4）单击 OK 按钮，建立第一个单元类型 PLANE2。

（5）同样的方法，建立第二个单元类型 PLANE183，如图 22-16 所示。单击 Close 按钮，关闭单元对话框，结束单元类型的添加。

（8）从主菜单中选择 Main Menu:Preprocessor > Materiral Props > Material Models 命令，将打开 Define Material Model Behavior （定义材料模型属性）窗口，如图 22-17 所示。

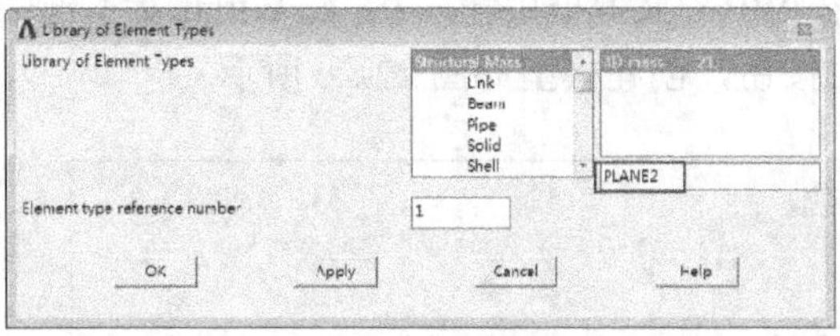

图 22-15　单元类型库对话框

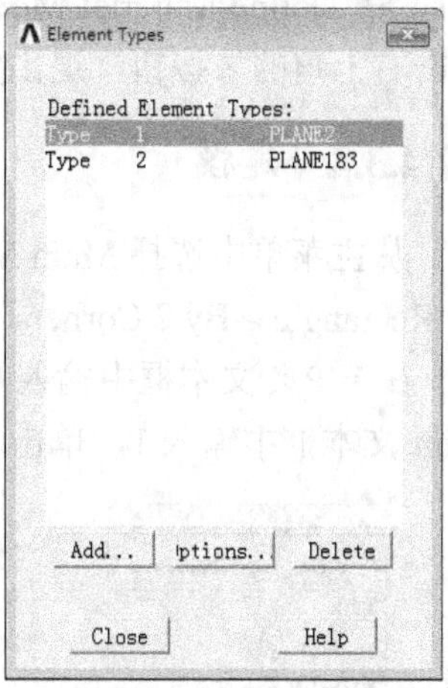

图 22-16　单元类型对话框

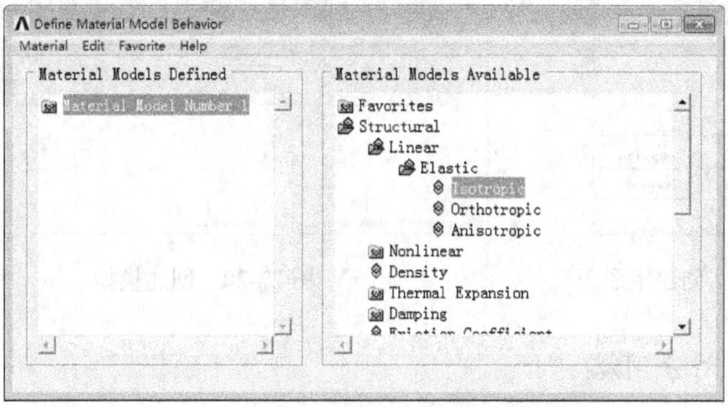

图 22-17　定义材料模型属性窗口

（9）依次单击 Structural > Linear > Isotropic，展开材料属性的树形结构。将打开 1 号材料的弹性模量 EX 和泊松比 PRXY 的定义对话框，如图 22-18 所示。

（10）在对话框的 EX 文本框中输入弹性模量 2e11，在 PRXY 文本框中输入泊松比 0.3，单击 OK 按钮，关闭对话框，并返回到定义材料模型属性窗口，在此窗口的左边一栏出现刚刚定义的参考号为 1 的材料属性。

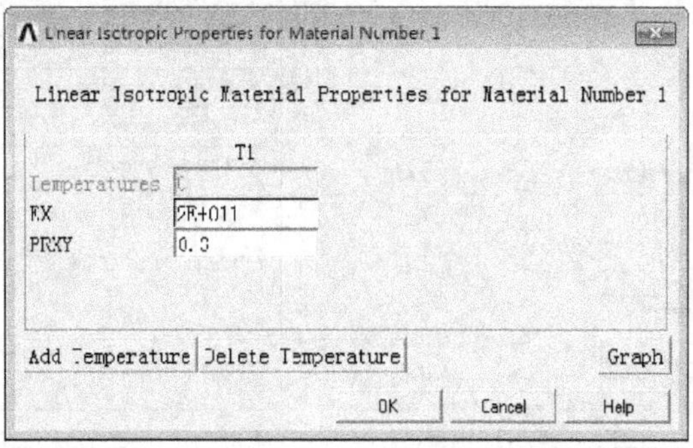

图 22-18　线性各向同性材料的弹性模量和泊松比

（11）在 Define Material Model Behavior 窗口中，从菜单选择 material > Exit 命令，或者单击右上角的×按钮，退出定义材料模型属性窗口，完成对材料模型属性的定义。

22.4.3.4　建模

（1）从主菜单中选择 Main Menu > Preprocessor > Preprocessor > Modeling > Create > Areas > Rectangle > By 2 Corners 命令，如图 22-19 所示。

（2）在 WP X 文本框中输入 0，在 WP Y 文本框中输入 0，在 Width 文本框中输入 3，在 Height 文本框中输入 1，单击 OK 按钮，创建模型如图 22-20 所示。

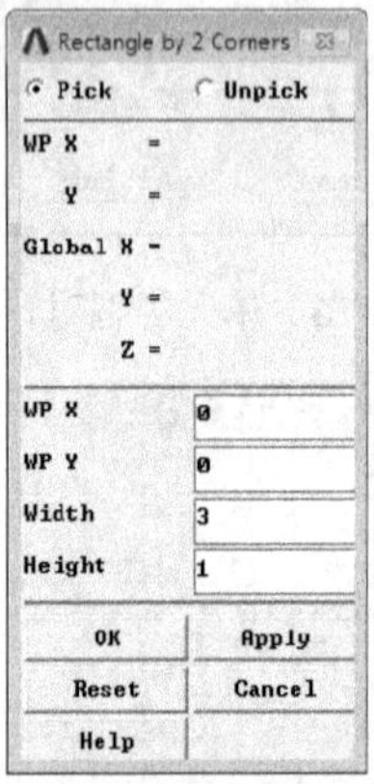

图 22-19　创建矩形面

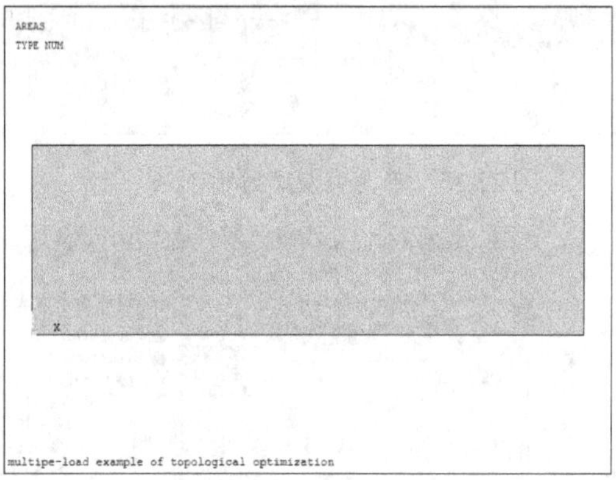

图 22-20　创建模型

22.4.3.5　划分网格

（1）从主菜单中选择 Main Menu:Preprocessor > meshing > Size Cntrls > ManualSize > Global > Size 命令。

（2）在 element edge length 文本框中输入 0.05，单击 OK 按钮，如图 22-21 所示。

（3）从主菜单中选择 Main Menu:Preprocessor > meshing > Mesh Attributes > Default Attributes 命令，单击 OK 按钮，如图 22-22 所示。

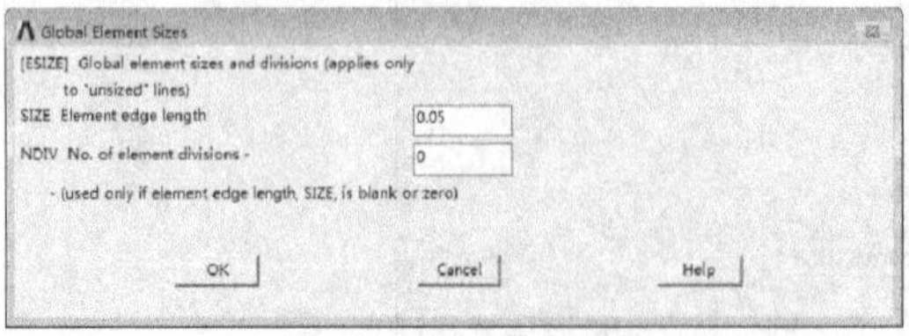

图 22-21　设置单元大小

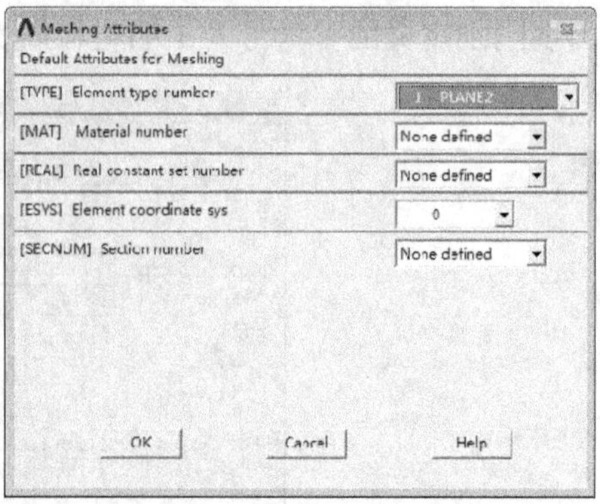

图 22-22　选定单元属性

（4）从主菜单中选择 Main Menu:Preprocessor > meshing > Mesh > Areas > Mapped > 3 or 4 sided 命令，在打开的对话框中，单击 Pick ALL 按钮，划分后模型如图 22-23 所示。

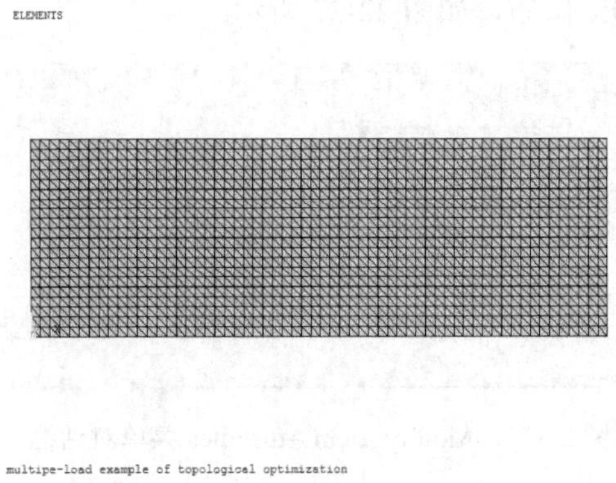

图 22-23　划分后模型

（5）从实用菜单中选择 Utility Menu:Select > Entities 命令。在类型下拉列表中选择 Nodes，在选择方式下拉列表中选择 By Location，在下面的选项中选择 X-coordinates，在下面的文本框中输入 0，0.4，单击 OK 按钮，如图 22-24 所示。

（6）在类型下拉列表中选择 Elements，在选择方式下拉列表中选择 Attached to，在下面的列表框中选择 Nodes,all，单击 OK 按钮，如图 22-25 所示。

（7）从主菜单中选择 Main Menu:Preprocessor > meshing > Mesh Attributes > Default Attributes 命令。在 element type number 下拉列表框中选择 2 PLANE183，单击 OK 按钮。

（8）从主菜单中选择 Main Menu:Preprocessor > Preprocessor > Modeling > Move/Modify > Elements > Modify Attributes 命令。在打开的对话框中，单击 Pick ALL 按钮，如图 22-26 所示。

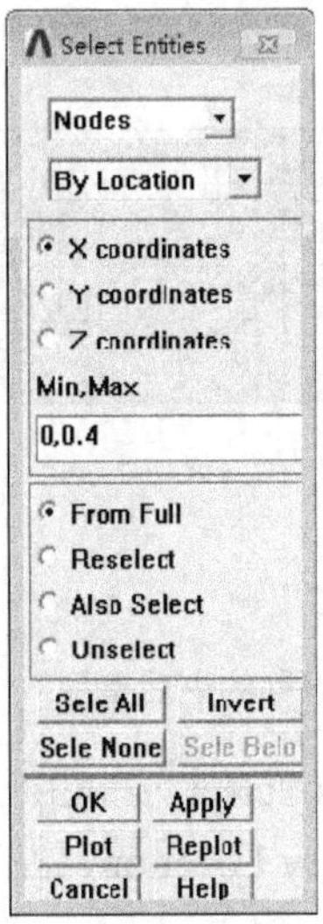

图 22-24　Select Entities 菜单 1

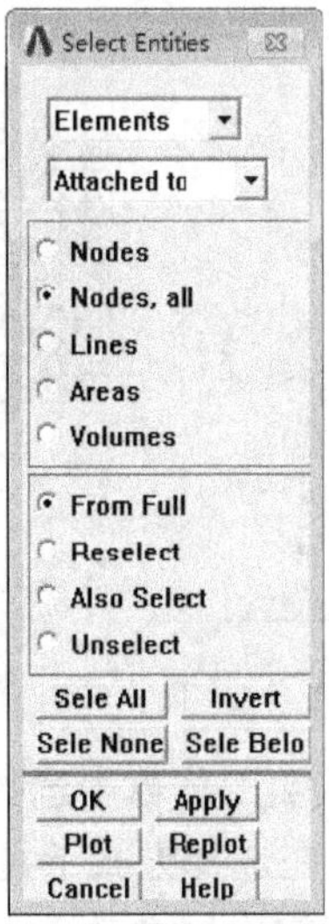

图 22-25　Select Entities 菜单 2

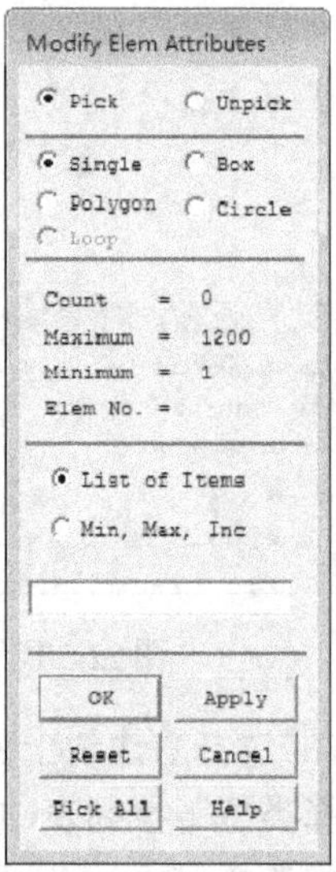

图 22-26　Modify Elem Attributes

菜单

（9）在 Attribute to change 下拉列表中选择 Elem type TYPE，在 New attribute number 文本框中输入 2，单击 OK 按钮，如图 22-27 所示。

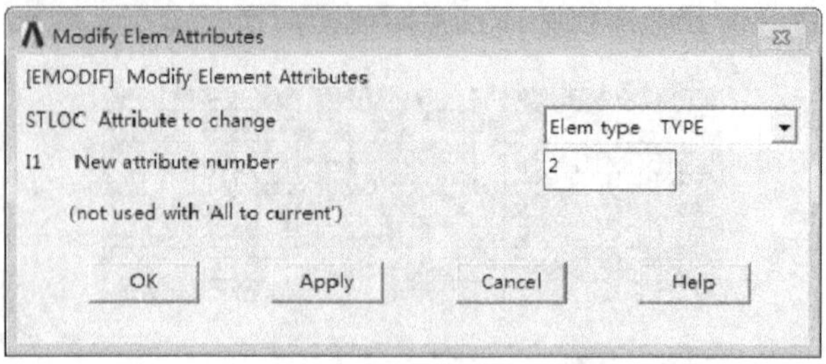

图 22-27 Modify Elem Attributes 菜单对话框

（10）选择所有实体。从实用菜单中选择 Utility Menu > Select > Everything 命令。

（11）选择左边线上的所有节点。从实用菜单中选择 Utility Menu:Select > Entities 命令。在选择类型下拉列表中选择 Nodes，在选择方式下拉列表中选择 By Location，在下面的选项中选择 X-coordinates，在下面的文本框中输入 0，0，单击 OK 按钮。

22.4.3.6 施加载荷

（1）从主菜单中选择 Main Menu:Preprocessor > Loads > Define Loads > Apply > Structural > Displacement > Symmetry B.C > On Nodes 命令。打开 Apply SYMM on Nodes 对话框。

（2）如图 22-29 所示，设置 Apply SYMM on Nodes 对话框中的 Norml Symm surface is normal to 为 X-axis 选项，其余默认。单击 OK 按钮。

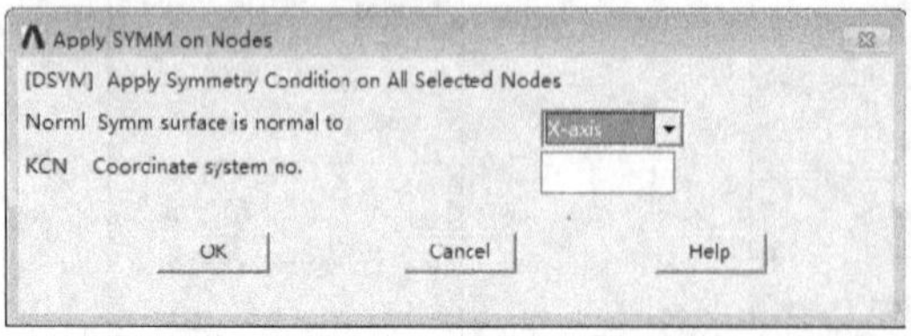

图 22-28 施加位移约束

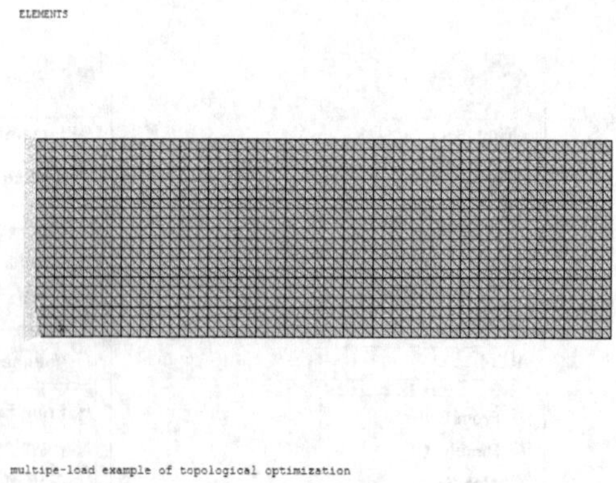

图 22-29 施加对称约束后模型

（3）选择右边线上的所有节点。从实用菜单中选择 Utility Menu:Select > Entities 命令。在选择类型下拉列表中选择 Nodes，在选择方式下拉列表中选择 By Location，在下面的选项中选择 X-coordinates，在下面的文本框中输入 3, 3，单击 OK 按钮。

（4）从主菜单中选择 Main Menu:Preprocessor > Loads > Define Loads > Apply > Structural > Displacement > Symmetry B.C > On Nodes 命令。打开 Apply SYMM on Nodes 对话框。

（5）设置 Apply SYMM on Nodes 对话框中的 Norml Symm surface is normal to 为 X-axis 选项，其余默认，单击 OK 按钮，施加对称约束，如图 22-30 所示。

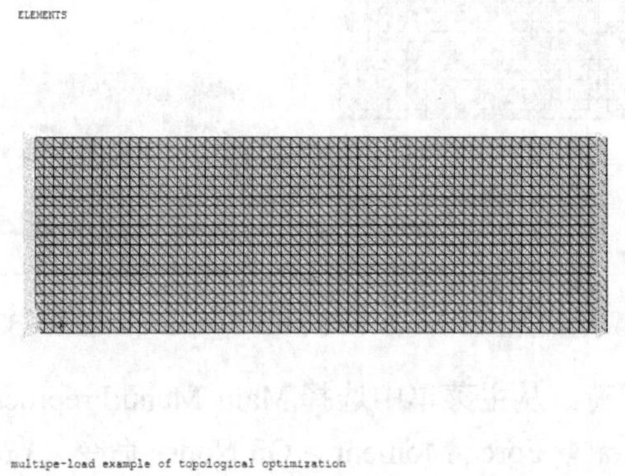

图 22-30　施加位移约束后模型

（6）选择 X=1,Y=1 的节点，从实用菜单中选择 Utility Menu:Select > Entities 命令。在选择类型下拉列表中选择 Nodes，在选择方式下拉列表中选择 By Location，在下面的选项中选择 X-coordinates，在下面的文本框中输入 1，1，单击 OK 按钮。

（7）从实用菜单中选择 Utility Menu:Select > Entities 命令。在选择类型下拉列表中选择 Nodes，在选择方式下拉列表中选择 By Location，在下面的选项中选择 Y-coordinates，在下面的文本框中输入 1，1，在选择方式框中选择 RESELECT，单击 OK 按钮。

（8）从主菜单中选择 Main Menu:Preprocessor > Loads > Define Loads > Apply > Structural > Force/Moment > On Nodes 命令。在打开的对话框中，单击 Pick ALL 按钮，选择当前选择集中的所有节点。

（9）在打开的 Direction of force/mom（在节点上施加集中力载荷）对话框，选择 FY，在 Force/moment value 文本框中输入 1000，单击 OK 按钮，如图 22-31 所示，施加力载荷后如图 22-32 示。

（10）选择所有的实体。从实用菜单中选择 Utility Menu:Select > Everything 命令。

（11）写第一个载荷工况。从主菜单中选择 Main Menu:Preprocessor > Loads > Load Step Opts > Write LS File 命令。在载荷步号中输入 1，单击 OK 按钮，如图 22-33 所示。

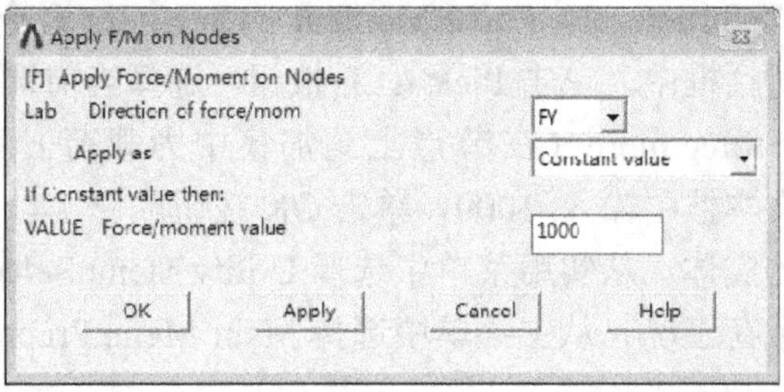

图 22-31　施加力

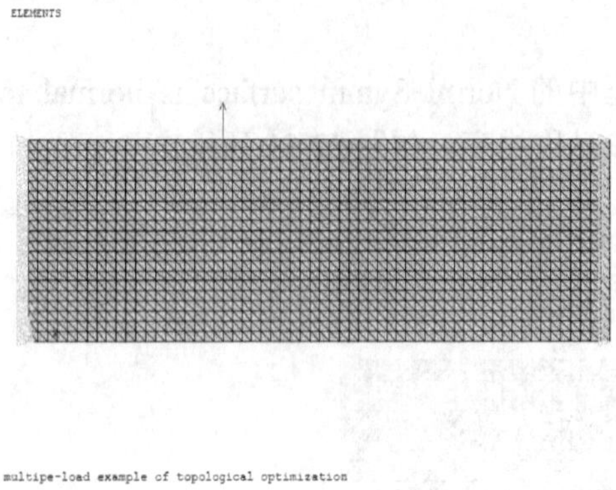

图 22-32　施加载荷后模型

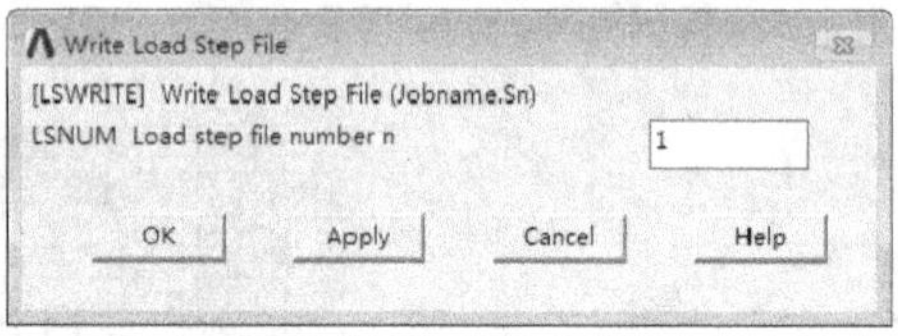

图 22-33　写入载荷步

（12）清除所有力载荷。从主菜单中选择 Main Menu:Preprocessor > Loads > Define Loads > Delete > Structural > Force/Moment > On Nodes 命令，在打开的对话框中，单击 Pick ALL 按钮，选择当前选择集中的所有节点。

（13）在清除力对话框中，选择下拉表中的 ALL，单击 OK 按钮，如图 22-34 所示。

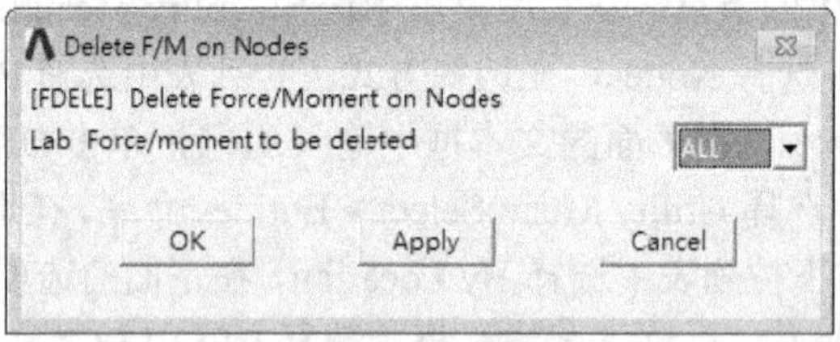

图 22-34　清除力

（14）选择 X=2，Y=0 的节点。从实用菜单中选择 Utility Menu > Select > Everything 命令。在选择类型下拉列表中选择 Nodes，在选择方式下拉列表中选择 By Location，在下面的选项中选择 X-coordinates，在下面的文本框中输入 2，2，单击 Ok 按钮。

（15）从实用菜单中选择 Utility Menu > Select > Everything 命令。在选择类型下拉列表中选择 Nodes，在选择方式下拉列表中选择 By Location，在下面的选项中选择 Y-coordinates，在下面的文本框中输入 0，0，在选择方式框中选择 RESELECT，单击 OK 按钮。

（16）在节点上施加集中力。从主菜单中选择 Main Menu:Preprocessor > Loads > Define Loads > Apply > Structural > Force/Moment > On Nodes 命令。

（17）在打开的对话框中，单击 Pick ALL 按钮，选择当前选择集中的所有节点。在打开的 Direction of force/mom（在节点上施加集中力载荷）对话框，选择 FY，在 Force/moment value 文本框中输入-1000，单击 OK 按钮。

（18）选择所有的实体。从实用菜单中选择 Utility Menu:Select > Entities 命令。

（19）写第一个载荷工况。从主菜单中选择 Main Menu:Preprocessor > Loads > Load

Step Opts > Write LS File 命令。在载荷步号中输入 2，单击 OK 按钮。

（20）清除所有力载荷。从主菜单中选择 Main Menu:Preprocessor > Loads > Define Loads > Delete > Structural > Force/Moment > On Nodes 命令。

（21）在打开的对话框中，单击 Pick ALL 按钮，选择当前选择集中的所有节点。在清除力对话框中，选择下拉表中的 ALL，单击 OK 按钮。

22.4.3.7 拓扑优化

（1）在命令输入框中输入如下代码。

```
!拓扑优化
!定义拓扑优化有两个载荷工况
TOCOMP,MCOMP,MULTIPLE,2
TOVAR,MCOMP,OBJ
TOVAR,VOLUME,CON,,50
TOTYPE,OC
TODEF
/DSCALE,,OFF
/CONTOUR,,2
!执行不多于 70 次迭代。
TOLOOP,70,1
```

（2）求解完成后，打开提示求解结束对话框，单击 Close 按钮，关闭提示求解结束对话框。

（3）在 GUI 界面中选择 Main Menu > General Postproc > Plotresults > Contour Plot > Nodal Solution 命令，弹出 Contour Nodal Solution Data 对话框。选择列表中的 Topological Optimization Densities 选项，如图 22-35 所示，其余选项采用默认设置，单击 OK 按钮，即可在工作区中看到拓扑优化密度云图，由材料的密度可以看出材料的去和留，0 表示去除的材料部分，1 表示留下的材料部分，如图 22-36 所示。

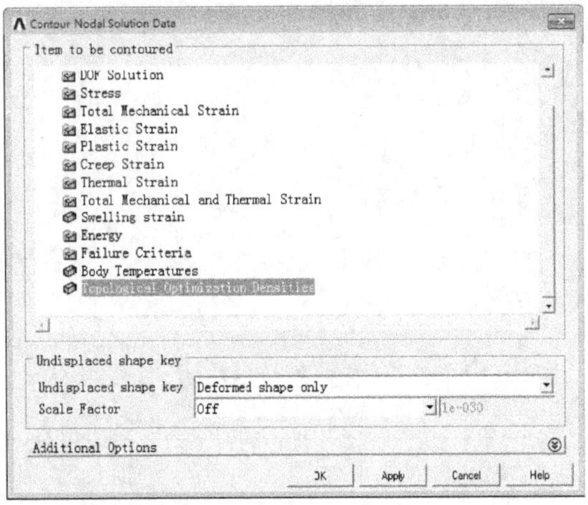

图 22-35　Contour Nodal Solution Data 对话框

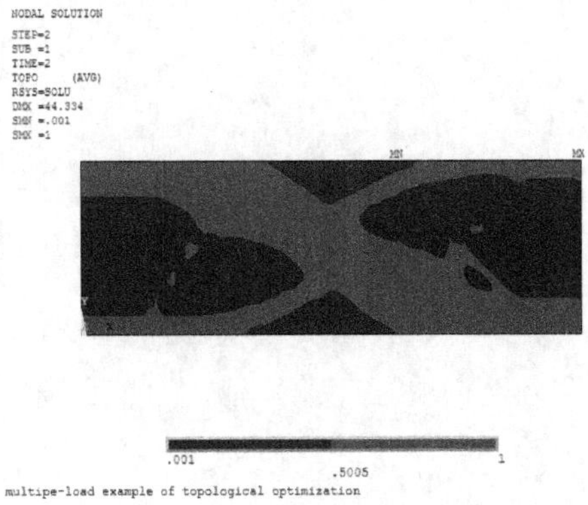

图 22-36　拓扑优化后完成的结果

22.5 本章小结

参数化设计语言建立，用建立智能分析的手段为用户提供自动完成定义模型及其载荷、求解和解释结果的功能。

优化设计是一种寻找确定最优设计方案的技术。最优设计，指的是一种方案可以满足所有的设计要求，而且所需的支出（如重量、面积、体积、应力、费用等）最小。也就是说，最优设计方案就是一个最有效率的方案。

结构的形状可以进行优化，对形状进行优化叫做拓扑优化。有时也称为外型优化。拓扑优化的目标是寻找承受单载荷或多载荷物体的最佳材料分配方案。这种方案在拓扑优化中表现为“最大刚度”设计。